Metodología de la investigación

COLABORADORES DE PAÍSES DE HABLA HISPANA DE LA OBRA *METODOLOGÍA DE LA INVESTIGACIÓN*

Dr. Gilberto Bejarano
Universidad Nacional de Colombia
Colombia

Prof. Salvador Armando Borrego Alvarado
ITESM, Campus Monterrey
Monterrey, N.L.
México

M. en C. Ernesto Castro Salazar
Instituto Tecnológico de Veracruz
Veracruz, Ver.
México

Profa. Lissette Fernández
Universidad Católica Andrés Bello
Venezuela

Prof. Mario J. Franco García
Instituto Tecnológico de Chihuahua
Chihuahua, Chih.
México

Lic. Melva E. Herrera, M. Se., MAE
Facultad de Administración de Empresas y Contabilidad
Universidad de Panamá

Prof. Juan León
Instituto Universitario de Mercadotecnia (ISUM)
Venezuela

L.A.E. Luis Alfredo Moreno Hijuelos
Facultad de Contaduría y Administración de la Universidad Autónoma de Yucatán
Mérida, Yuc.
México

Profa. Ma. Nuncia Medina, Física U.N. ASP.
Especialista en evaluación social de proyectos
Universidad de los Andes
Colombia

Lic. Bruno Pecina
México, D.F.

Dra. Yolanda Portillo
Universidad Santa María La Antigua
Panamá

Profa. Elda Ramírez
Universidad Católica Andrés Bello
Venezuela

Prof. Jesús Reyes
Instituto Universitario de Mercadotecnia (ISUM)
Venezuela

Profa. Olga Romero
Colombia

Prof. Francisco Sánchez Rizo
Universidad Santa María
Venezuela

Prof. Richard Wildt
Instituto Universitario de Mercadotecnia (ISUM)
Venezuela

Psic. Alfredo Zavaleta Brito
Universidad Cristóbal Colón
Veracruz, Ver.
México

Metodología de la investigación

Segunda edición

M. en C. Roberto Hernández Sampieri
Director del Centro de Investigación de la Universidad de Celaya
y profesor en el Instituto Politécnico Nacional

Dr. Carlos Fernández Collado
Rector de la Universidad de Celaya
y profesor en el Instituto Politécnico Nacional

Dra. Pilar Baptista Lucio
Directora de Futurekids de México, S.A.

McGRAW-HILL

MÉXICO • BUENOS AIRES • CARACAS • GUATEMALA • LISBOA • MADRID • NUEVA YORK
SAN JUAN • SANTAFÉ DE BOGOTÁ • SANTIAGO • SÃO PAULO
AUCKLAND • LONDRES • MILÁN • MONTREAL • NUEVA DELHI • SAN FRANCISCO
SINGAPUR • ST. LOUIS • SIDNEY • TORONTO

Gerente de producto: Alejandra Martínez Ávila
Supervisora de edición: Gloria Leticia Medina Vigil
Supervisor de producción: Zeferino García García

METODOLOGÍA DE LA INVESTIGACIÓN
Segunda edición

Cedro Núm. 512, Col. Atlampa
Delegación Cuauhtémoc
06450 México, D. F.
Miembro de la Cámara Nacional de la Industria Editorial Mexicana, Reg. Núm. 736

ISBN 970-10-1899-0
(ISBN 968-422-931-3 primera edición)

6789012345 09876543210

Impreso en México Printed in Mexico

Esta obra se terminó de
Imprimir en Julio del 2000 en
Compañía Editorial Ultra, S.A. de C.V.
Centeno No. 162 – 2
Col. Granjas Esmeralda
Delegación Iztapalapa
C.P. 09810 México D.F.

Se tiraron 40,000 ejemplares

A mis padres Pola y Roberto, por haberme inculcado la ética de trabajo y superación. A mi esposa Elisa Costa Aizcorbe, por su apoyo incondicional.
Roberto

A Íñigo y Alonso.
Carlos

A mis alumnos.
Pilar

Contenido

Semblanza de los autores

ROBERTO HERNÁNDEZ SAMPIERI

El maestro en Ciencias Roberto Hernández Sampieri, además de la presente obra es coautor de los libros: *Marshall McLuhan: El explorador solitario* y *Autotransición de empleo.* Asimismo, ha escrito diversos artículos para prestigiadas revistas como el *International Journal of Intercultural Relations* e *Investigación Administrativa,* entre otras. También ha elaborado varios capítulos para libros de las áreas de comunicación y tecnología.

Es científico innovador e investigador reconocido en Iberoamérica, quien ha creado múltiples sistemas y escalas de medición.

Es docente en la Escuela Superior de Comercio y Administración del Instituto Politécnico Nacional y profesor invitado de diferentes instituciones latinoamericanas, a nivel de postgrado.

Asimismo, es conferenciante internacional y un reconocido capacitador.

Actualmente está dedicado a la consultoría organizacional en la empresa Comunicometría, S. C., de la cual es director general.

Por otro lado, funge como director del Centro de Investigación de la Universidad de Celaya.

CARLOS FERNÁNDEZ COLLADO

El doctor Carlos Fernández Collado es rector de la Universidad de Celaya y profesor en el Instituto Politécnico Nacional.

Ha sido autor de diversos artículos que han aparecido en las revistas científicas y de divulgación popular: *International Journal of Intercultural Relations, Contemporary Sociology, Journal of Communication, Journalism Quarterly, Journal of Drug Education, Revista Paraguaya de Sociología, Libros de México, Plural, Cuadernos de Comunicación* e *Investigación Administrativa.* Entre sus libros más conocidos destacan *La comunicación humana. Ciencia social* (McGraw-Hill), *Comunicación II* (McGraw-Hill), *La televisión y el niño* (Oasis; Colofón), *La comunicación en las organizaciones* (Trillas), *Metodología de la investigación* (McGraw-Hill), *Human Communication Theory and Research* (Wadsworth) y *Marshall McLuhan. El explorador solitario* (Grijalbo). Asimismo, ha escrito capítulos para diversos libros, tales como *Life on Television* y *Drug Abuse.*

El doctor Fernández Collado es pionero en la informática educativa en Iberoamérica, así como en los estudios de impacto cultural de las nuevas tecnologías de la comunicación y en el área de la investigación organizacional.

Ha recibido numerosos reconocimientos nacionales e internacionales, y es considerado uno de los mejores conferencistas mexicanos contemporáneos.

Actualmente preside los consejos de administración de Comunicometría, S. C., Futurekids de México, S. A. y Traducción, Lenguaje y Comunicación, S. A. de C. V.

PILAR BAPTISTA LUCIO

La doctora Pilar Baptista Lucio —egresada de la Universidad Anáhuac de la Ciudad de México y de Michigan State University— ha dirigido principalmente su investigación al estudio de la relación del individuo con la cultura industrial, tecnológica y de medios de comunicación. Su trabajo ha sido publicado en los libros *Life on Television* (Ablex Press, 1980), *La televisión y el niño* (Colofón, 1986), *La comunicación en las organizaciones* (Trillas, 1990), *Young People and their Orientation to the Mass Media: An International Study* (MSU, 1992), y en publicaciones periódicas como los reportes *CASTLE* (Children and Social Television Learning), la *Revista Paraguaya de Sociología, Cuadernos de Comunicación, La Psicología en México, La Plaza: Vida Cultural* y el suplemento de la UNICEF (*El Universal*). Directora de una veintena de tesis profesionales, dedica esta obra a sus alumnos, "quienes son el motivo para idear cómo comunicar una determinada materia". Actualmente es directora de Futurekids de México, organización donde niños y tecnología coinciden para lograr una transformación en el aprendizaje. Además es colaboradora de la sección "Universo de la Computación" del periódico *El Universal*, donde publica la columna semanal "Niños del futuro".

Si desea enviar comentarios a los autores, puede hacerlo a cualquiera de las siguientes direcciones electrónicas:

cometria@mail.internet.com.mx
alejandra_martinez@mcgraw-hill.com

Agradecimientos

Los autores deseamos agradecer a la editorial McGraw-Hill y en especial a Javier Neyra y a José C. Pecina por su apoyo a nuestra labor, así como a Alejandra Martínez, quien ha contribuido notablemente a la difusión de esta obra. También deseamos agradecer a Mayi Candás y a Antonio Camarena por su ayuda.

Asimismo, debemos agradecer a nuestros alumnos de varias generaciones en quienes probamos una y otra vez el material de quienes obtuvimos una valiosa retroalimentación. Finalmente agradecemos a las instituciones educativas que nos brindaron facilidades para escribir el libro: Escuela Superior de Comercio y Administración del Instituto Politécnico Nacional, Escuela de Comunicación de la Universidad Anáhuac, Departamento de Comunicación de la Universidad Iberoamericana y Annenberg School for Communication de la Universidad de Pennsylvania.

Prólogo

Metodología de la investigación es un libro escrito con un propósito definido: guiar paso por paso a maestros y estudiantes sobre cómo realizar investigaciones sociales.

Se trata de un libro que puede usarse en cursos básicos, intermedios y avanzados en materias y seminarios de investigación o metodología. Contiene aplicaciones y ejemplos que lo hacen útil para cualquier ciencia social.

Además es un texto completo que trata tanto el enfoque experimental como el no experimental, el cuantitativo y el cualitativo. Abarca desde la concepción de la idea de investigación y el desarrollo del marco teórico hasta la formulación de hipótesis, la elección del diseño de investigación, la elaboración del instrumento de recolección de los datos y del reporte de investigación. Incluye un capítulo sobre el análisis estadístico y otro sobre muestreo.

El libro se encuentra diseñado y escrito de manera didáctica. Al inicio de cada capítulo se enuncian los objetivos de aprendizaje y un cuadro sobre el paso del proceso de investigación al cual corresponde el capítulo; y al final se destacan los conceptos básicos revisados, un resumen, ejercicios, bibliografía sugerida y un ejemplo. Los apartados se titulan a manera de preguntas y se incluyen múltiples ejemplos y diagramas para facilitar la comprensión de conceptos.

A los maestros el libro les sirve como una guía completa para sus cursos de investigación, encontrando en un solo texto todos los temas referentes al proceso de investigación. A los alumnos el libro les es útil para realizar trabajos de investigación y tesis, además que puede aclararles sus dudas sobre diferentes aspectos de la metodología de la investigación. Es una obra sencilla de leer y actualizada, pues está pensada de acuerdo con la manera en que hoy día se realiza la investigación, utilizando computadoras.

Psicólogos, comunicólogos, sociólogos, administradores, educadores, pedagogos, antropólogos y estudiantes de carreras sociales encontrarán en este libro un texto que facilita el aprendizaje de cómo efectuar una investigación. Cabe mencionar que se incluyen ejemplos aplicables a diferentes ciencias sociales y administrativas.

Introducción

El libro que a continuación se presenta trata de los diferentes pasos o etapas al llevar a cabo una investigación social. Muestra las actividades que un investigador debe realizar en cada etapa de un estudio. Y se refiere a un tipo particular de investigación: la investigación científica. Este término suele provocar en algunos estudiantes escepticismo, confusión y —a veces— molestia. Hay estudiantes que piensan que la investigación científica es algo que no tiene relación con la realidad cotidiana. Otros estudiantes piensan que es "algo" que solamente se acostumbra hacer en centros muy especializados e institutos con nombres largos y complicados. También hay quien piensa que la investigación científica es propia de personas de edad avanzada, con pipa, lentes, barba y pelo canoso y desaliñado. Incluso algunos consideran que la investigación científica es algo complicado, muy difícil de aplicar y que requiere un talento especial. Sin embargo, la investigación científica no es nada de esto. En primer lugar, tiene que ver con la realidad. En ella se abordan temas como las relaciones interpersonales, el matrimonio, la violencia, la televisión, el trabajo, las enfermedades, las elecciones presidenciales, las emociones humanas, la manera de vestirnos, la familia y otros más que forman parte de lo cotidiano de nuestras vidas. En resumen, el libro trata de una clase de investigación, aquella que es social y científica.

De hecho, todos los seres humanos hacemos investigación frecuentemente. Cuando nos gusta una persona que conocimos en alguna junta, reunión o salón de clases, tratamos de investigar si le podemos resultar atractivos. Cuando un amigo está enojado con nosotros, buscamos investigar las razones. Cuando nos interesa un gran personaje histórico, investigamos cómo vivió y murió. Cuando buscamos empleo, nos dedicamos a investigar quién ofrece trabajo y en qué condiciones. Cuando nos agrada un platillo, nos interesa investigar los ingredientes. Éstos son sólo algunos ejemplos de nuestro afán por investigar. Es algo que hacemos desde niños, ¿o alguien no ha visto a un bebé tratando de investigar de dónde proviene un sonido?

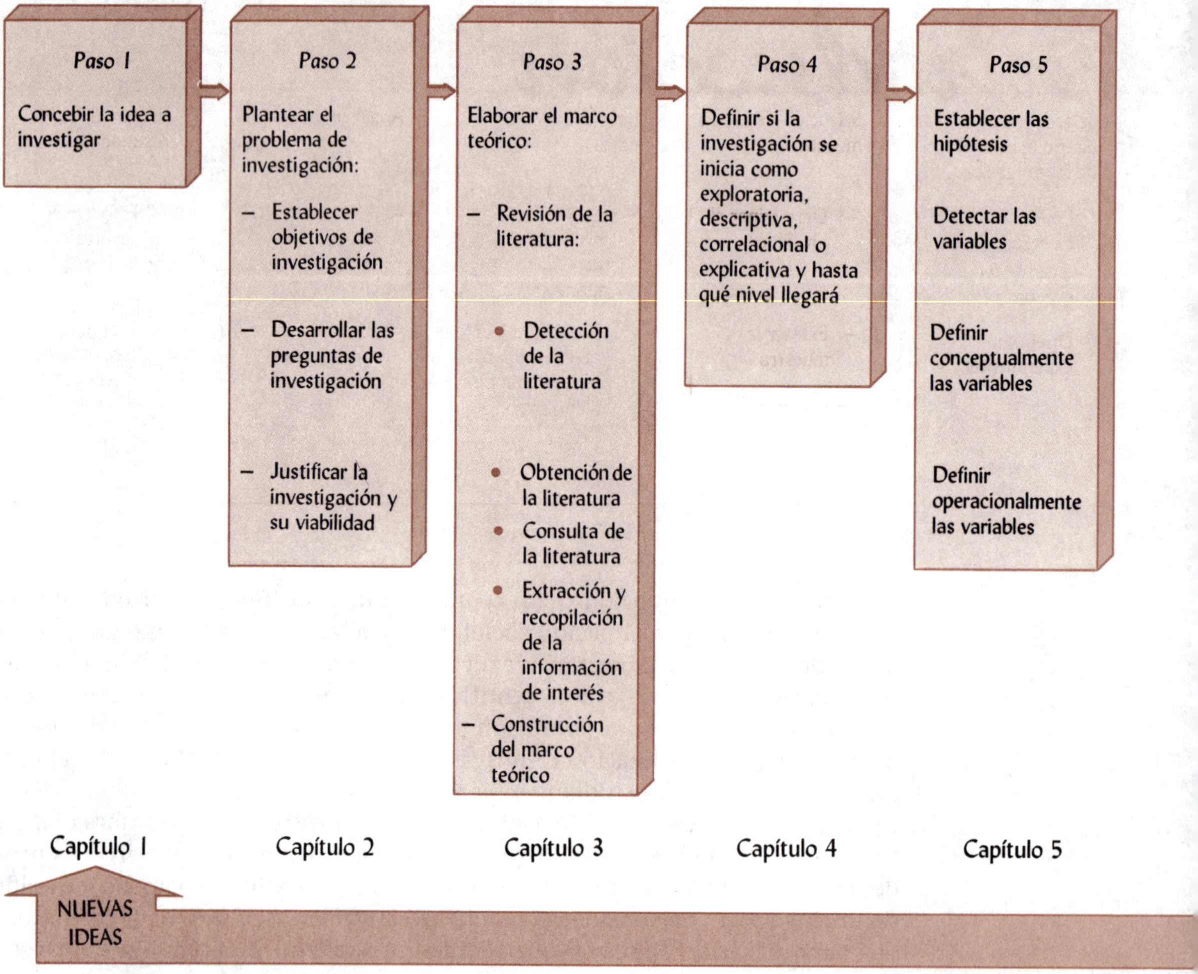

La investigación científica es esencialmente como cualquier tipo de investigación, sólo que más rigurosa y cuidadosamente realizada. Podemos definirla como un tipo de investigación "sistemática, controlada, empírica, y crítica, de proposiciones hipotéticas sobre las presumidas relaciones entre fenómenos naturales" (Kerlinger, 1975, p. 11). Que es "sistemática y controlada" implica que hay una disciplina constante para hacer investigación científica y que no se dejan los hechos a la casualidad. "Empírica" significa que se basa en fenómenos observables de la realidad. Y "crítica" quiere decir que se juzga constantemente de manera objetiva y se eliminan las preferencias personales y los juicios de valor. Es decir, llevar a cabo investigación científica es hacer investigación en forma cuidadosa y precavida.

La investigación puede cumplir dos propósitos fundamentales: *a*) producir conocimiento y teorías (investigación básica) y *b*) resolver problemas prácticos (investigación aplicada). Gracias a estos dos tipos de investigación la humanidad

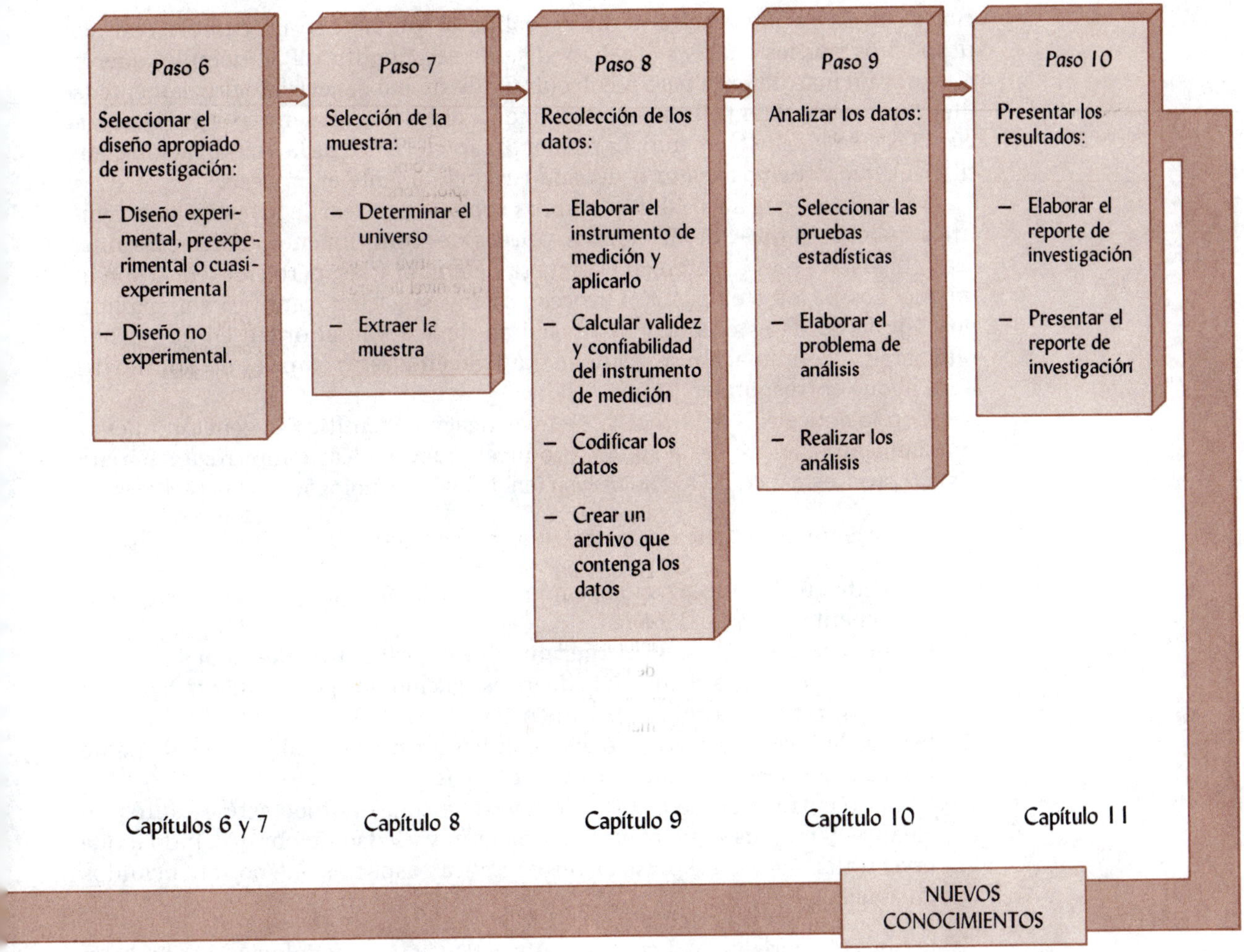

ha evolucionado. La investigación es la herramienta para conocer lo que nos rodea y su carácter es universal. Como señala uno de los científicos de nuestros tiempos, Carl Sagan, al hablar del posible contacto con extraterrestres:

> Si es posible, pues, comunicarse, sabemos ya de qué tratarán las primeras comunicaciones: tratarán sobre la única cosa que las dos civilizaciones tienen de modo seguro en común, a saber, la ciencia. Podría ser que el interés mayor fuera comunicar información sobre su música, por ejemplo, o sobre convenciones sociales; pero las primeras comunicaciones logradas serán de hecho científicas (Sagan, 1978, p. 6).

Y la investigación científica es un proceso, término que significa dinámico, cambiante y continuo. Este proceso está compuesto por una serie de etapas, las cuales se derivan unas de otras. Por ello, al llevar a cabo un estudio o investigación, no podemos omitir etapas ni alterar su orden. Quienes han dudado de este requisito de la investigación científica, violándolo, han pagado muy caro el precio: la investigación resultante no es válida o confiable, o no cumple con los propósitos por los cuales se realizó, deja de ser científica. Por ejemplo, querer elaborar un instrumento para recolectar datos sin haber revisado previamente la literatura sobre el tema lleva inevitablemente al error —al menos— a graves deficiencias en dicho instrumento. La principal característica de la investigación científica es que debemos seguir ordenada y rigurosamente el proceso.

Los autores que han publicado libros sobre el proceso de investigación científica aplicado a diversas disciplinas y áreas del conocimiento abarcan las mismas etapas. A veces difieren en la manera de nombrarlas, pero en esencia son lo mismo. Los pasos o etapas del proceso de investigación científica son explicados a lo largo de este libro y se presentan de acuerdo al orden en que deben realizarse. A continuación se resumen gráficamente estas etapas y el capítulo del libro al que corresponden (figura 1.1).

Con la aplicación del proceso de investigación científica se generan nuevos conocimientos, los cuales a su vez producen nuevas ideas e interrogantes para investigar, y es así como avanzan las ciencias y la tecnología.

El presente libro tiene como objetivos que el lector:

1. Entienda que la investigación es un proceso compuesto por distintas etapas sumamente interrelacionadas.
2. Cuente con un manual que le permita llevar a cabo investigaciones.
3. Comprenda diversos conceptos de investigación que generalmente han sido tratados de manera compleja y poco clara.
4. Perciba la investigación como algo cotidiano y no como algo que solamente le corresponde a los profesores y científicos.
5. Pueda recurrir a un solo texto de investigación —porque éste es autosuficiente— y no tenga que recurrir a una gran variedad de obras debido a que unas tratan algunos aspectos y otras explican aspectos que no son incluidos en aquéllas.

El libro está orientado a cursos de investigación, metodología, metodología de la investigación, métodos de análisis y similares dentro del campo de las ciencias sociales o del comportamiento. Es decir, es útil para ciencias o disciplinas como la psicología, ciencias de la comunicación, sociología, antropología, trabajo social, ciencia política, y también puede servir para cursos de administración.

Este texto puede utilizarse en cursos introductorios, intermedios y avanzados a nivel de licenciatura (carrera) o en cursos básicos de metodología a nivel de posgrado. Los temas más complejos de los capítulos titulados "Recolección de los datos" y "Análisis de los datos" (capítulos 9 y 10) pueden omitirse en cursos introductorios e intermedios. Asimismo, los lectores pueden optar por omitir los temas que vayan más allá de los propósitos del curso en el que se utilice el libro.

Roberto Hernández Sampieri
Carlos Fernández-Collado
Pilar Baptista Lucio

Capítulo 1

La idea: nace un proyecto de investigación

OBJETIVOS DE APRENDIZAJE

Al terminar este capítulo, el alumno será capaz de:

- Generar ideas potenciales para investigar desde una perspectiva científica.
- Conocer las fuentes que pueden inspirar investigaciones científicas.

PROCESO DE INVESTIGACIÓN
Primer paso

CONCEBIR LA IDEA A INVESTIGAR

SÍNTESIS

El capítulo plantea la forma como se inician las investigaciones: mediante ideas. Asimismo se habla de las fuentes que inspiran ideas de investigación y la manera de desarrollarlas, para así poder formular planteamientos de investigación científica.

1.1 ¿CÓMO SE ORIGINAN LAS INVESTIGACIONES?

Las investigaciones se originan en ideas. Para iniciar una investigación siempre se necesita una idea; todavía no se conoce el sustituto de una buena idea. Las ideas constituyen el primer acercamiento a la realidad que habrá de investigarse.

Fuentes de ideas para una investigación

Existe una gran variedad de fuentes que pueden generar ideas de investigación, entre las cuales podemos mencionar las experiencias individuales, materiales escritos (libros, revistas, periódicos y tesis), teorías, descubrimientos producto de investigaciones, conversaciones personales, observaciones de hechos, creencias e incluso presentimientos. Sin embargo, las fuentes que originan las ideas no se relacionan con la calidad de éstas. El hecho de que un estudiante lea un artículo científico y extraiga de él una idea de investigación no significa necesariamente que ésta sea mejor que la de otro estudiante que la obtuvo mientras veía una película o un juego de beisbol en la televisión. Estas fuentes pueden generar ideas, cada una por separado o conjuntamente. Por ejemplo, alguien puede ver sucesos de violencia en los estadios de futbol al asistir a varios partidos y de ahí comenzar a desarrollar una idea para efectuar una investigación. Después puede platicar su idea con algunos amigos y precisarla un poco más o modificarla; posteriormente puede leer información al respecto en revistas y periódicos hasta que llegue a consultar artículos científicos sobre violencia, pánico colectivo, muchedumbres, psicología de las masas, eventos deportivos masivos, etcétera.

Lo mismo podría suceder con el caso del sexo, la liberación de la mujer, la drogadicción, las relaciones familiares, la amistad, los anuncios publicitarios en radio, las enfermedades generadas por transmisión sexual, el desarrollo urbano y otros temas.

¿Cómo surgen las ideas de investigación?

Una idea puede surgir donde se congregan grupos (restaurantes, hospitales, bancos, industrias, universidades y otras muchas formas de asociación) o al observar las campañas para legisladores y otros puestos de elección popular (alguien podría preguntarse: ¿sirve toda esta publicidad para algo?, ¿tantos letreros, carteles y bardas pintadas tienen algún efecto en los votantes?). Igualmente, las ideas pueden generarse al leer una revista de divulgación (por ejemplo, al terminar un artículo sobre la política exterior norteamericana, alguien puede concebir una investigación sobre las actuales relaciones entre Estados Unidos y Latinoamérica), al estudiar en casa, al ver la televisión o asistir al cine (la película *Annie Hall* o *Dos extraños amantes*, del director Woody Allen, podría sugerirle a alguna persona una idea para investigar algún aspecto de las relaciones heterosexuales), al charlar con otras personas, al recordar alguna vivencia. Por ejemplo, un médico que al leer noticias sobre el Virus de Inmunodeficiencia Humana (VIH) quiere conocer si existe o no diferencia en el tiempo que tardan en desarrollar el SIDA entre personas que se contagiaron con el VIH por medio de transfusión sanguínea contra las que se contagiaron por transmisión sexual, etcétera.

Vaguedad de las ideas iniciales

La mayoría de las ideas iniciales son vagas y requieren analizarse cuidadosamente para que sean transformadas en planteamientos más precisos y estructurados. Como mencionan Labovitz y Hagedorn (1976), cuando una persona desarrolla una idea de investigación debe familiarizarse con el campo de conocimiento donde se ubica la idea. Por ejemplo, una joven al reflexionar acerca del noviazgo puede preguntarse: ¿qué aspectos influyen para que un hombre y una mujer tengan una relación cordial y satisfactoria para ambos?, y decide llevar a cabo una investigación que estudie los factores que intervienen en la evolución del noviazgo. Sin embargo, hasta este momento su idea es vaga y debe especificar diversas cuestiones, tales como si piensa incluir en su estudio todos los factores que pueden influir en el noviazgo o solamente algunos de ellos, si va a concentrarse en personas de cierta edad o de varias edades, si la investigación tendrá un enfoque psicológico o uno sociológico. Para que continúe desarrollando su investigación es necesario que se introduzca dentro del área de conocimiento en cuestión. Deberá platicar con investigadores en el campo sobre las relaciones interpersonales (psicólogos clínicos, psicoterapeutas, comunicólogos, psicólogos sociales, por ejemplo), buscar y leer algunos artículos y libros que hablen del noviazgo, conversar con varias parejas, ver algunas películas educativas sobre el tema y realizar otras conductas similares para familiarizarse con su objeto de estudio. Una vez que se haya adentrado en el tema, estará en condiciones de precisar su idea de investigación.

Necesidad de conocer los antecedentes

Para adentrarse en el tema es necesario conocer los estudios, investigación y trabajos anteriores. Conocer lo que se ha hecho con respecto a un tema ayuda a:

- *No investigar sobre algún tema que ya ha sido estudiado muy a fondo.* Esto implica que una buena investigación debe ser novedosa, lo que puede lograrse ya sea tratando un tema no estudiado; profundizando en uno poco o medianamente conocido, o dándole un enfoque diferente o innovador a un problema aunque ya haya sido examinado repetidamente (por ejemplo, la familia es un tema muy estudiado; sin embargo, si alguien la analiza desde una perspectiva diferente, digamos la manera en que se presenta en las telenovelas mexicanas, le dará a su investigación un enfoque novedoso).
- *Estructurar más formalmente la idea de investigación.* Por ejemplo, una persona al ver un programa televisivo donde se incluyan escenas con alto contenido sexual explícito o implícito, puede interesarse por llevar a cabo una investigación en torno a este tipo de programas. Sin embargo, no sabe cómo abordar el tema, su idea es confusa y no se encuentra estructurada; consulta

entonces diversas fuentes bibliográficas al respecto, platica con alguien que conoce la temática y analiza más programas de ese tipo; y una vez que ha profundizado en el campo de estudio correspondiente, puede esbozar con mayor claridad y formalidad lo que desea investigar. Vamos a suponer que decide centrarse en un estudio de los efectos que dichos programas tienen en la conducta sexual de los adolescentes o enfocar el tema desde otro punto de vista, por ejemplo, investigar si hay o no una cantidad considerable de programas con alto contenido sexual en la televisión venezolana, por qué canales y en qué horarios se transmiten, qué situaciones muestran este tipo de contenido, en qué forma lo hacen. Y así su idea ha sido precisada en mayor medida.

- *Seleccionar la perspectiva principal desde la cual se abordará la idea de investigación.* En efecto, aunque los fenómenos del comportamiento humano son los mismos, pueden ser analizados en diversas formas según la disciplina dentro de la cual se enmarque fundamentalmente la investigación. Por ejemplo, si se estudian las organizaciones básicamente desde el punto de vista comunicológico, el interés se centraría en aspectos tales como las redes y flujos de comunicación en las organizaciones, los medios de comunicación, los tipos de mensajes que se emiten, la sobrecarga de información, la distorsión y la omisión de la información. Por otra parte, si se estudian más bien desde una perspectiva sociológica, la investigación se ocuparía de aspectos tales como la estructura jerárquica en las organizaciones, los perfiles socioeconómicos de sus miembros, la migración de los trabajadores de áreas rurales a zonas urbanas y su ingreso a centros fabriles, las ocupaciones y otros aspectos. Si se adopta un enfoque principalmente psicológico se analizarían otros aspectos como los procesos de liderazgo, la personalidad de los miembros de la organización, la motivación en el trabajo. Y si se utilizara un encuadre fundamentalmente mercadológico de las organizaciones, se investigarían, por ejemplo, cuestiones como los procesos de compraventa, la evolución de los mercados, las relaciones entre empresas que compiten dentro de un mercado.

La mayoría de las investigaciones, a pesar de que se ubiquen dentro de un enfoque particular, no pueden evitar, en mayor o menor medida, tocar temas que se relacionan con distintos campos o disciplinas (por ejemplo, las teorías de la agresión social desarrolladas por los psicólogos han sido utilizadas por los comunicólogos para investigar los efectos que la violencia televisada tiene en la conducta de los niños que se exponen a ella). Por ello, cuando se comenta el enfoque seleccionado se habla de *enfoque principal o fundamental* y no de *enfoque único*. La elección de una u otra perspectiva tiene importantes implicaciones en el desarrollo de un estudio. También es común que se efectúen investigaciones interdisciplinarias que abordan un tema utilizando varios enfoques.

Si una persona requiere conocer cómo desarrollar un municipio deberá emplear una perspectiva urbanística, donde analizará aspectos como vías de comunicación, suelo y subsuelo, problemática económica de la comunidad, disponibilidad de terrenos, aspectos legales, etcétera.

Investigación previa de los temas

Es evidente que, cuanto mejor se conozca un tema, el proceso de afinar la idea será más eficiente y rápido. Desde luego, hay temas que han sido más investigados que otros y, en consecuencia, su campo de conocimiento se encuentra más estructurado. Estos casos requieren planteamientos más específicos. Podríamos decir que hay:

- *Temas ya investigados,* estructurados y formalizados, sobre los cuales se pueden encontrar documentos escritos y otros materiales que reportan los resultados de investigación y/o análisis anteriores.
- *Temas ya investigados pero menos estructurados y formalizados,* sobre los cuales se ha investigado pero existen pocos documentos escritos y otros materiales que reporten esta investigación; el conocimiento puede estar disperso o no ser accesible. De ser así, habrá que buscar las investigaciones no publicadas y acudir a medios informales como expertos en el tema, profesores, amigos, etcétera.
- *Temas poco investigados y poco estructurados,* los cuales requieren un esfuerzo para encontrar lo que se ha investigado aunque sea escaso.
- *Temas no investigados.*

Criterios para generar ideas

Dankhe (1986) menciona diversos criterios que inventores famosos han sugerido para generar ideas de investigación productivas, entre las cuales destacan:

- *Las buenas ideas intrigan, alientan y excitan al investigador de manera personal.* Al elegir un tema para investigar y más concretamente una idea, es importante que resulte atractiva. No hay nada más tedioso que trabajar en algo que no nos interesa. En la medida en que la idea estimule y motive al investigador, éste se compenetrará más en el estudio y tendrá una mayor predisposición para salvar los obstáculos que se le presenten.
- *Las buenas ideas de investigación "no son necesariamente nuevas pero sí novedosas".* En muchas ocasiones es necesario actualizar o adaptar los planteamientos derivados de investigaciones efectuadas en contextos diferentes.
- *Las buenas ideas de investigación pueden servir para elaborar teorías y la solución de problemas.* Una buena idea puede conducir a una investigación que ayude a formular, integrar o probar una teoría o a iniciar otros estudios que, aunados a la investigación, logren constituir una teoría.

En otros casos, las ideas dan origen a investigaciones que ayuden a resolver problemas. Así, un estudio que se diseñe para analizar los factores que provocan conductas delictivas en los adolescentes, puede contribuir al establecimiento de programas tendientes a resolver diversos problemas de delincuencia juvenil.

Otra muestra se da con el médico que desea investigar la diferencia entre el tiempo que tarda en desarrollar el SIDA una persona infectada por vía sexual contra la infectada por transfusión sanguínea. El médico puede aportar una teoría de por qué el SIDA se desarrolla con mayor rapidez entre las personas que han recibido una transfusión.

RESUMEN

- Las investigaciones se originan en ideas, las cuales pueden provenir de distintas fuentes y la calidad de dichas ideas no está necesariamente relacionada con la fuente de donde provengan.
- Frecuentemente las ideas son vagas y deben ser traducidas en problemas más concretos de investigación, para lo cual se requiere una revisión bibliográfica de la idea.
- Las buenas ideas deben alentar al investigador, ser novedosas y servir para la elaboración de teorías y la resolución de problemas.

CONCEPTOS BÁSICOS

Ideas de investigación
Fuentes generadoras de las ideas de investigación
Enfoque de la investigación
Tema de investigación
Estructuración de la idea de investigación
Perspectiva de la investigación
Innovación de la investigación

EJERCICIOS

1. Vea una película romántica y deduzca dos ideas de investigación.
2. Seleccione una revista científica (véase el apéndice núm. 1) y un artículo de la misma, y deduzca dos ideas de investigación.
3. Compare las ideas deducidas de la película y del artículo y conteste las siguientes preguntas: ¿Son fructíferas todas las ideas? ¿Cuáles ideas son más útiles, las derivadas de la película o del artículo científico? ¿Cómo surgieron las ideas?
4. Elija una idea de investigación que habrá de ir desarrollando conforme lea el libro.

BIBLIOGRAFÍA SUGERIDA

REYNOLDS, P. D. (1971), *A primer in theory construction*, Indianápolis, Indiana: The Bobbs-Merrill Company Inc., 1983, pp. 21-43.

Ejemplos

LA TELEVISIÓN Y EL NIÑO

Describir los usos que de la televisión hace el niño y las gratificaciones que obtiene al ver programas televisivos.

EL CONTAGIO DEL SIDA

Encontrar la diferencia entre el tiempo que tarda en desarrollar el SIDA una persona contagiada por vía sexual contra una persona contagiada por transfusión sanguínea.

DIAGNÓSTICO MUNICIPAL

Realizar el diagnóstico en cuatro municipios del estado de Guanajuato (México) y sentar las bases para una planeación estratégica del desarrollo.

Capítulo 2

Planteamiento del problema: objetivos, preguntas de investigación y justificación del estudio

OBJETIVOS DE APRENDIZAJE

Al terminar este capítulo, el alumno será capaz de:

- Formular de manera lógica y coherente problemas de investigación científica.
- Redactar objetivos y preguntas de investigación científica.
- Comprender los criterios para evaluar un problema de investigación científica.

PROCESO DE INVESTIGACIÓN
Segundo paso

PLANTEAMIENTO DEL PROBLEMA DE INVESTIGACIÓN

- Establecer objetivos de investigación.
- Desarrollar las preguntas de investigación.
- Justificar la investigación y analizar su viabilidad.

SÍNTESIS

En este capítulo se mostrará la manera en que la idea se desarrolla y se transforma en el planteamiento del problema de investigación científica. Es decir, el capítulo trata sobre cómo plantear un problema de investigación científica. Tres elementos son fundamentales para plantear un problema: objetivos de investigación, preguntas de investigación y justificación de la investigación. En el capítulo se discuten estos elementos.

2.1 ¿QUÉ ES PLANTEAR EL PROBLEMA DE INVESTIGACIÓN?

Una vez que se ha concebido la idea de investigación y el científico, estudiante o experto social han profundizado en el tema en cuestión, se encuentran en condiciones de plantear el problema de investigación.

En realidad, *plantear el problema no es sino afinar y estructurar más formalmente la idea de investigación.* El paso de la idea al planteamiento del problema puede ser en ocasiones inmediato, casi automático, o bien llevar una considerable cantidad de tiempo; ello depende de cuán familiarizado esté el investigador con el tema a tratar, la complejidad misma de la idea, la existencia de estudios antecedentes, el empeño del investigador y sus habilidades personales. Seleccionar un tema o una idea, no lo coloca inmediatamente en la posición de considerar qué información habrá de recolectar, con cuáles métodos y cómo analizará los datos que obtenga. Antes necesita formular el problema específico en términos concretos y explícitos, de manera que sea susceptible de ser investigado con procedimientos científicos (Selltiz *et al.*, 1976).

Como señala Ackoff (1953): un problema correctamente planteado está parcialmente resuelto, a mayor exactitud corresponden más posibilidades de obtener una solución satisfactoria. El investigador debe ser capaz no sólo de conceptuar el problema sino también de verbalizarlo en forma clara, precisa y accesible. En algunas ocasiones sabe lo que desea hacer pero no puede comunicarlo a los demás y es necesario que realice un mayor esfuerzo por traducir su pensamiento a términos comprensibles, pues en la actualidad la mayoría de las investigaciones requieren la colaboración de muchas personas.

Criterios para plantear el problema

Según Kerlinger (1975), los criterios para plantear adecuadamente el problema de investigación son:

- El problema debe expresar una relación entre dos o más variables.
- El problema debe estar formulado claramente y sin ambigüedad como pregunta (por ejemplo, ¿qué efecto?, ¿en qué condiciones...?, ¿cuál es la probabilidad de...? ¿cómo se relaciona... con...?
- El planteamiento debe implicar la posibilidad de realizar una prueba empírica. Es decir, de poder observarse en la realidad. Por ejemplo, si alguien piensa estudiar cuán sublime es el alma de los adolescentes, está planteando un problema que no puede probarse empíricamente pues "lo sublime" y "el alma" no son observables. Claro que el ejemplo es extremo, pero nos recuerda que las ciencias trabajan con aspectos observables y medibles en la realidad.

2.2 ¿QUÉ ELEMENTOS CONTIENE EL PLANTEAMIENTO DEL PROBLEMA DE INVESTIGACIÓN?

Los elementos para plantear un problema son tres y están relacionados entre sí: *los objetivos que persigue la investigación, las preguntas de investigación y la justificación del estudio.*

2.2.1 Objetivos de investigación

En primer lugar, es necesario establecer qué pretende la investigación, es decir, *cuáles son sus objetivos.* Hay investigaciones que buscan ante todo contribuir a resolver un problema en especial (en este caso debe mencionarse cuál es y de qué manera se piensa que el estudio ayudará a resolverlo) y otras que tienen como objetivo principal probar una teoría o aportar evidencia empírica en favor de ella.

Los objetivos deben expresarse con claridad para evitar posibles desviaciones en el proceso de investigación y deben ser susceptibles de alcanzarse (Rojas, 1981); *son las guías del estudio* y durante todo su desarrollo deben tenerse presentes. Evidentemente, los objetivos que se especifiquen han de ser congruentes entre sí.

Continuando con el ejemplo de la joven interesada en realizar una investigación acerca de los factores que intervienen en el desarrollo del noviazgo. Una vez que se ha familiarizado con el tema encuentra que, según algunos estudios, los factores más importantes son la atracción física, la confianza, la proximidad física, el grado en que cada uno de los novios refuerza positivamente la autoimagen del otro y la similitud entre ambos. Entonces los objetivos de su estudio podrían plantearse de la siguiente manera:

- Determinar si la atracción física, la confianza, la proximidad física, el reforzamiento de la autoestima y la similitud tienen una influencia importante en el desarrollo del noviazgo entre jóvenes guatemaltecos.
- Evaluar cuáles de los factores mencionados tienen mayor importancia en el desarrollo del noviazgo entre jóvenes guatemaltecos.
- Analizar si hay o no diferencia entre los hombres y las mujeres con respecto a la importancia atribuida a cada uno de los factores mencionados.
- Analizar si hay o no diferencias entre las parejas de novios de distintas edades en relación con la importancia asignada a cada uno de los mismos factores.

También es conveniente comentar que durante la investigación pueden surgir objetivos adicionales, modificarse los objetivos iniciales e incluso ser sustituidos por nuevos objetivos, según la dirección que tome la investigación.

2.2.2 Preguntas de investigación

Además de definir los objetivos concretos de la investigación, es conveniente plantear a través de una o varias preguntas el problema que se estudiará. Plantearlo en forma de preguntas tiene la ventaja de presentarlo de manera directa, minimizando la distorsión (Christensen, 1980).

No siempre en la *pregunta* o *preguntas* se comunica el problema en su totalidad, con toda su riqueza y contenido. A veces solamente el propósito del estudio es formulado, aunque las preguntas deben resumir lo que habrá de ser la investigación. Al respecto, no podemos decir que haya una forma correcta de expresar todos los problemas de investigación, pues cada uno de ellos requiere un análisis particular. Las preguntas generales deben aclararse y delimitarse para esbozar el área-problema y sugerir actividades pertinentes para la investigación (Ferman y Levin, 1979).

Hay preguntas demasiado generales que no conducen a una investigación concreta como: ¿por qué algunos matrimonios duran más que otros?, ¿por qué hay personas más satisfechas en su trabajo que otras?, ¿en qué programas de televisión hay muchas escenas sexuales?, ¿cambian con el tiempo las personas que van a psicoterapia?, ¿los gerentes se comprometen más con su empresa que los obreros?, ¿cómo se relacionan los medios de comunicación colectiva con el voto? Las preguntas no deben utilizar términos ambiguos ni abstractos. Estas preguntas constituyen más bien ideas iniciales que es necesario refinar y precisar para que guíen el inicio de un estudio.

La última pregunta, por ejemplo, habla de "medios de comunicación colectiva", término que implica la radio, la televisión, los periódicos, las publicaciones, el cine, los anuncios publicitarios en exteriores y otros más. Asimismo, se menciona "voto", sin especificar el tipo ni el contexto y sistema social (si se trata de una votación política de nivel nacional o local, sindical, religiosa, para elegir al representante de una cámara industrial o a otro funcionario). Y aun pensando que fuera el voto para una elección presidencial, la relación expresada no lleva a diseñar actividades pertinentes para desarrollar una investigación, a menos que se piense en "un gran estudio" que analice todas las posibles vinculaciones entre ambos términos (medios de comunicación colectiva y voto).

En efecto, como está formulada la pregunta, origina una gran cantidad de dudas como: ¿se investigarán los efectos que la difusión de propaganda a través de dichos medios tiene en la conducta de los votantes?, ¿se analizará el papel de estos medios como agentes de socialización política en cuanto al voto?, ¿se investigará en qué medida se incrementa el número de mensajes políticos en los medios de comunicación masiva durante épocas de elecciones?, ¿acaso se estudiará cómo los resultados de una votación afectan lo que opinan las personas que manejan tales medios? Es decir, no queda claro qué se va a hacer en realidad.

Lo mismo ocurre con las otras preguntas, son demasiado generales. En lugar de ellas deben plantearse preguntas mucho más específicas como: ¿el tiempo que un matrimonio dedica diariamente a platicar sobre su relación tiene que ver con cuánto tiende a perdurar ésta?, ¿cómo están vinculadas la satisfacción laboral y la variedad en el trabajo en la gestión gerencial en grandes empresas industriales en Venezuela?, ¿las series televisivas estadounidenses traducidas al español contienen mayor cantidad de sexo que las series de telenovelas mexicanas?, ¿conforme se desarrollan las psicoterapias aumentan o declinan las expresiones verbales de discusión y exploración de planes futuros personales que manifiestan los pacientes?, ¿existe alguna relación entre el nivel jerárquico y la motivación intrínseca en el trabajo, en las empresas gubernamentales de Buenos Aires?, ¿cuál es el promedio de horas diarias de televisión que ven los niños colombianos de áreas urbanas?, ¿la exposición por parte de los votantes a los debates en televisión de candidatos a la presidencia de Brasil está correlacionada con la decisión de votar o abstenerse?

Las preguntas pueden ser más o menos generales como se mencionó anteriormente, pero en la mayoría de los casos es mejor que sean más precisas. Desde luego, hay macroestudios que investigan muchas dimensiones de un problema y que inicialmente pueden plantear preguntas más generales. Sin embargo, casi todos los estudios tratan de cuestiones más específicas y limitadas.

Asimismo, como sugiere Rojas (1981), es necesario establecer los límites temporales y espaciales del estudio y esbozar un perfil de las unidades de observación (personas, periódicos, viviendas, escuelas, etc.), perfil que aunque es tentativo, resulta muy útil para definir el tipo de investigación que habrá de llevarse a cabo. Desde luego, es muy difícil que todos estos aspectos sean incluidos en las preguntas de investigación, pero pueden plantearse una o varias preguntas y acompañarlas de una breve explicación del tiempo, lugar y unidades de observación del estudio.

Ejemplo

Un asesor en cuestiones de organización puede decidir llevar a cabo un estudio sobre los medios de comunicación que utilizan los altos ejecutivos y plantear las siguientes preguntas de investigación: ¿cuáles son los medios de comunicación que utilizan con mayor frecuencia los niveles gerenciales o similares en su trabajo?, ¿qué tipo de información se transmite a través de dichos medios?, ¿con qué propósitos se usa cada medio? En estas preguntas no se han especificado diversas cuestiones que es necesario aclarar mediante una breve explicación. En el ejemplo, ésta podría ser la siguiente:

"La investigación incluirá las siguientes formas de comunicación en las organizaciones: la interacción diádica 'cara a cara', las reuniones en grupos pequeños, el teléfono, la comunicación a través de terceras personas, la correspondencia (cartas, memoranda, avisos, notas, oficios), las reuniones en grandes grupos, los tableros de aviso, las terminales de computadora, el boletín y otras publicaciones de la empresa, y las grabaciones. Se abarcarán solamente los tres niveles jerárquicos más altos de las empresas que cuenten con más de mil trabajadores del área metropolitana de la ciudad de Bogotá."

Un ejemplo de ingeniería podría ser averiguar cuáles son los factores que inciden en la rotura de envases de vidrio para refrescos embotellados.

Ejemplos adicionales

Aplicando lo anterior al ejemplo de la investigación sobre el noviazgo, las preguntas de investigación podrían ser:

- ¿La atracción física, la confianza, la proximidad física, el reforzamiento de la autoestima y la similitud ejercen una influencia significativa sobre la evaluación que hacen los novios de su relación, el interés mostrado por ésta y la disposición de continuar la relación?
- ¿Cuál de estos factores ejerce mayor influencia sobre la evaluación de la relación, el interés mostrado por ésta y la disposición de continuar la relación?
- ¿Están vinculadas entre sí la atracción física, la confianza, la proximidad física, el reforzamiento de la autoestima y la similitud?
- ¿Existe alguna diferencia entre los hombres y las mujeres con respecto al peso que le asignan a cada factor en la evaluación de la relación, el interés mostrado por ésta y la disposición de continuar la relación?
- ¿La edad está relacionada con el peso asignado a cada factor con respecto a la evaluación de la relación, el interés mostrado por ésta y la disposición de continuar la relación?

Ahora bien, con una simple ojeada al tema nos daríamos cuenta de que se pretende abarcar demasiado en el problema de investigación y, a menos que se cuente con muchos recursos y tiempo, se tendría que limitar el estudio, por ejemplo a la similitud. Entonces se podría preguntar: ¿la similitud ejerce alguna influencia significativa sobre la elección de la pareja en el noviazgo y la satisfacción dentro de él?

En el estudio que hemos comentado acerca del desarrollo municipal las preguntas podrían ser: ¿con qué infraestructura cuentan ya lo municipios estudiados? ¿Qué se puede ofrecer al inversionista en cuanto a infraestructura, ventajas impositivas y disposición de recursos humanos? ¿Qué norman las leyes locales que regulan el desarrollo municipal? ¿De qué recursos locales, estatales y federales se podría disponer para impulsar el desarrollo municipal?

Al igual que en el caso de los objetivos, durante el desarrollo de la investigación pueden modificarse las preguntas originales o agregarse otras nuevas; y como se ha venido sugiriendo, la mayoría de los estudios plantean más de una pregunta ya que de este modo se pueden cubrir diversos aspectos del problema a investigar.

2.2.3 Justificación de la investigación

Además de los objetivos y las preguntas de investigación *es necesario justificar el estudio exponiendo sus razones.* La mayoría de las investigaciones se efectúan con un propósito definido, no se hacen simplemente por capricho de una persona; y ese propósito debe ser lo suficientemente fuerte para que se justifique su realización. Además, en muchos casos se tiene que explicar por qué es conveniente llevar a cabo la investigación y cuáles son los beneficios que se derivarán de ella: el pasante deberá explicar a un comité escolar el valor de la tesis que piensa realizar, el investigador universitario hará lo mismo con el grupo de personas que en su institución aprueba proyectos de investigación e incluso con sus colegas, el asesor tendrá que explicar a su cliente las recompensas que se obtendrán de un estudio determinado, el subordinado que propone una investigación a su superior deberá dar razones de la utilidad de ella. Lo mismo ocurre en casi todos los casos.

Criterios para evaluar el valor potencial de una investigación

Una investigación puede ser conveniente por diversos motivos: tal vez ayude a resolver un problema social o a construir una nueva teoría. Lo que algunos consideran relevante y debe ser investigado puede no serlo para otros. Respecto a ello, suele diferir la opinión de las personas. Sin embargo, se puede establecer una serie de criterios para evaluar la utilidad de un estudio propuesto, criterios que evidentemente son flexibles y de ninguna manera son exhaustivos. A continuación se dan algunos de estos criterios formulados como preguntas, los cuales fueron adaptados de Ackoff (1953) y Miller (1977). Y podemos decir que, cuanto mayor número de respuestas se contesten positiva y satisfactoriamente, la investigación tendrá bases más sólidas para justificar su realización.

- *Conveniencia*
  ¿Qué tan conveniente es la investigación?, esto es, ¿para qué sirve?
- *Relevancia social*
  ¿Cuál es su trascendencia para la sociedad?, ¿quiénes se beneficiarán con los resultados de la investigación?, ¿de qué modo? En resumen, ¿qué alcance social tiene?
- *Implicaciones prácticas*
  ¿Ayudará a resolver algún problema práctico?, ¿tiene implicaciones trascendentales para una amplia gama de problemas prácticos?
- *Valor teórico*
  Con la investigación, ¿se llenará algún hueco de conocimiento?, ¿se podrán generalizar los resultados a principios más amplios?, ¿la información que se obtenga puede servir para comentar, desarrollar o apoyar una teoría?, ¿se podrá conocer en mayor medida el comportamiento de una o de diversas variables o la relación entre ellas?, ¿ofrece la posibilidad de una exploración fructífera de algún fenómeno?, ¿qué se espera saber con los resultados que no se conociera antes?, ¿puede sugerir ideas, recomendaciones o hipótesis a futuros estudios?
- *Utilidad metodológica*
  La investigación, ¿puede ayudar a crear un nuevo instrumento para recolectar o analizar datos?, ¿ayuda a la definición de un concepto, variable o relación entre variables?, ¿pueden lograrse con ella mejoras de la forma de experimentar con una o más variables?, ¿sugiere cómo estudiar más adecuadamente una población?

Desde luego, es muy difícil que una investigación pueda responder positivamente a todas estas interrogantes; algunas veces puede sólo cumplir un criterio.

2.2.4 Viabilidad de la investigación

Además de los tres elementos que conforman propiamente el planteamiento del problema es necesario considerar otro aspecto importante: la *viabilidad* o *factibilidad* misma del estudio; para ello debemos tomar en cuenta la disponibilidad de recursos financieros, humanos y materiales que determinarán en última instancia los alcances de la investigación (Rojas, 1981). Es decir, debemos preguntarnos realistamente: ¿puede llevarse a cabo esta investigación? y ¿cuánto tiempo tomará realizarla? Estos cuestionamientos son particularmente importantes cuando se sabe de antemano que se dispondrá de pocos recursos para efectuar la investigación.

Un ejemplo de inviabilidad

Un caso ilustrativo de este hecho ocurrió hace algunos años, cuando un grupo de estudiantes de Ciencias de la Comunicación decidió hacer su tesis de licenciatura sobre el impacto que podría tener introducir la televisión en una comunidad donde no existía. El estudio buscaba, entre otras cosas, analizar si los patrones de consumo cambiaban, las relaciones interpersonales se modificaban y las actitudes y valores centrales de los habitantes (religión, actitudes hacia el matrimonio, la familia, la planificación familiar, el trabajo) se transformaban con la introducción de la televisión. La investigación resultaba interesante porque había pocos estudios similares y éste aportaría información útil para el análisis de los efectos de este medio, la difusión de innovaciones y otras muchas áreas de conocimiento. Sin embargo, el costo de la investigación era muy elevado (había que adquirir muchos televisores y obsequiarlos a los habitantes o rentarlos, hacer llegar a la comunidad las transmisiones, contratar a bastante personal, realizar considerables erogaciones en viáticos, etc.), y superaba, por mucho, las posibilidades económicas de los estudiantes, aun cuando consiguieran financiamiento. Además, llevaría bastante tiempo realizarlo (cerca de tres años), tomando en cuenta que se trataba de una tesis. Posiblemente para un investigador especializado en el área, este tiempo no resultaría un obstáculo. El factor "tiempo" varía en cada investigación; a veces se requieren los datos en el corto plazo, mientras que en otras ocasiones el tiempo no es relevante (hay estudios que duran varios años porque su naturaleza así lo exige).

2.2.5 Consecuencias de la investigación

Aunque no sea con fines científicos, es necesario que el investigador se cuestione acerca de *las consecuencias de su estudio.* En el ejemplo anterior, suponiendo que la investigación se hubiera llevado a cabo, hubiera sido conveniente preguntarse antes de realizarla: ¿cómo va a afectar a los habitantes de esa comunidad?

Imaginemos que se piensa realizar un estudio sobre el efecto de una droga muy fuerte, que se usa en el tratamiento de alguna clase de esquizofrenia. Cabría reflexionar sobre la conveniencia de efectuar o no la investigación. Y este aspecto no contradice lo postulado sobre el hecho de que la investigación científica no estudia aspectos morales ni hace juicios de este tipo. No los hace, pero ello no implica que un investigador decida no realizar un estudio porque puede tener efectos perjudiciales para otros seres humanos. Aquí se está hablando de suspender una investigación por cuestiones de ética personal y no llevar a cabo un estudio sobre aspectos éticos o estéticos. La decisión de hacer o no una investigación por las consecuencias que ésta puede tener es una decisión personal de quien la concibe. Desde el punto de vista de los autores, también es un aspecto del planteamiento del problema que debe ventilarse, y la responsabilidad es algo muy digno de tomarse en cuenta siempre que se va a realizar un estudio.

RESUMEN

- Plantear el problema de investigación es afinar y estructurar más formalmente la idea de investigación, desarrollando tres elementos: objetivos de investigación, preguntas de investigación y justificación de ésta. Los tres elementos deben ser capaces de guiar a una investigación concreta y con posibilidad de prueba empírica.
- Los objetivos y preguntas de investigación deben ser congruentes entre sí e ir en la misma dirección.
- Los objetivos establecen qué pretende la investigación, las preguntas nos dicen qué respuestas deben encontrarse mediante la investigación y la justificación nos indica por qué debe hacerse la investigación.
- Los criterios principales para evaluar el valor potencial de una investigación son: conveniencia, relevancia social, implicaciones prácticas, valor teórico y utilidad metodológica. Además debe analizarse la viabilidad de la investigación y sus posibles consecuencias.
- El planteamiento de un problema de investigación científico no puede incluir juicios morales o estéticos. Pero debe cuestionarse si es o no ético llevarlo a cabo.

CONCEPTOS BÁSICOS

Planteamiento del problema
Objetivos de investigación
Preguntas de investigación
Justificación de la investigación
Criterios para evaluar una investigación
Viabilidad de la investigación
Consecuencias de la investigación

EJERCICIOS

1. Vea una película sobre estudiantes (de nivel medio o superior) y su vida cotidiana, deduzca una idea, después consulte algunos libros o artículos que hablen sobre esa idea y finalmente plantee un problema de investigación en torno a dicha idea (objetivos, preguntas y justificación de la investigación).
2. Seleccione un artículo de una revista científica que contenga los resultados de una investigación y responda las siguientes preguntas: ¿cuáles son los objetivos de esa investigación?, ¿cuáles las preguntas?, ¿cuál es su justificación?
3. Respecto a la idea que eligió en el capítulo 1, transfórmela en un planteamiento del problema de investigación. Pregúntese: ¿los objetivos son claros, precisos y llevarán a la realización de una investigación en la "realidad"?, ¿son ambiguas las preguntas?, ¿qué va a lograrse con este planteamiento?, ¿es posible realizar esa investigación? Además evalúe su planteamiento de acuerdo con los criterios expuestos en este capítulo.
4. Compare los siguientes objetivos y preguntas de investigación. ¿Cuál de ambos planteamientos es más específico y claro?, ¿cuál piensa que es menor?

Planteamiento 1

Objetivo: Analizar el efecto de utilizar a un profesor autocrático *versus* un profesor democrático en el aprendizaje de conceptos matemáticos elementales en niños de escuelas públicas ubicadas en zonas rurales. El estudio se realizaría con niños que asisten a su primer curso de matemáticas.

Pregunta: ¿El estilo de liderazgo (democrático-autocrático) del profesor se encuentra relacionado con el nivel de aprendizaje de conceptos matemáticos elementales?

Planteamiento 2

Objetivo: Analizar las variables que se relacionan con el proceso de enseñanza-aprendizaje de los niños de edad preescolar.

Pregunta: ¿Cuáles son las variables que se relacionan con el proceso de enseñanza-aprendizaje?

¿No piensa que el segundo planteamiento es demasiado global? Y respecto al primero, ¿podría mejorarse? Y si puede mejorarse, ¿de qué manera?

5. Algunos calificativos que no pueden aceptarse en un planteamiento de un problema de investigación son:

Ambiguo	Vago
Global	Confuso
General	Ininteligible
Vasto	Incomprensible
Injustificable	Desorganizado
Irracional	Incoherente
Prejuicioso	Inconsistente

¿Qué otros calificativos no puede aceptar un problema de investigación?

BIBLIOGRAFÍA SUGERIDA

KERLINGER, F.N. (1975), *Investigación del comportamiento: técnicas y metodología*, México, Nueva Editorial Interamericana, pp. 16-28.

Ejemplos

LA TELEVISIÓN Y EL NIÑO

OBJETIVOS

1. Describir el uso que los niños de la ciudad de México hacen de los medios de comunicación colectiva.
2. Indagar el tiempo que los niños de la ciudad de México dedican a ver la televisión.
3. Describir cuáles son los programas preferidos de los niños de la ciudad de México.
4. Determinar las funciones y gratificaciones de la televisión para el niño de la ciudad de México.
5. Conocer el tipo de control que ejercen los padres sobre la actividad de ver televisión de sus hijos.
6. Analizar qué tipos de niños ven más televisión.

PREGUNTAS DE INVESTIGACIÓN

¿Cuál es el uso que los niños de la ciudad de México hacen de los medios de comunicación colectiva?
¿Cuánto tiempo dedican a ver la televisión diferentes tipos de niños?
¿Cuáles son los programas preferidos de dichos niños?
¿Cuáles son las funciones y gratificaciones de la televisión para el niño?
¿Qué tipo de control ejercen los padres sobre sus hijos en relación con la actividad de ver televisión?

JUSTIFICACIÓN

Para la mayoría de los niños ver televisión, dormir e ir a la escuela constituyen sus principales actividades. Asimismo, la televisión es el medio de comunicación preferido por los niños. Se estima que en promedio el niño ve televisión tres horas diariamente, y se calculó en un reporte de la agencia de investigación Nielsen que, al cumplir los 15 años, un niño ha visto cerca de 15 000 horas de contenidos televisivos. Este hecho ha generado diversos cuestionamientos de padres, maestros, investigadores y, en general, de la sociedad sobre la relación niño-televisión y los efectos de ésta sobre el infante. Así, se ha considerado trascendente estudiar dicha relación con el propósito de analizar el papel que en la vida del niño desempeña un agente de socialización tan relevante como la televisión. El estudio planteado ayudará, entre otros aspectos, a conocer la relación niño-televisión, sus implicaciones para el desarrollo del niño y proporcionará información que será útil para padres y maestros sobre cómo manejar de modo más provechoso la relación del niño con la televisión.

Por otra parte, la investigación contribuirá a contrastar con datos de México, los datos sobre usos y gratificaciones de la televisión en el niño encontrados en otros países.

La investigación es viable, pues se dispone de los recursos necesarios para llevarla a cabo.

EL CONTAGIO DEL SIDA

OBJETIVOS

Conocer la evolución y evaluar la situación actual de los individuos que recibieron sangre o derivados con la posibilidad de estar contaminados (factor de riesgo) adquiridos de "Transfusiones y Hematología, S.A.", por los Servicios Médicos de Pemex, en el periodo de enero de 1984 a mayo de 1987 y de sus contactos, con el propósito de tomar las medidas preventivas necesarias para interrumpir la cadena de transmisión y propagación del Virus de la Inmunodeficiencia Humana (VIH), así como para fundamentar el manejo administrativo laboral en los casos de trabajadores que hubieran resultado afectados (*SIDA con factor de riesgo postransfusión, receptores y contactos* (Hernández Galicia, Gerencia de Servicios Médicos de la Subdirección Técnica Administrativa de Petróleos Mexicanos, 1989).

CONTEXTO

"Un número por determinar de pacientes atendidos entre enero de 1984 a mayo de 1987 en las unidades hospitalarias de Petróleos Mexicanos, así como de sus contactos directos, son portadores del Virus de Inmunodeficiencia Humana (VIH) debido a que por requerimientos propios a su padecimiento, recibieron transfusiones de sangre o sus derivados, posiblemente contaminados, provenientes del banco particular Transfusiones y Hematología, S.A."

PREGUNTAS DE INVESTIGACIÓN

¿Habrá diferencia en el tiempo que tardan en desarrollar el SIDA entre las personas contagiadas por transmisión sexual contra las contagiadas por transfusión sanguínea?

¿Se encontrarán diferencias en el tiempo que tardan en desarrollar la enfermedad personas que pertenecen a grupos con diferentes edades?

¿Existen síntomas que evidencien de manera diferente el desarrollo de la enfermedad entre los contagiados por transfusión y los contagiados por transmisión sexual?

JUSTIFICACIÓN

Es necesario estudiar los efectos que tienen diferentes formas de adquirir el VIH para establecer medidas que limiten y controlen las posibilidades de transmisión del SIDA. Lo anterior llevará a implantar acciones en hospitales y clínicas que eviten la transfusión de sangre sin el control requerido.

La investigación es conveniente desde el punto de vista médico y contribuirá al conocimiento del SIDA. Además permitirá un manejo justo y equitativo en casos de infección por el VIH.

Capítulo

3 La elaboración del marco teórico: revisión de la literatura y construcción de una perspectiva teórica

OBJETIVOS DE APRENDIZAJE

Al terminar este capítulo, el alumno será capaz de:

- Comprender qué actividades debe realizar para revisar la literatura pertinente a un problema de investigación científica.
- Desarrollar habilidades en la búsqueda y revisión de la literatura.
- Estar capacitado para, sobre la base de la revisión de la literatura, desarrollar marcos teóricos o de referencias que contextualicen un problema de investigación científica.
- Comprender los conceptos relativos a la construcción de teorías.

PROCESO DE INVESTIGACIÓN
Tercer paso

ELABORACIÓN DE UN MARCO TEÓRICO

- Revisión de la literatura
- Detección de la literatura
- Obtención de la literatura
- Consulta de la literatura
- Extracción y recopilación de la información de interés
- Construcción del marco teórico

SÍNTESIS

El capítulo comenta y profundiza la manera de contextualizar un problema de investigación científica planteado: integrando un marco teórico o de referencia.

En el capítulo se detallan las actividades que un investigador lleva a cabo para tal efecto: detección, obtención y consulta de la literatura pertinente para el problema de investigación planteado; extracción y recopilación de la información de interés; y construcción del marco teórico.

Asimismo se define el concepto de teoría y otros relacionados con la construcción de teorías.

3.1 ¿CUÁLES SON LAS FUNCIONES DEL MARCO TEÓRICO?

Una vez planteado el problema de estudio (es decir, cuando ya se poseen objetivos y preguntas de investigación), y cuando además se han evaluado su relevancia y factibilidad, el siguiente paso consiste en *sustentar teóricamente el estudio*, etapa que algunos autores llaman *elaborar el marco teórico*. Ello implica analizar y exponer las *teorías*, los *enfoques teóricos*, las *investigaciones* y los *antecedentes en general* que se consideren válidos para el correcto encuadre del estudio (Rojas, 1981).

Seis funciones principales del marco teórico

El *marco teórico* cumple diversas funciones dentro de una investigación, entre las cuales destacan las siguientes seis:

1. *Ayuda a prevenir errores que se han cometido en otros estudios.*
2. *Orienta sobre cómo habrá de realizarse el estudio.* En efecto, al acudir a los antecedentes, nos podemos dar cuenta de cómo ha sido tratado un problema específico de investigación: qué tipos de estudios se han efectuado, con qué tipo de sujetos, cómo se han recolectado los datos, en qué lugares se han llevado a cabo, qué diseños se han utilizado.
3. *Amplía el horizonte del estudio y guía al investigador para que se centre en su problema evitando desviaciones del planteamiento original.*
4. *Conduce al establecimiento de hipótesis o afirmaciones que más tarde habrán de someterse a prueba en la realidad.*
5. *Inspira nuevas líneas y áreas de investigación* (Yurén Camarena, 1980).
6. *Provee de un marco de referencia para interpretar los resultados del estudio.*

Ejemplo de una investigación sin sentido

Si estamos tratando de probar que determinado tipo de personalidad incrementa la posibilidad de que un individuo sea líder, al revisar los estudios de liderazgo en la literatura respectiva nos daríamos cuenta de que tal investigación carece de sentido, pues se ha demostrado ampliamente que el liderazgo es más bien producto de la interacción entre tres elementos: características del líder, características de los seguidores (miembros del grupo) y la situación en particular, y que poseer ciertas características de personalidad no está necesariamente relacionado con el surgimiento de un líder en un grupo (no todos los "grandes líderes históricos" eran extrovertidos, por ejemplo).

3.2 ¿QUÉ ETAPAS COMPRENDE LA ELABORACIÓN DEL MARCO TEÓRICO?

La elaboración de *marco teórico* comprende dos etapas que estudiaremos a continuación:

- *La revisión de la literatura* correspondiente.
- *La adopción de una teoría o desarrollo de una perspectiva teórica.*

3.3 ¿EN QUÉ CONSISTE LA REVISIÓN DE LA LITERATURA?

La revisión de la literatura consiste en *detectar, obtener* y *consultar* la *bibliografía* y otros materiales que pueden ser útiles para los propósitos del estudio, de donde se debe *extraer y recopilar* la información relevante y necesaria que atañe a nuestro problema de investigación. Esta revisión debe ser *selectiva*, puesto que cada año se publican en diversas partes del mundo miles de artículos de revistas, periódicos, libros y otras clases de materiales en las áreas del conocimiento. Si al revisar la literatura nos encontramos con que, en el área de interés hay 10 000 posibles referencias, es evidente que se deberán seleccionar sólo las más importantes y recientes. A continuación, analizaremos cada una de las actividades que normalmente se realizan al revisar la literatura.

3.3.1 Detección de la literatura y otros documentos

Dankhe (1986) distingue tres tipos básicos de *fuentes de información* para llevar a cabo la revisión de la literatura:

A. *Fuentes primarias (directas).* Constituyen el objetivo de la *investigación bibliográfica* o *revisión de la literatura* y proporcionan datos de primera mano (Dankhe, 1986). Un ejemplo de éstas son los libros, antologías, artículos de publicaciones periódicas, monografías, tesis y disertaciones, documentos oficiales, reportes de asociaciones, trabajos presentados en conferencias o seminarios, artículos periodísticos, testimonios de expertos, películas, documentales y videocintas. En el Apéndice 1 se ofrece una lista de las publicaciones periódicas más importantes en el campo de la comunicación y las ciencias del comportamiento, en general, que contienen un tipo muy importante de fuentes primarias: los artículos científicos.

B. *Fuentes secundarias.* Son compilaciones, resúmenes y listados de referencias publicadas en un área de conocimiento en particular (son listados de fuentes primarias). Es decir, reprocesan información de primera mano. Por ejemplo: la American Business Communication Association y la International Communication Association, publican desde 1974, en forma anual, el libro *Organizational Communication*, en el cual se mencionan y comentan brevemente los artículos, libros, tesis, disertaciones y otros documentos relevantes en el campo de la comunicación en las organizaciones (publicados básicamente en inglés, aunque también se incluyen referencias en otros idiomas).

En la figura 3.1 se reproduce un ejemplo de algunas *referencias* de un índice hipotético en el área de la investigación de la conducta humana.[1]

Es importante aclarar que no en todas las compilaciones, resúmenes e índices ocurre así; en algunos casos no aparecen las referencias comentadas, sino sólo las citas. Por otra parte, la mayoría se encuentran en idioma inglés, pues en el mundo occidental Estados Unidos es el país que ha logrado un avance más significativo en el desarrollo de compilaciones e índices. Las referencias se listan alfabéticamente por autor o autores según la clasificación que se utilice para ordenarlas (por temas, cronológicamente, por área de conocimiento, etcétera).

Es importante recalcar que se dispone de índices y sumarios no sólo de libros y revistas, sino también de otros materiales como cintas de video, películas, grabaciones, ponencias en congresos y seminarios, etcétera.

En el Apéndice 2 se listan algunas de las principales fuentes secundarias que se utilizan comúnmente en la investigación del comportamiento.

C. *Fuentes terciarias.* Se trata de documentos que compendian nombres y títulos de revistas y otras publicaciones periódicas, así como nombres de boletines, conferencias y simposios; nombres de empresas, asociaciones industriales y de diversos servicios (pertinentes para las ciencias de la conducta; por ejemplo, directorios de empresas que se dedican a cuestiones de recursos humanos, mercadotecnia y publicidad, opinión pública, etc.); títulos de reportes con información gubernamental; catálogos de libros básicos que contienen referencias y datos bibliográficos; y nombres de instituciones nacionales e internacionales al servicio de la investigación. Son útiles para detectar fuentes no documentales como organizaciones que realizan o financian estudios, miembros de asociaciones científicas (quienes pueden dar asesoría), instituciones de educación superior, agencias informativas y dependencias del gobierno que efectúan investigaciones.

Diferencia entre fuente secundaria y terciaria

La diferencia estriba en que una fuente secundaria compendia fuentes de primera mano y una fuente terciaria reúne fuentes de segunda mano. Una fuente secundaria agrupa referencias directas [por ejemplo, artículos de satisfacción laboral: "Different goal setting treatments and their effects on performance and job satisfaction", *Academy of Management Journal*, 1977 (sept.), vol. 29(3), 406-419, artículo de J. M. Ivancevichll; "School climate and its relationship with principal's effectiveness and teacher satisfaction", *Journal of Psychological Research*, 1975 (sept.), vol. 21(3), 105-107, artículo escrito por M. Sharma]. En cambio, una fuente

[1] El ejemplo es ficticio, no así las referencias. Es decir, no se tomó de ningún índice en especial, sino que fue construido para ilustrar cómo generalmente las fuentes secundarias presentan a las fuentes primarias.

FIGURA 3.1
Ejemplo de un índice de referencias.

Kerlinger, F. N. (1975). *Investigación del comportamiento: técnicas y metodología.* México, D. F.: Nueva Editorial Interamericana. Primera edición en español.

Presenta distintos aspectos de la investigación tales como la elaboración de hipótesis, definición de variables, algunos conceptos estadísticos fundamentales, análisis de varianza, diseños de investigación, investigación experimental y de campo, las encuestas, la medición a través de diversos métodos, la regresión múltiple, el análisis de factores y el uso de la computadora. Es un libro "clásico" sumamente difundido y que puede utilizarse en cursos intermedios y avanzados.

Kerlinger, F. N. (1979). *Enfoque conceptual de la investigación del comportamiento.* México, D. F.: Nueva Editorial Interamericana, primera edición en español.

Se centra en variables, hipótesis, relaciones, diseños estadísticos de una variable y factoriales, investigación experimental y no experimental, investigación por encuestas, y desarrolla los principios de algunos análisis multivariados (análisis de varianza, regresión múltiple, correlación canónica, análisis discriminante y análisis estructural de la covarianza). Incluye varias discusiones sobre los métodos cuantitativos, significancia estadística y un capítulo introductorio del uso de la computadora en la investigación de la conducta.

Kerlinger, F. N. y E. J. Pedhazur (1973). *Multiple regression in behavioral research.* New York: Holt, Rinehart and Winston.

Texto fundamental para el análisis de regresión, el análisis univariado y multivariado de varianza, la regresión múltiple, el análisis discriminante, la correlación canónica, análisis "path" y otros métodos multivariados. Explica la naturaleza, cálculo y aplicaciones de cada método con detalle e incluye programas de computadora para el análisis de regresión múltiple.

Krippendorff, K. (1980). "Clustering." En P. R. Monge y J. N. Cappella (Eds.), *Multivariate techniques in human communication research*, pp. 259-308. New York: Academic Press.

Desarrolla la técnica estadística para extraer tipologías, conocida como "agrupamiento" (*clustering*) (juntar objetos o variables que comparten cualidades observadas o dividirlas en clases mutuamente excluyentes cuyos lazos reflejan diferencias en las cualidades observadas).

Levine, R. y J. E. Hunter (1971). "Statistical and psychometric inference in principal components analysis". *Multivariate Behavorial Research*, 6, 105-116.

Muestra la manera de realizar inferencias en el sentido estadístico y psicométrico del análisis de factores por componentes principales.

terciaria agrupa compendios de fuentes secundarias (revistas que contienen artículos de satisfacción laboral, como: *Academy of Management Journal, Journal of Organizational Behavior and Human Performance, Investigación Administrativa*).

Un ejemplo de fuente terciaria sería *Industridata* (datos de empresas industriales) o *Directorios de medios escritos* (datos de periódicos, revistas y otro tipo de publicaciones). Un catálogo de revistas periódicas (como, en el caso de México, el catálogo del Instituto Nacional de Estadística, Geografía e Informática, INEGI).

Inicio de la revisión de la literatura

La revisión de la literatura puede iniciarse directamente con el acopio de las fuentes primarias, situación que ocurre cuando el investigador conoce su localización, se encuentra muy familiarizado con el campo de estudio (posee información completa sobre los artículos, libros u otros materiales relevantes para su investigación; sabe dónde se encuentran y cuáles han sido los avances de la disciplina) y tiene acceso a ellas (puede hacer uso de material de bibliotecas, filmotecas, hemerotecas, bancos de datos y servicios de información). Sin embargo, es poco común que suceda esto, especialmente en países donde se cuenta con un número reducido de centros de acopio bibliográfico, donde muchas veces las colecciones de revistas son incompletas o no se encuentran actualizadas y no se dispone de muchos libros y otros documentos.

Por lo cumún, *es recomendable iniciar la revisión de la literatura consultando a uno o varios expertos en el tema y acudir a fuentes secundarias o terciarias*, para de este modo localizar y recopilar las fuentes primarias, que en última instancia es el objetivo de la revisión de la literatura. Asimismo, es importante recordar que quienes elaboran las fuentes secundarias y terciarias son especialistas en el área y es necesario aprovechar adecuadamente su esfuerzo.

Resulta muy aconsejable, en especial para quien no ha hecho antes una revisión de la literatura, acudir a un *centro de información que esté conectado por terminal de computadora a distintos bancos o bases de datos* (cada uno de estos bancos agrupa múltiples referencias o fuentes primarias dentro de un campo de conocimiento en especial). Además, en dichos centros se ofrece orientación acerca de los bancos a los que resulta conveniente conectarse, según el problema de investigación en particular. Por ejemplo, en el caso que hemos venido desarrollando sobre el noviazgo, podríamos conectarnos a *Psychological Abstracts*, que incluye referencias sobre relaciones interpersonales y, entre ellas, evidentemente el noviazgo.

También hay *bancos de datos que se consultan manualmente*, donde las referencias se buscan en libros. En el Apéndice 3 se explica el proceso para conectarse a un banco o base de datos por medio de una terminal de computadora en un centro de información y la manera de utilizar los bancos de consulta manual. Un banco de datos puede ser una fuente secundaria o terciaria según la información que contenga y la forma en que esté organizada cuando constituye una fuente secundaria: temática, alfabética o cronológicamente, por lo que para consultarla resulta conveniente precisar muy bien el tema de la revisión de la literatura y comenzar con el periodo más reciente, porque esta clase de referencias contienen la información más importante de referencias anteriores, además de contener datos más actuales y novedosos.

En resumen, para identificar la literatura de interés, que servirá para elaborar el marco teórico podemos:

a) Acudir directamente a las fuentes primarias u originales cuando se conoce muy bien el área de conocimiento en cuestión.
b) Acudir a expertos en el área que orienten la detección de la literatura pertinente y fuentes secundarias, para localizar las fuentes primarias, que es la estrategia de detección de referencias más común.
c) Acudir a fuentes terciarias para localizar fuentes secundarias y lugares donde puede obtenerse información, para detectar a través de ellas las fuentes primarias de interés.

3.3.2 Obtención (recuperación) de la literatura

Ya identificadas las fuentes primarias pertinentes, es necesario localizarlas físicamente en las *bibliotecas, filmotecas, hemerotecas, videotecas u otros lugares donde se encuentren.* Desde luego, no siempre se pueden localizar todas las fuentes primarias, a veces no se dispone de ellas. Por ejemplo, supongamos que entre las referencias que requieren ser localizadas está un artículo publicado en una revista científica. Puede suceder que ninguna biblioteca de la localidad reciba la revista o que no tenga el número que se busca. Por ello casi nunca se dispondrá de todas las fuentes primarias que se deben consultar, pero sí es importante que se localice y revise la mayoría de ellas, sobre todo las más recientes y las que fueron escritas o editadas (en el caso de referencias escritas) o realizadas (en otros casos) por los expertos más destacados en el área de interés.

Para obtener fuentes primarias de que no se dispone en la localidad, se puede escribir a alguna biblioteca situada en otra localidad, a la editorial (en el caso de revistas y libros) o a quien haya producido el material para averiguar si lo tienen. También puede intentarse obtener un directorio de los miembros de alguna asociación científica y escribirle a un experto en el tema que nos interesa. La mayoría de estas asociaciones tiene el directorio y tal vez algún profesor universitario o investigador que conozcamos la posea. Incluso algunos centros de información con acceso a bancos de datos ofrecen el servicio de recuperación de fuentes primarias y tardan un tiempo razonable en entregarlas.

3.3.3 Consulta de la literatura

Una vez que se han localizado físicamente las fuentes primarias (la literatura) de interés, se procede a *consultarlas.* El primer paso consiste en seleccionar las que serán de utilidad para nuestro marco teórico específico y desechar las que no sirven. En ocasiones una fuente primaria puede referirse a nuestro problema de investigación pero no sernos útil, porque no enfoca el tema desde el punto de vista que se pretende establecer, nuevos estudios han encontrado explicaciones más satisfactorias o invalidado sus resultados o disprobado sus conclusiones, se detectaron errores de metodología, se realizaron en contextos completamente diferentes al de la actual investigación, etcétera). En caso de que la detección de la literatura se haya realizado mediante compilaciones o bancos de datos donde se incluía un breve resumen de cada referencia, se corre menos riesgo de haber elegido una fuente primaria o referencia inútil.

En todas las áreas de conocimiento, las *fuentes primarias más utilizadas* para elaborar marcos teóricos son *libros, revistas científicas y ponencias o trabajos presentados en congresos, simposios y otros eventos similares,* entre otras razones, por ser las fuentes primarias que sistematizan en mayor medida la información, generalmente profundizan más en el tema que desarrollan, cuesta menos dinero obtenerlas y utilizarlas, y son altamente especializadas.

En el caso de los libros, para delimitar su utilidad por cuestión de tiempo, conviene comenzar analizando la tabla o índice de contenido y el índice analítico o de materias, los cuales proporcionan un panorama muy amplio sobre los temas tratados en la obra. Tratándose de artículos de revistas científicas, lo más adecuado es revisar primero el resumen, y en caso de considerarla de utilidad, revisar las conclusiones, comentarios o discusión al final del artículo o, en última instancia, todo el artículo.

Con el propósito de seleccionar las fuentes primarias que servirán para elaborar el marco teórico, es conveniente hacerse las siguientes preguntas: ¿se relaciona la referencia con mi problema de investigación?, ¿cómo?, ¿qué aspectos trata?, ¿desde qué perspectiva aborda el tema?, ¿psicológica, antropológica, sociológica, comunicológica, administrativa? La respuesta a esta última pregunta es muy importante. Por ejemplo, si se pretende estudiar la relación entre superior y subordinado en términos del efecto que la retroalimentación positiva del primero tiene en la motivación para el logro del segundo, la investigación tiene un enfoque principalmente comunicológico. Supongamos que nos encontramos un artículo que versa sobre la relación superior o jefe-subordinado, pero trata de las atribuciones administrativas que cierto tipo de subordinados tiene en determinadas empresas. Este artículo resulta obvio que se debe descartar porque enfoca el tema desde otra perspectiva.

Ello no significa que no se acuda a otros campos de conocimiento para completar la revisión de la literatura; en algunos casos se encuentran referencias sumamente útiles en otras áreas.

En lo que se refiere al *apoyo bibliográfico,* algunos investigadores consideran que no debe acudirse a obras elaboradas en el extranjero, porque la información que presentan y las teorías que sostienen fueron elaboradas para otros contextos y situación. Aunque eso es cierto, no implica que deba rechazarse o no utilizarse tal material; la cuestión es cómo usarlo. La *literatura extranjera* puede ayudar al investigador nacional de diversas maneras: puede ofrecerle un buen punto de partida, guiarlo en el enfoque y tratamiento que se le dará al problema de investigación, orientarlo respecto a los diversos elementos que intervienen en el problema, centrarlo en un problema específico, sugerirle cómo construir el marco teórico, etcétera.

En muchas ocasiones los resultados de investigaciones efectuadas en el extranjero pueden diferir de los que se obtengan en el propio país. Hecho que no siempre ocurre, puesto que hay diversos fenómenos del comportamiento que presentan varias similitudes en contextos distintos (v. gr. los factores que determinan la inteligencia, la motivación laboral, la memoria, el aprendizaje de conceptos, la personalidad autoritaria, el desarrollo del noviazgo, la delincuencia juvenil); negarlo significaría rechazar que se pueden establecer principios generales de la conducta humana). Pero esto no implica que se tenga que prescindir de dichas investigaciones (a veces las teorías en esencia son las mismas, pero la manera en que se aplican difiere solamente en algunos aspectos e incluso en detalles).

Un caso ilustrativo lo fueron los estudios de Rota (1978), cuyo propósito primordial fue analizar el efecto que la exposición a la violencia televisada tiene en la conducta agresiva de los niños. Cuando el autor citado revisó la literatura encontró que prácticamente no se habían realizado estudios previos en México, pero que en Estados Unidos se habían llevado a cabo diversas investigaciones y que, incluso, se tenían distintas teorías al respecto (teoría del reforzamiento, teoría de la catarsis y las teorías de los efectos disfuncionales). El autor se basó en la literatura estadounidense y comenzó a efectuar estudios en nuestro país. Sus resultados difirieron de los encontrados en Estados Unidos, pero los antecedentes localizados en esta nación constituyeron un excelente marco de referencia y un punto de partida para sus investigaciones.

Una vez seleccionadas *las referencias o fuentes primarias útiles* para el problema de investigación, se revisan cuidadosamente y se extrae la información necesaria para integrarla y desarrollar el marco teórico. Al respecto, es recomendable anotar todos los datos completos de identificación de la referencia. Podría darse el caso de que estemos revisando una referencia, que por alguna razón resulte necesario devolverla de inmediato y no sea posible recuperarla sino después de un largo plazo. Será apropiado anotar los datos necesarios para volver a localizarla, evitando que se nos olviden. Pueden darse algunas situaciones que obliguen anotar, por lo pronto, las referencias completas, para después recopilar toda la demás información que se requiera. En estos casos y si estamos acudiendo a varias bibliotecas para localizar fuentes primarias, también conviene anotar el lugar donde se localiza la referencia y, de ser posible, su clave dentro del sistema de clasificación de la biblioteca, hemeroteca o videoteca.

3.3.4 Extracción y recopilación de la información de interés en la literatura

Existen diversas maneras de recopilar la información extraída de las referencias, de hecho cada persona puede idear su propio método de acuerdo con la forma en que trabaja. Algunos autores sugieren el uso de fichas (Rojas, 1981; Pardinas, 1975; Garza, 1976; y Becker y Gustafson, 1976). Sin embargo, la información también puede recopilarse en hojas sueltas, libretas o cuadernos; hay incluso quien la graba en casetes. La manera de recopilarlas es lo de menos, lo importante es que se extraigan los datos y las ideas necesarios para la elaboración del marco teórico. En algunos casos únicamente se extrae una idea, comentario o cifra, en cambio en otros se extraen varias ideas, se resume la referencia (por ejemplo, los resultados de una investigación) o se reproducen textualmente partes del documento. En cualquier caso, resulta indispensable anotar la referencia completa de donde se extrajo la información según el tipo de que se trate:

Libros

Título y subtítulo del libro, nombre(s) de (los) autor(es), lugar y año de edición, nombre de la editorial y cuando se trate de una reimpresión, el número de ésta.

Capítulos de libros, cuando fueron escritos por varios autores y recopilados por una o varias personas (compiladores)

Título, subtítulo y número del capítulo, nombre(s) del (los) autor(es) del capítulo, título y subtítulo del libro, nombre(s) del (los) compilador(es) o editor(es) (que es diferente al de la editorial), lugar y año de edición, página del libro en la que comienza el capítulo y página en donde termina, nombre de la editorial, número de reimpresión (si es el caso). Cuando el capítulo ha sido publicado anteriormente en otra fuente, la cita completa donde se expuso o publicó (siempre y cuando lo incluya el libro, generalmente aparece esta cita en alguna parte de él).

Artículos de revistas

Título y subtítulo del artículo, nombre(s) del (los) autor(es), nombre de la revista, año, volumen, número o equivalente; página donde comienza el artículo y página donde termina.

Artículos periodísticos

Título y subtítulo del artículo, nombre(s) del (los) autor(es), nombre del periódico, sección y página(s) donde se publicó y día y año en que se publicó.

Videocasetes y películas

Título y subtítulo de la videocinta, documental filmado, película o equivalente; nombre del (los) productor(es) y director(es), nombre de la institución o empresa productora, lugar y año de producción.

Trabajos presentados en seminarios, conferencias, congresos y eventos similares

Título y subtítulo del trabajo, nombre(s) del (los) autor(es), nombre completo del evento y asociación, organismo o empresa que lo patrocina, mes y año en que se llevó a cabo y lugar donde se efectuó.

Entrevistas realizadas a expertos

Nombre del entrevistado, nombre del entrevistador, fecha precisa cuando se efectuó la entrevista, medio a través del cual se transcribió o difundió. Tema, dirección o lugar y forma en que está disponible (transcripción, cinta, videocasete, etc.).

Tesis y disertaciones

Título de la tesis, nombre(s) del (los) autor(es), escuela o facultad e institución de educación superior donde se elaboró la tesis y año.

Documentos no publicados (manuscritos)

Título y subtítulo del documento, (nombre(s) del (los) autor(es), institución o empresa que apoya al documento (si se trata de apuntes de alguna materia, es necesario anotar el nombre de ésta, el de la escuela o facultad correspondiente y el de la institución; aunque hay documentos personales que carecen de apoyo institucional); lugar y fecha en que fue producido o difundido el documento y la dirección donde se encuentra disponible.

Con el propósito de que el lector observe qué información se requiere obtener para diversos tipos de referencia, a fin de incluirlas en la bibliografía, se recomienda consultar las referencias bibliográficas de este libro.

Cómo recopilar información a partir de referencias

Al recopilar información de referencias es posible extraer una idea o varias ideas. En las figuras 3.2, 3.3, 3.4, 3.5, 3.6, 3.7 y 3.8 se muestran algunos ejemplos de recopilación de información extraída de fuentes primarias, con objeto de ilustrar la manera en que se realiza esta recopilación en fichas o notas de trabajo bibliográfico (obsérvese que en todos los casos se incluye la referencia completa).

Una idea extraída de una referencia

FIGURA 3.2
Ejemplo de una ficha bibliográfica con una idea.

> Primero se pone el apellido del autor; de este modo la referencia se localiza más fácilmente en un fichero de biblioteca.
>
> Howitt, Denis (1982). Mass media and social problems. Oxford, Inglaterra: Pergamon Press, p. 52.
> En una situación de crisis macrosocial (guerra, catástrofe, asesinato de una figura pública, recesión económica), se incrementa la necesidad de la población por obtener información de los medios de comunicación colectiva sobre los eventos de la crisis.

Una cifra extraída de una referencia

FIGURA 3.3
Ejemplo de una ficha bibliográfica con una cifra.

> Fernández-Collado, Carlos; Baptista Pilar; y Elkes Déborah (1986). La televisión y el niño. México, D. F.: Editorial Oasis, p. 33.
>
> Los niños de la ciudad de México ven, en promedio, 3 horas diarias de televisión.

Una idea extraída de la referencia más la opinión del investigador sobre esta idea o alguno de sus aspectos

FIGURA 3.4

> Neisser, Ulric (1979). The concept of intelligence.
> En Robert J. Stennberg y Douglas K. Detterman (editores), *Human intelligence: perspectives on its theory and measurement.* Norwood, New Jersey: Ablex Publishing Corporation, pp. 179-189.
>
> *Idea*
>
> La inteligencia en sí no existe, excepto como el retrato de un prototipo, pero el concepto de persona inteligente está basado en hechos, por ejemplo, en características humanas genuinamente correlacionadas. La similitud de un individuo con el prototipo puede ser medida, pero solamente de manera parcial. No todos los atributos relevantes proporcionan por sí mismos una medición estandarizada. Tal medición parcial tiende a crear su propio prototipo y su propia categoría.
>
> *Opinión*
>
> En este sentido, una alternativa de la psicometría es no pretender medir "la inteligencia" como tal y hacer comparaciones entre individuos en cuanto a este prototipo general (que es ambiguo y varía de acuerdo con los diferentes enfoques existentes para su estudio). En cambio, tal vez resultaría conveniente medir las características humanas que algunos han concebido como componentes de la inteligencia (fluidez verbal, orientación espacial, etc.), y hacer comparaciones entre individuos en cada una de esas características en particular. Así, hablaríamos de que una persona posee mayor fluidez verbal que otra, etc.; pero no diríamos que es más inteligente.

Análisis de una idea extraída de una referencia

FIGURA 3.5
Ejemplo de una ficha bibliográfica con una idea analizada.

> Freedman, Jonathan L.; Sears, David O.; y Carlsmith, J. Merril (1981). *Social psychology.* Englewood Cliffs, New Jersey: Prentice-Hall. Cuarta edición, p. 209.
> Descubrir similitudes con alguien, produce mayor atracción hacia esa persona. Pero la teoría del balance sugiere que lo opuesto también ocurre, cuando alguien nos resulta atractivo; esperamos concordar con esa persona en aspectos de los cuales no hemos hablado aún con ella. Es decir, las variables atracción y similitud están correlacionadas. La similitud incrementa la posibilidad de atracción y viceversa. Cuando una persona nos resulta atractiva, buscamos los aspectos que tiene en común con uno y les damos una valencia más elevada a éstos, tratando de minimizar los aspectos disimilares.

Varias ideas y datos extraídos de una referencia

FIGURA 3.6
Ejemplo de una ficha bibliográfica con varias ideas y datos.

Paniagua J., María de la Luz (1980). *Grado de aplicación y mercado de trabajo de la mercadotecnia en México.* Centro de Investigación en Ciencias Administrativas de la Sección de Graduados de la Escuela Superior de Comercio y Administración, Instituto Politécnico Nacional; p. 72, 88, 89, 91.

En un estudio que incluyó a 124 empresas de la ciudad de México, Guadalajara, Monterrey, San Luis Potosí, Chihuahua, Veracruz y Saltillo (66% ubicadas en la ciudad de México, 11% en Guadalajara, 8% en Monterrey y 14% de las demás ciudades) se encontró, entre otros aspectos, lo siguiente:

1. 74% de las empresas no tienen planes futuros de mercadotecnia.
2. Las empresas más antiguas son las que aplican en mayor medida la mercadotecnia (hay una relación entre la fecha de constitución de la empresa y el grado de aplicación de la mercadotecnia).
3. A mayor tamaño de las empresas, mayor el grado en que aplican la mercadotecnia (correlación = .40, $p < .001$).
4. A mayor tamaño de las empresas, más altos son los salarios que ofrecen al personal que trabaja en el área de mercadotecnia.
5. Las empresas de mayor tamaño presentan más variedad de profesiones entre su personal del área de mercadotecnia.
6. A mayor tamaño de la empresa, mayor número de puestos hay en el área de mercadotecnia.

Reproducción textual de una o varias partes de la referencia

FIGURA 3.7
Ejemplo de una ficha bibliográfica con reproducción textual.

Segovia, Rafael (1982). *La politización del niño mexicano.* México, D. F.: El Colegio de México, pp. 104-105.
"En la escuela primaria hay una clara tendencia a señalar enemigos entre aquellos países sobre los que se tiene una escasa información (Francia e Inglaterra) que pronto ceden ante aquellos que se empiezan a conocer (la URSS y Cuba), o sea que, en caso de no haber un nuevo elemento capaz de crear un halo de hostilidad en torno a una nación, como el socialismo o el comunismo, la idea de enemistad va desapareciendo."
"Pero incluso la enemistad hacia los países socialistas no crece: o se estabiliza o se refugia en los grupos de bajo status social, como los obreros y los campesinos, donde se dan mayores niveles de intolerancia. El rechazo del socialismo se produce como era de esperarse, también en los estados menos desarrollados del país."

Resumen de referencia

FIGURA 3.8
Resumen de una referencia.

Barnett, George A. y McPhail Thomas L. (1980). "An examination of the relationship of United States television and canadian identity." *International Journal of Intercultural Relations*, vol. 4, pp. 219-232.

La investigación se centra en analizar el impacto de la importación de programas de televisión sobre la identidad nacional de un país. Concretamente se estudia el efecto que la televisión estadounidense tiene sobre la identidad nacional canadiense. Al analizar los resultados obtenidos en una muestra de 149 estudiantes canadienses inscritos en una Universidad de Ottawa, se encontró que aquellos que ven más programas de televisión de Estados Unidos, tienden a percibirse a sí mismos más estadounidenses y menos canadienses. Las personas que ven una cantidad extrema de televisión estadounidense se identificaron más con el concepto de "Estados Unidos" que con el de "Canadá".

El estudio utilizó la técnica de escalamiento métrico multidimensional y el programa de computación Galileo, versión 3.9. Asimismo, los resultados se basaron en comparaciones en el "yo" y los conceptos "Estados Unidos" y "Canadá".

Wiersman (1986) sugiere una excelente manera de resumir una referencia que incluye:

1. cita o datos bibliográficos
2. problema de investigación
3. sujetos
4. procedimiento(s) de la investigación
5. resultados y conclusiones

La figura 3.9 muestra un ejemplo de ello.

Una vez extraída y recopilada la información que nos interesa de las referencias pertinentes para nuestro problema de investigación podremos empezar a *elaborar el marco teórico*, el cual se basará en la integración de la información recopilada.

El primer paso es *ordenar la información recopilada*, siguiendo uno o varios criterios lógicos y adecuados al tema de la investigación. Algunas veces se ordena cronológicamente, otras veces por subtemas o por teorías, etcétera. Por ejemplo, si se utilizaron fichas para recopilar la información, se ordenan de acuerdo con el criterio que se haya definido. De hecho, hay quien trabaja siguiendo un método propio de organización. En definitiva lo que importa es que el método resulte eficaz.

3.4 ¿CÓMO SE CONSTRUYE EL MARCO TEÓRICO?

Uno de los propósitos de la revisión de la literatura es analizar y discernir si la teoría existente y la investigación anterior sugieren una respuesta (aunque sea

FIGURA 3.9
Ejemplo de una ficha bibliográfica sugerida por W. Wiersman.

SPURGEON, PETER; HICKS, CAROLYN; y TERRY, ROSALYN. "A preliminary investigation into sex differences in reported friendship determinants amongst a group of early adolescents." *The British Journal of Social Psychology*, Vol. 22. pp. 63-64.

Problema: Determinar si hay diferentes tipos globales de relación amistosa entre sexos y dentro de cada sexo, así como los determinantes de dichos tipos globales.

Sujetos: 26 adolescentes de 11 a 12 años de edad (15 de género femenino y 11 de género masculino) que cursan el último año de escuela básica (Middle school).

Procedimiento: Los sujetos contestaron un cuestionario para avalar un rango de determinantes de la amistad, el cuestionario estuvo basado en descubrimientos de investigación sobre las razones más importantes subyacentes en la formación y mantenimiento de la amistad. Se incluyeron preguntas cerradas (con escala de cinco puntos) concernientes a razones ambientales, sociológicas y de personalidad; y preguntas abiertas acerca de la naturaleza de la amistad y la relación amistosa. Asimismo, se les pidió que calificaran a su mejor amigo o amiga en cada pregunta, y a su segundo y tercer amigo o amiga.

Resultados y conclusiones:

En el caso de las mujeres, las razones para vincularse con su mejor amiga son cualitativamente diferentes de las razones para vincularse a su segunda o tercera mejor amiga. Los aspectos más importantes para la mejor amistad fueron, en orden: "jugar juntas", "sentarse juntas" y tener "la misma actitud positiva" hacia la escuela. Menos importante resultó "vivir cerca". Respecto a la segunda y tercera mejor amiga, los aspectos más relevantes fueron similares en ambos casos (v. gr., "actitud positiva" hacia la escuela, "agradar a la maestra" y "sentarse juntas". En cambio, "visitar el hogar de la otra persona y viceversa" es menos importante.

En contraste, el orden de aspectos importantes de la amistad entre los jóvenes es idéntico entre los tres niveles (mejor amigo, segundo y tercer lugar). Los aspectos más destacados fueron: "actitud negativa" hacia la escuela, "jugar y sentarse juntos". "Visitar el hogar del otro y viceversa" fue menos importante.

Desde un punto de vista global, las percepciones de ambos sexos en relación con los determinantes importantes de la amistad son muy similares ($r = +.82$, $p = 0.01$). Las respuestas a las preguntas abiertas fueron clasificadas como situacionales, contractuales o psicológicamente internas. Los resultados demostraron un paso a través de las fases de la amistad. De las relaciones amistosas de las mujeres 97% están basadas en razones psicológicas internas, mientras que para los jóvenes se distribuyen entre razones psicológicas internas (54%) y contractuales (45%).

Esta investigación inicial revela que, para ambos sexos, los aspectos más importantes en la amistad adolescente son similares, pero que hay diferencias en la variación de niveles de amistad que pueden reflejar preferencias por actividades distintas o tasas de maduración entre ambos sexos.

parcial) a la pregunta o preguntas de investigación, o bien, provee una dirección a seguir dentro del tema de nuestro estudio (Dankhe, 1986). La literatura revisada puede revelar:

- Que existe *una teoría completamente desarrollada*, con abundante evidencia empírica[2] y que se aplica a nuestro problema de investigación.
- Que hay *varias teorías* que se aplican a nuestro problema de investigación.
- Que hay *"piezas y trozos" de teoría con apoyo empírico* moderado o limitado, que sugieren variables potencialmente importantes y que se aplican a nuestro problema de investigación.
- Que *solamente existen guías aún no estudiadas* e ideas vagamente relacionadas con el problema de investigación (Dankhe, 1986).

En cada caso, varía la estrategia que habremos de utilizar para *construir nuestro marco teórico*; sin embargo, antes de hacerlo es necesario explicar algunos términos que se han venido manejando en este apartado; por ejemplo, ¿qué es una teoría? y ¿cuáles son sus funciones? Hagamos pues una pausa y revisemos estos conceptos. Hemos de aclarar que mucho podría decirse acerca de una teoría (hay incluso obras completas dedicadas únicamente a hablar de este tema); sin embargo, debido a que no es el propósito principal del libro ahondar en este tema, sólo trataremos algunos aspectos de él.

3.4.1 Acepciones del término teoría

El término "teoría" ha sido utilizado de diferentes formas para indicar varias cuestiones distintas. Al revisar la literatura al respecto, nos encontramos con definiciones contradictorias o ambiguas; además, conceptos como: teoría, orientación teórica, marco teórico de referencia, esquema teórico o modelo se usan ocasionalmente como sinónimos y otras veces con leves matices diferenciales (Sjoberg y Nett, 1980, p. 40).

En ocasiones, con ese término se *indica una serie de ideas que una persona tiene respecto de algo* ("yo tengo mi propia teoría sobre cómo educar a los hijos"). Otra concepción ha sido considerar las teorías como *conjuntos de ideas no comprobables e incomprensibles*, que están en las mentes de los profesores y los científicos y que tienen muy poca relación con la "realidad" (Black y Champion, 1976). Muy frecuentemente, las teorías son vistas como algo totalmente desvinculado de la vida cotidiana. Hay incluso quienes piensan que debido a que no tratan "problemas relevantes" de la vida diaria (por ejemplo, como conseguir

[2] La evidencia empírica se refiere a los datos de la realidad que apoyan o dan testimonio de una o varias afirmaciones. Se dice que una teoría ha recibido apoyo o evidencia empírica, cuando hay investigaciones científicas que han demostrado que sus postulados son ciertos en la realidad observable o medible. Las proposiciones o afirmaciones de una teoría pueden tener diversos grados de evidencia empírica: *a*) si no hay evidencia empírica ni en favor ni en contra de una afirmación, a ésta se le denomina "hipótesis"; *b*) si hay apoyo empírico, pero éste es moderado, a la afirmación o proposición suele denominársele "generalización empírica"; y *c*) si la evidencia empírica es abrumadora, hablamos de "ley" (Reynolds, 1971, p. 80).

trabajo o hacerse rico, conquistar a una muchacha, ganar dinero en un casino, tener una vida matrimonial feliz, o superar una tragedia), no son de ninguna utilidad (Black y Champion, 1976). De acuerdo con este punto de vista, sólo cuando las teorías pueden mostrarnos cómo vivir mejor deben seriamente tomarse en cuenta.

También, hay quienes creen que la teoría representa *simples ideas* para las cuales no se han ideado procedimientos empíricos relevantes para medirlas. Esta concepción confiere a la teoría cierta cualidad mística (Black y Champion, 1976). Desde esta perspectiva, la información obtenida de la realidad sobre una proposición teórica sirve únicamente para ser refutada porque no captura toda la "esencia" o el "corazón" u otra cualidad no mensurable del fenómeno que se investiga (Black y Champion, 1976). Una vez que un fenómeno es mensurable u observable, deja de ser importante desde el punto de vista teórico. Para los que están de acuerdo con este enfoque, aparentemente lo teórico es lo que no se puede medir, que escapa al escrutinio empírico. En consecuencia, no importa cuánta investigación se lleva a cabo, ésta resulta "teóricamente irrelevante" o, al menos, de trascendencia secundaria. Estas interpretaciones, a nuestro juicio erróneas, han provocado controversias y han conducido a la investigación por diferentes caminos.

Algunos científicos del comportamiento humano han identificado *cualquier clase de conceptualización con la teoría.* Conceptos como: nacionalismo, cultura, medios de comunicación colectiva, opinión pública, al ser definidos y utilizados en la interpretación de materiales de investigación, son equiparados con la *teoría social* (Sjoberg y Nett, 1980). Así se habla de: teoría de la opinión pública, teoría de la información, teoría de la socialización, etcétera.

Otro uso del término es el de la teoría como el *pensamiento de algún autor*, se identifica la teoría con los textos de autores clásicos de las ciencias del comportamiento como Carlos Marx, Max Weber, Emile Durkheim, Burhus Frederic Skinner, Wilbur Schramm, Sigmund Freud. Pero esto significaría igualar el concepto "teoría" con la "historia de las ideas" (Sjoberg y Nett, 1980). Como parte de esta noción de teoría, algunos utilizan el término como sinónimo de "escuela de pensamiento".

Hay quienes conciben la teoría como *esquema conceptual* (Ferman y Levin, 1979). En este sentido la teoría se considera *un conjunto de conceptos relacionados que representan la naturaleza de una realidad.* Por ejemplo, en psicología social, los esquemas de la figura 3.10 que relacionan varios conceptos, se consideran representaciones de teoría motivacionales de la agresión.

Como cualquier tipo de esquemas, los esquemas conceptuales que representan teorías no guardan toda la riqueza que éstas poseen. Los esquemas de la figura 3.10, si bien relacionan conceptos —incluso secuencialmente— y proporcionan un panorama de las razones por las que surge la agresión, no especifican cómo se relacionan los conceptos entre sí, únicamente se señala que cada concepto tiene un efecto sobre otro. Por ejemplo, el tercer esquema (teoría del aprendizaje social) no nos indica si las experiencias aversivas y las inducciones del estímulo están relacionadas; tampoco se menciona cómo se provoca la reacción final, se sabe que depende de la excitación emocional y de las consecuencias

FIGURA 3.10 Esquematización de análisis motivacionales alternativos de la agresión.[3]

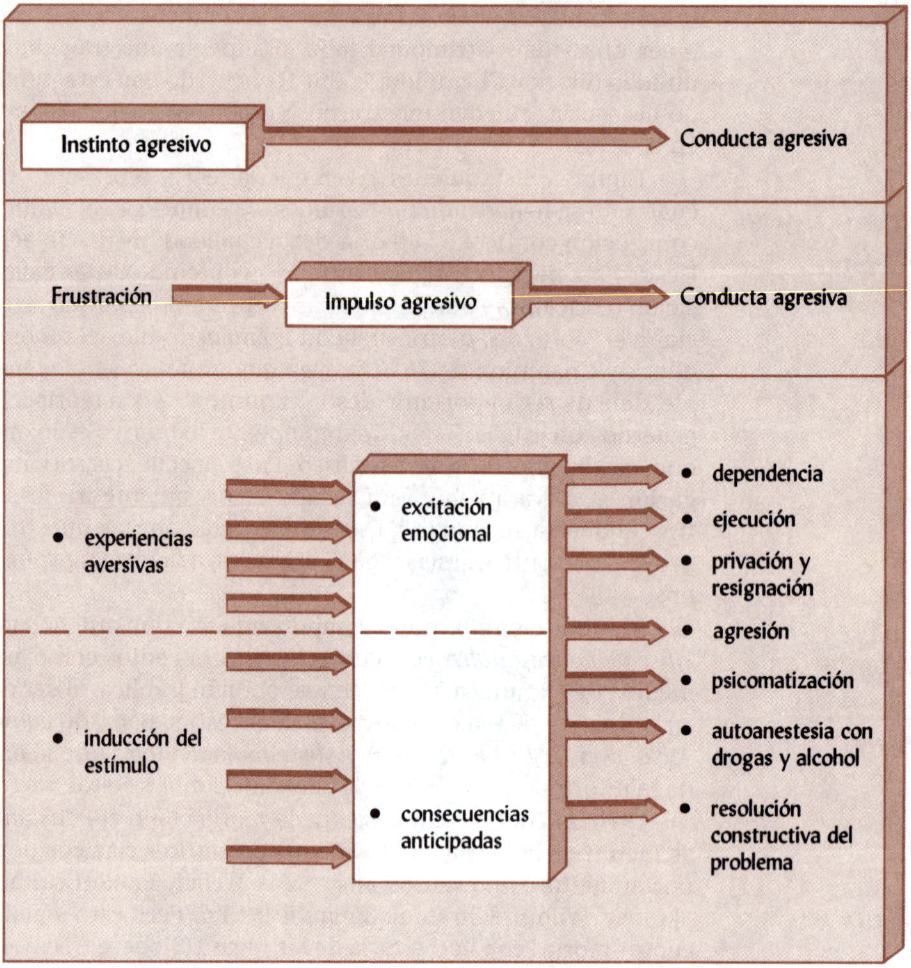

anticipadas, pero no se especifica qué tipo de consecuencias están asociadas con la dependencia o con la agresión, la resolución constructiva del problema, etcétera); ni se especifica si la cantidad de experiencias aversivas es directamente proporcional a la excitación emocional. Así, el esquema es simplemente una guía para comprender la agresión, pero no da todos los elementos para entenderla a fondo.

Lo mismo sucede con los otros esquemas que, aunque son más sencillos, únicamente relacionan conceptos. El segundo, por ejemplo, no señala si a mayor frustración corresponde mayor impulso agresivo; o a mayor frustración, menor impulso agresivo. Evidentemente en este caso, ya sea por nuestra lógica o porque estamos familiarizados con el fenómeno, sabemos que lo primero es lo que ocurre normalmente (a mayor agresión, corresponde mayor impulso agresivo y ma-

[3] Extraído de Bandura (1978, p. 17).

yor probabilidad de que se presente una conducta agresiva con más intensidad). Pero esto se debe a nuestro conocimiento obtenido por otras fuentes, no gracias al esquema.

La definición científica

Finalmente, otros investigadores conceptúan la teoría como explicación final. En esta acepción, la teoría consiste en un conjunto de proposiciones interrelacionadas, capaces de explicar por qué y cómo ocurre un fenómeno. En palabras de Kerlinger (1975, p. 9): "*una teoría es un conjunto de constructos (conceptos), definiciones y proposiciones relacionadas entre sí, que presentan un punto de vista sistemático de fenómenos especificando relaciones entre variables, con el objeto de explicar y predecir los fenómenos*".[4]

El *significado* de teoría que adoptaremos en el libro *es este último*, el cual se encuentra presente, en mayor o menor grado, en diversos autores además de Kerlinger. Por ejemplo:

"Una teoría es un conjunto de proposiciones relacionadas sistemáticamente que especifican relaciones causales entre variables." (Black y Champion, 1976, p. 56.)

"Las teorías no sólo consisten en esquemas o tipología conceptuales, sino que contienen proposiciones semejantes a leyes que interrelacionan dos o más conceptos o variables al mismo tiempo. Más aún, estas proposiciones deben estar interrelacionadas entre sí." (Blalock, 1984, p. 12.)

"Una teoría es un conjunto de proposiciones interrelacionadas lógicamente en la forma de afirmaciones (aserciones) empíricas acerca de las propiedades de clases infinitas de eventos o cosas." (Gibbs, 1976, p. 5.)

Un último comentario sobre las *teorías como consumación de la explicación es que pueden acompañarse de esquemas, diagramas o modelos gráficos* (incluso muchos autores los usan porque resulta conveniente para fines didácticos y para ilustrar los conceptos teóricos más importantes). El hecho de que un esquema conceptual no especifique varios aspectos de la teoría a la que hace referencia y que no sea una explicación completa del fenómeno, no significa que carezca de utilidad. Simplemente se menciona que es un significado que se ha dado al término "teoría". Muchos esquemas conceptuales vienen acompañados de explicaciones adicionales que nos ayudan a comprender un fenómeno; tal es el caso de la teoría del aprendizaje social y la agresión (v. gr., Bandura, 1977 y 1978).

3.4.2 ¿Cuáles son las funciones de la teoría?

Una reflexión sobre la utilidad de las teorías

Cuando algunos leen la palabra teoría en el temario de una materia que van a cursar, se preguntan si será o no útil tratar con teorías y se cuestionan: ¿para qué

[4] Hemos cambiado el término "construcciones" por el de "constructos", como lo han hecho los traductores del libro de Kerlinger en subsecuentes ediciones.

ver las teorías si no se encuentran vinculadas con la realidad? Aunque cada vez son menos los que dudan de la utilidad de una buena teoría, algunos todavía no están seguros de que compenetrarse con las teorías es algo productivo y fructífero, porque generalmente no han analizado con profundidad la utilidad de una teoría ni han vivido la experiencia de aplicarla a una realidad. En ocasiones, lo único que ocurre es que no se sabe cómo aplicar una teoría al mundo real; es decir, no es que la teoría no pueda aplicarse sino que somos nosotros quienes no encontramos la manera de hacerlo.

Otras veces, dudar de la utilidad de una teoría se debe a una concepción errónea de ella. Sígase este razonamiento: la teoría es el fin último de la investigación científica, que trata con hechos reales. Si la investigación científica está interesada en la realidad, entonces ¿por qué persigue como propósito final algo que no guarda relación con la realidad (la teoría)? Porque la teoría constituye una descripción y una explicación de la realidad.

Funciones de las teorías

1. *La función más importante de una teoría es explicar: decir por qué, cómo y cuándo ocurre un fenómeno.* Por ejemplo, una teoría de la personalidad autoritaria debe explicarnos, entre otras cosas, en qué consiste este tipo de personalidad, cómo surge y por qué una persona autoritaria se comporta de cierta manera ante determinadas situaciones.

   Una teoría puede tener mayor o menor *perspectiva.* Hay teorías que abarcan diversas manifestaciones de un fenómeno. Por ejemplo, una teoría de la motivación que pretenda describir y explicar qué es y cómo surge la motivación en general. Hay otras que abarca sólo ciertas manifestaciones del fenómeno; por ejemplo, una teoría de la motivación que busque describir y explicar qué es la motivación en el trabajo, cómo se origina y qué la afecta.
2. Una segunda función es *sistematizar o dar orden al conocimiento* sobre un fenómeno o realidad, conocimiento que en muchas ocasiones es disperso y no se encuentra organizado.
3. Otra función, muy asociada con la de explicar, es la de *predicción.* Es decir, hacer inferencias a futuro sobre cómo se va a manifestar u ocurrir un fenómeno dadas ciertas condiciones. Por ejemplo, una teoría adecuada de la toma de decisiones de los votantes deberá conocer cuáles son los factores que afectan el voto y, contando con información válida y confiable respecto de dichos factores en relación con un contexto determinado de votación, podrá predecir qué candidato habrá de triunfar en tal votación. En este sentido, la teoría proporciona conocimiento de los elementos que están relacionados con el fenómeno sobre el cual se habrá de efectuar la predicción. Si hubiera una teoría adecuada sobre los temblores, se sabría qué factores pueden provocar un sismo y cuándo es probable que ocurra. Y en el caso de que alguien familiarizado con la teoría observara que estos factores se presentan, podría predecir este fenómeno, así como el momento en que sucediera.

Frecuentemente, para la explicación y predicción de cualquier fenómeno o hecho de la realidad, se requiere *la concurrencia de varias teorías*, una para cada aspecto del hecho (Yurén Camarena, 1980). Hay fenómenos que, por su complejidad, para poder predecirse requieren varias teorías: la órbita de una nave espacial, la productividad de un individuo (en donde requeriríamos teorías de la motivación, la satisfacción laboral, el desarrollo de habilidades, el desempeño), el grado de satisfacción de los cónyuges en una relación marital, etcétera. Pero es indudable que una teoría *incrementa el conocimiento* que tenemos sobre un hecho real.

3.4.3 ¿Cuál es la utilidad de la teoría?

Hemos comentado que *una teoría* es útil porque *describe, explica y predice el fenómeno o hecho al que se refiere*, además de que *organiza el conocimiento* al respecto y *orienta la investigación* que se lleve a cabo sobre el fenómeno. Alguien podría preguntar: ¿hay teorías "malas o inadecuadas"? La respuesta es un "no" contundente. Si se trata de una teoría es porque explica verdaderamente cómo y por qué ocurre o se manifiesta un fenómeno. Si no logra hacerlo, no es una teoría. Podríamos llamarla creencia, conjunto de suposiciones, ocurrencia, especulación, preteoría o de cualquier otro modo, pero nunca teoría.

Por ello algunas personas ven poca utilidad en las teorías debido a que leen una supuesta "teoría" y ésta no es capaz de describir, explicar y predecir determinada realidad (cuando se aplica no funciona). Pero no es que las teorías no sean útiles; sino que esa pseudoteoría es lo que resulta inútil. Ahora bien, no hay que confundir inutilidad con *inoperancia* en un contexto específico. Hay teorías que funcionan muy bien en determinado contexto pero no en otro, lo cual no las hace inútiles, sino inoperantes dentro de cierto contexto.

3.4.4 ¿Todas las teorías son igualmente útiles o algunas teorías son mejores que otras?

Todas las teorías aportan conocimiento y en ocasiones ven los fenómenos que estudian desde ángulos diferentes (Littlejohn, 1983), pero algunas se encuentran más desarrolladas que otras y cumplen mejor con sus funciones. Para decidir el valor de una teoría se cuenta con varios criterios.

3.4.5 ¿Cuáles son los criterios para evaluar una teoría?

Los criterios más comunes para evaluar una teoría, son:

1. Capacidad de descripción, explicación y predicción
2. Consistencia lógica
3. Perspectiva

4. Fructificación (heurística)
5. Parsimonia

1. Capacidad de descripción, explicación y predicción

Una teoría debe ser capaz de describir y explicar el fenómeno o fenómenos a que hace referencia. *Describir* implica varias cuestiones: definir al fenómeno, sus características y componentes, así como definir las condiciones en que se presenta y las distintas maneras en que puede manifestarse.

Explicar tiene dos significados importantes (Ferman y Levin, 1979). En primer término, significa incrementar el entendimiento de las causas del fenómeno. En segundo término, se refiere "a la prueba empírica" de las proposiciones de las teorías. Si éstas se encuentran apoyadas por los resultados, "la teoría subyacente debe supuestamente explicar parte de los datos" (Ferman, Levin, 1979, p. 33). Pero si las proposiciones no están confirmadas en la realidad, "La teoría no se considera como una explicación efectiva" (Ferman y Levin, 1979, p. 33).

La predicción está asociada con este segundo significado de explicación, que depende de la evidencia empírica de las proposiciones de la teoría (Ferman y Levin, 1979). Si las proposiciones de una teoría poseen un considerable apoyo empírico (es decir, han demostrado que ocurren una y otra vez, como lo explica la teoría) es de esperarse que en lo sucesivo vuelvan a manifestarse del mismo modo (como lo predice la teoría). Así, la teoría de la relación entre las características del trabajo y la motivación intrínseca explica que "a mayor variedad en el trabajo, mayor motivación intrínseca hacia éste". Entonces debe ser posible pronosticar, al menos parcialmente, el nivel de motivación intrínseca al observar el nivel de variedad en el trabajo.

Cuanta más evidencia empírica apoye a la teoría, mejor podrá describir, explicar y predecir el fenómeno o fenómenos estudiados por ella.

2. Consistencia lógica

Una teoría debe ser lógicamente consistente. Es decir, las proposiciones que la integran deberán estar interrelacionadas (no puede contener proposiciones sobre fenómenos que no están relacionados entre sí), ser mutuamente excluyentes (no puede haber repetición o duplicación), ni caer en contradicciones internas o incoherencias (Black y Champion, 1976).

3. Perspectiva

Se refiere al nivel de generalidad (Ferman y Levin, 1979). Una teoría posee más perspectiva cuanto mayor cantidad de fenómenos explique y mayor número de aplicaciones admita. Como mencionan Ferman y Levin (1979, p. 33), "el investigador que usa una teoría abstracta obtiene más resultados y puede explicar un número mayor de fenómenos".

4. *Fructificación (heurística)*

Es "la capacidad que tiene una teoría de generar nuevas interrogantes y descubrimientos" (Ferman y Levin, 1979, p. 34). Las teorías que originan, en mayor medida, la búsqueda de nuevos conocimientos son las que permiten que una ciencia avance.

5. *Parsimonia*

Una teoría parsimoniosa es una teoría simple, sencilla. Éste no es un requisito, sino una cualidad deseable de una teoría. Indudablemente las teorías que pueden explicar uno o varios fenómenos en unas cuantas proposiciones sin omitir ningún aspecto son más útiles que las que necesitan un gran número de proposiciones para ello. Desde luego, la sencillez no significa superficialidad.

3.4.6 ¿Qué estrategias seguimos para construir el marco teórico: adoptamos una teoría o desarrollamos una perspectiva teórica?

Después de analizar ampliamente el tema de las teorías, es momento de volver al de la *construcción del marco teórico*. Como se mencionó antes, la estrategia para construir nuestro marco de referencia depende de lo que nos revele la revisión de la literatura. Veamos qué se puede hacer en cada caso.

1. *Existencia de una teoría completamente desarrollada*

Cuando hay una teoría capaz de describir, explicar y predecir el fenómeno de manera lógica y consistente, y cuando reúne los demás criterios de evaluación antes mencionados, la mejor estrategia para construir el marco teórico es tomar esa teoría como la estructura misma del marco teórico. Ahora bien, si se descubre una teoría que explica muy bien el problema de investigación que nos interesa, se debe tener cuidado de no investigar algo ya estudiado muy a fondo. Imaginemos que alguien pretende realizar una investigación para someter a prueba la siguiente hipótesis referente al Sistema Solar: "Las fuerzas centrípetas tienden a los centros de cada planeta" (Newton, 1983, p. 61). Sería ridículo, porque es una hipótesis generada hace 300 años, comprobada de modo exhaustivo y ha pasado a formar parte del saber común.

Cuando encontramos una teoría sólida que explica el fenómeno o fenómenos de interés, debemos darle un nuevo enfoque a nuestro estudio: a partir de lo que ya está comprobado, plantear otras interrogantes de investigación, obviamente aquellas que no ha podido resolver la teoría. También puede haber una buena teoría, pero aún no comprobada o aplicada a todo contexto. De ser así, puede ser de interés someterla a prueba empírica en otras condiciones. Por ejemplo, una teoría de las causas de la satisfacción laboral desarrollada y sometida a prueba empírica en Japón que deseamos poner a prueba en Argentina o Brasil; o una teoría de los efectos de la exposición a contenidos sexuales en la televisión que únicamente ha sido investigada en adultos, pero no en adolescentes.

En este primer caso (teoría desarrollada), nuestro marco teórico consistirá en explicar la teoría, ya sea proposición por proposición o en forma cronológica, desarrollando la evolución de la teoría). Supongamos que se intenta resolver el siguiente cuestionamiento: ¿cuáles son las características del trabajo relacionadas con la motivación por las tareas laborales? Al revisar la literatura, se encontraría una teoría sumamente desarrollada, designada como la teoría de la relación entre las características del trabajo y la motivación intrínseca. Esta teoría puede resumirse en el modelo de la figura 3.11 (adaptado de Hackman y Oldham, 1980, p. 83).

Nuestro marco teórico se basaría en esta teoría, incorporando algunas referencias de interés. Así el marco podría tener la siguiente estructura:

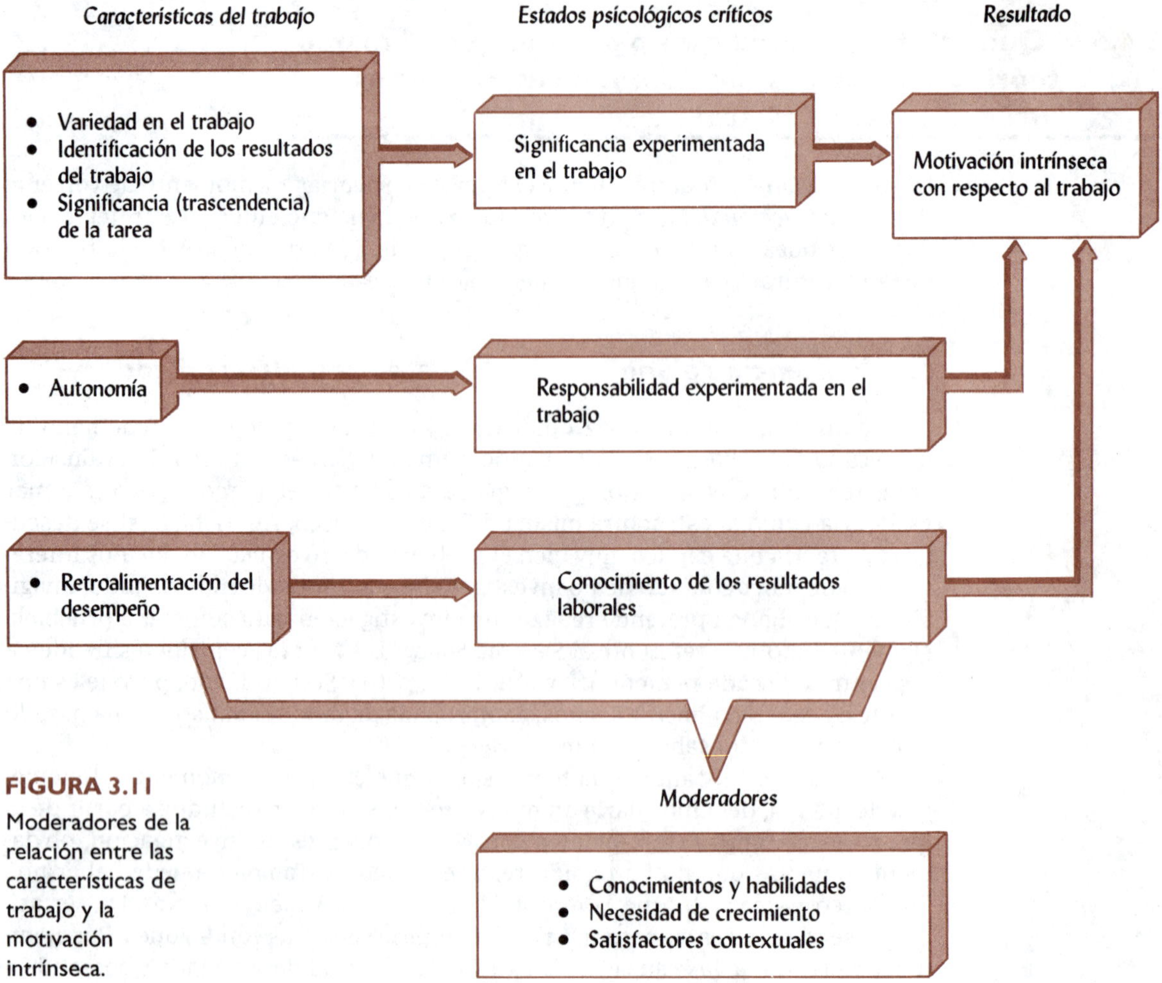

FIGURA 3.11
Moderadores de la relación entre las características de trabajo y la motivación intrínseca.

1. La motivación intrínseca con respecto al trabajo.
    1.1 Qué es la motivación intrínseca en el contexto laboral.
    1.2 La importancia de la motivación intrínseca en el trabajo: su relación con la productividad.
2. Los factores del trabajo.
    2.1 Factores organizacionales (clima organizacional, políticas de la empresa, instalaciones, características estructurales de la organización: tamaño, tecnología, etc.; normas de la organización; etcétera). (Tratados muy brevemente porque la investigación está enfocada en otros aspectos.)
    2.2 Factores del desempeño (atribuciones internas, sentimientos de competencia y autodeterminación, etcétera). (También tratados muy brevemente por la misma razón.)
    2.3 Factores personales (conocimientos y habilidades personales, interés inicial por el trabajo y variables de personalidad, necesidades de crecimiento y desarrollo, etcétera). (También tratados muy brevemente.)
    2.4 Factores de recompensa extrínseca (salario, prestaciones y otros tipos de recompensas). (Comentados muy brevemente.)
    2.5 Características del trabajo.
        2.5.1 Variedad del trabajo.
        2.5.2 Identificación de las tareas laborales del individuo en el producto final.
        2.5.3 Importancia del trabajo.
            2.5.3.1 Importancia asignada por la organización.
            2.5.3.2 Importancia atribuida por el individuo.
        2.5.4 Autonomía.
        2.5.5 Retroalimentación del desempeño.
            2.5.5.1 Retroalimentación proveniente de agentes externos (superiores, supervisión técnica y compañeros de trabajo, que también constituyen una forma de recompensa extrínseca).
            2.5.5.2 Retroalimentación proveniente del trabajo en sí.
    2.6. Otras características.
3. La relación entre las características del trabajo y la motivación intrínseca. (Aquí se comentaría cómo se relacionan entre sí dichas características y la forma en que se vinculan, como un todo, a la motivación intrínseca. En esta parte del marco teórico, las características del trabajo se tomarían en conjunto, mientras que en el apartado 2.5 se tomarían individualmente. Es decir, se explicaría el modelo de los moderadores de la relación entre las características del trabajo y la motivación intrínseca, a manera de resumen.)

Otra alternativa sería *agrupar* los factores organizacionales, del desempeño, personales y de recompensa extrínseca en un solo apartado, puesto que de ellos sólo se hablará en términos muy generales. Así tendríamos un capitulado más sencillo.

Otro enfoque para nuestro marco teórico sería el *cronológico* que consiste en desarrollar históricamente la evolución de la teoría (ir analizando las contribuciones más importantes al problema de investigación hasta llegar a la teoría resultante). Si los desarrolláramos cronológicamente, podríamos tener la siguiente estructura para nuestro marco teórico:

1. La motivación intrínseca y la motivación extrínseca: una división de la motivación hacia el trabajo.
2. Los modelos motivacionales clásicos para estudiar la motivación intrínseca.
   - 2.1 Antecedentes.
   - 2.2 Victor Vromm.
   - 2.3 Frederick Herzberg.
   - 2.4 Edward E. Lawler.
   - 2.5 Edward L. Deci.
3. El modelo de rediseño del trabajo (R. Hackman y G. Oldham).

> En los apartados se hablaría de las características del trabajo consideradas por cada autor o enfoque en particular, así como su relación con la motivación intrínseca. Al final se incluiría la teoría resultante, producto de años de investigación. Ya sea que decidamos construir el marco teórico cronológicamente o desglosar la estructura de la teoría (tratando una por una las proposiciones y elementos principales de ella), lo importante es explicar claramente la teoría y la forma en que se aplica a nuestro problema de investigación.

2. Existencia de varias teorías aplicables a nuestro problema de investigación

Cuando al revisar la literatura se descubren varias teorías aplicables al problema de investigación, podemos elegir una y basarnos en ella para construir el marco teórico (desglosando la teoría o de manera cronológica) o bien tomar partes de algunas o todas las teorías.

En la primera situación, elegimos la teoría que reciba una evaluación positiva (de acuerdo con los criterios que se comentaron antes) y que se aplique más al problema de investigación. Si el tema de interés son los efectos que tienen en los adolescentes los programas con alto contenido sexual en televisión, podríamos encontrar teorías que explican el efecto de ver sexo en televisión, pero sólo una de ellas se tiene que ver con adolescentes. Evidentemente ésta debería ser la teoría que seleccionaríamos para construir nuestro marco teórico.

En la segunda situación, se tomaría de las teorías sólo aquello que se relaciona con el problema de estudio. En estos casos antes de construir el marco teórico, conviene hacer un bosquejo, procurando no caer en contradicciones lógicas (hay veces que diversas teorías rivalizan en uno o más aspectos de manera total; si aceptamos lo que dice una teoría debemos desechar lo que postulan las demás). Cuando las teorías se excluyen unas a otras en las proposiciones más importantes, se debe elegir una sola. Pero si únicamente difieren en aspectos secundarios, se toman las proposiciones centrales que son más o menos comunes a todas ellas y se eligen las partes de cada teoría que sean de interés y se acoplan entre sí. Si es así, seleccionamos las proposiciones primarias y secundarias de la teoría que cuenta con más evidencia empírica y se aplica mejor al problema de investigación.

Lo más común es tomar una teoría como base y extraer elementos de otras teorías útiles para construir el marco teórico. En ocasiones se usan varias teorías porque el fenómeno de estudio es complejo y está constituido de diversas conductas, y cada teoría ve el fenómeno desde una perspectiva diferente y ofrece conocimiento sobre él.

3. *Existencia de "piezas y trozos" de teorías (generalizaciones empíricas o microteorías)*

Hoy las ciencias de la conducta no disponen de muchas teorías que expliquen los fenómenos que estudian; la mayoría de las veces sólo se tienen *generalizaciones empíricas*, proposiciones que han sido comprobadas en la mayor parte de las investigaciones realizadas. Al revisar la literatura, es muy probable encontrar este caso. Lo que se hace entonces es construir una perspectiva teórica (en los dos casos anteriores se adoptaba una teoría).

Cuando al revisar la literatura se encuentra una única proposición o se piensa limitar la investigación a una generalización empírica, el marco teórico se construye incluyendo los resultados y conclusiones a los que han llegado los estudios antecedentes, de acuerdo con algún esquema lógico (cronológicamente, por variable o concepto de la proposición o por las implicaciones de las investigaciones anteriores). Si nuestra pregunta de investigación fuera: ¿los individuos de un sistema social que conocen primero una innovación están más expuestos a los canales interpersonales de comunicación que quienes la adoptan con posterioridad?,[5] nuestro marco teórico consistiría en comentar los estudios de difusión de innovaciones que, de una u otra manera, han hecho referencia al problema de investigación. Comentar implicaría describir cada estudio, el contexto en que se realizó y los resultados y conclusiones a que llegó.

Ahora bien, casi todos los estudios plantean varias preguntas de investigación o una pregunta de la cual se derivan varias proposiciones. En estos casos, el marco teórico también está constituido por el análisis de estudios anteriores que se refieren a una o varias de las proposiciones. Los estudios se comentan y se van relacionando unos con otros, de acuerdo con un criterio coherente (cronológicamente, proposición por proposición o por las variables del estudio). En ocasiones se pueden entrelazar las proposiciones de manera lógica para construir tentativamente una teoría (la investigación puede comenzar a integrar una teoría que otros estudios posteriores se encargarán de afinar y terminar de construir).

Cuando nos encontramos con *generalizaciones empíricas*, es frecuente organizar el marco teórico por cada una de las variables del estudio. Por ejemplo,

---

[5] Extraída de Rogers y Shoemaker (1971). Ejemplos de innovación son la moda, una nueva tecnología, los sistemas de trabajo, etcétera.

si pretendemos investigar el efecto que tienen diversas variables estructurales de las organizaciones (niveles jerárquicos o posiciones en la organización, tamaño de la organización, tamaño de la unidad organizacional o área, tramos de control del supervisor, intensidad administrativa, percepción o concepción de la jerarquía y jerarquías de línea y asesoría) sobre la comunicación entre superior y subordinado,[6] nuestro marco teórico podría tener la siguiente estructura:

1. La comunicación organizacional: el enfoque psicológico centrado en el individuo y la diada *versus* la tradición sociológica enfocada en el grupo y niveles organizacionales.
2. La estructura organizacional y la comunicación entre superior y subordinado.
   - 2.1 Jerarquía.
   - 2.2 Tamaño de la organización.
   - 2.3 Tamaño de la unidad organizacional.
   - 2.4 Tramos de control en la supervisión.
   - 2.5 Intensidad administrativa.
   - 2.6 Concepción de la jerarquización: normas, políticas, roles y percepciones.
   - 2.7 Jerarquía de líneas y asesorías.

En cada apartado se definiría la variable y se incluirían las generalizaciones o proposiciones empíricas sobre la relación entre la variable y la comunicación entre superior y subordinado.

Las *generalizaciones empíricas* que se descubran en la literatura constituyen la base de lo que serán las hipótesis que se someterán a prueba y a veces son las hipótesis mismas. Lo mismo ocurre cuando estas proposiciones forman parte de una teoría.

4. Existencia de guías aún no investigadas e ideas vagamente relacionadas con el problema de investigación

En ocasiones se descubre que se han efectuado pocos estudios dentro del campo de conocimiento en cuestión. En estos casos el investigador tiene que buscar literatura que, aunque no se refiera al problema específico de la investigación, lo ayude a orientarse dentro de él, Paniagua (1985), al llevar a cabo una revisión de la bibliografía sobre las relaciones interpersonales de comprador y vendedor en el contexto organizacional mexicano, no detectó ninguna referencia a este tema. Entonces tomó referencias sobre relaciones interpersonales provenientes de otros contextos (relaciones superior-subordinado, entre compañeros de trabajo y desarrollo de las relaciones en general) y las aplicó a la relación comprador-vendedor industrial, para construir el marco teórico (por ejemplo, la teoría de la pe-

[6] Idea tomada de Jablin (1982).

netración social y el modelo de cómo una relación impersonal se convierte en interpersonal; ambos han sido más bien aplicados a otras áreas como el desarrollo de la amistad y el noviazgo, pero que fueron un excelente punto de partida para explorar la dimensión interpersonal comprador-vendedor).

Tomemos otro caso para ilustrar cómo puede construirse el marco teórico en situaciones donde no hay estudios previos sobre el problema de investigación. Supóngase que se trata de analizar qué factores del contexto laboral afectan al temor de logro[7] y a la motivación de logro de las secretarias que trabajan en la burocracia gubernamental de Costa Rica. Probablemente se encuentre que no hay ningún estudio al respecto, pero tal vez existan investigaciones sobre el temor de logro y la motivación de logro de las secretarias costarricenses (aunque no laboren en el gobierno) o de jefes de departamentos públicos (aunque no se trate de la ocupación que nos interesa específicamente). Si tampoco ocurre esto, quizá haya estudios que tratan ambas variables con ejecutivos de empresas privadas o de secretarias de dependencias públicas de otros países. Si no es así, se acude a las investigaciones sobre el temor y la motivación de logro, a pesar de que probablemente hayan sido realizadas entre estudiantes de otro país. Y si no hubiera ningún antecedente se recurriría a los estudios iniciales de motivación de logro de David McClelland y a los del temor de logro (Tresemer, 1976 y 1977; Zuckerman, 1975; Janda, O'Grady y Capps, 1978; Cherry y Deaux, 1978). Y en caso de que tampoco los hubiera, se acudiría a estudios generales de temor y motivación. Pero casi siempre se tiene un punto de partida. Las excepciones en este sentido son muy pocas. Las quejas de que: "no hay nada", "nadie lo ha estudiado", "no sé en qué antecedentes puedo basarme" se deben generalmente a una deficiente revisión de la literatura.

3.5 ALGUNAS OBSERVACIONES SOBRE EL MARCO TEÓRICO

Siempre es conveniente efectuar la revisión de la literatura y presentarla de una manera organizada (llámese marco teórico o marco de referencia).[8] Nuestra investigación puede centrarse en un objetivo de evaluación o medición muy específico; por ejemplo, un estudio que solamente pretende medir variables particulares, como el caso de un censo demográfico en una determinada comunidad donde se mediría: nivel socioeconómico, nivel educativo, edad, sexo, tamaño de la familia. Sin embargo, es recomendable revisar lo que se ha hecho antes (cómo se han realizado en esa comunidad los censos demográficos anteriores o, si no hay antecedentes en ella, cómo se han efectuado en comunidades similares; qué problemas se tuvieron, cómo se resolvieron, qué información relevante fue excluida, etcétera). Esto ayudará a concebir un estudio mejor y más completo. Lo mismo sucede si únicamente se está tratando de probar un método de recolección de datos (un inventario de la personalidad, un cuestionario que mide deter-

[7] Temor a ser exitoso en un trabajo u otra tarea.

[8] Hay quienes, cuando no hay una teoría o un modelo teórico en la literatura precedente, prefieren llamar al marco teórico "marco conceptual o de referencia".

minado concepto, una prueba de habilidades, etcétera), o recabando información acerca de un dato en especial (si en una población se ve o no un determinado programa de televisión, el número de niños que asisten a escuelas públicas, la productividad en una empresa, etcétera).

Desde luego, hay veces que por razones de tiempo (premura en la entrega de resultados) y la naturaleza misma del estudio, la revisión de la literatura y la construcción del marco teórico son más rápidas y sencillas. Por ejemplo, no sería igual si se tratara de una encuesta sobre el auditorio de un noticiario radiofónico que si se tratara de un estudio sobre la definición de la realidad social que pueden lograr los noticiarios radiofónicos.

Al construir el marco teórico, debemos centrarnos en el problema de investigación que nos ocupa *sin divagar en otros temas ajenos al estudio.* Un buen marco teórico no es aquel que contiene muchas páginas, sino el que trata con profundidad únicamente los aspectos relacionados con el problema, y vincula lógica y coherentemente los conceptos y proposiciones existentes en estudios anteriores. Éste es otro aspecto importante que a veces se olvida: construir el marco teórico no significa sólo reunir información, sino también ligarla (en ello la redacción es importante, porque las partes que lo integran deben estar enlazadas, no debe "brincarse" de una idea a otra).

Un ejemplo, que aunque burdo resulta ilustrativo de lo que acabamos de comentar, sería que alguien que trata de investigar cómo afecta a los adolescentes el exponerse a programas televisivos con alto contenido sexual, tuviera una estructura del marco teórico más o menos así:

1. La televisión.
2. Historia de la televisión.
3. Tipos de programas televisivos.
4. Efectos macrosociales de la televisión
5. Usos y gratificaciones de la televisión.
   - 5.1. Niños.
   - 5.2. Adolescentes.
   - 5.3. Adultos.
6. Exposición selectiva a la televisión.
7. Violencia en la televisión.
   - 7.1. Tipos.
   - 7.2. Efectos.
8. Sexo en la televisión.
   - 8.1. Tipos.
   - 8.2. Efectos.
9. El erotismo en la televisión.
10. La pornografía en la televisión.

Obviamente esto sería divagar en un "mar de temas". Siempre se debe recordar que es muy diferente escribir un libro de texto, que trata a fondo un área determinada de conocimiento, a elaborar un marco teórico donde debemos ser selectivos.

3.6 ¿HEMOS HECHO UNA REVISIÓN ADECUADA DE LA LITERATURA?

En ocasiones puede surgir la duda de si se hizo o no una correcta revisión de la literatura y una buena selección de referencias para integrarlas en el marco teórico. Para responder a esta cuestión, pueden utilizarse los siguientes criterios en forma de preguntas. Cuando podamos responder "sí" a todas ellas, estaremos seguros de que, al menos, hemos hecho nuestro mejor esfuerzo y nadie que lo hubiera intentado podría haber obtenido un mejor resultado.

- ¿Acudimos a un banco de datos, ya sea de consulta manual o por terminal de computadora? y ¿pedimos referencias por lo menos de cinco años atrás?
- ¿Consultamos como mínimo cuatro revistas científicas que suelen tratar el tema de interés?, ¿las consultamos de cinco años atrás a la fecha?
- ¿Buscamos en algún lugar donde había tesis y disertaciones sobre el tema de interés?
- ¿Buscamos libros sobre el tema al menos en dos buenas bibliotecas?
- ¿Consultamos con más de una persona que sepa algo del tema?
- Si, aparentemente, no descubrimos referencias en bancos de datos, bibliotecas, hemerotecas, videotecas y filmotecas, ¿escribimos a alguna asociación científica del área dentro de la cual se encuentra enmarcado el problema de investigación?
- ¿Buscamos en Internet? (Foros, bancos de datos, bibliotecas electrónicas, etcétera.)

Además, cuando hay teorías o generalizaciones empíricas sobre un tema, cabría agregar las siguientes preguntas con fines de autoevaluación:

- ¿Quién o quiénes son los autores más importantes dentro del campo de estudio?
- ¿Qué aspectos y variables han sido investigadas?
- ¿Hay algún investigador que haya estudiado el problema en un contexto similar al nuestro?

El ejemplo del noviazgo

Recapitulemos lo comentado hasta ahora y retomemos el ejemplo del noviazgo expuesto en los dos capítulos anteriores.

Si la joven interesada en investigar cómo influye la similitud en la evaluación que hace la pareja respecto a su noviazgo, y la satisfacción que procura siguiera los pasos que hemos sugerido para elaborar el marco teórico, realizaría las siguientes acciones:

1. Acudiría a un centro de información que estuviera conectado a un banco de datos (con referencias sobre relaciones interpersonales) por medio de computadora o a un banco de datos manual. Buscaría referencias de los últimos cinco

años en *Psychological Abstracts* (que sería el banco de datos indicado), utilizando las palabras "clave" o "guía" *interpersonal* (interpersonal), *relationships* (relaciones), *similarity* (similitud) y *complementary* (complementariedad).

En caso de no tener acceso a un banco de datos, acudiría a las bibliotecas y otros centros de información de su localidad, buscando referencias en revistas y ficheros. Además, escribiría a alguna asociación nacional o internacional para solicitar información al respecto: nombres y direcciones de expertos en el tema, estudios realizados, instituciones de educación superior que puedan haber tratado el tema (acudiría a la biblioteca universitaria más cercana, escribiría a alguna sociedad de psicología y otros organismos; a revistas especializadas en psicología, relaciones humanas, comunicación y familia.

2. Seleccionaría únicamente las referencias que hablaran de similitud en las relaciones interpersonales, particularmente las relativas al noviazgo.
3. Construiría su marco teórico sobre la siguiente generalización empírica, sugerida por la literatura pertinente: "Las personas tienden a seleccionar para sus relaciones interpersonales heterosexuales a individuos similares a ellos en cuanto a educación, nivel socioeconómico, raza, religión, edad, cultura, actitudes y aun atractivo físico y psíquico." Es decir, la similitud entre dos personas del sexo opuesto, aumenta la posibilidad de que establezcan una relación interpersonal, como sería el caso del noviazgo.

La revisión de la literatura ha revelado cuáles estudios se han realizado sobre el problema de investigación e indicado qué se está haciendo en la actualidad, es decir, ha proporcionado un panorama sobre el estado del conocimiento en que se encuentra nuestra temática de investigación.

En este punto es necesario volver a evaluar el planteamiento del problema: ahora se conoce la problemática de investigación con mayor profundidad puesto que hemos llevado a cabo una revisión completa de la literatura (estamos más que familiarizados con el tema, como era el caso del planteamiento del problema). Esto es, se debe preguntar: ¿el planteamiento del problema se mantiene vigente o requiere de modificaciones? De ser así, ¿qué debe modificarse?, ¿realmente vale la pena realizar la investigación planteada?, ¿es posible efectuarla?, ¿cómo puede mejorarse el planteamiento original?, ¿de qué manera es novedosa la investigación?, ¿el camino a seguir es el correcto? Las respuestas a estas preguntas hacen que el planteamiento se mantenga, se perfeccione o sea sustituido por otro. Una vez reevaluado el planteamiento del problema, se comienza a pensar en términos más concretos en la investigación que se va a realizar.

RESUMEN

1. El tercer paso del proceso de investigación consiste en elaborar el marco teórico.
2. El marco teórico se integra con las teorías, enfoques teóricos, estudios y antecedentes en general que se refieran al problema de investigación.
3. Para elaborar el marco teórico es necesario detectar, obtener y consultar la literatura y otros documentos pertinentes para el problema de investigación, así como extraer y recopilar de ellos la información de interés.

4. La revisión de la literatura puede iniciarse manualmente o acudiendo a un banco de datos al que se tenga acceso por computadora.
5. La construcción del marco teórico depende de lo que encontremos en la revisión de la literatura: *a)* que existe una teoría completamente desarrollada que se aplica a nuestro problema de investigación, *b)* que hay varias teorías que se aplican al problema de investigación, *c)* que hay generalizaciones empíricas que se aplican a dicho problema, o *d)* que solamente existen guías aún no estudiadas e ideas vagamente relacionadas con el problema de investigación. En cada caso varía la estrategia para construir el marco teórico.
6. Una fuente importante para construir un marco teórico son las teorías. Una teoría, de acuerdo con F. N. Kerlinger, es un conjunto de conceptos, definiciones y proposiciones vinculadas entre sí, que presentan un punto de vista sistemático de fenómenos especificando relaciones entre variables, con el objeto de explicar y predecir estos fenómenos.
7. Con el propósito de evaluar la utilidad de una teoría para nuestro marco teórico podemos aplicar cinco criterios: *a)* capacidad de descripción, explicación y predicción, *b)* consistencia lógica, *c)* perspectiva, *d)* fructificación, y *e)* parsimonia.
8. El marco teórico orientará el rumbo de las etapas subsecuentes del proceso de investigación.

CONCEPTOS BÁSICOS

Marco teórico
Funciones del marco teórico
Revisión de la literatura
Fuentes primarias
Fuentes secundarias
Fuentes terciarias
Esquema conceptual
Teoría
Funciones de la teoría
Construcción de una teoría
Criterios para evaluar una teoría
Generalización empírica
Estrategia de elaboración del marco teórico
Estructura del marco teórico
Evaluación de la revisión realizada en la literatura

EJERCICIOS

1. Seleccione un artículo de una revista científica que contenga una investigación y analice su marco teórico: ¿Cuál es el índice (explícito o implícito) del marco teórico de esa investigación?, ¿el marco teórico está completo?, ¿está relacionado con el problema de investigación?, ¿cree usted que ayudó al investigador o investigadores en su estudio?
2. Respecto al planteamiento del problema de investigación que eligió busque, por lo menos, diez referencias y extraiga de ellas la información pertinente.
3. Elija dos o más teorías que hagan referencia al mismo fenómeno y compárelas de acuerdo con los criterios para evaluar teorías.
4. En relación al artículo seleccionado en el primer punto, recopile del artículo la información en los diversos casos vistos (extraiga una idea, una cifra, una idea más la opinión del investigador, analice una idea, resuma la referencia, etcétera).
5. Construya un marco teórico pertinente para el problema de investigación que eligió.

BIBLIOGRAFÍA SUGERIDA

McCORMICK, M. (1986), *The New York Times guide to reference materials*, Nueva York: Signet (New American Library), impresión de junio de 1986. Todo el libro se recomienda para el tema "Revisión de la literatura".

REYNOLDS, P.D. (1983), *A primer in theory construction*, Indianápolis, Indiana: The Bobbs-Merril Company Inc., 11ava impresión. Capítulos "Statements", "Forms of theories", "Testing theories" y "Strategies for developing a scientific body of knowledge" (cuatro a siete).

WIERSMAN, W. (1986), *Research methods in education: An introduction*, Boston, Massachusetts: Allyn and Bacon, cuarta edición. Capítulo "The review of the literature" (capítulo tres).

Ejemplos

LA TELEVISIÓN Y EL NIÑO

ÍNDICE DEL MARCO TEÓRICO

1. El enfoque de usos y gratificaciones de la comunicación colectiva.
   - 1.1 Principios básicos.
   - 1.2 Necesidades satisfechas por los medios de comunicación colectiva.
     - 1.2.2 Diversión.
     - 1.2.2 Socialización.
     - 1.2.3 Identidad personal.
     - 1.2.4 Supervivencia.
     - 1.2.5 Otras necesidades.
2. Resultados de investigaciones sobre el uso que da a la televisión el niño.
3. Funciones que desempeña la televisión en el niño y gratificaciones que deriva éste de ver televisión.
4. Contenidos televisivos preferidos por el niño.
5. Condiciones de exposición a la televisión por parte del niño.
6. Control que ejercen los padres sobre sus hijos sobre la actividad de ver televisión.
7. Conclusiones al marco teórico.

DIAGNÓSTICO MUNICIPAL

MARCO DE REFERENCIA

1. Perfil histórico-cultural del municipio.
2. Geografía.
3. Demografía.
4. Aspecto económico.
   - 4.1 Sector primario
     - 4.1.1 Agricultura.
     - 4.1.2 Ganadería.
     - 4.1.3 Avicultura.
     - 4.1.4 Apicultura.
     - 4.1.5 Silvicultura.
     - 4.1.6 Forestal.
     - 4.1.7 Pesca.

4.2 Sector secundario.
   4.2.1 Industria.
4.3 Sector terciario.
   4.3.1 Comercio y abasto.
   4.3.2 Turismo

EL CONTAGIO DEL SIDA

1. Formas de adquirir el Virus de Inmunodeficiencia Humana.
2. Tipos de receptores.
3. Legislación de las transfusiones de sangre en México.
4. Relación entre la manera de adquirir el VIH y la evolución de la enfermedad.
5. Mecanismos de capacitación de los pacientes.
6. Perfil de los pacientes que recibieron sangre o derivados en los Servicios Médicos de Petróleos Mexicanos.

Capítulo

4

Definición del tipo de investigación a realizar: básicamente exploratoria, descriptiva, correlacional o explicativa

OBJETIVOS DE APRENDIZAJE

Al terminar este capítulo, el alumno será capaz de:

- Conocer los tipos de investigación que pueden realizarse en las ciencias sociales.
- Visualizar el alcance que pueden tener diferentes planteamientos de problemas de investigación científica.

PROCESO DE INVESTIGACIÓN
Cuarto paso

Definir si la investigación se inicia como exploratoria, descriptiva, correlacional o explicativa y hasta qué nivel llegará.

SÍNTESIS

El capítulo presenta una tipología de investigaciones en ciencias sociales. La tipología se refiere al alcance que puede tener una investigación científica.
La tipología considera cuatro clases de investigaciones: exploratorias, descriptivas, correlacionales y explicativas. En el capítulo se discute la naturaleza y el propósito de estos tipos de estudio.

4.1 ¿QUÉ TIPOS DE ESTUDIOS HAY EN LA INVESTIGACIÓN DEL COMPORTAMIENTO HUMANO?

Si hemos decidido, una vez realizada la revisión de la literatura, que nuestra investigación vale la pena y debemos realizarla, el siguiente paso consiste en elegir el tipo de estudio que efectuaremos. Los autores clasifican los tipos de investigación en tres: estudios exploratorios, descriptivos y explicativos (por ejemplo, Sellitz, Jahoda, Deutsch y Cook, 1965; y Babbie, 1979). Sin embargo, para evitar algunas confusiones, en este libro se adoptará la clasificación de Dankhe (1986), quien los divide en: *exploratorios, descriptivos, correlacionales y explicativos.*[9] Esta clasificación es muy importante, pues del tipo de estudio depende la estrategia de investigación. El diseño, los datos que se recolectan, la manera de obtenerlos, el muestreo y otros componentes del proceso de investigación son distintos en estudios exploratorios, descriptivos, correlacionales y explicativos. En la práctica, cualquier estudio puede incluir elementos de más de una de estas cuatro clases de investigación.

Los estudios exploratorios sirven para preparar el terreno y ordinariamente anteceden a los otros tres tipos (Dankhe, 1986). Los *estudios descriptivos* por lo general fundamentan las *investigaciones correlacionales*, las cuales a su vez proporcionan información para llevar a cabo *estudios explicativos* que generan un sentido de entendimiento y son altamente estructurados. Las investigaciones que se están realizando en un campo de conocimiento específico pueden incluir los tipos de estudio en las distintas etapas de su desarrollo. Una investigación puede iniciarse como explicatoria, después ser descriptiva y correlacional, y terminar como explicativa, más adelante se ilustrará esto con un ejemplo.

Ahora bien, surge necesariamente la pregunta: *¿de qué depende que nuestro estudio se inicie como exploratorio, descriptivo, correlacional o explicativo?* La respuesta no es sencilla, pero diremos que básicamente depende de dos factores: *el estado del conocimiento* en el tema de investigación, mostrado por la revisión de la literatura, y *el enfoque* que se pretenda dar al estudio. Pero antes de ahondar en esta respuesta, es necesario hablar de cada tipo de estudio.

4.2 ¿EN QUÉ CONSISTEN LOS ESTUDIOS EXPLORATORIOS?

Los estudios exploratorios se efectúan, normalmente, *cuando el objetivo es examinar un tema o problema de investigación poco estudiado o que no ha sido abordado antes.* Es decir, cuando la revisión de la literatura reveló que únicamente hay guías no investigadas e ideas vagamente relacionadas con el problema de estudio. Por ejemplo, si alguien desea investigar lo que opinan los habitantes de alguna ciudad sobre su nuevo alcalde o gobernador y cómo piensa resolver los

[9] En este libro se utilizará el término "estudio explicativo" en lugar de "estudio experimental" (este último es usado por Gordon Dankhe), ya que consideramos que algunas investigaciones no experimentales pueden aportar evidencia para explicar por qué ocurre un fenómeno ("proporcionar un cierto sentido de causalidad"). Si bien es cierto que la mayoría de los estudios explicativos son experimentos, no creemos que deben considerarse como sinónimos ambos términos.

problemas de ella, revisa la literatura y encuentra que se han hecho muchos estudios similares pero en otros contextos (otras ciudades del mismo país o del extranjero).

Estos estudios le servirán para ver cómo han abordado la situación de investigación y le sugerirán preguntas que puede hacer; sin embargo, el alcalde y la ciudadanía son diferentes, la relación entre ambos es única. Además, los problemas son particulares de esta ciudad. Por lo tanto, su investigación será exploratoria, al menos en sus inicios. De hecho, si comienza a preguntarle a sus amigos lo que opinan sobre el nuevo alcalde, está comenzando a explorar.

Los estudios exploratorios son como realizar un viaje a un lugar que no conocemos, del cual no hemos visto ningún documental ni leído algún libro, sino simplemente alguien nos ha hecho un breve comentario sobre el lugar. Al llegar no sabemos qué atracciones visitar, a qué museos ir, en qué lugares se come bien, cómo es la gente; en otras palabras, desconocemos mucho del sitio. Lo primero que hacemos es explorar: preguntar sobre qué hacer y a dónde ir al taxista o al chofer del autobús que nos llevará al hotel donde nos instalaremos, en la recepción, al camarero del bar del hotel y, en fin, a cuanta persona veamos amigable. Desde luego, si no buscamos información del lugar y ésta existía, perdimos la oportunidad de ahorrar dinero y mucho tiempo. De esta forma, posiblemente veamos un espectáculo no tan agradable y caro, al tiempo que nos perdemos uno fascinante y más económico; por supuesto, en el caso de la investigación científica la inadecuada revisión de la literatura tiene consecuencias más negativas que la frustración de gastar en algo que finalmente nos desagradó.

Los estudios exploratorios *sirven para familiarizarnos con fenómenos relativamente desconocidos*, obtener información sobre la posibilidad de llevar a cabo una investigación más completa sobre un contexto particular de la vida real, investigar problemas del comportamiento humano que consideren cruciales los profesionales de determinada área, identificar conceptos o variables promisorias, establecer prioridades para investigaciones posteriores o sugerir afirmaciones (postulados) verificables (Dankhe, 1986).

Esta clase de estudios son comunes en la investigación del comportamiento, sobre todo en situaciones donde hay poca información. Tal fue el caso de las primeras investigaciones de Sigmund Freud surgidas de la idea de que los problemas de histeria estaban relacionados con las dificultades sexuales, los estudios pioneros del SIDA, los experimentos iniciales de Iván Pavlov sobre los reflejos condicionados e inhibiciones, el análisis de contenido de los primeros videos musicales, las investigaciones de Elton Mayo en la planta Hawthorne de la Compañía Western Electric, etcétera. Todos realizados en distintas épocas y áreas, pero con un común denominador: explorar algo poco investigado o desconocido.

Los estudios exploratorios *en pocas ocasiones constituyen un fin en sí mismos*, "por lo general determinan tendencias, identifican relaciones potenciales entre variables y establecen el 'tono' de investigaciones posteriores más rigurosas" (Dankhe, 1986, p. 412). Se caracterizan por ser más flexibles en su metodología en comparación con los estudios descriptivos o explicativos, y son más amplios y dispersos que estos otros dos tipos. Asimismo, implican un mayor "riesgo" y requieren gran paciencia, serenidad y receptividad por parte del investigador.

4.3 ¿EN QUÉ CONSISTEN LOS ESTUDIOS DESCRIPTIVOS?

Propósito

Con mucha frecuencia, el propósito del investigador es describir situaciones y eventos. Esto es, decir cómo es y cómo se manifiesta determinado fenómeno. *Los estudios descriptivos buscan especificar las propiedades importantes de personas, grupos, comunidades o cualquier otro fenómeno que sea sometido a análisis* (Dankhe, 1986). Miden o evalúan diversos aspectos, dimensiones o componentes del fenómeno a investigar. Desde el punto de vista científico, describir es medir. Esto es, *en un estudio descriptivo se selecciona una serie de cuestiones y se mide cada una de ellas independientemente, para así (válgase la redundancia) describir lo que se investiga.*

Ejemplo

Un censo nacional de población es un estudio descriptivo. Su objetivo es medir una serie de características de un país en determinado momento: aspectos de la vivienda (número de cuartos y pisos, si cuenta o no con energía eléctrica y agua entubada, número de paredes, combustible utilizado, tenencia o propiedad de la vivienda, ubicación de la misma), información sobre los ocupantes (sus bienes, ingreso, alimentación, medios de comunicación de que disponen, edades, sexo, lugar de nacimiento y residencia, lengua, religión, ocupaciones) y otras características que se consideren relevantes o de interés para el estudio. En este caso el investigador elige una serie de conceptos a medir que también se denominarán *variables* y que se refieren a conceptos que pueden adquirir diversos valores y medirse. Los mide y los resultados le sirven para describir el fenómeno de interés.

Otros ejemplos de estudios descriptivos serían: una investigación que determinará cuál de los partidos políticos tiene más seguidores en un país, cuántos votos ha conseguido cada uno de estos partidos en las últimas elecciones nacionales o locales y cuál es la imagen que posee cada partido ante la ciudadanía del país;[10] una investigación que nos dijera cuánta satisfacción laboral, motivación intrínseca hacia el trabajo, identificación con los objetivos, políticas y filosofía empresarial, integración respecto a su centro de trabajo, etc., poseen los trabajadores y empleados de una organización; o un estudio que nos indicara cuántas personas asisten a psicoterapia en una comunidad específica, a qué clase de psicoterapia acuden y si asisten más las mujeres que los hombres o viceversa. Asimismo, la información sobre el número de fumadores en una determinada población, el número de divorcios anuales en una nación, el número de pacientes que atiende un hospital, el índice de productividad de una fábrica, el nivel de contenido sexual presente en un programa de televisión y la actitud de un grupo de jóvenes, en particular, hacia el aborto, son ejemplos de información descriptiva cuyo propósito es dar un panorama lo más preciso posible del fenómeno al que se hace referencia.

[10] Es importante notar que la descripción del estudio puede ser más o menos general o detallada; por ejemplo, podríamos describir la imagen de cada partido político en toda la nación, en cada estado, provincia o departamento; o en cada ciudad o población (y aun en los tres niveles).

Los estudios descriptivos miden conceptos

Los estudios descriptivos *miden de manera más bien independiente los conceptos o variables a los que se refieren.* Aunque, desde luego, pueden integrar las mediciones de cada una de dichas variables para decir cómo es y cómo se manifiesta el fenómeno de interés, su objetivo no es indicar cómo se relacionan las variables medidas. Por ejemplo, un investigador organizacional puede pretender describir varias empresas industriales en términos de su complejidad, tecnología, tamaño, centralización y capacidad de innovación. Entonces mide esas variables para poder describirlas en los términos deseados. A través de sus resultados, describirá qué tan automatizadas están las empresas medidas (tecnología); cuánta es la diferenciación horizontal (subdivisión de las tareas), vertical (número de niveles jerárquicos) y espacial (número de centros de trabajo y número de metas presentas en las empresas, etc.); cuánta libertad en la toma de decisiones tienen los distintos niveles y cuántos tienen acceso a la toma de decisiones (centralización de las decisiones); y en qué medida pueden innovar o realizar cambios en los métodos de trabajo o maquinaria (capacidad de innovación).

Sin embargo, el investigador no pretende analizar por medio de su estudio si las empresas con tecnología más automatizada son aquellas que tienden a ser las más complejas (relaciona tecnología con complejidad), ni decirnos si la capacidad de innovación es mayor en las empresas menos centralizadas (correlacionar capacidad de innovación con centralización).

Lo mismo ocurre con el psicólogo clínico que tiene como objetivo describir la personalidad de un individuo. Se limitará a medirlo en las diferentes dimensiones de la personalidad (hipocondría, depresión, histeria, masculinidad-femineidad, introversión social, etc.), para describirla. Desde luego, considera las dimensiones de la personalidad para poder describir al individuo, pero no está interesado en analizar si mayor depresión está relacionada con mayor introversión social; en cambio, si pretendiera establecer correlaciones, su estudio sería básicamente correlacional y no descriptivo.

Así como los estudios exploratorios se interesan fundamentalmente en descubrir, *los descriptivos se centran en medir con la mayor precisión posible.* Como mencionan Sellitz (1965), en esta clase de estudios el investigador debe ser capaz de definir qué se va a medir y cómo lograr precisión en esa medición. Asimismo, debe ser capaz de especificar quiénes deben estar incluidos en la medición. Por ejemplo, si vamos a medir variables en empresas es necesario indicar qué tipos de empresas (industriales, comerciales, de servicios o combinaciones de las tres clases, giros, tamaños, etcétera).

La investigación descriptiva, en comparación con la naturaleza poco estructurada de los estudios exploratorios, *requiere considerable conocimiento del área que se investiga para formular las preguntas específicas que busca responder* (Dankhe, 1986). La descripción puede ser más o menos profunda, pero en cualquier caso se basa en la medición de uno o más atributos del fenómeno descrito.

Los estudios descriptivos: predicciones incipientes

Los estudios descriptivos pueden ofrecer la posibilidad de predicciones aunque sean rudimentarias. Por ejemplo, si obtenemos información descriptiva del uso que hace de la televisión un grupo características de niños, tal como el hecho de que en promedio dedican diariamente 3:30 horas a ver la televisión (Fernández-Collado, Baptista y Elkes, 1986) y si nos encontramos con un niño ("Alonso") que vive en dicha ciudad y tiene 9 años, podemos predecir el número de minutos probables que Alonso dedica a ver la televisión a diario, utilizando ciertas técnicas estadísticas y sobre la base del promedio del grupo de niños al que Alonso pertenece. Otro ejemplo sería el de un analista de la opinión pública que, basándose en datos descriptivos obtenidos en una encuesta llevada a cabo entre todos los sectores de una población de futuros votantes para determinada elección (número de personas que dijeron que habrán de votar por cada uno de los candidatos contendientes), intenta predecir probabilísticamente qué candidato triunfará en la elección.

4.4 ¿EN QUÉ CONSISTEN LOS ESTUDIOS CORRELACIONALES?

Los estudios correlacionales pretenden responder a preguntas de investigación como éstas: ¿conforme transcurre una psicoterapia orientada hacia el paciente, aumenta su autoestima?; ¿a mayor variedad y autonomía en el trabajo corresponde mayor motivación intrínseca respecto a las tareas laborales?; ¿los niños que dedican más tiempo a ver la televisión tienen un vocabulario más amplio que los que ven menos televisión?; ¿los campesinos que adoptan más rápidamente una innovación poseen mayor inteligencia que los campesinos que la adoptan después?; ¿la lejanía física entre las parejas de novios tiene una relación negativa con la satisfacción en la relación? Es decir, *este tipo de estudios tienen como propósito medir el grado de relación que exista entre dos o más conceptos o variables* (en un contexto en particular).

En ocasiones sólo se analiza la relación entre dos variables, lo que podría representarse como *X* —— *Y*; pero frecuentemente se ubican en el estudio relaciones entre tres variables, lo cual se podría representar así: *X* —— *Y*; otras ve-

\\ /
Z

ces se incluyen relaciones múltiples: *X* —— *Y* —— *W*. En este último caso se

\\ /
Z —— *F*

plantean cinco correlaciones (se asocian cinco pares de correlaciones: *X* con *Y*, *X* con *Z*, *Y* con *Z*, *Y* con *W* y *Z* con *F*. Obsérvese que no se está correlacionando *X* con *F*, *X* con *W*, *Y* con *F*, *Z* con *W*, ni *W* con *F*).

Los estudios correlacionales miden las dos o más variables que se pretende ver si están o no relacionadas en los mismo sujeto y después se analiza la correlación. Por ejemplo, un investigador que desee analizar la relación entre la motivación laboral y la productividad en un grupo de trabajadores (digamos, de varias empresas industriales con más de 1 000 trabajadores de la ciudad de Bogotá,

Colombia), mediría la motivación y la productividad de cada uno, y después analizaría si los trabajadores con mayor motivación son o no los más productivos. Es importante recalcar que, en la mayoría de los casos, las mediciones en las variables a correlacionar provienen de los mismos sujetos. No es común que se correlacionen mediciones de una variable hechas en unas personas con mediciones de otra variable realizadas en otras personas.[11] Así, no sería válido correlacionar mediciones de la motivación de los trabajadores de Bogotá con mediciones sobre la productividad hechas a otros trabajadores (de otras empresas o trabajadores argentinos).

Propósito

La utilidad y el propósito principal de los estudios correlacionales son saber cómo se puede comportar un concepto o variable conociendo el comportamiento de otras variables relacionadas. Es decir, intentar predecir el valor aproximado que tendrá un grupo de individuos en una variable, a partir del valor que tienen en la variable o variables relacionadas.

Un ejemplo tal vez simple, pero que ayuda a comprender el propósito predictivo de los estudios correlacionales, sería correlacionar el tiempo dedicado a estudiar para un examen de estadística con la calificación obtenida en él. En este caso se mide en un grupo de estudiantes cuánto dedica cada uno de ellos a estudiar para el examen y también se obtienen sus calificaciones en el examen (mediciones en la otra variable); posteriormente se determina si las dos variables están correlacionadas, ello significa que una varía cuando la otra también varía.

La correlación puede ser *positiva* o *negativa.* Si es positiva, significa que sujetos con altos valores en una variable tenderán a mostrar altos valores en la otra variable. Por ejemplo, quienes estudian más tiempo para el examen de estadística tenderán a obtener una más alta calificación en el examen. Si es negativa, significa que sujetos con altos valores en una variable tenderán a mostrar bajos valores en la otra variable. Por ejemplo, quienes estudian más tiempo para el examen de estadística tenderán a obtener una calificación más baja en el examen.

Si no hay correlación entre las variables, ello nos indica que éstas varían sin seguir un patrón sistemático entre sí: habrá sujetos que tengan altos valores en una de las dos variables y bajos en la otra, sujetos que tengan altos valores en una variable y altos en la otra, sujetos con valores bajos en una variable y bajos en la otra, y sujetos con valores medios en las dos variables. En el ejemplo mencionado, habrá quienes dediquen mucho tiempo a estudiar para el examen de estadística y obtengan altas calificaciones en él, pero también quienes dediquen mucho tiempo y obtengan bajas calificaciones, quienes dediquen poco tiempo y saquen buenas calificaciones, quienes dediquen poco y les vaya mal en el examen. Si dos variables están correlacionadas y se conoce la correlación, se tienen bases para predecir, con mayor o menor exactitud, el valor aproximado que tendrá un grupo de personas en una variable, sabiendo qué valor tienen en la otra variable.

---

[11] Más adelante, en el capítulo "Análisis de los datos", se comentarán algunos casos en donde se plantean correlaciones entre variables.

Ejemplo

Supóngase que, en una investigación con 100 estudiantes del quinto semestre de la carrera de Psicología Social de una universidad, se encontrara una relación fuertemente positiva entre el tiempo dedicado a estudiar para determinado examen de estadística y la calificación en dicho examen, y hubiera otros 85 estudiantes del mismo semestre y escuela; ¿qué predicción podríamos hacer con estos otros estudiantes? Sabremos que quienes estudien más tiempo, obtendrán las mejores calificaciones.

Como se sugirió antes, la *correlación nos indica tendencias* (lo que ocurre en la mayoría de los casos) más que en casos individuales. Por ejemplo, "Gustavo" puede haber estudiado bastantes horas y conseguir una nota baja en su examen, o "Cecilia" puede haber estudiado muy poco tiempo y lograr una calificación alta. Sin embargo, en la mayoría de los casos, quienes estudien más tiempo tenderán a obtener una calificación más alta en el examen.

En el capítulo referente al análisis e interpretación de los datos, se profundizará en el tema de la correlación e incluso se verán distintas clases de correlación que no se han mencionado aquí; por ahora basta con que se comprenda cuál es el propósito de los estudios correlacionales.

Los estudios correlacionales se distinguen de los descriptivos principalmente en que, mientras éstos se centran en medir con precisión las variables individuales (varias de las cuales se pueden medir con independencia en una sola investigación), *los estudios correlacionales evalúan el grado de relación entre dos variables*, pudiéndose incluir varios pares de evaluaciones de esta naturaleza en una única investigación (comúnmente se incluye más de una correlación). Para comprender mejor esta diferencia tomemos un ejemplo sencillo.

Ejemplos

Supongamos que un psicoanalista tiene como pacientes a una pareja, "Dolores" y "César". Puede hablar de ellos de manera individual e independiente; es decir, comentar cómo es Dolores (físicamente, en cuanto a su personalidad, aficiones, motivaciones, etcétera) y cómo es César; o bien puede hablar de su relación, comentando cómo se llevan y perciben su matrimonio, cuánto tiempo pasan diariamente juntos, qué actividades realizan juntos y otros aspectos similares. En el primer caso la descripción es individual (si Dolores y César fueran las variables, los comentarios del doctor serían producto de un estudio descriptivo de ambos cónyuges), mientras que en el segundo, el enfoque es relacional (el interés primordial es la relación matrimonial de Dolores y César).

Desde luego, en un mismo estudio nos puede interesar tanto describir los conceptos y variables de manera individual como la relación entre ellas.

Otro ejemplo de un estudio correlacional es, en el caso de los abogados, el que indica que los abogados más viejos trabajan sobre todo con clientes institucionales y que los abogados recién egresados están abiertos a aceptar publicidad de y para sus bufetes.

Valor

La investigación correlacional tiene, en alguna medida, *un valor explicativo aunque parcial.* Saber que dos conceptos o variables están relacionadas aporta cierta información explicativa. Por ejemplo, si la adquisición de vocabulario por parte de un grupo de niños de cierta edad (digamos entre los 3 y los 5 años) se relaciona con la exposición a un programa de televisión educativo, ese hecho puede proporcionar cierto grado de explicación sobre cómo los niños adquieren algunos conceptos. Igualmente, si la similitud de valores (religión, sexo, educación, etcétera) en parejas de ciertas comunidades indias guatemaltecas está relacionada con la probabilidad de que contraigan matrimonio, esta información nos ayuda a explicar por qué algunas de esas parejas se casan y otras no.

Desde luego, la explicación es parcial, pues hay otros factores relacionados con la decisión de casarse. Cuanto mayor número de variables sean correlacionadas en el estudio y mayor sea la fuerza de las relaciones más completa será la explicación. En el ejemplo anterior, si se encuentra que, además de la "similitud", también están relacionadas con la decisión de casarse las variables "tiempo de conocerse", "vinculación de las familias de los novios", "ocupación del novio", "atractivo físico" y "tradicionalismo", el grado de explicación será mayor. Y si agregamos más variables que se relacionan con dicha decisión, la explicación se torna más completa.

Riesgo: correlaciones espurias

Puede darse el caso de que dos variables estén aparentemente relacionadas, pero que en realidad no lo estén. Esto se conoce en el ámbito de la investigación como *correlación espuria.* Supóngase que lleváramos a cabo una investigación con niños, cuyas edades oscilaran entre 8 y 12 años, con el propósito de analizar qué variables se encuentran relacionadas con la inteligencia y midiéramos su inteligencia a través de alguna prueba.

Supóngase también que se da la siguiente tendencia: "a mayor estatura, mayor inteligencia"; es decir, que los niños con más estatura tendieran a obtener una calificación más alta en la prueba de inteligencia, con respecto a los niños de menor estatura. Estos resultados no tendrían sentido. No podríamos decir que la estatura está correlacionada con la inteligencia, aunque los resultados del estudio así lo indicaran.

Lo que sucede es lo siguiente: la maduración está asociada con las respuestas a una prueba de inteligencia, los niños de 12 años (en promedio más altos) han desarrollado mayores habilidades cognitivas para responder a la prueba (comprensión, asociación, retención, etc.), que los niños de 11 años y éstos a su vez las han desarrollado en mayor medida que los de 10 años; y así sucesivamente hasta llegar a los niños de 8 años (en promedio los de menor estatura), quienes poseen menos habilidades que los demás para responder a la prueba de inteligencia. Estamos ante una *correlación espuria* cuya "explicación" no sólo es parcial sino errónea; se requeriría de una investigación a nivel explicativo para saber cómo y por qué las variables están supuestamente relacionadas. El ejemplo citado resulta obvio, pero en ciertas ocasiones no es tan sencillo detectar cuándo una correlación carece de sentido.

4.5 ¿EN QUÉ CONSISTEN LOS ESTUDIOS EXPLICATIVOS?

Los estudios explicativos van más allá de la descripción de conceptos o fenómenos o del establecimiento de relaciones entre conceptos; *están dirigidos a responder a las causas de los eventos físicos o sociales.* Como su nombre lo indica, su interés se centra en explicar por qué ocurre un fenómeno y en qué condiciones se da éste, o por qué dos o más variables están relacionadas.

Por ejemplo, dar a conocer las intenciones del electorado es una actividad descriptiva (indicar según una encuesta de opinión antes de que se lleve a cabo la elección cuántas personas "van" a votar por los candidatos contendientes constituye un estudio descriptivo) y relacionar dichas intenciones con conceptos como edad y sexo de los votantes, magnitud del esfuerzo propagandístico en los medios de comunicación colectiva que realizan los partidos a los que pertenecen los candidatos y los resultados de la elección anterior (estudio correlacional) es diferente de señalar por qué alguien habrá de votar por el candidato 1 y otra por los demás candidatos[12] (estudio explicativo). Volviendo a hacer una analogía con el ejemplo del psicoanalista y sus pacientes, un estudio explicativo sería similar a que el doctor hablara de por qué Dolores y César se llevan como lo hacen (no cómo se llevan, lo cual correspondía a un nivel correlacional). Suponiendo que su matrimonio lo condujeran "bien" y la relación fuera percibida por ambos como satisfactoria, el doctor explicaría por qué ocurre así. Además, nos explicaría por qué realizan ciertas actividades y pasan juntos determinado tiempo.

Ejemplo de las diferencias entre un estudio explicativo, uno descriptivo y uno correlacional

Los estudios explicativos responderían a preguntas tales como: ¿qué efectos tiene que los adolescentes peruanos, habitantes de zonas urbanas y de nivel socioeconómico elevado, vean videos televisivos musicales con alto contenido sexual?, ¿a qué se deben estos efectos?, ¿qué variables mediatizan los efectos y de qué modo?, ¿por qué prefieren dichos adolescentes ver videos musicales con altos contenidos sexuales respecto a otros tipos de programas y videos musicales?, ¿qué usos dan los adolescentes al

[12] Como se mencionó, puede alcanzarse cierto nivel de explicación cuando relacionamos diversas variables o conceptos y éstos se encuentran vinculados entre sí (no únicamente dos o tres sino la mayoría de ellos), la estructura de variables presenta correlaciones considerables y además el investigador conoce muy bien el fenómeno de estudio. Por ahora y debido a la complejidad del tema, no se ha profundizado en algunas consideraciones sobre la explicación y la causalidad que más adelante se discutirán.

contenido sexual de los videos musicales?, ¿qué gratificación deriva de exponerse a los contenidos sexuales de los videos musicales?, etc. Un estudio descriptivo solamente respondería a preguntas como: ¿cuánto tiempo dedican dichos adolescentes a ver videos musicales y especialmente videos con alto contenido sexual?, ¿en qué medida les interesa ver este tipo de videos?; en su jerarquía de preferencias por ciertos contenidos televisivos ¿qué lugar ocupan los videos musicales?, ¿prefieren ver videos musicales con alto, medio, bajo o nulo contenido sexual?; y un estudio correlacional contestaría a preguntas como ¿está relacionada la exposición a videos musicales con alto contenido sexual por parte de los mencionados adolescentes con el control que ejercen sus padres sobre la elección de programas de aquéllos?, ¿a mayor exposición por parte de los adolescentes a videos musicales con alto contenido sexual, mayor manifestación de estrategias en las relaciones interpersonales heterosexuales para establecer contacto sexual?, ¿a mayor exposición por parte de los adolescentes a dichos videos, se presenta una actitud más favorable hacia el aborto?, etcétera.

Grado de estructuración de los estudios explicativos

Las investigaciones explicativas *son más estructuradas* que las demás clases de estudios y de hecho implican los propósitos de ellas (exploración, descripción y correlación), además de que proporcionan un sentido de entendimiento del fenómeno a que hacen referencia. Para comprender lo anterior tomemos un ejemplo de Reynolds (1971, pp. 7-8), que aunque se refiere a un fenómeno natural es muy útil para comprender lo que significa generar un sentido de entendimiento. Consideremos la siguiente correlación: "si el volumen de un gas es constante, a un incremento en la temperatura le seguirá un incremento en la presión". Esta afirmación nos dice cómo están relacionadas tres variables: volumen, temperatura y presión del gas; y a través de ella podemos predecir qué ocurre con la presión si se conoce el volumen y la temperatura. Hay, además, cierto valor explicativo: ¿por qué aumentó la presión?, debido a que la temperatura se incrementó y el volumen del gas se mantuvo constante. Pero se trata de una explicación parcial. Una explicación completa requeriría de otras proposiciones que informaran por qué y cómo están relacionadas esas variables.

Ejemplos

- "Un incremento de la temperatura aumenta la energía cinética de las moléculas del gas."
- "El incremento de la energía cinética causa un aumento en la velocidad del movimiento de las moléculas."
- "Puesto que las moléculas no pueden ir más allá del recipiente con volumen constante, éstas impactan con mayor frecuencia la superficie interior del recipiente (debido a que se desplazan más rápido, cubren más distancia y rebotan en el recipiente más frecuentemente)."
- "En la medida en que las moléculas impactan los costados del recipiente con mayor frecuencia, aumenta la presión sobre las paredes del recipiente."

Esta explicación, basada en la concepción de un gas como un conjunto de moléculas en constante movimiento, es mucho más completa que la anterior y genera un mayor entendimiento.

4.6 ¿UNA INVESTIGACIÓN PUEDE INCLUIR ELEMENTOS DE LOS DIFERENTES TIPOS DE ESTUDIO?

Algunas veces una investigación puede caracterizarse como exploratoria, descriptiva, correlacional o explicativa, pero no situarse únicamente como tal. Esto es, aunque un estudio sea esencialmente exploratorio contendrá elementos descriptivos, o bien un estudio correlacional incluirá elementos descriptivos, y lo mismo ocurre con cada una de las clases de estudio.

Asimismo, como se mencionó antes, una investigación puede iniciarse como exploratoria o descriptiva y después llegar a ser correlacional y aun explicativa. Por ejemplo, un investigador puede pensar en un estudio para determinar cuáles son las razones por las que ciertas personas (de un país determinado) evaden los impuestos. Su objetivo es de carácter explicativo.

Sin embargo, el investigador, al revisar la literatura, no encuentra antecedentes que puedan aplicarse a su contexto (los antecedentes a los que se enfrenta fueron hechos en países muy diferentes desde el punto de vista socioeconómico, la legislación fiscal, la mentalidad de los habitantes, etc.). Entonces comienza a explorar el fenómeno, haciendo algunas entrevistas al personal que trabaja en el Ministerio de Impuestos (o su equivalente), contribuyentes (causantes) y profesores universitarios que imparten cátedra sobre temas fiscales, y a describirlo, obtiene datos sobre niveles de evasión de impuestos, motivos más frecuentes de ello, etcétera.

Posteriormente describe el fenómeno con más exactitud y lo relaciona con diversas variables: *correlaciona grado de evasión de impuestos con nivel de ingresos* (¿quiénes ganan más, evaden más o menos impuestos?), *profesión* (¿hay diferencias en el grado de evasión de impuestos entre médicos, ingenieros, abogados, comunicólogos, psicólogos, etcétera?) *y edad* (¿a mayor edad mayor o menor grado de evasión de impuestos?). Finalmente llega a explicar por qué las personas evaden impuestos, quiénes evaden más y a qué se debe (causas de la evasión).

Desde luego, el estudio aunque no puede situarse únicamente en alguno de los tipos citados sino caracterizarse como tal, se inicia como exploratorio, para después ser descriptivo, correlacional y explicativo.

4.7 ¿DE QUÉ DEPENDE QUE UNA INVESTIGACIÓN SE INICIE COMO EXPLORATORIA, DESCRIPTIVA, CORRELACIONAL O EXPLICATIVA?

Como se mencionó anteriormente, son dos los factores que influyen en que una investigación se inicie como exploratoria, descriptiva, correlacional o explicativa:

el conocimiento actual del tema de investigación que nos revele la revisión de la literatura y el enfoque que el investigador pretenda dar a su estudio.

En primer término, *la literatura puede revelar que no hay antecedentes* sobre el tema en cuestión o que no son aplicables al contexto en el cual habrá de desarrollarse el estudio, entonces la investigación deberá iniciarse como exploratoria. Si la literatura nos revela guías aún no estudiadas e ideas vagamente vinculadas con el problema de investigación, la situación es similar, es decir, el estudio se iniciará como exploratorio. Por ejemplo, si pretendemos realizar una investigación sobre el consumo de drogas en determinadas prisiones o cárceles, con el propósito de analizar si hay o no consumo de estupefacientes en esos lugares, y se da ese consumo, ¿en qué medida se da?, ¿qué tipo de narcóticos se consume?, ¿cuáles más?, ¿a qué se debe ese consumo?, ¿quiénes suministran los estupefacientes?, ¿cómo es que son introducidos en las prisiones?, ¿quiénes intervienen en su distribución?, etcétera. Y si encontramos que no existen antecedentes, el estudio se iniciaría como exploratorio.

En segundo término, *la literatura nos puede revelar que hay "piezas y trozos" de teoría con apoyo empírico moderado*, esto es, estudios descriptivos que han detectado y definido ciertas variables. En estos casos nuestra investigación puede iniciarse como *descriptiva*, pues hay detectadas ciertas variables en las cuales se puede fundamentar el estudio. Asimismo, se pueden adicionar variables a medir. Si estamos pensando describir el uso que hace de la televisión un grupo específico de niños, encontraremos investigaciones que nos sugieren variables a medir: tiempo que dedican diariamente a ver la televisión, contenidos que ven más, actividades que realizan los niños mientras ven televisión, etc. A ellas podemos agregar otras como control paterno sobre el uso que los niños hacen de la televisión; *o correlacional*, cuando después de un cuidadoso análisis de las variables podemos presuponer unas relaciones entre ellas.

Por ejemplo, al leer cuidadosamente los estudios realizados sobre la relación niño-televisión, podemos tener una base para hipotetizar una relación entre el tiempo que dedican los niños a ver televisión y el control paterno sobre el uso que hacen aquéllos de ésta, y llevar a cabo una investigación para aprobar dicha relación y otras más.

En tercer término, la *literatura nos puede revelar la existencia de una o varias relaciones entre conceptos o variables.* En estas situaciones la investigación se iniciará como correlacional. Por ejemplo, si queremos analizar la relación entre la productividad y la satisfacción laboral de ciertos trabajadores de determinadas empresas, y si hay estudios al respecto, la investigación podrá iniciarse como correlativa.

En cuarto término, la *literatura nos puede revelar que existe una o varias teorías que se aplican a nuestro problema de investigación*; en estos casos el estudio puede iniciarse como explicativo. Si pensamos analizar por qué ciertos ejecutivos están más motivados intrínsecamente hacia su trabajo que otros, al revisar la literatura nos encontraremos con la teoría de la relación entre las características del trabajo y la motivación intrínseca, la cual posee evidencia empírica de diversos contextos. Podríamos pensar en llevar a cabo un estudio para explicar el fenómeno en nuestro contexto.

Por otra parte, *el enfoque que el investigador le dé a su estudio determina cómo se iniciará éste.* Si piensa en realizar un estudio sobre un tema ya estudiado previamente pero dándole un enfoque diferente, el estudio puede iniciarse como exploratorio. De este modo, el liderazgo ha sido investigado en muy diversos contextos y situaciones (en organizaciones de distintos tamaños y características, con trabajadores de línea, gerentes, supervisores, etc.; en el proceso de enseñanza-aprendizaje; en diversos movimientos sociales de masas y otros muchos contextos).

Asimismo, las prisiones como forma de organización también han sido estudiadas. Sin embargo, alguien puede pretender llevar a cabo una investigación para analizar las características de las lideresas en las cárceles o reclusorios de mujeres en la ciudad de México y qué factores hacen que ejerzan ese liderazgo. El estudio se iniciará como exploratorio, suponiendo que no encuentre antecedentes desarrollados sobre los motivos que provocan el fenómeno del liderazgo.

Igualmente, un investigador puede pretender sólo indicar cuál es el nivel de motivación intrínseca hacia el trabajo y la satisfacción laboral en un determinado grupo de directores de organizaciones industriales, y aunque exista una teoría que explique cómo se relacionan ambos conceptos, el estudio se iniciará y concluirá como descriptivo. Si buscara primero describir dichos conceptos y luego relacionarlos, su estudio iniciaría como descriptivo y posteriormente sería correlativo.

Desde luego, entre más antecedentes haya, mayor será la precisión inicial de la investigación. Asimismo, como se ha explicado, el estudio puede iniciarse como exploratorio y terminar siendo explicativo.

4.8 ¿CUÁL DE LOS CUATRO TIPOS DE ESTUDIO ES EL MEJOR?

Los autores han escuchado esta pregunta en boca de estudiantes, y la respuesta es muy simple: ninguno, *los cuatro tipos de investigación son igualmente válidos e importantes.* Todos han contribuido al avance de las diferentes ciencias. Cada uno tiene sus objetivos y razón de ser. En este sentido, un estudiante no debe preocuparse si su estudio va a ser o iniciarse como exploratorio, descriptivo, correlacional o explicativo; debe preocuparse por hacerlo bien y contribuir al conocimiento de un fenómeno. Que la investigación sea de un tipo u otro, o incluya elementos de uno o más de éstos, depende de cómo se plantee el problema de investigación. La investigación debe hacerse "a la medida" del problema que se formule, es decir, no decimos *a priori* "voy a llevar a cabo un estudio exploratorio o descriptivo", sino que primero planteamos el problema y revisamos la literatura y, después, analizamos si la investigación va a ser de una u otra clase.

RESUMEN

- Una vez que hemos efectuado la revisión de la literatura y afinamos el planteamiento del problema, pensamos en qué alcance tendrá nuestra investigación: exploratoria, descriptiva, correlacional o explicativa. Es decir, ¿hasta dónde, en términos de conocimiento, es posible que llegue nuestro estudio?

- Ningún tipo de estudio es superior a los demás, todos son significativos y valiosos. La diferencia para elegir uno u otro tipo de investigación estriba en el grado de desarrollo del conocimiento respecto al tema a estudiar y a los objetivos planteados.
- Los estudios exploratorios tienen por objeto esencial familiarizarnos con un tópico desconocido o poco estudiado o novedoso. Esta clase de investigaciones sirven para desarrollar métodos a utilizar en estudios más profundos.
- Los estudios descriptivos sirven para analizar cómo es y se manifiesta un fenómeno y sus componentes.
- Los estudios correlacionales pretenden ver cómo se relacionan o vinculan diversos fenómenos entre sí, o si no se relacionan.
- Los estudios explicativos buscan encontrar las razones o causas que provocan ciertos fenómenos. A nivel cotidiano y personal sería como investigar por qué a Brenda le gusta tanto ir a bailar a una *disco* o por qué se incendió un edificio.
- Una misma investigación puede abarcar fines exploratorios, en su inicio, y terminar siendo descriptiva, correlacional y hasta explicativa: todo según los objetivos del investigador.

CONCEPTOS BÁSICOS

Exploración
Descripción
Correlación
Explicación
Tipo genérico de estudio

EJERCICIOS

1. Plantee una pregunta de investigación sobre un problema de investigación exploratorio, uno descriptivo, uno correlacional y uno explicativo.
2. Las siguientes preguntas de investigación a qué tipo de estudio corresponden (véanse respuestas en el Apéndice 4):

a) ¿A cuánta inseguridad se exponen los habitantes de la ciudad de México?, ¿cuántos asaltos ha habido en promedio diariamente durante los últimos doce meses?, ¿cuántos robos a casa-habitación?, ¿cuántos asesinatos?, ¿cuántos robos a comercios?, ¿cuántos robos de vehículos automotores?, ¿cuántos lesionados?

b) ¿Qué opinan los empresarios mexicanos de las tasas impositivas hacendarias?

c) ¿El alcoholismo en las esposas genera mayor número de abandonos y divorcios que el alcoholismo en los maridos? (En los matrimonios de clase alta y origen latinoamericano que viven en Nueva York.)

d) ¿Cuál es la razón o cuáles son las razones por las que la telenovela “Nosotros” tuvo el mayor teleauditorio en la historia de la televisión venezolana?

3. Respecto al problema de investigación que planteó en el capítulo tres, ¿a qué tipo de estudio corresponde?

BIBLIOGRAFÍA SUGERIDA

DANKHE, G. L. (1976), *Investigación y comunicación*, en C. Fernández-Collado y G. L. Dankhe (Eds): “La comunicación humana: ciencia social”, McGraw-Hill, México, pp. 385-454.

Ejemplos

LA TELEVISIÓN Y EL NIÑO

La investigación se inicia como descriptiva y finalizará como descriptiva/correlacional, ya que pretende analizar los usos y gratificaciones de la televisión en niños de diferentes niveles socioeconómicos, edades, sexo y otras variables (se relacionarán nivel socioeconómico y uso de la televisión, etcétera).

EL CONTAGIO DEL SIDA

Este estudio se inició como exploratorio, ya que en su momento poco se sabía del control que ejercían las instituciones de salud y los laboratorios dedicados a la transfusión de sangre. Además, el conocimiento del desarrollo del VIH adquirido por diferentes mecanismos no era completo ni suficiente.

Al finalizarlo, el estudio es típicamente correlacional puesto que aporta elementos para determinar la relación entre el tiempo en que se desarrolla el SIDA y el medio de contagio.

DIAGNÓSTICO MUNICIPAL

Se trata de una investigación descriptiva para determinar cómo se encuentra un municipio en las dimensiones económicas y otras variables vinculadas al desarrollo social, que servirán para elaborar un plan de desarrollo. Aunque con la información obtenida se pueden correlacionar variables y analizar causas.

Capítulo

5 Formulación de hipótesis

OBJETIVOS DE APRENDIZAJE

Al terminar este capítulo, el alumno será capaz de:

- Comprender los conceptos de hipótesis, variable, definición conceptual y definición operacional de una variable.
- Conocer y comprender los diferentes tipos de hipótesis.
- Aprender a deducir y formular hipótesis, así como definir conceptual y operacionalmente las variables contenidas en una hipótesis.

PROCESO DE INVESTIGACIÓN

Quinto paso

- Formular las hipótesis.
- Detectar las variables.
- Definir conceptualmente las variables.
- Definir operacionalmente las variables.

SÍNTESIS

El capítulo define lo que es una hipótesis, presenta una clasificación de los tipos de hipótesis en la investigación científica, define el concepto de variable y explica maneras de deducir y formular hipótesis. Asimismo se establece la relación entre el planteamiento del problema, el marco teórico, el tipo de investigación y las hipótesis.

5.1 ¿QUÉ SON LAS HIPÓTESIS?

Ya hemos planteado el problema de investigación, revisado la literatura y contextualizado dicho problema mediante la construcción del marco teórico. También hemos visto que nuestro estudio puede iniciarse como exploratorio, descriptivo, correlacional o explicativo, y que como investigadores decidimos hasta dónde queremos y podemos llegar. El siguiente paso consiste en establecer guías precisas del problema de investigación o fenómenos que estamos estudiando. Estas guías son las hipótesis. *En una investigación podemos tener una, dos o varias hipótesis*; y, como se explicará más adelante, *a veces no se tienen hipótesis.*

Las hipótesis indican lo que estamos buscando o tratando de probar y pueden definirse como explicaciones tentativas del fenómeno investigado formuladas a manera de proposiciones. De hecho, en nuestra vida cotidiana constantemente elaboramos hipótesis acerca de muchas cosas y luego indagamos su veracidad. Por ejemplo, establecemos una pregunta de investigación: ¿Le gustaré a Ana? y una hipótesis: "Yo le resulto atractivo a Ana." Esta hipótesis es una explicación tentativa y está formulada como proposición. Después investigamos si la hipótesis es aceptada o rechazada, cortejando a Ana.

Las hipótesis no necesariamente son verdaderas; pueden o no serlo, pueden o no comprobarse con hechos. Son explicaciones tentativas, no los hechos en sí. Al formularlas, el investigador no puede asegurar que vayan a comprobarse. Como mencionan y ejemplifican Black y Champion (1976), una hipótesis es diferente de una afirmación de hecho. Alguien puede hipotetizar que, en un país determinado, las familias que viven en zonas urbanas tienen menor número de hijos que las familias que viven en zonas rurales; y esta hipótesis puede ser o no comprobada. En cambio, si alguien afirma lo anterior basándose en información de un censo poblacional recientemente efectuado en ese país, no establece una hipótesis sino que afirma un hecho. Es decir, al establecer sus hipótesis, el investigador desconoce si serán o no verdaderas.

Dentro de la investigación científica, las hipótesis son proposiciones tentativas acerca de las relaciones entre dos o más variables y se apoyan en conocimientos organizados y sistematizados.

Ejemplos de hipótesis

- La proximidad física entre los hogares de las parejas de novios está relacionada positivamente con el nivel de satisfacción que les proporciona su relación.
- El índice de cáncer pulmonar es mayor entre los fumadores que entre los no fumadores.
- Conforme se desarrollan las psicoterapias orientadas en el paciente, aumentan las expresiones verbales de discusión y exploración de planes futuros personales y disminuyen las de hechos pasados.
- A mayor variedad en el trabajo, mayor motivación intrínseca hacia él.
- El tiempo que tardan en desarrollar el SIDA las personas contagiadas por transmisión sexual es mayor que las contagiadas por transfusión sanguínea.

- La roca caliza extraída del subsuelo de Quintana Roo, si es tratada con el procedimiento ECA, es un agregado pétreo de mayor calidad como base para la construcción de carreteras que si no se procesa bajo dicho procedimiento.

Las hipótesis pueden ser más o menos generales o precisas, e involucrar dos o más variables, pero en cualquier caso *son sólo proposiciones sujetas a comprobación empírica*, a verificación en la realidad. El primer ejemplo, vincula dos variables: "proximidad física entre los hogares de los novios" y "nivel de satisfacción".

5.2 ¿QUÉ SON LAS VARIABLES?

En este punto es necesario definir qué es una variable. *Una variable es una propiedad que puede variar y cuya variación es susceptible de medirse.* Ejemplos de variables son el sexo, la motivación intrínseca hacia el trabajo, el atractivo físico, el aprendizaje de conceptos, el conocimiento de historia de la Revolución Mexicana, la religión, la agresividad verbal, la personalidad autoritaria y la exposición a una campaña de propaganda política. La variable se aplica a un grupo de personas u objetos, los cuales pueden adquirir diversos valores respecto a la variable. Por ejemplo, *la inteligencia*: las personas pueden clasificarse de acuerdo con su inteligencia, no todas las personas poseen el mismo nivel de inteligencia, varían en ello.

Otras variables pueden ser la productividad de un determinado tipo de semilla, la rapidez con que se ofrece un servicio, la eficiencia de un procedimiento de construcción, la efectividad de una vacuna, el tiempo que tarda en manifestarse una enfermedad, etcétera (hay variación en todos los casos).

Las variables adquieren valor para la investigación científica cuando pueden ser relacionadas con otras (formar parte de una hipótesis o una teoría). En este caso se les suele denominar "constructos o construcciones hipotéticas".

5.3 ¿CÓMO SE RELACIONAN LAS HIPÓTESIS, LAS PREGUNTAS Y LOS OBJETIVOS DE INVESTIGACIÓN?

Las hipótesis proponen tentativamente las respuestas a las preguntas de investigación, la relación entre ambas es directa e íntima. Las hipótesis sustituyen a los objetivos y preguntas de investigación para guiar el estudio. Por ello, *las hipótesis comúnmente surgen de los objetivos y preguntas de investigación*, una vez que éstas han sido reevaluadas a raíz de la revisión de la literatura.

5.4 ¿DE DÓNDE SURGEN LAS HIPÓTESIS?

Si hemos seguido paso por paso el proceso de investigación, es natural que las hipótesis surjan del planteamiento del problema que, como recordamos, se vuelve a evaluar y si es necesario se replantea después de revisar la literatura. Es decir, provienen de la revisión misma de la literatura. *Nuestras hipótesis pueden surgir de un postulado de una teoría, del análisis de ésta, de generalizaciones empíricas pertinentes a nuestro problema de investigación y de estudios revisados o antecedentes consultadas.*

Existe pues, una relación muy estrecha entre el planteamiento del problema, la revisión de la literatura y las hipótesis. La revisión inicial de la literatura hecha para familiarizarnos con el problema de estudio nos lleva a plantearlo, después revisamos la literatura y afinamos o precisamos el planteamiento, del cual derivamos las hipótesis. Al formular las hipótesis volvemos a evaluar nuestro planteamiento del problema.

Recordemos que los objetivos y preguntas de investigación pueden reafirmarse o mejorarse durante el desarrollo del estudio. Asimismo, durante el proceso se nos pueden ocurrir otras hipótesis que no estaban contempladas en el planteamiento original, producto de nuevas reflexiones, ideas o experiencias; discusiones con profesores, colegas o expertos en el área; e, incluso, "de analogías, mediante el descubrimiento de semejanzas entre la información referida a otros contextos y la que se posee para la realidad del objeto de estudio" (Rojas, 1981, p. 95). Este último caso ha ocurrido varias veces en las ciencias sociales. Por ejemplo, algunas hipótesis en el área de la comunicación no verbal sobre el manejo de la territorialidad humana surgieron de estudios sobre este tema pero en animales; algunas concepciones de la teoría del campo o psicología topológica (cuyo principal exponente fue Kurt Lewin) tiene antecedentes en la teoría del comportamiento de los campos electromagnéticos. La teoría de Galileo, propuesta por Joseph Woelfel y Edward L. Fink (1980) para medir el proceso de la comunicación, tiene orígenes importantes en la física y otras ciencias exactas (las dinámicas del "yo" se apoyan en nociones de la álgebra de vectores). Sellitz *et al.* (1965, pp. 54-55), al hablar de las fuentes de donde surgen las hipótesis escriben:

> "Las fuentes de hipótesis de un estudio tienen mucho que ver a la hora de determinar la naturaleza de la contribución de la investigación en el cuerpo general de conocimientos. Una hipótesis que simplemente emana de la intuición o de una sospecha puede hacer finalmente una importante contribución a la ciencia. Sin embargo, si solamente ha sido comprobada en un estudio, existen dos limitaciones con respecto a su utilidad. Primero no hay seguridad de que las relaciones entre dos variables halladas en un determinado estudio serán encontradas en otros estudios"[...] "En segundo lugar, una hipótesis basada simplemente en una sospecha no es propicia a no ser relacionada con otro conocimiento o teoría. Así pues, los hallazgos de un estudio basados en tales hipótesis no tienen una clara conexión con el amplio cuerpo de conocimientos de la ciencia social. Pueden suscitar cuestiones interesantes, pueden estimular posteriores investigaciones, e incluso pueden ser integradas más tarde en una teoría explicatoria. Pero, a menos que tales avances tengan lugar, tienen muchas probabilidades de quedar como trozos aislados de información."

Y agregan:

> "Una hipótesis que nace de los hallazgos de otros estudios está libre en alguna forma de la primera de estas limitaciones. Si la hipótesis está basada en resultados

de otros estudios, y si el presente estudio apoya la hipótesis de aquéllos, el resultado habrá servido para confirmar esta relación de una forma normal"[...] "Una hipótesis que se apoya no simplemente en los hallazgos de un estudio previo, sino en una teoría en términos más generales, está libre de la segunda limitación: la de aislamiento de un cuerpo de doctrina más general."

Las hipótesis pueden surgir aunque no exista un cuerpo teórico abundante

Estamos de acuerdo en que las hipótesis surgidas de teorías con evidencia empírica superan las dos limitaciones que señalan Sellitz y sus colegas (1965), así como en la afirmación de que una hipótesis que nace de los hallazgos de investigaciones anteriores vence la primera de esas limitaciones. Pero es necesario recalcar que hipótesis útiles y fructíferas también pueden originarse en planteamientos del problema cuidadosamente revisados, aunque el cuerpo teórico que los sustente no sea abundante. A veces la experiencia y la observación constante pueden ofrecer potencial para el establecimiento de hipótesis importantes, lo mismo puede decirse de la intuición. Cuanto menor apoyo empírico previo tenga una hipótesis, mayor cuidado se deberá tener en su elaboración y evaluación, porque tampoco podemos formular hipótesis de manera superficial.

Lo que sí constituye una grave falla en la investigación es formular hipótesis sin haber revisado cuidadosamente la literatura, ya que podemos cometer errores tales como "hipotetizar" algo sumamente comprobado o "hipotetizar" algo que ha sido contundentemente rechazado. Un ejemplo burdo pero ilustrativo sería pretender establecer la hipótesis de que "los seres humanos pueden volar por sí mismos, únicamente con su cuerpo". Definitivamente, la calidad de las hipótesis está relacionada positivamente con el grado de exhaustividad con que se haya revisado la literatura.

5.5 ¿QUÉ CARACTERÍSTICAS DEBE TENER UNA HIPÓTESIS?

Para que una hipótesis sea digna de tomarse en cuenta para la investigación científica, debe reunir ciertos requisitos:

1. *Las hipótesis deben referirse a una situación social real.* Como argumenta Rojas (1981), las hipótesis sólo pueden someterse a prueba en un universo y contexto bien definidos. Por ejemplo, una hipótesis relativa a alguna variable del comportamiento gerencial (digamos, la motivación) deberá ser sometida a prueba en una situación real (con ciertos gerentes de organizaciones existentes, reales). En ocasiones en la misma hipótesis se hace explícita esa realidad ("los niños guatemaltecos que viven en zonas urbanas, imitarán mayor conducta violenta de la televisión; que los niños guatemaltecos que viven en zonas rurales"), y otras veces la realidad se define a través de explicaciones que acompañan a la hipótesis. Así, la hipótesis: "cuanto mayor sea la retroalimentación sobre el desempeño en el trabajo que proporcione un gerente a sus supervisores, más grande será la motivación intrínseca de éstos hacia

sus tareas laborales"; no explica qué gerentes, de qué empresas. Y será necesario contextualizar la realidad de dicha hipótesis, afirmar por ejemplo que se trata de gerentes de todas las áreas de empresas puramente industriales con más de 1 000 trabajadores y ubicadas en Bogotá.

Es muy frecuente que, cuando nuestras hipótesis provienen de una teoría o una generalización empírica (afirmación comprobada varias veces en la realidad), sean manifestaciones contextualizadas o casos concretos de hipótesis generales abstractas. La hipótesis "a mayor satisfacción laboral mayor productividad" es general y puede someterse a prueba en diversas realidades (países, ciudades, parques industriales o aun en una sola empresa; con directivos, secretarias u obreros, etc.; en empresas comerciales, industriales, de servicios o combinaciones de estos tipos; giros; etc.). En estos casos, al probar nuestra hipótesis contextualizada aportamos evidencia en favor de la hipótesis más general. Es obvio que los contextos o realidades pueden ser más o menos generales y, normalmente, han sido explicados con claridad en el planteamiento del problema. Lo que hacemos al establecer las hipótesis es volver a analizar si son los adecuados para nuestro estudio y si es posible tener acceso a ellos (reconfirmamos el contexto, buscamos otro o ajustamos las hipótesis).

2. *Los términos (variables) de la hipótesis deben ser comprensibles, precisos y lo más concretos posible.* Términos vagos o confusos no tienen cabida en una hipótesis. Así, "globalización de la economía" y "sinergía organizacional", son conceptos imprecisos y generales que deben sustituirse por otros más específicos y concretos.
3. *La relación entre variables propuesta por una hipótesis debe ser clara y verosímil (lógica).* Debe quedar claro cómo se están relacionando las variables y esta relación no puede ser ilógica. La hipótesis: "la disminución del consumo del petróleo en Estados Unidos está relacionada con el grado de aprendizaje del álgebra por parte de niños que asisten a escuelas públicas en Buenos Aires" sería inverosímil; no podemos considerarla.
4. *Los términos de la hipótesis y la relación planteada entre ellos, deben ser observables y medibles, o sea tener referentes en la realidad.* Las hipótesis científicas, al igual que los objetivos y preguntas de investigación, no incluyen aspectos morales ni cuestiones que no podemos medir en la realidad. Hipótesis como: "los hombres más felices van al cielo" o "la libertad de espíritu está relacionada con la voluntad creadora" contienen conceptos o relaciones que no poseen referentes empíricos; por lo tanto, no son útiles como hipótesis para investigar científicamente ni se pueden someter a prueba en la realidad.
5. *Las hipótesis deben estar relacionadas con técnicas disponibles para probarlas.* Este requisito está estrechamente relacionado con el anterior y se refiere a que al formular una hipótesis, tenemos que analizar si existen técnicas o herramientas de la investigación, para poder verificarla, si es posible desarrollarlas y si se encuentran a nuestro alcance.

Se puede dar el caso de que existan esas técnicas, pero por ciertas razones no tengamos acceso a ellas. Alguien podría pretender probar hipótesis referentes a la desviación presupuestal en el gasto público de un país latinoamericano o la red de narcotraficantes en la ciudad de Miami, pero no disponer de formas realistas de obtener sus datos. Entonces su hipótesis aunque teóricamente puede ser muy valiosa, no se puede probar en la realidad.

5.6 ¿QUÉ TIPOS DE HIPÓTESIS HAY?

Existen diversas formas de clasificar las hipótesis, pero en este apartado nos vamos a concentrar en la siguiente clasificación: 1) *hipótesis de investigación*, 2) *hipótesis nulas*, 3) *hipótesis alternativas* y 4) *hipótesis estadísticas*.

5.7 ¿QUÉ SON LAS HIPÓTESIS DE INVESTIGACIÓN?

Lo que hemos venido definiendo como hipótesis a lo largo de este capítulo son en realidad las hipótesis de investigación. Éstas podrían definirse como "proposiciones tentativas acerca de las posibles relaciones entre dos o más variables y que cumplen con los cinco requisitos mencionados". Se les suele simbolizar como Hi o $H_1, H_2, H_3,$ etc. (si son varias) y también se les denomina *hipótesis de trabajo.*

A su vez, las hipótesis de investigación pueden ser:

5.7.1 Hipótesis descriptivas del valor de las variables que se va a observar en un contexto o en la manifestación de otra variable[13]

Ejemplo

Hi: "La expectativa de ingreso mensual de los trabajadores de la Corporación TEAQ oscila entre $50 000 y $60 000 pesos colombianos."

Las hipótesis de este tipo se utilizan a veces en estudios descriptivos. Pero cabe comentar que no en todas las investigaciones descriptivas se formulan hipótesis o que éstas son afirmaciones más generales ("la ansiedad en los jóvenes alcohólicos será elevada", "durante este año, los presupuestos de publicidad se incrementarán entre 50 y 60%", "la motivación extrínseca de los obreros de las plantas de las zonas industriales de Guadalajara disminuirá", "el número de tratamientos psicoterapéuticos va a aumentar en las urbes sudamericanas con más de 3 millones de habitantes"). No es sencillo hacer estimaciones con cierta precisión respecto a fenómenos del comportamiento humano.

[13] Algunos investigadores consideran estas hipótesis como afirmaciones "univariadas". Argumentan que no se relacionan variables. Opinan que, más que relacionar las variables, se está planteando cómo se va a manifestar una variable en una "constante" (después de todo, en los ejemplos el grupo medido de personas u objetos es constante). Este razonamiento tiene validez, y entonces tal vez deberíamos decir "relacionan términos". Sin embargo, consultamos a algunos grupos de estudiantes, quienes manifestaron que les resultaba difícil comprender la noción de relacionar una variable con una constante. Por ello, se habla de hipótesis descriptivas que relacionan dos variables.

5.7.2 Hipótesis correlacionales

Especifican las relaciones entre dos o más variables. Corresponden a los estudios correlaciones y pueden establecer la asociación entre dos variables ("la inteligencia está relacionada con la memoria", "la exposición por parte de los adolescentes a videos musicales con alto contenido sexual, está asociada con la manifestación de estrategias en las relaciones interpersonales heterosexuales para establecer contacto sexual"); o establecer la asociación entre más de dos variables ("la atracción física, las demostraciones de afecto, la similitud en valores y la satisfacción en el noviazgo, se encuentran vinculadas entre sí", "la inteligencia, la memoria y las calificaciones obtenidas están relacionadas, en estudiantes uruguayos de postgrado de ciencias sociales").

Sin embargo, las hipótesis correlacionales no sólo pueden establecer que dos o más variables se encuentran asociadas, sino cómo están asociadas. Alcanzan el nivel predictivo y parcialmente explicativo.

Ejemplos

"A *mayor* exposición por parte de los adolescentes a videos musicales con alto contenido sexual, *mayor* manifestación de estrategias en las relaciones interpersonales heterosexuales para establecer contacto sexual." (Aquí la hipótesis nos indica que, cuando una variable aumenta la otra también, y viceversa, cuando una variable disminuye, la otra disminuye.)

"*A mayor* autoestima, *menor* temor de logro." (Aquí la hipótesis nos indica que, cuando una variable aumenta, la otra disminuye, y si ésta disminuye, aquélla aumenta.)

"Las telenovelas venezolanas *muestran cada vez un mayor* contenido sexual en sus escenas." (En esta hipótesis se correlacionan las variables "época o tiempo en que se producen las telenovelas" y "contenido sexual".)

"A mayor desempeño entre la población económicamente activa del municipio de Salvatierra, estado de Guanajuato, mayor percepción de necesidad de que industrias de todo tipo se instalen en el municipio."

En estos ejemplos, no sólo se establece que hay relación entre las variables, sino también cómo es la relación (qué dirección sigue). Como se comprenderá, es diferente hipotetizar que dos o más variables están relacionadas, a hipotetizar cómo son estas relaciones. En el capítulo "Análisis e interpretación de los datos" se explica más a fondo el tema de la correlación y los tipos de correlación entre variables. Por el momento diremos que, cuando se correlacionan dos variables, se le conoce como "correlación bivariada", y cuando se correlacionan varias, se le llama "correlación múltiple".

Es necesario agregar que, *en una hipótesis de correlación, el orden en que coloquemos las variables no es importante* (ninguna variable antecede a la otra; *no hay relación de causalidad*). Es lo mismo indicar "a mayor X, mayor Y", que "a mayor Y, mayor X", o "a mayor X, menor Y" que "a menor Y, mayor X".

Ejemplo

"Quienes tienen más altas puntuaciones en el examen de estadística, tienden a tener las puntuaciones más elevadas en el examen de psicometría", es igual que: "los que tienden a tener las puntuaciones más elevadas en el examen de psicometría son quienes tienen más altas puntuaciones en el examen de estadística".

Como aprendimos desde pequeños: "el orden de los factores (variables) no altera el producto (la hipótesis)". Desde luego, esto ocurre en la correlación mas no en las relaciones de causalidad, donde vamos a ver que *sí* importa el orden de las variables. Pero *en la correlación no hablamos de variables independiente y dependiente* (cuando sólo hay correlación estos términos carecen de sentido). Los estudiantes que comienzan en sus cursos de investigación suelen indicar en toda hipótesis cuál es la variable independiente y cuál la dependiente. Ello es un error. *Únicamente en hipótesis causales* se puede hacer esto.

Por otro lado, es común que cuando se pretende en la investigación *correlacionar varias variables se tengan diversas hipótesis*, y cada una de ellas relacione un par de variables. Por ejemplo, si quisiéramos relacionar las variables "atracción física", "confianza", "proximidad física" y "equidad" en el noviazgo (todas entre sí), estableceríamos las hipótesis correspondientes.

Ejemplos

H_1 "A mayor atracción física, menor confianza."
H_2 "A mayor atracción física, mayor proximidad física."
H_3 "A mayor atracción física, mayor equidad."
H_4 "A mayor confianza, mayor proximidad física."
H_5 "A mayor confianza, mayor equidad."
H_6 "A mayor proximidad física, mayor equidad."

Estas hipótesis deben ser contextualizadas en su realidad (con qué parejas) y sometidas a prueba empírica.

5.7.3 Hipótesis de la diferencia entre grupos

Estas hipótesis se formulan en investigaciones cuyo fin es comparar grupos. Por ejemplo, supongamos que un publicista piensa que un comercial televisivo en blanco y negro, cuya finalidad es persuadir a los adolescentes que comienzan a fumar para que dejen de hacerlo, tiene una eficacia diferente que uno en color. Su pregunta de investigación podría ser: ¿es más eficaz un comercial televisivo en blanco y negro que uno en color, cuyo mensaje es persuadir a los adolescentes que comienzan a fumar para que dejen de hacerlo? Y su hipótesis podría quedar formulada así:

Otros ejemplos

Hi: "El efecto persuasivo para dejar de fumar no será igual en los adolescentes que vean la versión del comercial televisivo en color que en los adolescentes que vean la versión del comercial en blanco y negro."

Otros ejemplos de este tipo de hipótesis sería:

Hi: Los adolescentes le atribuyen más importancia que las adolescentes al atractivo físico en sus relaciones heterosexuales.

Hi: "El tiempo en que tardan en desarrollar el SIDA las personas contagiadas por transfusión sanguínea es menor que las que adquieren el VIH por transmisión sexual" (las primeras lo adquieren más rápidamente).

En ambos ejemplos se plantea una posible diferencia entre grupos; sólo que en el primero de ellos únicamente se establece que "hay diferencia" entre los grupos que se están comparando, pero no se afirma a cuál de los grupos favorece la diferencia. No establece si el efecto persuasivo es mayor en los adolescentes que ven el comercial en blanco y negro o los que ven el comercial en color. Se limita a decir que se espera una diferencia. En cambio, en el segundo, además de establecer la diferencia, se especifica a cuál de los grupos a comparar favorece. (Los jóvenes son quienes, según se piensa, atribuirán mayor importancia al "atractivo físico".)

Cuando el investigador no tiene bases para presuponer en favor de qué grupo será la diferencia, formula una hipótesis simple de diferencia de grupos (como el primer ejemplo de los comerciales). Y cuando sí tiene bases, establece una hipótesis direccional de diferencia de grupos (como el segundo ejemplo). Esto último, normalmente ocurre cuando la hipótesis se deriva de una teoría o estudios antecedentes, o bien el investigador está bastante familiarizado con el problema de estudio.

Esta clase de hipótesis puede abarcar dos, tres o más grupos.

Ejemplo

Hi: "Las escenas de la telenovela 'Sentimientos' presentarán mayor contenido sexual que las de la telenovela 'Luz Ángela', y éstas, a su vez, mayor contenido sexual que las escenas de la telenovela 'Mi último amor'."[14]

[14] Por supuesto, los nombres son ficticios. Si alguna telenovela se ha titulado (o en el futuro se titulara) así, es puramente una coincidencia.

Algunos investigadores consideran las hipótesis de diferencia de grupos como un tipo de hipótesis correlacionales, porque en última instancia relacionan dos o más variables. El caso de la importancia del atractivo físico relaciona las variables "sexo" con "atribución de la importancia del atractivo físico en las relaciones heterosexuales". La diferencia entre ambas clases de hipótesis estriba en que normalmente en las hipótesis de diferencia de grupos una de las variables (aquélla sobre la cual se dividen los grupos) adquiere un número más limitado de valores (habrá tantos valores como grupos se comparen), que los valores que adquieren las variables de las hipótesis correlacionales. Y han sido diferenciadas debido a que, por su nivel de medición, requieren análisis estadísticos distintos. Si usted no entendió este último párrafo, no se preocupe, no se ha hablado todavía sobre "niveles de medición". Esta discusión fue introducida porque hay algunos investigadores que difieren en lo comentado. Pensamos que, cuando ya se hayan visto los temas "niveles de medición" (cap. 9) y "métodos o pruebas estadísticas paramétricas y no paramétricas" (cap. 10) , se comprenderá esta discusión.

Las hipótesis de diferencia de grupos pueden formar parte de estudios correlacionales, si únicamente establecen que hay diferencia entre los grupos, aunque establezcan en favor de qué grupo es ésta. Ahora bien, si además de establecer tales diferencias explican el porqué de las diferencias, entonces son hipótesis de estudios explicativos. Asimismo, puede darse el caso de una investigación que se inicie como correlacional y termine como explicativa. En resumen, los estudios correlacionales se caracterizan por tener hipótesis correlacionales, hipótesis de diferencias de grupos o ambos tipos.

5.7.4 Hipótesis que establecen relaciones de causalidad

Este tipo de hipótesis no solamente afirma las relaciones entre dos o más variables y cómo se dan dichas relaciones, sino que además proponen un "sentido de entendimiento" de ellas. Este sentido puede ser más o menos completo, dependiendo del número de variables que se incluyan, pero todas estas hipótesis establecen relaciones de causa-efecto.

Ejemplos sencillos

Hi: "La desintegración familiar de los padres provoca baja autoestima en los hijos." En el ejemplo, además de establecerse una relación entre las variables, se propone la causalidad de esa relación.

Hi: "Todas las personas que en 1984 recibieron transfusión de sangre o derivados contaminados con el VIH morirán antes de 1994."

Las hipótesis correlacionales pueden simbolizarse como "X —— Y", las hipótesis causales pueden simbolizarse como:

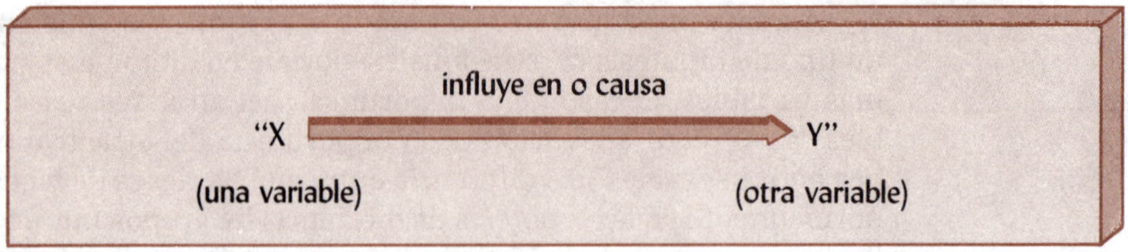

Correlación y causalidad son conceptos asociados pero distintos. Dos variables pueden estar correlacionadas sin que ello necesariamente implique que una será causa de la otra. Supongamos que una empresa fabrica un producto que se vende poco y decide mejorarlo, lo hace y lanza una campaña para anunciar el producto en radio y televisión. Después observa que aumentan las ventas del producto. Los ejecutivos de la empresa pueden decir que el lanzamiento de la campaña está relacionado con el incremento en las ventas, pero si no se demuestra la causalidad no pueden asegurar que la campaña haya provocado tal incremento. Quizá la campaña es la causa del aumento, pero puede ser que la causa sea en sí la mejora al producto, una excelente estrategia de comercialización u otro factor; o bien todas pueden ser causas.

Otro caso es el que se explicó en el capítulo anterior. Donde la "estatura" "parecía" estar correlacionada con la "inteligencia" en niños cuyas edades oscilaban entre los 8 y 12 años (los niños con mayor estatura, tendían a obtener las calificaciones más altas en la prueba de inteligencia); pero la realidad era que la "maduración" era la variable que estaba relacionada con "la respuesta a una prueba de inteligencia" (más que a la inteligencia en sí). La correlación no tenía sentido; mucho menos lo tendría establecer una causalidad, afirmando que la estatura es causa de la inteligencia o que por lo menos influye en ella. Es decir, no todas las correlaciones tienen sentido y no siempre que se encuentra una correlación puede inferirse causalidad. Si cada vez que se obtiene una correlación se supusiera causalidad, ello equivaldría a decir, que cada vez que se ve a una señora y un niño juntos, se supusiera que ella es su madre, cuando puede ser su tía, una vecina o una señora que casualmente se colocó muy cerca del niño.

Para poder establecer causalidad antes debe haberse demostrado correlación, pero además la causa debe ocurrir antes que el efecto. Asimismo, los cambios de la causa deben provocar cambios en el efecto.

Al hablar de hipótesis, a las supuestas causas se les conoce como "variables independientes" y a los efectos como "variables dependientes". Solamente se puede hablar de variables independientes y dependientes cuando se formulan hipótesis causales o hipótesis de la diferencia de grupos, siempre y cuando en estas últimas se explique cuál es la causa de la diferencia hipotetizada.

A continuación se exponen distintos tipos de *hipótesis causales*:

A. *Hipótesis causales bivariadas.* En estas hipótesis se plantea una relación entre una variable independiente y una variable dependiente. Por ejemplo: "Percibir que otra persona del sexo opuesto es similar a uno en cuanto a reli-

FIGURA 5.1
Esquema de relación causal bivariada.

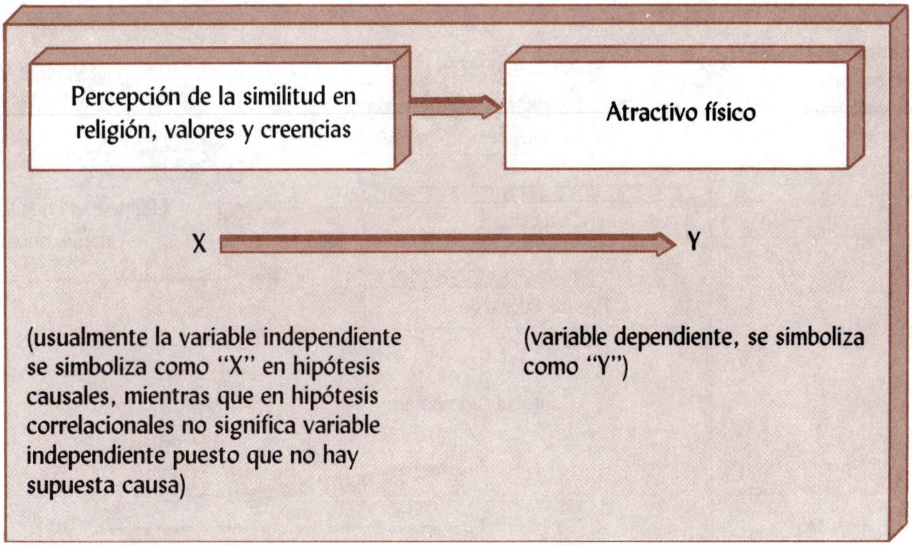

gión, valores y creencias nos provoca mayor atracción física hacia ella." (Figura 5.1.)

B. *Hipótesis causales multivariadas.* Plantean una relación entre varias variables independientes y una dependiente, o una independiente y varias dependientes, o varias variables independientes y varias dependientes:

Ejemplos

"La cohesión y la centralidad en un grupo sometido a una dinámica, y el tipo de liderazgo que se ejerza dentro del grupo; determinan la efectividad de éste para alcanzar sus metas primarias." (Figura 5.2.)

"La variedad y la autonomía en el trabajo, así como la retroalimentación proveniente del desarrollo de él, generan mayor motivación intrínseca y satisfacción laborales." (Figura 5.3.)

Las hipótesis multivariadas pueden plantear otro tipo de relaciones causales, en donde ciertas variables intervienen modificando la relación (*hipótesis con presencia de variables intervinientes*).

FIGURA 5.2
Esquema de relación causal multivariada.

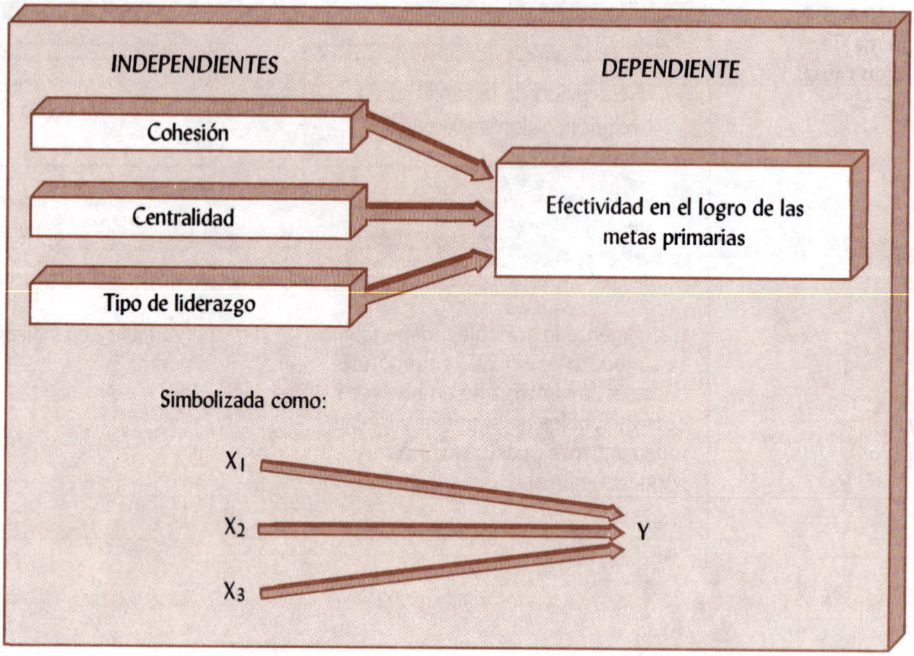

FIGURA 5.3
Esquema de relación causal multivariada.

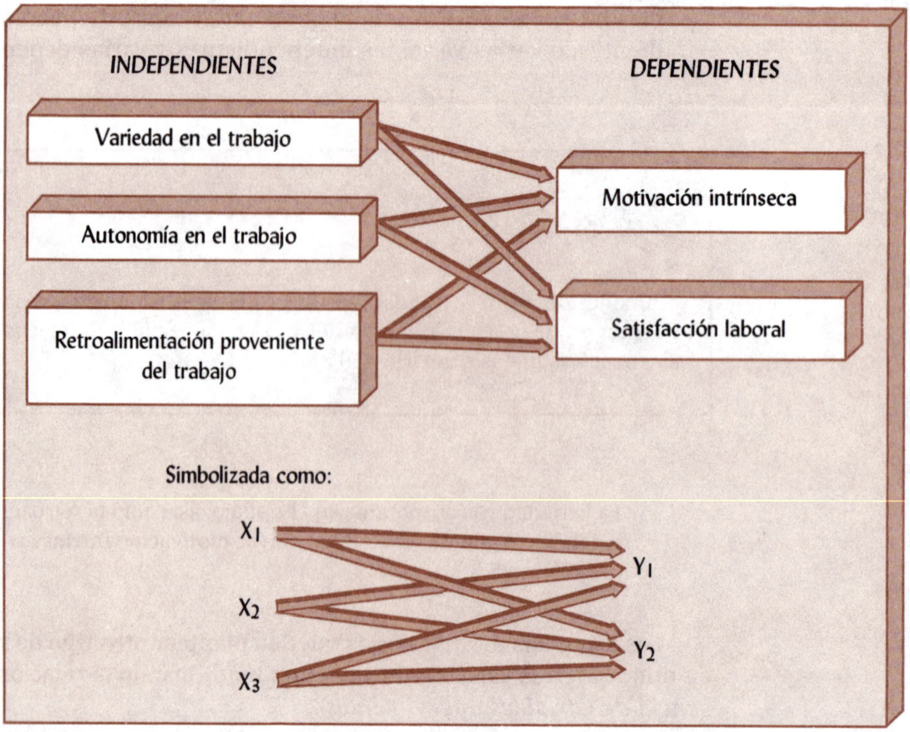

Ejemplo

"La paga aumenta la motivación intrínseca de los trabajadores, cuando es administrada de acuerdo con el desempeño." (Figura 5.4.)

Puede haber estructuras causales de variables más complejas, que resulta difícil expresar en una sola hipótesis, porque las variables se relacionan entre sí de distintas maneras. Entonces se plantean las relaciones causales en dos o más hipótesis o gráficamente. (Figura 5.5.)

El esquema de la figura 5.5. podría desglosarse en múltiples hipótesis; por ejemplo,

H_1: "La paga incrementa la satisfacción laboral."
H_2: "La integración, la comunicación instrumental y la comunicación formal incrementan la satisfacción laboral."
H_3: "La centralización disminuye la satisfacción laboral."
H_4: "La satisfacción laboral influye en la reasignación de personal."

FIGURA 5.4
Esquema causal con variable interviniente.

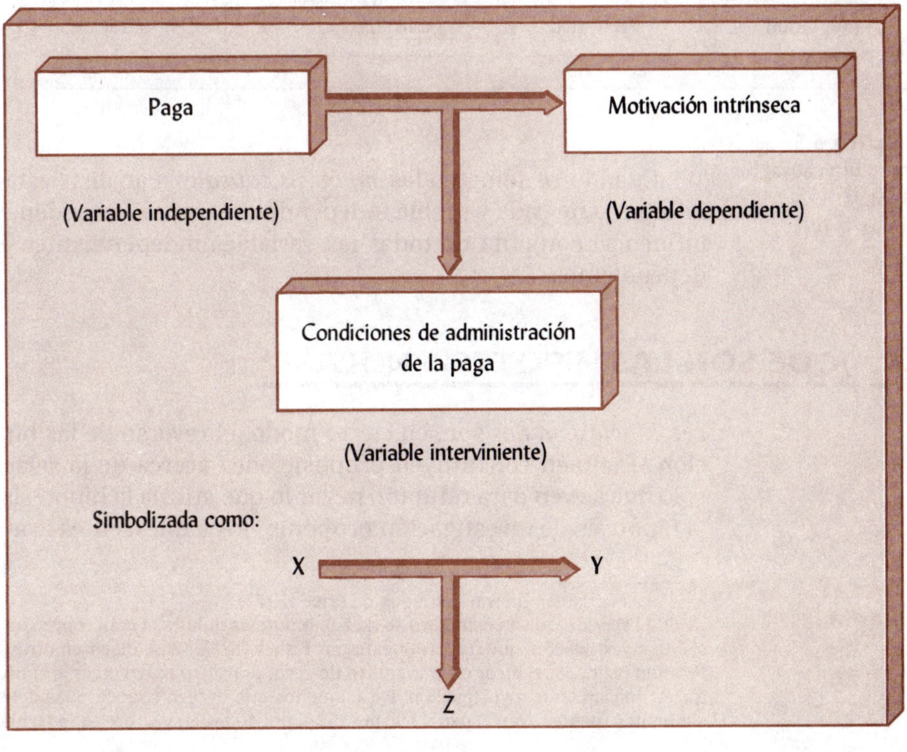

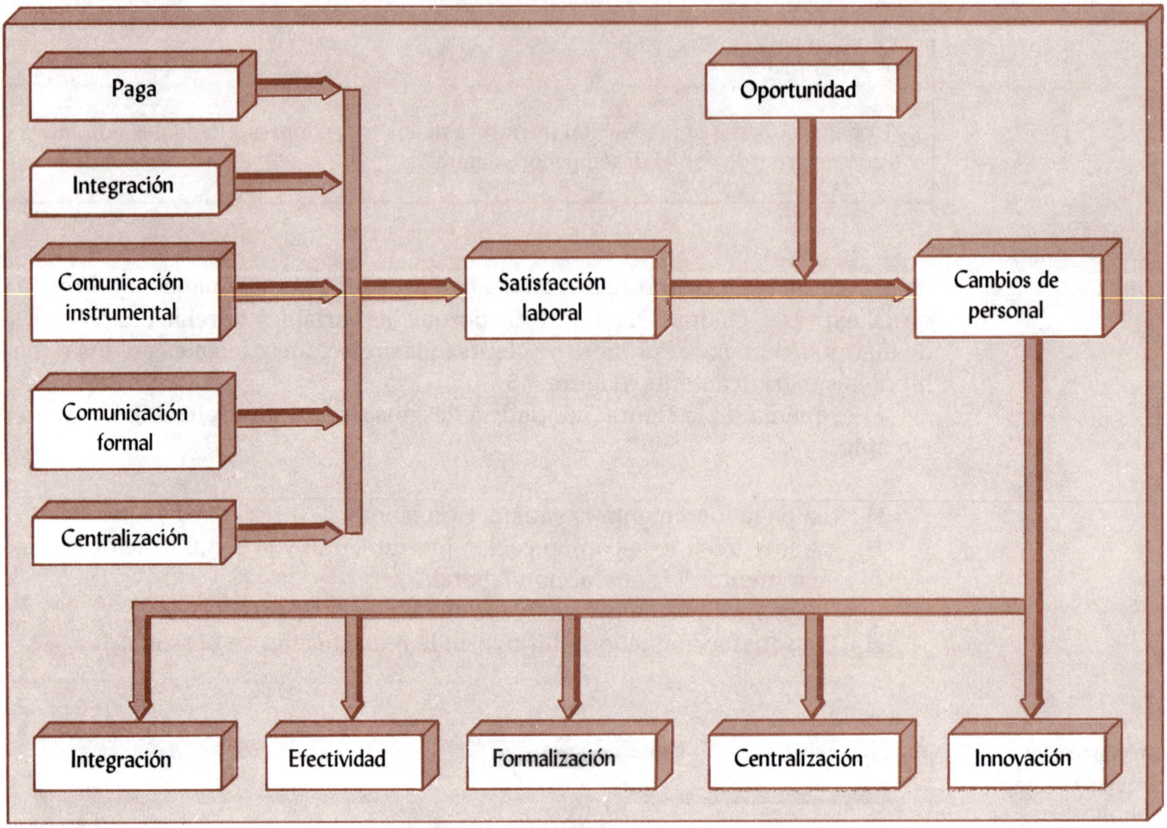

FIGURA 5.5
Estructura causal compleja multivariada.[15]

Cuando se someten las *hipótesis causales* a análisis estadístico, se evalúa la influencia de cada variable independiente (causa) en la dependiente (efecto) y la influencia conjunta de todas las variables independientes en la dependiente o dependientes.

5.8 ¿QUÉ SON LAS HIPÓTESIS NULAS?[16]

Las *hipótesis nulas* son, en cierto modo, el reverso de las hipótesis de investigación. También constituyen proposiciones acerca de la relación entre variables; sólo que sirven para refutar o negar lo que afirma la hipótesis de investigación. Si la hipótesis de investigación propone: "los adolescentes le atribuyen más impor-

[15] Las variables fueron extraídas de Price (1977).

[16] El sentido que en este libro se da a la hipótesis nula es el más común, el de negación de la hipótesis de investigación, que fue propuesto por Fisher (125). No se discuten otras connotaciones o usos del término (v.gr., especificar un parámetro de cero) porque pueden crearse confusiones entre estudiantes que se inician en la investigación. Para aquellos que deseen conocer más del tema, se recomiendan las siguientes fuentes: Van Dalen y Meyer (1984, pp. 403-404) y sobre todo Henkel (1976, pp. 34-40).

tancia al atractivo físico en sus relaciones heterosexuales que las mujeres", la hipótesis nula postularía: "Los jóvenes *no* le atribuyen más importancia al atractivo físico en sus relaciones heterosexuales que las adolescentes."

Debido a que este tipo de hipótesis resulta la contrapartida de la hipótesis de investigación, hay prácticamente tantas clases de hipótesis nulas como de investigación. Es decir, *la clasificación de hipótesis nulas es similar a la tipología de la hipótesis de investigación: hipótesis nulas descriptivas de una variable que se va a observar en un contexto, hipótesis que niegan o contradicen la relación entre dos o más variables, hipótesis que niegan que haya diferencia entre grupos que se comparan* e *hipótesis que niegan la relación de causalidad entre dos o más variables* (en todas sus formas). *Las hipótesis nulas se simbolizan así:*

Ho

Veamos algunos ejemplos de hipótesis nulas, que corresponden a ejemplos de hipótesis de investigación que fueron mencionados:

Ejemplos

Ho: "La expectativa de ingreso mensual de los trabajadores de la corporación TEAQ *no oscila* entre $50 000 a $60 000 pesos colombianos." (Es una hipótesis nula descriptiva de una variable que se va a observar en un contexto.)

Ho: "*No hay* relación entre la autoestima y el temor de logro." (Hipótesis nula respecto a una correlación.)

Ho: "Las escenas de la telenovela 'Sentimientos' *no presentarán* mayor contenido sexual que las escenas de la telenovela 'Luz Ángela' *ni éstas* mayor contenido sexual que las escenas de la telenovela 'Mi último amor'". Esta hipótesis niega diferencia entre grupos y también podría formularse así: "No existen diferencias en el contenido sexual entre las escenas de las telenovelas 'Sentimientos', 'Luz Ángela' y 'Mi último amor'". O bien "el contenido sexual en las telenovelas 'Sentimientos', 'Luz Ángela' y 'Mi último amor' es el mismo".

Ho: "La percepción de la similitud en religión, valores y creencias *no provoca* mayor atracción física." (Hipótesis que niega la relación causal.)

5.9 ¿QUÉ SON LAS HIPÓTESIS ALTERNATIVAS?

Como su nombre lo indica, *son posibilidades "alternas" ante las hipótesis de investigación y nula*: ofrecen otra descripción o explicación distintas a las que proporcionan estos tipos de hipótesis. Si la hipótesis de investigación establece: "esta silla es roja", la nula afirmará: "esta silla *no* es roja", y podrían formularse una o más hipótesis alternativas: "esta silla es azul", "esta silla es verde", "esta silla es amarilla", etcétera. Cada una constituye una descripción distinta a las que proporcionan las hipótesis de investigación y nula.

Las hipótesis alternativas se simbolizan como H_a y sólo pueden formularse cuando efectivamente hay otras posibilidades además de las hipótesis de investigación y nula. De no ser así, no pueden existir.

Ejemplos

Hi: "El candidato 'A' obtendrá en la elección para la presidencia del consejo escolar entre 50 y 60% de la votación total."
Ho: "El candidato 'A' no obtendrá en la elección para presidencia del consejo escolar 50 y 60% de la votación total."
Ha: "El candidato 'A' obtendrá en la elección para la presidencia del consejo escolar más de 60% de la votación total."
Ha: "El candidato 'A' obtendrá en la elección para la presidencia del consejo escolar menos de 50% de la votación total."
Hi: "Los jóvenes *le atribuyen más importancia* al atractivo físico en sus relaciones heterosexuales que las jóvenes."
Ho: "Los jóvenes *no le atribuyen más importancia* al atractivo físico en sus relaciones heterosexuales que las jóvenes."
Ha: "Los jóvenes *le atribuyen menos importancia* al atractivo físico en sus relaciones heterosexuales que las jóvenes."

En este último ejemplo, si la hipótesis nula hubiera sido formulada de la siguiente manera:

Ho: "Los jóvenes no le atribuyen más importancia (o le atribuyen menos importancia) al atractivo físico en sus relaciones heterosexuales que las jóvenes."

No habría posibilidad de formular una *hipótesis alternativa* puesto que las hipótesis de investigación y nula abarcan todas las posibilidades.

Las hipótesis alternativas, como puede verse, constituyen otras hipótesis de investigación adicionales a la hipótesis de investigación original.

5.10 ¿QUÉ SON LAS HIPÓTESIS ESTADÍSTICAS?

Las hipótesis estadísticas son la transformación de las hipótesis de investigación, nulas y alternativas en símbolos estadísticos. Se pueden formular sólo cuando los datos del estudio que se van a recolectar y analizar para probar o rechazar las hipótesis son cuantitativos (números, porcentajes, promedios). Es decir, el investigador traduce su hipótesis de investigación y su hipótesis nula (y cuando se formulan hipótesis alternativas, también éstas) en términos estadísticos. Básicamente *hay tres tipos de hipótesis estadística*, que corresponden a clasificaciones de las hipótesis de investigación y nula: 1) *de estimación,* 2) *de correlación* y 3) *de diferencias de medias.* Hablemos de cada una de ellas dando ejemplos.

5.10.1 Hipótesis estadísticas de estimación

Corresponden a las que, al hablar de hipótesis de investigación, fueron denominadas "hipótesis descriptivas de una variable que se va a observar en un contexto". Sirven para evaluar la suposición de un investigador respecto al valor de alguna característica de una muestra de individuos u objetos, y de una población. Se basa en información previa. Supongamos que, basándose en ciertos datos, un investigador hipotetiza: "el promedio mensual de casos de trastorno psiconeurótico caracterizados por reacción asténica, que fueron atendidos en los hospitales de la ciudad de Linderbuck es mayor a 200". Y desea transformar esta hipótesis de investigación en una hipótesis estadística. Lo primero que debe hacer es analizar cuál es la estadística a que su hipótesis hace referencia (en el ejemplo se trata de un *promedio* mensual de casos atendidos). El segundo paso consiste en encontrar cómo se simboliza esa estadística (promedio se simboliza como $\bar{X}$). El tercer paso es traducir la hipótesis de investigación a una forma de estadística:

Hi: $\bar{X} > 200$ (Promedio mensual de casos atendidos.)

La hipótesis estadística nula sería la negación de la hipótesis anterior:

Ho: $\bar{X} < 200$ ("El promedio mensual de casos... es menor que 200.")

y la hipótesis alternativa sería:

Ha: $\bar{X} = 200$ ("El promedio mensual de casos... es igual que 200.")

Posteriormente, el investigador comparará el promedio estimado por la hipótesis con el promedio actual de la muestra que seleccionó. La exactitud de su estimación se evalúa con esta comparación. Y como señalan Black y Champion (1976), algunos investigadores consideran las hipótesis estadísticas de estimación como hipótesis de diferencia, pues en última instancia lo que se evalúa es la diferencia entre un valor hipotetizado y un valor observado en una sola muestra.

La estimación de estas hipótesis no se limita a promedios; puede incluirse cualquier estadística (porcentajes, medianas, modas). Para ello se sugiere consultar las estadísticas descriptivas en el capítulo "Análisis e interpretación de los datos".

5.10.2 Hipótesis estadísticas de correlación

Estas hipótesis tienen por objeto traducir en términos estadísticos una correlación entre dos o más variables. El símbolo de una correlación entre dos variables es "*r*" (minúscula) y entre más de dos variables "*R*" (mayúscula). La hipótesis "a mayor cohesión en un grupo, mayor eficacia en el logro de sus metas primarias" puede traducirse así:

Hi: r x y $\neq 0$ (no es igual a cero, o lo que es lo mismo ambas variables están correlacionadas)

la correlación

entre dos variables (cohesión y eficacia)

Ho: $r_{xy} = 0$ ("Las dos variables no están correlacionadas; su correlación es cero.")

Otro ejemplo:

Hi: $R\ xyz \neq 0$ ("La correlación entre las variables autonomía, variedad y motivación intrínseca no es igual a cero.")

Ho: $R\ xyz = 0$ ("No hay correlación.")

5.10.3 Hipótesis estadísticas de la diferencia de medias u otros valores

En estas hipótesis se compara una estadística entre dos o más grupos. Supongamos que un investigador plantea la siguiente pregunta de estudio: ¿difieren los periódicos *Telex* y *Noticias* en cuanto al promedio de editoriales mensuales que dedicaron, durante el último año, al tema del desarme mundial?[17] Su hipótesis de investigación podría ser: "Existe una diferencia entre el promedio de editoriales mensuales que dedicó, durante el último año, al tema del desarme mundial el diario *Telex*, y el que dedicó el diario *Noticias*." La estadística que se compara entre los grupos (editoriales de *Telex*, un grupo, y editoriales *Noticias*, otro grupo) es el promedio ($\bar{X}$). La hipótesis estadística se formularía así:

es diferente

Hi: $\bar{X}_1 \neq \bar{X}_2$ (promedio del grupo 2)

(promedio del grupo uno)

Ho = $\bar{X}_1 = \bar{X}_2$ ("No hay diferencia entre los promedios de los dos grupos.")

Con otra estadística (porcentaje) y tres grupos, se obtendrían hipótesis estadísticas como las siguientes:

[17] Nombres ficticios.

Hi: $\%_1 \neq \%_2 \neq \%_3$ ("Los porcentajes de los tres grupos son distintos.")
Ho: $\%_1 = \%_2 = \%_3$ ("No hay diferencias.")

5.11 ¿EN UNA INVESTIGACIÓN SE FORMULAN Y ENUNCIAN LAS HIPÓTESIS DE INVESTIGACIÓN, NULA, ALTERNATIVA Y ESTADÍSTICA?

Al respecto no hay reglas universales, ni siquiera consenso entre los investigadores. Se puede leer en un artículo de una revista científica un reporte de investigación donde sólo se establece la hipótesis de investigación; y, en esa misma revista, leer otro artículo donde únicamente se establece la hipótesis nula. Un tercer artículo en el cual se pueden leer solamente las hipótesis estadísticas de investigación y nula, o nada más una de ellas. Otro artículo que contiene la hipótesis de investigación y las alternativas traducidas en términos estadísticos. Otro más donde aparecen la hipótesis de investigación, nulas y alternativas, con sus hipótesis estadísticas correspondientes. Esta situación es similar en los reportes presentados por un investigador o una empresa dedicada a la investigación. Lo mismo ocurre en tesis, estudios de divulgación popular, reporte de investigación gubernamental, disertaciones doctorales, libros y otras formas para presentar estudios y análisis de muy diversos tipos. En estudios que contienen análisis de datos cuantitativos, son comunes las siguientes opciones: 1) *hipótesis de investigación únicamente,* 2) *hipótesis de investigación más hipótesis estadística de investigación más hipótesis estadística nula,* 3) *hipótesis estadísticas de investigación y nula.*

Algunos investigadores sólo enuncian una hipótesis estadística (nula o de investigación) presuponiendo que quien lea su reporte deducirá la hipótesis contraria. Incluso hay quien omite presentar en el reporte sus hipótesis, pensando que el lector las habrá de deducir fácilmente o que el usuario del estudio no está familiarizado con ellas y no le interesará revisarlas, o que no tienen sentido para él. Nuestra recomendación es que todas se tengan presentes, no sólo al plantear las hipótesis sino durante toda la investigación. Esto ayuda a que el investigador siempre esté alerta ante todas la posibles descripciones y explicaciones del fenómeno que estudia; así podrá tener un panorama más completo de lo que analiza. Pero le aconsejamos que anote en su reporte las hipótesis que crea conveniente incluir para que los usuarios, consumidores o lectores de la investigación comprendan mejor el propósito y alcance de ésta.

Además, y como muchas cuestiones en la vida, el contexto o situación marcan la pauta al respecto. Un maestro puede exigirles a sus alumnos que en sus trabajos de investigación incluyan todos los tipos de hipótesis; y otro puede pedirles sólo un tipo de hipótesis. En este caso, el trabajo (reporte de investigación del alumno) incluirá las hipótesis que pide el profesor. Lo mismo ocurrirá en una tesis con los sinodales, en las investigaciones comerciales con los clientes, estudios gubernamentales con el superior, en los artículos enviados a una revista científica con el reglamento de publicaciones y el comité revisor.

Cuando el investigador es el único que puede decidir, debe pensarlo muy bien pues es su decisión y nada más (insistimos, no hay normas al respecto). He aquí nuestra recomendación: "piense en el receptor, en quien va a leer su investigación".

5.12 ¿CUÁNTAS HIPÓTESIS SE DEBEN FORMULAR EN UNA INVESTIGACIÓN?

Cada investigación es diferente. Algunas contienen gran variedad de hipótesis porque el problema de investigación es complejo (v.gr., pretenden relacionar 15 o más variables), mientras que otras contienen una o dos hipótesis. Todo depende del estudio que habrá de llevarse a cabo.

La calidad de una investigación *no necesariamente está* relacionada con el número de hipótesis que contenga. En este sentido, se debe tener el número de hipótesis necesarias para guiar el estudio, y ni una más ni una menos. Desde luego, la investigación del comportamiento humano es compleja y no resulta extraño leer estudios con múltiples hipótesis, pero de ningún modo es un requisito.

5.13 ¿EN UNA INVESTIGACIÓN SE PUEDEN FORMULAR HIPÓTESIS DESCRIPTIVAS DE UNA VARIABLE, HIPÓTESIS CORRELACIONALES, HIPÓTESIS DE LA DIFERENCIA DE GRUPOS E HIPÓTESIS CAUSALES?

La respuesta puede ser "*sí*". En una misma investigación se pueden establecer todos los tipos de hipótesis porque el problema de investigación así lo requiere. Supongamos que alguien ha planteado un estudio en una ciudad latinoamericana y sus preguntas de investigación son, entre otras:

¿Cuál será a fin de año el nivel de desempleo en la ciudad de Baratillo?

¿Cuál es el nivel promedio de ingreso familiar mensual en la ciudad de Baratillo?

¿Existen diferencias entre los distritos (barrios, delegaciones o equivalentes) de la ciudad de Baratillo en cuanto al nivel de desempleo? (¿Hay barrios o distritos con mayores índices de desempleo?)

¿Cuál es el nivel de escolaridad promedio en los jóvenes y las jóvenes que viven en Baratillo? y ¿existen diferencias por sexo al respecto?

¿Está relacionado el desempleo con incrementos de la delincuencia en dicha ciudad?

¿Provoca el nivel de desempleo un rechazo contra la política fiscal gubernamental?

Las hipótesis del estudio podrían ser:

"El nivel de desempleo en la ciudad de Baratillo será de 15% para fin de año" (Hi: % = 15).

"El nivel promedio de ingreso familiar mensual oscila entre 55 000 y 65 000 pesos oro"[18] (Hi: $65\,001 > \bar{X} > 54\,999$).

"Existen diferencias en cuanto al nivel de desempleo entre los distritos de la ciudad de Baratillo" (Hi: $\bar{X}_1 \neq \bar{X}_2 \neq \bar{X}_3 \neq \bar{X}_K$).

"A mayor desempleo, mayor delincuencia" (Hi: $r_{xy} \neq 0$).

"El desempleo provoca un rechazo contra la política fiscal gubernamental"

(Hi: $X \longrightarrow Y$).

En el ejemplo encontramos todos los tipos generales de hipótesis. Asimismo, podemos ver que hay preguntas que no han sido traducidas en hipótesis. Ello puede deberse a que es difícil establecerlas ya que no se dispone de información al respecto.

Los estudios que se inician y concluyen como descriptivos, formularán hipótesis descriptivas, los correlacionales podrán establecer hipótesis descriptivas, correlacionales y de diferencia de grupos (cuando éstas no expliquen la causa que provoca la diferencia), *y las explicativas podrán incluir hipótesis descriptivas, correlacionales, de diferencia de grupos y causales.* No debemos olvidar que una investigación puede abordar parte del problema descriptivamente y parte explicativamente. Dankhe (1986) señala que los estudios descriptivos no suelen contener hipótesis, y ello se debe a que en ocasiones es difícil precisar el valor que puede manifestar una variable.

Los tipos de estudio que no pueden establecer hipótesis son los exploratorios. No puede presuponerse (afirmando) algo que apenas va a explorarse. Sería como si antes de una primera cita con una persona totalmente desconocida del sexo opuesto, tratáramos de "hipotetizar" qué tan simpática es, qué intereses y valores tiene, etcétera. Ni siquiera podríamos anticipar qué tan atractiva nos va a resultar, y tal vez en una primera cita nos dejemos llevar por nuestra imaginación, pero en la investigación esto no debe ocurrir. Si se nos proporciona más información (lugares a donde le agrada ir, ocupación, religión, nivel socioeconómico, tipo de música que le gusta y grupos de los que es miembro), podemos hipotetizar en mayor medida, aunque nos basemos en estereotipos. Y si nos dieran información muy personal e íntima sobre ella podríamos hipotetizar acerca de qué clase de relación vamos a establecer con esa persona y por qué (explicaciones).

[18] Moneda ficticia.

5.14 ¿QUÉ ES LA PRUEBA DE HIPÓTESIS?

Como se ha venido mencionando a lo largo de este capítulo, las hipótesis científicas son sometidas a *prueba* o *escrutinio empírico* para determinar si son apoyadas o refutadas de acuerdo con lo que el investigador observa. De hecho, para esto se formulan. Ahora bien, en realidad no podemos probar que una hipótesis sea verdadera o falsa, sino argumentar que fue apoyada o no de acuerdo con ciertos datos obtenidos en una investigación particular. Desde el punto de vista técnico, no se acepta una hipótesis a través de un estudio, sino que se aporta evidencia en su favor o en su contra.[19] Cuantas más investigaciones apoyen una hipótesis, más credibilidad tendrá; y por supuesto es válida para el contexto (lugar, tiempo y sujetos u objetos) en el cual se comprobó. Al menos lo es probabilísticamente.

Las hipótesis se someten a prueba en la realidad aplicando un diseño de investigación, recolectando datos a través de uno o varios instrumentos de medición y analizando e interpretando dichos datos. Y como señala Kerlinger (1979, p. 35): "Las hipótesis constituyen instrumentos muy poderosos para el avance del conocimiento, puesto que aunque sean formuladas por el hombre, pueden ser sometidas a prueba y demostrarse como probablemente correctas o incorrectas sin que interfieran los valores y las creencias del individuo."

5.15 ¿CUÁL ES LA UTILIDAD DE LAS HIPÓTESIS?

Es posible que alguien piense que con lo expuesto en este capítulo queda claro qué valor tienen las hipótesis para la investigación del comportamiento. Sin embargo, creemos que es necesario ahondar un poco más en este punto, mencionando las principales funciones de las hipótesis.

1. En primer lugar, son las *guías de una investigación.* Formularlas nos ayuda a saber lo que estamos tratando de buscar, de probar. Proporcionan orden y lógica al estudio. Son como los objetivos de un plan administrativo: "Las sugerencias formuladas en las hipótesis pueden ser soluciones al (los) problema(s) de investigación. Si lo son o no, efectivamente es la tarea del estudio." (Sellitz *et al.*, 1965.)
2. En segundo lugar, *tienen una función descriptiva y explicativa*, según sea el caso. Cada vez que una hipótesis recibe evidencia empírica en su favor o en

[19] Aquí se ha preferido evitar la discusión de la lógica de la prueba de hipótesis, que indica que la única alternativa abierta en una prueba de significancia para una hipótesis radica en que se puede rechazar una hipótesis nula o equivocarse al rechazar la hipótesis nula. Pero la frase "equivocarse al rechazar" no es sinónimo de "aceptar"; y la razón para no incluir esta discusión reside en que, el hacerlo, podría confundir más que esclarecer el panorama al que se inicia en el tema. A quien desee ahondar en la lógica de la prueba de hipótesis, le recomendamos acudir a Henkel (1976, pp. 34-35) y otras referencias que sustentan filosóficamente las posiciones al respecto: Popper (1959 y 1965) y Hanson (1958).

su contra, nos dice algo acerca del fenómeno al cual está asociado o hace referencia. Si la evidencia es en su favor, la información sobre el fenómeno se incrementa; y aun si la evidencia es en su contra, descubrimos algo acerca del fenómeno que no sabíamos antes (Black y Champion, 1976).

3. La tercer función es *probar teorías*, si se aporta evidencia en favor de una. Cuando varias hipótesis de una teoría reciben evidencia en su favor, la teoría va haciéndose más robusta; y cuanto más evidencia haya en favor de aquéllas, más evidencia habrá en favor de ésta.
4. Una cuarta función es *sugerir teorías* (Black y Champion, 1976). Algunas hipótesis no están asociadas con teoría alguna; pero puede ocurrir que como resultado de la prueba de una hipótesis, se pueda construir una teoría o las bases para ésta. Esto no es muy frecuente pero ha llegado a ocurrir.

5.16 ¿QUÉ OCURRE CUANDO NO SE APORTA EVIDENCIA EN FAVOR DE LAS HIPÓTESIS DE NUESTRA INVESTIGACIÓN?

No es raro escuchar una conversación como la siguiente entre dos pasantes que acaban de analizar los datos de su tesis (que es una investigación):

Elena: "Los datos no apoyan nuestras hipótesis."
Roberto: "¿Y ahora qué vamos a hacer?, nuestra tesis no sirve."
Elena: "Tendremos que hacer otra tesis."

No siempre los datos apoyan las hipótesis. *Pero que los datos no aporten evidencia en favor de las hipótesis planteadas de ningún modo significa que la investigación carezca de utilidad.* Claro que a todos nos agrada que lo que suponemos concuerde con nuestra realidad inmediata. Si afirmamos cuestiones como: "yo le gusto a Brenda", "el grupo más popular de música en esta ciudad es mi grupo favorito", "va a ganar tal equipo en el próximo campeonato nacional de futbol", nos resulta satisfactorio que se cumplan. Incluso hay quien formula una presuposición y luego la defiende a toda costa, aunque se haya percatado de que se equivocó. Es humano. Sin embargo, en la investigación del comportamiento el fin último es el conocimiento, y en este sentido, también los datos en contra de una hipótesis proporcionan conocimiento. Lo importante es analizar por qué no se aportó evidencia en favor de las hipótesis y contribuir al conocimiento del fenómeno que se está investigando.

A propósito, conviente citar a Van Dale y Meyer (1984, p. 193):

> Para que las hipótesis tengan utilidad, no es necesario que sean las respuestas correctas a los problemas planteados. En casi todas las investigaciones, el estudioso formula varias hipótesis y espera que alguna de ellas proporcione una solución satisfactoria del problema. Al eliminar cada una de las hipótesis, va estrechando el campo en el cual deberá hallar la respuesta.

Y agregan:

> La prueba de hipótesis falsas" (que nosotros preferimos llamar "hipótesis que no recibieron evidencia empírica") "también resulta útil si dirige la atención del investigador o de otros científicos hacia factores o relaciones insospechadas que, de alguna manera, podrían ayudar a resolver el problema.

5.17 ¿DEBEN DEFINIRSE CONCEPTUAL Y OPERACIONALMENTE LAS VARIABLES DE UNA HIPÓTESIS COMO PARTE DE SU FORMULACIÓN?

Al formular una hipótesis, es indispensable *definir* los términos o *variables* que están siendo incluidos en ella. Esto es necesario por varios motivos:

1. Para que el investigador, sus colegas, los usuarios del estudio y, en general, cualquier persona que lea la investigación le den el mismo significado a los términos o variables incluidas en las hipótesis. Es común que un mismo concepto se emplee de maneras distintas. El término "novios" puede significar para alguien una relación entre dos personas del sexo opuesto que se comunican interpersonalmente con la mayor frecuencia que les es posible, que cuando están "cara" a "cara" se besan y toman de la mano, que se sienten atraídos físicamente y comparten entre sí información que nadie más comparte. Para otra persona podría significar una relación entre dos personas del sexo opuesto que tiene por objeto contraer matrimonio. Para una tercera persona, una relación entre dos personas del sexo opuesto que mantienen relaciones sexuales íntimas; y alguien más podría tener alguna de las concepciones anteriores, excepto por "lo del sexo opuesto". Y en caso de que se pensara llevar a cabo un estudio con parejas de novios, no sabríamos con exactitud quiénes podrían ser incluidos en él y quiénes no, a menos que se definiera con la mayor precisión posible el concepto de "novios". Términos como "actitud", "inteligencia", "aprovechamiento" pueden tener varios significados o ser definidos en diferentes formas.
2. Asegurarnos de que las *variables pueden ser evaluadas en la realidad* a través de los sentidos (posibilidad de prueba empírica, condición de las hipótesis).
3. Poder confrontar nuestra investigación con otras similares. Si tenemos definidas nuestras variables, podemos comparar nuestras definiciones con las de otros estudios para saber "si hablamos de lo mismo". Si la comparación es positiva, podremos confrontar los resultados de nuestra investigación con los resultados de otras.
4. Evaluar más adecuadamente los resultados de nuestra investigación, porque las variables, y no sólo las hipótesis, han sido contextualizadas.

En conclusión, *sin definición de las variables no hay investigación.* Las variables deben ser definidas en dos formas: conceptual y operacionalmente. A continuación se explican las dos por separado.

5.17.1 Definición conceptual o constitutiva

Una definición conceptual define el término o variable con otros términos. Así, "inhibición proactiva" es "la dificultad de evocación que aumenta con el tiempo" y "comunicación interpersonal diádica" puede definirse como "el intercambio de información psicológica entre dos personas que desarrollan predicciones acerca del comportamiento del otro basados en dicha información y establecen reglas para su interacción que sólo ellos conocen", "poder" es "influir más en los demás que lo que éstos influyen en uno". Son definiciones de diccionario o de libros especializados (Kerlinger, 1975 y 1979; Rojas, 1981) y cuando describen la esencia o las características reales de un objeto o fenómeno se les denomina "definiciones reales" (Reynolds, 1971). Estas últimas constituyen la adecuación de la definición conceptual a los requerimientos prácticos de la investigación. De esa forma, el término "actitud" podría ser definido como "una tendencia o predisposición a evaluar de cierta manera un objeto o un símbolo de este objeto" (Katz y Stotland, 1959, citado por Kahle, 1984). Si nuestra hipótesis fuera: "Cuanto mayor sea la exposición de los votantes indecisos a entrevistas televisivas concedidas por los candidatos contendientes, más favorable será la actitud hacia el acto de votar", tendríamos que contextualizar la definición conceptual de "actitud" (formular la definición real). La "actitud hacia el acto de votar" podría definirse como "la predisposición a evaluar como positivo el acto de votar para una elección".

Estas definiciones son necesarias pero insuficientes para definir las variables de la investigación, porque no nos relacionan directamente con la realidad. Después de todo siguen siendo conceptos. Como señala Kerlinger (1979, p. 41): "...los científicos deben ir más allá. Deben definir las variables que se usan en sus hipótesis en forma tal que puedan ser comprobadas. Esto es posible usando lo que se conoce como definiciones operacionales".

5.17.2 Definiciones operacionales

Una definición operacional constituye el conjunto de procedimientos que describe las actividades que un observador debe realizar para recibir las impresiones sensoriales, las cuales indican la existencia de un concepto teórico en mayor o menor grado (Reynolds, 1971, p. 52). En otras palabras, especifica qué actividades u operaciones deben realizarse para medir una variable.[20] Siguiendo la línea de F. N. Kerlinger, una definición operacional nos dice que para medir una variable, hay que hacer esto y esto otro. Así, la definición operacional de la variable "temperatura" sería el termómetro; "inteligencia" podría ser definida operacionalmente como las respuestas a una determinada prueba de inteligencia; el conocido "Inventario Multifacético de la Personalidad Minnesota" (MMPI) es una definición operacional de "la personalidad" en adultos y adolescentes alfabetizados.

[20] Kerlinger (1979) habla de definiciones operacionales de medida y experimentales. Por ahora nos ocuparemos del primer tipo; en experimentos se hablará también del segundo tipo.

La variable "ingreso familiar" podría ser operacionalizada haciendo una pregunta sobre el ingreso personal de cada uno de los miembros de la familia y luego sumando las cantidades que cada quien indicó. El "atractivo físico" es operacionalizado en un certamen de belleza aplicando una serie de criterios que un jurado utiliza para evaluar a las candidatas, los miembros del jurado otorgan una calificación a las contendientes en cada criterio y después obtienen una puntuación total del atractivo físico.

Casi siempre se dispone de varias *definiciones operacionales*, o formas de operacionalizar, de una variable. Para definir operacionalmente la variable "personalidad" se cuenta con varias pruebas psicométricas, como las diferentes versiones del mencionado MMPI; pruebas proyectivas, como el test de Roscharch o el test de apercepción temática (TAT); técnicas de entrevista directas.

La "ansiedad de una persona" puede medirse a través de la observación directa, los observadores expertos, que juzgan el nivel de ansiedad de esa persona; con mediciones de la actividad del sistema psicológico (presión sanguínea, respiraciones, etcétera) y analizando las respuestas a un cuestionario de ansiedad (Reynolds, 1971, p. 52). El aprendizaje de un alumno en un curso de investigación puede medirse usando varios exámenes, un trabajo, una combinación de exámenes, trabajos y prácticas. Cuando el investigador dispone de varias alternativas para *definir operacionalmente una variable*, debe elegir la que proporcione mayor información sobre la variable, capte mejor la esencia de ella, se adecue más a su contexto y sea más precisa.

Los criterios para evaluar una definición operacional son básicamente tres: "adecuación al contexto", "confiabilidad" y "validez". De ellos se hablará en el apartado "Elaboración de los instrumentos de recolección de los datos". Una correcta selección de las definiciones operacionales disponibles o la creación de la propia definición operacional está muy relacionada con una adecuada revisión de la literatura. Cuando ésta ha sido cuidadosa, se puede tener una gama más amplia de definiciones operacionales para elegir o más ideas para crear una nueva.

En la formulación de hipótesis se sugiere cómo habrán de operacionalizarse las variables, pero es en la etapa correspondiente a la elaboración de los instrumentos de recolección de los datos, donde se seleccionan o diseñan y adaptan al contexto particular del estudio.

Algunas variables no requieren que su definición conceptual sea mencionada en el reporte de investigación, porque esta definición es relativamente obvia y compartida. El mismo título de la variable la define, por ejemplo, "sexo" (diferente de "práctica sexual"), "edad", "ingreso". Pero son pocas las variables que no requieran una definición operacional para que puedan ser evaluadas empíricamente, aun cuando en el estudio no se formulen hipótesis. Siempre que se tengan variables, se deben definir operacionalmente. En la figura 5.6, se muestra el ejemplo de una hipótesis con las correspondientes definiciones operacionales de las variables que la integran.

El cuestionario de motivación intrínseca será desarrollado y adaptado al contexto del estudio en la fase del proceso de investigación denominada "elaboración de los instrumentos de recolección de los datos"; lo mismo ocurriría con el procedimiento para medir el "ausentismo laboral".

FIGURA 5.6
Ejemplo de una hipótesis con definiciones conceptuales y operacionales de sus variables.

Hi: "A mayor motivación intrínseca en el trabajo, menor **ausentismo**".

Variable =	"Motivación intrínseca en el trabajo".	"Ausentismo laboral".
Definiciones conceptuales:	"Estado cognitivo que refleja el grado en que un trabajador atribuye la fuerza de su comportamiento en el trabajo, a satisfacciones o beneficios derivados de sus tareas laborales en sí mismas. Es decir, a sucesos que no están mediatizados por una fuente externa a las tareas laborales del trabajador. Este estado de motivación puede ser señalado como una experiencia autosatisfactoria".	**"El grado en el cual un trabajador no se reporta a trabajar a la hora en que estaba programado para hacerlo"**
Definiciones operacionales:	"Autorreporte de motivación intrínseca (cuestionario autoadministrado) del Inventario de Características del Trabajo, versión mexicana".	**"Revisión de las tarjetas de asistencia al trabajo, durante el último trimestre".**

RESUMEN

- Las hipótesis son proposiciones tentativas acerca de las relaciones entre dos o más variables y se apoyan en conocimientos organizados y sistematizados.
- Las hipótesis contienen variables; éstas son propiedades cuya variación puede ser medida.
- Las hipótesis surgen normalmente del planteamiento del problema y la revisión de la literatura, y algunas veces de teorías.
- Las hipótesis deben referirse a una situación real. Las variables contenidas deben ser precisas, concretas y poder observarse en la realidad; la relación entre las variables debe ser clara, verosímil y medible. Asimismo, las hipótesis deben estar vinculadas con técnicas disponibles para probarlas.
- Las hipótesis se clasifican en: *a)* hipótesis de investigación, *b)* hipótesis nulas y *c)* hipótesis alternativas.
- A su vez, las hipótesis de investigación se clasifican de la siguiente manera:

a) Hipótesis descriptivas del valor de variables que se van a observar en un contexto.

b) Hipótesis correlacionales
- Hipótesis que establecen simplemente relación entre las variables
  - Bivariadas
  - Multivariadas
- Hipótesis que establecen cómo es la relación entre las variables (hipótesis direccionales)
  - Bivariadas
  - Multivariadas

c) Hipótesis de la diferencia de grupos
- Hipótesis que sólo establecen diferencia entre los grupos a comparar
- Hipótesis que especifican en favor de qué grupo (de los que se comparan) es la diferencia

d) Hipótesis causales
- Bivariadas
- Multivariadas
  - Hipótesis con varias variables independientes y una dependiente
  - Hipótesis con una variable independiente y varias dependientes
  - Hipótesis con varias variables tanto independientes como dependientes
  - Hipótesis con presencia de variables intervinientes
  - Hipótesis altamente complejas

- Puesto que las hipótesis nulas y las alternativas se derivan de las hipótesis de investigación, pueden clasificarse del mismo modo pero con los elementos que las caracterizan.
- Las hipótesis estadísticas se clasifican en: *a*) hipótesis estadísticas de estimación, *b*) hipótesis estadísticas de correlación y *c*) hipótesis estadísticas de la diferencia de grupos.
- En una investigación pueden formularse una o varias hipótesis de distintos tipos.
- Las hipótesis se contrastan contra la realidad para aceptarse o rechazarse en un contexto determinado.
- Las hipótesis constituyen las guías de una investigación.
- La formulación de hipótesis va acompañada de las definiciones conceptuales y operacionales de las variables contenidas dentro de la hipótesis.
- Hay investigaciones que no pueden formular hipótesis porque el fenómeno a estudiar es desconocido o se carece de información para establecerlas (pero ello sólo ocurre en los estudios exploratorios y algunos estudios descriptivos).

CONCEPTOS BÁSICOS

Hipótesis
Variable
Tipo de hipótesis
Hipótesis de investigación

Hipótesis descriptivas del valor de variables
Hipótesis correlacionales
Hipótesis de la diferencia de grupos
Hipótesis causales bivariadas
Hipótesis causales multivariadas
Variable independiente
Variable dependiente
Variable interviniente
Hipótesis nula
Hipótesis alternativa
Hipótesis estadística
Hipótesis estadística de estimación
Hipótesis estadística de correlación
Hipótesis estadística de diferencia de grupos
Prueba de hipótesis
Definición conceptual
Definición operacional

EJERCICIOS

1. La hipótesis: "Los niños de cuatro a seis años que dedican mayor cantidad de tiempo a ver televisión desarrollan mayor vocabulario que los niños que ven menos televisión."
   Es una hipótesis de investigación ______________.
2. La hipótesis: "Los niños de zonas rurales de la provincia de Antioquía, Colombia, ven diariamente 2 horas de televisión en promedio."
   Es una hipótesis de investigación ______________.
3. Redacte una hipótesis de diferencia de grupos y señale cuáles son las variables que la integran.
4. ¿Qué tipo de hipótesis es la siguiente?
   "La motivación intrínseca hacia el trabajo por parte de ejecutivos de grandes empresas industriales influye en su productividad y en su movilidad ascendente dentro de la organización."
5. Formule las hipótesis que corresponden al diagrama de abajo.
6. Formule las hipótesis nula y alternativa que corresponderían a la siguiente hipótesis de investigación:

   Hi: "Cuanto *más asertiva* sea una persona en sus relaciones interpersonales íntimas, *mayor número de conflictos verbales tendrá.*"
7. Formule una hipótesis y defina conceptual y operacionalmente sus variables de acuerdo con el problema que ha venido planteando a lo largo de los ejercicios anteriores del libro.

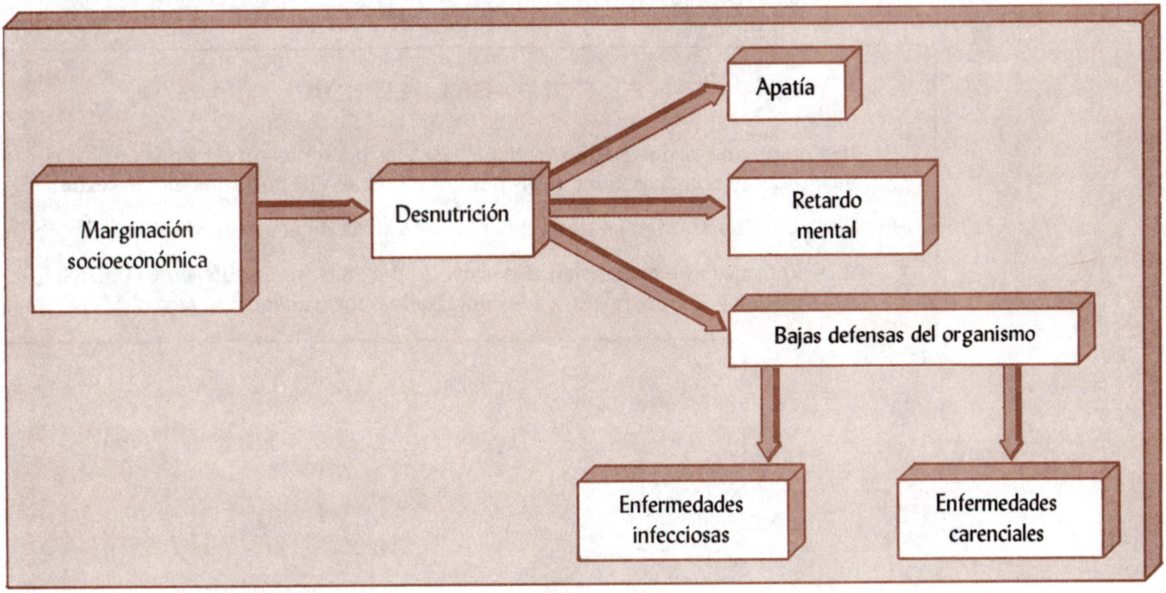

BIBLIOGRAFÍA SUGERIDA

KERLINGER, F.N. (1975), *Investigación del comportamiento: Técnicas y metodología*, México, Nueva Editorial Interamericana, capítulo 2 ("Problemas e hipótesis").

Ejemplos

LA TELEVISIÓN Y EL NIÑO

Algunas de las hipótesis que podrían formularse son:

Hi: "Los niños de la ciudad de México ven, en promedio, más de 3 horas diarias de televisión."

Ho: "Los niños de la ciudad de México no ven, en promedio, más de 3 horas diarias de televisión."

Ha: "Los niños de la ciudad de México ven, en promedio, menos de 3 horas diarias de televisión."

Hi: "El medio de comunicación colectiva más utilizado por los niños de la ciudad de México es la televisión."

Hi: "A mayor edad, mayor uso de la televisión."

Hi: "Los niños de la ciudad de México ven más televisión entre semana que en los fines de semana."

Hi: "Los niños y las niñas difieren en cuanto a los contenidos televisivos preferidos."

EL CONTAGIO DEL SIDA

Hi: "El tiempo que tardan en desarrollar el SIDA las personas contagiadas por transfusión sanguínea es menor que las que adquieren el VIH por transmisión sexual."

Hi: "El tiempo que tardan en desarrollar el SIDA varía de acuerdo con la edad."

Hi: "Los síntomas que evidencien el desarrollo del SIDA serán diferentes entre los contagiados por transfusión y los contagiados por transmisión sexual."

Capítulo 6

Diseños experimentales de investigación: preexperimentos, experimentos "verdaderos" y cuasiexperimentos

OBJETIVOS DE APRENDIZAJE

Al terminar este capítulo, el alumno será capaz de:

- Comprender las diferencias entre la investigación experimental y la investigación no experimental.
- Analizar los diferentes diseños experimentales y sus grados de validez.
- Comprender los conceptos de validez interna y validez externa.
- Realizar experimentos válidos.
- Evaluar experimentos que hayan sido realizados.

PROCESO DE INVESTIGACIÓN
Sexto paso
SELECCIONAR EL DISEÑO DE INVESTIGACIÓN APROPIADO

Experimento
- **— Experimento "puro"** — **Diseño específico (De Solomon, factorial, etcétera).**
- **— Preexperimento** — **Diseño específico.**
- **— Cuasiexperimento** — **Diseño específico.**

No experimento
- — Transeccional
  - — Descriptivo. Uno o más grupos.
  - — Correlacional/causal. Uno o más grupos.
- — Longitudinal
  - — De tendencia o trend.
  - — De evolución de grupo o cohort.
  - — Panel.

SÍNTESIS

Con el propósito de responder a las preguntas de investigación planteadas y someter a prueba las hipótesis formuladas se selecciona un diseño específico de investigación. Los diseños pueden ser experimentales o no experimentales.

En este capítulo se analizan diferentes diseños experimentales y la manera de aplicarlos. Asimismo se discute el concepto de validez experimental y cómo lograrla.

6.1 ¿QUÉ ES UN DISEÑO DE INVESTIGACIÓN?

Una vez definido el tipo de estudio a realizar y establecidas las hipótesis de investigación o los lineamientos para la investigación (si es que no se tienen hipótesis), el investigador debe concebir la manera práctica y concreta de responder a las preguntas de investigación. Esto implica seleccionar o desarrollar un *diseño de investigación* y aplicarlo al contexto particular de su estudio. *El término "diseño" se refiere al plan o estrategia concebida para responder a las preguntas de investigación* (Christensen, 1980). El diseño señala al investigador lo que debe hacer para alcanzar sus objetivos de estudio, contestar las interrogantes que se ha planteado y analizar la certeza de las hipótesis formuladas en un contexto en particular.

Si la pregunta de investigación coloquial era: ¿Le gustaré a Ana: por qué sí y por qué no? y la hipótesis: "Yo le resulto atractivo a Ana porque así me lo ha hecho saber."

El diseño sería el plan o la estrategia para confirmar si es o no cierto que le resulto atractivo a Ana (el plan incluirá actividades tendientes a encontrar la respuesta a la pregunta de investigación). En este caso podría ser: "el día de mañana buscaré a Ana después de la clase de Estadística, me acercaré a ella, le diré que se ve muy guapa y la invitaré a tomar un café. Una vez que estemos en la cafetería la tomaré de la mano, y si ella no retira su mano, la invitaré a cenar el siguiente fin de semana y si acepta, en el lugar donde cenemos le diré que ella me resulta atractiva y le preguntaré si yo le resulto atractivo. Desde luego, yo pude haber seleccionado o concebido otra estrategia, tal como invitarla a bailar o al cine en lugar de cenar, o bien si conozco a varias amigas de Ana y yo también soy amigo de ellas, preguntarles si le resulto atractivo a Ana". En el estudio del comportamiento humano disponemos de distintas clases de diseños o estrategias para poder investigar y debemos elegir un diseño entre las alternativas existentes.

Si el diseño está bien concebido, el producto final de un estudio (sus resultados) tendrá mayores posibilidades de ser válido (Kerlinger, 1979). Y no es lo mismo seleccionar un tipo de diseño que otro: cada uno tiene sus características propias, como se verá más adelante. No es lo mismo preguntarle directamente a Ana si le resulto o no atractivo que preguntarle a sus amigas, o que en lugar de preguntarle verbalmente, yo prefiera analizar su conducta no verbal (cómo me mira, qué reacciones tiene cuando la abrazo o me acerco a ella, etcétera). Como tampoco es igual si le pregunto en presencia de otras personas, que si le pregunto estando sólo los dos. La precisión de la información obtenida puede variar en función del diseño o estrategia elegida.

6.2 ¿DE QUÉ TIPOS DE DISEÑOS DISPONEMOS PARA INVESTIGAR EL COMPORTAMIENTO HUMANO?

En la literatura sobre la investigación podemos encontrar diferentes clasificaciones de los tipos de diseños. En este libro se adoptará la siguiente clasificación: *investigación experimental* e *investigación no experimental*. A su vez, la *primera puede dividirse de acuerdo con las categorías de Campbell y Stanley* (1966) *en: preexperimentos, experimentos "puros" (verdaderos) y cuasiexperimentos.* La investigación no experimental será subdividida en diseños transeccionales o transversales y diseños longitudinales. Dentro de cada clasificación se comentarán diseños específicos.

En términos generales, *los autores de este libro no consideran que un tipo de investigación sea mejor que otro* (experimental versus no experimental). Como menciona Kerlinger (1979): "Los dos tipos de investigación son relevantes y necesarios, tienen un valor propio y ambos deben llevarse a cabo." Cada uno posee sus características y la elección sobre qué clase de investigación y diseño específico hemos de seleccionar, depende de los objetivos que nos hayamos trazado, las preguntas planteadas, el tipo de estudio a realizar (exploratorio, descriptivo, correlacional o explicativo) y las hipótesis formuladas.

6.3 ¿QUÉ ES UN EXPERIMENTO?

El término "experimento" puede tener al menos *dos acepciones, una general y otra particular. La general* se refiere a "tomar una acción" y después observar las consecuencias (Babbie, 1979). Este uso del término es bastante coloquial; así hablamos de "experimentar" cuando mezclamos sustancias químicas y vemos la reacción de este hecho o cuando nos cambiamos de peinado y vemos el efecto que provoca en nuestros amigos esta transformación. La esencia de esta concepción de "experimento" es que requiere la manipulación intencional de una acción para analizar sus posibles efectos.

La acepción particular, más armónica con un sentido científico del término, *se refiere a "un estudio de investigación en el que se manipulan deliberadamente una o más variables independientes (supuestas causas) para analizar las consecuencias que la manipulación tiene sobre una o más variables dependientes (supuestos efectos), dentro de una situación de control para el investigador".* Esta definición puede parecer compleja; sin embargo, conforme se vayan analizando sus componentes se irá aclarando su sentido.

Los experimentos "auténticos o puros" manipulan variables independientes para ver sus efectos sobre variables dependientes en una situación de control.

Si tomamos la acepción general del término "experimento", los preexperimentos, los experimentos "verdaderos" y los cuasiexperimentos podrían considerarse experimentos, ya que como se detallará más adelante "toman una acción" y miden sus efectos. En cambio, si tomamos la segunda acepción (que hemos llamado "particular"), sólo los experimentos "puros" serían "experimentos" y ambos conceptos se considerarían equiparables. En este capítulo nos centramos en los experimentos "verdaderos o puros".

6.4 ¿CUÁL ES EL PRIMER REQUISITO DE UN EXPERIMENTO "PURO"?

El primer requisito es la *manipulación intencional de una o más variables independientes.* La variable independiente es la que se considera como supuesta *cau-*

sa en una relación entre variables; es la condición antecedente, y al *efecto* provocado por dicha causa se le denomina *variable dependiente* (consecuente).

Y como se mencionó en el capítulo anterior referente a las hipótesis, el investigador puede incluir en su estudio a dos o más variables independientes. Cuando realmente existe una relación causal entre una variable independiente y una dependiente, al hacer variar intencionalmente la primera, la segunda tendrá que variar: si la motivación es causa de la productividad, al variar la motivación deberá variar la productividad.

Un experimento se lleva a cabo para analizar si una o más variables independientes afectan a una o más variables dependientes y por qué lo hacen. Por ahora, simplifiquemos el problema de estudio a una variable independiente y una dependiente. En un auténtico experimento, la variable independiente resulta de interés para el investigador por ser la variable que se hipotetiza, que será una de las causas que producen el efecto supuesto (Christensen, 1980). Para obtener evidencia de esta relación causal supuesta, el investigador manipula la variable independiente y observa si la dependiente varía o no. Aquí, manipular es sinónimo de hacer variar o dar distintos valores a la variable independiente.

Ejemplo

Si un investigador deseara analizar el posible efecto de los contenidos televisivos antisociales sobre la conducta agresiva de determinados niños, podría hacer que un grupo viera un programa de televisión con contenido antisocial y otro grupo viera un programa con contenido prosocial,[21] y posteriormente observará cuál de los dos grupos muestra una mayor conducta agresiva.

La hipótesis de investigación nos hubiera señalado algo así: "La exposición por parte de los niños a contenidos antisociales tenderá a provocar un aumento en su conducta agresiva." Si descubre que el grupo que vio el programa antisocial muestra mayor conducta agresiva respecto al grupo que vio el programa prosocial, y si descubre que no hay otra posible causa que hubiera afectado a los grupos de manera desigual, comprobaría su hipótesis.

El investigador está manipulando o haciendo variar a la variable independiente para observar el efecto en la dependiente, y lo hace dándole dos valores: presencia

[21] En este momento no se explica el método para asignar a los niños a los dos grupos, lo veremos en el apartado de control y validez interna. Lo que importa ahora es que se comprenda el significado de manipulación de la variable independiente.

de contenidos antisociales por televisión (programa antisocial) y ausencia de contenidos antisociales por televisión (programa prosocial). La variación es realizada a propósito por el experimentador (no es causal): tiene control directo sobre la manipulación, crea las condiciones para proveer el tipo de variación deseado.

En un experimento, para que una variable pueda ser calificada como independiente debe cumplir dos requisitos: que varíe o sea manipulada y que esta variación pueda controlarse.

La variable dependiente se mide

La variable dependiente no se manipula, sino que se mide para ver el efecto que la manipulación de la variable independiente tiene en ella. Esto podría esquematizarse de la siguiente manera:

Manipulación de la variable independiente	*Medición del efecto sobre la variable dependiente*
X_A	Y
X_B	
•	
•	
•	

Las letras o subíndices "A, B..." indican distintos niveles de variación de la independiente.

Grados de manipulación de la variable independiente

La manipulación o variación de una variable independiente puede realizarse en dos o más grados. El nivel mínimo de manipulación es dos: presencia-ausencia de la variable independiente. Cada nivel o grado de manipulación implica un grupo en el experimento.

Presencia-ausencia

Implica que se expone un grupo a la presencia de la variable independiente y el otro no. Luego los dos grupos son comparados para ver si el grupo que fue expuesto a la variable independiente difiere del grupo que no fue expuesto. En el ejemplo anterior del posible efecto del contenido antisocial de la televisión en la conducta agresiva de ciertos niños, un grupo era expuesto a la variable independiente y el otro no. Al primer grupo se le conoce como "grupo experimental" y el grupo en el cual está ausente la variable se le denomina "grupo de control". Pero en realidad ambos grupos participan en el experimento.

A la presencia de la variable independiente muy frecuentemente se le llama "tratamiento experimental" o "estímulo experimental". Es decir, el grupo experimental recibe el tratamiento o estímulo experimental o, lo que es lo mismo, se le expone a la variable independiente; el grupo de control no recibe el tratamiento o estímulo experimental. Supongamos que pretendemos investigar si un medicamento es o no útil para la cura de alguna enfermedad. Al grupo experimental se le administra el medicamento (presencia de la variable independiente o tratamiento experimental) y al grupo de control no; sólo se le administra un placebo. Después se observa si hubo o no alguna diferencia por lo que respecta a la cura de la enfermedad.

Ahora bien, el hecho de que uno de los grupos no se exponga al tratamiento experimental no significa que su participación en el experimento sea pasiva (que mientras el grupo experimental participa en un cierto tratamiento, el grupo de control puede hacer lo que quiera, v.g., irse a algún otro lado y luego regresar, platicar entre sí o seguir una rutina cotidiana). Por el contrario, significa que realiza las mismas actividades que el grupo experimental, excepto someterse al estímulo. Por ejemplo, si el grupo experimental va a ver un programa de televisión con contenido violento, el otro grupo podría ver el mismo programa pero sin las escenas violentas (otras versiones del mismo programa). En ocasiones resulta muy difícil definir lo que es no exponerse al estímulo. Si pretendemos probar la eficacia de una nueva psicoterapia, y si al grupo de control lo exponemos a una psicoterapia tradicional, sería difícil afirmar que su nivel es cero, puesto que es muy probable que ambas psicoterapias tengan algo en común. Por otro lado, si el grupo de control no recibiera ninguna psicoterapia, las diferencias entre los dos grupos bien podrían atribuirse al efecto que puede tener que las personas participen por primera vez en una psicoterapia y no al efecto de esa nueva psicoterapia.

En general, en un experimento puede afirmarse lo siguiente: si en ambos grupos todo fue "igual" menos la exposición a la variable independiente, es muy razonable pensar que las diferencias entre los grupos se deban a la presencia-ausencia de la variable independiente.

Más de dos grados

En otras ocasiones, se puede *hacer variar o manipular la variable independiente en cantidades o grados*. En el caso del análisis del posible efecto del contenido antisocial por televisión sobre la conducta agresiva de ciertos niños, podría hacerse que un grupo fuera expuesto a un programa de televisión sumamente violento (con presencia de violencia física verbal y no verbal); un segundo grupo se expusiera a un programa medianamente violento (únicamente con violencia verbal), y un tercer grupo se expusiera a un programa prosocial. En este ejemplo, se tendrían tres niveles o cantidades de la variable independiente, lo cual puede representarse de la siguiente manera:

X_1	(programa sumamente violento)
X_2	(programa medianamente violento)
—	(ausencia de violencia, programa prosocial)

Manipular la variable independiente en varios niveles tiene la ventaja de que no sólo se puede determinar si la presencia de la variable independiente o tratamiento experimental tiene un efecto, sino también si distintos niveles de la variable independiente producen diferentes efectos. Es decir, si la magnitud del efecto (Y) depende de la intensidad del estímulo (X_1, X_2, X_3, etcétera).

Ahora bien, ¿cuántos niveles de variación deben ser incluidos? Una respuesta exacta no puede darse, sólo que debe haber al menos dos niveles de variación y ambos tendrán que diferir entre sí. El problema de investigación, los antecedentes (estudios anteriores) y la experiencia del investigador pueden proveer alguna indicación sobre el número de niveles de variación que necesita ser incorporado en cierto experimento. Y cabría agregar: Cuantos más niveles mayor información, pero el experimento se va complicando: cada nivel adicional implica un grupo más (Christensen, 1980).

Modalidades de manipulación en lugar de grados

Existe otra forma de manipular una variable independiente que consiste en exponer a *los grupos experimentales a diferentes modalidades de ella pero sin que esto implique cantidad.* Supongamos que un investigador quiere probar el efecto que tienen distintas fuentes de retroalimentación en el desempeño de la productividad de los trabajadores de una fábrica. La retroalimentación sobre el desempeño se refiere a que le digan a una persona cómo está realizando su trabajo (qué tan bien o mal lo hace). A un grupo de trabajadores se le proporcionaría retroalimentación sólo mediante su supervisor, a otro grupo la retroalimentación provendría por escrito (sin contacto "cara a cara" con otra persona) y a un tercer grupo se le indicaría que entre los compañeros de trabajo se den retroalimentación entre sí (todo en la ejecución de una determinada tarea); y luego se compararía la productividad de los grupos. En este caso no se está manipulando la presencia-ausencia de la variable independiente, ni administrando distintas cantidades de ésta, sino que los grupos son expuestos a modalidades de la retroalimentación del desempeño, no a intensidades. La variación es provocada por categorías distintas de la variable independiente que no implican en sí cantidades.

Es el mismo caso de experimentar con diferentes tipos de semillas, vacunas, tipos de argumentaciones de abogados en juicios, procedimientos de construcción o materiales.

En ocasiones, la manipulación de la variable independiente conlleva una combinación de cantidades y modalidades de ésta. Si en el caso anterior tuviéramos un grupo al que se le administrara retroalimentación detallada de su desempeño vía el supervisor, un segundo grupo al que se le administrara retroalimentación dosificada de su desempeño sólo en las labores más importantes y vía el supervisor, un tercer grupo al que se le administrara retroalimentación detallada de su desempeño vía un medio escrito, un cuarto grupo con retroalimentación dosificada por conducto de un medio escrito y un quinto grupo sin retroalimentación. Esto es, se combinan grado (retroalimentación detalla, retroalimentación dosificada y ausencia de retroalimentación) y modalidad (vía superior y medio escrito).

Finalmente, es necesario insistir que *cada nivel o modalidad implica, al menos, un grupo.* Si tiene tres niveles (grados) o modalidades, se tendrán tres grupos como mínimo.

6.5 ¿CÓMO SE DEFINE LA MANERA EN QUE SE MANIPULARÁN LAS VARIABLES INDEPENDIENTES?

Al manipular una variable independiente es necesario especificar qué se va a entender por esa variable en el experimento. Es decir, trasladar el concepto teórico a un estímulo experimental en una serie de operaciones y actividades concretas a realizar. Si la variable independiente a manipular es la exposición a la violencia televisada, el investigador debe pensar en cómo va a transformar ese concepto en una serie de operaciones experimentales. En este caso podría ser: "la violencia televisada será operacionalizada (transportada a la realidad) mediante la exposición a un programa donde haya riñas y golpes, insultos, agresiones, uso de armas de fuego, crímenes o intentos de crímenes, azotes de puertas, se aterre a personas, persecuciones, etcétera". Entonces se selecciona un programa donde se muestren tales conductas (v.g., *Miami Vice, El justiciero, Magnum, El precio del deber* o una telenovela mexicana, brasileña o venezolana donde se presenten dichos comportamientos). El concepto abstracto ha sido convertido en un hecho real.

Si la variable independiente es la orientación principal del profesor hacia la autonomía o el control, debemos definir qué comportamientos concretos, filosofía, instrucciones al grupo, presentación, personalidad, etcétera, debe mostrar a cada tipo de profesor (y analizar sus diferencias). Si la variable independiente es el tipo de psicoterapia recibida (y se tienen tres tipos, esto es, tres grupos), debemos definir muy específicamente y con lujo de detalles en qué va a consistir cada psicoterapia.

Ejemplo

Naves y Poplawsky (1984) diseñaron un experimento para poner a prueba la siguiente hipótesis: "A mayor grado de información sobre la deficiencia mental que presente el sujeto normal, mostrará menos evitación en la interacción con el deficiente mental."

La variable independiente era "el grado de información sobre la deficiencia mental", y la dependiente "la conducta de evitación en interacciones con deficientes mentales". La primera fue manipulada mediante dos niveles de información: 1. información cultural y 2. información sociopsicológica. Por lo tanto, había dos grupos: uno con información cultural y otro con información sociopsicológica. El primer grupo no recibió ningún tipo de información sobre la deficiencia mental, ya que se supuso "que todo individuo por pertenecer a cierta cultura, maneja este tipo de información y está conformada por nociones generales y normalmente estereotipadas sobre la deficiencia mental; de ellos se desprende que si un sujeto basa sus predicciones sobre la conducta del otro en el nivel cultural, obtendrá mínima precisión y pocas probabilidades de controlar el evento comunicativo" (Naves y Poplawsky, 1984, p. 119).

El segundo grupo acudió a un centro de capacitación para deficientes mentales, donde tuvo una reunión con ellos, quienes les proporcionaron información sociopsicológica (algunos deficientes contaron sus problemas en el trabajo y sus relaciones con superiores y compañeros, se trataron temas como el amor y la amistad). Asimismo, se intercambiaron experiencias más personales. Este grupo pudo observar lo que es la deficiencia mental, cómo se trata clínicamente y los efectos en la vida cotidiana de quien la padece. Recibió información sociopsicológica.

Después, todos los sujetos eran expuestos a una interacción sorpresiva con un supuesto deficiente mental (que en realidad era un actor entrenado para ello y con conocimientos sobre la deficiencia mental). La situación experimental estaba bajo riguroso control y se filmaban las interacciones para medir el grado de evitación hacia el deficiente, a través de cuatro dimensiones: *a*) distancia física, *b*) movimientos corporales que denotaban tensión, *c*) conducta visual y *d*) conducta verbal. Se comprobó la hipótesis, el grupo con información cultural mostró mucho mayor conducta de evitación que el grupo con información sociopsicológica.

Vemos cómo un concepto teórico (grado de información sobre la deficiencia mental) fue traducido en el práctica a dos niveles de manipulación experimental.

Dificultades para definir cómo se manipularán las variables independientes

En ocasiones no resulta difícil trasladar el concepto teórico (variable independiente) en operaciones prácticas de manipulación (tratamientos o estímulos experimentales). Supongamos que se busca analizar el efecto de utilizar distintas apelaciones publicitarias para promover medicamentos (emotivas *versus* racionales) en la predisposición para comprarlos. La variable independiente podría operacionalizarse de la siguiente manera: se elabora un comercial de televisión sobre un medicamento en particular. El argumento de venta es que se trata de un producto que ha sido sometido a pruebas científicas de laboratorio y que demostró su eficacia, además de que es recomendado por diversas asociaciones médicas (apelaciones racionales). Se elabora otro comercial cuyo argumento de ventas es que el medicamento es tradicional en muchas familias y desde nuestros abuelos se utilizaba (apelación emotiva). Los modelos de ambos tipos de comerciales son los mismos: los dos son en color, duran 30 segundos y, en fin, la única diferencia es la apelación, tanto en el nivel verbal como en el no verbal. Un grupo es expuesto a la manipulación racional y el otro a la emotiva. Por lo demás, las condiciones de exposición son similares, y después se analiza el impacto de la manipulación en la variable dependiente. Manipular la paga (cantidades de dinero otorgadas), la retroalimentación, el reforzamiento y la administración de un medicamento no es tan difícil.

Sin embargo, a veces es sumamente complicado representar el concepto teórico en la realidad, sobre todo con variables internas, variables que pueden tener varios significados o variables que sean difíciles de alterar. La socialización, la cohesión, la conformidad, el poder, la motivación individual y la agresión son conceptos que requieren un enorme esfuerzo por parte del investigador para ser operacionalizados.

Guía para sortear dificultades

Para definir cómo se va a manipular una variable es necesario:

1. *Consultar experimentos antecedentes* para ver si en éstos resultó exitosa la forma de manipular la variable. Al respecto, resulta imprescindible analizar si la manipulación de esos experimentos pueden aplicarse al contexto específico del nuestro o cómo pueden ser extrapoladas a nuestra situación experimental. Bylenga (1977), en un experimento para estudiar la relación entre las recompensas extrínsecas y la motivación intrínseca, hizo que los sujetos jugaran al "juego del ahorcado" en una terminal de computadora. En este juego hay que adivinar palabras. Unos sujetos recibían dinero por su buen desempeño y otros no, a unos se les felicitaba por sus logros y a otros no. Hernández-Sampieri y Cortés (1982) replicaron el experimento en México, y como no dispusieron de un programa de computadora que incluyera dicho juego, tuvieron que construir una máquina de madera mecánica que realizaba las mismas funciones que el programa de computadora.
2. *Evaluar la manipulación antes de que se conduzca el experimento.* Hay varias preguntas que el experimentador debe hacerse para evaluar su manipulación antes de llevarla a cabo: ¿las operaciones experimentales representan la variable conceptual que se tiene en mente?, ¿los diferentes niveles de variación de la variable independiente harán que los sujetos se comporten diferente? (Christensen, 1980), ¿qué otras maneras hay de manipular una variable?, ¿esta manera es la mejor? Si el concepto teórico no es trasladado adecuadamente a la realidad, lo que sucede es que finalmente haremos otro experimento distinto al que pretendemos. Si deseáramos averiguar el efecto de la ansiedad sobre la memorización de conceptos y nuestra manipulación es errónea (en lugar de provocar ansiedad, genera inconformidad), los resultados del experimento nos ayudarán tal vez a explicar la relación inconformidad-memorización de conceptos, pero de ninguna manera servirán para analizar el efecto de la ansiedad en la memorización. Podría ser que no nos demos cuenta y consideremos que aportamos algo cuando en realidad no lo hicimos. Asimismo, en muchos casos, cuando la manipulación resulta errónea y generamos experimentalmente otra variable independiente distinta a la que nos interesa, ni siquiera se aporta evidencia sobre el efecto de esa otra variable porque no se estaba preparado para ello. En resumen, si la manipulación es errónea puede pasar que: 1. el experimento no sirva para nada, 2. vivamos en el error (creer que "algo es" cuando verdaderamente "no es") y

3. tengamos resultados que no nos interesan (si nos interesaran habríamos pensado en otro experimento).

También, si la presencia de la variable independiente en el o los grupos experimentales es débil probablemente no se encontrarán efectos, pero no porque no pueda haberlos. Si pretendemos manipular la violencia televisada y nuestro programa no es realmente violento (incluye uno que otro insulto y algunas sugerencias de violencia física) y no encontramos un efecto, realmente no podemos afirmar o negar que hay un efecto, porque la manipulación fue débil.

3. *Incluir verificaciones para la manipulación.* Cuando se utilizan seres humanos hay varias formas de verificar si realmente funcionó la manipulación (Christensen, 1980). La primera es entrevistar a los sujetos. Supongamos que, a través de la manipulación, pretendemos generar que un grupo esté altamente motivado hacia una tarea o actividad y el otro no, después del experimento podemos entrevistar a los participantes para ver si el grupo que debía estar muy motivado realmente lo estuvo y el grupo que no debía estar motivado no lo estuvo. Una segunda forma es incluir mediciones relativas a la manipulación durante el experimento. Por ejemplo, aplicar una escala de motivación a ambos grupos cuando supuestamente unos deben estar motivados y otros no.

6.6 ¿CUÁL ES EL SEGUNDO REQUISITO DE UN EXPERIMENTO "PURO"?

El segundo requisito es medir el efecto que la variable independiente tiene en la variable dependiente. Esto es igualmente importante y como en la variable dependiente se observa el efecto, la medición debe ser válida y confiable. Si no podemos asegurar que se midió adecuadamente, los resultados no servirán y el experimento será una pérdida de tiempo.

Imaginemos que conducimos un experimento para evaluar el efecto de un nuevo tipo de enseñanza en la comprensión de conceptos políticos por parte de ciertos niños, y en lugar de medir comprensión medimos nada más la memorización, por más correcta que resulte la manipulación de la variable independiente, el experimento resulta un fracaso porque la medición de la dependiente no es válida. O supongamos que tenemos dos grupos a comparar con mediciones distintas, si encontramos diferencias ya no sabremos si se debieron a la manipulación de la independiente o a que se aplicaron exámenes distintos. En el capítulo sobre "elaboración de los instrumentos de medición" se comentan los requisitos para medir correctamente una variable, los cuales se aplican también a la medición de la variable o variables dependientes en un experimento. Asimismo, pueden ser medidas de diversas maneras: cuestionarios, escalas, observación, entrevistas, mediciones fisiológicas, análisis de contenido y otras que se explican en el mencionado capítulo.

En la planeación de un experimento se debe precisar cómo se van a manipular las variables independientes y cómo a medir las dependientes.

6.7 ¿CUÁNTAS VARIABLES INDEPENDIENTES Y DEPENDIENTES DEBEN INCLUIRSE EN UN EXPERIMENTO?

No hay reglas para ello; depende de cómo haya sido planteado el problema de investigación y las limitaciones que haya. Si al investigador interesado en analizar cómo utilizar apelaciones emotivas *versus* racionales en comerciales televisivos afecta a la predisposición de compra de un producto, sólo le interesa este problema, tendrá una única variable independiente y una sola dependiente. Pero si también le interesa analizar el efecto de utilizar comerciales en blanco y negro *versus* en color, agregaría esta variable independiente y la manipularía. Tendría dos variables independientes y una dependiente, y cuatro grupos: *a*) grupo expuesto a apelación emotiva y comercial en blanco y negro, *b*) grupo expuesto a apelación emotiva y comercial en color, *c*) grupo expuesto a apelación racional y comercial en blanco y negro, *d*) grupo expuesto a apelación racional y comercial en color. O podría agregar una tercera independiente: duración de los comerciales, y una cuarta: realidad de los modelos del comercial (personas vivas en contraposición a caricaturas) y así sucesivamente. Claro está que, conforme se aumenta el número de variables independientes, aumentan las manipulaciones que deben hacerse y el número de grupos requeridos para el experimento. Y entraría en juego el segundo factor mencionado (limitantes), tal vez no puede conseguir las suficientes personas para tener el número de grupos que requiere o el presupuesto para producir tantos comerciales.

Por otra parte, podría decidir en cada caso (con una, dos, tres o más variables independientes) medir más de una variable dependiente para ver el efecto de las independientes en distintas variables. Por ejemplo, medir, además de la predisposición de compra, la recordación del comercial y la evaluación estética de éste. Otro investigador podría interesarse en evaluar el efecto de una mayor o menor paga en el desempeño de una tarea laboral en diversas variables: motivación intrínseca, productividad, satisfacción laboral y autoestima. Resulta obvio que, al aumentar las variables dependientes, no tienen que aumentarse grupos, porque estas variables no se manipulan. Lo que aumenta es el tamaño de la medición (cuestionarios con más preguntas, mayor número de observaciones, entrevistas más largas, etcétera) porque hay más variables que medir.

6.8 ¿CUÁL ES EL TERCER REQUISITO DE UN EXPERIMENTO "PURO"?

El tercer requisito que todo experimento "verdadero" debe cumplir es el *control o validez interna de la situación experimental.* El término "control" tiene diversas connotaciones dentro de la experimentación. Sin embargo, su acepción más común es que, si en el experimento se observa que una o más variables independientes hacen variar a las dependientes, la variación de estas últimas se deba a la manipulación y no a otros factores o causas; si se observa que una o más independientes no tienen un efecto sobre las dependientes, se pueda estar seguro de ello. En términos más coloquiales, *tener "control" significa saber qué está ocurriendo realmente con la relación entre las variables independientes y las dependientes.* Esto podría ilustrarse de la siguiente manera:

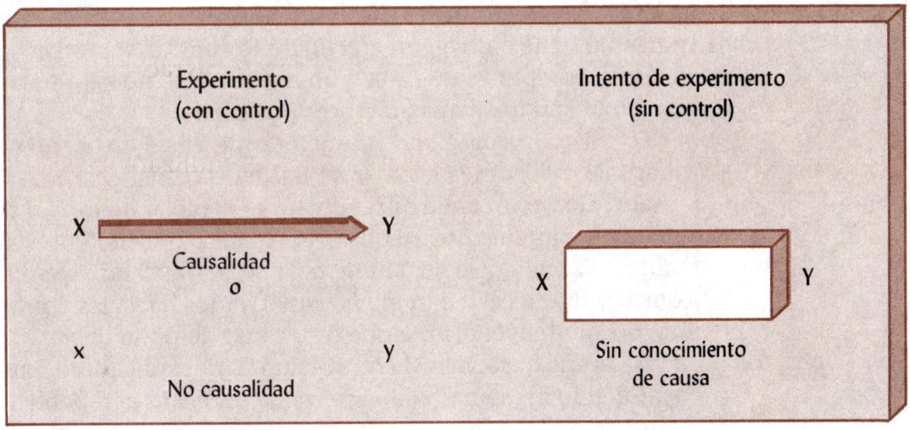

Cuando hay control podemos conocer la relación causal; cuando no se logra el control no se puede conocer dicha relación (no se sabe qué está detrás del "cuadro negro", podría ser por ejemplo: X—Y, o X Y; es decir, no hay relación). En la estrategia de la investigación experimental, "el investigador no manipula una variable sólo para comprobar lo que le ocurre con la otra, sino que al efectuar un experimento es necesario realizar una observación controlada" (Van Dalen y Meyer, 1984).

Dicho de una tercer manera, *lograr "control" en un experimento es controlar la influencia de otras variables extrañas* en las variables dependientes, para que así podamos saber realmente si las variables independientes que nos interesan tienen o no efecto en las dependientes. Ello podría esquematizarse así:

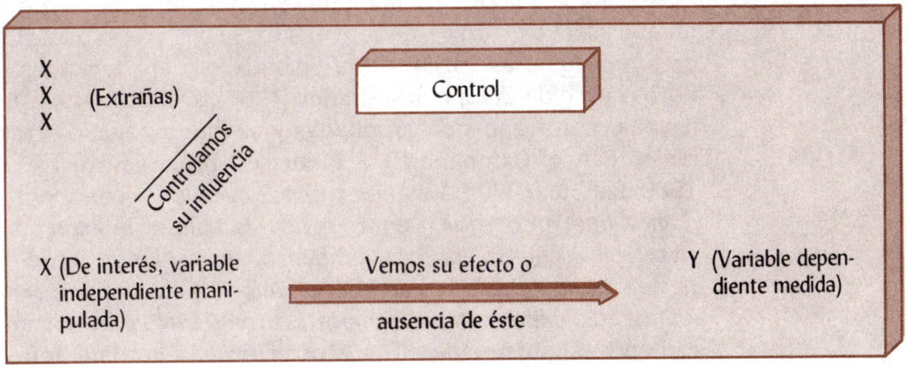

Es decir, "purificamos" la relación X (independiente) con Y (dependiente) de otras posibles fuentes que afecten a Y y que nos "contaminan" el experimento. Aislamos las relaciones que nos interesan. Si deseamos analizar el efecto que pueda tener un comercial sobre la predisposición de compra hacia el producto que se anuncia, sabemos que puede haber otras razones o causas por las que las personas piensen en comprar el producto (la calidad del producto, su precio, cualidades, prestigio de la marca, etcétera). Entonces, el experimento deberá controlar la posible influencia de estas otras causas para que así se pueda saber si el comercial tiene o no algún efecto. De lo contrario, si se observa que la predisposición de compra es elevada y no hay control, no sabremos si el comercial es la causa o lo son los demás factores posibles.

Lo mismo ocurre con un método de enseñanza, cuando por medio de un experimento se desea evaluar su influencia en el aprendizaje. Si no hay control, no sabremos si un buen aprendizaje se debió al método o a que los sujetos eran sumamente inteligentes, o que éstos tenían conocimientos aceptables de los contenidos o a cualquier otro motivo. Si no hay aprendizaje no sabremos si se debe a que los sujetos estaban muy desmotivados hacia los contenidos a enseñar, que eran poco inteligentes o a qué otra causa se pudo deber.

De hecho, se busca el control aun para explicar muchas situaciones cotidianas. Cuando alguien nos atrae y tiene un gesto agradable hacia nosotros en un momento dado, pensamos en la posibilidad de que también le resultamos atractivos y buscamos obtener "control" sobre nuestra explicación de por qué esa persona es así con nosotros. Es decir, buscamos descartar otras posibles explicaciones para evaluar si nuestra explicación es o no la correcta. Tratamos de descartar explicaciones como: "lo que sucede es que esa persona en sí es muy cortés, muy educada"; "lo que ocurre es que esa persona quiere obtener algo de mí"; "tal vez le recordé a alguien que le simpatizaba"; "fue casual su comportamiento"; "estaba de muy buen humor"; etcétera.

Fuentes de invalidación interna

Existen diversos factores o fuentes que pueden hacer que nos confundamos y ya no sepamos si la presencia de una variable independiente o tratamiento experimental surte o no un verdadero efecto. Se trata de explicaciones rivales a la explicación de que las variables independientes afectan a las dependientes. En un libro clásico de Campbell y Stanley (1966), se definieron estas explicaciones rivales, las cuales han sido ampliadas y se han agregado otras en referencias más recientes (v.g., Campbell 1975; Matheson, Bruce y Beauchamp, 1985; Christensen, 1980; Babbie, 1979). A estas explicaciones se les conoce como *fuentes de invalidación interna porque atentan contra la validez interna de un experimento. Ésta se refiere a cuánta confianza tenemos en que los resultados del experimento sea posible interpretarlos y éstos sean válidos. La validez interna se relaciona con la calidad del experimento y se logra cuando hay control*, cuando los grupos difieren entre sí solamente en la exposición a la variable independiente (ausencia-presencia o en grados), cuando las mediciones de la variable dependiente son confiables y válidas, y cuando el análisis es el adecuado para el tipo de datos que estamos manejando. El control en un experimento se alcanza eliminando esas explicaciones rivales o fuentes de invalidación interna. A continuación se mencionan y definen de acuerdo con Campbell y Stanley (1966), Campbell (1975) y Babbie (1979).

1. *Historia.* Son acontecimientos que ocurren durante el desarrollo del experimento, afectan a la variable dependiente y pueden confundir los resultados experimentales. Por ejemplo, si durante un experimento para analizar el efecto que distintas formas de retroalimentación en el trabajo tienen en la motivación, teniendo dos grupos de obreros, a uno le aumentan el salario o se le reúne y felicita por su desempeño en el trabajo mientras está llevándose a cabo el experimento. Diferencias en la variable dependiente pueden atribuirse a la manipulación de la independiente o al acontecimiento que ocurrió durante el experimento.
2. *Maduración.* Son procesos internos de los participantes que operan como consecuencia del tiempo y que afectan los resultados del experimento, como el cansancio, hambre, aburrición, aumento en la edad y cuestiones similares. Si a un grupo de niños se le expone a un nuevo método de aprendizaje durante dos años, los resultados pueden estar influidos simplemente por la maduración de los niños durante el tiempo que duró el experimento. En un experimento los sujetos pueden cansarse y sus respuestas pueden estar afectadas por ello.
3. *Inestabilidad.* Poca o nula confiabilidad de las mediciones, fluctuaciones en las personas seleccionadas o componentes del experimento, o inestabilidad autónoma de mediciones repetidas aparentemente "equivalentes". Imaginemos que en un experimento sobre memorización se tienen dos grupos y al sortearlos, a uno le toca en la mañana y a otro en la tarde, y el experimento requiriera de elevada concentración por parte de los sujetos que participan en él, pudiera ser posible que la concentración del grupo de la mañana fuera diferente del de la tarde (en la mañana habría más ruido, transitar de personas, etcétera); y ello podría afectar la interpretación de los resultados. Tal vez, algunas diferencias en los grupos se deban a diferencias en la concentración y no a la variable independiente, o es posible que ésta sí tenga un efecto pero no podemos estar seguros de ello. No tenemos confianza en los resultados.
4. *Administración de pruebas.* Se refiere al efecto que puede tener la aplicación de una prueba sobre las puntuaciones de pruebas subsecuentes. Por ejemplo, si en un experimento sobre prejuicio de clases socioeconómicas en el cual tenemos un grupo, al que se le aplica una prueba para ver su nivel de prejuicio, luego se le expone a un estímulo experimental (que supuestamente debe disminuir el nivel de prejuicio), y posteriormente se vuelve a medir el prejuicio para evaluar si disminuyó o no. Puede ocurrir que en las calificaciones o puntuaciones de prejuicio de la segunda medición (después del estímulo) influya la aplicación de la primera prueba de prejuicio (antes del estímulo). Es decir, la administración de la primera prueba puede sensibilizar a los participantes del experimento y, cuando respondan a la segunda prueba, sus respuestas podrían estar afectadas por esa sensibilización. Si disminuye el prejuicio y no hay control, no sabremos cuánto se debió al estímulo experimental o variable independiente y cuánto a dicha sensibilización.

5. *Instrumentación.* Esta fuente hace referencia a cambios en los instrumentos de medición o en los observadores participantes que pueden producir variaciones en los resultados que se obtengan. Por ejemplo, si queremos ver el efecto de dos diferentes métodos de enseñanza; a un grupo lo exponemos a un método, mientras que a otro grupo al otro método; y después aplicamos un examen de conocimientos para ver la eficacia de cada método y comparar. Si los exámenes no fueran equivalentes podría presentarse la instrumentación. Imaginemos que uno es más fácil que el otro, ¿cómo podremos estar seguros de que las diferencias en las puntuaciones de los exámenes se deben al estímulo (método de enseñanza) y no a que se trata de exámenes distintos?
6. *Regresión estadística.* Se refiere a un efecto provocado por una tendencia que los sujetos seleccionados sobre la base de puntuaciones extremas, muestran a regresar, en pruebas posteriores, a un promedio en la variable en la que fueron seleccionados. Por ejemplo, si pretendemos evaluar el efecto del liderazgo autocrático del profesor en la ansiedad de los alumnos y si primero aplicáramos al grupo una prueba de ansiedad, para posteriormente exponerlo a un profesor autocrático y volver a medir su ansiedad. Y los sujetos se encontraran sumamente ansiosos durante la aplicación de la primer prueba (porque tienen un examen difícil al día siguiente). Podría ocurrir que se observara que están "menos ansiosos" después de recibir la manipulación, "es decir, aparentemente no hubo efecto". Pero en realidad lo que sucedió fue que durante la segunda prueba estaban "retornando" a su nivel común de ansiedad.

   La regresión estadística representa el hecho de que puntuaciones extremas en una distribución particular tenderán a desplazarse (esto es, regresar) hacia el promedio de la distribución en función de mediciones repetidas (Christensen, 1981). Entre una primera y una segunda medición, las puntuaciones más altas tienden a bajar y las más bajas a aumentar. Este fenómeno de regresión se puede presentar porque ambas mediciones no están perfectamente correlacionadas. Para un análisis más detallado de este fenómeno se recomienda Campbell y Stanley (1973, pp. 24-28).
7. *Selección.* Puede presentarse al elegir los sujetos para los grupos del experimento, de tal manera que los grupos no sean equiparables. Es decir, si no se escogen los sujetos de los grupos asegurándose su equivalencia, la selección puede resultar tendenciosa. Por ejemplo, si en un grupo se incluyen a los estudiantes más inteligentes y estudiosos; y en otro grupo a los estudiantes menos inteligentes y estudiosos, las diferencias entre los grupos se deberán a una selección tendenciosa, aparte del tratamiento experimental o variable independiente.
8. *Mortalidad experimental.* Se refiere a diferencias en la pérdida de participantes entre los grupos que se comparan. Si en un grupo se pierde 25% de los participantes y en otro grupo sólo 2%, los resultados pueden verse influidos por ello, además del tratamiento experimental. Imaginemos un experimento que utiliza como estímulo un programa de televisión antisocial que ha sido visto por una tercera parte del grupo al que se le expondrá, mientras que al

otro grupo se le expone un programa prosocial que nadie ha visto. Condiciones agresivas, dolorosas, cansadas, etc., pueden provocar mortalidad diferencial en los grupos, y ésta puede ocurrir no sólo por el experimento en sí sino por el tipo de personas que componen cada grupo o factores externos al experimento.

9. *Interacción entre selección y maduración.* Se trata de un efecto de maduración que no es igual en los grupos del experimento, debida a algún factor de selección. La selección da origen a diferentes tasas de maduración o cambio autónomo entre grupos. Por ejemplo, si seleccionamos para un grupo sujetos que acostumbran alimentarse a cierta hora (12:00 p.m.) y para el otro, personas que se alimentan a otra hora (3:00 p.m.), y el experimento se lleva a cabo de 11:00 a.m. a 14:30 p.m., la selección tendenciosa provocará un efecto de maduración distinto en los dos grupos: hambre. Esto podría ocurrir si en una convención de una empresa multinacional, experimentamos con ejecutivos de distintos países latinoamericanos y no tomamos en cuenta la interacción que pueda darse entre la selección y la maduración.
10. *Otras interacciones.* Pueden darse diversos efectos provocados por la interacción de las fuentes mencionadas de invalidación interna. La selección puede interactuar con la mortalidad experimental, la historia con la maduración, la maduración con la inestabilidad, etcétera. También pueden afectar varias de estas fuentes y la validez interna se deteriora más. Cada vez estamos más inseguros respecto a las causas que produjeron cambios en las variables dependientes. Si no hubo cambios, no sabemos si se debió a que una o más fuentes contrarrestaron los posibles efectos. Por ejemplo, el método de enseñanza más exitoso se utilizó con los menos motivados, y el menos exitoso con los más motivados, y ello provoca que se compensen ambos factores. No sabemos cómo interpretar los resultados.

Así pues, es necesario eliminar estas fuentes de invalidación interna mediante el control, para conocer el efecto de la variable independiente (o independientes) sobre la dependiente (o dependientes).

El experimentador como fuente de invalidación interna

Otra razón que puede atentar contra la interpretación correcta y certera de los resultados de un experimento *es la interacción entre los sujetos y el experimentador*, la cual puede ocurrir de diferentes formas. Los sujetos pueden entrar al experimento con ciertas actitudes, expectativas y prejuicios que pueden alterar su comportamiento durante el estudio. Por ejemplo, no colaborar y ser críticos negativamente, hasta el punto de llegar a ser hostiles. Ello debe tenerse presente antes y durante la investigación. Debe analizarse qué sujetos pueden arruinar el experimento y eliminarse o en todos los grupos debe haber personas con actitudes positivas y negativas (si quienes tienen actitudes negativas van a un único grupo, la validez interna estará en problemas). Recordemos que las personas que intervienen en un experimento, de una manera u otra, tienen motivos precisamente para esa participación y su papel será activo en muchas ocasiones.

Además, *el mismo experimentador puede afectar los resultados de la investigación.* El experimentador no es un observador pasivo que no interactúa, sino un observador activo que puede influir en los resultados del estudio (Christensen, 1981). El experimentador tiene una serie de motivos que lo llevan a realizar su experimento y desea probar con él que lo que hipotetiza se demuestra. Desea comprobar su hipótesis. Ello, consciente o inconscientemente, puede conducir a que afecte el comportamiento de los sujetos en dirección de su hipótesis. Por ejemplo, dar explicaciones más completas a uno de los grupos. Lo anterior debe evitarse, y en varios casos quien debe tratar con los sujetos no debe ser el experimentador sino alguien que no conozca la hipótesis, las condiciones experimentales ni los propósitos del estudio, sino que simplemente reciba instrucciones precisas sobre lo que debe hacer y cómo hacerlo.

Tampoco los sujetos que participan en el experimento deben conocer las hipótesis y condiciones experimentales; incluso frecuentemente es necesario distraerlos de los verdaderos propósitos del experimento, aunque al finalizar éste se les debe dar una explicación completa del experimento. Cuando, por ejemplo, se analizan los efectos de medicamentos, los investigadores hacen creer a un grupo que se les está administrando medicamentos cuando en realidad no es así, sino que se les dan píldoras de azúcar. Esto evita la influencia que la expectativa de recibir medicamento pudiera tener en la variable dependiente. A esta sustancia que no tiene efectos se le suele denominar "placebo". Con métodos de instrucción, por ejemplo, puede ocurrir que el grupo que se habrá de exponer al método innovador sea influido por el simple hecho de decirle que se trata de un nuevo método. Lo mismo con pruebas de sabor de un producto alimenticio, programas de televisión, experiencias motivacionales, etcétera. Esto debe tomarse en cuenta.

6.9 ¿CÓMO SE LOGRAN EL CONTROL Y LA VALIDEZ INTERNA?

El control en un experimento logra la validez interna, y el control se alcanza mediante: 1. *varios grupos de comparación* (dos como mínimo) y 2. *equivalencia de los grupos en todo, excepto la manipulación de las variables independientes.*

6.9.1 Varios grupos de comparación

Es necesario que en un experimento se tengan por lo menos dos grupos que comparar. En primer término, porque si nada más se tiene un grupo no se puede saber si influyeron las fuentes de invalidación interna o no. Por ejemplo, si mediante un experimento buscamos probar la hipótesis de que: "A mayor información psicológica sobre una clase social, menor prejuicio hacia esta clase"; y si decidimos tener un solo grupo en el experimento. Este grupo se expondría a un programa televisivo donde se proporcione información sobre la manera como vive dicha clase, sus angustias y problemas, necesidades, sentimientos, aportaciones a la sociedad, etcétera; para luego observar el nivel de prejuicio. Este experimento podría esquematizarse así:

Momento 1	*Momento 2*
Exposición al programa televisivo	Observación del nivel de prejuicio

Todo en un único grupo. ¿Qué sucede si se observa un bajo nivel de prejuicio en el grupo?, ¿podemos deducir que se debió al estímulo? Desde luego que no. Es posible que el nivel bajo de prejuicio se deba al programa de televisión, que es la forma de manipular la variable independiente "información psicológica sobre una clase social", pero también a que los sujetos tenían un bajo nivel de prejuicio antes del experimento y, en realidad, el programa no afecta. Y no lo podemos saber porque no hay una medición del nivel de prejuicio al inicio del experimento (antes de la presentación del estímulo experimental); es decir, no existe punto de comparación. Y aunque hubiera ese punto de comparación inicial, con un solo grupo no podremos estar seguros de cuál fue la causa del elevado prejuicio. Supongamos que el nivel de prejuicio antes del estímulo era alto y después del estímulo bajo. Pudiera ser que el estímulo es la causa del cambio, pero también pudo ocurrir lo siguiente:

1. Que la primera prueba de prejuicio sensibilizara a los participantes y que influyera en sus respuestas a la segunda prueba. Así, las personas se concientizaron de lo negativo de ser prejuiciosas al responder a la primer prueba.
2. Que los sujetos seleccionados se cansaran durante el experimento y sus respuestas a la segunda prueba fueran "a la ligera" (maduración).
3. Que haya ocurrido un suceso antes del experimento que los prejuició momentáneamente hacia esa clase social (una violación en la localidad a cargo de un individuo de esa clase), pero después "regresaron" a su nivel de prejuicio normal.
4. Que durante el experimento se salieron sujetos prejuiciosos o parte importante de ellos.

O bien otras razones. Y si no se hubiera observado un cambio en el nivel de prejuicio entre la primera prueba (antes del programa) y la segunda (después del programa), esto podría significar que la exposición al programa no tiene efectos, pero también podría ser que el grupo seleccionado es muy prejuicioso y tal vez el programa sí tiene efectos en personas con niveles comunes de prejuicio. Incluso, podría haber otras explicaciones. Con un solo grupo no podemos estar seguros de que los resultados se deben al estímulo experimental o a otras razones. Siempre quedará la duda. Los "experimentos" con un grupo se basan en sospechas o en lo que "aparentemente es", pero faltan fundamentos. Al tener un único grupo se corre el riesgo de seleccionar sujetos atípicos (los más inteligentes al experimentar con métodos de enseñanza, las trabajadores más motivados al experimentar con programas motivacionales, los consumidores más acríticos, las parejas de novios más integradas, etcétera) y el riesgo de que intervengan la historia, la maduración, administración de prueba, instrumentación y demás fuentes de invalidación interna, sin que el experimentador se dé cuenta.

Por ello, *el investigador debe tener al menos un punto de comparación: dos grupos, uno al que se le administra el estímulo y otro al que no (el grupo de control)*.[22] Tal como se mencionó al hablar de manipulación, *a veces se requiere tener varios grupos*, cuando se desea averiguar el efecto de distintos niveles de la variable independiente.

6.9.2 Equivalencia de los grupos

Pero *para tener control no basta tener dos o más grupos, sino que deben ser similares en todo, menos la manipulación de la variable independiente*. El control implica que todo permanece constante menos la manipulación. Si entre los grupos que conforman el experimento todo es similar o equivalente, excepto la manipulación de la independiente, las diferencias entre los grupos pueden atribuirse a ella y no a otros factores (entre los cuales están las fuentes de invalidación interna). Por ejemplo, si tenemos dos grupos de sustancias "A", "B", "C" y "D" para mezclarlas en dos recipientes "1" y "2". La sustancia "A" es la misma para cada recipiente (y en igual cantidad), lo mismo que las otras tres sustancias. Los recipientes tienen el mismo volumen y son idénticos. La presión y temperatura en ambos es igual. Los instrumentos para mezclar son también iguales. El lugar y la atmósfera son equivalentes. Y en fin, todo permanece constante. El resultado final: la mezcla, tendrá que ser la misma (idénticas características). Pero si algo se hace variar o se manipula, si es distinto al hacer ambas mezclas en los recipientes "1" y "2" (digamos que a una de las mezclas se le agrega la sustancia "E" y a la otra no).

Las diferencias entre las mezclas pueden atribuirse a la presencia de esta nueva sustancia, porque todo es igual con excepción de que una mezcla contiene la sustancia "E" mientras que la otra no. También puede decirse que, si hay cambios en la mezcla con la nueva sustancia, éstos pueden atribuirse a la sustancia "E". Sin embargo, para llegar a esta conclusión fue necesario un grupo de comparación equivalente. Si nada más se tuviera una mezcla, no podríamos estar seguros de que fue la adición de la sustancia la que provocó cambios. Tal vez la reacción de los primeros cuatro elementos fue tardía y el quinto nada tuvo que ver, o bien un aumento en la temperatura fue lo que provocó el cambio u otras cuestiones. Desde luego, en las ciencias químicas se hace una mezcla y se observa lo que ocurre, se hace otra mezcla y se observa, se hace una tercera mezcla a la que se le agrega otra sustancia y se continúa observando, y así sucesivamente. Y si no encontramos diferencias entre la mezcla con la sustancia "E" y la que no la tiene, decimos que "E" no tiene efecto.

Lo mismo debe hacerse en la experimentación de la conducta humana, debemos tener varios grupos de comparación. Imaginemos que queremos probar si una serie de programas de televisión educativos para niños genera mayor aprendizaje en comparación con un método educativo tradicional. Un grupo recibe la

---

[22] El grupo de control es útil precisamente para tener un punto de comparación. Sin él, no podremos saber qué sucede cuando la variable independiente está ausente. Su nombre indica su función: ayudar a establecer el control, colaborando en la eliminación de hipótesis rivales o influencias de las posibles fuentes de invalidación interna.

enseñanza por medio de los programas, otro grupo la recibe por medio de instrucción oral tradicional y un tercer grupo dedica ese mismo tiempo a jugar libremente en el salón de clases. Supongamos que los niños que aprendieron mediante los programas obtienen las mejores calificaciones en una prueba de conocimientos relativa a los contenidos enseñados, los que recibieron el método tradicional obtienen calificaciones mucho más bajas y los que jugaron obtienen puntuaciones de cero o cerca de este valor. Aparentemente, los programas son un mejor medio de enseñanza que la instrucción oral. Pero si los grupos no son equivalentes, por ejemplo: los niños más inteligentes, estudiosos y con mayor empeño fueron asignados al grupo que fue instruido por televisión, o simplemente su promedio de inteligencia y aprovechamiento era más elevado; o la instructora del método tradicional no era una buena maestra, o los niños expuestos a este método tenían mayor carga de trabajo y exámenes los días en que se desarrolló el experimento, etcétera; no podemos confiar en que las diferencias se deben realmente a la manipulación de la variable independiente y no a otros factores o a la combinación de ambos. ¿Cuánto se debió al método y cuánto a otros factores? Para el investigador la respuesta a esta pregunta se convierte en un enigma. No hay control.

Si experimentamos con métodos de motivación para trabajadores, y a un grupo enviáramos a los que laboran en el turno matutino, mientras que al otro grupo enviáramos a los del turno vespertino, ¿quién nos asegura que antes de iniciar el experimento ambos tipos de trabajadores están igualmente motivados? Pudo haber diferencias en la motivación inicial porque los supervisores motivan de diferente manera y grado o tal vez los del turno vespertino preferían trabajar en la mañana o se les pagan menos horas extra, etcétera. Si no están igualmente motivados podría ocurrir que el estímulo aplicado a los del turno de la mañana aparentara ser el más efectivo, cuando en realidad no es así. Los grupos deben ser equivalentes en todo, excepto en la manipulación de la variable independiente.

Veamos un ejemplo que nos ilustra el impacto tan negativo que puede tener la no equivalencia de los grupos sobre los resultados de un experimento. ¿Qué investigador probaría el efecto de diferentes métodos para disminuir el prejuicio teniendo por una parte a un grupo de miembros del Ku-klux-klan, por otra parte a un grupo de seguidores del ideólogo Martin Luther King y un tercer grupo de fascistas, constituyendo cada uno un grupo del experimento.

Los grupos deben ser: inicialmente equivalentes y equivalentes durante todo el desarrollo del experimento, menos por lo que respecta a la variable independiente. Asimismo, los instrumentos de medición deben ser iguales y aplicados de la misma manera.

Equivalencia inicial

Implica que *los grupos son similares entre sí al momento de iniciarse el experimento.* Si el experimento se refiere a los métodos educativos, los grupos deben ser equiparables en cuanto a número de personas, inteligencia, aprovechamiento, disciplina, memoria, sexo, edad, nivel socioeconómico, motivación, alimentación, conocimientos previos, estado de salud física y mental, interés por los contenidos, extroversión, etcétera. Si inicialmente no son equiparables, digamos en cuanto a motivación o conocimientos previos, las diferencias entre los grupos no podrán ser atribuidas con certeza a la manipulación de la variable independiente. Queda la duda de si se deben a dicha manipulación o a que los grupos no eran inicialmente equivalentes.

La equivalencia inicial no se refiere a equivalencias entre individuos, porque las personas tenemos por naturaleza diferencias individuales; *sino a la equivalencia entre grupos.* Si tenemos dos grupos en un experimento, es indudable que habrá, por ejemplo, personas muy inteligentes en un grupo, pero también debe haberlas en el otro grupo. Si en un grupo hay mujeres, en el otro debe haberlas en la misma proporción. Y así con todas las variables que puedan afectar a la variable dependiente o dependientes, además de la variable independiente. El promedio de inteligencia, motivación, conocimientos previos, interés por los contenidos y demás variables, debe ser el mismo en los dos grupos. Si bien no exactamente el mismo, no debe haber una diferencia significativa en esas variables entre los grupos.

Supongamos que todas las variables pudieran medirse de 1 a 10, la equivalencia entre grupos podría conceptualizarse como en la figura 6.1.

Veamos ejemplos de equivalencia entre grupos respecto a algunos rasgos físicos para ilustrar el concepto:

Grupo 1		*Grupo 2*
10 hombres de tez morena y ojos cafés.		11 hombres de tez morena y ojos cafés.
5 hombres de tez morena y ojos negros.		4 hombres de tez morena y ojos negros.
11 hombres de tez clara y ojos cafés.	Equivalencia	12 hombres de tez clara y ojos cafés.
5 hombres de tez clara y ojos verdes.		5 hombres de tez clara y ojos verdes.
10 mujeres de pelo rubio y tez muy clara.		10 mujeres de pelo rubio y tez muy clara.
8 mujeres de pelo castaño claro y tez clara.		9 mujeres de pelo castaño claro y tez clara.
5 hombres de pelo castaño oscuro y tez clara.		3 hombres de pelo castaño oscuro y tez clara.

Un ejemplo de dos grupos que interculturalmente no serían equivalentes se muestra en la figura 6.2.

Desde luego, es prácticamente imposible alcanzar la equivalencia perfecta o ideal, pero no se pueden permitir diferencias iniciales significativas entre los grupos.

Equivalencia durante el experimento

Además, durante el experimento los grupos deben mantenerse similares en los aspectos concernientes al tratamiento experimental excepto en la manipulación

FIGURA 6.1

Esquema para ilustrar la equivalencia inicial de los grupos.

Al inicio del experimento

Grupo 1	*Grupo 2*
$V_1 = 8$	$V_1 = 7.9$
$V_2 = 4$	$V_2 = 4.1$
$V_3 = 6$	$V_3 = 6$
$V_4 = 7.2$	$V_4 = 7.4$
$V_5 = 10$	$V_5 = 9.9$
20 mujeres, 21 hombres	19 mujeres, 22 hombres
Promedio de edad = 25 años, 6 meses	Promedio de edad = 25 años, 4 meses
$V_6 = 2$	$V_6 = 2.1$
$V_k = K$	$V_k = K$

V = una variable (V_1 = variable 1, V_2 = variable 2...)

de la variable independiente: mismas instrucciones (salvo variaciones parte de esa manipulación), *personas con las que tratan los sujetos, maneras de recibirlos, lugares con características semejantes* (iguales objetos en las habitaciones o cuartos, clima, ventilación, sonido ambiental, etcétera), *misma duración del experimento, mismo momento y* en fin *todo lo que sea parte del experimento.* Cuanto mayor sea la equivalencia durante su desarrollo, mayor control y posibilidad de que, si observamos o no efectos, estemos seguros de que verdaderamente los hubo o no.

Cuando trabajamos simultáneamente con varios grupos, es difícil que las personas que dan las instrucciones y vigilan el desarrollo de los grupos sean las mismas. Entonces debe buscarse que su tono de voz, su apariencia, edad, sexo, u otras características capaces de afectar los resultados sean iguales o similares, y

FIGURA 6.2

Ejemplo de dos grupos no equivalentes.

Grupo 1		*Grupo 2*
3 venezolanos		1 venezolano
6 colombianos		3 brasileñas
5 mexicanos		2 mexicanos
6 norteamericanos	≠	1 norteamericano
4 ingleses		28 franceses
7 bolivianos		10 ingleses
3 italianos		4 rusos
5 israelitas		2 alemanes
4 afganos		5 suizos
3 cubanos		2 nicaragüenses
		4 egipcios

mediante entrenamiento debe estandarizarse su proceder. Algunas veces se dispone de menos cuartos o lugares que de grupos. Entonces, la asignación de los grupos a los cuartos y horarios se hace al azar y se procura que los grupos no estén muy espaciados (lo menos distantes que sea posible). Otras veces, los sujetos reciben los tratamientos individualmente, no puede ser simultánea su exposición. Se deben sortear de manera que en un día (por la mañana) personas de todos los grupos participen en el experimento, lo mismo por la tarde y durante el tiempo que sea necesario (los días que dure el experimento). Esto podría esquematizarse con tres grupos:

Hora	*Día 1*	*Día 2*
9:00	S1	S2
	S2	S1
	S3	S3
10:00	S1	S3
	S2	S1
	S3	S2
11:00	S1	S1
	S3	S2
	S2	S3
12:00	S3	S2
	S2	S1
	S1	S3
13:00	S2	S1
	S3	S2
	S1	S3
14:00	S2	S3
	S3	S2
	S1	S1
15:00	S3	S2
	S1	S1
	S2	S3
16:00	S3	S1
	S2	S2
	S1	S3

¿Cómo se logra la equivalencia inicial?: asignación al azar

Existe un método ampliamente difundido para alcanzar esta equivalencia: la *asignación aleatoria o al azar de los sujetos a los grupos del experimento* (en inglés, *randomization*). La asignación al azar nos asegura probabilísticamente que dos o más grupos son equivalentes entre sí. Es una técnica de control que tiene como propósito dar al investigador la seguridad de que variables extrañas, conocidas o desconocidas, no afectarán sistemáticamente los resultados del estudio (Christensen, 1981). Esta técnica diseñada por Sir Ronald A. Fisher, en los años cuarenta, ha demostrado durante años y pruebas que funciona para hacer equivalentes a grupos. Como mencionan Cochran y Cox (1980, p. 24): "La aleatorización es en cierta forma análoga a un seguro, por el hecho de que es una precaución contra interferencias que pueden o no ocurrir, y ser o no importantes si ocurren. Generalmente, es aconsejable tomarse el trabajo de aleatorizar, aun cuando no se espere que haya un sesgo importante al dejar de hacerlo."

La asignación al azar puede llevarse a cabo mediante *pedazos de papel.* Se escribe el nombre de cada sujeto (o algún tipo de clave que lo identifique) en uno de los pedazos de papel, luego se juntan todos los pedazos en algún recipiente, se revuelven y se van sacando sin ver para formar los grupos. Por ejemplo, si se tienen dos grupos, las personas con papel non pueden ir al primer grupo y las personas con par al segundo grupo; o bien, si hubiera 80 personas, los primeros 40 papelitos que se saquen van a un grupo y los restantes 40 al otro.

También, cuando se tienen *dos grupos, la aleatorización puede llevarse a cabo utilizando una moneda no cargada.* Se lista a los sujetos y se designa qué lado de la moneda va a significar el grupo 1 y qué lado el grupo 2. Con cada sujeto se lanza la moneda y dependiendo del resultado se asigna a uno u otro grupo. Este procedimiento está limitado sólo a dos grupos, porque las monedas tienen dos caras. Aunque podrían utilizarse dados o cubos, por ejemplo.

Una tercera forma de asignar los sujetos a los grupos es utilizar *tablas de números aleatorios.* Una tabla de números aleatorios generada mediante un programa de computadora incluye números del 0 al 9, y su secuencia es totalmente al azar (no hay orden, no patrón o secuencia). En el Apéndice 5, se muestra una de estas tablas. Primero, se selecciona al azar una página de la tabla (por ejemplo, preguntándole a alguien que diga un número del 1 al *X*, dependiendo del número de páginas que contenga la tabla o sorteando números). En la página seleccionada se elige un punto cualquiera (bien numerando columnas o renglones y eligiendo al azar una columna o renglón, o bien cerrando los ojos y colocando la punta de un lápiz sobre algún punto de la página). Posteriormente, se lee una secuencia de dígitos en cualquier dirección (vertical, horizontal o diagonalmente). Una vez que se obtuvo dicha secuencia, se enumeran los nombres de los sujetos por orden alfabético o de acuerdo con un ordenamiento al azar, colocando cada nombre junto a un dígito. Pueden asignarse los sujetos nones a un grupo y los pares al otro. Lo mismo da asignar los números del 0 al 5 al primer grupo, y los del 6 al 9 al otro grupo. Si tuviéramos cinco grupos, podríamos hacer que los sujetos con 0 y 1 fueran al primer grupo, con 2 y 3 al segundo, 4 y 5 al tercero, 6 y 7 al cuarto, y 8 y 9 al quinto grupo.

La asignación al azar produce control, pues las variables que deben ser controladas (variables extrañas y fuentes de invalidación interna) son distribuidas aproximadamente de la misma manera en los grupos del experimento. Y puesto que la distribución es bastante similar en todos los grupos, la influencia de otras variables que no sean la independiente se mantiene constante porque éstas no pueden ejercer ninguna influencia diferencial en la variable dependiente o variables dependientes (Christensen, 1981).

La asignación aleatoria funciona mejor cuanto mayor sea el número de sujetos con que se cuenta para el experimento, es decir, cuanto mayor sea el tamaño de los grupos. Los autores recomiendan que para cada grupo se tengan, por lo menos, 15 personas.[23]

Un ejercicio para demostrar las bondades de la asignación al azar

A los estudiantes que se inician en la investigación a veces les cuesta trabajo creer que la asignación al azar funciona. Para autodemostrarse que sí funciona, es conveniente el siguiente ejercicio:

1. Tómese un grupo de 40 o más personas (el salón de clases, un grupo grande de conocidos, etcétera), o imagínese que existe este grupo.
2. Invéntese un experimento que requiera de dos grupos.
3. Imagínese un conjunto de variables que puedan afectar a las variables dependientes.
4. Distribuya a cada quien un trozo de papel y pídales que escriban los niveles que tienen en las variables del punto anterior (por ejemplo: sexo, edad, inteligencia, escuela de procedencia, interés por algún deporte, motivación hacia algo de uno a 10, etcétera). Las variables pueden ser cualesquiera, dependiendo de su ejemplo.
5. Asigne al azar los pedazos de papel a dos grupos, en cantidades iguales.
6. Compare número de mujeres y hombres en los dos grupos; promedios de inteligencia, edad, motivación, ingreso de su familia o lo que haya pedido. Verá que ambos grupos son "sumamente parecidos".

Si no cuenta con un grupo real, hágalo teóricamente. Usted mismo escriba los valores de las variables en los papeles y verá cómo los grupos son bastante parecidos (equiparables). Desde luego, normalmente no son "perfectamente iguales" pero sí comparables.

Los resultados de la asignación aleatoria podrían esquematizarse como se muestra en la siguiente página.

Si la *única* diferencia que distingue el grupo experimental y el de control es la variable independiente, las diferencias entre los grupos pueden atribuirse a esta última. Pero si hay otras diferencias, no podemos hacer tal atribución.

Otra técnica para lograr la equivalencia inicial: el emparejamiento

Otro método para intentar hacer inicialmente equivalentes los grupos es el emparejamiento o técnica de apareo (en inglés *matching*). Existen diversas modalidades de este método; sin embargo, la más común es la que a continuación se va a describir. El proceso consiste en igualar a los grupos en relación con alguna va-

[23] Este criterio está basado en la experiencia de los autores.

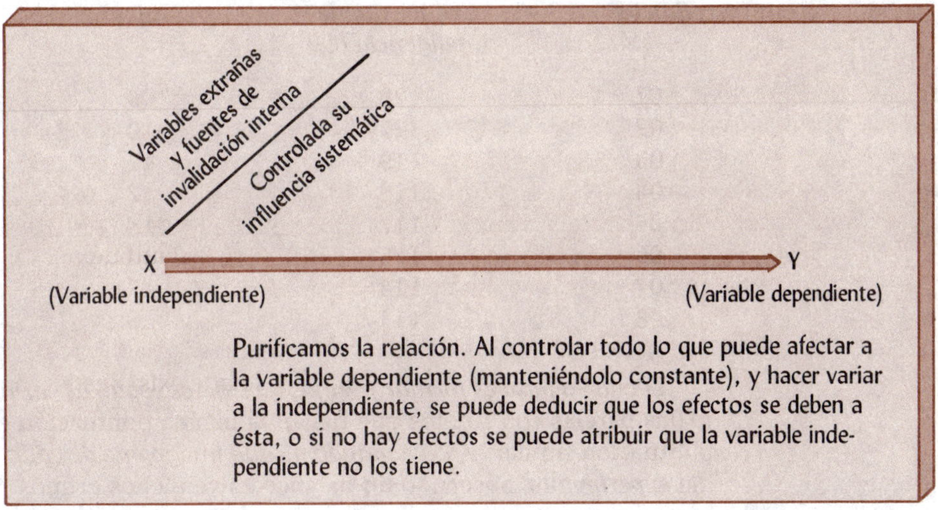

riable específica, que puede influir de modo decisivo en la variable dependiente o las variables dependientes.

El primer paso es elegir a esa variable de acuerdo con algún criterio teórico. Es obvio que la variable seleccionada debe estar muy relacionada con las variables dependientes. Si se pretendiera analizar el efecto de utilizar distintos tipos de materiales suplementarios de instrucción sobre el desempeño en la lectura, el apareamiento podría hacerse sobre la base de la variable "agudeza visual". Si el experimento estudiara el impacto que distintas técnicas de discusión en grupo tienen en su desempeño, el emparejamiento podría hacerse tomando en cuenta la "motivación para trabajar en grupo". Experimentos sobre métodos de enseñanza pueden emparejar a los grupos en "conocimientos previos", "aprovechamiento anterior en una asignatura relacionada con los contenidos a enseñar" o "inteligencia". Experimentos relacionados con actitudes hacia productos o conducta de compra pueden utilizar para aparear a los grupos, la variable "ingreso". En cada caso en particular debe pensarse cuál es la variable cuya influencia sobre los resultados del experimento resulta más necesario controlar y buscar el apareo de los grupos en esa variable.

El segundo paso consiste en obtener una medición de la variable elegida para emparejar a los grupos. Esta medición puede existir o puede efectuarse antes del experimento. Vamos a suponer que nuestro experimento fuera sobre métodos de enseñanza, el emparejamiento podría hacerse sobre la base de la inteligencia. Si fueran adolescentes, podrían obtenerse registros de inteligencia de ellos o aplicarles una prueba de inteligencia.

El tercer paso consiste en ordenar a los sujetos en la variable sobre la cual se va a efectuar el emparejamiento (de las puntuaciones más altas a las más bajas). Por ejemplo, supóngase que se tuvieran 16 personas (recuérdese la sugerencia de tener 15 o más en cada grupo, aquí se incluyen 16 únicamente para no hacer muy largo el ejemplo), se ordenarían de la siguiente manera:

Sujeto	*Coeficiente de inteligencia (CI)*	*Sujeto*	*Coeficiente de inteligencia (CI)*
01	129	09	110
02	127	10	110
03	119	11	108
04	119	12	107
05	117	13	106
06	116	14	105
07	114	15	104
08	113	16	102

El *cuarto paso es formar parejas de sujetos según la variable de apareamiento* (las parejas son sujetos que tienen la misma puntuación en la variable o una puntuación similar) *e ir asignando a cada integrante de cada pareja a los grupos del experimento,* buscando un balance entre dichos grupos. Supóngase que hubiera dos grupos.

Sujeto 01 (CI = 129) → Grupo 1
Sujeto 02 (CI = 127) → Grupo 2

Sujeto 03 (CI = 119) → Grupo 1
Sujeto 04 (CI = 119) → Grupo 2

Hasta ahora el grupo 1 lleva dos puntos más que el grupo 2 (Grupo 1 = 248, Grupo 2 = 246). Hay que compensarlo.

Sujeto 05 (CI = 117) → Grupo 2
Sujeto 06 (CI = 116) → Grupo 1

Sujeto 07 (CI = 114) → Grupo 2
Sujeto 08 (CI = 113) → Grupo 1

Hasta aquí se ha conservado el balance entre los grupos, van a la par (Grupo 1 = 477 y Grupo 2 = 477).

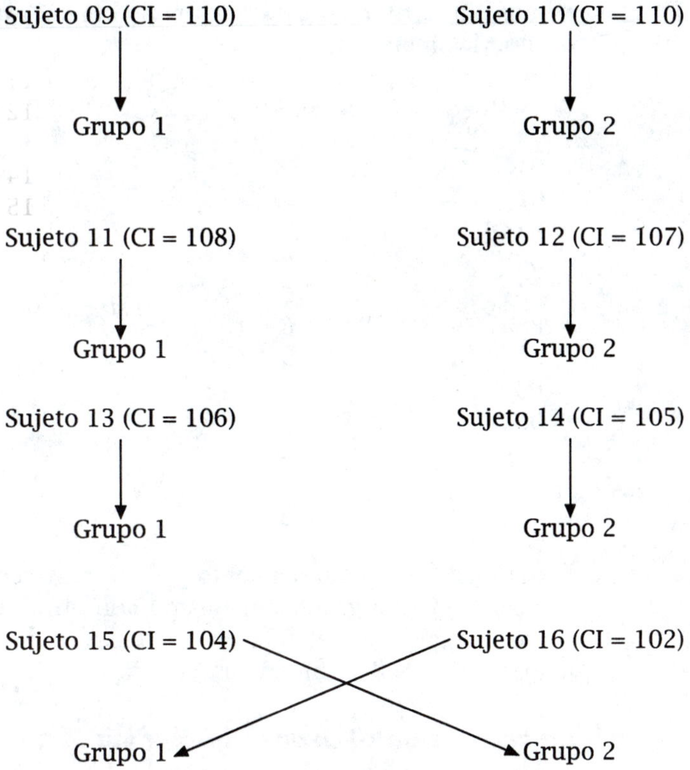

Los grupos quedarían emparejados en inteligencia.

Grupo 1

Sujeto	CI
S01	129
S03	119
S06	116
S08	113
S09	110
S11	108
S13	106
S16	102
Promedio = 112.87	

Grupo 2

Sujeto	CI
S02	127
S04	119
S05	117
S07	114
S10	110
S12	107
S14	105
S15	104
Promedio = 112.87	

Son grupos equivalentes en cuanto a la variable deseada. Este procedimiento puede extenderse a más de dos grupos.

También podría intentarse emparejar los grupos en dos variables, pero ambas deben estar relacionadas, porque de lo contrario puede resultar muy difícil el emparejamiento. Expliquémoslo con un ejemplo. Si se deseara aparear dos grupos por aptitud física y memoria (y digamos que hubiera 12 sujetos), podría resultar lo siguiente:

Sujeto	*Aptitud física*	*Memoria*	*(De 1 a 10, recuérdese que es sólo un ejemplo)*
01	10	1	
02	10	6	
03	9	9	
04	8	2	
05	7	4	
06	6	10	
07	5	2	
08	5	9	
09	4	3	
10	3	1	
11	2	10	
12	2	6	

Entonces el emparejamiento ya no sería tan exacto. En ocasiones no se pueden emparejar los grupos. Asimismo, conforme se tienen más grupos y variables sobre las cuales se pretende aparear a los grupos, el proceso se complica y resulta más difícil poder emparejarlos.

La asignación al azar es la técnica ideal para lograr la equivalencia inicial

La asignación al azar es un mejor método para hacer equivalentes los grupos (más preciso y confiable). *El emparejamiento no la sustituye.* El apareamiento puede suprimir o eliminar el posible efecto de la variable apareada, pero no nos garantiza que otras variables (no apareadas) no vayan a afectar los resultados del experimento. En cambio, la aleatorización garantiza que otras variables (además de la o las variables independientes de interés para el investigador) no van a afectar a las dependientes ni confundir al experimentador. Como comenta Nunnally (1975), la bondad de la asignación al azar de los sujetos a los grupos de un diseño experimental es que el procedimiento garantiza absolutamente que en promedio los sujetos no diferirán en ninguna característica más de lo que pudiera esperarse por pura casualidad, antes de que participen en los tratamientos experimentales.

6.10 UNA TIPOLOGÍA SOBRE LOS DISEÑOS EXPERIMENTALES GENERALES

A continuación se presentan los *diseños experimentales más comúnmente citados en la literatura sobre experimentación.* Para ello nos basaremos en la tipología de

Campbell y Stanley (1966), quienes dividen los diseños experimentales en tres clases: *a*) preexperimentos, *b*) experimentos "verdaderos" y *c*) cuasiexperimentos. Se utilizará la simbología que normalmente se ha usado en los textos de experimentos.

Simbología de los diseños experimentales

R *Asignación al azar o aleatorización.* Cuando aparece quiere decir que los sujetos han sido asignados a un grupo de manera aleatoria (proviene del inglés *randomization*).

G *Grupo de sujetos* (G_1, grupo 1; G_2, grupo dos; etcétera).

X *Tratamiento, estímulo o condición experimental* (presencia de algún nivel de la variable independiente).

0 *Una medición a los sujetos de un grupo* (una prueba, cuestionario, observación, tarea, etcétera). Si aparece antes del estímulo o tratamiento, se trata de una preprueba (previa al tratamiento). Si aparece después del estímulo se trata de una postprueba (posterior al tratamiento).

— *Ausencia de estímulo* (nivel "cero" en la variable independiente). Indica que se trata de un grupo de control.

Asimismo cabe mencionar que la secuencia horizontal indica tiempos distintos y cuando en dos grupos aparecen dos símbolos alineados verticalmente, esto señala que tienen lugar en el mismo momento del experimento. Veamos gráficamente estas dos observaciones.

RG_1	0	X	0
Primero, se asigna a los sujetos al azar, al grupo 1.	Segundo, se aplica una medición previa.	Tercero, se administra el estímulo.	Cuarto, se aplica una medición posterior.

RG_1	X	0
RG_2	—	0

ambos símbolos están alineados verticalmente, lo que significa que tienen lugar en el mismo momento.

6.11 PREEXPERIMENTOS

Los *preexperimentos se llaman así, porque su grado de control es mínimo.*

1. Estudio de caso con una sola medición

Este diseño podría diagramarse de la siguiente manera:

G X 0

Consiste en administrar un estímulo o tratamiento a un grupo y después aplicar una medición en una o más variables para observar cuál es el nivel del grupo en estas variables.

Este diseño no cumple con los requisitos de un "verdadero" experimento. No hay manipulación de la variable independiente (no hay varios niveles de ella, ni siquiera los niveles mínimos de presencia-ausencia). Tampoco hay una referencia previa de cuál era, antes del estímulo, el nivel que tenía el grupo en la variable dependiente, ni grupo de comparación. El diseño adolece de los defectos que fueron mencionados al hablar de uno de los requisitos para lograr el control experimental: tener varios grupos de comparación. No se puede establecer causalidad con certeza. No se controlan las fuentes de invalidación interna.

2. Diseño de preprueba-postprueba con un solo grupo

Este segundo diseño se puede diagramar así:

$$G \quad 0_1 \quad X \quad 0_2$$

A un grupo se le aplica una prueba previa al estímulo o tratamiento experimental; después se le administra el tratamiento y finalmente se le aplica una prueba posterior al tratamiento.

El diseño ofrece una ventaja sobre el anterior, hay un punto de referencia inicial para ver qué nivel tenía el grupo en las variables dependientes antes del estímulo. Es decir, hay un seguimiento del grupo. Sin embargo, el diseño no resulta conveniente para fines científicos: no hay manipulación ni grupo de comparación y además varias fuentes de invalidación interna pueden actuar; por ejemplo, la historia. Entre 0_1 y 0_2 pueden ocurrir muchos otros acontecimientos capaces de generar cambios, además del tratamiento experimental (Campbell y Stanley, 1966), y cuanto más largo sea el lapso entre ambas mediciones mayor será también la posibilidad de que actúe la historia. Asimismo, entre 0_1 y 0_2 puede presentarse la maduración (fatiga, aburrimiento, etcétera).

Por otro lado, se corre el riesgo de elegir a un grupo atípico o que en el momento del experimento no se encuentre en su estado normal. Puede presentarse la regresión estadística y diversas interacciones que se mencionaron (interacción entre selección y maduración, por ejemplo). Asimismo, puede haber un efecto de la preprueba sobre la postprueba. En este segundo diseño tampoco se puede establecer con certeza la causalidad.

Los *dos diseños preexperimentales no son adecuados para el establecimiento de relaciones entre la variable independiente y la variable dependiente o dependientes.* Son diseños que han recibido bastante crítica en la literatura experimental, porque se muestran vulnerables en cuanto a la posibilidad de control y validez interna. Consideramos que deben usarse sólo como ensayos de otros experimentos con mayor control. Es decir, si alguien piensa efectuar un experimento en forma, y tiene algunas dudas sobre el estímulo o la manera de administrar las mediciones (por ejemplo, cómo reaccionarán los sujetos al estímulo, cuánto tiempo pueden concentrarse en el experimento o cómo debe ser dada la instrucción); puede primero ensayar el experimento mediante un diseño preexperimental (hacer una prueba piloto) y después realizar su experimento utilizando un diseño más confiable.

En ciertas ocasiones los diseños preexperimentales pueden servir como estudios exploratorios, pero sus resultados deben observarse con precaución. De ellos no pueden sacarse conclusiones seguras. Son útiles como un primer acercamiento con el problema de investigación en la realidad, pero no como el único y definitivo acercamiento. Abren el camino, pero de ellos deben derivarse estudios más profundos.

Desafortunadamente en la investigación comercial, los diseños preexperimentales se utilizan con mayor frecuencia de lo deseable. Algunos investigadores de mercado toman un grupo, lo exponen a un comercial televisivo y miden la aceptación del producto o la predisposición de compra. Si es elevada, deducen que se debió al comercial. Lo mismo ocurre con programas de desarrollo organizacional, introducción de innovaciones, métodos de enseñanza: se hacen juicios aventurados y afirmaciones superficiales.

6.12 EXPERIMENTOS "VERDADEROS"[24]

Los experimentos "verdaderos" son aquellos que reúnen los dos requisitos para lograr el control y la validez interna: 1) *grupos de comparación (manipulación de la variable independiente o de varias independientes) y* 2) *equivalencia de los grupos.* Los diseños "auténticamente" experimentales pueden abarcar una o más variables independientes y una o más dependientes. Asimismo, pueden utilizar preprueba y postpruebas para analizar la evolución de los grupos antes y después del tratamiento experimental. Desde luego, no todos los diseños experimentales utilizan preprueba, pero la postprueba es necesaria para determinar los efectos de las condiciones experimentales (Wiersma, 1986). A continuación se muestran varios diseños experimentales "verdaderos".

1. Diseño con postprueba únicamente y grupo de control

Este diseño incluye dos grupos, uno recibe el tratamiento experimental y el otro no (grupo de control). Es decir, la manipulación de la variable independiente alcanza sólo dos niveles: presencia y ausencia. Los sujetos son asignados a los grupos de manera aleatoria. Después de que concluye el periodo experimental, a ambos grupos se les administra una medición sobre la variable dependiente en estudio.

El diseño puede diagramarse de la siguiente manera:

RG_1	X	0_1
RG_2	—	0_2

[24] Deseamos subrayar la importante contribución que para este apartado tuvo la obra de Wiersma (1986).

En este diseño, la única diferencia entre los grupos debe ser la presencia-ausencia de la variable independiente. Inicialmente son equivalentes y para asegurarse de que durante el experimento continúen siendo equivalentes (salvo por la presencia o ausencia de dicha manipulación) el experimentador debe observar que no ocurra algo que afecte sólo a un grupo. La hora en que se efectúa el experimento debe ser la misma para ambos grupos (o ir mezclando un sujeto de un grupo con un sujeto del otro grupo, cuando la participación es individual), lo mismo que las condiciones ambientales y demás factores mencionados al hablar de la equivalencia de los grupos.

Wiersma (1986) comenta que de preferencia la postprueba debe ser administrada inmediatamente después que concluya el experimento, en especial si la variable dependiente tiende a cambiar con el paso del tiempo. La postprueba se aplica simultáneamente a ambos grupos.

La comparación entre las postpruebas de ambos grupos (0_1 y 0_2) nos indica si hubo o no efecto de la manipulación. Si ambas difieren significativamente[25] ($0_1 \neq 0_2$), esto nos indica que el tratamiento experimental tuvo un efecto a considerar. Si no hay diferencias ($0_1 = 0_2$), ello indica que no hubo un efecto significativo del tratamiento experimental (X).

En ocasiones se espera que 0_1 sea mayor que 0_2. Por ejemplo, si el tratamiento experimental es un método educativo que facilita la autonomía por parte del alumno, y si el investigador hipotetiza que incrementa el aprendizaje; cabe esperar que el nivel de aprendizaje del grupo experimental, expuesto a la autonomía, sea mayor que el nivel de aprendizaje del grupo de control, no expuesto a la autonomía: $0_1 > O_2$.

En otras ocasiones se espera que 0_1 sea menor que 0_2. Por ejemplo, si el tratamiento experimental es un programa de televisión que supuestamente disminuye el prejuicio; el nivel de prejuicio del grupo experimental deberá ser menor que el del grupo de control, $0_1 < 0_2$. Pero si 0_1 y 0_2 son iguales, quiere decir que dicho programa no reduce el prejuicio. Asimismo, puede suceder que los resultados vayan en contra de la hipótesis. Por ejemplo, en el caso del prejuicio, si 0_2 es menor que 0_1 (el nivel del prejuicio, es menor en el grupo que no recibió el tratamiento experimental, el que no vio el programa televisivo).

---

[25] Los estudiantes frecuentemente se preguntan: ¿qué es una diferencia significativa? Si el promedio en la postprueba de un grupo en alguna variable es de 10 (por ejemplo), y en el otro es de 12 (por ejemplo); ¿esta diferencia es o no significativa?, ¿puede o no decirse que el tratamiento tuvo un efecto sobre la variable dependiente?

A este respecto, cabe decir que existen pruebas estadísticas que nos dicen si una diferencia entre dos o más cifras (promedios, porcentajes, puntuaciones totales, etcétera) es o no significativa. Estas pruebas toman en cuenta varios aspectos como el tamaño de los grupos cuyos valores se comparan, las diferencias entre quienes integran los grupos (diferencias intragrupo) y otros factores. Cada comparación entre grupos es distinta y esto lo toman en cuenta dichas pruebas, las cuales serán explicadas en el capítulo correspondiente al análisis de datos. Aquí se mencionarán las pruebas estadísticas más comunes para cada diseño, pero no se explicarán. Los lectores que no estén familiarizados con ellas no tienen por ahora que preocuparse de saber qué prueba se utiliza en cada diseño. Para analizar las aplicaciones de las distintas pruebas estadísticas de diferencias de grupos a la experimentación (Cap. 10). No resultaría conveniente explicar las pruebas aquí, porque habría que explicar algunos aspectos estadísticos en los cuales se basan tales pruebas, lo que podría provocar confusión sobre todo entre quienes se inician en el estudio de la investigación del comportamiento humano.

La prueba estadística que suele utilizarse en este diseño para comparar a los grupos es la *prueba "t"* para grupos correlacionados, al nivel de medición por intervalos.

El diseño con postprueba únicamente y grupo de control puede extenderse para incluir más de dos grupos (tener varios niveles de manipulación de la variable independiente). En este caso, se usan dos o más tratamientos experimentales, además del grupo de control. Los sujetos son asignados al azar a los grupos, y los efectos de los tratamientos experimentales pueden investigarse comparando las postpruebas de los grupos. Su formato general sería:

RG_1	X_1	0_1
RG_2	X_2	0_2
RG_3	X_3	0_3
•	•	•
•	•	•
•	•	•
RG_k	Xk	0_k
RG_{k+1}	—	0_{k+1}

Obsérvese que el último grupo no se expone a la variable independiente; es el grupo de control. Si se carece de grupo de control, el diseño puede llamarse "diseño con grupos aleatorizados y postprueba únicamente" (Wiersma, 1986).

En el diseño con postprueba únicamente y grupo de control, así como en sus posibles variaciones y extensiones, se logra controlar todas las fuentes de invalidación interna. La administración de pruebas no se presenta porque no hay preprueba, por haber una sola medición la aplicación de una prueba no influirá en las puntuaciones de pruebas subsecuentes. La inestabilidad no afecta porque los componentes del experimento son los mismos para todos los grupos (excepto la manipulación o tratamientos experimentales) ni la instrumentación porque es la misma postprueba para todos, ni la maduración porque la asignación es al azar (si hay, por ejemplo, cinco sujetos en un grupo que se cansan fácilmente, habrá otros tantos en el otro grupo u otros grupos), ni la regresión estadística porque si un grupo está regresando a su estado normal, el otro u otros también. La selección tampoco es problema, porque si hay sujetos atípicos en un grupo, en el otro u otros también habrá sujetos atípicos, y suponiendo que todos en un grupo sean atípicos, en el otro u otros grupos todos serán atípicos y queda compensado (las diferencias se pueden atribuir a la manipulación de la variable independiente y no a que los sujetos sean atípicos, pues la aleatorización hace equivalentes a los grupos en este factor. Si en los dos grupos hubiera solamente personas sumamente inteligentes y la variable independiente es el método de enseñanza, diferencias en aprendizaje pueden atribuirse al método y no a la inteligencia). La mortalidad no afecta, puesto que al ser los grupos equivalentes, el número de personas que abandonen cada grupo tenderá a ser el mismo (salvo que la condición experimental o condiciones tenga algo en especial que haga que los sujetos abandonen el experimento; por ejemplo, que las condiciones sean amenazantes para los participantes, en cuyo caso la situación se detecta y analiza a fondo, de todas maneras el experimentador tiene control sobre la situación debido a que sabe que todo es igual para los grupos con excepción del tratamiento experimental y puede saber por qué se presentó la mortalidad).

Otras interacciones tampoco pueden afectar los resultados, pues si la selección se controla, sus interacciones operarán de modo similar en todos los grupos. Y la historia se controla si se vigila cuidadosamente que ningún acontecimiento afecte a un solo grupo, si ocurre el acontecimiento en todos los grupos, aunque afecte, lo hará de manera pareja en éstos.

En resumen, lo que influya en un grupo también influirá de manera equivalente en los demás. Este razonamiento se aplica a todos los diseños experimentales "verdaderos".

Ejemplo del diseño con postprueba únicamente, varios grupos y uno de control

Un investigador lleva a cabo un experimento para analizar cómo influye el tipo de liderazgo del supervisor en la productividad de los trabajadores.

Pregunta de investigación: ¿Influye el *tipo de liderazgo* que ejerzan los supervisores de producción en una maquiladora, *la productividad* de los trabajadores en línea?

Hipótesis de investigación: "Distintos *tipos de liderazgo* que ejerzan los supervisores de producción tendrán diferentes efectos sobre *la productividad*"

Hipótesis estadística: $\overline{X}_1 \neq \overline{X}_2 \neq \overline{X}_3 \neq \overline{X}_4$

($\overline{X}$ = promedios de productividad).

Noventa trabajadores de línea de una planta maquiladora son asignados al azar a tres condiciones experimentales: 1. 30 trabajadores realizan una tarea bajo el mando de un supervisor con rol autocrático, 2. 30 realizan la tarea bajo el mando de un supervisor con rol democrático, 3. 30 efectúan la tarea bajo el mando de un supervisor con rol *laissez-faire* (que no supervisa directamente, no ejerce presión, es permisivo y desorganizado).[26] Finalmente, 30 más son asignados aleatoriamente al grupo de control, donde no hay supervisor. En total, 120 trabajadores.

Se forman grupos de 10 trabajadores para la ejecución de la tarea (armar un sistema de arneses o cables para vehículos automotores). Por lo tanto, habrá 12 grupos de trabajo repartidos en tres tratamientos experimentales y un grupo de control. La tarea es la misma para todos y los instrumentos de trabajo también, al igual que el ambiente físico de trabajo (iluminación, temperatura, etcétera). Las instrucciones son iguales.

Se ha instruido a tres supervisores (desconocidos para todos los trabajadores participantes) para que puedan ejercer los tres roles (democrático, autocrático y *laissez-faire*). Los supervisores se distribuyen al azar entre los horarios.

[26] Adjetivos utilizados por Sessoms y Stevenson (1981) para calificar a este tipo de liderazgo.

Supervisor	*Roles*		
Supervisor 1 trabaja a...	autocrático	democrático	*laissez-faire*
	10 sujetos (10:00 a 14:00 hrs., el lunes)	10 sujetos (15:00 a 19:00 hrs., el lunes)	10 sujetos (10:00 a 14:00 hrs., el martes)
Supervisor 2 trabaja a...	10 sujetos (15:00 a 19:00 hrs., el lunes)	10 sujetos (10:00 a 14:00 hrs., el martes)	10 sujetos (10:00 a 14:00 hrs., el lunes)
Supervisor 3 trabaja a...	10 sujetos (10:00 a 14:00 hrs., el martes)	10 sujetos (10:00 a 14:00 hrs., el lunes)	10 sujetos (15:00 a 19:00 hrs., el lunes)
Sin supervisor	10 sujetos (10:00 a 14:00 hrs., el lunes)	10 sujetos (15:00 a 19:00 hrs., el lunes)	10 sujetos (10:00 a 14:00 hrs., el martes).

Si se observa, los tres supervisores interactúan en todas las condiciones (ejercen los tres roles), ello con el propósito de evitar que la apariencia física o la personalidad del supervisor influya en los resultados. Es decir, si un supervisor es más "carismático" que los demás e influye en la productividad, influirá en los tres grupos.[27]

La hora está controlada puesto que los tres roles se aplican a todas las horas en que se lleva a cabo el experimento (10:00 a 14:00 hrs. y 15:00 a 19:00 hrs. el lunes, y 10:00 a 14:00 hrs el martes). Es decir, siempre las tres condiciones están realizándose en forma simultánea.

Este ejemplo podría esquematizarse de la siguiente manera:

RG_1	X_1 (supervisión con rol autocrático)	0_1	comparaciones en productividad.
RG_2	X_2 (supervisión con rol democrático)	0_2	
RG_3	X_3 (supervisión con rol *laissez-faire*)	0_3	
RG_4	— (sin supervisión)	0_4	

Cada tratamiento (X) es aplicado a tres grupos de trabajo y se ha evitado que un solo supervisor intervenga en un único grupo.

[27] Alguien podría argumentar que es factible que se presente una interacción entre el supervisor y el rol que adopta; esto es que el supervisor 2 cuando es democrático "se vuelve más carismático" o que el supervisor 1 cuando es autocrático "alcanza más carisma" y ello eleva aún más la productividad. Esto es cierto, pero puede averiguarse mediante métodos estadísticos de análisis y así lograr control, pues éste en última instancia reside en saber qué ocurre con los resultados. Si se presentara este caso, el investigador podría convertir este diseño —a posteriori— en factorial y analizar lo que pasa. Más adelante se discutirán los diseños factoriales. Otra solución sería duplicar los sujetos y que cada supervisor tuviera a dos grupos en cada condición experimental. Ello ayudaría a la interpretación.

2. Diseño con preprueba-postprueba y grupo de control

Este diseño *incorpora la administración de prepruebas a los grupos* que componen el experimento. Los sujetos son asignados al azar a los grupos, después a éstos se les administra simultáneamente la preprueba, un grupo recibe el tratamiento experimental y otro no (es el grupo de control); y finalmente se les administra, también simultáneamente una postprueba. El diseño puede diagramarse como sigue:

RG_1	0_1	X	0_2
RG_2	0_3	—	0_4

La adición de la preprueba ofrece dos ventajas: primera, las puntuaciones de las preprueba pueden usarse para fines de control en el experimento, al compararse las preprueba de los grupos se puede evaluar qué tan adecuada fue la aleatorización, lo cual es conveniente con grupos pequeños. En grupos grandes la aleatorización funciona, pero cuando tenemos grupos de 15 personas o menos, no está de más evaluar qué tanto funcionó la asignación al azar. La segunda ventaja reside en que se puede analizar el puntaje ganancia de cada grupo (la diferencia entre las puntuaciones de la preprueba y la postprueba).

El diseño controla todas las fuentes de invalidación interna por las mismas razones que se argumentaron en el diseño anterior (diseño con postprueba únicamente y grupo de control). Y la administración de la prueba queda controlada, ya que si la preprueba afecta las puntuaciones de la postprueba lo hará similarmente en ambos grupos, se sigue cumpliendo con la esencia del control experimental. Lo que influye en un grupo deberá influir de la misma manera en el otro, para mantener la equivalencia de los grupos.

En algunos casos, para no repetir exactamente la misma prueba, se pueden desarrollar dos pruebas que no sean las mismas pero que sí sean equivalentes (que produzcan los mismos resultados).[28] La historia se controla observando que ningún acontecimiento solamente afecte al grupo.

Este diseño puede ser extendido para incluir más de dos grupos. Esto podría diagramarse de una manera general del siguiente modo:[29]

RG_1	0_1	X_1	0_2
RG_2	0_3	X_2	0_4
RG_3	0_5	X_3	0_6
•	•	•	•
•	•	•	•
•	•	•	•
RG_k	0_{2k-1}	X_k	0_{2k}
RG_{k+1}	0_{2k+1}	—	$0_{2(k+1)}$

[28] Hay procedimientos para obtener pruebas "paralelas" o "gemelas", éstos nos garantizan la equivalencia y se hablará de ellos en el capítulo "Recolección de los datos". Si no se utiliza un método que verdaderamente asegure la equivalencia de las pruebas se corre el riesgo de que éstas no sean equiparables y entonces no se pueden comparar las puntuaciones producidas por ambas pruebas. Es decir, se pueden presentar las fuentes de invalidación interna "inestabilidad", "instrumentación" y "regresión estadística".

[29] Tomado de Wiersma (1986, p. 111).

Se tienen diversos tratamientos experimentales y un grupo de control. Si éste es excluido, el diseño puede llamarse "diseño de preprueba-postprueba con grupos aleatorizados" (Simon, 1986).

Ejemplo del diseño de preprueba-postprueba con grupo de control

Un investigador desea analizar el efecto de utilizar videos didácticos con canciones para enseñar hábitos higiénicos a los niños en edad preescolar.

Pregunta de investigación: *¿Los videos* didácticos musicalizados son más efectivos para *enseñar hábitos higiénicos* a los niños en edad preescolar, en comparación con otros *métodos tradicionales* de enseñanza?

Hipótesis de investigación: "Los videos didácticos constituyen un *método* más efectivo *de enseñanza de hábitos higiénicos* a niños en edad preescolar, que la explicación verbal y los folletos instruccionales."

$$\text{Hipótesis estadística: } \overline{N}_1 \neq \overline{N}_2 \neq \overline{N}_3 = \overline{N}_4$$

(N = número de hábitos higiénicos aprendidos en promedio por cada grupo).

100 niños son asignados al azar a cuatro grupos: 1) un grupo recibirá instrucción sobre hábitos higiénicos por medio de un video con caricaturas y canciones, con duración de 20 minutos, 2) este grupo recibirá explicaciones de hábitos higiénicos de una maestra instruida para ello, la explicación durará 20 minutos y no se permiten preguntas, aunque la maestra está muy bien preparada, 3) el tercer grupo leerá un folleto ilustrado con explicaciones sobre hábitos higiénicos (el folleto está diseñado para que un niño promedio en edad preescolar, lo lea en 20 minutos), 4) el grupo de control jugará libremente durante 20 minutos. Los grupos permanecerán (simultáneamente) en cuatro salones de clase. Todas las explicaciones contendrán la misma información y las instrucciones son estándares.

Antes del inicio del tratamiento experimental, a todos se les aplicará una prueba sobre conocimiento de hábitos higiénicos especialmente diseñada para niños, al igual que inmediatamente después de que hayan recibido la explicación por el medio que les correspondió.

El ejemplo podría esquematizarse de la forma en que lo muestra la figura 6.3.

FIGURA 6.3

Diagrama del ejemplo de diseño de preprueba-postprueba, tres grupos experimentales y uno de control.

RG_1	0_1	Video didáctico (X_1)	0_2
RG_2	0_3	Explicación verbal (X_2)	0_4
RG_3	0_5	Lectura de folleto (X_3)	0_6
RG_4	0_7	No estímulo	0_8
	↑ Prueba de conocimientos higiénicos		↑ Prueba de conocimientos higiénicos

Las posibles comparaciones en este diseño son: *a)* las prepruebas entre sí (0_1, 0_3, 0_5 y 0_7), *b)* las postpruebas entre sí para analizar cuál fue el método de enseñanza más efectivo (0_2, 0_4, 0_6 y 0_8) y *c)* el puntaje-ganancia de cada grupo (0_1 *vs.* 0_2, 0_3 *vs.* 0_4, 0_5 *vs.* 0_6 y 0_7 *vs.* 0_8), así como los puntajes-ganancia de los grupos entre sí. Y al igual que en todos los diseños experimentales, se puede tener más de una variable dependiente (v.g., interés por los hábitos higiénicos, disfrute del método de enseñanza, etcétera). En este caso, las prepruebas y postpruebas medirán varias dependientes.

Veamos algunos posibles resultados de este ejemplo y sus interpretaciones.

1. Resultado: $0_1 \neq 0_2$, $0_3 \neq 0_4$, $0_5 \neq 0_6$, $0_7 \neq 0_8$; pero $0_2 \neq 0_4$, $0_2 \neq 0_6$, $0_4 \neq 0_6$.
   Interpretación: Hay efectos de todos los tratamientos experimentales, pero son diferentes.
2. Resultado: $0_1 = 0_3 = 0_5 = 0_2 = 0_6 = 0_7 = 0_8$, pero $0_3 \neq 0_4$.
   Interpretación: No hay efectos de X_1 y X_3, pero sí hay efectos de X_2.
3. Resultado: $0_1 = 0_3 = 0_5 = 0_7$ y $0_2 = 0_4 = 0_6 = 0_8$, pero 0_1, 0_3, 0_5 y $0_7 < 0_2$, 0_4, 0_6 y 0_8.
   Interpretación: No hay efectos de los tratamientos experimentales, sino un posible efecto de sensibilización de la preprueba o de maduración en todos los grupos (éste es parejo y se encuentra bajo control).
   El análisis estadístico, si se tienen dos grupos, puede ser:

RG_1	0_1	X	0_2
RG_2	0_3	—	0_4

1. Para la comparación entre prepruebas se utiliza *la prueba "t"* para grupos correlacionados (nivel de medición por intervalos).
2. Lo mismo para la comparación entre las dos postpruebas.
3. Igual para analizar por separado el puntaje-ganancia de cada grupo (0_1 *vs.* 0_2 y 0_3 *vs.* 0_4).
4. *Análisis de varianza* (ANOVA) para grupos relacionados si se comparan simultáneamente 0_1, 0_2, 0_3 y 0_4 y el nivel de medición es por intervalos.

Cuando se tienen más de dos grupos:

1. Para la comparación entre sí de las prepruebas, las postpruebas o todas las mediciones (prepruebas y postpruebas); *el análisis de varianza* (ANOVA) para grupos correlacionados, con el nivel de medición por intervalos.
2. Para las mismas comparaciones del punto anterior pero con nivel de medición nominal, *la ji-cuadrada* para múltiples grupos y *coeficientes para tabulaciones cruzadas.*

3. *Diseño de cuatro grupos de Solomon*

R. L. Solomon (1949) describió un diseño que era la mezcla de los dos anteriores (diseño con postprueba únicamente y grupo de control más diseño de preprueba-postprueba con grupo de control). La suma de estos dos diseños origina cuatro grupos: dos experimentales y dos de control, los primeros reciben el mismo tratamiento experimental y los segundos no reciben tratamiento. Sólo a uno de los grupos experimentales y a uno de los grupos de control se les administra la preprueba, a los cuatro grupos se les aplica la postprueba. Los sujetos son asignados aleatoriamente.

El diseño puede diagramarse así:

RG_1	0_1	X	0_2
RG_2	0_3	—	0_4
RG_3	—	X	0_5
RG_4	—	—	0_6

El diseño original incluye sólo cuatro grupos y un tratamiento experimental. Los efectos pueden determinarse comparando las cuatro postpruebas. Los grupos 1 y 3 son experimentales, y los grupos 2 y 4 son de control.

La ventaja de este diseño es que el experimentador puede verificar los posibles efectos de la preprueba sobre la postprueba, puesto que a algunos grupos se les administra preprueba y a otros no. Es posible que la preprueba afecte la postprueba o que aquélla interactúe con el tratamiento experimental. Por ejemplo, con promedios de una variable determinada podría encontrarse lo que muestra la figura 6.4.

Teóricamente 0_2 debería ser igual a 0_5 porque ambos grupos recibieron el mismo tratamiento, igualmente, 0_4 y 0_6 deberían tener el mismo valor porque ninguno recibió estímulo experimental. Pero $0_2 \neq 0_5$ y $0_4 \neq 0_6$, ¿cuál es la única diferencia entre 0_2 y 0_5, y entre 0_4 y 0_6? La respuesta es la preprueba. Las diferencias pueden atribuirse a un efecto de la preprueba (la preprueba afecta, aproximadamente, 3 puntos y el tratamiento experimental también 3 puntos, poco más o menos). Veámoslo esquemáticamente:

Ganancia con preprueba y tratamiento = 6
Ganancia con preprueba y sin tratamiento = 2.9 (casi tres).

Porque la aleatorización hace inicialmente equivalentes a los grupos, supuestamente la preprueba hubiera sido para todos cerca de ocho, si se hubiera aplicado a todos los grupos. La "supuesta ganancia" (supuesta porque no hubo

FIGURA 6.4
Ejemplo de efecto de preprueba en el diseño de Solomon.

RG_1	$0_1 = 8$	X	$0_2 = 14$
RG_2	$0_3 = 8.1$	—	$0_4 = 11$
RG_3	—	X	$0_5 = 11$
RG_4	—	—	$0_6 = 8$

preprueba) del tercer grupo, con tratamiento y sin preprueba, es de 3. Y la "supuesta ganancia" (supuesta porque tampoco hubo preprueba) del cuarto grupo es nula, inexistente (cero).

Esto indica que, cuando hay preprueba y estímulo, se obtiene la máxima puntuación de 14, si sólo hay preprueba o estímulo la puntuación es de 11 y cuando no hay ni preprueba ni estímulo de 8 (calificación que todos deben tener inicialmente por efecto de la asignación al azar).

También podría ocurrir un resultado como el de la figura 6.5.

En el caso de la figura 6.5, la preprueba no afecta (véase la comparación entre 0_3 y 0_4), el estímulo sí (compárese 0_5 con 0_6), pero cuando el estímulo o tratamiento se junta con la preprueba se observa un efecto importante (compárese 0_1 con 0_2), un efecto de interacción entre el tratamiento y la preprueba.

El diseño de Solomon controla todas las fuentes de invalidación interna por las mismas razones que fueron explicadas desde el diseño con postprueba únicamente y grupo de control. La administración de prueba es sometida a análisis minucioso. La historia la controla si se observa que ningún suceso sólo afecte a un grupo.

Las técnicas estadísticas más usuales para comparar las mediciones en este diseño son la prueba *ji-cuadrada* para múltiples grupos (nivel de medición nominal), *análisis de varianza* en una sola dirección (ANOVA *one way*) (si se tiene el nivel de medición por intervalos se comparan únicamente las postpruebas), y *análisis factorial de varianza* (cuando se tiene un nivel de medición por intervalos y se comparan todas las mediciones: preprubas y postpruebas).

4. Diseños experimentales de series cronológicas múltiples

Los tres diseños experimentales que se han comentado sirven más bien para analizar efectos inmediatos o a corto plazo. En ocasiones el experimentador está interesado en analizar *efectos en el mediano o largo plazo* porque tiene bases para suponer que la influencia de la variable independiente sobre la dependiente tarda en manifestarse. Por ejemplo, programas de difusión de innovaciones, métodos educativos o estrategias de las psicoterapias. En tales casos, *es conveniente adoptar diseños con varias postpruebas. A estos diseños se les conoce como series cronológicas experimentales.* En realidad el término "*serie cronológica*", *se*

FIGURA 6.5
Ejemplo del efecto de interacción entre la preprueba y el estímulo en el diseño de Solomon.

RG_1	$0_1 = 7.9$	X	$0_2 = 14$
RG_2	$0_3 = 8$	—	$0_4 = 8.1$
RG_3	—	X	$0_5 = 11$
RG_4	—	—	$0_6 = 7.9$

aplica a cualquier diseño que efectúe a través del tiempo varias observaciones o mediciones sobre una variable, sea o no experimental,[30] sólo que en este caso se les llama experimentales porque reúnen los requisitos para serlo.

También *en estos diseños se tienen dos o más grupos y los sujetos son asignados al azar a dichos grupos.* Solamente que, debido a que transcurre mucho más tiempo entre el inicio y la terminación del experimento, *el investigador debe tener cuidado de que no ocurra algo que afecte de manera distinta a los grupos (con excepción de la manipulación de la variable independiente).* Lo mismo sucede cuando la aplicación del estímulo lleva mucho tiempo (por ejemplo, programas motivacionales para trabajadores que pueden durar semanas). Con el paso del tiempo es más difícil mantener la equivalencia inicial de los grupos.

Un ejemplo de cómo podrían ser diagramadas las series cronológicas experimentales se muestra en la figura 6.6.

Las postpruebas pueden ser tantas como se requiera y sea posible aplicar.

FIGURA 6.6

Ejemplos de experimentos de series cronológicas.

Serie cronológica sin preprueba, con varias postpruebas y grupo de control

RG_1	X_1	0_1	0_2	0_3
RG_2	X_2	0_4	0_5	0_6
RG_3	X_3	0_7	0_8	0_9
RG_4	—	0_{10}	0_{11}	0_{12}

Serie cronológica con preprueba, con varias postpruebas y grupo de control

RG_1	0_1	X_1	0_2	0_3	0_4
RG_2	0_5	X_2	0_6	0_7	0_8
RG_3	0_9	—	0_{10}	0_{11}	0_{12}

Serie cronológica basada en el diseño de cuatro grupos de Solomon

RG_1	0_1	X	0_2	0_3
RG_2	0_4	—	0_5	0_6
RG_3	—	X	0_7	0_8
RG_4	—	—	0_9	0_{10}

[30] En la terminología sobre diseño suelen utilizarse dos términos: "series de tiempo (cronológicas)" y "estudios panel". Markus (1979) dice que la diferencia principal entre ambas, estriba en que las series de tiempo toman observaciones de un solo ente (individuo, país, empresa, etcétera), un número de veces relativamente alto; mientras que en los estudios panel las observaciones se toman de varios entes pero relativamente unas pocas veces (casi siempre cuatro o menos). Por su parte, Kessler y Greenberg (1981) coinciden con estas definiciones, y agregan que la recolección de observaciones de series de tiempo en diversos entes o unidades de análisis, es llamado frecuentemente series múltiples de tiempo o diseño panel de múltiples ondulaciones. En este apartado del libro, los autores han decidido usar el término "series cronológicas múltiples".

Asimismo, en otras ocasiones se desea analizar la evolución de los grupos antes y después del tratamiento experimental. En esta situación pueden incluirse varias prepruebas y postpruebas, en cuyo caso se podrían tener esquemas como el siguiente:

R	G_1	0	0	0	X_1	0	0	0
R	G_2	0	0	0	X_2	0	0	0
R	G_3	0	0	0	—	0	0	0

Ejemplo de un diseño experimental de serie cronológica

Un consultor en cuestiones organizacionales está estudiando el efecto que sobre la dedicación en el trabajo pueda tener que la directiva de una corporación difunda una serie de valores que considera que deben ser implantados en la empresa.

Pregunta de investigación: *¿Cuanto más conozca el personal* de una corporación *los valores* de ésta (definidos por su directiva), tendrá *mayor dedicación en el trabajo*?

Hipótesis de investigación: *"El mayor conocimiento de los valores corporativos* genera *mayor dedicación en el trabajo."*

Hipótesis estadística: $r_{xy} > 0$

El consultor selecciona 99 personas de la corporación, de todos los niveles jerárquicos y los asigna al azar a tres grupos: 1. un grupo participa en una reunión de 2 horas de duración, en donde se les explican cuidadosamente los valores corporativos con aplicaciones a situaciones específicas de trabajo, después se les entrega un folleto con explicaciones adicionales; 2. otro grupo asiste a una breve sesión donde se proporciona un folleto con explicaciones únicamente sobre los valores corporativos (no hay explicación verbal ni discusión o preguntas y respuestas); 3. el tercer grupo asiste a una sesión donde se trata algún aspecto no relacionado con el trabajo o la organización (digamos, un tema cultural de interés generalizado).

Antes de administrar los tratamientos a todos los sujetos se les aplican tres mediciones de la dedicación en el trabajo. Y después de los tratamientos, también se les aplican tres mediciones de la misma variable (al corto, mediano y largo plazo). El diseño podría diagramarse como en la figura 6.7.

Recuérdese que las mediciones son de la dedicación en el trabajo. Cada grupo estaría integrado por 33 personas.

Una ventaja del diseño es que se puede evaluar la evolución comparativa de los grupos. Por ejemplo, si se encontraran los siguientes resultados con una escala (hipotética) de dedicación en el trabajo, con valores de 0 a 25:

FIGURA 6.7

Ejemplo de serie cronológica con tres grupos.

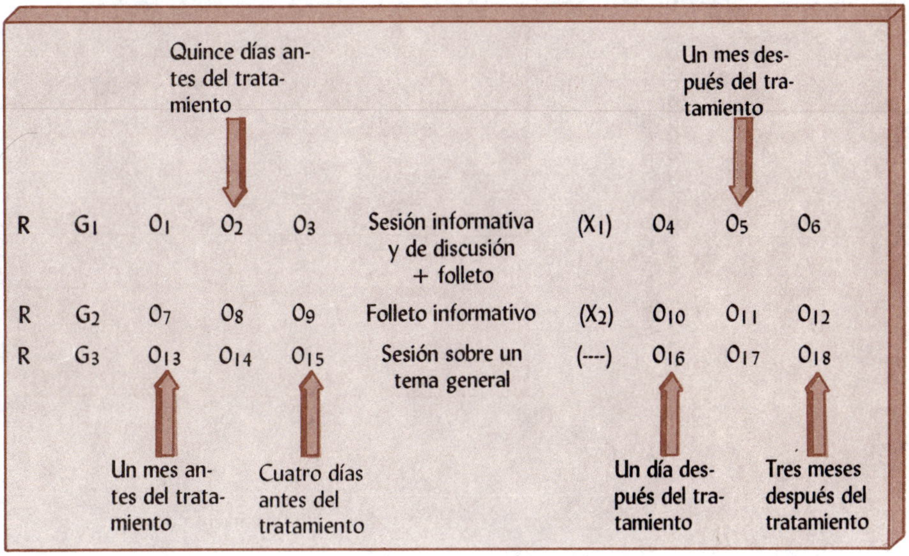

R	G_1	11	11	11.2	X_1	16	18	21
R	G_2	10.8	11	10.9	X_2	15	14	11.8
R	G_3	11.1	10.9	11.3	—	11	10.8	11.4

Vemos que X_1 tiene un efecto que aumenta con el paso del tiempo, X_2, produce un efecto en el corto plazo pero tiende a desvanecerse con el paso del tiempo. Esto podría graficarse del siguiente modo:

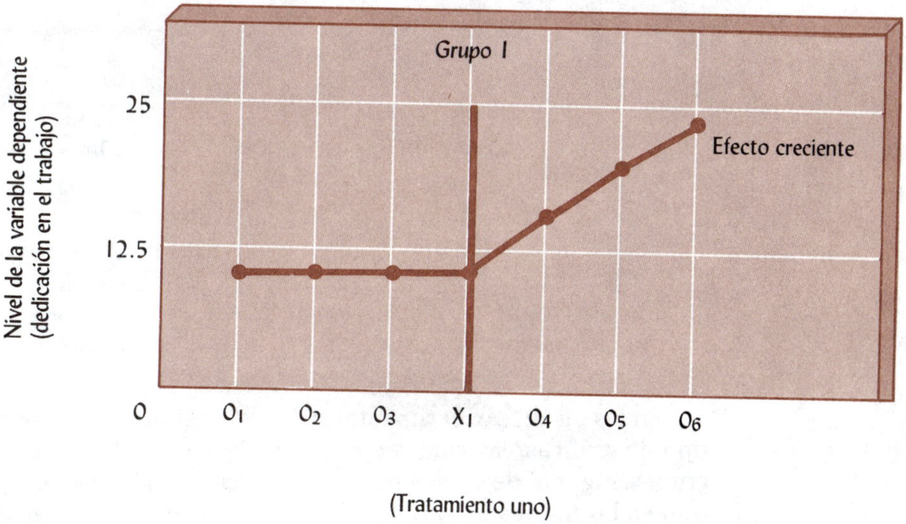

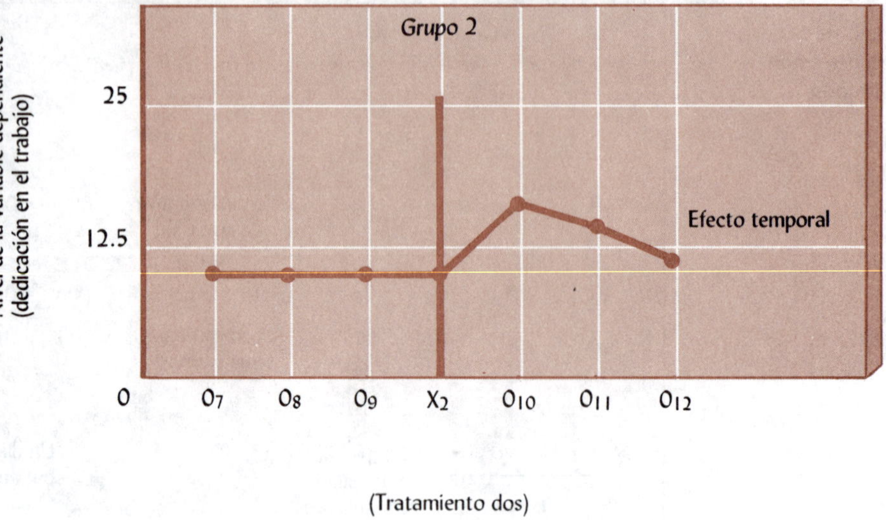

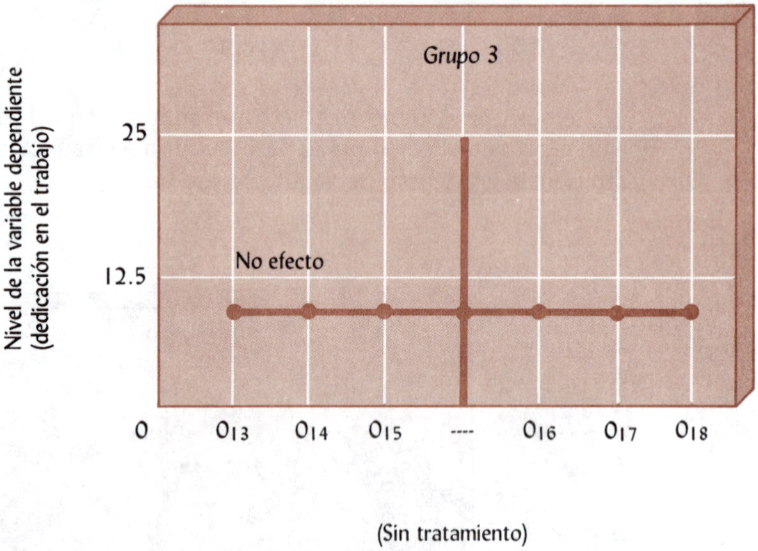

En los diseños experimentales de series cronológicas se puede producir este tipo de gráficas, las cuales enriquecen la interpretación de la evolución de los grupos. Algunas de las diversas configuraciones que pueden presentarse, se muestran en las figuras 6.8 y 6.9.

FIGURA 6.8

Ejemplo de un efecto que perdura.

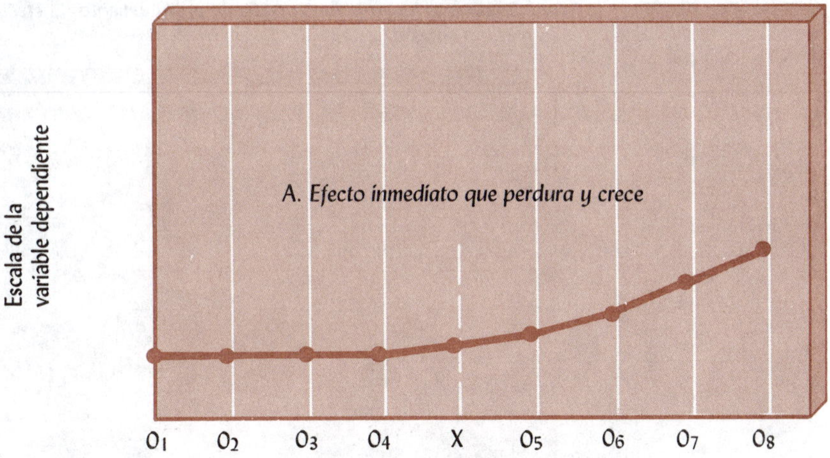

En este caso, debe observarse que no haya sido algún suceso ajeno el que provoque el efecto, en lugar de la manipulación de la variable independiente. Podría ocurrir que:

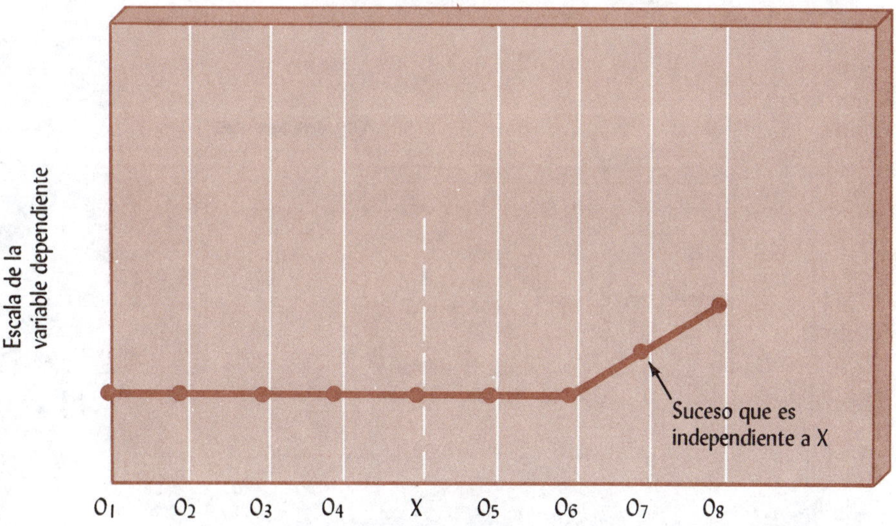

Este diagrama se compararía con el del grupo de control o demás grupos para analizar lo que ocurre. Puede deberse a que no se obtuvo una equivalencia real de los grupos al inicio del experimento.

Se tendrían tantos diagramas o gráficas como grupos o bien podrían agruparse los efectos provocados en los distintos grupos en una sola gráfica, como se ve en la figura 6.10.

Desde luego, si se está midiendo más de una variable dependiente, se tendrán en el primer caso un diagrama para cada grupo por cada variable dependiente, y en el segundo caso un diagrama por cada variable dependiente.

FIGURA 6.9
Ejemplo de ausencia de efecto.

B. Efecto no provocado por el tratamiento experimental, sino por una tendencia del grupo independiente al tratamiento: El efecto se produjo antes de éste.

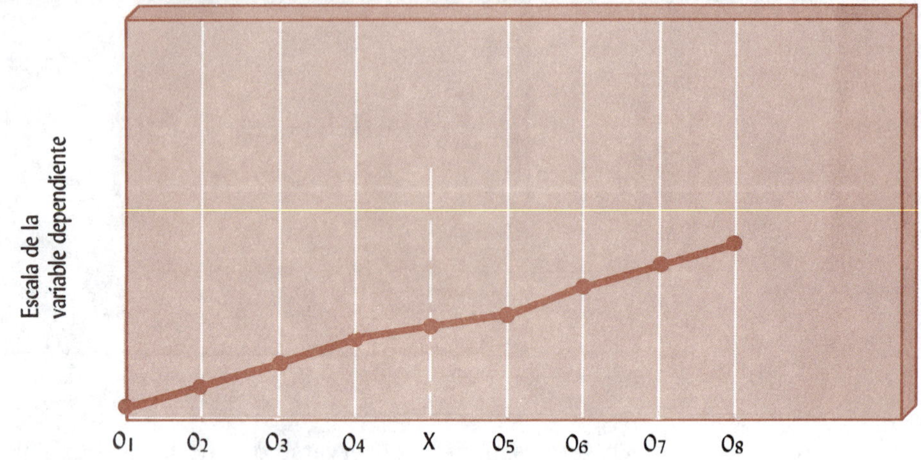

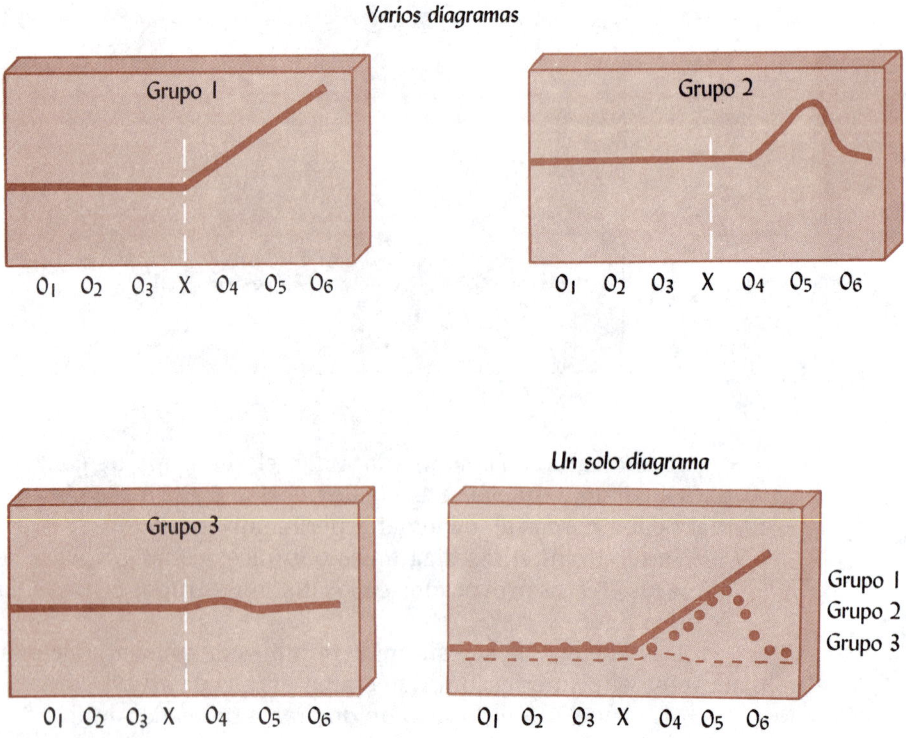

FIGURA 6.10
Ejemplos de gráficas en series cronológicas.

Ejemplo

Si el tratamiento es un programa motivacional y las variables dependientes son la motivación intrínseca, la productividad y la calidad en la producción (con dos grupos experimentales y uno de control), se tendrían las opciones que se muestran en las figuras 6.11 y 6.12.

FIGURA 6.11

Ejemplo de varios diagramas para cada variable dependiente.

Varios diagramas para varios grupos y variables dependientes

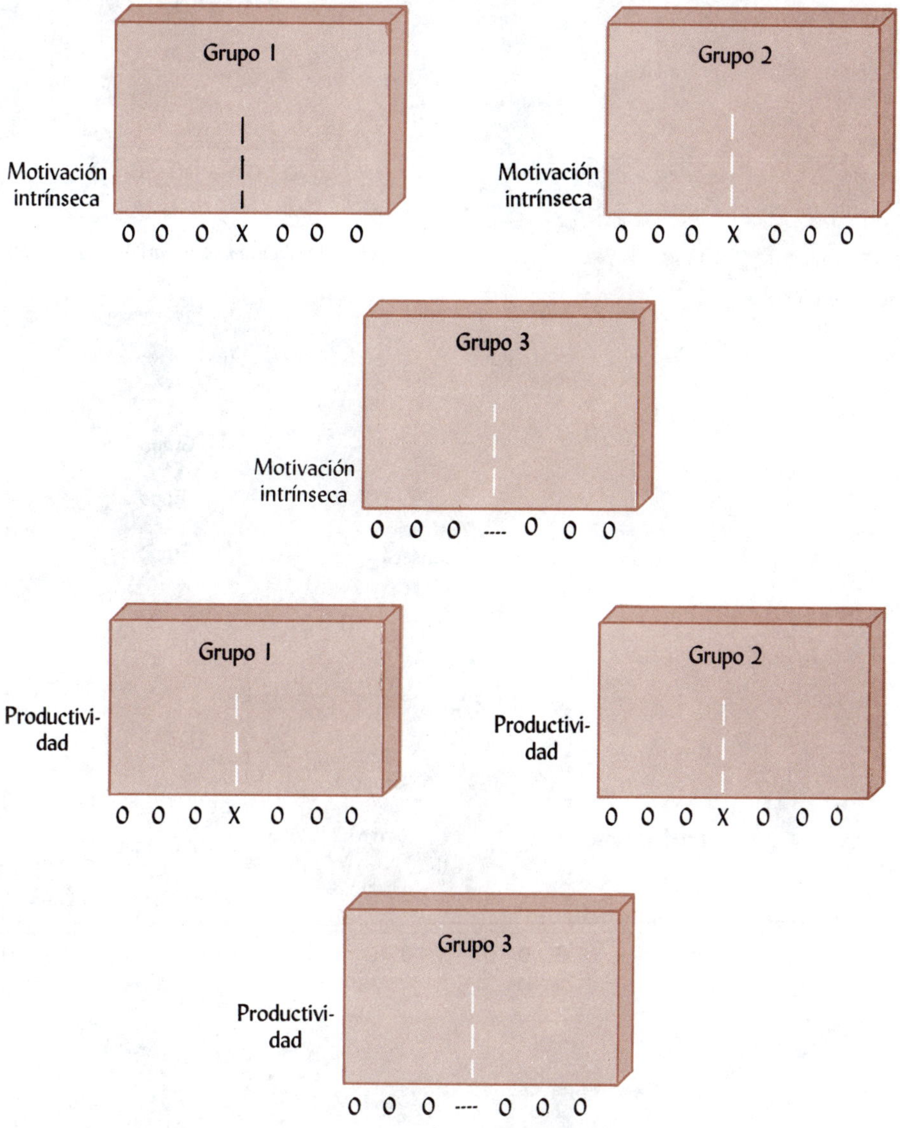

FIGURA 6.11
(*Continuación*).

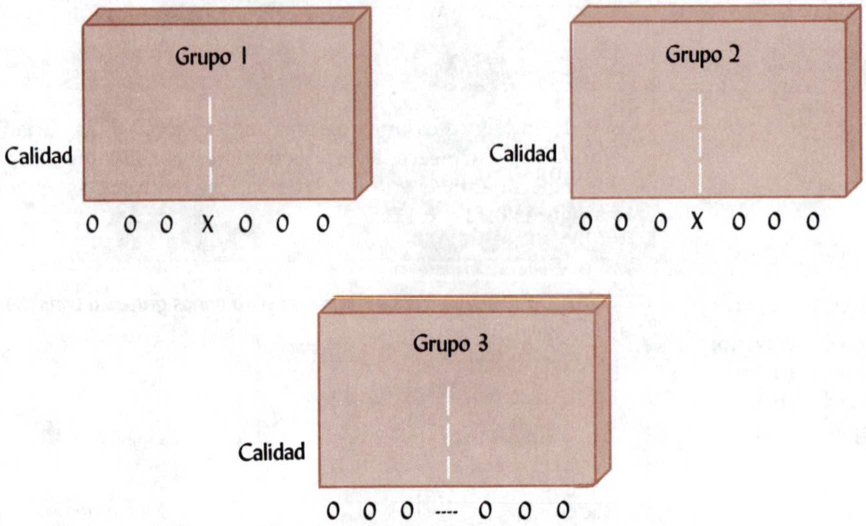

FIGURA 6.12
Ejemplo de un solo diagrama por variable dependiente.

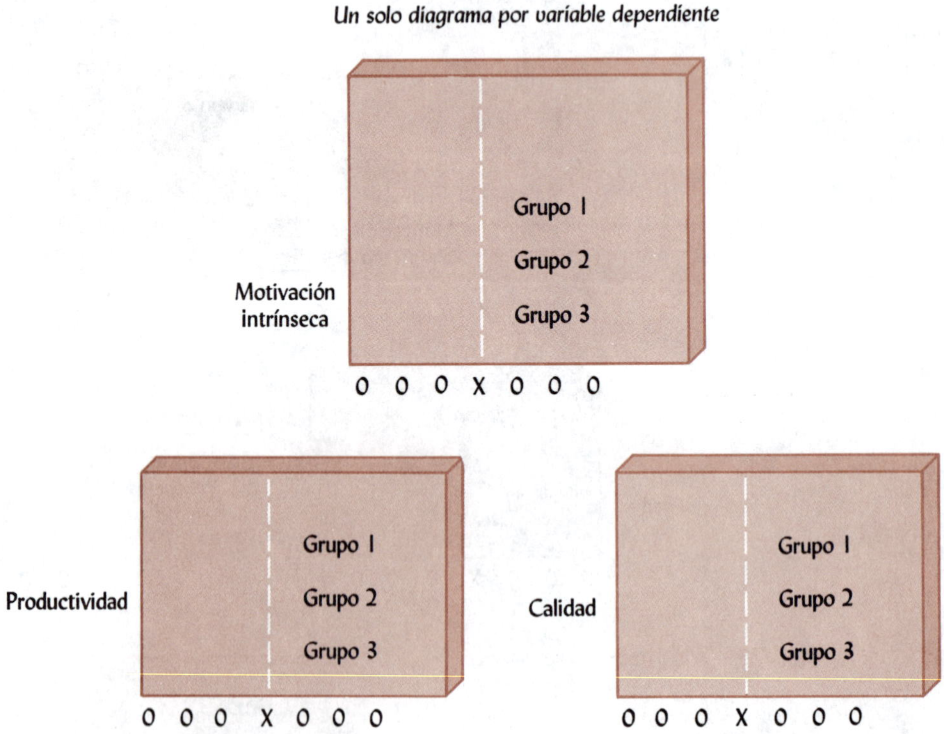

En estos diseños de series cronológicas se controlan todas las fuentes de invalidación interna, siempre y cuando se lleve a cabo un seguimiento minucioso de los grupos, para asegurarse de que la única diferencia entre ellos sea la manipulación de la variable independiente. En algunos casos, puede haber una influencia de la repetición de las mediciones sobre la variable dependiente (administración de pruebas múltiples), sobre todo en las pruebas donde el sujeto participa activamente y sabe que está respondiendo a una prueba (cuestionarios, entrevistas, pruebas estandarizadas), no tanto así en las pruebas en que el sujeto es más pasivo y no se encuentra consciente de que se le mide (v.g., la observación). De cualquier manera, en caso de que se presente dicha influencia, se presentará de manera similar en todos los grupos (porque son equivalentes y el número de pruebas aplicadas es el mismo).

Para estos diseños se suelen utilizar diversas técnicas de estadísticas complejas, dependiendo del nivel de medición de las variables y el tipo de análisis e interpretación que se desee realizar como *análisis de regresión múltiple, análisis de cambio.* Se recomiendan las siguientes fuentes para conocer estos análisis: Markus (1979), Ostrom (1978), Kessler y Greenberg (1981), Henkel (1976), Siegel (1980), Monge y Cappella (1980), y Kerlinger y Pedhazur (1973).

5. Diseños de series cronológicas con repetición del estímulo

En ocasiones, el investigador anticipa que el tratamiento o estímulo experimental no tiene efecto o es mínimo si se aplica una sola vez, tal como sería hacer ejercicio físico un solo día, no se puede esperar un cambio en la musculatura; o como sería consumir vitaminas por una única vez. También a veces el investigador quiere conocer el efecto sobre las variables dependientes, cada vez que se aplica el estímulo experimental.

Por ejemplo, en técnicas de condicionamiento es común que uno se cuestione: ¿cuántas veces debo aplicar el reforzamiento a una conducta para lograr condicionar la respuesta a un estímulo? *En estos casos se puede repetir el tratamiento experimental y administrar una postprueba después de cada aplicación,* para evaluar el efecto de cada aplicación.

Los sujetos son asignados al azar a los distintos grupos y a cada grupo se le administra varias veces el tratamiento experimental que le corresponde. Algunos de estos diseños diagramados, se muestran en la figura 6.13.

FIGURA 6.13

Ejemplos de diseños cronológicos con repetición del estímulo.

R	G_1	0_1	X_1	0_2	X_1	0_3
R	G_2	0_4	—	0_5	—	0_6

El mismo tratamiento se aplica dos veces al grupo experimental

R	G_1	0_1	X_1	0_2	X_1	0_3	X_1	0_4	X_1	0_5
R	G_2	0_6	X_2	0_7	X_2	0_8	X_2	0_9	X_2	0_{10}
R	G_3	0_{11}	X_3	0_{12}	X_3	0_{13}	X_3	0_{14}	X_3	0_{15}
R	G_4	0_{16}	—	0_{17}	—	0_{18}	—	0_{19}	—	0_{20}

Cada tratamiento se aplica cuatro veces al grupo respectivo.

En algunos casos se podría prescindir de las preprruebas, y el experimentador podría, por alguna justificación teórica o empírica, *aplicar postpruebas a intervalos sistemáticos diferentes.*

R	G_1	X_1	0_1	X_1	X_1	X_1	0_2	X_1	X_1	X_1	0_3
R	G_2	X_2	0_4	X_2	X_2	X_2	0_5	X_2	X_2	X_2	0_6
R	G_3	—	0_7	—	—	—	0_8	—	—	—	0_9

O bien, aplicar las postpruebas a intervalos irregulares (por determinada razón):

R	G_1	X_1	X_1	0_1	X_1	0_2	X_1	X_1	X_1	0_3	X_1	0_4
R	G_2	X_2	X_2	0_5	X_2	0_6	X_2	X_2	X_2	0_7	X_2	0_8
R	G_3	—	—	0_9	—	0_{10}	—	—	—	0_{11}	—	0_{12}

Un ejemplo de estos diseños, sería el caso de un publicista que pretende analizar los efectos que un comercial televisivo tiene en la preferencia del producto anunciado, en relación con otras marcas, y que hipotetiza que una sola exposición al comercial no tendrá efecto.

Las pruebas estadísticas usuales para estos diseños son las mismas que para las series cronológicas múltiples.

6. Diseños con tratamientos múltiples

A veces, el investigador desea analizar *el efecto de aplicar los diversos tratamientos experimentales a todos los sujetos.* En estos casos se pueden utilizar los diseños con tratamientos múltiples. La aplicación de tratamientos puede ser individual o en un grupo y hay distintas variaciones:

A. Varios grupos

En este caso, se tienen varios grupos a los cuales se asignan los sujetos al azar. A cada grupo se le aplican todos los tratamientos. *La secuencia* de la aplicación de tratamientos *puede o no ser la misma* para todos los grupos y se puede administrar una o más postpruebas a los grupos (posteriores a cada tratamiento experimental). Dos diagramas de estos diseños son los de la figura 6.14.

Con secuencia diferente, el experimentador debe tener cuidado al interpretar las segundas postpruebas y mediciones subsecuentes, ya que puede haber una influencia diferente en los grupos provocada por distintas secuencias de los tra-

FIGURA 6.14
Diseños con tratamientos múltiples, varios grupos.

Misma secuencia para los grupos								Secuencia diferente							
R	G_1	X_1	0_1	X_2	0_2	X_3	0_3	R	G_1	X_1	0_1	X_2	0_2	X_3	0_3
R	G_2	X_1	0_4	X_2	0_5	X_3	0_6	R	G_2	X_2	0_4	X_3	0_5	X_1	0_6
R	G_3	X_1	0_7	X_2	0_8	X_3	0_9	R	G_3	X_3	0_7	X_2	0_8	X_1	0_9

tamientos. De hecho, durante el experimento es muy probable que haya diferencias entre grupos, y al finalizar el experimento los resultados se deban en buena medida a la secuencia con que fueron administrados los tratamientos.

Los diseños experimentales con tratamientos múltiples y secuencia diferente en los grupos, así como los dos casos que vamos a ver a continuación (B y C) pueden tener distintos efectos que deben analizarse minuciosamente. Algunos tratamientos tienen efectos reversibles, en esta situación no hay interferencia entre tratamientos y las postpruebas se ven influidas únicamente por el tratamiento inmediato anterior (por ejemplo 0_3, del diseño con secuencia diferente, se vería afectada por X_3, pero no por X_2 o X_1), y ello facilita la interpretación. Pero frecuentemente los efectos no son reversibles, sino aditivos o interactivos; esto es, los resultados de una postprueba se pueden ver influidos no solamente por el tratamiento inmediatamente anterior sino por los que le antecedieron a éste, y no es fácil saber cuánto se debió a X_1, cuánto a X_2, o X_k. Para ello, en el análisis debe incluirse la secuencia como factor.

B. Un solo grupo

En situaciones donde sólo *se cuenta con un número reducido de sujetos para el experimento*, se puede realizar un *diseño con tratamientos múltiples y un solo grupo*. No hay asignación al azar puesto que se tiene a un único grupo. La equivalencia se obtiene puesto que no hay nada más similar a un grupo que este mismo. El grupo hace las veces de "grupos experimentales" y de "control". Este diseño podría diagramarse así:

$$G \text{ único} \quad X_1 \quad 0_1 \quad X_2 \quad 0_2 \quad — \quad 0_3 \quad X_3 \quad 0_4 \quad — \quad 0_5 \quad X_k \quad 0_k\ldots$$

Cuando se considere conveniente, se utiliza como grupo de control, por ejemplo, antes de 0_3 y 0_5. Sin embargo este diseño, está limitado a que los efectos de los tratamientos múltiples sean reversibles; de lo contrario no es un diseño experimental sino cuasiexperimental. Y si en estos diseños se introduce sistemáticamente y como variable independiente la secuencia de administración de los tratamientos, se convierten en factoriales (que se verán a continuación).

Las pruebas estadísticas que se utilizan en estos diseños son las mismas que se tienen para las series cronológicas y los diseños con repetición del estímulo.

Hasta este punto se han revisado diseños experimentales que manipulan una sola variable independiente (los tratamientos representan niveles de presencia o manipulación de ésta; X_1, X_2, X_3, X_k son variaciones de la misma variable independiente (al menos como han sido concebidos en este libro)[31] y miden una o más variables dependientes (v.g., en un experimento con métodos educativos, en lugar de medir nada más el aprendizaje, se puede medir además la motivación del alumno, su integración al grupo, etcétera; y esto en la preprueba y la postprueba). Normalmente, se miden muchas variables dependientes, para optimizar el costo, analizando los efectos de la variable independiente sobre varias dependientes. En ocasiones como parte de las postpruebas se incluyen mediciones para verificar qué tanto funcionó la manipulación (verificaciones de la manipulación o a veces estas verificaciones son independientes de las postpruebas. Ahora hablaremos de los *experimentos que incorporan dos o más variables independientes* en el diseño: los diseños factoriales.

7. *Diseños factoriales*

Los diseños factoriales manipulan dos o más variables independientes e incluyen dos o más niveles de presencia en cada una de las variables independientes. Han sido sumamente utilizados en la investigación del comportamiento. La construcción básica de un diseño factorial consiste en que todos los niveles de cada variable independiente son tomados en combinación con todos los niveles de las otras variables independientes (Wiersma, 1986, p. 115).

Diseño factorial 2×2

El diseño factorial más simple manipula (hace variar) *dos variables, cada una con dos niveles.* A este diseño se le conoce como "*diseño factorial* 2×2", en donde el número de dígitos indica el número de variables independientes:

---

[31] Algunos autores consideran que cuando se introducen sistemáticamente otros elementos a los diseños tales como presencia-ausencia de la preprueba (v.g., el diseño de cuatro grupos de Solomon), secuencias diferentes de tratamientos en varios grupos para ver si las secuencias se relacionan con características de los grupos (por ejemplo, tener un diseño así:

Niños de 8o. año,	G_1	X_1	0_1	X_2	0_2
	G_2	X_2	0_3	X_1	0_4
Niños de 6o. año,	G_3	X_1	0_5	X_2	0_6
	G_4	X_2	0_7	X_1	0_8
Niños de 4o. año,	G_5	X_1	0_9	X_2	0_{10}
	G_6	X_2	0_{11}	X_1	0_{12}),

o el número de postpruebas diferentes en los grupos (por ejemplo con un diseño como el siguiente:

R	G_1	X_1	0_1	0_2
R	G_2	X_1	0_1	
R	G_3	X_2	0_1	0_2
R	G_4	X_2	0_1	
R	G_5	—	0_1	0_2),

se tienen diseños factoriales. Y de hecho, tienen razón porque se están manipulando como si fueran una variable independiente. Sin embargo, la experiencia ha demostrado a algunos profesores que los alumnos que ven por primera vez el tema suelen desconcertarse si se analizan como diseños factoriales, a menos que éstos se vean primero.

2	×	2
Un dígito (primera variable independiente)		Otro dígito (segunda variable independiente)

Y el valor numérico de cada dígito indica el número de niveles de la variable independiente en cuestión. En este caso es "2", esto quiere decir que cada una de las variables tiene dos niveles. Como menciona Wiersma (1986), no es necesario que los valores numéricos sean los mismos para todas las variables independientes. En teoría, puede haber cualquier número de variables independientes con cualquier número de niveles cada una. Por ejemplo, el diseño factorial 2 × 2 × 3 indica que hay tres variables independientes, la primera y la segunda con dos niveles, mientras que la tercera con tres niveles. El diseño factorial 4 × 5 × 2 × 3, indica una variable independiente con cuatro niveles, otra con cinco, otra más con dos y una última con tres.

Un ejemplo de un diseño factorial 2 × 2 sería tener como variables independientes "método de enseñanza" y "sexo". La primera con dos niveles: "método de enseñanza tradicional-oral" y "método de enseñanza por medio de video". La segunda con los niveles "masculino" y "femenino".

Otros diseños factoriales

El número de grupos que se forman en un diseño factorial es igual a todas las posibles combinaciones que surjan al cruzar los niveles de una variable independiente con los niveles de las otras variables. Así, en un diseño 2 × 2 tendremos cuatro grupos (2 × 2 = 4); en un diseño 3 × 2 tendremos seis grupos; y en un diseño 3 × 3 × 3 tendremos veintisiete grupos. Debe observarse que el resultado de la multiplicación es el número de grupos resultante. En estos diseños, el número de grupos aumenta rápidamente con el incremento del número de variables independientes y/o niveles (exponencialmente). Veámoslo:

$$2 \times 2 = 4$$
$$2 \times 3 = 6$$
$$3 \times 3 = 9$$
$$3 \times 4 = 12$$
$$3 \times 2 \times 2 = 12$$
$$3 \times 3 \times 3 = 27$$

Ello se debe a que los niveles deben tomarse en todas sus posibles combinaciones.

Wiersma (1986) comenta que en los diseños experimentales factoriales, *al menos una de las variables independientes debe ser experimental*; las demás pueden ser variables organísmicas, introducidas en el diseño con fines de control (v.g., sexo, edad, año, escolaridad, inteligencia, etcétera).

FIGURA 6.15
Diseño 2 × 2.

Diseño 2 × 2

Variable independiente B — Variable independiente A

	A_1	A_2
B_1	A_1B_1	A_2B_1
B_2	A_1B_2	A_2B_2

Para simplificar la forma en que se diagraman los diseños factoriales, acudiremos a la simbología que comúnmente se utiliza.[32] Para designar a las variables independientes se usan letras (A, B, C,..., K) y para los niveles números (1, 2, 3,..., K), *las combinaciones de letras y números que aparecen en las casillas (o celdas) representan las mezclas de niveles de las variables independientes. Cada celda es un grupo.* En la figura 6.15 se diagrama un diseño factorial 2 × 2.

Otro ejemplo sería un diseño factorial 2 × 4 × 3 (figura 6.16).

Obsérvese en la figura 6.16 que todas las posibles combinaciones de los niveles entre A, B y C están presentes, además ninguna combinación es exactamente igual a la otra. Cada combinación representa una celda o grupo. Si las tres variables habrán de ser manipuladas deliberadamente (al menos una debe serlo para que hablemos de experimento), los sujetos deben ser asignados al azar a todas las celdas o grupos. Si dos variables habrán de ser manipuladas intencionalmente (v.g., B y C), los sujetos de cada nivel de la variable restante serán asignados al azar a las casillas que les corresponde. Veámoslo con un ejemplo. Si A = Sexo (A_1, masculino; A_2, femenino), B = Violencia televisada (B_4 elevada; B_3, mediana; B_2, baja y B_1, nula) y C = Orientación sobre el programa visto (C_1, de

FIGURA 6.16
Diseño 2 × 4 × 3.

Diseño 2 × 4 × 3

A

	A_1			A_2		
	C_1	C_2	C_3	C_1	C_2	C_3
B_1	$A_1B_1C_1$	$A_1B_1C_2$	$A_1B_1C_3$	$A_2B_1C_1$	$A_2B_1C_2$	$A_2B_1C_3$
B_2	$A_1B_2C_1$	$A_1B_2C_2$	$A_1B_2C_3$	$A_2B_2C_1$	$A_2B_2C_2$	$A_2B_2C_3$
B_3	$A_1B_3C_1$	$A_1B_3C_2$	$A_1B_3C_3$	$A_2B_3C_1$	$A_2B_3C_2$	$A_2B_3C_3$
B_4	$A_1B_4C_1$	$A_1B_4C_2$	$A_1B_4C_3$	$A_2B_4C_1$	$A_2B_4C_2$	$A_2B_4C_3$

[32] V.g., Matheson, Bruce y Beauchamp (1980); Christensen (1980); Arnau-Grass (1981); y Wiersma (1986).

los dos padres; C_2, del padre y C_3, de la madre). Si hay 120 niños y 120 niñas, los niños (A_1) se asignarían al azar a las celdas donde A_1 está presente (10 niños en cada celda), y las niñas (A_2) a las doce casillas restantes (donde A_2 está presente). Si una sola variable es la que se manipula deliberadamente (C por ejemplo), los sujetos de los niveles combinados de las otras dos variables se asignan al azar a los niveles de aquélla (C_1, C_2 y C_3 en el ejemplo). Los sujetos A_1 B_1 serían asignados aleatoriamente a C_1, C_2 y C_3, igual los sujetos A_1 B_2, A_1 B_3, etcétera.

En los diseños factoriales se puede agregar un grupo de control o varios (que no se expongan a la variable o variables manipuladas deliberadamente. Por ejemplo:

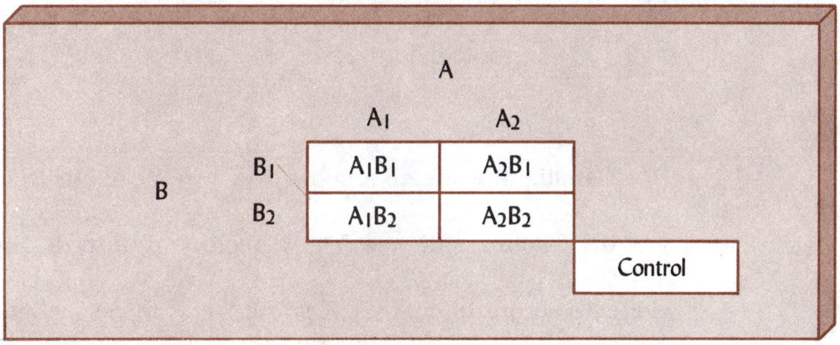

Utilidad de los diseños factoriales

Los diseños factoriales son sumamente útiles porque *permiten al investigador evaluar los efectos de cada variable independiente sobre la dependiente por separado y los efectos de las variables independientes conjuntamente.* A través de estos diseños se pueden observar los *efectos de interacción entre las variables independientes.*

En términos de Wiersma (1986, p. 116), la interacción es un efecto producido sobre la variable dependiente, de tal manera que el efecto de una variable independiente deja de permanecer constante a través de los niveles de la otra. El efecto de interacción está presente si el efecto conjunto de las variables independientes no es igual a sus efectos por separado (aditivos). Ello significa que el efecto de una variable independiente por sí mismo no es igual que cuando se toma en combinación con los niveles de otra variable independiente. Por ejemplo, si el alto contenido de violencia televisada afecta sólo cuando hay orientación sobre el programa por parte de la madre, pero no cuando dicha orientación está a cargo del padre o de ambos.

Así, *hay dos tipos de efectos* que se pueden evaluar en los diseños factoriales: los *efectos de cada variable independiente* (llamados efectos principales) y los *efectos de interacción entre dos o más variables independientes* (si se tienen cuatro variables, por ejemplo, pueden interactuar dos entre sí y otras dos entre sí o pueden interactuar tres o las cuatro variables independientes). Los diseños factoriales responden a estructuras entre variables que podrían esquematizarse en la siguiente forma:

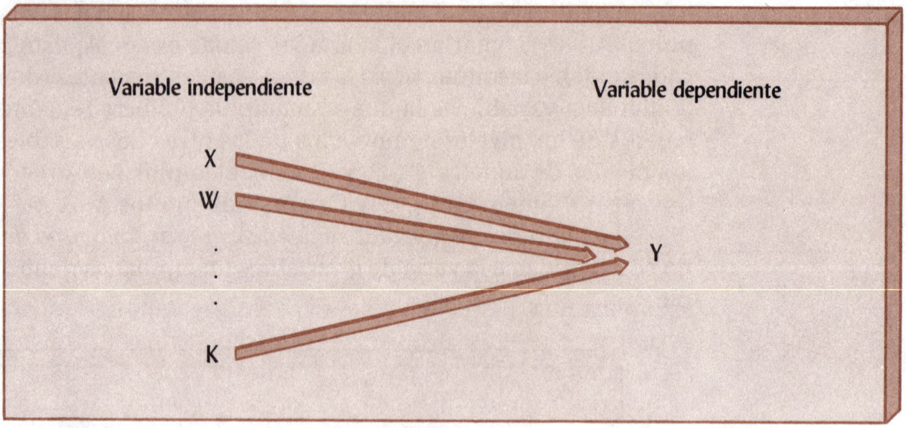

Y analizan el efecto X sobre Y (X ⟶ Y), el efecto de W sobre Y (W ⟶ Y)... y el de K sobre Y (K ⟶ Y); el efecto conjunto de X y W sobre Y $\left[\begin{matrix} X \\ \vdots \\ W \end{matrix} \succ\!\!\longrightarrow Y\right]$, el efecto conjunto de X y ...K sobre Y $\left[\begin{matrix} X \\ \vdots \\ K \end{matrix} \succ\!\!\longrightarrow Y\right]$, el efecto conjunto de W y ...K sobre Y $\left[\begin{matrix} W \\ \vdots \\ K \end{matrix} \succ\!\!\longrightarrow Y\right]$; y el efecto conjunto de todas las variables independientes sobre Y $\left[\begin{matrix} X \\ W \\ \vdots \\ K \end{matrix} \succ\!\!\longrightarrow Y\right]$

Christensen (1980, pp. 182 y 183) desarrolla una excelente explicación de los efectos principales e interactivos en los diseños factoriales, la cual sirve de base para la exposición de dichos efectos que a continuación se incluye.

Un ejemplo de diseño factorial

Supongamos una investigación que tiene como hipótesis: "A mayor exposición por parte de los adolescentes a videos musicales con alto contenido sexual, habrá una mayor predisposición para establecer contacto heterosexual." Entonces se diseña un experimento para someterla a prueba. La variable independiente es la *exposición a contenidos sexuales* (por medio de la televisión) y la dependiente es *la predisposición para establecer contacto sexual.* Se decide agregar otra variable independiente: sexo. Entonces se tiene un diseño factorial con dos variables independientes. La exposición tendría tres niveles: *a*) contenido sexual elevado y manifiesto, *b*) contenido sexual moderado y *c*) contenido "romántico".

> Cada video que se elabore tendrá, entonces, tres versiones: la música es la misma, los modelos, la duración, la historia y el contexto también. La única diferencia es el tratamiento sexual de los contenidos verbales y no verbales. El sexo tendría sus dos niveles: masculino y femenino.

El diagrama del diseño se indica en la figura 6.17.

Supongamos que, una vez que los grupos han sido expuestos a los videos, se les aplica una postprueba que mide su predisposición para establecer contacto sexual y se obtiene el promedio de cada grupo (asimismo, pensemos que los resultados que pueden obtenerse en esta prueba oscilan entre 0 y 30, donde un valor mayor indica una más alta predisposición). Analizamos varias configuraciones posibles de resultados (ver figura 6.18).

En la configuración A, *no hay diferencias por sexo* (cada casilla en cada nivel de sexo es igual a la del otro nivel). En cambio *hay diferencias entre los niveles de exposición en ambos sexos. Los efectos principales* (es decir, los de cada variable por separado se pueden ver comparando los promedios de los marginales de los niveles de cada variable. Por ejemplo:

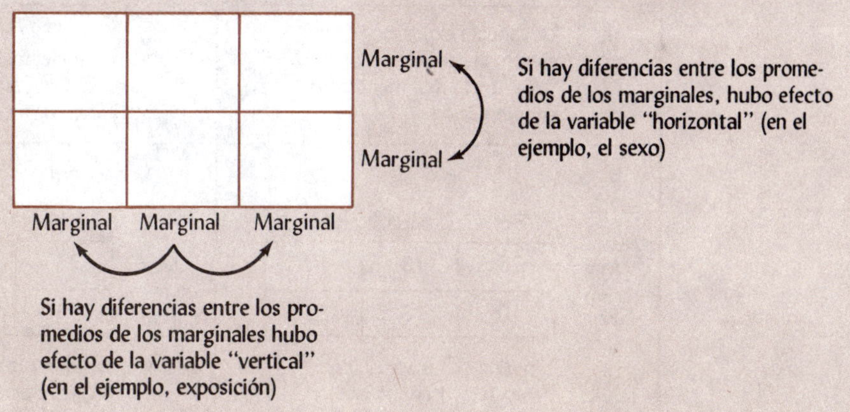

	25	15	7	15.7	No efecto
	25	15	7	15.7	
Promedios de marginales	25	15	7		
		Efecto			

FIGURA 6.17

Ejemplo de un diseño factorial 2 × 3.

Exposición al contenido sexual

Sexo		Elevada	Moderna	Mínima
	Masculino			
	Femenino			

FIGURA 6.18

Ejemplos de posibles configuraciones de resultados en un diseño factorial.

A.

	Elev.	Mod.	Mín.
Masc.	25	15	7
Fem.	25	15	7

La variable exposición tiene efecto, la variable sexo no tiene efecto. No hay efecto de interacción.

B.

	Elev.	Mod.	Mín.
Masc.	18	18	18
Fem.	8	8	8

La variable exposición no tiene efecto, la variable sexo tiene efecto. No hay efecto de interacción.

C.

	Elev.	Mod.	Mín.
Masc.	26	18	10
Fem.	10	18	25.9

Ninguna de las variables tiene efecto por sí mismas, pero hay un efecto de interacción.

D.

	Elev.	Mod.	Mín.
Masc.	23	18	13
Fem.	18	13	8

Las dos variables tienen efecto, pero no hay efecto de interacción.

E.

	Elev.	Mod.	Mín.
Masc.	29	23	12
Fem.	20	12	12

Las dos variables tienen efecto y hay efecto de interacción.

F.

	Elev.	Mod.	Mín.
Masc.	8	7.9	8.1
Fem.	7.9	8	8

No hay ningún tipo de efecto.

En la configuración B, *no hay diferencias por exposición pero sí por sexo.*

En la configuración C, las diferencias entre las celdas se explican porque *las dos variables interactúan* (cuando el sexo es masculino y la exposición elevada, y el sexo es femenino y la exposición mínima, se obtiene un valor; cuando el sexo es masculino y la exposición mínima, y el sexo es femenino y la exposición elevada, se obtiene otro valor; y finalmente cuando ambos sexos se exponen moderadamente se obtiene un valor distinto a las demás celdas). *No hay efectos principales.*

En la configuración D, *hay cambios verticales y horizontales*, provocados por *efectos principales* pero *no efecto de interacción* (ambas variables tienen efecto por sí solas, únicamente).

En la configuración E, hay *efectos principales* (cada variable por sí misma afecta) y también *efecto de interacción* (éste se alcanza si la diferencia entre las medias de los niveles de variación de una variable independiente cambien en función de los niveles de variación de la otra variable independiente, como también ocurrió en la configuración C).

En la configuración F, las diferencias entre todas las celdas es prácticamente nula, no hay ninguna clase de efecto.

Métodos estadísticos de los diseños factoriales

Los métodos estadísticos más usuales para estos diseños son el *análisis de varianza factorial* (ANOVA) y el *análisis de covarianza* (ANCOVA), con la variable dependiente medida en intervalos, y la *ji-cuadrada* para múltiples grupos, con esa variable medida nominalmente.

Finalmente, a estos diseños se les pueden agregar más variables dependientes (tener dos o más) y se convierten en diseños multivariados experimentales que utilizan como método estadístico de análisis el *análisis multivariado de varianza* (MANOVA).

6.13 ¿QUÉ ES LA VALIDEZ EXTERNA?

Un experimento debe buscar ante todo validez interna, es decir, confianza en los resultados. Si no se logra, no hay experimento verdadero. Lo primero es eliminar las fuentes que atentan contra dicha validez. Pero la validez interna es sólo una parte de la validez de un experimento, en adición a ella es muy deseable que el experimento tenga validez externa. *La validez externa se refiere a qué tan generalizables son los resultados de un experimento a situaciones no experimentales y a otros sujetos o poblaciones.* Responde a la pregunta: ¿Lo que encontré en el experimento a qué sujetos, poblaciones, contextos, variables y situaciones puede aplicarse?

Por ejemplo, si hacemos un experimento con métodos de aprendizaje y los resultados pueden generalizarse a la enseñanza cotidiana en las escuelas de educación básica, el experimento tendrá validez externa; y si se pueden generalizar a la enseñanza cotidiana del país y la enseñanza de nivel medio, aún mayor validez externa.

Así, los resultados de experimentos sobre obediencia a la autoridad que puedan generalizarse a situaciones diarias de trabajo, situaciones familiares, de guerra, etcétera; son experimentos con validez externa.

Fuentes de invalidación externa

Existen diversos factores que pueden amenazar la validez externa, los más comunes son los siguientes:

1. Efecto reactivo o de interacción de las pruebas

Se presenta cuando la preprueba aumenta o disminuye la sensibilidad o la calidad de la reacción de los sujetos a la variable experimental, haciendo que los resultados obtenidos para una población con preprueba no puedan generalizarse a quienes forma parte de esa población pero sin preprueba (Campbell y Stanley, 1966). Babbie (1979) utiliza un excelente ejemplo de esta influencia: en un experimento diseñado para analizar si una película disminuye el prejuicio racial, la preprueba podría sensibilizar al grupo experimental y la película tener un efecto mayor del que tendría si no se aplicara la preprueba (por ejemplo, si se pasara la película en un cine o en la televisión). Esto es, puede suceder que la película sólo tenga efecto cuando se administra la preprueba.

2. Efecto de interacción entre los errores de selección y el tratamiento experimental

Este factor se refiere a que se elijan personas con una o varias características que hagan que el tratamiento experimental produzca un efecto, que no se daría si las personas no tuvieran esas características. Por ejemplo, si seleccionamos trabajadores sumamente motivados por un experimento sobre productividad, podría ocurrir que el tratamiento sólo tuviera efecto en este tipo de trabajadores y no en otros. Ello podría resolverse con una muestra representativa de todos los trabajadores o introduciendo un diseño factorial y una de las variables fuera el grado de motivación.

Este factor puede presentarse en algunos experimentos donde se recluten voluntarios.

3. Efectos reactivos de los tratamientos experimentales

La "artificialidad" de las condiciones puede hacer que el contexto experimental resulte atípico respecto a la manera en que se aplica regularmente el tratamiento (Campbell, 1975). Por ejemplo, a causa de la presencia de observadores y equipo los sujetos pueden alterar su conducta normal en la variable dependiente medida, la cual no la alterarían en una situación común donde se aplicara el tratamiento. Por ello, el experimentador debe ingeniárselas para hacer que los sujetos se olviden que están en un experimento y no deben saberse observados.

4. Interferencia de tratamientos múltiples

Si los tratamientos no son de efecto reversible, es decir, si no se pueden borrar sus efectos, las conclusiones solamente podrán hacerse extensivas a las personas que experimentaron la misma secuencia de tratamientos, sean múltiples o repetición del mismo.

5. Imposibilidad de replicar los tratamientos

Cuando los tratamientos son tan complejos que no pueden replicarse en situaciones no experimentales, es difícil generalizar a éstas.

Para lograr una mayor validez externa, es conveniente *tener grupos lo más parecidos posible a la mayoría de las personas a quienes se desea generalizar y repetir el experimento varias veces con diferentes grupos* (hasta donde el presupuesto y los costos de tiempo lo permitan). También, *tratar de que el contexto experimental sea lo más similar posible al contexto que se pretende generalizar.* Por ejemplo, si se trata de métodos de enseñanza podría resultar muy conveniente que se usen aulas muy parecidas a las que normalmente utilizan los sujetos y que las instrucciones las proporcionen los maestros de siempre. Claro que a veces no es posible. Sin embargo, el experimentador debe esforzarse para que los participantes no sientan, o lo sientan lo menos posible, que se está experimentando con ellos.

6.14 ¿CUÁLES PUEDEN SER LOS CONTEXTOS DE EXPERIMENTOS?

En la literatura sobre la investigación del comportamiento se ha distinguido entre dos contextos en donde puede tomar lugar un diseño experimental: *laboratorio y campo.* Así, se habla de experimentos de laboratorio y experimentos de campo. Kerlinger (1975, p. 145) define al *experimento de laboratorio* como: "un estudio de investigación en el que la variancia" (efecto) "de todas o casi todas las variables independientes influyentes posibles no pertinentes al problema inmediato de la investigación se mantiene reducida" (reducido el efecto) "en un mínimo". El mismo autor define el experimento de campo como: "un estudio de investigación en una situación realista en la que una o más variables independientes son manipuladas por el experimentador en condiciones tan cuidadosamente controladas como lo permite la situación" (p. 149). La diferencia esencial entre ambos contextos es la "realidad" con que los experimentos se llevan a cabo, el grado en que el ambiente es natural para los sujetos.

Por ejemplo, si creamos salas para ver televisión y las acondicionamos de tal modo que se controle el ruido exterior, la temperatura y otros distractores. Además, incluimos equipo de filmación oculto. Y llevamos a los niños para que vean programas de televisión previamente grabados, estamos realizando un experimento de laboratorio (situación creada "artificialmente"). En cambio, si el experimento se lleva a cabo en el ambiente natural de los sujetos, se trata de un experimento de campo.

Los experimentos de laboratorio generalmente logran un control más riguroso que los experimentos de campo (Festinger, 1975; Kerlinger 1975), *pero estos últimos suelen tener mayor validez externa. Ambos tipos de experimento son deseables.*

Algunos han acusado a los experimentos de laboratorio de "*artificialidad*", de tener poca validez externa, pero como argumenta Kerlinger (1975): los objetivos primarios de un experimento verdadero son descubrir relaciones (efectos) en condiciones "puras" y no contaminadas, probar predicciones de teorías y refinar teorías e hipótesis. Y comenta: "Realmente, es difícil saber si la artificialidad es una debilidad o simplemente una característica neutral de las situaciones experimentales de laboratorio. Cuando se prepara deliberadamente una situación de investigación para excluir las muchas distracciones del medio, es quizá ilógico designar a la situación con un término que exprese en parte el resultado que se busca. La crítica de la artificialidad no proviene de los experimentadores, quienes saben que las situaciones experimentales son artificiales, proviene de individuos que carecen de una comprensión de las metas de los experimentos de laboratorio (p. 417)."

Festinger (1975, p. 139) señala (al responder a la crítica de "*artificialidad*"): "Esta crítica requiere ser evaluada, pues probablemente sea consecuencia de una equivocada interpretación de los fines del experimento de laboratorio. Un experimento de laboratorio no necesita, y no debe, constituir un intento de duplicar una situación de la vida real. Si se quisiera estudiar algo en una situación de este tipo, sería bastante tonto tomarse el trabajo de organizar un experimento de laboratorio para reproducir dicha situación. ¿Por qué no estudiarla directamente? El experimento de laboratorio debe tratar de crear una situación en la cual se vea claramente cómo operan las variables en situaciones especialmente identificadas y definidas. El hecho de que pueda encontrarse o no tal situación en la vida real no tiene importancia. Evidentemente, nunca puede encontrarse en la vida real la situación de la mayor parte de los experimentos de laboratorio. No obstante, en el laboratorio podemos determinar con exactitud en qué medida una variable determinada afecta la conducta o actitudes en condiciones especiales o 'puras'."

6.15 ¿QUÉ TIPO DE ESTUDIO SON LOS EXPERIMENTOS?

Debido a que analizan las relaciones entre una o varias variables independientes y una o varias dependientes y los efectos causales de las primeras sobre las segundas, son *estudios explicativos* (y abarcan correlaciones).

6.16 EMPAREJAMIENTO EN LUGAR DE ASIGNACIÓN AL AZAR

Como ya se comentó, otra técnica para hacer inicialmente equivalentes a los grupos es el emparejamiento. Desde luego, este método es menos preciso que la asignación al azar. Sin embargo, si se lleva a cabo con rigor, se tienen grupos grandes y se posee información que indica que los grupos no son diferentes (por ejemplo, en un experimento sobre métodos de enseñanza, antes de iniciarlo valdría la pena comparar, entre los grupos emparejados, las puntuaciones obtenidas en cursos recientes), se puede lograr un alto grado de equivalencia inicial entre grupos. Así, los diseños se representarían con una "E" de emparejamiento en lugar de la "R" (aleatorización). Por ejemplo:

E	G_1	X_1	0_1
E	G_2	X_2	0_2
E	G_3	—	0_3

6.17 ¿QUÉ OTROS EXPERIMENTOS EXISTEN?: CUASIEXPERIMENTOS

Los diseños cuasiexperimentales también manipulan deliberadamente al menos una variable independiente para ver su efecto y relación con una o más variables dependientes, solamente que difieren de los experimentos "verdaderos" en el grado de seguridad o confiabilidad que pueda tenerse sobre la equivalencia inicial de los grupos. *En los diseños cuasiexperimentales los sujetos no son asignados al azar a los grupos ni emparejados; sino que dichos grupos ya estaban formados antes del experimento, son grupos intactos* (la razón por la que surgen y la manera como se formaron fueron independientes o aparte del experimento). Por ejemplo, si los grupos del experimento son tres grupos escolares existentes que estaban formados con anterioridad al experimento, y cada uno de ellos constituye un grupo experimental. Veámoslo gráficamente:

Grupo A (30 estudiantes)	Grupo experimental con X_1.
Grupo B (26 estudiantes)	Grupo experimental con X_2.
Grupo C (34 estudiantes)	Grupo de control.

Otro caso sería el de que en un experimento sobre productividad en una planta, un grupo experimental fuera la cuadrilla No. 1 del turno matutino, otro grupo fuera la cuadrilla No. 2 del mismo turno, el tercer grupo fuera la cuadrilla No. 1 del turno vespertino y el grupo de control fuera la cuadrilla No. 2 del turno vespertino. Es decir, se toma a grupos constituidos. Otros ejemplos, serían utilizar grupos terapéuticos ya integrados; equipos deportivos previamente formados o grupos de habitantes de distintas zonas geográficas (que ya estaban agrupados por zona).

Problema de los diseños cuasiexperimentales

Estos diseños *se utilizan cuando no es posible asignar los sujetos en forma aleatoria a los grupos que recibirán los tratamientos experimentales.* La falta de aleatorización introduce posibles *problemas de validez interna y externa.* Como comenta Weiss (1980, p. 89): estos diseños deben luchar "con la selección como fuente posible de interpretación equivocada, lo mismo que con la interacción de la selección y otros factores, así como, posiblemente, con los efectos de la regresión". Asimismo, diversos factores pudieron operar en la formación de los grupos (que no están bajo el control del investigador), que impiden afirmar que éstos son representativos de poblaciones más amplias. Y dado que su validez es menor que la de los experimentos "verdaderos", reciben el nombre de cuasiexperimentos.

Debido a los problemas potenciales de validez interna, en estos diseños el investigador debe intentar establecer la semejanza entre los grupos, esto requiere considerar las características o variables que puedan estar relacionadas con las variables estudiadas (Wiersma, 1986). Por ejemplo, si grupos intactos de trabajadores están involucrados en un experimento sobre motivación, el turno probablemente tenga que ser introducido como una constante (grupos intactos, todos del mismo turno) o como otra variable independiente (de control). Asimismo, el investigador deberá buscar evidencia de que los grupos son equiparables en salario, productividad, competencia, antigüedad en la organización y, en general, en todo lo que pueda generar diferencias entre los grupos. Entre mayor información se obtenga sobre los grupos, mayores bases se tendrán para establecer su semejanza. En algunos casos se observará si hay la misma proporción de mujeres y hombres en los grupos, si la edad promedio es similar, si los grupos no fueron constituidos con base en un criterio que pudiera afectar (v.g., formación de los salones por inteligencia) y si a los grupos en el pasado no les ha ocurrido algo que pudiera influir los resultados.

Además, como mencionan Campbell y Stanley (1966, p. 70): "Precisamente porque hay falta de control experimental total, es imprescindible que el investigador conozca a fondo cuáles son las variables particulares que su diseño específico no controla. Así, estará más pendiente de su posible influencia y tendrá mejores elementos para evaluarla." La ausencia de asignación al azar hace que se ponga especial atención al interpretar los resultados y se tenga sumo cuidado de no caer en interpretaciones erróneas. Las limitaciones deben ser identificadas con claridad, la equivalencia de los grupos debe discutirse y la posibilidad de generalizar los resultados así como la representatividad, deberán argumentarse sobre una base lógica (Wiersma, 1986).

Los cuasiexperimentos difieren de los experimentos "verdaderos" en la equivalencia inicial de los grupos (los primeros trabajan con grupos intactos y los segundos utilizan un método para hacer equivalentes a los grupos). Sin embargo, esto no quiere decir que sea imposible tener un caso de cuasiexperimento donde los grupos sean equiparables en las variables relevantes para el estudio. Si así fuera, los cuasiexperimentos ya hubieran sido desechados como diseños de investigación. Más bien quiere decir que en algunos casos, los grupos pueden no ser equiparables; y el investigador debe analizar si los grupos son o no equiparables, en esta última situación el investigador debe declinar hacer la investigación con fines explicativos y limitarse a propósitos descriptivos y/o correlacionales.

Tipos de diseños cuasiexperimentales

Con excepción de la diferencia que acabamos de mencionar, los cuasiexperimentos son muy parecidos a los experimentos "verdaderos". Por lo tanto, podemos decir que *hay casi tantos diseños cuasiexperimentales como experimentales "verdaderos". Sólo que no hay asignación al azar o emparejamiento. Pero por lo demás son iguales, la interpretación es similar, las comparaciones son las mismas y los análisis estadísticos iguales (salvo que a veces se consideran las pruebas para datos no correlacionados).* Es por ello que nos limitaremos a ver sólo algunos de los diseños cuasiexperimentales (el resto pueden ser deducidos de sus correspondientes diseños experimentales "verdaderos", quitándoles la "R" de asignación al azar) y serán comentados brevemente porque las comparaciones, interpretaciones y análisis son iguales.[33] Consideramos que no sería adecuado volver a explicar dichas comparaciones, interpretaciones y análisis.

1. Diseño con postprueba únicamente y grupos intactos

Este primer diseño utiliza dos grupos: uno recibe el tratamiento experimental y el otro no. Los grupos son comparados en la postprueba para analizar si el tratamiento experimental tuvo un efecto sobre la variable dependiente (0_1 con 0_2). El diseño puede diagramarse del siguiente modo:

G_1	X	0_1
G_2	—	0_2

No hay asignación al azar ni emparejamiento.

Obsérvese que si los grupos no son equiparables entre sí, las diferencias en las postpruebas de ambos grupos pueden ser atribuidas a la variable independiente pero también a otras razones diferentes, y lo peor es que el investigador puede no darse cuenta de ello. Por ejemplo, supongamos que se lleva a cabo un cuasiexperimento para analizar el efecto de la retroalimentación que los médicos dan a sus pacientes (respecto a su conducta en el tratamiento prescrito) sobre la obediencia o apego al tratamiento. Se podría partir de la siguiente hipótesis: "Los pacientes que reciban mayor retroalimentación de parte de sus médicos acerca de cómo se están comportando en el tratamiento prescrito, se apegarán más a dicho tratamiento." Es decir, los médicos que informen más a sus pacientes sobre su conducta en el tratamiento prescrito, propiciarán en los pa-

[33] Si al lector le surge alguna duda respecto a qué comparaciones, interpretaciones y análisis pueden llevarse a cabo en un diseño cuasiexperimental, le recomendamos revise el diseño experimental "verdadero" correspondiente, recordando que la diferencia es que en el cuasiexperimental no hay aleatorización y los grupos pueden estar no correlacionados.

cientes un mayor deseo de seguir el tratamiento. Cuestión de motivar al paciente. Entonces, el investigador toma dos grupos de pacientes. Un grupo recibe retroalimentación sobre su conducta en el tratamiento prescrito y el otro grupo no. Posteriormente se evalúa qué tanto se apega cada grupo, en lo sucesivo, al tratamiento. Supongamos que obtenemos el siguiente resultado: $0_1 > 0_2$ (el grupo experimental se apega más al tratamiento); entonces deducimos que la hipótesis fue confirmada. Pero para poder deducir lo anterior, debemos analizar muy cuidadosamente que sea posible comparar a los grupos.

Imaginemos que el grupo experimental estaba formado por pacientes que asisten a un hospital donde frecuentemente se dan pláticas motivadoras para que los pacientes sigan los tratamientos prescritos, mientras que el grupo de control estaba integrado por pacientes que asisten a un hospital donde no se le asigna importancia a ello. ¿A qué se podrían atribuir con certeza: los resultados a la manipulación de la variable independiente, a que los grupos de pacientes provienen de diferentes hospitales, a ambos factores, alguno otro? Como los grupos no son razonablemente equiparables, no podemos tener certeza de cuál fue la causa o qué tanto contribuyeron los diversos factores involucrados. Hay problema de validez interna.

También podría ser que el grupo experimental estuviera compuesto por pacientes que, desde antes del experimento, tuvieran una motivación elevada para apegarse a tratamientos médicos; o podrían actuar otros factores que provocaran diferencias iniciales entre los grupos. Por ello es importante que los grupos sean inicialmente comparables, y que durante el experimento no ocurra algo que los haga diferentes, con excepción de la presencia-ausencia del tratamiento experimental (por ejemplo, misma enfermedad y tratamiento médico, hospital, médico que los atiende, mismas instrucciones y lugar, equivalencia como grupos en sexo, edad, avance de la enfermedad, etc. Nada más imaginemos que el grupo experimental, en promedio, está "más enfermo" que el de control, y los pacientes lo saben, puede suceder que los más enfermos se apeguen más al tratamiento). El criterio de los experimentos "verdaderos" en relación a mantener la igualdad de los grupos (salvo la manipulación de la variable independiente), se aplica igualmente a los cuasiexperimentos.

Puede extenderse el diseño para incluir más de dos grupos. Teniendo así diferentes tratamientos experimentales o niveles de manipulación. Su formato general sería:

G_1	X_1	0_1
G_2	X_2	0_2
G_3	X_3	0_3
•	•	•
•	•	•
•	•	•
G_k	X_k	0_k
G_{k+1}	—	0_{k+1}

El último grupo es de control.

Un ejemplo de este diseño, sería tomar cuatro grupos escolares de un mismo semestre y carrera en una universidad, como grupos del cuasiexperimento. Veámoslo esquemáticamente en la figura 6.19.

Recuérdese que los grupos son intactos, no se crean, ya se habían constituido por motivos diferentes al cuasiexperimento (en este caso, la elección de estudiar una carrera y la asignación de alumnos a los grupos por parte de la Escuela de Psicología). Los tratamientos experimentales podrían ser métodos educativos.

2. Diseño con preprueba-postprueba y grupos intactos (uno de ellos de control)

Este diseño es similar al que incluye postprueba únicamente y grupos intactos, solamente que a los grupos se les administra una preprueba. La cual puede servir para verificar la equivalencia inicial de los grupos (si son equiparables no debe haber diferencias significativas entre las prepruebas de los grupos). Su esquema más sencillo sería el siguiente:

G_1	0_1	X	0_2
G_2	0_3	—	0_4

Aunque puede extenderse a más de dos grupos (niveles de manipulación de la variable independiente), lo cual se podría esquematizar así:

G_1	0_1	X_1	0_2
G_2	0_3	X_2	0_4
G_3	0_5	X_3	0_6
•	•	•	•
•	•	•	•
•	•	•	•
G_k	0_{2k-1}	X_k	0_{2k}
G_{k+1}	0_{2k+1}	—	0_{2k+2}

FIGURA 6.19

Diagrama de un ejemplo del diseño cuasiexperimental con postprueba únicamente.

Universidad del Centro
Escuela de Psicología
Tercer semestre

Grupo A	X_1	0_1
Grupo B	X_2	0_2
Grupo C	X_3	0_3
Grupo D	—	0_4

Las posibles comparaciones entre las mediciones de la variable dependiente y las interpretaciones son las mismas que en el diseño experimental de preprueba-postprueba con grupo de control solamente que en este segundo diseño cuasiexperimental, los grupos son intactos y en la interpretación de resultados debemos tomarlo en cuenta. Recuérdese todo lo que se ha venido diciendo de la posible no equivalencia de los grupos. Este aspecto se aplica a todos los diseños cuasiexperimentales.

3. Diseños cuasiexperimentales de series cronológicas

En ocasiones el investigador pretende analizar *efectos al mediano y largo plazo o efectos de administrar varias veces el tratamiento experimental, y no cuenta con la posibilidad de asignar al azar a los sujetos a los grupos del experimento.* En este caso, pueden utilizarse los *diseños cuasiexperimentales* salvo que los grupos son intactos. En ambos tipos de diseños se aplican mediciones repetidas de la variable dependiente y se inserta el tratamiento experimental entre dos de esas mediciones en al menos un grupo, mientras que a otro grupo no se le aplica ningún tratamiento en el periodo de "experimentación". Aunque desde la literatura clásica sobre experimentos (ver Campbell y Stanley, 1966), se reconoce como cuasiexperimento a un diseño que no tiene grupo de control. Bien, hablemos brevemente de estos diseños.

Series cronológicas de un solo grupo

A un único grupo se le administran varias prepruebas, después se le aplica el tratamiento experimental y finalmente varias postpruebas. El diseño podría diagramarse así:

$$G \quad 0_1 \quad 0_2 \quad 0_3 \quad X \quad 0_4 \quad 0_5 \quad 0_6$$

El número de mediciones está sujeto a las necesidades específicas de la investigación que estamos realizando.

Un ejemplo muy difundido de este diseño lo constituyó la evaluación de un programa que tenía por objeto disminuir la velocidad en carretera del estado de Connecticut (Campbell, 1975). Los investigadores recolectaron informes y datos de accidentes de tránsito correspondientes a varios años anteriores y ulteriores a la implantación del programa. Encontraron que después del programa el número de accidentes disminuyó, pero como las distintas mediciones habían mostrado una pauta ascendente y descendente inestable durante varios años, no se podría tener la certeza de que el programa hubiese sido la razón del descenso en el número de accidentes (Weiss, 1980). Entonces, fue necesario comparar las estadísticas de Connecticut con las de otros cuatro estados vecinos en los que no se habían efectuado los cambios en los reglamentos de tránsito propuestos por el programa del mencionado estado. Estos otros cuatro estados actuaron como grupos de control. Finalmente, se observó que en los otros estados no se había registrado una disminución equivalente del número de accidentes. Las comparaciones dieron pie para concluir que el programa había producido efectos (Campbell, 1975; Glass, 1968).

Esta investigación cuasiexperimental en su primera etapa utilizó las series cronológicas de un solo grupo:

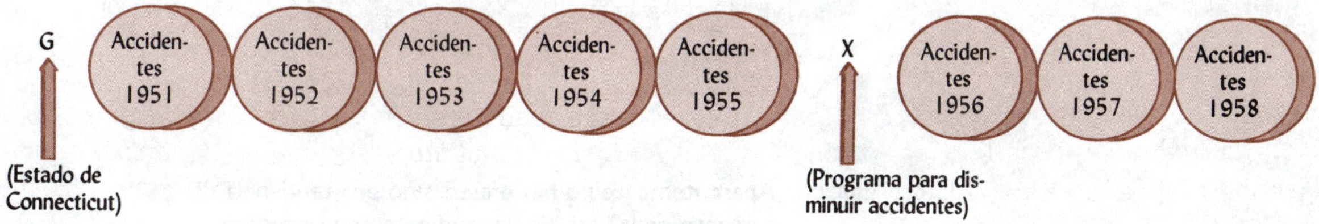

Otro ejemplo de este diseño sería medir las ventas de un producto, durante varios meses, introducir una campaña publicitaria para ese producto y después medir durante meses el nivel de ventas.

Las series cronológicas de un solo grupo pueden producir diversos *patrones de resultados.* A manera de ejemplo podríamos tener los patrones mostrados en la figura 6.20 (algunos de los cuales fueron expuestos en las series cronológicas experimentales).

En las series cronológicas de un único grupo debe tenerse muy en cuenta que no se tiene punto de comparación (grupo de control); por lo tanto, la interpretación del patrón en la variable dependiente (o patrones de las variables dependientes) debe ser muy cuidadosa, habrá de analizarse si no han actuado o interactuado otras posibles causas además del tratamiento experimental o variable independiente. La historia y el hecho de que el grupo sea atípico son riesgos que se afrontan en este diseño, al igual que la instrumentación. Normalmente, este diseño cuasiexperimental se utiliza con propósitos correlacionales y no explicativos.

Series cronológicas cuasiexperimentales con múltiples grupos

Estos diseños pueden adoptar la estructura de las series cronológicas experimentales, con la diferencia de que en estas últimas los individuos son asignados al azar a los grupos, y en las *cuasiexperimentales* tenemos *grupos intactos.* Por lo tanto podríamos tener las mismas variaciones,[34] que se muestran en la figura 6.21.

[34] El lector debe revisar los apartados relativos a las series cronológicas experimentales antes de leer este apartado. De hecho, podrá notar que los diseños son los mismos, salvo que en los diagramas de las series experimentales aparece el símbolo "R" de aleatorización o asignación al azar. Por ello, aquí se omiten explicaciones, interpretaciones y ejemplos, de lo contrario pecaríamos de redundantes. Únicamente nos limitaremos a esquematizar los diseños, sin explicación, porque lo que puede decirse es lo mismo que en las series cronológicas experimentales. Desde luego, debe recalcarse una vez más que en las series cuasiexperimentales los grupos son intactos y debe observarse que los grupos sean equiparables.

FIGURA 6.20

Ejemplos de resultados en series cronológicas de un solo grupo.

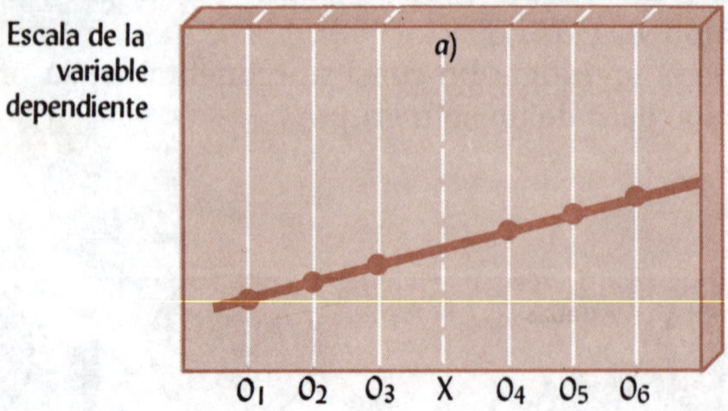

Interpretación: Aparentemente no hay efecto, sino una tendencia de aumento en la variable dependiente que comienza desde antes del tratamiento.

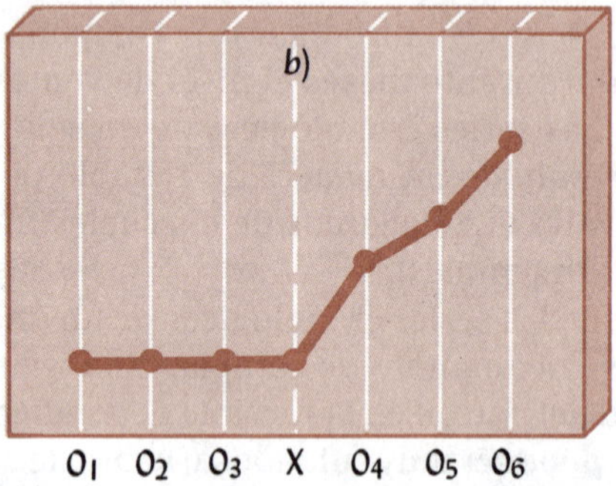

Interpretación: Posible efecto del tratamiento sobre la variable dependiente.

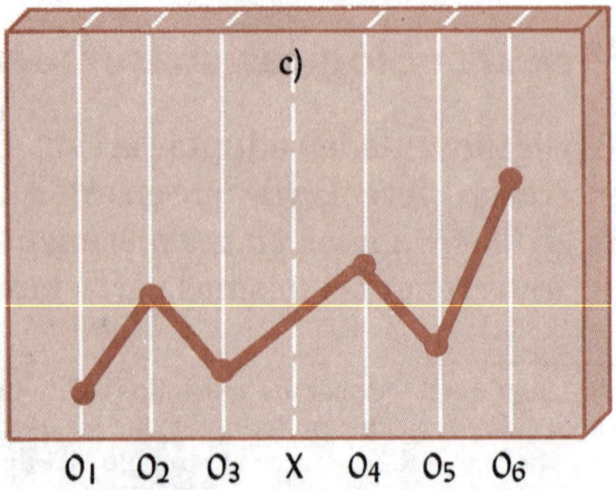

Interpretación: Aunque entre la primera y la última medición se aprecien diferencias, no puede concluirse que haya o no efecto, pues el patrón es irregular.

FIGURA 6.21
Ejemplos de diseños cuasiexperimentales con series cronológicas.

Sin preprubas y grupo de control

G_1	X_1	0_1	0_2	0_3
G_2	X_2	0_4	0_5	0_6
G_3	X_3	0_7	0_8	0_9
G_4	—	0_{10}	0_{11}	0_{12}

Con preprubas y grupo de control

G_1	0_1	0_2	0_3	X	0_4	0_5	0_6
G_2	0_7	0_8	0_9	—	0_{10}	0_{11}	0_{12}

Series cronológicas cuasiexperimentales con repetición de estímulo

Estas series también son similares a sus correspondientes experimentales, pero con grupos intactos. Así, tendríamos los siguientes diagramas para ilustrarlas:

G_1	0_1	0_2	X_1	0_3	0_4	X_1	0_5	0_6	0_7	X_1	0_8	0_9	0_{10}
G_2	0_{11}	0_{12}	—	0_{13}	0_{14}	—	0_{15}	0_{16}	0_{17}	—	0_{18}	0_{19}	0_{20}

G_1	0_1	X_1	0_2	X_1	0_3	X_1	0_4	X_1	0_5	0_6
G_2	0_7	X_2	0_8	X_2	0_9	X_2	0_{10}	X_2	0_{11}	0_{12}
G_3	0_{13}	—	0_{14}	—	0_{15}	—	0_{16}	—	0_{17}	0_{18}

Series cronológicas cuasiexperimentales con tratamientos múltiples

Al igual que en los casos anteriores, estas series son similares a sus correspondientes experimentales sólo que con grupos intactos. Por lo tanto podríamos tener diagramas como éstos:

G_1	X_1	0_1	0_2	X_2	0_3	0_4	X_3	0_5	0_6	0_7
G_2	X_2	0_8	0_9	X_1	0_{10}	0_{11}	X_3	0_{12}	0_{13}	0_{14}
G_3	X_3	0_{15}	0_{16}	X_2	0_{17}	0_{18}	X_1	0_{19}	0_{20}	0_{21}
G_4	X_2	0_{22}	0_{23}	X_3	0_{24}	0_{25}	X_1	0_{26}	0_{27}	0_{28}
G_5	X_1	0_{29}	0_{30}	X_3	0_{31}	0_{32}	X_2	0_{33}	0_{34}	0_{35}
G_6	X_3	0_{36}	0_{37}	X_1	0_{38}	0_{39}	X_2	0_{40}	0_{41}	0_{42}

6.18 PASOS DE UN EXPERIMENTO O CUASIEXPERIMENTO

A continuación mencionamos los principales pasos que suelen realizarse en el desarrollo de un experimento o cuasiexperimento.

Paso 1: Decidir cuántas variables independientes y dependientes deberán ser incluidas en el experimento o cuasiexperimento. No necesariamente el mejor experimento es el que incluye el mayor número de variables, deben incluirse las variables que sean necesarias para probar las hipótesis, alcanzar los objetivos y responder las preguntas de investigación.

Paso 2: Elegir los niveles de manipulación de las variables independientes y traducirlos en tratamientos experimentales. Este paso requiere que un concepto teórico sea convertido en una serie de operaciones que habrán de realizarse para administrar uno o varios tratamientos experimentales.

Paso 3: Desarrollar el instrumento o instrumentos para medir la(s) variable(s) dependiente(s).

Paso 4: Seleccionar una muestra de personas para el experimento (idealmente representativa de la población). Véase el capítulo: "Selección de la muestra."

Paso 5: Reclutar a los sujetos del experimento o cuasiexperimento. Esto implica tener contacto con ellos, darles las explicaciones necesarias e indicarles el lugar, día, hora y persona con quien deben presentarse. Siempre es conveniente darles el máximo de facilidades para que acudan al experimento (si se les puede brindar transporte en caso de que sea necesario, proporcionarles un mapa con las indicaciones precisas, etcétera). También hay que darles cartas (a ellos o alguna institución a la que pertenezcan y que facilite su participación en el experimento. Por ejemplo, en escuelas a los directivos, maestros y padres de familia), llamarles por teléfono el día anterior a la realización del experimento para recordarles su participación en éste.

Los sujetos deben encontrar motivante su participación en el experimento. Por lo tanto, resulta muy conveniente darles algún regalo atractivo (a veces simbólico). Por ejemplo a amas de casa una canasta de productos básicos, a ejecutivos una canasta pequeña con dos o tres artículos, a estudiantes créditos escolares, etcétera; y expedirles una carta de agradecimiento. A veces puede resultar adecuado que quien trate con los participantes sean personas que les resulten atractivas o atractivos (si son hombres, un grupo de muchachas bonitas puede ser muy efectivo para manejar a los sujetos en el experimento).

Paso 6: Seleccionar el diseño experimental o cuasiexperimental apropiado para muestras, hipótesis, objetivos y preguntas de investigación.

Paso 7: Planear cómo vamos a manejar a los sujetos que participen en el experimento. Es decir, elaborar una ruta crítica de qué van a hacer los sujetos desde que llegan al lugar del experimento hasta que se retiran (paso a paso).

Paso 8: En el caso de experimentos "verdaderos", dividirlos al azar o emparejarlos; y en el caso de cuasiexperimentos analizar cuidadosamente las propiedades de los grupos intactos.

Paso 9: Aplicar las prepruebas (cuando las haya), los tratamientos respectivos (cuando no se trate de grupos de control) y las postpruebas.

Asimismo, resulta conveniente tomar nota del desarrollo del experimento, llevar una bitácora minuciosa de todo lo ocurrido a lo largo de éste. Ello nos ayudará a analizar la posible influencia de *variables extrañas* que generan diferencias entre los grupos y será un material invaluable para la interpretación de los resultados.

RESUMEN

- En su acepción más general, un experimento consiste en aplicar un estímulo a un individuo o grupo de individuos y ver el efecto de ese estímulo en alguna(s) variable(s) del comportamiento de éstos. Esta observación se puede realizar en condiciones de mayor o menor control. El máximo control se alcanza en los "experimentos verdaderos".
- Deducimos que un estímulo afectó cuando observamos diferencias (en las variables que supuestamente serían las afectadas) entre un grupo al que se le administró dicho estímulo y un grupo al que no se le administró, siendo ambos iguales en todo excepto en esto último.
- Para lograr el control o la validez interna los grupos que se comparen deben ser iguales en todo, menos en el hecho de que a un grupo se le administró el estímulo y a otro no. A veces graduamos la cantidad del estímulo que se administra, es decir, a distintos grupos (semejantes) les administramos diferentes grados del estímulo para observar si provocan efectos distintos.
- La asignación al azar es normalmente el método preferible para lograr que los grupos del experimento sean comparables (semejantes).
- Hay nueve fuentes de invalidación interna:

  a) Historia.
  b) Maduración.
  c) Inestabilidad.
  d) Administración de pruebas.
  e) Instrumentación.
  f) Regresión.
  g) Selección.
  h) Mortalidad.
  i) Interacción entre selección y maduración.

- Los experimentos que hacen equivalentes a los grupos y que mantienen esta equivalencia durante el desarrollo de aquéllos, controlan las fuentes de invalidación interna.
- Lograr la validez interna es el objetivo metodológico y principal de todo experimento. Una vez que se consigue es ideal alcanzar validez externa (posibilidad de generalizar los resultados a la población, otros experimentos y situaciones no experimentales).
- Hay dos contextos en donde pueden realizarse los experimentos: el laboratorio y el campo.
- En los cuasiexperimentos no se asignan al azar los sujetos a los grupos experimentales, sino que se trabaja con grupos intactos.
- Los cuasiexperimentos alcanzan validez interna en la medida en que demuestran la equivalencia inicial de los grupos participantes y la equivalencia en el proceso de experimentación.
- Los experimentos "verdaderos" constituyen estudios explicativos, los preexperimentos básicamente son estudios exploratorios y descriptivos; los cuasiexperimentos son, fundamentalmente, correlacionales aunque pueden llegar a ser explicativos.

CONCEPTOS BÁSICOS

Experimento
Cuasiexperimento
Preexperimento
Diseño experimental
Variable experimental
Variable independiente
Variable dependiente
Estímulo o tratamiento experimental/manipulación de la variable independiente
Sujetos del experimento
Control experimental
Validez interna
Influencia de variables extrañas
Validez externa
Diseño con postprueba únicamente y grupo de control
Diseño con preprueba-postprueba y grupo de control
Diseño de cuatro grupos de Solomon
Diseños experimentales de series cronológicas múltiples
Diseños experimentales de series cronológicas con repetición del estímulo
Diseños experimentales con tratamientos múltiples
Diseños factoriales
Experimento de campo
Experimento de laboratorio
Grupos intactos
Diseño con postprueba únicamente y grupos intactos
Diseño con preprueba-postprueba y grupos intactos
Diseños cuasiexperimentales de series cronológicas

EJERCICIOS

1. Seleccione una serie de variables y piense en cómo pueden manipularse en situaciones experimentales. ¿Cuántos niveles podrían incluirse para cada variable?, ¿estos niveles cómo podrían traducirse en tratamientos experimentales?, ¿se tendría un nivel de ausencia (cero) de la variable independiente?, ¿en qué consistiría éste?
2. Seleccione un experimento en alguna publicación científica (ver apéndice número 1). Analice: ¿cuál es el planteamiento del problema? (objetivos y preguntas de investigación), ¿cuál es la hipótesis que se pretende probar a través de los resultados del experimento?, ¿cuál es la variable independiente o cuáles son las variables independientes?, ¿cuál es la variable dependiente o son las variables dependientes?, ¿cuántos grupos se incluyen en el experimento?, ¿son equivalentes?, ¿cuál es el diseño que el autor o autores han elegido?, ¿se controlan las fuentes de invalidación interna?, ¿se controlan las fuentes de invalidación externa?, ¿se encontró algún efecto?
3. Un grupo de investigadores está tratando de analizar el efecto que tiene la extensión de un discurso político sobre la actitud hacia el tema tratado y al orador. La extensión del discurso es la variable independiente y tiene cuatro niveles: dos horas, una hora y media, una hora y media hora. Las variables dependientes son la actitud hacia el orador (favorable-desfavorable), las cuales se medirán por pruebas que indiquen dichos niveles actitudinales. En el experimento están involucradas personas de ambos sexos, edades que fluctúan entre los 18 y los 50 años y diversas profesiones de dos distritos electorales. Existe la posibilidad de asignar al azar a los sujetos a los grupos experimentales. Desarrolle y describa dos o más diseños experimentales que puedan aplicarse al estudio, considerando a cada una de las fuentes de invalidación interna (¿puede alguna afectar los resultados del experimento?). Establezca las hipótesis que podrían establecerse para este estudio.
4. Tome un grupo de 50 personas, pídale a cada una que anote en un trozo de papel su sexo, edad, nivel educativo, nivel mensual de ingresos, calificación que hayan obtenido en algún curso anterior y otros aspectos de interés que considere convenientes. Divida al azar a las 50 personas en dos grupos de 25 (estrictamente de manera aleatoria). Después compare cuántos hombres y mujeres hay en cada grupo; y compare los promedios de edad, años cursados, ingreso mensual, calificación en el curso elegido, etcétera, de ambos grupos. Observará que los grupos son bastante parecidos entre sí (equivalentes), las variaciones serán mínimas. El ejercicio sirve para demostrar que la aleatorización funciona.
5. Desarrolle un diseño cuasiexperimental de series cronológicas con al menos tres grupos. Describa

cada grupo y tratamiento, así como el número de mediciones que se incluirán y esquematícelo de acuerdo con la simbología vista. Además establezca la hipótesis que le corresponde.

6. Considere el siguiente diseño:

R	G_1	0_1	X_1	0_2
R	G_2	0_3	X_2	0_4
R	G_3	0_5	—	0_6

¿Qué podría concluirse de las siguientes comparaciones y resultados? (los signos de "igual" significan que las mediciones no difieren en sus resultados, los signos de "no igual" significan que las mediciones difieren sustancial o significativamente entre sí. Considérense sólo los resultados que se presentan y tómese en cuenta cada conjunto de resultados por separado, independientemente).

A) $0_1 = 0_2$, $0_3 = 0_4$, $0_5 = 0_6$ y $0_1 = 0_3 = 0_5$.
B) $0_1 \neq 0_2$, $0_3 \neq 0_4$, $0_5 = 0_6$ y $0_2 \neq 0_4$, $0_2 \neq 0_6$.
C) $0_1 = 0_2$, $0_3 \neq 0_4$, $0_5 = 0_6$, $0_1 = 0_3 = 0_5$, $0_4 \neq 0_6$, $0_2 = 0_6$.

7. Diseñe otras situaciones de interpretación y practique.
8. La investigación que ha desarrollado a lo largo de los ejercicios del libro, ¿corresponde a un experimento? Responda y explique.

BIBLIOGRAFÍA SUGERIDA

CAMPBELL, D.T. (1975), "Reforms as experiments", en E.L. Struening y M. Guttentag (Eds.): *Handbook of Evaluation Research.* Beverly Hills, CA: Sage Publications, pp. 71-100. Reimpresión revisada por el autor de American Psychologist, vol. 24, No. 4 (abril, 1969).

CAMPBELL, D.T. y STANLEY, J.C. (1966), *Experimental and quasi-experimental designs for research.* Chicago, Ill.: Rand McNally & Company. La primera edición en español (1973) fue publicada por Editorial Amorrortu.

CHRISTENSEN, L.B. (1980), *Experimental methodology.* Boston, Mass.: Allyn and Bacon, Inc. Segunda edición.

INSKO, Ch.A. y SCHOPLER J. (1980), *Psicología Social Experimental.* México, D.F.: Editorial Trillas.

MATHESON, D.W.; BRUCE, R.L. y BEAUCHAMP, K.L.(1985), *Psicología experimental: Diseños y análisis de investigación.* México, D.F.: Compañía Editorial Continental.

NUNNALLY, J.C. (1975), *The study of change in evaluation research: Principles concerning measurement, experimental design, and analysis,* en E.L. Struening y M. Guttentag (Eds.), *op. cit.*, pp. 101-137.

SOLOMON, R.L. (1949), *An extension of control-group design.* Psychological Bulletin, No. 46, pp. 137-150.

WIERSMA, W. (1986), *Research methods in education.* Newton, Mass.: Allyn and Bacon, Inc. Cuarta edición.

Ejemplos

LA TELEVISIÓN Y EL NIÑO

El estudio planteado como ejemplo a lo largo del libro **no** es un experimento sino una investigación no experimental. Un caso de un estudio experimental sobre la televisión y el niño consistiría en exponer durante determinado tiempo a un grupo de niños a 3 horas diarias de televisión, otro a 2 horas diarias, un tercero a 1 hora y otro grupo no exponerlo a la televisión. Todo ello para conocer el efecto que tiene la cantidad de horas expuestas ante contenidos televisivos (variable independiente) sobre diferentes variables dependientes (v.g., autoestima, creatividad, socialización).

EL CONTAGIO DEL SIDA

El ejemplo del contagio del SIDA **no** es una investigación experimental. Lo sería, si una a muestra de sujetos se le provocara la enfermedad deliberadamente a través de contacto sexual (grupo 1) y a otra muestra a través de transfusión sanguínea (grupo 2), manipulando como variable independiente "el medio de obtención del VIH" y como variable dependiente "el tiempo en adquirir la enfermedad". Lo cual no es ético y sería un crimen gravísimo. Es aquí donde la ciencia tiene sus límites y por ello en ocasiones la experimentación no es factible, aunque teóricamente pudiera hacerse.

Un ingeniero civil decide probar que un procedimiento llamado ECA es más efectivo para lograr bases para carreteras, utilizando roca caliza, que otros procedimientos, aun cuando se use el mismo tipo de roca.

Capítulo 7 Diseños no experimentales de investigación

OBJETIVOS DE APRENDIZAJE

Al terminar este capítulo, el alumno será capaz de:

- Comprender de las diferencias entre la investigación experimental y la investigación no experimental.
- Analizar los diferentes diseños no experimentales y las posibilidades de investigación que ofrece cada uno.
- Comprender cómo el factor tiempo altera la naturaleza de un estudio.
- Realizar investigación no experimental.
- Evaluar estudios no experimentales ya efectuados.

PROCESO DE INVESTIGACIÓN
Sexto paso
SELECCIONAR EL DISEÑO DE INVESTIGACIÓN APROPIADO

Experimento
- — Experimento "puro" — Diseño específico (De Solomon, factorial, etcétera).
- — Preexperimento — Diseño específico.
- — Cuasiexperimento — Diseño específico.

No experimento
- **— Transeccional**
  - **— Descriptivo. Uno o más grupos.**
  - **— Correlacional/causal. Uno o más grupos.**
- **— Longitudinal**
  - **— De tendencia o trend.**
  - **— De evolución de grupo o cohort.**
  - **— Panel.**

SÍNTESIS

El capítulo presenta una tipología para clasificar los diseños no experimentales y analiza cada uno de estos diseños: su propósito, naturaleza, usos y aplicaciones. Asimismo, se analizan con profundidad las diferencias entre la investigación experimental y la no experimental.

7.1 ¿QUÉ ES LA INVESTIGACIÓN NO EXPERIMENTAL?

Es la que se realiza sin manipular deliberadamente variables. Es decir, se trata de investigación donde no hacemos variar intencionalmente las variables independientes. Lo que hacemos en la *investigación no experimental es observar fenómenos tal y como se dan en su contexto natural, para después analizarlos.* Como señala Kerlinger (1979, p. 116): "La investigación no experimental o *ex post-facto* es cualquier investigación en la que resulta imposible manipular variables o asignar aleatoriamente a los sujetos o las condiciones." De hecho, no hay condiciones o estímulos a los cuales se expongan los sujetos del estudio. Los sujetos son observados en su ambiente natural, en su realidad.

En un experimento, el investigador construye deliberadamente una situación a la que son expuestos varios individuos. Esta situación consiste en recibir un tratamiento, condición o estímulo bajo determinadas circunstancias, para después realizar los efectos de la exposición o aplicación de dicho tratamiento o condición. Por decirlo de alguna manera, en un experimento se "construye" una realidad.

En cambio, *en un estudio no experimental no se construye ninguna situación,* sino que se observan situaciones ya existentes, no provocadas intencionalmente por el investigador. En la investigación no experimental las variables independientes ya han ocurrido y no pueden ser manipuladas, el investigador no tiene control directo sobre dichas variables, no puede influir sobre ellas porque ya sucedieron, al igual que sus efectos.

Ejemplo

Tomemos un ejemplo para explicar el concepto de investigación no experimental y su diferencia con la experimentación. Vamos a suponer que un investigador desea analizar el efecto que produce el consumo de alcohol sobre los reflejos humanos. Si decidiera seguir un enfoque experimental, asignaría al azar los sujetos a varios grupos. Supóngase cuatro grupos: un grupo donde los sujetos ingirieran un elevado consumo de alcohol (7 copas de tequila o aguardiente), un segundo grupo que ingiriera un consumo medio de alcohol (4 copas), un tercer grupo que bebiera un consumo bajo de alcohol (una sola copa) y un cuarto grupo de control que no ingiriera nada de alcohol. Controlaría el lapso en el que todos los sujetos consumen su "ración" de alcohol, así como otros factores (misma bebida, cantidad de alcohol servida en cada copa, etcétera). Finalmente mediría la calidad de respuesta de los reflejos en cada grupo y compararía los grupos, para determinar el efecto del consumo de alcohol sobre los reflejos humanos. Desde luego, el enfoque podría ser cuasiexperimental (grupos intactos) o los sujetos asignados a los grupos por emparejamiento (digamos en cuanto al sexo, que influye en la resistencia al alcohol, pues las mujeres suelen tolerar menos cantidades de alcohol que los hombres).

Por el contrario, si decidiera seguir un enfoque no experimental, el investigador podría acudir a lugares donde se localicen distintas personas con diferentes consumos de alcohol (por ejemplo, oficinas donde se haga la prueba del nivel de consumo de alcohol, como una estación de policía). Encontraría personas que han bebido cantidades elevadas, medias y bajas de alcohol, así como quienes no lo han ingerido. Mediría la calidad de sus reflejos, llevaría a cabo sus comparaciones y establecería el efecto del consumo de alcohol sobre los reflejos humanos.

Claro está que no sería ético un experimento que obligara a las personas a consumir una bebida que afecta **gravemente** la salud. El ejemplo es sólo para ilustrar lo expuesto.

Pero vayamos más a fondo para analizar las diferencias. En la investigación experimental se construye la situación y se manipula de manera intencional a la variable independiente (en este caso el consumo del alcohol), después se observa el efecto de esta manipulación sobre la variable dependiente (en este caso la calidad de los reflejos). Es decir, el investigador influyó directamente en el grado de consumo de alcohol de los sujetos. *En la investigación no experimental no hay ni manipulación intencional ni asignación al azar.* Los sujetos ya consumían un nivel de alcohol y en este hecho el investigador no tuvo nada que ver, no influyó en la cantidad de consumo de alcohol de los sujetos. Era una situación que previamente existía, ajena al control directo del investigador. En la investigación no experimental se eligieron personas con diferentes niveles de consumo, los cuales se generaron por muchas causas, pero no por la manipulación intencional y previa del consumo de alcohol. En cambio en el experimento, sí se generaron los niveles de consumo de alcohol por una manipulación deliberada de esta variable.

En resumen, *en un estudio no experimental los sujetos ya pertenecían a un grupo o nivel determinado de la variable independiente por autoselección.*

Esta diferencia esencial genera distintas características entre la investigación experimental y la no experimental, que serán discutidas cuando se analicen comparativamente ambos enfoques. Para ello es necesario profundizar en los tipos de investigación no experimental.

La investigación no experimental es investigación sistemática y empírica en la que las variables independientes no se manipulan porque ya han sucedido. Las inferencias sobre las relaciones entre variables se realizan sin intervención o influencia directa y dichas relaciones se observan tal y como se han dado en su contexto natural.

Un ejemplo no científico (y tal vez hasta burdo) para ilustrar la diferencia entre un experimento y un no experimento serían las siguientes situaciones:

EXPERIMENTO	Hacer enojar intencionalmente a una persona para ver sus reacciones.
NO EXPERIMENTAL	Ver las reacciones de esa persona cuando llega enojada.

7.2 ¿CUÁLES SON LOS TIPOS DE DISEÑO NO EXPERIMENTALES?

Distintos autores han adoptado diversos criterios para clasificar la investigación no experimental. Sin embargo, en este libro quisiéramos considerar la siguiente manera de clasificar dicha investigación: *Por su dimensión temporal o el número de momentos o puntos en el tiempo en los cuales se recolectan datos.*

Tipos de diseños no experimentales de acuerdo con el número de momentos o puntos en el tiempo en los cuales se recolectan los datos (dimensión temporal)

En algunas ocasiones la investigación se centra en analizar cuál es el nivel o estado de una o diversas variables en un momento dado, o bien en cuál es la relación entre un conjunto de variables en un punto en el tiempo. En estos casos el *diseño* apropiado (bajo un enfoque no experimental) es el *transversal* o *transeccional.*

Otras veces, en cambio, la investigación se centra en estudiar cómo evolucionan o cambian una o más variables o las relaciones entre ellas. En situaciones como ésta el *diseño* apropiado (bajo un enfoque no experimental) es el *longitudinal.*

Dicho de otro modo, los diseños no experimentales se pueden clasificar en *transeccionales* y *longitudinales.*

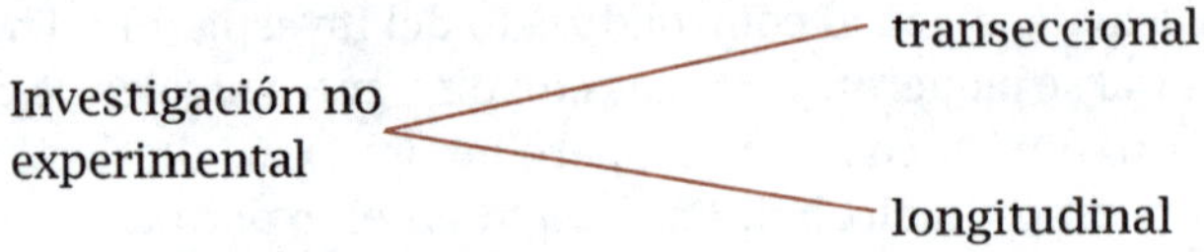

7.2.1 Investigación transeccional o transversal

Los diseños de investigación transeccional o transversal *recolectan datos en un solo momento, en un tiempo único. Su propósito es describir variables,* y analizar su incidencia e interrelación en un momento dado. Es como tomar una fotografía de algo que sucede. Por ejemplo, investigar el número de empleados, desempleados y subempleados en una ciudad en cierto momento. O bien, determinar el nivel de escolaridad de los trabajadores de un sindicato, en un punto en el tiempo. O tal vez, analizar la relación entre la autoestima y el temor de logro en un grupo de atletas de pista (en determinado momento). O bien, analizar si hay diferencias en contenido sexual entre tres telenovelas que están exhibiéndose simultáneamente.

Estos diseños pueden esquematizarse de la siguiente manera:

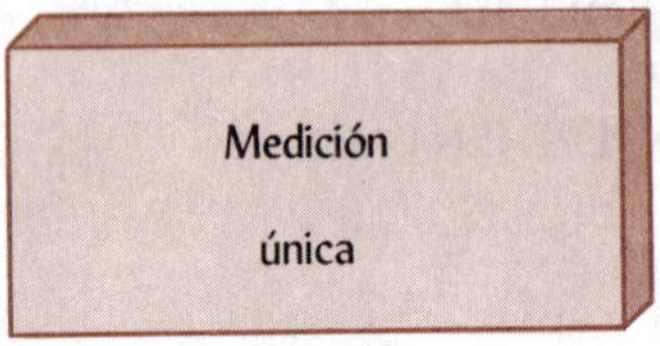

Pueden abarcar varios grupos o subgrupos de personas, objetos o indicadores. Por ejemplo, medir los niveles de aprovechamiento de grupos de primero, segundo y tercer año de instrucción básica o primaria. O tal vez medir la relación entre la autoestima y el temor de logro en atletas de deportes acuáticos, de raqueta y de pista. Pero siempre, la recolección de los datos es en un momento único.

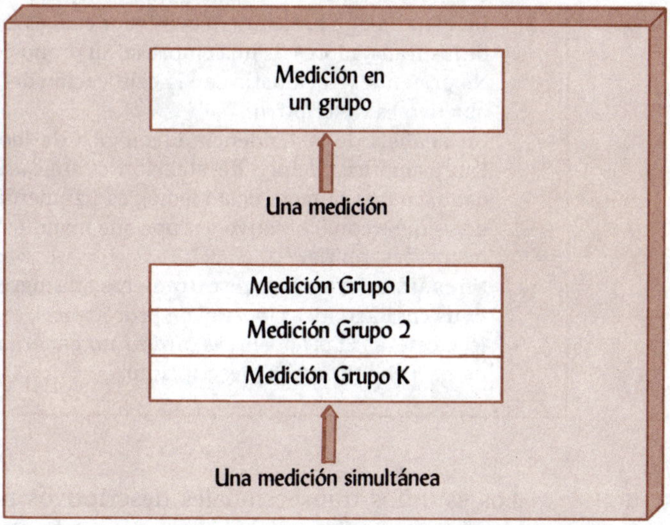

A su vez, *los diseños transeccionales pueden dividirse en dos: descriptivos y correlacionales/causales.*

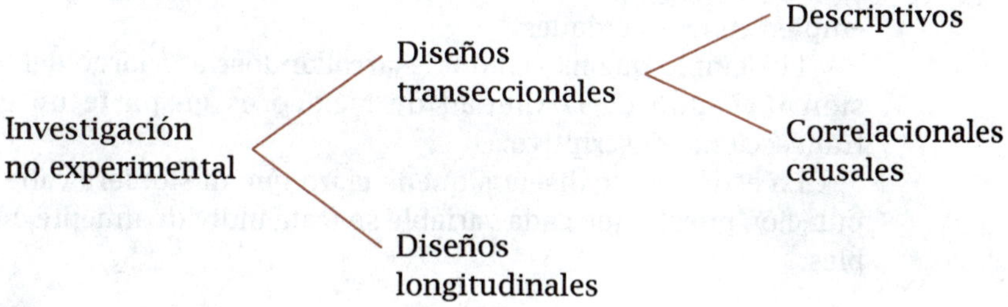

Diseños transeccionales descriptivos

Los diseños transeccionales descriptivos tienen como objetivo indagar la incidencia y los valores en que se manifiesta una o más variables. El procedimiento consiste en medir en un grupo de personas u objetos una o, generalmente, más variables y proporcionar su descripción. Son, por lo tanto, estudios puramente descriptivos y cuando establecen hipótesis, éstas son también descriptivas.

Ejemplos

1. Las famosas encuestas nacionales de opinión sobre las tendencias de los votantes durante periodos de elección. Su objetivo es describir el número de votantes en un país que se inclinan por los diferentes candidatos contendientes en la elección. Es decir, se centran en la descripción de las preferencias del electorado.
2. Un estudio que pretendiera averiguar cuál es la expectativa de ingreso mensual de los trabajadores de una empresa. Su propósito es describir dicha expectativa. No pretende relacionarla con la calificación del trabajador, ni su edad o sexo, el objetivo es descriptivo.
3. Un análisis de la tendencia ideológica de los 15 diarios de mayor tiraje en Latinoamérica. El foco de atención es únicamente describir, en un momento dado, cuál es la tendencia ideológica (izquierda-derecha) de dichos periódicos, no se tiene como objetivo ver por qué manifiestan una u otra ideología, simplemente describirla.
4. Un estudio del número de extranjeros que ingresan a un país en cierto momento y sus características (nación de procedencia, estado civil, edad, motivos del viaje, etcétera). El propósito es ofrecer un panorama de los extranjeros que visitan un país en una época (descripción).

Los estudios transeccionales descriptivos nos presentan un panorama del estado de una o más variables en uno o más grupos de personas, objetos (v.g., periódicos) o indicadores en determinado momento.

En ciertas ocasiones, el investigador pretende hacer descripciones comparativas entre grupos o subgrupos de personas, objetos o indicadores (esto es, en más de un grupo). Por ejemplo, un investigador que deseara describir el nivel de empleo en tres ciudades.

El ejemplo que ha venido desarrollándose a lo largo del libro sobre la televisión y el niño de la Ciudad de México es en parte un ejemplo de diseño transeccional descriptivo.

En este tipo de diseños queda claro que ni siquiera cabe la noción de manipulación puesto que cada variable se trata individualmente, no se vinculan variables.

Diseños transeccionales correlacionales

Estos diseños describen relaciones entre dos o más variables en un momento determinado. Se trata también de descripciones, pero no de variables individuales sino de sus *relaciones*, sean éstas puramente *correlacionales o relaciones causales.* En estos diseños lo que se mide es la relación entre variables en un tiempo determinado.

La diferencia entre los diseños transeccionales descriptivos y los correlacionales causales puede expresarse gráficamente de la siguiente manera:

Descriptivos	*Correlaciones/causales*
Se mide y describe variable (X_1)	Se mide y describe relación (X_1 - X_2)
Se mide y describe variable (X_2)	Se mide y describe relación (X_1 - X_3)
Se mide y describe variable (X_K)	Se mide y describe relación (X_K - X_{K+1})
Tiempo único	*Tiempo único*
El interés es cada variable tomada individualmete	El interés es la relación entre variables sea correlación;

Descriptivos:

X_1

X_2

X_3

Correlaciones/causales:

$X_1 \ominus X_2$

$X_1 \ominus X_3$

$X_2 \ominus X_3$

O bien relación causal:

$X_1 \rightarrow X_2$

$X_1 \rightarrow X_3$

$X_2 \rightarrow X_3$

Por lo tanto, *los diseños correlacionales/causales pueden limitarse a establecer relaciones entre variables sin precisar sentido de causalidad o pueden pretender analizar relaciones de causalidad.* Cuando se limitan a relaciones no causales, se fundamentan en hipótesis correlacionales y cuando buscan evaluar relaciones causales, se basan en hipótesis causales.

Ejemplos

1. Una investigación que pretendiera indagar la relación entre la atracción física y la confianza durante el noviazgo en parejas de jóvenes, observando cuán relacionadas están ambas variables (se limita a ser correlacional).
2. Una investigación que estudiara cómo la motivación intrínseca influye en la productividad de los trabajadores de línea de grandes empresas industriales, de determinado país y en cierto momento, observando si los obreros más productivos son los más motivados, y en caso de que así sea, evaluando por qué y cómo es que la motivación intrínseca contribuye a incrementar la productividad (esta investigación establece primero la correlación y luego la relación causal entre las variables).

3. Un estudio sobre la relación entre la urbanización y el alfabetismo en una nación latinoamericana, para ver qué variables macrosociales mediatizan tal relación (causal).
4. Una investigación que analizara cuáles son las variables que regulan la relación entre organizaciones proveedoras (vendedores) y organizaciones compradoras (clientes) en las transacciones comerciales en Latinoamérica (con volúmenes de intercambio anuales superiores a un millón de dólares), así como estudiar la vinculación que se da entre dichas variables y las razones que originan tal vinculación (se correlacionan las variables y se evalúan causalmente).

De los ejemplos puede desprenderse lo que se ha comentado anteriormente: que en ciertas ocasiones sólo se pretende correlacionar variables, pero en otras se busca el establecer relaciones causales. Debemos recordar que la causalidad implica correlación, pero no toda correlación significa causalidad. Primero establecemos correlación y luego causalidad.

Estos diseños *pueden ser sumamente complejos y abarcar diversas variables.* Cuando establecen relaciones causales son explicativos. Su diferencia con los experimentos es la base de la distinción entre experimentación y no experimentación. En los diseños transeccionales correlacionales/causales, las causas y efectos ya ocurrieron en la realidad (estaban dadas y manifestadas) y el investigador las(os) observa y reporta. En cambio, en los diseños experimentales y cuasiexperimentales el investigador provoca intencionalmente al menos una causa y analiza sus efectos o consecuencias.

Un diseño correlacional/causal puede limitarse a dos variables o abarcar modelos o estructuras tan complejas como la siguiente (donde cada letra en recuadro representa una variable):

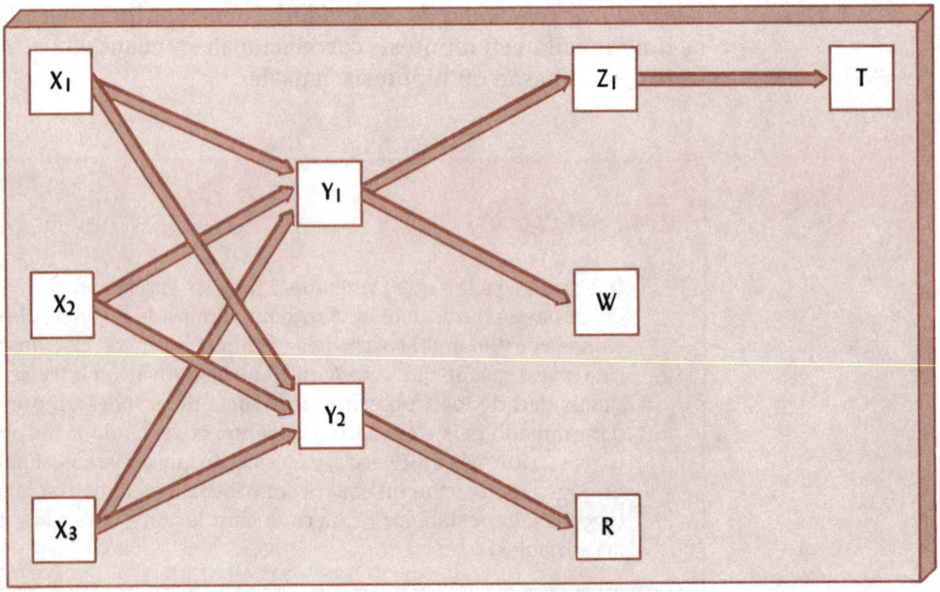

O aun estructuras más complejas como la presentada en el apartado de hipótesis causales multivariadas del capítulo cinco ("Establecimiento de hipótesis").

Estos diseños se fundamentan en hipótesis correlacionales y de diferencia de grupos sin atribuir causalidad (cuando pretenden establecer relaciones causales). Asimismo, los diseños correlacionales/causales en ocasiones describen relaciones en uno o más grupos o subgrupos y suelen describir primero las variables incluidas en la investigación, para luego establecer las relaciones entre éstas (en primer lugar, son descriptivos de variables individuales, pero luego van más allá de las descripciones: van a establecer relaciones).

> *Ejemplo*
>
> Una investigación para evaluar la credibilidad de tres conductores de televisión, y relacionar esta variable con el sexo, la ocupación y el nivel socioeconómico del teleauditorio. Primero, mediríamos qué tan creíble es cada conductor y describiríamos la credibilidad de los tres conductores. Observaríamos el sexo de las personas e investigaríamos su ocupación y nivel socioeconómico, y describiríamos el sexo, ocupación y nivel socioeconómico del teleauditorio. Posteriormente, relacionaríamos la credibilidad y el sexo (para ver si hay diferencias por sexo en cuanto a la credibilidad de los tres conductores), la credibilidad y la ocupación (para ver si los conductores tienen una credibilidad similar o diferente entre las distintas ocupaciones) y credibilidad y nivel socioeconómico (para evaluar diferencias por nivel socioeconómico). Así, primero describimos y luego correlacionamos.

Comentario aclaratorio

Tanto en los diseños transeccionales descriptivos como en los correlacionales/causales vamos a observar variables o relaciones entre éstas, en su ambiente natural y en un momento en el tiempo.

Los diseños transeccionales correlacionales/causales buscan describir correlaciones entre variables o relaciones causales entre variables, en uno o más grupos de personas u objetos o indicadores y en un momento determinado.

7.2.2 Investigación longitudinal

En ocasiones el interés del investigador es analizar *cambios a través del tiempo* en determinadas variables o en las relaciones entre éstas. Entonces se dispone de los *diseños longitudinales*, los cuales *recolectan datos a través del tiempo en puntos o periodos especificados, para hacer inferencias respecto al cambio, sus determinantes y consecuencias*. Por ejemplo, un investigador que buscara analizar cómo evolucionan los niveles de empleo durante cinco años en una ciudad u otro que pretendiera estudiar cómo ha cambiado el contenido sexual en las telenovelas en los últimos diez años.

Los *diseños longitudinales* suelen dividirse en tres tipos: *diseños de tendencia (trend), diseños de análisis evolutivo de grupos (cohort) y diseños panel*, como se indica en el siguiente esquema.

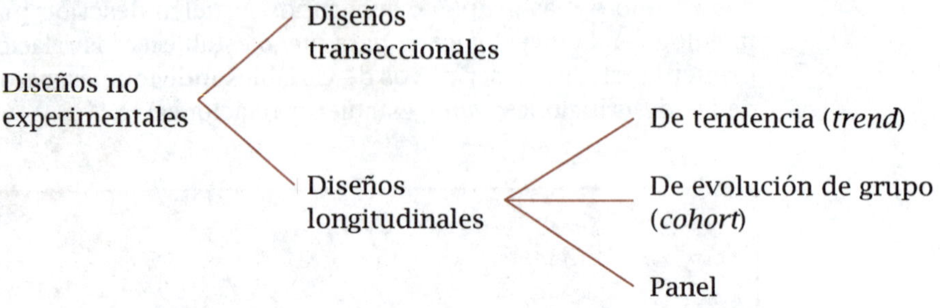

Diseños longitudinales de tendencia

Los diseños de tendencia o trend son aquellos que analizan cambios a través del tiempo (en variables o sus relaciones), dentro de alguna población en general. Su característica distintiva es que la atención se centra en una población. Por ejemplo, una investigación para analizar cambios en la actitud hacia el aborto en una comunidad. Dicha actitud se mide en varios puntos en el tiempo (digamos, anualmente durante 10 años) y se examina su evolución a lo largo de este periodo. Se puede observar o medir toda la población o bien tomar una muestra representativa de ella cada vez que se observen o midan las variables o las relaciones entre éstas.

Estos diseños pueden representar de la siguiente manera:

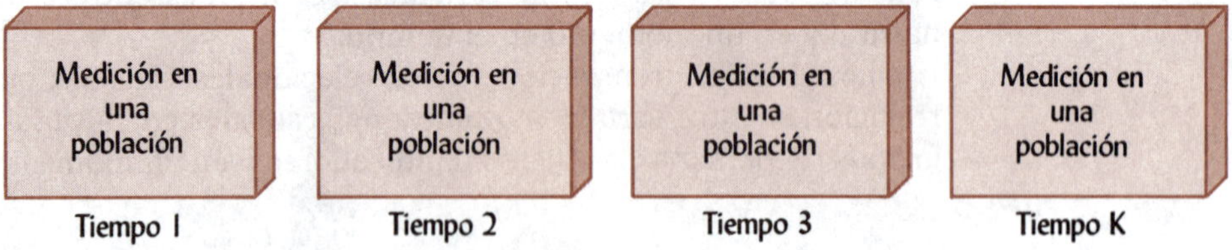

Diseños longitudinales de evolución de grupo

Los diseños de evolucion de grupo o estudios *cohort* examinan cambios a través del tiempo en subpoblaciones o grupos específicos. Su atención son las *cohorts* o grupos de individuos vinculados de alguna manera, generalmente la edad, grupos por edad (Glenn, 1977). Un ejemplo de estos grupos ("cohorts") sería el formado por las personas que nacieron en 1930 en Brasil, pero también podría utilizarse otro criterio de agrupamiento temporal como: las personas que se casaron durante 1986 y 1987 en Costa Rica o los niños de la Ciudad de México que asistían a instrucción primaria durante el terremoto que ocurrió en 1985. Tales diseños hacen seguimiento de los grupos a través del tiempo. Usualmente en estos diseños se extrae una muestra cada vez que se mide el grupo o subpoblación más que incluir a toda la subpoblación.

Ejemplos

Una investigación nacional sobre las actitudes hacia la dictadura militar de los chilenos nacidos en 1973, digamos cada cinco años, comenzando a partir de 1985. En este año se obtendría una muestra de chilenos de 12 años de edad y se medirían las actitudes. En 1990, se obtendría una muestra de chilenos de 17 años y se medirían las actitudes. En 1995, se obtendría una muestra de chilenos de 22 años y en el año 2000 una muestra de chilenos de 27 años, y así sucesivamente. De esta forma, se analiza la evolución o cambios de las actitudes mencionadas. Desde luego, aunque el conjunto específico de personas estudiadas en cada tiempo o medición pueda ser diferente, cada muestra representa a los sobrevivientes del grupo de chilenos nacidos en 1973.

Un ejemplo de investigación longitudinal evolutiva de grupo es el trabajo ya citado que se realizó en Pemex acerca del SIDA. Los datos acerca de la evolución de los enfermos se recolectaron a través del tiempo y se analizó la evolución de los pacientes infectados entre 1984 y 1987 por la sangre o derivados contaminados provenientes de "Transfusiones y Hematología, S.A.". De este modo se siguió la evolución de los 49 sujetos que integraron el universo. Cuando terminó el periodo de estudio, 18 de los pacientes habían fallecido, mientras que 31 se encontraban vivos.

Diferencia entre diseños de tendencia y de evolución de grupo

Su diferencia con los diseños de tendencia puede verse en el siguiente ejemplo tomado de Wiersman (1986, p. 208).

Ejemplo

Un investigador está interesado en estudiar las actitudes de los maestros respecto a las asociaciones de profesionales en la Región "A". Las actitudes son medidas cada tres años durante un periodo de 15 años. En cada momento que se hace la medición, se selecciona de la población de maestros existente en ese momento, una muestra de ellos. La membresía de la población puede cambiar a través del tiempo al menos parcialmente (algunos pueden dejar de ser maestros o ingresar nuevos maestros), pero en cualquier momento o tiempo la población es la misma: los maestros de la Región "A" (llamada población general). Éste sería un ejemplo de un diseño de tendencia.

Si el investigador estuviera interesado en estudiar las actitudes hacia los sindicatos de profesionales por parte de los maestros que se iniciaron como tales en 1986, en la Región "A", el estudio incluiría el análisis de una subpoblación o grupo específico. Tres años después, la siguiente muestra se obtendría de lo que queda de esa población, la cual en 1989 estará constituida por maestros con tres años de experiencia. Desde luego, algunos de los maestros que se iniciaron como tales en 1986 habrán dejado la docencia, y el estudio incluirá sólo las actitudes del grupo o subpoblación de maestros que comenzaron a serlo en dicho año y en 1989 continúan en el magisterio (de toda la población de maestros se estudia a una subpoblación). Éste sería un ejemplo de diseño de evolución de grupo o *cohort*.

En algunas poblaciones que se modifican con relativa facilidad, los miembros actuales de la población pueden cambiar totalmente a través del tiempo (Wiersman, 1986). Por ejemplo, si se llevara a cabo una investigación sobre las opiniones políticas de estudiantes graduados en economía cada cinco años, habría un elevado porcentaje de cambio en los integrantes actuales de esa subpoblación. Aunque la subpoblación seguiría siendo siempre la misma: los graduados en Economía de tal escuela. Es decir, los nombres de muchas personas cambiarían, la subpoblación no.

Esquema de los diseños de evolución de grupo

Los diseños de evolución de grupo podrían esquematizarse de la siguiente manera:

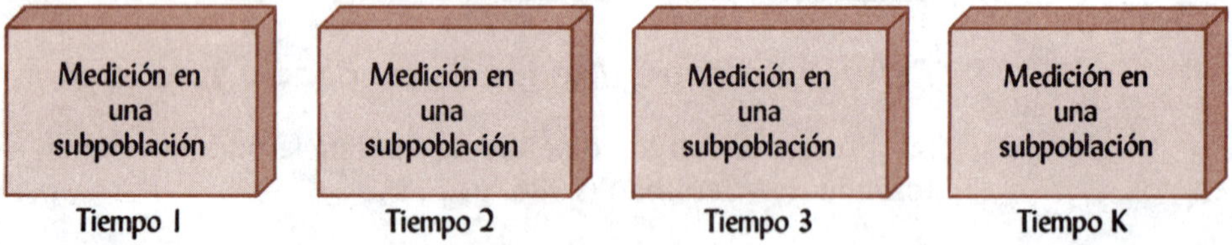

En los diseños de tendencia y de evolución de grupo se estudia el cambio en subpoblaciones o poblaciones pero debido a que en cada momento o tiempo se mide una muestra diferente aunque equivalente, el cambio se evalúa colectivamente y no de manera individual (porque las personas pueden cambiar). Si hay cambios, el investigador no puede determinar específicamente qué in dividuos los provocan. En ambos tipos de diseños tal situación podría graficarse así:

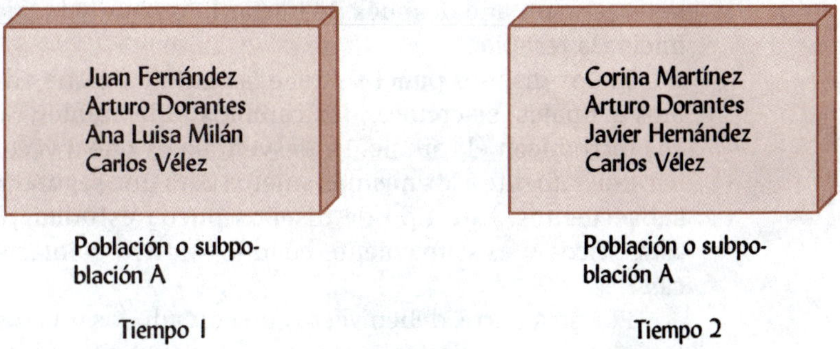

Es decir, algunos o todos los sujetos pueden cambiar, pero la población o subpoblación es la misma.

Diseños longitudinales panel

Los diseños panel son similares a las dos clases de diseños vistas anteriormente, sólo que el mismo grupo de sujetos es medido en todos los tiempos o momentos.

Un ejemplo sería una investigación que observara anualmente los cambios en las actitudes de un grupo de ejecutivos en relación con un programa para elevar la productividad, digamos durante cinco años. Cada año se observaría la actitud de los mismos ejecutivos. Es decir, los individuos y no sólo la población o subpoblación, son los mismos. Otro ejemplo, sería observar mensualmente (durante un año) a un grupo que acudió a psicoterapia para analizar si se incrementan sus expresiones verbales de discusión y exploración de planes futuros, y si disminuyen sus expresiones de discusión y exploración de hechos pasados (en cada observación los pacientes serían las mismas personas). Esto podría expresarse gráficamente así:

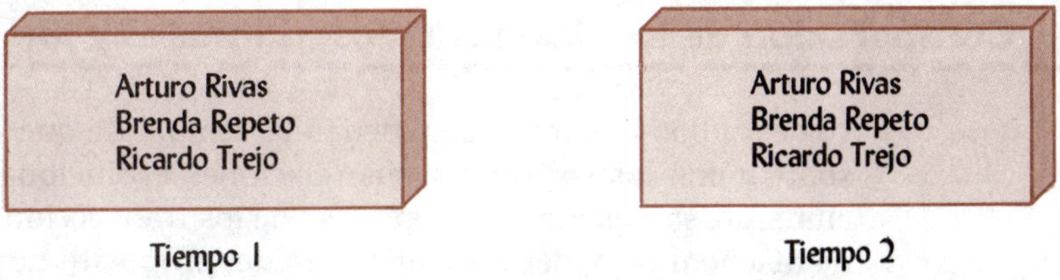

Otro ejemplo de diseño panel es analizar la evolución de enfermos de un determinado tipo de cáncer (de mama, pongamos por caso) donde se vea qué ha pasado con un grupo de enfermas durante cuatro etapas: la primera, un mes después de iniciar la terapia; la segunda, seis meses después de iniciar la terapia; la tercera, un año después de iniciar la terapia y la cuarta, dos años después de iniciar la terapia.

En los diseños panel se tiene la ventaja de que además de conocer los cambios grupales, se conocen los cambios individuales. Se sabe qué casos específicos introducen el cambio. La desventaja es que a veces resulta muy difícil obtener exactamente a los mismos sujetos para una segunda medición u observaciones subsecuentes. Este tipo de diseños puede estudiar poblaciones o grupos más específicos y es conveniente cuando se tiene poblaciones relativamente estáticas.

Por otra parte, deben verse con cuidado los efectos que una medición pueda tener sobre mediciones posteriores (recuérdese el efecto de administración de la prueba vista como fuente de invalidación interna en experimentos y cuasiexperimentos, sólo que aplicada al contexto no experimental). Los diseños panel podrían esquematizarse de la siguiente forma:

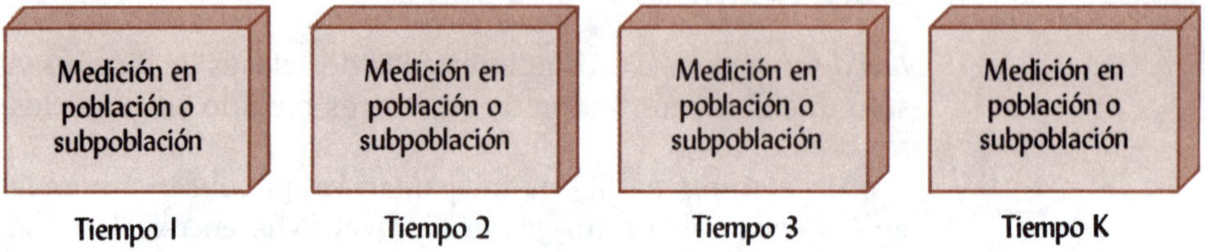

Los diseños longitudinales se fundamentan en hipótesis de diferencia de grupos, correlacionales y causales.

Los diseños longitudinales recolectan datos sobre variables o sus relaciones, en dos o más momentos, para evaluar el cambio en éstas. Ya sea tomando a una población (diseños de tendencia o *trends*) a una subpoblación (diseños de análisis evolutivo de un grupo o *cohort*) o a los mismos sujetos (diseños panel).

7.2.3 Comparación de los diseños transeccionales y longitudinales

Los estudios longitudinales tienen la ventaja de que proporcionan información sobre cómo las variables y sus relaciones evolucionan a través del tiempo. Sin embargo, suelen ser más costosos que los transeccionales. La elección de un tipo de diseño u otro, depende más bien del propósito de la investigación.

Asimismo pueden combinarse ambos enfoques, por ejemplo: Un investigador puede analizar en un momento dado la productividad en grandes, medianas y pequeñas empresas; y ver cómo se modifica (o no se modifica) la productividad de las grandes empresas a los seis meses, al año y a los dos años.

7.3 ¿CUÁLES SON LAS CARACTERÍSTICAS DE LA INVESTIGACIÓN NO EXPERIMENTAL EN COMPARACIÓN CON LA INVESTIGACIÓN EXPERIMENTAL?

Como se mencionó al inicio del capítulo sobre experimentos, *tanto la investigación experimental como la no experimental son herramientas muy valiosas de que dispone la ciencia y ningún tipo es mejor que el otro.* El diseño a seleccionar en una investigación depende más bien del problema a resolver y el contexto que rodea al estudio. Desde luego, ambos tipos de investigación poseen características propias que es necesario resaltar.

El control sobre las variables es más riguroso en los experimentos que en los diseños cuasiexperimentales y a su vez, ambos tipos de investigación tienen mayor control que los diseños no experimentales. En un experimento se analizan relaciones "puras" entre las variables de interés, sin contaminación de otras variables y por ello podemos establecer relaciones causales con mayor precisión. Por ejemplo, en un experimento sobre el aprendizaje podemos variar el estilo de liderazgo del profesor, el método de enseñanza y otros factores. Así, podemos saber cuánto afectó cada variable. En cambio, en la investigación no experimental, resulta más complejo separar los efectos de las múltiples variables que intervienen (en un estudio no experimental sobre los daños que provoca el tabaquismo, sería más difícil saber cuánto contribuyó el tipo de papel en que se envolvió el tabaco, cuánto cada sustancia que compone la mezcla, el número de cigarrillos fumados, el grado al que se consume cada cigarrillo, etcétera). En la investigación experimental las variables pueden manipularse por separado o conjuntamente con otras para conocer sus efectos, en la investigación no experimental no podemos hacerlo.

Por lo que respecta a la *posibilidad de réplica, los diseños experimentales y cuasiexperimentales se pueden replicar más fácilmente, con o sin variaciones.* Pueden replicarse en cualquier lugar siguiendo el mismo procedimiento.

Ahora bien, como menciona Kerlinger (1979), *en los experimentos* (sobre todo en los de *laboratorio) las variables independientes pocas veces tienen tanta fuerza como en la realidad.* Es decir, en el laboratorio dichas variables no muestran la magnitud real de sus efectos, la cual suele ser mayor fuera del laboratorio. Por lo tanto, si se encuentra un efecto en el laboratorio, éste tenderá a ser mayor en la realidad.

En cambio, *en la investigación no experimental estamos más cerca de las variables hipotetizadas como "reales"* y consecuentemente *tenemos mayor validez externa* (posibilidad de generalizar los resultados a otros individuos y situaciones cotidianas).

Una *desventaja de los experimentos* es que normalmente se selecciona un *número de personas poco o medianamente representativo respecto a las poblaciones que estudian.* La mayoría de los experimentos utilizan muestras no mayores de 200 personas, lo que dificulta la generalización de resultados a poblaciones más amplias. Por tal razón, los resultados de un experimento deben observarse con precaución y es a través de la réplica de éste (en distintos contextos y con diferentes tipos de personas) como van generalizándose dichos resultados.

En resumen, ambas clases de investigación: experimental y no experimental, se utilizan para el avance del conocimiento y en ocasiones resulta más apropiado un tipo u otro dependiendo del problema de investigación a que nos enfrentamos.

TABLA 7.1 Correspondencia entre tipos de estudio, hipótesis y diseño de investigación

ESTUDIO	HIPÓTESIS	DISEÑO
Exploratorio.	– No se establecen, lo que se puede formular son conjeturas iniciales.	– Transeccional descriptivo. – Preexperimental.
Descriptivo.	– Descriptiva.	– Preexperimental. – Transeccional descriptivo.
Correlacional.	– Diferencia de grupos sin atribuir causalidad.	– Cuasiexperimental. – Transeccional correlacional. – Longitudinal (no experimental).
	– Correlacional.	– Cuasiexperimental. – Transeccional correlacional. – Longitudinal (no experimental).
Explicativo.	– Diferencia de grupos atribuyendo causalidad.	– Experimental. – Cuasiexperimental, longitudinal y transeccional causal (cuando hay bases para inferir causalidad, un mínimo de control y análisis estadísticos apropiados para analizar relaciones causales).
	– Causales.	– Experimental. – Cuasiexperimental, longitudinal y transeccional causal (cuando hay bases para inferir causalidad, un mínimo de control y análisis estadísticos apropiados para analizar relaciones causales).

7.4 ¿QUÉ RELACIÓN EXISTE ENTRE EL TIPO DE ESTUDIO, LAS HIPÓTESIS Y EL DISEÑO DE LA INVESTIGACIÓN?

Anteriormente se comentó que el planteamiento del problema y el marco teórico nos indican si nuestro estudio o investigación se iniciaría con fines básicamente exploratorios, descriptivos, correlacionales o explicativos. Asimismo, el tipo de estudio nos lleva a la formulación de cierta clase de *hipótesis* y éstas a la selección de determinado *diseño de investigación.* En la tabla 7.1 se muestra esquemáticamente esta correspondencia.

Algunos problemas de investigación pueden ser abordados o no en forma experimental. Por ejemplo, si deseáramos analizar la relación entre la motivación y la productividad en los trabajadores de cierta empresa, podríamos seleccionar un conjunto de éstos y dividirlos al azar en cuatro grupos: uno donde se propicie una elevada motivación, otro con mediana motivación, otro más con baja motivación y uno último al que no se le administre ningún motivador. Después compararíamos la productividad de los grupos. Tendríamos un experimento.

Si se tratara de grupos intactos tendríamos un cuasiexperimento. En cambio, si midiéramos la motivación existente en los trabajadores así como su productividad y relacionáramos ambas variables, estaríamos realizando una investigación transeccional correlacional. Y si cada seis meses midiéramos las dos variables y estableciéramos sus correlación efectuaríamos un estudio longitudinal.

RESUMEN

- La investigación no experimental es la que se realiza sin manipular deliberadamente las variables independientes, se basa en variables que ya ocurrieron o se dieron en la realidad sin la intervención directa del investigador. Es un enfoque retrospectivo.
- La investigación no experimental es conocida también como investigación *ex post-facto* (los hechos y variables ya ocurrieron) y observa variables y relaciones entre éstas en su contexto natural.
- Los diseños no experimentales se dividen de la siguiente manera:

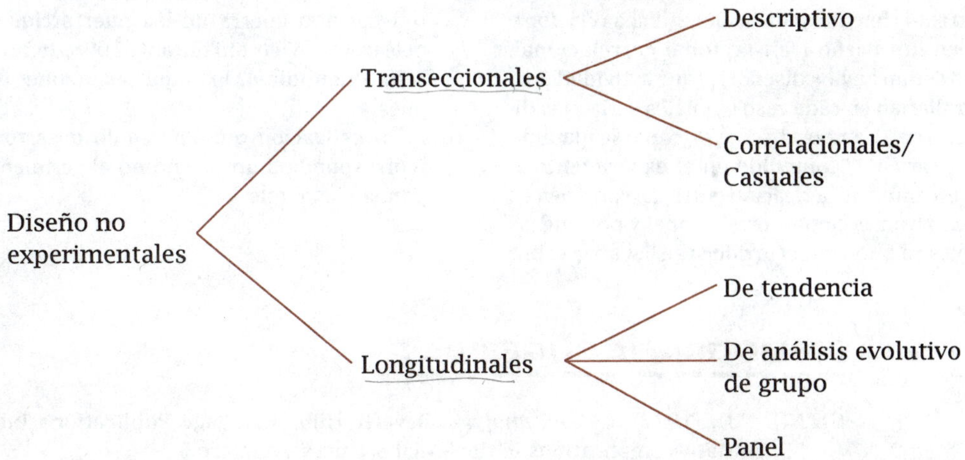

- Los diseños transeccionales realizan observaciones en un momento único en el tiempo. Cuando miden variables de manera individual y reportan esas mediciones son descriptivos. Cuando describen relaciones entre variables son correlacionales y si establecen procesos de causalidad entre variables son correlacionales/causales.
- Los diseños longitudinales realizan observaciones en dos o más momentos o puntos en el tiempo. Si estudian una población son diseños de tendencia, si analizan una subpoblación o grupo específico son diseños de análisis evolutivo de grupo y si estudian los mismos sujetos son diseños panel.
- La investigación no experimental posee un control menos riguroso que la experimental y en aquélla es más complicado inferir relaciones causales. Pero la investigación no experimental es más natural y cercana a la realidad cotidiana.
- El tipo de diseño a elegir se encuentra condicionado por el problema a investigar, el contexto que rodea a la investigación, el tipo de estudio a efectuar y las hipótesis formuladas.

CONCEPTOS BÁSICOS

Investigación no experimental
Investigación *ex post-facto*
Diseños transeccionales
Diseño transeccional descriptivo
Diseño transeccional correlacional/explicativo
Diseños longitudinales
Diseño longitudinal de tendencia (*trend*)
Diseño longitudinal de análisis evolutivo de grupo o evolución de grupo (*cohort*)
Diseño longitudinal panel
Observación en ambiente natural
Tipo de estudio y diseño
Tipo de hipótesis y diseño

EJERCICIOS

1. Elija una investigación no experimental (de algún libro o revista) y analice: ¿cuáles son sus diferencias con un estudio experimental? Escriba cada una y discútalas con sus compañeros.
2. Un investigador está intentando evaluar la relación entre la exposición a videos musicales con alto contenido sexual y la actitud hacia el sexo. Ese investigador nos pide que le ayudemos a construir un diseño experimental para analizar dicha relación y también un diseño transeccional correlacional. ¿Cómo serían ambos diseños?, ¿qué actividades se desarrollarían en cada caso?, ¿cuáles serían las diferencias entre ambos diseños?, ¿cómo se manipularía la variable "contenido en el experimento"?, ¿cómo se inferiría la relación entre las variables en el diseño transeccional correlacional y por qué las variables ya hubieran ocurrido si se llevara a cabo?
3. Construya un ejemplo de un diseño transeccional descriptivo.
4. Construya un ejemplo de un diseño longitudinal de tendencia, un ejemplo de un diseño de evolución de grupo y un ejemplo de un diseño panel; y con base en los ejemplos analice las diferencias entre los tres tipos de diseños longitudinales.
5. Si un investigador estudiara cada cinco años la actitud hacia la guerra de los puertorriqueños que pelearon en Vietnam durante 1968, ¿tendría un diseño longitudinal? Explique las razones de su respuesta.
6. La investigación que ha venido desarrollándose, ¿corresponde a un diseño no experimental? Responda y explique.

BIBLIOGRAFÍA SUGERIDA

GLENN, N.D. (1977). *Cohort analysis*. Beverly Hills, CA: Sage Publications Inc. Series: "Quantitative Applications in the Social Sciences", número 5.

KERLINGER, F.N. (1979). *Enfoque conceptual de la investigación del comportamiento.* México, D.F.: Nueva Editorial Interamericana. Capítulo número 8 ("Investigación experimental y no experimental").

KESSLER, R.C. y GREENBERG, D.F. (1981). *Linear panel analysis: Models of quantitative change.* London, UK: Academic Press, Inc. (LONDON) LTD.

MARKUS, G.B. (1979). *Analyzing panel data.* Beverly Hills, CA: Sage Publications Inc: Series: "Quantitative Applications in the Social Science", número 18.

Ejemplo

LA TELEVISIÓN Y EL NIÑO

Diseño transeccional que implica descripción de variables y correlaciones.

Capítulo

8 ¿Cómo seleccionar una muestra?

OBJETIVOS DE APRENDIZAJE

Al terminar este capítulo, el alumno será capaz de:

- Enunciar los conceptos de muestra, población y procedimiento de selección de la muestra.
- Identificar los diferentes tipos de muestras, sus características, las situaciones en que es conveniente utilizar cada uno y sus aplicaciones.
- Determinar el tamaño adecuado de muestra en distintas situaciones de investigación.
- Obtener muestras adecuadas desde el punto de vista científico, aplicando diferentes métodos de selección.

PROCESO DE INVESTIGACIÓN
Séptimo paso

SELECCIONAR UNA MUESTRA APROPIADA PARA LA INVESTIGACIÓN:

- Definir los sujetos que van a ser medidos.
- Delimitar la población.
- Elegir el tipo de muestra:
  Probabilística: simple, estratificada y por racimos.
  No probabilística: sujetos voluntarios, experimentos, sujetos-tipo y por cuotas.
- Definir el tamaño de la muestra.
- Aplicar el procedimiento de selección.
- Obtener la muestra.

SÍNTESIS

En el capítulo se analizan los conceptos de muestra, población o universo, tamaño de muestra, representatividad de la muestra y procedimiento de selección. También presenta una tipología de muestras: probabilísticas y no probabilísticas. Explica cómo definir los sujetos que van a ser medidos, cómo determinar el tamaño adecuado de muestra y cómo proceder a obtener la muestra dependiendo del tipo de selección elegido.

8.1 ¿QUIÉNES VAN A SER MEDIDOS?

Aquí el interés se centra en "quiénes", es decir, en los *sujetos u objetos de estudio.* Esto depende del planteamiento inicial de la investigación. Así, si el objetivo es describir el uso que hacen los niños de la televisión, lo más factible es que deberemos interrogar a un grupo de niños. También serviría entrevistar a las mamás de los niños. Escoger entre los niños o sus mamás, o ambos, dependería no sólo del objetivo de la investigación sino del diseño de la misma. En el caso de la investigación de Fernández Collado, Baptista y Elkes (1986) donde el objetivo básico del estudio era describir la relación niño-televisión, se determinó que los sujetos seleccionados para el estudio fueran niños que respondieron sobre sus conductas y percepciones relacionadas con este medio de comunicación.

En otro estudio de Greenberg, Ericson y Vlahos (1972) el objetivo de análisis era investigar las discrepancias o semejanzas en las opiniones de madres e hijos con respecto al uso de la televisión. Aquí el objetivo del estudio supuso la selección de mamás y niños, para entrevistarlos por separado, correlacionando posteriormente la respuesta de cada par madre-hijo.

Lo anterior puede parecer muy obvio, pues los objetivos de los dos ejemplos mencionados son claros. En la práctica esto no parece ser tan simple para muchos estudiantes que en propuestas de investigación y de tesis no logran una coherencia entre los objetivos de la investigación y la unidad de análisis de la misma. Algunos errores comunes se encuentran en la tabla 8.1.

Por tanto, para seleccionar una *muestra*, lo primero es definir la *unidad de análisis* (personas, organizaciones, periódicos, etcétera). *El "quiénes van a ser medidos", depende de precisar claramente el problema a investigar y los objetivos de la investigación.* Estas acciones nos llevarán al siguiente paso, que es delimitar una población.

En el estudio del SIDA que ya hemos mencionado, la unidad de análisis fueron los receptores directos de sangre o derivados contaminados con VIH que sobreviven y los contactos de receptores directos (cónyuge e hijos nacidos durante el periodo 1984-1987) tanto si sobreviven como si no.

8.2 ¿CÓMO SE DELIMITA UNA POBLACIÓN?

Una vez que se ha definido cuál será la *unidad de análisis*, se procede a *delimitar la población* que va a ser estudiada y sobre la cual se pretende generalizar los resultados. Así, una población es el conjunto de todos los casos que concuerdan con una serie de especificaciones (Selltiz, 1974).

La *muestra* suele ser definida como un *subgrupo de la población* (Sudman, 1976).* Para seleccionar la muestra deben delimitarse las características de la

* Algunos investigadores usan el término universo, pero los autores preferimos utilizar el término población, ya que como Kisch (1974), consideramos que universo es más bien un término descriptivo de un conjunto infinito de datos, lo que se aplica a la población.

TABLA 8.1
¿Quiénes van a ser medidos?: errores y soluciones.

PREGUNTA DE INVESTIGACIÓN	UNIDAD DE ANÁLISIS ERRÓNEA	UNIDAD DE ANÁLISIS CORRECTA
¿Discriminan a las mujeres en los anuncios de la televisión?	Mujeres que aparecen en los anuncios de televisión. *Error*: no hay grupo de comparación.	Mujeres y hombres que aparecen en los anuncios de televisión para comparar si categorías de análisis difieren entre los dos grupos.
¿Están los obreros del área metropolitana satisfechos con su trabajo?	Computar el número de conflictos sindicales registrados en Conciliación y Arbitraje durante los últimos 5 años. *Error*: la pregunta propone indagar sobre actitudes individuales y esta unidad de análisis denota datos agregados en una estadística laboral y macrosocial.	Muestra de obreros que trabajan en el área metropolitana cada uno de los cuales contestará a las preguntas de un cuestionario.
¿Hay problemas de comunicación entre padres e hijos?	Grupo de adolescentes, aplicarles cuestionario. *Error*: Se procedería a describir únicamente cómo perciben los adolescentes la relación con sus padres.	Grupo de padres e hijos. A ambas partes se les aplicará el cuestionario.

población. Muchos investigadores no describen lo suficiente las características de la población o asumen que la muestra la representa automáticamente. Es frecuente que muchos estudios que únicamente se basan en muestras de estudiantes universitarios (porque es fácil aplicar en ellos el instrumento de medición, pues están a la mano) hagan generalizaciones temerarias sobre jóvenes que probablemente posean otras características sociales. Es preferible entonces, establecer claramente las características de la población, a fin de delimitar cuáles serán los *parámetros muestrales*.

Lo anterior puede ilustrarse con el ejemplo de la investigación sobre el uso de la televisión por los niños. Está claro que en dicha investigación la unidad de análisis son los niños. Pero, ¿de qué población se trata?, ¿de todos los niños del mundo?, ¿de todos los niños de la República Mexicana? Sería muy ambicioso y prácticamente imposible referirnos a poblaciones tan grandes. Así en nuestro ejemplo la población fue delimitada de la siguiente manera:

FIGURA 8.1

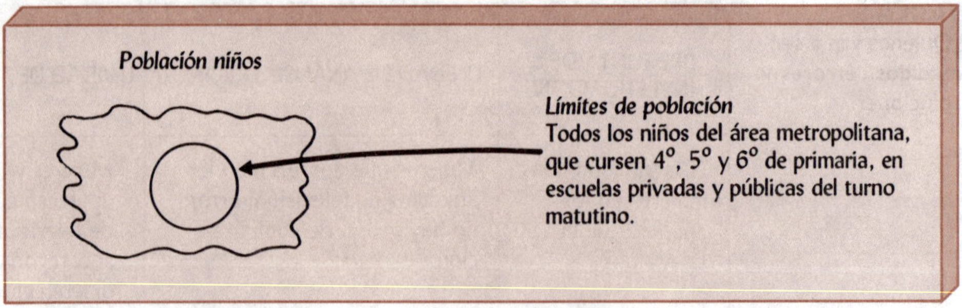

Esta definición eliminó entonces a niños mexicanos que no vivieran en el área metropolitana del D.F., a los que no van a la escuela y a los menores de 9 años. Pero por otra parte permitió hacer una investigación costeable, con cuestionarios contestados por niños que ya sabían escribir y un control sobre la inclusión de niños de todas las zonas de la metrópolis, al usar la ubicación de las escuelas como puntos de referencia y de selección. En éste y otros casos, la delimitación de las características de la población no sólo depende de los objetivos del estudio, sino de otras razones prácticas. Un estudio no será mejor por tener una población más grande; la calidad de un trabajo estriba en delimitar claramente la población con base en los objetivos del estudio.

Las poblaciones deben situarse claramente en torno a sus características de contenido, lugar y en el tiempo. Por ejemplo, en un estudio sobre los directivos de empresa en México (Baptista, 1983) y con base en las consideraciones teóricas del estudio que describe el comportamiento gerencial de los individuos y la relación de éste con otras variables de tipo organizacional se procedió a definir la población de la siguiente manera:

> Nuestra población comprende a todos aquellos directores generales de empresas industriales y comerciales que en 1983 tienen un capital social superior a 30 millones de pesos, con ventas superiores a los 100 millones de pesos y/o con más de 300 personas empleadas.

En este ejemplo se delimita claramente la población, excluyendo a personas que no son directores generales, a empresas que no pertenezcan al giro industrial y comercial. Se establece también claramente que se trata de empresas medianas y grandes con base en criterios de capital y de recursos humanos. Finalmente se indica que estos criterios operaron en 1983.

Los criterios que cada investigador cumpla dependen de sus objetivos de estudio, lo importante es establecerlos claramente. Toda investigación debe ser transparente, sujeta a crítica y a réplica, y este ejercicio no es posible si al examinar los resultados, el lector no puede referirlos a la población utilizada en un estudio.

8.3 ¿CÓMO SELECCIONAR LA MUESTRA?

Hasta este momento hemos visto que se debe *definir cuál será la unidad de análisis y cuáles son las características de la población.* En este inciso hablaremos de la *muestra* o mejor dicho de los *tipos de muestra,* a fin de poder elegir la más conveniente para un estudio.

La muestra es, en esencia, un subgrupo de la población. Digamos que es un subconjunto de elementos que pertenecen a ese conjunto definido en sus características al que llamamos población. Esto se representa en la figura 8.2. Con frecuencia leemos y oímos hablar de *"muestra representativa", "muestra al azar", "muestra aleatoria"* como si con los simples términos se pudiera dar más seriedad a los resultados. En realidad, pocas veces se puede medir a toda la población, por lo que obtenemos o seleccionamos una muestra y desde luego se pretende que este subconjunto sea un reflejo fiel del conjunto de la población. Todas las muestras deben ser representativas, por tanto el uso de este término es por demás inútil. Los términos *al azar y aleatorio denotan un tipo de procedimiento mecánico relacionado con la probabilidad y con la selección de elementos,* pero no logra esclarecer tampoco el tipo de muestra y el procedimiento de muestreo. Hablemos entonces de esto en los siguientes apartados.

8.3.1 Tipos de muestra

Básicamente categorizamos las muestras en dos grandes ramas: *las muestras no probabilísticas y las muestras probabilísticas. En estas últimas todos los elementos de la población tienen la misma posibilidad de ser escogidos.* Esto se obtiene definiendo las características de la población, el tamaño de la muestra y a través de una selección aleatoria y/o mecánica de las unidades de análisis. Imagínese el procedimiento para obtener el número premiado en un sorteo de lotería. Este número se va formando en el momento del sorteo, a partir de las esferas con un dígito que se van sacando (después de revolverlas mecánicamente) hasta formar el número, de manera que todos los números tienen la misma probabilidad de ser elegidos.

En las *muestras no probabilísticas,* la elección de los elementos no depende de la probabilidad, sino de causas relacionadas con las características del investigador o del que hace la muestra. Aquí el procedimiento no es mecánico, ni con

FIGURA 8.2

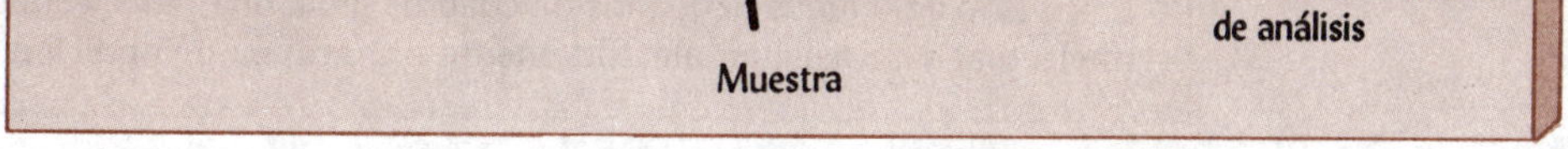

base en fórmulas de probabilidad, sino que depende del proceso de toma de decisiones de una persona o grupo de personas, y desde luego las muestras seleccionadas por decisiones subjetivas tienden a estar sesgadas. *Elegir entre una muestra probabilística o una no probabilística, depende de los objetivos del estudio, del esquema de investigación y de la contribución que se piensa hacer con ella.* Para ilustrar lo anterior mencionaremos varios ejemplos que toman en cuenta dichas consideraciones.

Ejemplo 1

En un primer ejemplo tenemos una investigación sobre inmigrantes extranjeros en México (Baptista *et al.*, 1988). El objetivo de la investigación es documentar las experiencias de viaje, de vida y de trabajo. Para cumplir dicho propósito se seleccionó una muestra no probabilística de personas extranjeras que por diversas razones (económicas, políticas, fortuitas) hubieran llegado a México entre 1900 y 1960. Las personas se seleccionaron a través de conocidos, de asilos, de referencias. De esta manera se entrevistó a 40 inmigrantes con entrevistas semiestructuradas que permitieron al sujeto hablar libremente sobre sus experiencias.

Comentario. En este caso una muestra no probabilística es adecuada pues se trata de un estudio con un diseño de investigación exploratorio; es decir, no es concluyente, sino que su objetivo es documentar ciertas experiencias. Este tipo de estudio pretende generar datos e hipótesis que constituyan la materia prima para investigaciones más precisas.

Ejemplo 2

Como segundo caso mencionaremos el de una investigación para saber cuántos niños han sido vacunados y cuántos no, y variables asociadas (nivel socioeconómico, lugar donde viven, educación) con esta conducta y sus motivaciones. Se hizo una muestra probabilística nacional de 1 600 personas y de los datos se tomaron decisiones para formular estrategias de vacunación y mensajes dirigidos a persuadir la pronta y oportuna vacunación de los niños.

Comentario. Este tipo de estudio, donde se hace una asociación entre variables, cuyos resultados servirán de información para tomar decisiones políticas que afectarán a una población, se logra por medio de una investigación por encuestas y definitivamente a través de una *muestra probabilística* diseñada de tal manera que los datos pueden ser generalizados a la población con una estimación precisa del error que pudiera cometerse al realizar tales generalizaciones.

Ejemplo 3

Se diseñó un experimento para medir si los contenidos violentos de la televisión generan conductas antisociales en los niños. Para lograr tal objetivo se seleccionó en un colegio a 60 niños de 5 años de edad de igual nivel socioeconómico e igual nivel intelectual y se asignan aleatoriamente a 2 grupos o condiciones. 30 niños verán caricaturas prosociales y otros 30 verán caricaturas muy violentas. Inmediatamente después de la exposición a dichos contenidos violentos, los niños serán observados en un contexto de grupo y se medirán sus conductas violentas y prosociales.

Comentario. Ésta es una muestra *no probabilística.* Aunque se asignen los niños de manera aleatoria a las dos condiciones experimentales, para generalizar a la población se necesitarían repetidos experimentos. Un estudio así es valioso en cuanto a que el nivel causa-efecto es más preciso al aislar otras variables, sin embargo los datos no pueden generalizarse a todos los niños, sino a un grupo de niños con las mencionadas características. Se trata de una muestra dirigida y "clásica" de un estudio de este tipo. La selección de la muestra no es al azar, aunque la asignación de los niños a los grupos sí lo es.

Ejemplo 4

En el estudio del SIDA, se encuestó a 482 personas de las 2 847 que recibieron transfusiones de sangre o derivados provenientes de "Transfusiones y Hematología, S. A.".

Comentario. La muestra se obtuvo de manera fortuita, rastreando a las personas a través de archivos médicos que se encuentran en los hospitales donde los pacientes recibieron los productos hemáticos.

8.4 ¿CÓMO SE HACE UNA MUESTRA PROBABILÍSTICA?

Resumiremos diciendo que *la elección entre la muestra probabilística y una no probabilística se determina con base en los objetivos del estudio, el esquema de la investigación y el alcance de sus contribuciones.* Las muestras probabilísticas tienen muchas ventajas, quizá la principal es que puede medirse el tamaño de error en nuestras predicciones. Puede decirse incluso que el principal objetivo en el diseño de una muestra probabilística es reducir al mínimo este error al que se le llama error estándar (Kish, 1965).

Las *muestras probabilísticas* son esenciales en los diseños de investigación por encuestas en las que se pretende hacer estimaciones de variables en la población, estas variables se miden con instrumentos de medición (capítulo 9) y se analizan con pruebas estadísticas para el análisis de datos, donde se presupone que la muestra es probabilística, donde todos los elementos de la población tienen una misma probabilidad de ser elegidos. Los elementos muestrales tendrán valores muy parecidos a los de la población, de manera que las mediciones en el subconjunto, nos darán estimados precisos del conjunto mayor. La precisión de dichos estimados depende del error en el muestreo, que se puede calcular pues hay errores que dependen de la medición y estos errores no pueden ser calculados matemáticamente.

Para hacer una muestra probabilística es necesario entender los siguientes términos y sus definiciones:

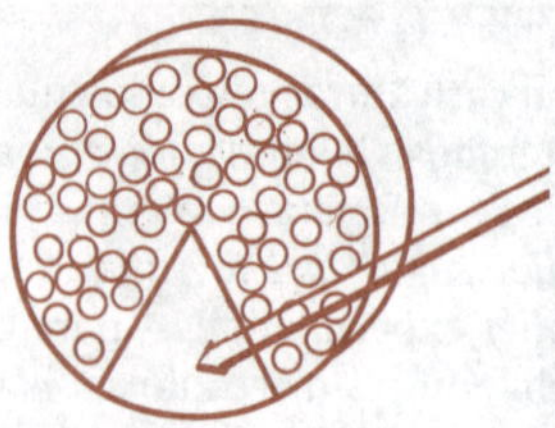

La *población*, a la que llamaremos *N*, es un conjunto de elementos.

La *muestra*, a la que denominaremos *n*, es un subconjunto de la población N.

En una *población N* (previamente delimitada por los objetivos de la investigación) nos interesa establecer expresiones numéricas de las características de los elementos de N.

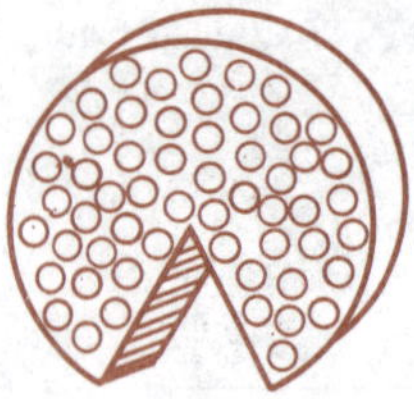

Nos interesa conocer valores promedio en la población, el cual se expresa como:

$\overline{Y}$ = es decir se refiere al valor de una variable determinada (Y) que nos interesa conocer.

También nos interesa conocer:

V = es decir la varianza de la población con respecto a determinadas variables.

Como los valores de la población no se conocen, seleccionamos una *muestra n* y a través de estimados en la muestra, inferimos valores en la población. $\overline{Y}$ será el valor de $\overline{Y}$ el cual desconocemos. En la muestra $\overline{y}$ es un estimado promedio que podemos determinar. Sabemos que en nuestra estimación habrá una diferencia ($\overline{Y} - \overline{y}$ = ?) es decir, habrá un error, el cual dependerá del número de elementos muestreados. A dicho error le llamaremos error estándar = Se

Se = es la *desviación estándar de la distribución muestral* y representa la fluctuación de $\overline{y}$.
$(se)^2$ = el *error estándar al cuadrado*, es la fórmula que nos servirá para calcular la varianza (V) de la población (N). Y la varianza de la muestra (n) será la expresión S^2.
S^2 = *varianza de la muestra*, la cual podrá determinarse en términos de probabilidad donde $S^2 = p(1-p)$

Para una *muestra probabilística* necesitamos principalmente dos cosas: determinar el *tamaño de la muestra (n)* y *seleccionar los elementos muestrales*, de manera que todos tengan la misma posibilidad de ser elegidos. Para lo primero, daremos una fórmula que contiene las expresiones ya descritas. Para lo segundo, necesitamos un marco de selección adecuado y un procedimiento que permita la aleatoriedad en la selección. Hablaremos de ambas cosas en los siguientes apartados.

8.4.1 El tamaño de la muestra

Cuando se hace una muestra probabilística, uno debe preguntarse: dado que una población es de N, ¿cuál es el menor número de unidades muestrales (personas, organizaciones, capítulos de telenovelas, etcétera), que necesito para conformar una muestra (n) que me asegure un error estándar menor de .01?

La solución a esta pregunta pretende encontrar la probabilidad de ocurrencia de $\bar{y}$ y que mi estimado de $\bar{y}$ se acerque a $\bar{Y}$, el valor real de la población. Si nosotros establecemos el *error estándar* y fijamos .01, sugerimos que esta fluctuación promedio de nuestro estimado $\bar{y}$ con respecto a los valores reales de la población $\bar{Y}$, no sea > .01, es decir que de 100 casos, 99 veces mi predicción sea correcta y que el valor de $\bar{y}$ se sitúe en un intervalo de confianza que comprenda el valor de $\bar{Y}$.

Resumiendo, para una determinada varianza (V) de y, ¿qué tan grande debe ser mi muestra? Esto puede determinarse en dos pasos:

1. $$n' = \frac{S^2}{V^2} = \text{Tamaño provisional de la muestra*} = \frac{\text{varianza de la muestra}}{\text{varianza de la población}}$$

* Se corrige después con otros datos, ajustándose si se conoce el tamaño de la población.

2. $$n = \frac{n'}{1 + n'/N}$$

Pongamos el siguiente ejemplo. En el ejemplo que ya habíamos dado en este capítulo, delimitamos una población diciendo que para un estudio de directores generales consideramos a "todos aquellos directores generales de empresas industriales y comerciales que en 1983 tienen un capital social superior a 30 millones de pesos, con ventas superiores a los 100 millones de pesos y/o con más de 300 personas empleadas". Con estas características se precisó que la población era de N = 1 176 directores generales ya que 1 176 empresas reunían las mencionadas características. ¿Cuál es entonces el número de directores generales *n* que se tiene que entrevistar, para tener un error estándar menor de .015, y dado que la población total es de 1 176?

N = tamaño de la población de 1 176 empresas.
$\bar{y}$ = valor promedio de una variable = 1, un director general por empresa.
Se = error estándar = .015, determinado por nosotros.
V^2 = varianza de la población. Su definición (Se) cuadrado del error estándar.
S^2 = varianza de la muestra expresada como la probabilidad de ocurrencia de $\bar{y}$.

n' = tamaño de la muestra sin ajustar.
n = tamaño de la muestra

Sustituyendo tenemos que:

$$n' = \frac{S^2}{V^2}$$

$$S^2 = p(1 - p) = .9(1 - .9) = .09$$
$$V = (.015)^2 = .000225$$

$$n' = \frac{.09}{.000225} = 400$$

$$n = \frac{n'}{1 + n'/N} = \frac{400}{1 + 400/1\,176} = 298$$

$$n = 298$$

Es decir, para nuestra investigación, necesitaremos una muestra de 298 directores generales.

Esto es el primer procedimiento para obtener la muestra probabilística: determinar su tamaño, con base en estimados de la población. El segundo procedimiento estriba en cómo y de dónde seleccionar a esos 298 sujetos.

8.4.2 Muestra probabilística estratificada

El ejemplo anterior corresponde a una muestra probabilística simple. Determinamos en este caso que el tamaño de la muesta sería de n = 298 directivos de empresa. Pero supongamos que la situación se complica y que deberemos estratificar esta n a fin de que los elementos muestrales o unidades de análisis posean un determinado atributo. En nuestro ejemplo este atributo es el giro de la empresa. Es decir, cuando no basta que cada uno de los elementos muestrales tengan la misma probabilidad de ser escogidos, sino que además es necesario *estratificar la muestra* en relación a estratos o categorías que se presentan en la población y que aparte son relevantes para los objetivos del estudio, se diseña una muestra probabilística estratificada. Lo que aquí se hace es dividir a la población en subpoblaciones o estratos y se selecciona una muestra para cada estrato.

La estratificación aumenta la precisión de la muestra e implica el uso deliberado de diferentes tamaños de muestra para cada estrato, "a fin de lograr reducir la varianza de cada unidad de la media muestral" (Kish, 1965). Dice Kish (p. 92) en su libro de muestreo que, en un número determinado de elementos muestrales $n = \Sigma\ n\ h$, la varianza de la media muestral $\bar{y}$ puede reducirse al mínimo si el tamaño de la muestra para cada estrato es proporcional a la desviación estándar dentro del estrato.

Esto es,

$$\Sigma\ fh = \frac{n}{N} = KSh$$

En donde la muestra n será igual a la suma de los elementos muestrales nh. Es decir, el tamaño de n y la varianza de $\bar{y}$, pueden minimizarse si calculamos "submuestras" proporcionales a la desviación estándar de cada estrato. Esto es:

$$fh = \frac{nh}{Nh} = kSh$$

En donde nh y Nh son muestra y población de cada estrato y Sh es la desviación estándar de cada elemento en un determinado estrato. Entonces tenemos que:

$$kSh = \frac{n}{N}$$

Siguiendo con nuestro ejemplo de los directores de empresa, la población es de 1 176 directores de empresa y el tamaño de muestra es n = 298. ¿Qué muestra necesitaremos para cada estrato?

$$kSh = \frac{n}{N} = \frac{298}{1\ 176} = .2534$$

De manera que el total de la subpoblación se multiplicará por esta fracción constante a fin de obtener el tamaño de muestra para el estrato. Sustituyendo tenemos que:

$$Nh \times fh = nh$$

8.4.3 Muestreo probabilístico por racimos

En algunos casos donde el investigador se ve limitado por recursos financieros, por tiempo, por distancias geográficas o por una combinación de éstos y otros obstáculos, se recurre al *muestreo por racimos.* En este tipo de muestreo se reducen costos, tiempo y energía al considerar que muchas veces las unidades de análisis se encuentran encapsuladas o encerradas en determinados lugares físicos o geográficos a los que se denomina racimos. Para dar algunos ejemplos tenemos la tabla 8.3. En la primer columna se encuentran unidades de análisis

TABLA 8.2 Muestra probabilística estratificada de directores de empresa.

ESTRATO POR GIRO	DIRECTORES GENERALES DE EMPRESA DEL GIRO	TOTAL POBLACIÓN* (fh) = .2534 Nh (fn) = nh	MUESTRA
1	Extractivo y siderúrgico	53	13
2	Metal mecánicas	109	28
3	Alimentos, bebidas, tabaco	215	55
4	Papel y artes gráficas	87	22
5	Textiles	98	25
6	Eléctricas y electrónicas	110	28
7	Automotriz	81	20
8	Químico-farmacéutica	221	56
9	Otras empresas transformación	151	38
10	Comerciales	51	13
		N = 1 176	n = 298

por ejemplo:

Nh = 53 directores de empresas extractivas corresponde a la población total de este giro.
fh = .2534 es la fracción constante.
nh = 13 es el número redondeado de directores de empresa del giro extractivo que tendrán que entrevistarse.

* *Fuente* de Industridata, 1982.

TABLA 8.3
Ejemplos de racimos.

UNIDAD DE ANÁLISIS	POSIBLES RACIMOS
Adolescentes	Preparatorias
Obreros	Industrias
Amas de casa	Mercados
Niños	Colegios
Personajes de televisión	Programas de televisión

que frecuentemente vamos a estudiar en ciencias sociales. En la segunda columna, sugerimos posibles racimos donde se encuentran dichos elementos.

Muestrear por racimos implica diferenciar entre la unidad de análisis y la unidad muestral. La unidad de análisis indica quiénes van a ser medidos, o sea, el sujeto o sujetos a quienes en última instancia vamos a aplicar el instrumento de medición. La unidad muestral (en este tipo de muestra) se refiere al racimo a través del cual se logra el acceso a la unidad de análisis. El *muestreo por racimos* supone una selección en dos etapas, ambas con procedimientos probabilísticos. En la primera, se seleccionan los racimos, siguiendo los ya señalados pasos de una muestra probabilística simple o estratificada. En la segunda, y dentro de estos racimos se seleccionan a los sujetos u objetos que van a ser medidos. Para ello se hace una selección que asegure que todos los elementos del racimo tienen la misma probabilidad de ser elegidos. A continuación daremos un ejemplo que comprenda varios de los procedimientos descritos hasta ahora y que ilustra la manera como frecuentemente se hace una muestra probabilística en varias etapas.

Ejemplo: ¿Cómo hacer una muestra probabilística estratificada y por racimos?

- *Problema de investigación:* Una estación de radio local necesita saber con precisión a fin de planear sus estrategias cómo usan la radio los adultos de una ciudad de 2 500 000 habitantes. Es decir, qué tanto radio escuchan, a qué horas, qué contenidos prefieren y sus opiniones con respecto a los programas noticiosos.
- *Procedimientos:* Se diseñará un cuestionario que indague estas áreas sobre uso del radio. Los cuestionarios se aplicarán por entrevistadores a una muestra de sujetos adultos.
- *Población:* Todos aquellos sujetos hombres o mujeres de más de 21 años de edad, y que vivan en una casa o departamento propio o rentado de la ciudad X.
- *Diseño por racimos:* Los directivos de la estación de radio desconocen el número total de sujetos con las características arriba señaladas. Sin embargo, nos piden

que diseñemos una muestra que abarque a todos los sujetos adultos de la ciudad, adultos por edad cronológica y por ser jefes de familia, es decir, excluye a los adultos dependientes.

Se recurre entonces a la estrategia de seleccionar racimos y se considera el uso de un mapa actualizado de la ciudad, el cual muestra que en dicha ciudad hay 5 000 cuadras. Las cuadras se utilizarán como racimos, es decir como unidades muestrales a partir de las cuales obtendremos en última instancia a nuestros sujetos adultos. Lo primero entonces es determinar: ¿cuántas cuadras necesitaremos muestrear, de una población total de 5 000 cuadras, si queremos que nuestro error estándar sea no mayor de 0.15 y con una probabilidad de ocurrencia del 50%?

Tenemos entonces que $n' = \frac{S^2}{V^2}$ para una muestra probabilística simple.

$$n' = \frac{S^2}{V^2} = \frac{p(1 - p)}{(.015)} = \frac{\text{error}}{\text{estándar}} \quad \frac{.5(1 - .5) = .25}{.\ 00025}$$

$$n' = 1111.11$$

$$n = \frac{n'}{1 + n'/N} = \frac{1111.11}{1 + 1111.11/5\ 000} = 909.0902$$

$$n = 909$$

Necesitaremos una muestra de 909 cuadras para estimar los valores de la población con una probabilidad de error menor a .01.

* Sabemos que la población N = 5 000 cuadras está dividida por previos estudios de acuerdo con 4 *estratos socioeconómicos*, que categorizan esa población según el ingreso mensual promedio de sus habitantes, de manera que se distribuyen como sigue:

Estrato	No. de cuadras
1	270
2	1 940
3	2 000
4	790
	T = 5 000

¿Cómo distribuiremos los 909 elementos muestrales de n, para optimizar la muestra, de acuerdo con la distribución de la población en los 4 estratos socioeconómicos?

En principio tenemos que de 5 000 cuadras se seleccionarán 50 del estrato 1 353 del estrato 2 363 del estrato 3 y 143 del estrato 4. Esta selección comprende la selec-

* Estratificación de la muestra:

$$fh = \frac{n}{N} = kSh$$

$$fh = \frac{909}{5\ 000} = .1818$$

Estrato	No. de cuadras	fh = .1 818	nh
1	270	(.1 818)	50
2	1 940	(.1 818)	353
3	2 000	(.1 818)	363
4	790	(.1 818)	143
	N = 5 000		n = 909

ción de los racimos, los cuales se pueden numerar y elegir aleatoriamente hasta completar el número de cada estrato (ver sección 8.4.2). En una última etapa, se seleccionan los sujetos dentro de cada racimo. Este procedimiento también se hace de manera aleatoria, hasta lograr un número de sujetos determinados en cada racimo. En el próximo inciso describiremos dicho procedimiento.

Estrato	Nh cuadras	nh	Número de hogares-sujeto en cada cuadra	Total de hogares por estado
1	270	50	20	1 000
2	1 940	353	20	7 060
3	2 000	363	20	7 220
4	790	143	20	2 860
	N = 5 000	n = 909		11 840

8.5 ¿CÓMO SE LLEVA A CABO EL PROCEDIMIENTO DE SELECCIÓN?

Cuando iniciamos nuestra discusión de la *muestra probabilística*, señalamos que los tipos de muestra dependen de dos cosas: *del tamaño de la muestra* y del *procedimiento de selección.*

De lo primero, hemos hablado con todo detalle, de lo segundo hablaremos ahora. Se determina el *tamaño de la muestra* n, pero ¿cómo seleccionar los elementos muestrales? Se precisa el número de racimos necesario y ¿cómo se seleccionan los sujetos dentro de cada racimo? Hasta el momento sólo hemos dicho que los elementos se eligen aleatoriamente, pero ¿cómo se hace esto?

Las unidades de análisis o los elementos muestrales se eligen siempre aleatoriamente para asegurarnos de que cada elemento tenga la misma probabilidad de ser elegido. Pueden usarse 3 procedimientos de selección:

8.5.1 Tómbola

Muy simple y no muy rápido, consiste en numerar todos los elementos muestrales del 1 al *n*. Hacer fichas, una por cada elemento, revolverlas en una caja, e ir sacando *n* fichas, según el tamaño de la muestra. Los números elegidos al azar conformarán la muestra.

Así en la tabla 8.2, tenemos que, de una población N = 53 empresas extractivas y siderúrgicas, se necesita una muestra n = 13 de directivos generales de dichas empresas. En una lista se puede numerar cada una de estas empresas. En fichas aparte se sortea cada uno de los 53 números. Los números obtenidos se verifican con los nombres y direcciones de nuestra lista, para precisar los que serán sujetos de análisis.

8.5.2 Números random o números aleatorios

El uso de *números random* no significa la selección azarosa o fortuita, sino la utilización de una tabla de números que implica un mecanismo de probabilidad muy bien diseñado. Los números random de la Corporación Rand, fueron generados con una especie de ruleta electrónica. Existe una tabla de un millón de dígitos, publicada por esta corporación; partes de dicha tabla se encuentran en los apéndices de muchos libros de estadística. Estas tablas son como lo muestra la tabla 8.4 y el apéndice 5.

TABLA 8.4
Números random.

26804	29273	79811	45610	22879	72538	70157	17683	67942	52846
90720	96215	48537	94756	18124	89051	27999	88513	35943	67290
85027	59207	76180	41416	48521	15720	90258	95598	10822	93074
09362	49674	65953	96702	20772	12069	49901	08913	12510	64899
64590	04104	16770	79237	82158	04553	93000	18585	72279	01916
06432	08525	66864	20507	92817	39800	98820	18120	81860	68065
02101	60119	95836	88949	89312	82716	34705	12795	58424	69700
19337	96983	60321	62194	08574	81896	00390	75024	66220	16494
75277	47880	07952	35832	41655	27155	95189	00400	06649	53040
59535	75885	31648	88202	63899	40911	78138	26376	06641	97291
76310	79385	84639	27804	48889	80070	64689	99310	04232	84008
12805	65754	96887	67060	88413	31883	79233	99603	68989	80233
32242	73807	48321	67123	40637	14102	55550	89992	80593	64642
16212	84706	69274	13252	78974	10781	43629	36223	36042	75492
75362	83633	25620	24828	59345	40653	85639	42613	40242	43160
34703	93445	82051	53437	53717	48719	71858	11230	26076	44018
01556	58563	36828	85053	39025	16688	69524	81885	31911	13098
22211	86468	76295	16663	39489	18400	53155	92087	63942	99827
01534	70128	14111	77065	99358	28443	68135	61696	55241	61867
09647	32348	56909	40951	00440	10305	58160	62235	89455	73095

TABLA 8.4
(*Continuación*).

97021	23763	18491	65056	95283	92232	86695	78699	79666	88574
25469	63708	78718	35014	40387	15921	58080	03936	15953	59658
40337	48522	11418	00090	41779	54499	08623	49092	65431	11390
33491	98685	92536	51626	85787	47841	95787	70139	42383	44187
44764	14986	16642	19429	01960	22833	80055	39851	47350	70337

Fuente: Rand Corporation.

Siguiendo el ejemplo del inciso anterior, determinaremos una muestra de 909 manzanas o cuadras, y a partir de este número se determinó una submuestra para cada estrato. Véase que para el estrato 1, la población es de 270 manzanas. Numeramos en nuestro listado o mapa las 270 cuadras y seleccionamos (a partir de la tabla de números random) los 50 casos que constituirán nuestra muestra.

Se eligen aquellos casos que se dictaminen en la *tabla de números random*, hasta completar el tamaño de la muestra. Los números pueden recorrerse hacia arriba, hacia abajo, horizontalmente. Al fin siempre se logra que cada elemento muestral tenga la misma probabilidad de ser elegido. Se eligen aquellos números que contenga el listado. Si en nuestro ejemplo la población es de 270, se escogen los 3 últimos dígitos y se procede de la siguiente manera a seleccionar los casos hasta completar el número de elementos muestrales.

Se numera el listado o mapa:

Estrato 1:270 Manzanas

Muestra se a

001 002 003 004 005 006 007 008 009 . . .
. . 039 040 041 042 . . . .
. . . .
. . . 073 . . . .
. . . .
161 . . . .
. . . . 197 . . . .
. . . .
. . . . 226 . . . .
. . . . 250
. . . . 270
. . . .
291 292 293 294 295 296 297 298 299 300

TABLA 8.5
Selección muestra basados en la tabla de números random.

78 986	45 961	28 281	82 933	24 786	55 586
83 830	59 025	40 379	99 989	63 822	99 974
(1)30 *226*	19 863	(5)95 *039*	08 909	(7)48 *197*	(8)23 *270*
(2)02 *073*	(4)59 *042*	26 440	(6)16 *161*	14 496	24 786
(3)05 250	47 552	95 659	92 356	13 334	23 471

8.5.3 Selección sistemática de elementos muestrales

Este procedimiento de selección es muy útil y fácil de aplicar e implica seleccionar dentro de una población N un número n de elementos a partir de un intervalo K.

K es un intervalo que va a estar determinado por el tamaño de la población y el tamaño de la muestra. De manera que tenemos que K = N/n, en donde K = es un intervalo de selección sistemática N = es la población.

n = es la muestra

Ilustramos los conceptos anteriores con un ejemplo. Supongamos que se quiere hacer un estudio sobre varios aspectos de la publicidad en México. Específicamente se pretende medir qué número de mensajes informativos y qué número de mensajes motivacionales tienen los comerciales en la televisión mexicana. Para tal efecto supongamos que los investigadores consiguen videocasetes con todos los comerciales que han pasado al aire en los diferentes canales de televisión, durante un periodo de tres años. Quitando los comerciales repetidos, se tiene una población de N = 1 548 comerciales. Se procede con este dato a determinar qué número de comerciales necesitamos analizar para generalizar a toda la población nuestros resultados con un error estándar no mayor de .015. Con la fórmula que ya hemos dado en la lección 8.4.3 de este capítulo tenemos que si p = .5, entonces $S^2 = p(1 - p) = .5 - (.5) = .25$

$$n' = \frac{S^2}{V^2}$$

Si necesitamos una muestra de n = 647 comerciales, podemos utilizar para la selección al intervalo K donde:

$$K = \frac{N}{n} = \frac{1\,548}{647} = 2.39 = 3^* \text{ (redondeando)}$$

El intervalo 1/K = 3 indica que cada tercer comercial 1/K será seleccionado hasta completar n = 647.

* 2.39 se redondea para que sea un íntegro. Véase Kish (1969), pp. 115-117.

La *selección sistemática de elementos muestrales* 1/K se puede utilizar al elegir los elementos de η para cada estrato y/o para cada racimo. La regla de probabilidad, según la cual cada elemento de la población debe tener la misma probabilidad de ser elegido, se cumple empezando la selección de 1/K al azar. Siguiendo nuestro ejemplo, *no* empezamos a elegir de los 1 548 comerciales grabados, el 1, 3, 6, 9... sino que procuramos que el empiezo sea determinado por el azar. Así, en este caso, podemos tirar unos dados y si en sus caras muestran 1, 6, 9, empezaremos en el comercial 169 y seguiremos: 169, 172, 175... 1/K ... volver a empezar por los primeros si es necesario. Este procedimiento de selección es poco complicado y tiene varias ventajas: cualquier tipo de estratos en una población X, se verán reflejados en la muestra. Asimismo, la selección sistemática logra una muestra proporcionada, pues por ejemplo tenemos que el procedimiento de selección 1/K nos dará una muestra con nombres que inician con las letras del abecedario en forma proporcional a la letra inicial de los nombres de la población.

8.6 LOS LISTADOS Y OTROS MARCOS MUESTRALES

Las *muestras probabilísticas* requieren la determinación del tamaño de la muestra y de un *proceso de selección aleatoria que asegure que todos los elementos de la poblabión tengan la misma probabilidad de ser elegidos.* Todo esto lo hemos visto, pero nos falta discutir sobre algo esencial que procede a la selección de una muestra: *el listado, el marco muestral.* El listado *se refiere a una lista existente o a una lista que es necesario confeccionar "ad hoc", con los elementos de la población y a partir de la cual se seleccionarán los elementos muestrales.* El segundo término se refiere a *un marco de referencia que nos permita identificar físicamente los elementos de la población, la posibilidad de enumerarlos y por ende, procedera a la selección de los elementos muestrales.*

Los listados con base en listas existentes sobre una población pueden ser variados: el directorio telefónico, la lista de miembros de una asociación, directorios especializados, las listas oficiales de escuelas de la zona, las listas de las canciones de éxito publicadas por una revista, la lista de alumnos de una universidad, etcétera. En todo caso hay que tener en cuenta lo completo de una lista, su exactitud, veracidad, su calidad y su nivel de cobertura en relación con el problema a investigar y la población que va a medirse, ya que todos estos aspectos influyen en la selección de la muestra.

Por ejemplo, para algunas encuestas se considera que el directorio telefónico es muy útil. Sin embargo hay que tomar en cuenta que muchos teléfonos no aparecerán porque son privados o que hay hogares que no tienen teléfono. La lista de socios de una asociación como Canacintra (Cámara Nacional de la Industria de la Transformación) puede servirnos si el propósito del estudio es, por ejemplo, conocer la opinión de los asociados con respecto a una medida gubernamental. Pero si el objetivo de la investigación es el análisis de opinión del sector patronal del país, el listado de una asociación no será adecuado por varias razones, como: hay otras asociaciones patronales, la Canacintra representa solamente el sector de la Industria de Transformación, las asociaciones son voluntarias y no todo patrón o empresa pertenece a ellas. Lo correcto en este caso, sería construir una nueva lista, con base en los listados existentes de las asociaciones patronales, eliminando de dicha lista los casos duplicados, suponiendo que una o más empresas pudieran pertenecer a dos asociaciones al mismo tiempo: como director a la Coparmex (Confederación Patronal de la República Mexicana) y como empresa a la ANIQ (Asociación Nacional de Ingenieros Químicos).

Hay listas que proporcionan una gran ayuda al investigador. Pensamos en directorios especializados como el Industridata que enlista a las empresas mexicanas medianas y grandes, el directorio de la ciudad de México por calles, el directorio de medios, que enlista casas productoras, estaciones de radio y televisión, periódicos y revistas. Este tipo de directorios realizados por profesionales son útiles al investigador pues representan una compilación (sujetos, empresas, instituciones), resultado de horas de trabajo e inversión de recursos. Recomendamos pues utilizarlos cuando sea pertinente, tomando en cuenta las consideraciones que estos directorios hacen en su introducción y que revelan a qué año pertenecen los datos, cómo los obtuvieron (exhaustivamente, por cuestionarios, por voluntarios) *y muy importante*, quiénes y por qué quedan excluidos del directorio.

En México se cuenta también con directorios de anunciantes en publicidad y mercadotecnia como el publicado por Mercamétrica Ediciones, S. A. Frecuentemente es necesario construir listas *ad hoc*, a partir de las cuales se seleccionarán los elementos que constituirán las unidades de análisis en una determinada investigación. Por ejemplo, en la investigación de *La televisión y el niño* (Fernández Collado *et al.*, 1986) se hizo una muestra probabilística estratificada por racimo, donde en una primera etapa se relacionaron escuelas para en última instancia llegar a los niños. Pues bien, para tal efecto se consiguió una lista de las escuelas primarias del Distrito Federal. Cada escuela tenía un código identificable por medio del cual se eliminaron las escuelas para niños atípicos. Este listado contenía además información sobre cada escuela, sobre su ubicación (calle y colonia), sobre su propiedad (pública o privada).

Con ayuda de otro estudio que catalogaba en diferentes estratos socioeconómicos a las colonias del Distrito Federal con base en el ingreso promedio de la zona, se hicieron 8 listas:

1 escuela pública clase A
2 escuelas privadas clase A
3 escuelas públicas clase B
4 escuelas privadas clase B
5 escuelas públicas clase C
6 escuelas privadas clase C
7 escuelas públicas clase D
8 escuelas privadas clase D

Cada lista representaba un estrato de la población y de cada una de ellas se seleccionó una muestra de escuelas.

No siempre existen listas que permitan identificar nuestra población. Será necesario recurrir a otros marcos de referencia que contengan descripciones del material, organizaciones o sujetos que serán seleccionados como unidades de análisis. Algunos de estos marcos de referencia son los archivos, los mapas, volúmenes de periódicos empastados en una biblioteca o las horas de transmisión de varios canales de televisión. De cada una de estas instancias daremos ejemplos con más detalles.

8.6.1 Archivos

Un jefe de reclutamiento y selección de una institución quiere precisar si algunos datos que se dan en una solicitud de trabajo están correlacionados con el ausentismo del empleado. Es decir, si a partir de datos como edad, sexo, estado civil y duración en otro trabajo, puede predecirse que alguien tenderá a ausentarse. Para establecer correlaciones se considerarán como población a todos los sujetos contratados durante 10 años. Se relacionan sus datos en la solicitud de empleo con los registros de faltas.

Como no hay una lista elaborada de estos sujetos, el investigador decide acudir a los archivos de las solicitudes de empleo. Estos archivos constituyen su marco muestral a partir del cual obtendrá la muestra. Calcula el tamaño de la población, obtiene el tamaño de la muestra y selecciona sistemáticamente cada elemento 1/K (ver sección 8.5.3), cada solicitud que será analizada. Aquí el problema que surge es que en el archivo hay solicitudes de gente que no fue contratada, y por tanto, no pueden ser consideradas en el estudio.

En este caso y en otros donde no todos los elementos del marco de referencia o de una lista (por ejemplo nombres en el directorio que no corresponden a una persona física) los especialistas en muestreo (Kish, 1965: Sutman, 1976) *no* aconsejan el reemplazo, con el siguiente elemento, sino simplemente no tomar en cuenta ese elemento, es decir como si no existiera, continuándose con el intervalo de selección sistemática.

8.6.2 Mapas

Los mapas son muy útiles como marco de referencia en muestras de racimo. Por ejemplo, un investigador quiere saber qué motiva a los compradores en una determinada tienda de autoservicio. A partir de un lista de tiendas de cada cadena competidora marca, sobre un mapa de la ciudad, todas las tiendas de autoservicios, las cuales constituyen una población de racimos, pues en cada tienda seleccionada, entrevistará a un número n de clientes. El mapa le permite ver la población (tiendas autoservicio) y su situación geográfica, de manera que eligió zonas donde coexistan tiendas de la competencia, para asegurarse de que el consumidor de la zona tenga todas las posibles alternativas.

8.6.3 Volúmenes

En este ejemplo supongamos que un estudioso del periodismo quiere hacer un análisis de contenido de los editoriales de los tres principales diarios de la ciudad durante el porfiriato. El investigador va a la Hemeroteca Nacional y encuentra que los diarios son encuadernados por trimestre y año, lo cual le proporciona un marco de referencia ideal a partir del cual seleccionará n volúmenes para su análisis. Supongamos, sin embargo, que encuentra que el volumen X que contiene el periódico *El Hijo del Ahuizote* (enero-marzo 1899), falta en la Hemeroteca. ¿Qué hace? Pues redefine la población, manifestando explícitamente que de N volúmenes tiene 99% de los elementos y a partir de este nuevo número de N calculó su muestra n y la seleccionó.

8.6.4 Horas de transmisión

En un estudio de Portilla y Solórzano (1982), los investigadores querían hacer un análisis de anuncios en la televisión mexicana. Las emisoras no proporcionan una lista de anuncios ni sus horas de transmisión. Por otra parte, saldría muy caro grabar todos los anuncios a todas horas y sería imposible estar frente al televisor para hacerlo.

Ante la imposibilidad de tener un listado de comerciales, se hicieron listados que identificaron cada media hora de transmisión televisiva en cada canal 2, 4, 5, 9 y 13 de las 7 a las 24 horas durante siete días de una semana de octubre de 1982. La población estaba constituida del número total de medias horas de transmisión televisiva, N = 1 190 horas. Esta población se dividió en estratos: mañana, mediodía, tarde y noche, y se procedió a calcular el tamaño de la muestra tomando en consideración que por cada media hora de transmisión hay 6 minutos de comerciales (De Noriega, 1979).

Se calculó el número de medias horas que se seleccionarían para obtener una muestra n. Una vez obtenido el tamaño de la muestra, se seleccionaron aleatoriamente n medias horas y, por último, se grabaron y analizaron únicamente aquellos comerciales contenidos en las medias horas seleccionadas al azar y que representaron diferentes canales y segmentos del día. El punto en este ejemplo es la construcción concreta de un marco muestral que permitiera el análisis de una muestra probabilística de comerciales.

8.7 TAMAÑO ÓPTIMO DE UNA MUESTRA Y EL TEOREMA DEL LÍMITE CENTRAL

Las muestras probabilísticas requieren dos procedimientos básicos: 1. la determinación del tamaño de la muestra y 2. la selección aleatoria de los elementos muestrales. El primer procedimiento, lo hemos descrito en su modalidad más simple, en la sección 8.4.1 de este capítulo. Precisar adecuadamente el tamaño de la muestra puede tornarse muy complejo dependiendo del problema de inves-

TABLA 8.6 Muestras frecuentemente utilizadas en investigaciones nacionales y regionales según área de estudio.

TIPO DE ESTUDIO	NACIONALES	REGIONALES
Económicos	1000+	100
Médicos	1000+	500
Conductas	1000+	700 – 300
Actitudes	1000+	700 – 400
Experimentos de Laboratorio	– – –	100

tigación y la población a estudiar. Para el alumno y el lector en general, será muy útil comparar qué tamaño de muestra han utilizado otros investigadores en ciencias sociales. Para tal efecto reproducimos las siguientes tablas separadas por Sudman (1976), que indican el tamaño de la muestra más utilizada por los investigadores, según sus poblaciones (nacionales o regionales) y según los subgrupos que quieren estudiarse en ellas.

En esta tabla vemos que el tipo de estudio en poco determina el tamaño de la muestra. Más bien interviene en la decisión de que sean muestras nacionales o regionales. Las muestras nacionales, es decir, muestras que representan a la población de un país son por lo común de más de 1 000 sujetos. La muestra del estudio "¿Cómo somos los mexicanos?" (Hernández Medina, Harro *et al.*, 1987) consta de 1 837 sujetos repartidos de la siguiente manera:

Frontera y norte	696
Centro (sin D.F.)	426
Sur-sureste	316
Distrito Federal	299
	1 837

Las muestras regionales (por ejemplo las que representen al área metropolitana) algún estado del país o algún municipio o región son típicamente más pequeñas con rangos de 700 a 400 sujetos.

El tamaño de una muestra tiende más a depender del número de subgrupos que nos interesan en una población. Por ejemplo, podemos subdividirla en hombres y mujeres de 4 grupos de edad o, aún más, en hombres y mujeres de 4 grupos de edad en cada uno de 5 niveles socioeconómicos. Si éste fuera el caso estaríamos hablando de 40 subgrupos y por ende de una muestra mayor. En la siguiente tabla se describen típicas muestras según los subgrupos bajo estudio, según su alcance (estudios nacionales o estudios especiales o regionales) y según su unidad de análisis, es decir se trata de sujetos o de organizaciones, en esta última instancia el número de la muestra se reduce, ya que éstas representan casi siempre una gran fracción de la población total.

TABLA 8.7
Muestras típicas de estudios sobre poblaciones humanas y organizaciones.

NÚMERO DE SUBGRUPOS	POBLACIÓN DE SUJETOS U HOGARES		POBLACIONES DE ORGANIZACIONES	
	Nacionales	Regionales	Nacionales	Regionales
Ninguno-pocos	1000-1500	200-500	200-500	50-200
Promedio	1500-2500	500-1000	500-1000	200-500
Muchos	2500- +	1000 +	1000 +	500+

Estas tablas (Sudman 1976: 86-87) fueron construidas con base en artículos de investigación publicados en revistas especializadas y nos dan una idea de las muestras que utilizan otros investigadores, de manera que pueden ayudar al investigador a precisar el tamaño de su muestra.

Recordemos que lo óptimo de una muestra depende de cuánto se aproxima su distribución a la distribución de las características de la población. Esta aproximación mejora al incrementarse el tamaño de la muestra. La "normalidad" de la distribución en muestras grandes no obedece a la normalidad de la distribución de una población. Al contrario, la distribución de las variables en estudios de ciencias sociales están lejos de ser normales. Sin embargo, la distribución de muestras de 100 o más elementos tienden a ser normales y esto sirve para el propósito de hacer estadística inferencial sobre los valores de una población. A esto se le llama teorema de límite central.

Distribución normal: esta distribución en forma de campana se logra generalmente con muestras de 100 o + unidades muestrales y es útil y necesaria cuando se hacen inferencias de tipo estadístico.

FIGURA 8.3

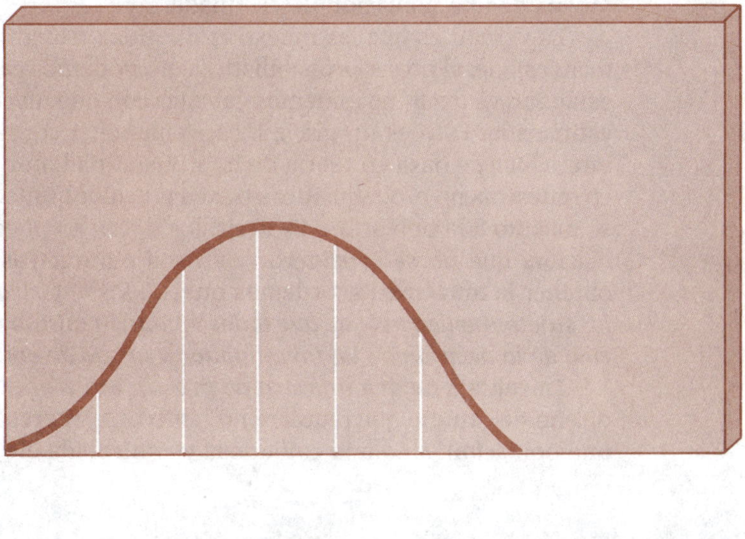

FIGURA 8.4

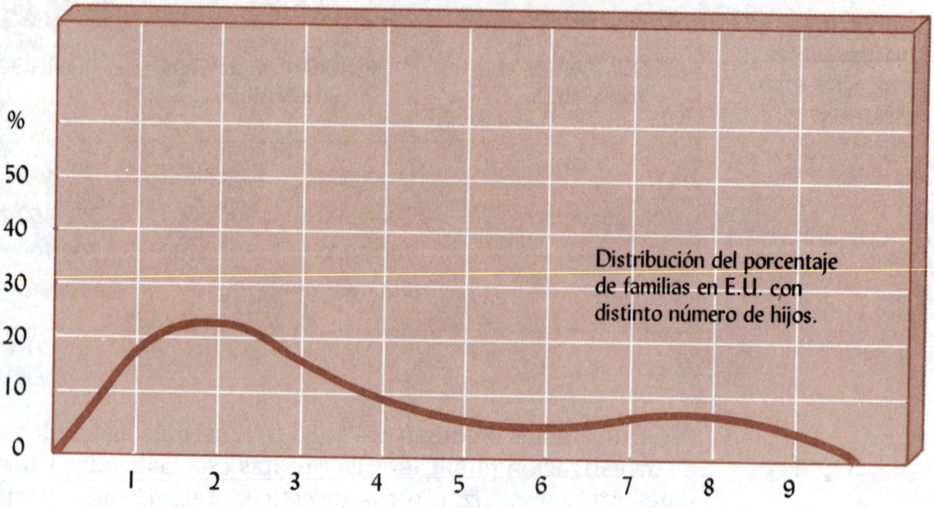

Ésta es la distribución de una población; es anormal y, sin embargo, la distribución de una muestra de esta población de más de 100 casos tenderá a distribuirse normalmente. Esta tendencia (teorema del límite central) permite estimar los valores de la población, a partir de la inferencia estadística.

8.8 ¿CÓMO SON LAS MUESTRAS NO PROBABILÍSTICAS?

Las *muestras no probabilísticas*, también llamadas *muestras dirigidas, suponen un procedimiento de selección informal y un poco arbitrario.* Aún así se utilizan en muchas investigaciones y a partir de ellas se hacen inferencias sobre la población. Es como si juzgásemos el sabor de un cargamento de limones, solamente probando alguno, como si para "muestra bastase un botón". La muestra dirigida selecciona sujetos "típicos" con la vaga esperanza de que serán casos representativos de una población determinada.

La verdad es que las muestras dirigidas tienen muchas desventajas. La primera es que, al no ser probabilísticas, no podemos calcular con precisión el error estándar, es decir, no podemos calcular con qué nivel de confianza hacemos una estimación. Esto es un grave inconveniente si consideramos que la estadística inferencial se basa en teoría de la probabilidad, por lo que pruebas estadísticas en muestras no probabilísticas tienen un valor limitado y relativo a la muestra en sí, mas no a la población. Es decir, los datos no pueden generalizarse a una población, que no se consideró ni en sus parámetros, ni en sus elementos para obtener la muestra. Recordemos que, *en las muestras de este tipo, la elección de los sujetos no depende de que todos tengan la misma probabilidad de ser elegidos, sino de la decisión de un investigador o grupo de encuestadores.*

La ventaja de una *muestra no probabilística* es su utilidad para determinado diseño de estudio que requiere no tanto una "representatividad de elementos de una población, sino una cuidadosa y controlada elección de sujetos con ciertas características especificadas previamente en el planteamiento del problema". Hay varias clases de muestras dirigidas y se definirán a continuación.

8.8.1 La muestra de sujetos voluntarios

Las muestras de sujetos voluntarios son frecuentes en ciencias sociales y ciencias de la conducta. Se trata de muestras fortuitas, utilizadas también en la medicina y la arqueología donde el investigador elabora conclusiones sobre especímenes que llegan a sus manos de manera casual. Pensemos, por ejemplo, en los sujetos que voluntariamente acceden a participar en un estudio que monitorea los efectos de un medicamento o en el investigador que anuncia en una clase que está haciendo un estudio sobre motivación en el universitario e invita a aquellos que acepten someterse a una prueba proyectiva TAT. En estos casos la elección de los individuos que serán sujetos a análisis depende de circunstancias fortuitas.

Este tipo de muestra se usa en estudios de laboratorio donde se procura que los sujetos sean homogéneos en variables tales como edad, sexo, inteligencia, de manera que los resultados o efectos no obedezcan a diferencias individuales, sino a las condiciones a las que fueron sometidos.

8.8.2 La muestra de expertos

En ciertos estudios es necesaria la opinión de sujetos expertos en un tema. Estas muestras son frecuentes en estudios cualitativos y exploratorios que para generar hipótesis más precisas o la materia prima del diseño de cuestionarios. Por ejemplo, en un estudio sobre el perfil de la mujer periodista en México (Barrera *et al.*, 1989) se recurrió a una muestra de $\eta = 227$ mujeres periodistas pues se consideró que eran los sujetos idóneos para hablar de contratación, sueldos y desempeño de las mujeres periodistas. Estas muestras son válidas y útiles cuando los objetivos del estudio así lo requieren.

8.8.3 Los sujetos-tipo

También esta muestra se utiliza en estudios exploratorios y en investigaciones de tipo cualitativo, donde el objetivo es la riqueza, profundidad y calidad de la información, no la cantidad ni la estandarización. En estudios de perspectiva fenomenológica donde el objetivo es analizar los valores, ritos y significados de un determinado grupo social, el uso tanto de expertos como de sujetos-tipo es frecuente. Por ejemplo, pensamos en los trabajos de Howard Becker (*El músico de jazz, Los muchachos de blanco*) que se basan en grupos de típicos músicos de jazz y típicos estudiantes de medicina para adentrarse en el análisis de los patrones de identificación y socialización de estas dos profesiones: la de músico y la de médico.

Los estudios motivacionales, los cuales se hacen para el análisis de las actitudes y conductas del consumidor, también utilizan muestras de sujeto-tipo.

Aquí se definen los grupos a los que va dirigido un determinado producto (por ejemplo jóvenes clase socioeconómica A y B, amas de casa, clase B, ejecutivos clase A-B) y se construyen grupos de 8 o 10 personas, cuyos integrantes tengan las características sociales y demográficas de dicho subgrupo.

Con ese grupo se efectúa una sesión: un facilitador o moderador dirigirá una conversación donde los miembros del grupo expresen sus actitudes, valores, medios, expectativas, motivaciones hacia las características de determinado producto o servicio.

8.8.4 La muestra por cuotas

Este tipo de muestra se utiliza mucho en estudios de opinión y de mercadotecnia. Los encuestadores reciben instrucciones de administrar cuestionarios con sujetos en la calle, y al hacerlo van conformando o llenando cuotas de acuerdo con la proporción de ciertas variables demográficas en la población. Así, en un estudio sobre la actitud de la población hacia un candidato político, se dice a los encuestadores "que vayan a determinada colonia y entrevisten a 150 sujetos. Que el 25% sean hombres mayores de 30 años, 25% mujeres mayores de 30 años; 25% hombres menores de 25 años y 25% mujeres menores de 25 años". Así se construyen estas muestras, que como vemos dependen en cierta medida del juicio del entrevistador.

Para el caso de los infectados con el VIH se realizó una muestra no probabilística (porque se encuestó y se analizó a cuantas personas se pudieron localizar, lo

TABLA 8.8
Tipos de muestra.

MUESTRAS PROBABILÍSTICAS	MUESTRAS DIRIGIDAS
(Estudios descriptivos, diseños de investigación por encuestas, censos, raitings, estudios para toma de decisiones). Muestra probabilística simple.	Sujetos voluntarios (diseños experimentales, situación de laboratorio).
Muestra probabilística estratificada.	Muestras de experimentos.
Muestra probabilística estratificada y por racimos.	Muestras de sujetos-tipo estudios cualitativos, investigación motivacional.
	Muestras por cuotas. Estudios de opinión y de mercado.
Resultados. Las conclusiones se generalizan a la población, y se conoce el error estándar de nuestros estimados.	Las conclusiones difícilmente pueden generalizarse a la población. Si esto se hace debe ser con mucha cautela.

que representó un 18% de los receptores de sangre o derivados provenientes del laboratorio "Transfusiones y Hematología, S.A." que habían sido atendidos en los servicios médicos de Petróleos Mexicanos y no se analizó a posibles portadores del VIH que hubieran adquirido el virus de otra manera). La muestra se obtuvo de tres fuentes básicas: *a*) presentación espontánea por síntomas, *b*) captado por exámenes de rutina o contractuales y *c*) tras la aplicación de una encuesta serológica a 482 receptores de sangre y plasma provenientes del laboratorio de referencia. Dicho de otra manera: no se pudo detectar a todos los infectados con el VIH contenido en la sangre o derivados provenientes del laboratorio aludido, pero, con el 18% de éstos se pudo establecer que 1.7 de cada 100 casos habrían sido infectados con el VIH.

A manera de conclusión, en la tabla 8.8 se esquematiza los tipos de muestra y los estudios que se usan con mayor frecuencia.

RESUMEN

- En este capítulo describimos cómo seleccionar una muestra. Lo primero que se debe plantear es quiénes van a ser medidos, lo que corresponde a definir la unidad de análisis. Se procede después a delimitar claramente la población con base en los objetivos del estudio y en cuanto a características de contenido, de lugar y en el tiempo.
- La muestra es un subgrupo de la población y puede ser probabilística o no probabilística.
- Elegir qué tipo de muestra se requiere depende de los objetivos del estudio y del esquema de investigación.
- Las muestras probabilísticas son esenciales en los diseños de investigación por encuestas donde se pretenden generalizar los resultados a una población. La característica de este tipo de muestra, es que todos los elementos de la población tienen al inicio la misma probabilidad de ser elegidos, de esta manera los elementos muestrales tendrán valores muy aproximados a los valores de la población, ya que las mediciones del subconjunto, serán estimaciones muy precisas del conjunto mayor. Esta precisión depende del error de muestreo, llamado también error estándar.
- Para una muestra probabilística necesitamos dos cosas: determinar el tamaño de la muestra y seleccionar los elementos muestrales en forma aleatoria.
- El tamaño de la muestra se calcula con base en la varianza de la población y la varianza de la muestra. Esta última expresada en términos de probabilidad de ocurrencia. La varianza de la población se calcula con el cuadrado del error estándar, el cual determinamos. Entre menor sea el error estándar, mayor será el tamaño de la muestra.
- Las muestras probabilísticas pueden ser: simples, estratificadas y por racimos. La estratificación aumenta la precisión de la muestra e implica el uso deliberado de submuestras para cada estrato o categoría que sea relevante en la población. Muestrear por racimos implica diferencias entre la unidad de análisis y la unidad muestral. En este tipo de muestreo hay una selección en dos etapas, ambas con procedimientos probabilísticos. En la primera se seleccionan los racimos escuelas, organizaciones, salones de clase en la segunda y dentro de los racimos a los sujetos que van a ser medidos.
- Los elementos muestrales de una muestra probabilística *siempre* se eligen aleatoriamente para asegurarnos de que cada elemento tenga la misma probabilidad de ser elegido. Pueden usarse tres procedimientos de selección: 1. Tómbola, 2. Tabla de números random y 3. Selección sistemática. Todo procedimiento de selección depende de listados, ya sea existentes o construidos *ad hoc*. Listados pueden ser: el directorio telefónico, listas de asociaciones, listas de escuelas oficiales, etcétera. Cuando no existen listas de elementos de la población se recurren a otros marcos de referencia que contengan descripciones del material, organizaciones o sujetos seleccionados como unidades de análisis. Algunos de éstos pueden ser los archivos, hemerotecas y los mapas.

- Las muestras no-probabilísticas, pueden también llamarse muestras dirigidas, pues la elección de sujetos u objetos de estudio depende del criterio del investigador.
- Las muestras dirigidas pueden ser de varias clases: 1. Muestra de sujetos voluntarios, frecuentemente utilizados con diseños experimentales y situaciones de laboratorio. 2. Muestra de expertos frecuentemente utilizados en estudios exploratorios. 3. Muestra de sujetos tipo o estudios de casos, utilizados en estudios cualitativos y motivacionales y 4. muestreo por cuotas frecuentes en estudios de opinión y de mercadotecnia. Las muestras dirigidas son válidas en cuanto a que un determinado diseño de investigación así los requiere, sin embargo los resultados son generalizables a la muestra en sí o a muestras similares. No son generalizables a una población.
- En el teorema de límite central se señala que una muestra de más de cien casos, será una muestra con una distribución normal en sus características, sin embargo la normalidad no debe conjuntarse con probabilidad. Mientras lo primero es necesario para efectuar pruebas estadísticas, lo segundo es requisito indispensable para hacer inferencias correctas sobre una población.

GLOSARIO

Elementos muestrales: Casos o unidades que conforman una muestra.

Error estándar: Error en el muestreo, definido como la desviación promedio de un estimado de los valores reales de la población.

Listados: Lista o marco de referencia del cual se obtienen los elementos muestrales.

Muestra: Subconjunto de elementos de la población.

Muestra probabilística: Subconjunto donde todos los elementos de la población tienen la misma probabilidad de ser escogidos.

Muestra no probabilística: Muestra dirigida, donde la selección de elementos dependen del criterio del investigador.

Población: Conjunto de todos los casos que concuerdan con una serie de especificaciones.

Selección aleatoria: Selección probabilística de los elementos de una población.

Selección sistemática: Selección de elementos de una población a partir de un intervalo.

Teorema del límite central: Proposición de que aun en muestras de tamaño moderado (más de 100 casos), la distribución será aproximadamente normal.

Unidad de análisis: Quienes van a ser medidos en una investigación.

Unidad muestral: El racimo a través del cual se logra el acceso a la unidad de análisis.

Varianza: Fluctuación o variabilidad promedio de un determinado valor de la población.

EJERCICIOS

1. Se forman grupos de 3 o 4 personas. Cada grupo dispone de 15 minutos, para formular una pregunta de investigación. El problema puede ser de cualquier área de estudio. Lo que conviene aquí, es que sea algo que realmente inquiete a los estudiantes, algo que ellos consideren un fenómeno social importante. Las preguntas de investigación se van anotando en el pizarrón. Después y junto a cada una de estas preguntas se define ¿quiénes van a ser medidos? Discutir por qué y por qué no son correctas las respuestas de los estudiantes.
2. Como secuencia del ejercicio anterior se proponen los siguientes temas de investigación. Supongamos que en otro curso, estudiantes de un taller de investigación sugirieron los siguientes temas para investigar. Decir en cada caso quiénes van a ser medidos, para lograr resultados en las investigaciones propuestas.

   Tema 1. ¿Cuál es el impacto que sobre los jóvenes tienen los anuncios de bebidas alcohólicas?

Tema 2. Hace tres meses que se implantó en una fábrica de motores un programa de círculos de calidad. ¿Ha tenido éxito dicho programa?

Tema 3. Los niños que asistieron en la primaria a escuelas laicas y mixtas, ¿tienen un mejor desempeño académico en la universidad que los que provienen de escuelas religiosas de un solo sexo?

Tema 4. ¿Qué diferencias significativas existen entre los comerciales de la televisión mexicana, la estadounidense y la venezolana?

3. Seleccione 2 estudios de alguna publicación científica (ver apéndice 1) y 2 tesis de licenciatura (que curse o que ya cursó). Obviamente los 4 estudios tienen que entrar en la categoría de estudios exploratorios, descriptivos y/o experimentales: Analice los siguientes aspectos: *a)* ¿Cuál es el problema de investigación? *b)* ¿Cuál es la muestra? *c)* ¿Cómo fue elegida? *d)* ¿Es adecuada la muestra y el procedimiento de muestreo para el problema que se investigó? *e)* ¿Cuáles son los principales resultados o conclusiones? *f)* ¿Dichos resultados son generalizables a una población mayor? *g)* Con base en la muestra, ¿pueden tomarse como serias dichas generalizaciones? Evalúe la solidez de los 4 estudios, tomando como criterios los aspectos a, b, c, d, e, f y g.

4. Supongamos que trabaja en un despacho que hace investigaciones sociales y que diversos clientes le preguntan que los asesore en estudios de diferente índole. ¿Qué tipo de muestra sugeriría para cada uno? Fundamente su sugerencia. (Véase cuadro.)

5. Supongamos que una asociación iberoamericana de profesionales cuenta con 5 000 miembros. La junta directiva ha decidido hacer una encuesta (por teléfono o por fax) a los suscritos para indagar, entre otras cosas, lugar de trabajo, puesto que ocupa, salario aproximado, carrera cursada, generación, estudios posteriores, oportunidades de avance percibidas, etc. En resumen, se piensa publicar un perfil profesional actualizado con propósitos de retroalimentar a los asociados. Como sería muy

	Cliente	*Necesidad*	*Tipo de muestra*
4.1	Clínica de terapias psicoemocionales.	Pacientes con cáncer que siguen la terapia reaccionan mejor a los tratamientos médicos usuales que los enfermos de cáncer que no toman la terapia.	
4.2	Empresa en el giro químico.	Definir cuáles son nuestros empleados y obreros, anteriores y presentes, que tienen menos ausentismo. Es decir, ¿hay un perfil del ausentista?	
4.3	Empresa de cosmetología.	¿Que nociones tienen las jóvenes (de 15 a 20 años) sobre su arreglo personal y cuidado de su cutis. Funcionaría crear una línea de productos exclusivamente para ellas?	
4.4	Grupo que defiende los derechos del consumidor.	¿Qué quejas tienen los niños sobre los juguetes del mercado?, ¿se rompen?, ¿son peligrosos?, ¿aburridos?, durabilidad, etcétera.	
4.5	Partido político.	¿Por cuál candidato a gobernador votarán los ciudadanos de determinado Estado?	

costoso llegar a los 5 000 miembros repartidos en España, Iberoamérica y Estados Unidos, ¿qué tamaño de muestra se necesita, si queremos un error estándar no mayor de .015?

Una vez definido el tamaño de la muestra, ¿cómo sería el proceso de selección, de manera que los resultados obtenidos con base en la muestra puedan ser generalizados a toda la población? Es decir, se pretende reportar un perfil certero de los 5 000 socios de dicha asociación profesional.

6. Una institución quiere lanzar por televisión mensajes de prevención de uso de sustancias dañinas (alcohol y drogas). Los productores no saben realmente el grado de realismo que deben contener estos mensajes ni su tono, es decir si deben apelar al miedo, a la salud o a los problemas morales que se desencadenan en las familias. Se sabe con certeza que se debe realizar esta campaña, pero no se tiene idea clara de la forma de estructurar el mensaje para que sea más efectivo. En resumen, para conceptualizar y poner en imágenes dichos mensajes, se necesita información previa sobre la relación sujeto-sustancia. ¿Qué se aconsejaría aquí? ¿Qué tipo de muestra se necesitaría para recabar dicha información?

BIBLIOGRAFÍA SUGERIDA

COSMOS, S (1982), Life style and consumption atterns. *Journal of Consumer Research.* Marzo, p. 453.

DOUGLAS, JACK D. (1980), *Introduction to the sociologies of everyday life.* Nueva York, N.Y.: Allyn and Bacon.

GLASS, GENE V. y Julian C. Stanley (1970), *Statistical methods in education and psychology.* Nueva Jersey: Prentice-Hall.

HANUSHEK, ERIC A. y J.E. Jackson (1977), *Statistical methods for social scientists.* Nueva York, N.Y.: Academic Press, capítulo 3.

HARRISON, DANIEL P. (1976), *Social forecasting mehodology: Suggestions for research.* Nueva York, N.Y.: Rusell Sage Foundation.

HOLGUIN QUIÑONES, FERNANDO (1972), *Estadística descriptiva (aplicada a las ciencias sociales).* México, D.F.: Universidad Nacional Autónoma de México.

KISH, LESLIE (1975), *Survey Sampling.* Nueva York, N.Y.: John Wilen & Sons.

KREYSZIQ, ERWIN (1974), *Introducción a la estadística matemática.* México, D.F.: Ed. LIMUSA. Parte II.

LOFLAND, JOHN & L.H. LOFLAND (1984), *Analyzing social setting.* Belmont, CA: Wadsworth Publishing Co., Inc/University of California.

PADUA, JORGE (1979), *Técnicas de investigación aplicadas a las ciencias sociales.* México, D.F.: El Colegio de México/Fondo de Cultura Económica. Capítulo III.

Ejemplo

LA TELEVISIÓN Y EL NIÑO

Para el estudio, primero se realizó un estudio exploratorio y una prueba piloto con 60 niños de diversos estratos socioeconómicos. Con base en ello se corrigió el cuestionario y se procedió al estudio definitivo. El cuestionario fue administrado a 2 048 niños de 3o., 4o., 5o. y 6o. de educación primaria o elemental contenidos en una muestra probabilística de 32 escuelas primarias privadas y gubernamentales, mixtas y no mixtas, ubicadas en diversas colonias que incluyeron a todas las delegaciones (municipios) del Distrito Federal (Ciudad de México).

Capítulo 9 Recolección de los datos

OBJETIVOS DE APRENDIZAJE

Al terminar este capítulo, el alumno será capaz de:

- Comprender el significado de "medir" en ciencias sociales.
- Comprender los requisitos que toda medición debe cumplir: confiabilidad y validez.
- Reconocer los principales instrumentos de medición disponibles en ciencias sociales.
- Elaborar y aplicar diferentes instrumentos de medición.
- Preparar datos para su análisis.

PROCESO DE INVESTIGACIÓN
Octavo paso

RECOLECTAR LOS DATOS

- Definir la forma idónea de recolectar los datos de acuerdo al contexto de la investigación.
- Elaborar el instrumento de medición.
- Aplicar el instrumento de medición.
- Obtener los datos.
- Codificar los datos.
- Archivar los datos y prepararlos para su análisis.

SÍNTESIS

El capítulo presenta una definición de medición en el contexto de las ciencias sociales, así como los requisitos que todo instrumento de medición debe reunir: confiabilidad y validez. Diversos métodos para determinar la confiabilidad y validez son revisados.

Además, el capítulo analiza y ejemplifica las principales maneras de medir en ciencias sociales: escalas de actitudes, cuestionarios, análisis de contenido, observación, pruebas estandarizadas, sesiones en profundidad y utilización de archivos.

Finalmente, en el capítulo se presenta el procedimiento de codificación de los datos obtenidos y la forma de prepararlos para el análisis.

9.1 ¿QUÉ IMPLICA LA ETAPA DE RECOLECCIÓN DE LOS DATOS?

Una vez que seleccionamos el diseño de investigación apropiado y la muestra adecuada de acuerdo con nuestro problema de estudio e hipótesis, *la siguiente etapa* consiste en *recolectar los datos* pertinentes sobre las variables involucradas en la investigación.

Recolectar los datos implica tres actividades estrechamente vinculadas entre sí:

a) *Seleccionar un instrumento de medición* de los disponibles en el estudio del comportamiento o desarrollar uno (el instrumento de recolección de los datos). Este instrumento debe ser válido y confiable, de lo contrario no podemos basarnos en sus resultados.
b) *Aplicar ese instrumento de medición.* Es decir, obtener las observaciones y mediciones de las variables que son de interés para nuestro estudio (medir variables).
c) *Preparar las mediciones obtenidas* para que puedan analizarse correctamente (a esta actividad se le denomina *codificación de los datos*).

9.2 ¿QUÉ SIGNIFICA MEDIR?

De acuerdo con la definición clásica del término, ampliamente difundida, *medir* significa "asignar números a objetos y eventos de acuerdo con reglas" (Stevens, 1951). Sin embargo, como señalan Carmines y Zeller (1979), esta definición es más apropiada para las ciencias físicas que para las ciencias sociales, ya que varios de los fenómenos que son medidos en éstas no pueden caracterizarse como objetos o eventos, puesto que son demasiado abstractos para ello. La disonancia cognitiva, la alienación, el producto nacional bruto y la credibilidad son conceptos tan abstractos para ser considerados "cosas que pueden verse a tocarse" (definición de objeto) o solamente como "resultado, consecuencia o producto" (definición de evento) (Carmines y Zeller, 1979, p. 10).

Este razonamiento nos hace sugerir que es más adecuado definir la *medición* como "*el proceso de vincular conceptos abastractos con indicadores empíricos*", proceso que se realiza mediante un plan explícito y organizado para clasificar (y frecuentemente cuantificar) los datos disponibles (los indicadores) en términos del concepto que el investigador tiene en mente (Carmines y Zeller, 1979, p. 10). Y en este proceso, el *instrumento de medición o de recolección de los datos* juega un papel central. Sin él no hay observaciones clasificadas.

La definición sugerida incluye dos consideraciones: la primera es desde el punto de vista empírico y se resume en que *el centro de atención es la respuesta observable* (sea una alternativa de respuesta marcada en un cuestionario, una conducta grabada vía observación o una respuesta dada a un entrevistador). La segunda es desde una perspectiva teórica y se refiere a que *el interés se sitúa en el concepto subyacente no observable* que es representado por la respuesta (Carmines y Zeller, 1979). Así, los registros del instrumento de medición representan valores observables de conceptos abstractos. *Un instrumento de medición ade-*

cuado es aquel que registra datos observables que representan verdaderamente los conceptos o variables que el investigador tiene en mente.

En toda investigación aplicamos un instrumento para medir las variables contenidas en las hipótesis (y cuando no hay hipótesis, simplemente para medir las variables de interés). Esa medición es efectiva cuando el instrumento de recolección de los datos realmente representa a las variables que tenemos en mente. Si no es así nuestra medición es deficiente y por lo tanto la investigación no es digna de tomarse en cuenta. Desde luego, no hay medición perfecta, es prácticamente imposible que representemos fielmente variables tales como la inteligencia, la motivación, el nivel socioeconómico, el liderazgo democrático, la actitud hacia el sexo y otras más, pero es un hecho que debemos acercarnos lo más posible a la representación fiel de las variables a observar, mediante el instrumento de medición que desarrollemos.

9.3 ¿QUÉ REQUISITOS DEBE CUBRIR UN INSTRUMENTO DE MEDICIÓN?

Toda medición o instrumento de recolección de los datos debe reunir dos requisitos esenciales: *confiabilidad* y *validez.*

La *confiabilidad* de un instrumento de medición se refiere al grado en que su aplicación repetida al mismo sujeto u objeto produce iguales resultados. Por ejemplo, si se midiera en este momento la temperatura ambiental mediante un termómetro e indicara que hay 22ºC. Un minuto más tarde se consultara otra vez y el termómetro indicara que hay 5ºC. Tres minutos después se observara el termómetro y éste indicara que hay 40ºC. Ese termómetro no sería confiable (su aplicación repetida produce resultados distintos). Igualmente, si una prueba de inteligencia se aplica hoy a un grupo de personas y proporciona ciertos valores de inteligencia; se aplica un mes después y proporciona valores diferentes, al igual que en subsecuentes mediciones, tal prueba no es confiable (analícense los valores de la figura 9.1, suponiendo que los coeficientes de inteligencia puedan oscilar entre 95 y 150). Los resultados no son consistentes; no se puede "confiar" en ellos.

FIGURA 9.1
Ejemplo de resultados proporcionados por un instrumento de medición sin confiabilidad.

Primera aplicación		*Segunda aplicación*		*Tercera aplicación*	
Martha	130	Laura	131	Luis	140
Laura	125	Luis	130	Teresa	129
Arturo	118	Marco	127	Martha	124
Luis	112	Arturo	120	Rosa María	120
Marco	110	Chester	118	Laura	109
Rosa María	110	Teresa	118	Chester	108
Chester	108	Martha	115	Arturo	103
Teresa	107	Rosa María	107	Marco	101

La *confiabilidad* de un instrumento de medición se determina mediante diversas técnicas, las cuales se comentarán brevemente después de revisar el concepto de validez.

La *validez*, en términos generales, se refiere al grado en que un instrumento realmente mide la variable que pretende medir. Por ejemplo, un instrumento para medir la inteligencia válido debe medir la inteligencia y no la memoria. Una prueba sobre conocimientos de historia debe medir esto y no conocimientos de literatura histórica. Aparentemente es sencillo lograr la validez. Después de todo, como dijo un estudiante, "pensamos en la variable y vemos cómo hacer preguntas sobre esa variable". Esto sería factible en unos cuantos casos (como lo sería el "sexo" de una persona). Sin embargo, la situación no es tan simple cuando se trata de variables como la motivación, la calidad de servicio a los clientes, la actitud hacia un candidato político y menos aún con sentimientos y emociones, así como diversas variables con las que trabajamos en ciencias sociales. La validez es una cuestión más compleja que debe alcanzarse en todo instrumento de medición que se aplica. Kerlinger (1979, p. 138) plantea la siguiente pregunta respecto a la validez: ¿Está midiendo lo que cree que está midiendo? Si es así, su medida es válida; si no, no lo es.

La *validez* es un concepto del cual pueden tenerse diferentes tipos de evidencia (Wiersma, 1986; Gronlund, 1985): 1. *evidencia relacionada con el contenido*, 2. *evidencia relacionada con el criterio* y 3. *evidencia relacionada con el constructo*. Hablemos de cada una de ellas.

1. Evidencia relacionada con el contenido

La *validez de contenido* se refiere al grado en que un instrumento refleja un dominio específico de contenido de lo que se mide. Es el grado en que la medición representa al concepto medido (Bohrnstedt, 1976). Porr ejemplo, una prueba de operaciones aritméticas no tendrá validez de contenido si incluye sólo problemas de resta y excluye problemas de suma, multiplicación o división (Carmines y Zeller, 1979). O bien, una prueba de conocimientos sobre las canciones de *The Beatles* no deberá basarse solamente en sus álbumes *Let it Be* y *Abbey Road*, sino que debe incluir canciones de todos sus discos.

Un instrumento de medición debe *contener* representados a todos los ítems del dominio de contenido de las variables a medir. Este hecho se ilustra en la figura 9.2

2. Evidencia relacionada con el criterio

La *validez de criterio* establece la validez de un instrumento de medición comparándola con algún criterio externo. Este criterio es un estándar con el que se juzga la validez del instrumento (Wiersma, 1986). Entre más se relacionen los resultados del instrumento de medición con el criterio, la validez del criterio será mayor. Por ejemplo, un investigador valida un examen sobre manejo de aviones, mostrando la exactitud con que el examen predice qué tan bien un grupo de pilotos puede operar un aeroplano.

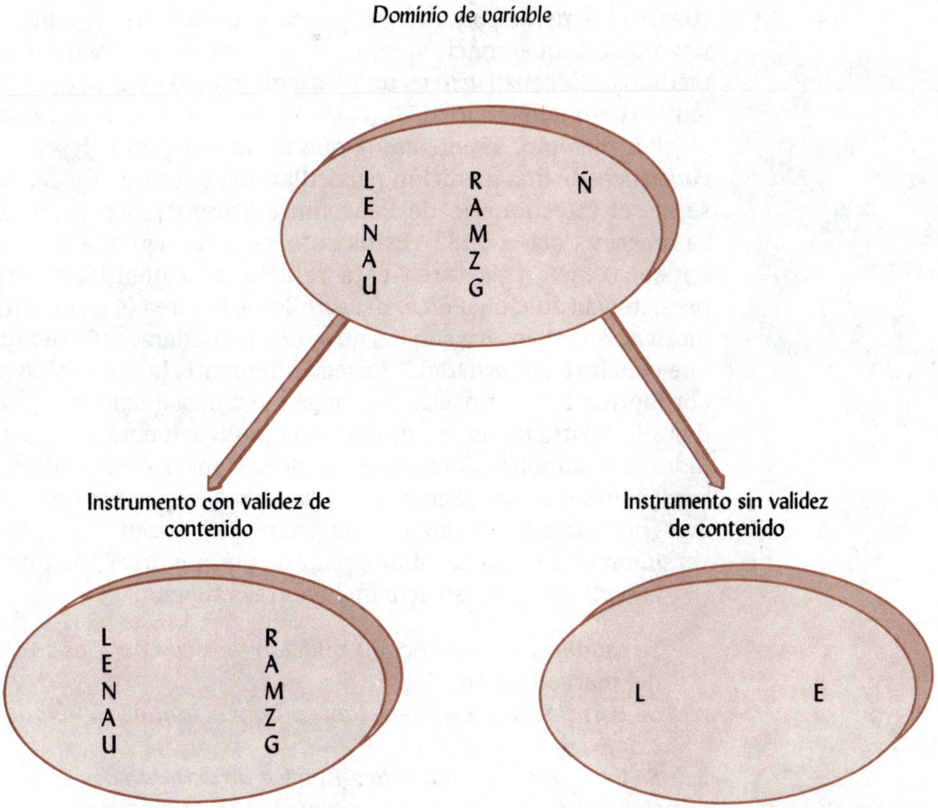

FIGURA 9.2 Ilustración de un instrumento de medición con validez de contenido *versus* uno que carece de ella.

Si el criterio se fija en el *presente*, se habla de *validez concurrente* (los resultados del instrumento se correlacionan con el criterio en el mismo momento o punto del tiempo). Por ejemplo, un cuestionario para detectar las preferencias del electorado por los distintos partidos contendientes, puede validarse aplicándolo tres o cuatro días antes de la elección y sus resultados compararlos con los resultados finales de la elección.

Si el criterio se fija en el *futuro*, se habla de *validez predictiva*. Por ejemplo, una prueba para determinar la capacidad administrativa de altos ejecutivos se puede validar comparando sus resultados con el futuro desempeño de los ejecutivos medidos.

3. *Evidencia relacionada con el constructo*

La *validez de constructo* es probablemente [35] la más importante sobre todo desde una perspectiva científica y se refiere al grado en que una medición se relaciona

[35] La explicación se basa en Carmines y Zeller (1979).

consistentemente con otras mediciones de acuerdo con hipótesis derivadas teóricamente y que conciernen a los conceptos (o constructos) que están siendo medidos. Un *constructo* es una variable medida y que tiene lugar dentro de una teoría o esquema teórico.

Por ejemplo, supongamos que un investigador desea evaluar la *validez de constructo* de una medición particular, digamos una escala de motivación intrínseca: "el Cuestionario de Reacción a Tareas", versión mexicana (Hernández-Sampieri y Cortés, 1982). Estos autores sostienen que el nivel de motivación intrínseca hacia una tarea está relacionado positivamente con el grado de persistencia adicional en el desarrollo de la tarea (v.g., los empleados con mayor motivación intrínseca son los que suelen quedarse más tiempo adicional una vez que concluye su jornada). Consecuentemente, la predicción teórica es que a mayor motivación intrínseca, mayor persistencia adicional en la tarea. El investigador administra dicho cuestionario de motivación intrínseca a un grupo de trabajadores y también determina su persistencia adicional en el trabajo. Ambas mediciones son correlacionadas. Si la correlación es positiva y sustancial, se aporta evidencia para la validez de constructo del Cuestionario de Reacción a Tareas, versión mexicana (a la validez para medir la motivación intrínseca).

La *validez de constructo* incluye tres etapas:

1. *Se establece y especifica la relación teórica entre los conceptos* (sobre la base del marco teórico).
2. *Se correlacionan ambos conceptos y se analiza cuidadosamente la correlación.*
3. *Se interpreta la evidencia empírica de acuerdo con el nivel en que clarifica la validez de constructo de una medición en particular.*

El proceso de *validación de un constructo* está vinculado con la teoría. No es posible llevar a cabo la validación de constructo, a menos que exista un marco teórico que soporte a la variable en relación con otras variables. Desde luego, no es necesaria una teoría sumamente desarrollada, pero sí investigaciones que hayan demostrado que los conceptos están relacionados. Entre más elaborado y comprobado se encuentre el marco teórico que apoya la hipótesis, la validación de constructo puede arrojar mayor luz sobre la validez de un instrumento de medición. Y mayor confianza tenemos en la validez de constructo de una medición, cuando sus resultados se correlacionan significativamente con un mayor número de mediciones de variables que teóricamente y de acuerdo con estudios antecedentes están relacionadas. Esto se representa en la figura 9.3.

Para analizar las posibles interpretaciones de evidencia negativa en la *validez de constructo*, se sugiere consultar a Cronbach y Meehl (1955) y Cronbach (1984).

Validez total = validez de contenido + validez de criterio + validez de constructo

Así, la validez de un instrumento de medición se evalúa sobre la base de tres tipos de evidencia. Entre mayor evidencia de validez de contenido, validez de

FIGURA 9.3
Presentación gráfica de un instrumento con validez de constructo.

INSTRUMENTO MIDE CONSTRUCTO "A"

Teoría
(Investigaciones hechas) encontraron que "A" se relaciona positivamente con "B", "C" y "D". Y negativamente con "W".

Si el instrumento mide realmente "A" sus resultados deben relacionarse positivamente con los resultados obtenidos en las mediciones de "B", "C" y "D"; y relacionarse negativamente con los resultados de "W".

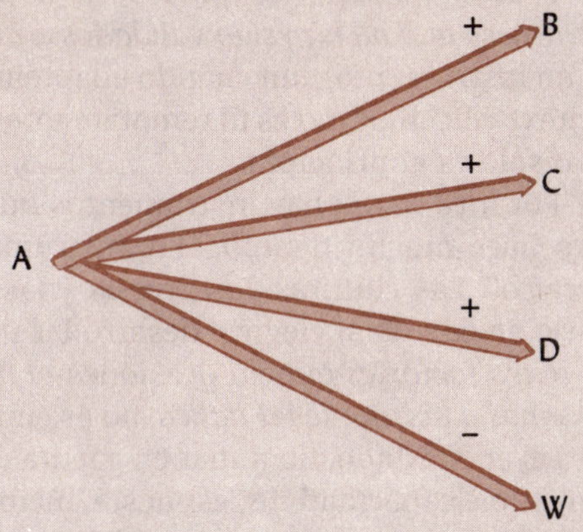

El instrumento parece realmente medir "A".

criterio y validez de constructo tenga un instrumento de medición; éste se acerca más a representar la variable o variables que pretende medir.

Cabe agregar que *un instrumento de medición puede ser confiable pero no necesariamente válido* (un aparato, por ejemplo, puede ser consistente en los resultados que produce, pero no medir lo que pretende). Por ello es requisito que el instrumento de medición demuestre ser *confiable* y *válido*. De no ser así, los resultados de la investigación no pueden tomarse en serio.

Factores que pueden afectar la confiabilidad y validez

Hay diversos factores que pueden afectar la confiabilidad y la validez de los intrumentos de medición.

El primero de ellos *es la improvisación*. Algunas personas creen que elegir un instrumento de medición o desarrollar uno es algo que puede tomarse a la ligera. Incluso algunos profesores piden a los alumnos que construyan instrumentos de medición de un día para otro, o lo que es casi lo mismo, de una semana a otra. Lo cual habla del poco o nulo conocimiento del proceso de elaboración de instrumentos de medición. Esta improvisación genera casi siempre instrumentos poco válidos o confiables y no debe existir en la investigación social (menos aún en ambientes académicos).

Aun a los investigadores experimentados les toma cierto tiempo desarrollar un instrumento de medición. Es por ello que los construyen con cuidado y frecuentemente están desarrollándolos, para que cuando los necesiten con premura se encuentren preparados para aplicarlos, pero no los improvisan. Además, para poder construir un instrumento de medición se requiere conocer muy bien la variable que se pretende medir y la teoría que la sustenta. Por ejemplo, generar o simplemente seleccionar un instrumento que mida la inteligencia, la personalidad o los usos y gratificaciones de la televisión para el niño, requiere amplios conocimientos en la materia, estar actualizados al respecto y revisar cuidadosamente la literatura correspondiente.

El segundo factor es que a veces se utilizan instrumentos desarrollados en el extranjero que no han sido validados a nuestro contexto: cultura y tiempo. Traducir un instrumento, aun cuando adaptemos los términos a nuestro lenguaje y los contextualicemos, no es ni remotamente validarlo. Es un primer y necesario paso, pero sólo es el principio.

Por otra parte, hay instrumentos que fueron validados en nuestro contexto pero hace mucho tiempo. Hay instrumentos que hasta el lenguaje nos suena "arcaico". Las culturas, los grupos y las personas cambian; y esto debemos tomarlo en cuenta al elegir o desarrollar un instrumento de medición.

Otro factor es que en ocasiones *el instrumento resulta inadecuado para las personas a las que se les aplica*: no es empático. Utilizar un lenguaje muy elevado para el encuestado, no tomar en cuenta diferencias en cuanto a sexo, edad, conocimientos, capacidad de respuesta, memoria, nivel ocupacional y educativo, motivación para responder y otras diferencias en los entrevistados, son errores que pueden afectar la validez y confiabilidad del instrumento de medición.

El cuarto factor que puede influir *está constituido por las condiciones en las que se aplica el instrumento de medición.* El *ruido*, el *frío* (por ejemplo en una encuesta de casa en casa), un *instrumento* demasiado *largo o tedioso*, son cuestiones que pueden afectar negativamente la validez y la confiabilidad. Normalmente en los experimentos se puede contar con instrumentos de medición más largos y complejos que en los diseños no experimentales. Por ejemplo, en una encuesta pública sería muy difícil poder aplicar una prueba larga o compleja.

Por otra parte, *aspectos mecánicos* como que si el instrumento es escrito, no se lean bien las instrucciones, falten páginas, no haya espacio adecuado para contestar, no se comprendan las instrucciones, también pueden influir de manera negativa.

9.4 ¿CÓMO SE SABE SI UN INSTRUMENTO DE MEDICIÓN ES CONFIABLE Y VÁLIDO?

En la práctica es casi imposible que una medición sea perfecta. *Generalmente se tiene un grado de error.* Desde luego, se trata de que este error sea el mínimo posible. Es por esto que la medición de cualquier fenómeno se conceptualiza con la siguiente fórmula básica:

$$X = t + e$$

Donde *"X" representa los valores observados* (resultados disponibles), *"t" son los valores verdaderos* y *"e" es el grado de error en la medición.* Si no hay error de medición ("e" es igual a cero), el valor observado y el verdadero son equivalentes. Esto puede verse claramente así:

$$X = t + 0$$
$$X = t$$

Esta situación representa el ideal de la medición. Entre mayor sea el error al medir, el valor que observamos (en el cual nos basamos) se aleja más del valor real o verdadero. Por ejemplo, si medimos la motivación de un individuo y esta medición está contaminada por un grado de error considerable, la motivación registrada por el instrumento será bastante diferente de la motivación real que tiene ese individuo. Por ello *es importante que el error sea reducido lo más posible.* Pero, ¿cómo sabemos el grado de error que tenemos en una medición? Calculando la confiabilidad y validez.

Cálculo de la confiabilidad

Existen diversos *procedimientos para calcular la confiabilidad* de un instrumento de medición. Todos utilizan fórmulas que producen *coeficientes de confiabilidad.* Estos coeficientes *pueden oscilar entre 0 y 1.* Donde un coeficiente de 0 significa nula confiabilidad y 1 representa un máximo de confiabilidad (confiabilidad total). Entre más se acerque el coeficiente a cero (0), hay mayor error en la medición. Esto se ilustra en la figura 9.4.

Los procedimientos más utilizados para determinar la confiabilidad mediante un coeficiente son:

1. *Medida de estabilidad* (confiabilidad por test-retest). En este procedimiento un mismo instrumento de medición (o ítems o indicadores)[36] es aplicado dos o más veces a un mismo grupo de personas, después de cierto periodo. Si la

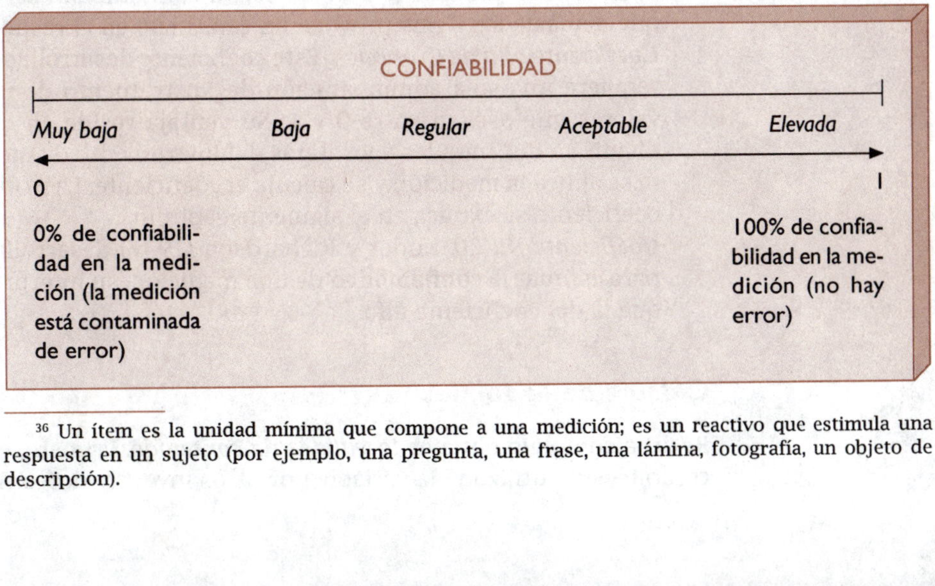

FIGURA 9.4
Interpretación de un coeficiente de confiabilidad.

[36] Un ítem es la unidad mínima que compone a una medición; es un reactivo que estimula una respuesta en un sujeto (por ejemplo, una pregunta, una frase, una lámina, fotografía, un objeto de descripción).

correlación entre los resultados de las diferentes aplicaciones es altamente positiva, el instrumento se considera confiable. Se trata de una especie de diseño panel. Desde luego, el periodo de tiempo entre las mediciones es un factor a considerar. Si el periodo es largo y la variable susceptible de cambios, ello puede confundir la interpretación del coeficiente de confiabilidad obtenido por este procedimiento. Y si el periodo es corto las personas pueden recordar cómo contestaron en la primera aplicación del instrumento, para aparecer como más consistentes de lo que son en realidad (Bohrnstedt, 1976).

2. *Método de formas alternativas o paralelas.* En este procedimiento no se administra el mismo instrumento de medición, sino dos o más versiones equivalentes de éste. Las versiones son similares en contenido, instrucciones, duración y otras características. Las versiones (generalmente dos) son administradas a un mismo grupo de personas dentro de un periodo de tiempo relativamente corto. El instrumento es confiable si la correlación entre los resultados de ambas administraciones es significativamente positiva. Los patrones de respuesta deben variar poco entre las aplicaciones.
3. *Método de mitades partidas (split-halves).* Los procedimientos anteriores (medida de estabilidad y método de formas alternas), requieren cuando menos dos administraciones de la medición en el mismo grupo de individuos. En cambio, el método de mitades-partidas requiere sólo una aplicación de la medición. Específicamente, el conjunto total de ítems (o componentes) es dividido en dos mitades y las puntuaciones o resultados de ambas son comparados. Si el instrumento es confiable, las puntuaciones de ambas mitades deben estar fuertemente correlacionadas. Un individuo con baja puntuación en una mitad, tenderá a mostrar también una baja puntuación en la otra mitad. El procedimiento de diagrama en la figura 9.5.

   La *confiabilidad varía de acuerdo con el número de ítems que incluya el instrumento de medición.* Cuantos más ítems mayor es la confiabilidad. Esto resulta lógico, veámoslo con un ejemplo cotidiano: Si se desea probar qué tan confiable o consistente es la lealtad de un amigo hacia nuestra persona, cuantas más pruebas le pongamos, su confiabilidad será mayor. Claro está que demasiados ítems provocarán cansancio en el respondiente.
4. *Coeficiente alfa de Cronbach.* Este coeficiente desarrollado por J. L. Cronbach requiere una sola administración del instrumento de medición y produce valores que oscilan entre 0 y 1. Su ventaja reside en que no es necesario dividir en dos mitades a los ítems del instrumento de medición, simplemente se aplica la medición y se calcula el coeficiente. La manera de calcular este coeficiente se explica en el siguiente capítulo.
5. *Coeficiente KR-20.* Kuder y Richardson (1937) desarrollaron un coeficiente para estimar la confiabilidad de una medición, su interpretación es la misma que la del coeficiente alfa.

Cálculo de la validez

Resulta complejo obtener *la validez de contenido.* Primero, es necesario revisar cómo ha sido utilizada la variable por otros investigadores. Y con base en dicha

FIGURA 9.5
Esquema del procedimiento de mitades-partidas.

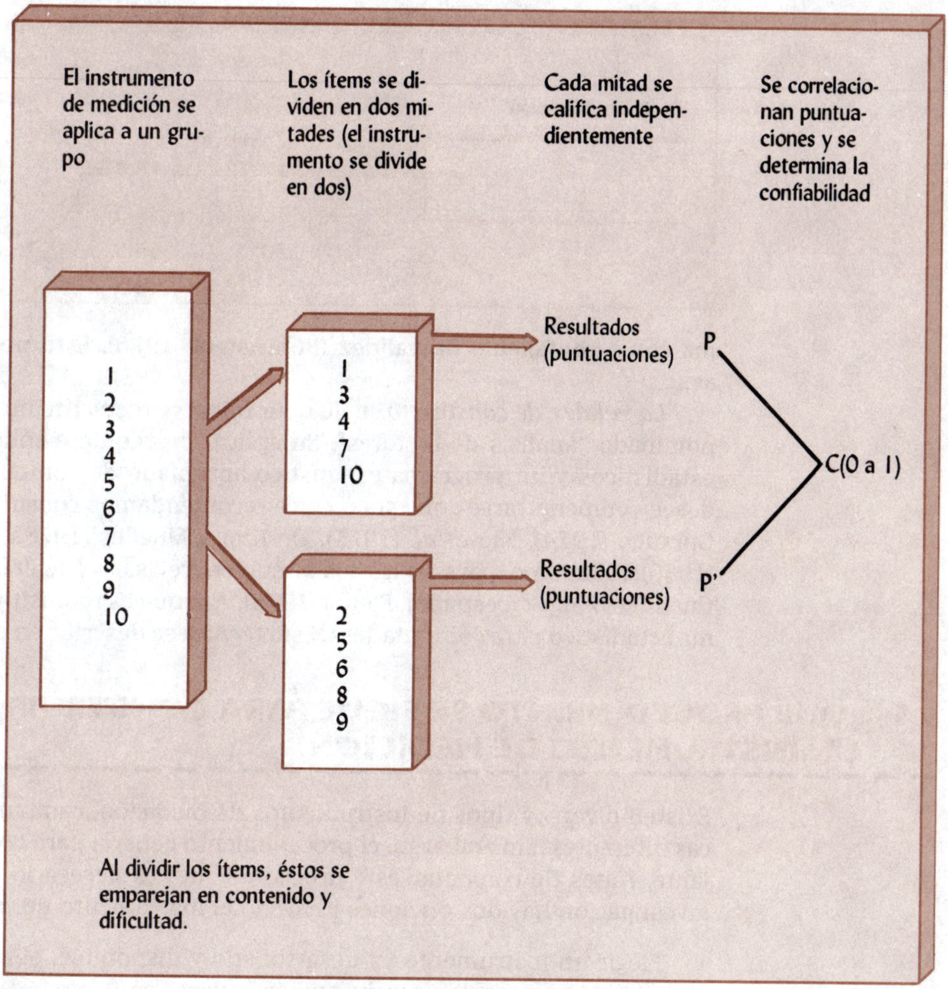

revisión elaborar un universo de ítems posibles para medir la variable y sus dimensiones (el universo debe ser lo más exhaustivo que sea factible). Posteriormente, se consulta con investigadores familiarizados con la variable para ver si el universo es exhaustivo. Se seleccionan los ítems bajo una cuidadosa evaluación. Y si la variable está compuesta por diversas dimensiones o facetas, se extrae una muestra probabilística de ítems, ya sea al azar o estratificada (cada dimensión constituiría un estrato). Se administran los ítems, se correlacionan las puntuaciones de los ítems entre sí (debe haber correlaciones altas, especialmente entre ítems que miden una misma dimensión) (Bohrnstedt, 1976), y se hacen estimaciones estadísticas para ver si la muestra es representativa. Para calcular la validez de contenido son necesarios varios coeficientes.

La *validez de criterio* es más sencilla de estimar, lo único que hace el investigador es correlacionar su medición con el criterio, y este coeficiente se to-

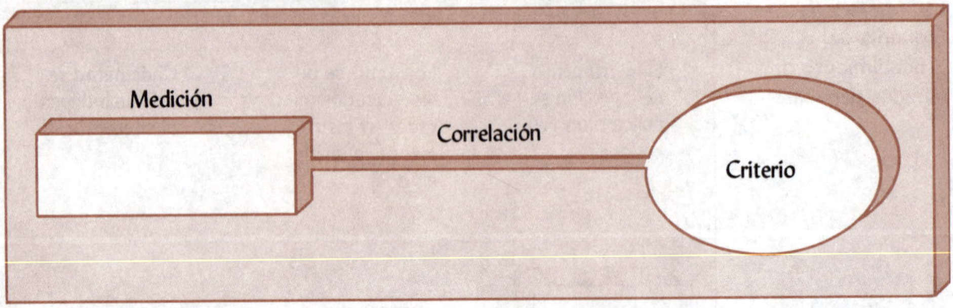

ma como coeficiente de validez (Bohrnstedt, 1976). Esto podría representarse así:[37]

La validez de constructo suele determinarse mediante un procedimiento denominado "análisis de factores". Su aplicación requiere sólidos conocimientos estadísticos y un programa estadístico apropiado de computadora. Para quien desee compenetrarse con esta técnica recomendamos consultar Harman (1967), Gorsuch (1974), Nie *et al.* (1975), On-Kim y Mueller (1978a y 1978b) y Hunter (1980). Asimismo, para aplicarlos se sugiere revisar a Nie *et al.* (1975), Cooper y Curtis (1976) y, en español, Padua (1979). Aunque es requisito conocer el programa estadístico para computadora. Esta técnica se describe en el apartado 10.10.4.

9.5 ¿QUÉ PROCEDIMIENTO SE SIGUE PARA CONSTRUIR UN INSTRUMENTO DE MEDICIÓN?

Existen diversos tipos de instrumentos de medición, cada uno con características diferentes. Sin embargo, el procedimiento general para construirlos es semejante. Antes de comentar este procedimiento, es necesario aclarar que en una investigación hay dos opciones respecto al instrumento de medición:

1. Elegir un instrumento ya desarrollado y disponible, el cual se adapta a los requerimientos del estudio en particular.
2. Construir un nuevo instrumento de medición de acuerdo con la técnica apropiada para ello.

En ambos casos es importante tener evidencia sobre la confiabilidad y validez del instrumento de medición.

El procedimiento que sugerimos para construir un instrumento de medición es el siguiente, especialmente para quien se inicia en esta materia.

Pasos

a) **Listar las variables** que se pretenden medir u observar.

b) **Revisar su definición conceptual y comprender su significado**. Por ejemplo, comprender bien qué es la motivación intrínseca y qué dimensiones la integran.

[37] Véase el tema de correlación en el siguiente capítulo.

c) **Revisar cómo han sido definidas operacionalmente las variables**, esto es, cómo se ha medido cada variable. Ello implica comparar los distintos instrumentos o maneras utilizadas para medir las variables (comparar su confiabilidad, validez, sujetos a los cuales se les aplicó, facilidad de administración, veces que las mediciones han resultado exitosas y posibilidad de uso en el contexto de la investigación).

d) **Elegir el instrumento o los instrumentos (ya desarrollados) que hayan sido favorecidos por la comparación y adaptarlos al contexto de la investigación.** Para este caso sólo deben seleccionarse instrumentos cuya confiabilidad y validez se reporte. No se puede confiar en una forma de medir que carezca de evidencia clara y precisa de confiabilidad y validez. Cualquier investigación seria reporta la confiabilidad y validez de su instrumento de medición. Recuérdese que la primera varía de 0 a 1 y para la segunda se debe mencionar el método utilizado de validación y su interpretación. De no ser así no podemos asegurar que el instrumento sea el adecuado. Si se selecciona un instrumento desarrollado en otro país, deben hacerse pruebas piloto más extensas (véase el paso G). Tampoco no debe olvidarse que traducir no es validar un instrumento, por muy buena que sea la traducción.

O en caso de que no se elija un instrumento ya desarrollado sino que se prefiera construir o desarrollar uno propio, debe pensarse en cada variable y sus dimensiones, y en indicadores precisos e ítems para cada dimensión. La figura 9.6 es un ejemplo de ello:

FIGURA 9.6
Ejemplo de desarrollo de ítems.

Variable	*Definición operacional*	*Indicadores*	*Dimensiones*	*Ítems*
Coordinación entre organizaciones compradoras y proveedoras, desde el punto de vista de las primeras.	Grado percibido mutuo de esfuerzo invertido para no provocar problemas a la otra parte al interferir en sus deberes y responsabilidades.	Grado percibido de mutuo de interés y buena voluntad de ambas partes.	Coordinación de conflictos.	¿Cuánto se esfuerza su empresa por no provocar problemas con sus proveedores? 1. Se esfuerza al mínimo posible. 2. Se esfuerza poco. 3. Se esfuerza medianamente. 4. Se esfuerza mucho. 5. Se esfuerza al máximo posible. ¿Cuánto se esfuerzan sus proveedores por no provocar problemas con su empresa?

FIGURA 9.6 (*Continuación*).

Variable	*Definición operacional*	*Indicadores*	*Dimensiones*	*Ítems*
				1. Se esfuerzan al mínimo posible. 2 Se esfuerzan poco. 3. Se esfuerzan medianamente. 4. Se esfuerzan mucho. 5. Se esfuerzan al máximo posible.
			Coordinación de no interferencia.	¿Cuánto se esfuerza su empresa por no interferir en los deberes y responsabilidades de sus proveedores? 5. Se esfuerza al máximo posible. 4. Se esfuerza mucho. 3. Se esfuerza medianamente. 2. Se esfuerza poco. 1. Se esfuerza al mínimo posible. ¿Cuánto se esfuerzan sus proveedores por no interferir con los deberes y responsabilidades de su empresa? 5. Se esfuerzan al máximo posible. 4. Se esfuerzan mucho. 3. Se esfuerzan medianamente. 2. Se esfuerzan poco. 1. Se esfuerzan al mínimo posible.
			Coordinación de objetivos.	¿Cuánto se esfuerza la empresa por trabajar junto con sus proveedores, de manera constante,

FIGURA 9.6 (*Continuación*).

Variable	*Definición operacional*	*Indicadores*	*Dimensiones*	*Ítems*
				para alcanzar objetivos comunes? 5. Se esfuerza al máximo posible. 4. Se esfuerza mucho. 3. Se esfuerza medianamente. 2. Se esfuerza poco. 1. Se esfuerza al mínimo posible. ¿Cuánto se esfuerzan los proveedores por trabajar junto con su empresa, de manera constante, para alcanzar objetivos comunes?
			Coordinación de objetivos.	5. Se esfuerzan al máximo posible. 4. Se esfuerzan mucho. 3. Se esfuerzan medianamente. 2. Se esfuerzan poco. 1. Se esfuerzan al mínimo posible.
			Coordinación de rutinas.	En general, ¿qué tan bien establecidas están las rutinas para el trato de la empresa con sus proveedores? 5. Muy bien establecidas. 4. Bien establecidas. 3. Medianamente establecidas. 2. Mal establecidas. 1. Muy mal establecidas.
Frecuencia de la interacción entre organizaciones.	Lapsos de interacciones entre organizaciones.	Lapso máximo entre interaccines de comunicación.	Visitas de representantes.	Estableciendo un promedio aproximado ¿con qué frecuencia recibe su

FIGURA 9.6 (*Continuación*).

Variable	*Definición operacional*	*Indicadores*	*Dimensiones*	*Ítems*
				empresa la visita de los representantes de sus proveedores verdaderamente importantes? 13. Varias veces al día. 12. Una vez al día. 11. Tres veces por semana. 10. Dos veces por semana. 9. Una vez a la semana. 8. Tres veces al mes 7. Dos veces al mes. 6. Una vez al mes. 5. Una vez cada dos meses 4. Una vez cada cuatro meses. 3. Una vez cada seis meses. 2. Una vez al año. 1. Otra (especifique). Estableciendo un promedio aproximado ¿con qué frecuencia recibe su empresa la visita de los representantes de sus proveedores poco importantes? 13. Varias veces al día. 12. Una vez al día. 11. Tres veces por semana. 10. Dos veces por semana. 9. Una vez a la semana. 8. Tres veces al mes 7. Dos veces al mes.

FIGURA 9.6 (*Continuación*).

Variable	*Definición operacional*	*Indicadores*	*Dimensiones*	*Ítems*
				6. Una vez al mes. 5. Una vez cada dos meses 4. Una vez cada cuatro meses. 3. Una vez cada seis meses. 2. Una vez al año. 1. Otra (especifique).
			Llamadas telefónicas.	Estableciendo un promedio aproximado ¿con qué frecuencia le llaman por teléfono a su empresa los representantes de sus proveedores más importantes? 13. Varias veces al día. 12. Una vez al día. 11. Tres veces por semana. 10. Dos veces por semana. 9. Una vez a la semana. 8. Tres veces al mes 7. Dos veces al mes. 6. Una vez al mes. 5. Una vez cada dos meses 4. Una vez cada cuatro meses. 3. Una vez cada seis meses. 2. Una vez al año. 1. Otra (especifique). Etcétera.

En este segundo caso, debemos asegurarnos de tener un número suficiente de ítems para medir todas las variables en todas sus dimensiones. Ya sea que se seleccione un instrumento previamente desarrollado y se adapte o bien, se construya uno, éste constituye *la versión preliminar de nuestra medición*. Versión que debe pulirse y ajustarse, como se verá más adelante.

e) **Indicar el nivel de medición de cada ítem y, por ende, el de las variables.** Existen **cuatro niveles de medición** ampliamente conocidos.

1. *Nivel de medición nominal*. En este nivel se tienen dos o más categorías del ítem o variable. Las categorías no tienen orden o jerarquía. Lo que se mide es colocado en una u otra categoría, lo que indica solamente diferencias respecto a una o más características. Por ejemplo, la variable sexo de la persona tiene sólo dos categorías: masculino y femenino. Ninguna de las categorías tiene mayor jerarquía que la otra, las categorías únicamente reflejan diferencias en la variable. No hay orden de mayor a menor.

Sexo — Masculino / Femenino

Si les asignamos una etiqueta o símbolo a cada categoría, esto identifica exclusivamente a la categoría. Por ejemplo:

* = Masculino

z = Femenino

Si usamos numerales es lo mismo:

1 = Masculino, 2 = Femenino es igual a 2 = Masculino, 1 = Femenino

Los números utilizados en este nivel de medición tienen una función puramente de clasificación *y no* se pueden manipular aritméticamente. Por ejemplo, la afiliación religiosa es una variable nominal, si pretendiéramos operarla aritméticamente tendríamos situaciones tan ridículas como ésta:

1 = Católico
2 = Judío

$1 + 2 = 3$

3 = Protestante	
4 = Musulmán	Un católico + un judío = protestante?
5 = Otros	(no tiene sentido)

Las variables nominales pueden incluir dos categorías (dicotómicas), o bien, tres o más categorías (categóricas). Ejemplos de variables nominales dicotómicas sería el sexo y el tipo de escuela a la que se asiste (privada-pública); y de nominales categóricas tendríamos a la afiliación política (Partido A, Partido B,...), la carrera elegida, la raza, el departamento o provincia o estado de nacimiento y el canal de televisión preferido.

2. *Nivel de medición ordinal.* En este nivel hay varias categorías, pero además éstas mantienen un orden de mayor a menor. Las etiquetas o símbolos de las categorías sí indican jerarquía. Por ejemplo, el prestigio ocupacional en Estados Unidos ha sido medido por diversas escalas que reordenan a las profesiones de acuerdo con su prestigio, por ejemplo:[38]

Valor en la escala	*Profesión*
90	Ingeniero químico
80	Científico de ciencias naturales (excluyendo la química)
60	Actor
50	Operador de estaciones eléctricas de potencia
02	Manufactureros de tabaco

90 es más que 80, 80 más que 60, 60 más que 50 y así sucesivamente; es decir, los números (símbolos de categorías) definen posiciones. Sin embargo, las categorías no están ubicadas a intervalos iguales (no hay un intervalo común). No podríamos decir con exactitud que entre un actor (60) y un operador de estaciones de poder (50) existe la misma distancia en prestigio que entre un científico de ciencias naturales (80) y un ingeniero químico (90). Aparentemente en ambos casos la distancia es 10, pero no es una distancia real. Otra escala[39] clasificó el prestigio de dichas profesiones de la siguiente manera:

Valor en la escala	*Profesión*
98	Ingeniero químico
95	Científico de ciencias naturales (excluyendo la química)
84	Actor
78	Operador de estaciones eléctricas de potencia
13	Manufactureros de tabaco

[38] Duncan, 1961.
[39] Nam *et al.* (1975).

Aquí la distancia entre un actor (84) y un operador de estaciones (78) es de 6, y la distancia entre un ingeniero químico (98) y un científico de ciencias naturales (95) es de 3.

Otro ejemplo sería la posición jerárquica en la empresa:

Presidente	10
Vicepresidente	9
Director general	8
Gerente de área	7
Subgerente o superintendente	6
Jefe	5
Empleado A	4
Empleado B	3
Empleado C	2
Intendencia	1

Sabemos que el presidente (10) es más que el vicepresidente (9), éste más que el director general (8), a su vez este último más que el gerente (7) y así sucesivamente; pero no puede precisarse en cada caso cuánto más. Tampoco podemos utilizar las operaciones aritméticas básicas: no podríamos decir que 4 (empleado A) + 5 (jefe) = 9 (vicepresidente), ni que 10 (presidente) ÷ 5 (jefe) = 2 (empleado C). Sería absurdo, no tiene sentido.

3. *Nivel de medición por intervalos.* Además del orden o jerarquía entre categorías, se establecen intervalos iguales en la medición. Las distancias entre categorías son las mismas a lo largo de toda la escala. Hay intervalo constante, una unidad de medida.

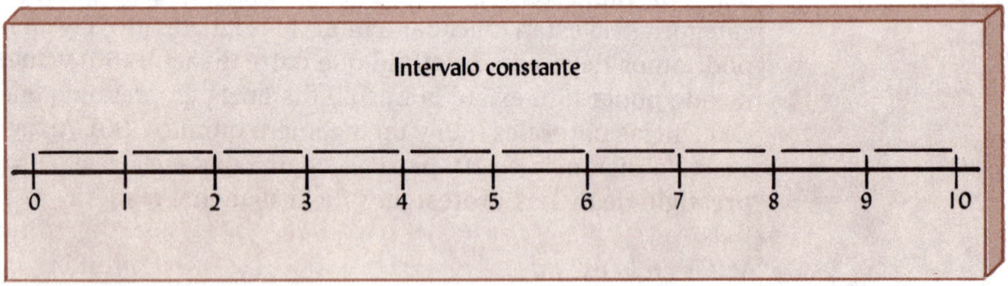

Por ejemplo: Una prueba de resolución de problemas matemáticos (30 problemas de igual dificultad). Si Ana Cecilia resolvió 10, Laura resolvió 20 y Brenda 30. La distancia entre Ana, Cecilia y Laura es igual a la distancia entre Laura y Brenda.

Sin embargo, el cero (0) en la medición, es un cero arbitrario, no es real (se asigna arbitrariamente a una categoría el valor de cero y a partir de ésta se construye la escala). Un ejemplo clásico en ciencias naturales es la temperatura (en grados centígrados y Fahrenheit): el cero es arbitrario, no implica que realmente haya cero (ninguna) temperatura (incluso en ambas escalas el cero es diferente).

Cabe agregar que diversas mediciones en el estudio del comportamiento humano no son verdaderamente de intervalo (v. g., escalas de actitudes, pruebas de inteligencia y de otros tipos), pero se acercan a este nivel y se suele tratarlas como si fueran mediciones de intervalo. Esto se hace porque este nivel de medición permite utilizar las operaciones aritméticas básicas y algunas estadísticas modernas, que de otro modo no se usarían. Aunque algunos investigadores no están de acuerdo en suponer tales mediciones como si fueran de intervalo.

4. *Nivel de medición de razón.* En este nivel, además de tenerse todas las características del nivel de intervalos (intervalos iguales entre las categorías y aplicación de operaciones aritméticas básicas y sus derivaciones), el cero es real, es absoluto (no es arbitrario). Cero absoluto implica que hay un punto en la escala donde no existe la propiedad.

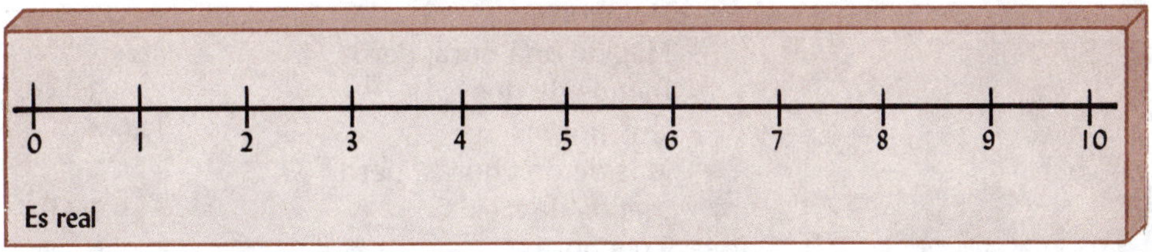

Ejemplos de estas mediciones sería la exposición a la televisión, el número de hijos, la productividad, las ventas de un producto y el ingreso.

Desde luego, hay variables que pueden medirse en más de un nivel, según el propósito de medición. Por ejemplo, la variable "antigüedad en la empresa":

Nivel de medición	*Categorías*
— De razón	En días (0 a K días)
— Ordinal	Bastante antigüedad
	Antigüedad regular
	Poca antigüedad

Es muy importante indicar el nivel de medición de todas las variables e ítems de la investigación, porque dependiendo de dicho nivel se selecciona uno u otro tipo de análisis estadístico (por ejemplo, la prueba estadística para correlacionar dos variables de intervalo es muy distinta a la prueba para correlacionar dos variables ordinales). Así, es necesario hacer una relación de variables, ítems y niveles de medición.

f) **Indicar cómo se habrán de codificar los datos** en cada ítem y variable. **Codificar** los datos significa asignarles un valor numérico que los represente. Es decir, a las categorías de cada ítem y variable se les asignan valores numéricos que tienen un significado. Por ejemplo, si tuviéramos la variable "sexo" con sus respectivas categorías, "masculino" y "femenino", a cada categoría le asignaríamos un valor. Éste podría ser:

Categoría	*Codificación (valor asignado)*
— Masculino	1
— Femenino	2

Así, Carla Magaña en la variable sexo sería un "2". Luis Gerardo Vera y Rubén Reyes serían un "1", Verónica Larios un "2" y así sucesivamente.

Otro ejemplo sería la variable "horas de exposición diaria a la televisión", que podría codificarse de la siguiente manera:

Categoría	*Codificación (valor asignado)*
— No ve televisión	0
— Menos de una hora	1
— Una hora	2
— Más de una hora, pero menos de dos	3
— Dos horas	4
— Más de dos horas, pero menos de tres	5
— Tres horas	6
— Más de tres horas, pero menos de cuatro	7
— Cuatro horas	8
— Más de cuatro horas	9

Es necesario insistir que cada ítem y variable deberán tener una *codificación* (códigos numéricos) para sus categorías. Desde luego, hay veces que un ítem no puede ser codificado *a priori* (precodificado) porque es sumamente difícil conocer cuáles serán sus categorías. Por ejemplo, si en una investigación fuéramos a preguntar: "¿Qué opina del programa económico que recientemente aplicó el gobierno?" Las categorías podrían ser muchas más de las que nos imaginemos y resultaría difícil predecir con precisión cuántas y cuáles serán. En estos casos la codificación se lleva a cabo una vez que se aplica el ítem (*a posteriori*).

La codificación es necesaria para analizar cuantitativamente los datos (aplicar análisis estadístico). A veces se utilizan letras o símbolos en lugar de números (*, A, Z).

g) **Una vez que se indica el nivel de medición de cada variable e ítem y que se determina su codificación, se procede a aplicar una "prueba piloto" del instrumento de medición.** Es decir, se aplica a personas con características semejantes a las de la muestra o población objetivo de la investigación.

En esta prueba se analiza si las instucciones se comprenden y si los ítems funcionan adecuadamente. Los resultados se usan para calcular la confiabilidad y, de ser posible, la validez del instrumento de medición.

La *prueba piloto* se realiza con una pequeña muestra (inferior a la muestra definitiva). Los autores aconsejamos que cuando la muestra sea de 200 o más, se lleve a cabo la prueba piloto con entre 25 y 60 personas. Salvo que la investigación exija un número mayor.

h) **Sobre la base de la prueba piloto, el instrumento de medición preliminar se modifica, ajusta y se mejora, los indicadores de confiabilidad y validez son una buena ayuda, y estaremos en condiciones de aplicarlo.** Este procedimiento general para desarrollar una medición debe adaptarse a las características de los tipos de instrumentos de que disponemos en el estudio del comportamiento, que estudiaremos a continuación.

9.6 ¿DE QUÉ TIPOS DE INSTRUMENTOS DE MEDICIÓN O RECOLECCIÓN DE LOS DATOS DISPONEMOS EN LA INVESTIGACIÓN SOCIAL?

En la investigación del comportamiento disponemos de diversos tipos de instrumentos para medir las variables de interés y en algunos casos pueden ser combinados varios métodos de recolección de los datos. A continuación los describimos brevemente.

9.6.1 Escalas para medir las actitudes

Una *actitud* es una predisposición aprendida para responder consistentemente de una manera favorable o desfavorable ante un objeto de sus símbolos (Fishbein y Ajzen, 1975; Oskamp, 1977). Así, los seres humanos tenemos actitudes hacia muy diversos objetos o símbolos, por ejemplo: actitudes hacia el aborto, la política económica, la familia, un profesor, diferentes grupos étnicos, la ley, nuestro trabajo, el nacionalismo, nosotros mismos, etcétera.

Las actitudes están relacionadas con el comportamiento que mantenemos en torno a los objetos a que hacen referencia. Si mi actitud hacia el aborto es desfavorable, probablemente no abortaría o no participaría en un aborto. Si mi actitud es favorable a un partido político, lo más probable es que vote por él en las próximas elecciones. Desde luego, las actitudes sólo son un indicador de la conducta, pero no la conducta en sí. Por ello las mediciones de actitudes deben interpretarse como "síntomas" y no como "hechos" (Padua, 1979). Si detecto que la actitud de un grupo hacia la contaminación es desfavorable, esto no significa que las personas están adoptando acciones para evitar contaminar el ambiente, pero sí es un indicador de que pueden irlas adoptando paulatinamente. La actitud es como una "semilla", que bajo ciertas condiciones puede "germinar en comportamiento".

Las actitudes tienen diversas propiedades, entre las que destacan: dirección (positiva o negativa) e intensidad (alta o baja), estas propiedades forman parte de la medición.

Los *métodos más conocidos para medir por escalas las variables que constituyen actitudes son: el método de escalamiento Likert, el diferencial semántico y la escala de Guttman.* Hablemos de cada método.

Escalamiento tipo Likert[40]

Este método fue desarrollado por Rensis Likert a principios de los treinta; sin embargo, se trata de un enfoque vigente y bastante popularizado. *Consiste en un conjunto de ítems presentados en forma de afirmaciones o juicios* ante los cuales se pide la reacción de los sujetos. Es decir, se presenta cada afirmación y se pide al sujeto que externe su reacción eligiendo uno de los cinco puntos de la escala. A cada punto se le asigna un valor numérico. Así, el sujeto obtiene una puntuación respecto a la afirmación y al final se obtiene su puntuación total sumando las puntuaciones obtenidas en relación a todas las afirmaciones.

Las afirmaciones califican al objeto de actitud que se está midiendo y deben expresar sólo una relación lógica, además es muy recomendable que no excedan de 20 palabras.

Ejemplo

Objeto de actitud medido	*Afirmación*
El voto	"Votar es una obligación de todo ciudadano responsable"

En este caso la afirmación incluye 8 palabras y expresa una sola relación lógica (X - Y). Las alternativas de respuesta o puntos de la escala son cinco e indican cuánto se está de acuerdo con la afirmación correspondiente. Las alternativas más comunes se presentan en la figura 9.7. Debe recordarse que a cada una de ellas se le asigna un valor numérico y sólo puede marcarse una opción. Se considera un dato inválido a quien marque dos o más opciones.

Asimismo, pueden hacerse distintas combinaciones como "totalmente verdadero" o "completamente no". Y las alternativas de respuesta pueden colocarse horizontalmente, como en la figura 9.7, o verticalmente.

Ejemplo

( ) Muy de acuerdo
( ) De acuerdo

[40] Para profundizar en esta técnica se recomienda consultar a Likert (1976a o 1976b), Seiler y Hough (1976) y Padua (1979).

( ) Ni de acuerdo, ni en desacuerdo
( ) En desacuerdo
( ) Muy en desacuerdo

O bien utilizando recuadros en lugar de paréntesis:

☐ Definitivamente sí

☐ Probablemente sí

☐ Indeciso

☐ Probablemente no

☐ Definitivamente no

Es indispensable señalar que el número de categorías de respuesta debe ser el mismo para todas las afirmaciones.

FIGURA 9.7 Alternativas o puntos en las escalas Likert.

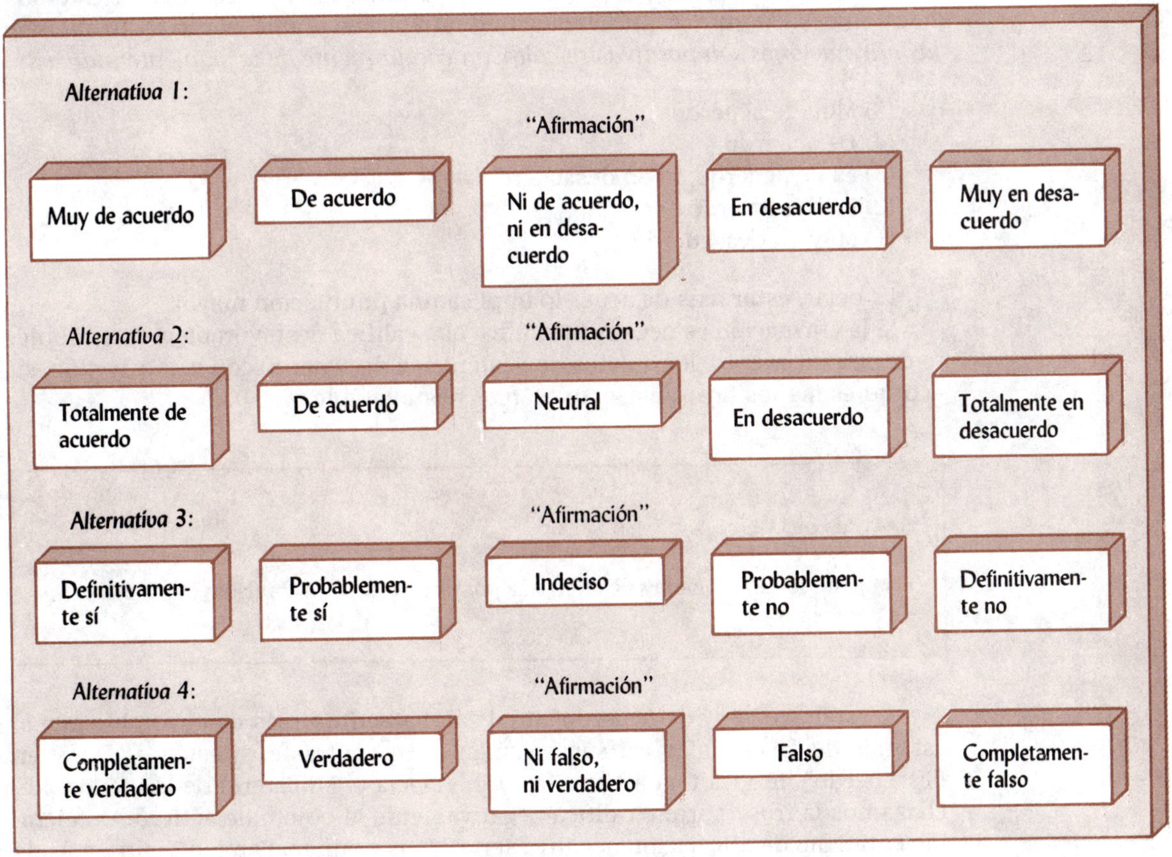

Dirección de las afirmaciones

Las afirmaciones pueden tener dirección: *favorable o positiva y desfavorable o negativa.* Y esta dirección es muy importante para saber cómo se codifican las alternativas de respuesta.

Si la afirmación es positiva significa que califica favorablemente al objeto de actitud, y cuanto los sujetos estén más de acuerdo con la afirmación, su actitud será más favorable.

> *Ejemplo*
>
> El Ministerio de Hacienda ayuda al contribuyente a resolver sus problemas en el pago de impuestos.

Si estamos "muy de acuerdo" implica una actitud más favorable hacia el Ministerio de Hacienda que si estamos "de acuerdo" . En cambio, si estamos "muy en desacuerdo" implica una actiud muy desfavorable. Por lo tanto, *cuando las afirmaciones son positivas se califican comúnmente de la siguiente manera:*

(5) Muy de acuerdo
(4) De acuerdo
(3) Ni de acuerdo, ni en desacuerdo
(2) En desacuerdo
(1) Muy en desacuerdo

Es decir, estar más de acuerdo implica una puntuación mayor.

Si la afirmación es negativa significa que califica desfavorablemente al objeto de actitud, y entre los sujetos que estén más de acuerdo con la afirmación, su actitud es menos favorable, esto es, más desfavorable.

> *Ejemplo*
>
> El Ministerio de Hacienda se caracteriza por obstaculizar al contribuyente en el pago de impuestos.

Si estamos "muy de acuerdo" implica una actitud más desfavorable que si estamos de "acuerdo" y así sucesivamente. En contraste, si estamos "muy en desacuerdo" implica una actitud favorable hacia el Ministerio de Hacienda. Rechazamos la frase porque califica negativamente al objeto de actitud. Un ejemplo cotidiano de afirmación negativa sería: "Luis es un mal amigo", entre más de acuerdo estemos con la afirmación, nuestra actitud hacia Luis es menos favorable. Es decir, estar más de acuerdo implica una puntuación menor. *Cuando las afirmaciones son negativas se califican al contrario de las positivas.*

Ejemplo

(1) Totalmente de acuerdo
(2) De acuerdo
(3) Ni de acuerdo, ni en desacuerdo
(4) En desacuerdo
(5) Totalmente en desacuerdo

En la figura 9.8 se presenta un ejemplo de una escala Likert para medir la actitud hacia un organismo tributario.[41]

FIGURA 9.8 Ejemplo de una escala Likert.

Las afirmaciones que voy a leer son opiniones con las que algunas personas están de acuerdo y otras en desacuerdo. Voy a pedirle que me diga, por favor, que tan de acuerdo está usted con cada una de estas opiniones.

1. *El personal de la Dirección General de Impuestos Nacionales es grosero al atender al público.*

   1. Muy de acuerdo — 3. Ni de acuerdo, ni en desacuerdo
   2. De acuerdo — 4. En desacuerdo — 5. Muy en desacuerdo

2. *La Dirección General de Impuestos Nacionales se caracteriza por la deshonestidad de sus funcionarios.*

   1. Muy de acuerdo — 3. Ni de acuerdo, ni en desacuerdo
   2. De acuerdo — 4. En desacuerdo — 5. Muy en desacuerdo

3. *Los servicios que presta la Dirección General de Impuestos Nacionales son en general muy buenos.*

   5. Muy de acuerdo — 3. Ni de acuerdo, ni en desacuerdo
   4. De acuerdo — 2. En desacuerdo — 1. Muy en desacuerdo

4. *La Dirección General de Impuestos Nacionales informa claramente sobre cómo, dónde y cuándo pagar los impuestos.*

   1. Muy de acuerdo — 3. Ni de acuerdo, ni en desacuerdo
   2. De acuerdo — 4. En desacuerdo — 5. Muy en desacuerdo

[41] El ejemplo fue utilizado en un país latinoamericano y su confiabilidad total fue de 0.89; aquí se presenta una versión reducida de la escala original. El nombre del organismo tributario que aquí se utiliza es ficticio.

FIGURA 9.8
(*Continuación*).

5. *La Dirección General de Impuestos Nacionales es muy lenta en la devolución de impuestos pagados en exceso.*

   1. Muy de acuerdo 3. Ni de acuerdo, ni en desacuerdo
   2. De acuerdo 4. En desacuerdo 5. Muy en desacuerdo

6. *La Dirección General de Impuestos Nacionales informa oportunamente sobre cómo, dónde y cuándo pagar los impuestos.*

   5. Muy de acuerdo 3. Ni de acuerdo, ni en desacuerdo
   4. De acuerdo 2. En desacuerdo 1. Muy en desacuerdo

7. *La Dirección General de Impuestos Nacionales tiene normas y procedimientos bien definidos para el pago de impuestos.*

   5. Muy de acuerdo 3. Ni de acuerdo, ni en desacuerdo
   4. De acuerdo 2. En desacuerdo 1. Muy en desacuerdo

8. *La Dirección General de Impuestos Nacionales tiene malas relaciones con la gente porque cobra impuestos muy altos.*

   1. Muy de acuerdo 3. Ni de acuerdo, ni en desacuerdo
   2. De acuerdo 4. En desacuerdo 5. Muy en desacuerdo

Como puede observarse en la figura 9.8, las afirmaciones 1, 2, 5 y 8 son negativas (desfavorables) y las afirmaciones 3, 4, 6 y 7 son positivas (favorables).

Forma de obtener las puntuaciones

Las puntuaciones de las escalas Likert se obtienen sumando los valores obtenidos respecto a cada frase. Por ello se denomina *escala aditiva.* La figura 9.9 constituiría un ejemplo de cómo calificar una escala de Likert:

Una puntuación se considera alta baja según el número de ítems o afirmaciones. Por ejemplo, en la escala para evaluar la actitud hacia el organismo tributario la puntuación mínima posible es de 8 (1+1+1+1+1+1+1+1) y la máxima es de 40 (5+5+5+5+5+5+5+5), porque hay ocho afirmaciones. La persona del ejemplo obtuvo "12", su actitud hacia el organismo tributario es más bien sumamente desfavorable, veámoslo gráficamente:

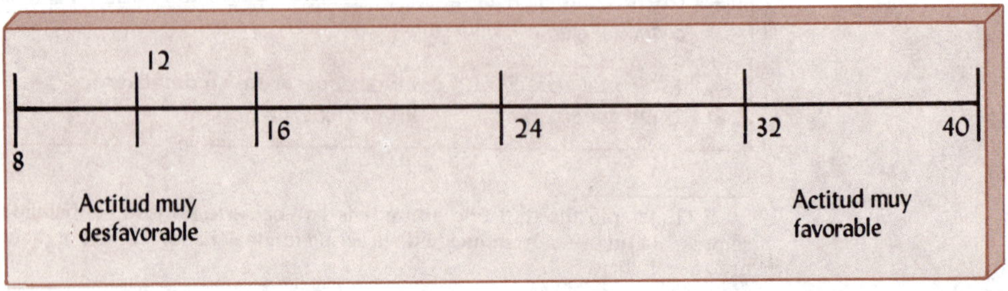

FIGURA 9.9
Ejemplo de cómo calificar una escala Likert.

1. *El personal de la Dirección General de Impuestos Nacionales es grosero al atender al público.*

~~1.~~ Muy de acuerdo 3. Ni en acuerdo, ni en desacuerdo
2. De acuerdo 4. En desacuerdo 5. Muy en desacuerdo

2. *La Dirección General de Impuestos Nacionales se caracteriza por la deshonestidad de sus funcionarios.*

1. Muy de acuerdo 3. Ni en acuerdo, ni en desacuerdo
~~2.~~ De acuerdo 4. En desacuerdo 5. Muy en desacuerdo

3. *Los servicios que presta la Dirección General de Impuestos Nacionales son en general muy buenos.*

5. Muy de acuerdo 3. Ni en acuerdo, ni en desacuerdo
4. De acuerdo 2. En desacuerdo ~~1.~~ Muy en desacuerdo

4. *La Dirección General de Impuestos Nacionales informa claramente sobre cómo, dónde y cuándo pagar los impuestos.*

5. Muy de acuerdo ~~3.~~ Ni en acuerdo, ni en desacuerdo
4. De acuerdo 2. En desacuerdo 1. Muy en desacuerdo

5. *La Dirección General de Impuestos Nacionales es muy lenta en la devolucion de impuestos pagados en exceso.*

~~1.~~ Muy de acuerdo 3. Ni en acuerdo, ni en desacuerdo
2. De acuerdo 4. En desacuerdo 5. Muy en desacuerdo

6. *La Dirección General de Impuestos Nacionales informa oportunamente sobre cómo, dónde y cuándo pagar los impuestos.*

5. Muy de acuerdo 3. Ni en acuerdo, ni en desacuerdo
4. De acuerdo 2. En desacuerdo ~~1.~~ Muy en desacuerdo

7. *La Dirección General de Impuestos Nacionales tiene normas y procedimientos bien definidos para el pago de impuestos.*

5. Muy de acuerdo 3. Ni en acuerdo, ni en desacuerdo
4. De acuerdo ~~2.~~ En desacuerdo 1. Muy en desacuerdo

8. *La Dirección General de Impuestos Nacionales tiene malas relaciones con la gente porque cobra impuestos muy altos.*

~~1.~~ Muy de acuerdo 3. Ni en acuerdo, ni en desacuerdo
2. De acuerdo 4. En desacuerdo 5. Muy en desacuerdo

Valor = 1 + 2 + 1 + 3 + 1 + 1 + 2 + 1 = 12

Si alguien hubiera tenido una puntuación de 37 (5+5+4+5+5+4+4+5) su actitud puede calificarse como sumamente favorable. En las escalas Likert a veces se califica el promedio obtenido en la escala mediante la sencilla fórmula PT/NT (donde PT es la puntuación total en la escala y NT es el número de afirmaciones), y entonces una puntuación se analiza en el continuo 1-5 de la siguiente manera, con el ejemplo de quien obtuvo 12 en la escala (12/8 = 1.5):

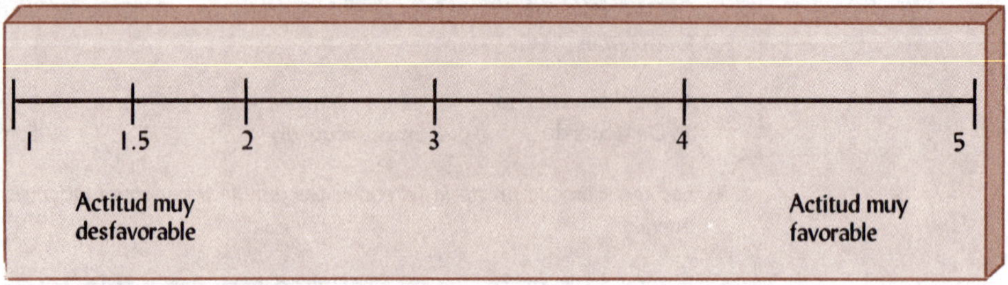

La escala Likert es, en estricto sentido, una medición ordinal, sin embargo, es común que se le trabaje como si fuera de intervalo. Asimismo, a veces se utiliza un rango de 0 a 4 de −2 a +2 en lugar de 1 a 5. Pero esto no importa porque se cambia el marco de referencia de la interpretación. Veámoslo gráficamente.

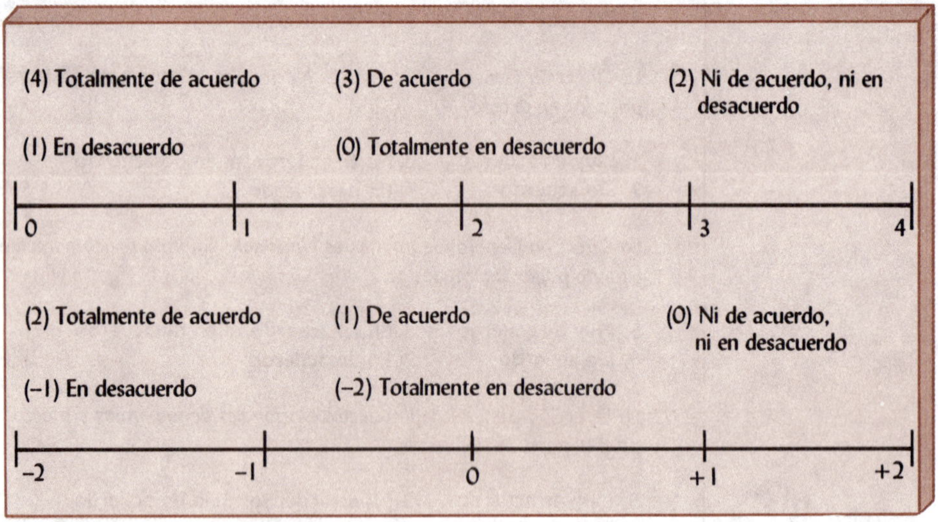

Simplemente se ajusta el marco de referencia, pero el rango se mantiene y las categorías continúan siendo cinco.

Otras consideraciones sobre la escala Likert

A veces se acorta o se incrementa el número de categorías, sobre todo cuando los respondientes potenciales pueden tener una capacidad muy limitada de discriminación o por el contrario muy amplia.

Ejemplos (con afirmaciones positivas)

(1) De acuerdo	(0) En desacuerdo	
(3) De acuerdo	(2) Ni de acuerdo, ni en desacuerdo	(1) En desacuerdo
(7) Totalmente de acuerdo	(6) De acuerdo	(5) Indeciso, pero más bien de acuerdo
(4) Indeciso, ni de acuerdo ni en desacuerdo	(3) Indeciso, pero más bien en desacuerdo	
(2) En desacuerdo	(1) Totalmente en desacuerdo	

Si los encuestados tienen poca capacidad de discriminar pueden incluirse dos o tres categorías. Por el contrario, si son personas con un nivel educativo elevado y capacidad de discriminación, pueden incluirse siete categorías. Pero debe recalcarse que el número de categorías de respuesta debe ser el mismo para todos los ítems, si son tres, son tres categorías para todos los ítems o afirmaciones. Si son cinco, son cinco categorías para todos los ítems

Un aspecto muy importante de la escala Likert es que asume que los ítems o afirmaciones miden la actitud hacia un único concepto subyacente, si se van a medir actitudes hacia varios objetos, deberá incluirse una escala por objeto aunque se presenten conjuntamente, pero se califican por separado. *En cada escala se considera que todos los ítems tienen igual peso.*

Cómo se construye una escala Likert

En términos generales, una escala Likert se construye *generando un elevado número de afirmaciones que califiquen al objeto de actitud y se administran a un grupo piloto* para obtener las puntuaciones del grupo en cada afirmación. *Estas puntuaciones se correlacionan con las puntuaciones del grupo a toda la escala* (la suma de las puntuaciones de todas las afirmaciones), *y las afirmaciones cuyas puntuaciones se correlacionen significativamente con las puntuaciones de toda la escala, se seleccionan para integrar el instrumento de medición.* Asimismo, debe calcularse la *confiabilidad y validez* de la escala.

Preguntas en lugar de afirmaciones

En la actualidad, la escala original se ha extendido a preguntas y observaciones. Por ejemplo:

¿CÓMO CONSIDERA USTED AL CONDUCTOR QUE APARECE EN LOS PROGRAMAS?

[5] Muy buen conductor [4] Buen conductor [3] Regular

[2] Mal conductor [1] Muy mal conductor

Esta pregunta se hizo como parte de la evaluación de un video empresarial.

Otro ejemplo sería una pregunta que se hizo en una investigación para analizar la relación de compra-venta en empresas de la ciudad de México (Paniagua, 1986). De ella se presenta un fragmento en la figura 9.10.

FIGURA 9.10
Ejemplo de la escala Likert aplicada a una pregunta para elegir sus proveedores, ¿qué tan importante es...?

	Indispensable (5)	*Sumamente importante* (4)	*Medianamente importante* (3)	*Poco importante* (2)	*No se toma en cuenta* (1)
— Precio					
— Forma de pago (contado-crédito)					
— Tiempo de entrega					
— Lugar de entrega					
— Garantía del producto					
— Servicio de reparación					
— Prestigio del producto (marca)					
— Prestigio de la empresa proveedora					
— Comunicación que se tienen con la(s) persona(s) que representan al proveedor					
— Apego del proveedor a los requerimientos legales del producto					
— Cumplimiento del proveedor con las especificaciones					

FIGURA 9.10
(Continuación).

	Indispensable (5)	*Sumamente importante (4)*	*Medianamente importante (3)*	*Poco importante (2)*	*No se toma en cuenta (1)*
— Información que sobre el producto proporcione el proveedor					
— Tiempo de trabajar con el proveedor					
— Entrega del producto en las condiciones acordadas					
— Calidad del producto					
— Personalidad de los vendedores					
Las respuestas se califican del mismo modo que ya hemos comentado.					

Maneras de aplicar la escala Likert

Existen dos formas básicas de aplicar una escala Likert. La primera es de manera *autoadministrada*: se le entrega la escala al respondiente y éste marca respecto a cada afirmación, la categoría que mejor describe su reacción o respuesta. Es decir, marcan su respuesta. La segunda forma es *la entrevista*; un entrevistador lee las afirmaciones y alternativas de respuesta al sujeto y anota lo que éste conteste. Cuando se aplica vía entrevista, es necesario que se le entregue al entrevistado una tarjeta donde se muestran las alternativas de respuesta o categorías. El siguiente es un ejemplo que se aplica a la pregunta de la figura 9.10:

Indispensable	Sumamente importante	Medianamente importante	Poco importante	No se toma en cuenta

Al construir una escala Likert debemos asegurar que las afirmaciones y alternativas de respuesta serán comprendidas por los sujetos a los que se les aplicará y que éstos tendrán la capacidad de discriminación requerida. Ello se evalúa cuidadosamente en la prueba piloto.

Diferencial semántico[42]

El diferencial semántico fue desarrollado originalmente por *Osgood, Suci y Tannenbaum* (1957) para explorar las dimensiones del significado. Pero hoy en día *consiste en una serie de adjetivos extremos que califican al objeto de actitud, ante los cuales se solicita la reacción del sujeto.* Es decir, éste debe calificar al objeto de actitud en un conjunto de adjetivos bipolares, entre cada par de adjetivos se presentan varias opciones y el sujeto selecciona aquella que refleje su actitud en mayor medida.

Ejemplos de escalas bipolares

Objeto de actitud: Candidato "A"

justo: ____ : ____ : ____ : ____ : ____ : ____ : ____ : injusto

Debe observarse que *los adjetivos son "extremos"* y que *entre ellos hay siete opciones de respuesta.* Cada sujeto califica al candidato "A" en términos de esta escala de adjetivos bipolares.

Osgood, Suci y Tannenbaum (1957) nos indican que, si el respondiente considera que el objeto de actitud se relaciona *muy estrechamente* con uno u otro extremo de la escala, la respuesta se marca así:

justo: __X__ : ____ : ____ : ____ : ____ : ____ : ____ : injusto

o de la siguiente manera:

justo: ____ : ____ : ____ : ____ : ____ : ____ : __X__ : injusto

Si el respondiente considera que el objeto de actitud se relaciona *estrechamente* con uno u otro extremo de la escala, la respuesta se marca así (dependiendo del extremo en cuestión):

---

[42] Para profundizar en el diferencial semántico se recomienda consultar Osgood, Suci y Tannenbaum (1957), 1976a) y (1976b); así como Heise (1976).

justo: ____ : __X__ : ____ : ____ : ____ : ____ : ____ : injusto

justo: ____ : ____ : ____ : ____ : ____ : __X__ : ____ : injusto

Si el respondiente considera que el objeto de actitud se relaciona *mediante* con alguno de los extremos, la respuesta se marca así (dependiendo del extremo en cuestión):

justo: ____ : ____ : __X__ : ____ : ____ : ____ : ____ : injusto

justo: ____ : ____ : ____ : ____ : __X__ : ____ : ____ : injusto

Y si el respondiente considera que el objeto de actitud ocupa una posición neutral en la escala (ni justo ni injusto en este caso), la respuesta se marca así:

justo: ____ : ____ : ____ : __X__ : ____ : ____ : ____ : injusto

Es decir, en el ejemplo, cuanto más justo considere al candidato "A" más me acerco al extremo "justo", y viceversa, entre más injusto lo considero más me acerco al extremo opuesto.

Algunos ejemplos de adjetivos se muestran en la figura 9.11.

La figura 9.11 presenta sólo algunos ejemplos, desde luego hay muchos más que han sido utilizados o que pudieran pensarse. La elección de adjetivos depende del objeto de actitud a calificar, los adjetivos deben poder aplicarse a éste.

Codificación de las escalas

Los puntos o categorías de la escala pueden codificarse de diversos modos, que se presentan en la figura 9.12.

FIGURA 9.11
Ejemplos de adjetivos bipolares.

fuerte-débil	poderoso-impotente
grande-pequeño	vivo-muerto
bonito-feo	joven-viejo
alto-bajo	rápido-lento
claro-oscuro	gigante-enano
caliente-frío	perfecto-imperfecto
costoso-barato	agradable-desagradable
activo-pasivo	bendito-maldito
seguro-peligroso	arriba-abajo
bueno-malo	útil-inútil
dulce-ácido	favorable-desfavorable
profundo-superficial	agresivo-tímido

FIGURA 9.12
Maneras comunes de codificar el diferencial semántico.

Adjetivo favorable (v.g., fuerte, bonito, activo, etc.)	3	2	1	0	–1	–2	–3	Adjetivo desfavorable (v.g., débil, feo, pasivo, etc.)

7	6	5	4	3	2	1

En los casos en que los respondientes tengan menor capacidad de discriminación, se pueden reducir las categorías a cinco opciones. Por ejemplo:

sabroso	5	4	3	2	1	desabrido
			o			
	2	1	0	–1	–2	

o aun a tres opciones (lo cual es poco común):

bueno	3	2	1	malo
		o		
	1	0	–1	

También pueden agregarse calificativos a los puntos o categorías de la escala (Babbie, 1979, p. 411).

	Totalmente	Bastante	regular	bastante	totalmente	
activo	5	4	3	2	1	pasivo
	2	1	0	–1	–2	

Codificar de 1 a 7 o de –3 a 3 no tiene importancia, siempre y cuando estemos conscientes del marco de interpretación. Por ejemplo, si una persona califica al objeto de actitud: candidato "A" en la escala justo-injusto, marcando la categoría más cercana al extremo "injusto", la calificación puede ser "1" o "–3".

justo							X	injusto
	7	6	5	4	3	2	1	

justo							X	injusto
	3	2	1	0	–1	–2	–3	

Pero en un caso la escala oscila entre 1 y 7 y en el otro caso entre –3 y 3. Si deseamos evitar el manejo de números negativos utilizamos la escala de 1 a 7.

Maneras de aplicar el diferencial semántico

La aplicación del diferencial semántico puede ser *autoadministrada* (se le proporciona la escala al sujeto y éste marca la categoría que describe su reacción o considera conveniente) o *mediante entrevista* (el entrevistador marca la categoría que corresponde a la respuesta del sujeto). En esta segunda situación es muy conveniente mostrar una tarjeta al respondiente, que incluya los adjetivos bipolares y sus categorías respectivas.

La figura 9.13 muestra parte de un ejemplo de un diferencial semántico utilizado en una investigación para evaluar la actitud hacia un producto (Comunicometría, 1988).

Las respuestas se califican de acuerdo con la codificación. Por ejemplo, si una persona tuvo la siguiente respuesta:

rico : __X__ : _____ : _____ : _____ : _____ : _____ : _____ : pobre

y la escala oscila entre 1 y 7, esta persona obtendría un siete (7).

En ocasiones se puede incluir la codificación en la versión que se les presenta a los respondientes con el propósito de clarificar las diferencias entre las categorías.

Por ejemplo:

sabroso: _____ : _____ : _____ : _____ : _____ : _____ : _____ : insípido

Pasos para integrar la versión final

Para integrar la versión final de la escala se deben llevar a cabo los siguientes pasos:

1. *Generamos una lista de adjetivos bipolares exhaustiva y aplicable al objeto de actitud a medir.* De ser posible, resulta conveniente que se seleccionen adjetivos que hayan sido utilizados en investigaciones similares a la nuestra (contextos parecidos).

FIGURA 9.13
Ejemplo parcial de un diferencial semántico para medir la actitud hacia un producto comestible.

barato	: _____	: _____	: _____	: _____	: _____	: _____	: _____ :	caro
sabroso	: _____	: _____	: _____	: _____	: _____	: _____	: _____ :	insípido
dulce	: _____	: _____	: _____	: _____	: _____	: _____	: _____ :	amargo
limpio	: _____	: _____	: _____	: _____	: _____	: _____	: _____ :	sucio
rico	: _____	: _____	: _____	: _____	: _____	: _____	: _____ :	pobre
suave	: _____	: _____	: _____	: _____	: _____	: _____	: _____ :	áspero
propio	: _____	: _____	: _____	: _____	: _____	: _____	: _____ :	ajeno
completo	: _____	: _____	: _____	: _____	: _____	: _____	: _____ :	incompleto

2. *Construimos una versión preliminar* de la escala y la administramos a un grupo de sujetos a manera de prueba piloto.
3. *Correlacionamos las respuestas de los sujetos para cada par de adjetivos o ítem.* Así, correlacionamos un ítem con todos los demás (cada par de adjetivos contra el resto).
4. *Calculamos la confiabilidad y validez de la escala total* (todos los pares de adjetivos).
5. *Seleccionamos los ítems que presenten correlaciones significativas* con los demás ítems. Naturalmente, si hay confiabilidad y validez, estas correlaciones serán significativas.
6. *Desarrollamos la versión final de la escala.*

La escala final se califica de igual manera que Likert: sumando las puntuaciones obtenidas respecto a cada ítem o par de adjetivos. La figura 9.14 es un ejemplo de ello.

Su interpretación depende del número de ítems o pares de adjetivos. Asimismo, en ocasiones se califica el promedio obtenido en la escala total. $\left(\frac{\textit{Puntuación total}}{\textit{número de ítems}}\right)$. Se pueden utilizar distintas escalas o diferenciales semánticos para medir actitudes hacia varios objetos. Por ejemplo, podemos medir con cuatro pares de adjetivos la actitud hacia el candidato "A", con otros tres pares de adjetivos la actitud respecto a su plataforma ideológica y con otros seis pares de adjetivos la actitud hacia su partido político. Tenemos tres escalas, cada una con distintos pares de adjetivos para medir la actitud en relación a tres diferentes objetos.

El diferencial semántico es estrictamente una escala de medición ordinal, pero es común que se le trabaje como si fuera de intervalo.

Escalograma de Guttman[43]

Este método para medir actitudes fue desarrollado por *Luis Guttman.* Se basa en el principio de que algunos ítems indican en mayor medida la fuerza o intensi-

FIGURA 9.14
Ejemplo de cómo calificar un diferencial semántico.

sabroso	: ___ :	X	: ___ :	: ___ :	: ___ :	: ___ :	: ___ :	insípido
rico	X	: ___ :	: ___ :	: ___ :	: ___ :	: ___ :	: ___ :	pobre
suave	: ___ :	X	: ___ :	: ___ :	: ___ :	: ___ :	: ___ :	áspero
balanceado	: ___ :	X	: ___ :	: ___ :	: ___ :	: ___ :	: ___ :	desbalanceado

Valor = 6 + 7 + 6 + 6 = 25

[43] Para profundizar en esta escala se sugiere consultar Nie *et al.* (1975), Black y Champion (1976), Guttman (1976), Lingoes (1976), Dotson y Sumers (1976) y Padua (1979).

dad de la actitud. *La escala está constituida por afirmaciones*, las cuales poseen las mismas características que en el caso de Likert. Pero *el escalograma garantiza que la escala mide una dimensión única.* Es decir, cada afirmación mide la misma dimensión de la misma variable, a esta propiedad se le conoce como *"unidimensionalidad"*.

Algunos autores consideran que el escalograma, más que un método de medición de actitudes, es una técnica para determinar si un conjunto de afirmaciones reúnen los requisitos de un tipo particular de escala (v.g., Edwards, 1957).

Para construir el escalograma *es necesario desarrollar un conjunto de afirmaciones pertinentes al objeto de actitud. Éstas deben variar de intensidad.* Por ejemplo, si pretendiéramos medir la actitud hacia la calidad en el trabajo dentro del nivel gerencial, la afirmación: "La calidad debe vivirse en todas las actividades del trabajo y en el hogar" es más intensa que la afirmación: "La calidad debe vivirse sólo en las actividades más importantes del trabajo". Dichas afirmaciones *se aplican a una muestra a manera de prueba piloto. Y una vez administradas se procede a su análisis.* Cabe agregar que *las categorías de respuesta* para las afirmaciones, *pueden variar entre dos* ("de acuerdo-en desacuerdo", "sí-no", etcétera) *o más categorías* (v.g., las mismas categorías que en el caso de Likert).

Técnica de Cornell

La manera más conocida de analizar los ítems o afirmaciones y desarrollar el escalograma es la *técnica Cornell* (Guttman, 1976). En ella se procede a:

1. *Obtener el puntaje total* de cada sujeto en la escala.
2. *Ordenar a los sujetos* de acuerdo con su puntaje total (del puntaje mayor al menor, de manera vertical descendente).
3. *Ordenar a las afirmaciones* de acuerdo con su intensidad (de mayor a menor y de izquierda a derecha).
4. *Construir una tabla donde se crucen los puntajes de los sujetos ordenados con los ítems y sus categorías jerarquizados.* Así, tenemos una tabla donde los sujetos constituyen los renglones y las categorías de los ítems forman las columnas. Esto se representa en la figura 9.15.
5. *Analizar el número de errores o rupturas en el patrón ideal de intensidad* de la escala.

Ejemplo

Supongamos que aplicamos una escala con 4 ítems o afirmaciones a 14 sujetos. Cada afirmación tiene dos categorías de respuesta ("de acuerdo" y "en desacuerdo", codificadas como 1 y 0 respectivamente). Los resultados se muestran en la tabla 9.1.

FIGURA 9.15
Manera de disponer los resultados para el análisis de ítems mediante la técnica de Cornell.

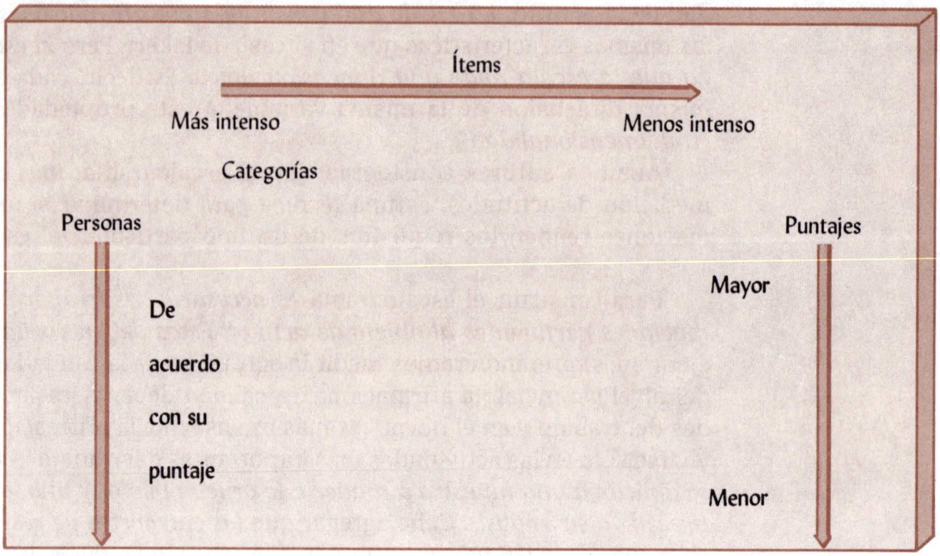

Como puede observarse en la tabla 9.1, los sujetos están ordenados por su puntuación en la escala total. Asimismo, las frases deben estar ordenadas por su intensidad (en el ejemplo, A tiene mayor intesidad que B, B mayor que C y C mayor que D) y también sus categorías se encuentran jerarquizadas de acuerdo con su valor de izquierda a derecha. Hay que recordar que si la afirmación es

TABLA 9.1
Ejemplo de la técnica de Cornell para el análisis de ítems o afirmaciones.

SUJETO	AFIRMACIONES								PUNTUACIONES TOTALES
	A		B		C		D		
	DA (1)	ED (0)	DA (1)	ED (0)	DA (1)	ED (0)	DA (1)	ED (0)	
1	X		X		X		X		4
2	X		X		X		X		4
3	X		X		X		X		4
4		X	X		X		X		3
5		X	X		X		X		3
6		X	X		X		X		3
7		X		X	X		X		2
8		X		X	X		X		2
9		X		X	X		X		2
10		X		X	X		X		2
11		X		X		X	X		1
12		X		X		X	X		1
13		X		X		X		X	0
14		X		X		X		X	0

DA = De acuerdo o 1, ED = En desacuerdo o 0

negativa, la codificación se invierte ("La calidad es poco importante para el desarrollo de una empresa", "de acuerdo" se codificarán con cero y "en desacuerdo" con uno). En el ejemplo de la tabla 9.1 tenemos cuatro afirmaciones positivas.

Los sujetos que estén "de acuerdo" con la afirmación "A", que es la más intensa, muy probablemente también lo estén con las afirmaciones "B", "C" y "D", ya que su intensidad es menor. Los individuos que respondan "de acuerdo" a la afirmación "B", tenderán a estar "de acuerdo" con "C" y "D" (afirmaciones menos intensas), pero no necesariamente con "A". Quienes estén "de acuerdo" con "C", lo más probable es que se encuentren "de acuerdo" con "D", pero no necesariamente con "A" y "B".

Debe observarse que el sujeto número 1 estuvo "de acuerdo" respecto a las cuatro afirmaciones. Los sujetos 2 y 3 respondieron de igual forma. Las puntuaciones de todos ellos equivalen a 4 (1+1+1+1). Los sujetos 4, 5 y 6 obtuvieron una puntuación de 3, pues estuvieron "de acuerdo" con tres afirmaciones y así sucesivamente (los últimos dos sujetos estuvieron "en desacuerdo" respecto a todas las afirmaciones). Idealmente, los sujetos que obtienen una puntuación total de 4 en esta particular escala han respondido "de acuerdo" a las cuatro afirmaciones. Los individuos que alcanzan una puntuación total de 3 han respondido estar "en desacuerdo" con la primera afirmación pero están "de acuerdo" con las demás afirmaciones. Quienes reciben una puntuación de 2 manifiestan estar "en desacuerdo" con los dos primeros ítems pero "de acuerdo" con los dos últimos. Los sujetos con puntuación de 1, han respondido "en desacuerdo" a las tres primeras afirmaciones y "de acuerdo" a la última. Finalmente aquellos que hayan estado "en desacuerdo" respecto a las cuatro afirmaciones, tienen una puntuación total de 0.

Los sujetos se escalan de manera perfecta, sin que nadie rompa el patrón de intensidad de las afirmaciones: si están "de acuerdo" con la afirmación más intensa, también lo están con las menos intensas. Por ejemplo, si estoy de acuerdo con la afirmación: "Podría casarme con una persona de nivel económico diferente al mío", seguramente estaré de acuerdo con la afirmación: "Podría viajar en un automóvil con una persona de nivel económico diferente al mío" (casarse es más intenso que viajar).

Cuando los individuos se escalan perfectamente respecto a las afirmaciones, esto quiere decir que los ítems verdaderamente varían gradualmente en intensidad. Es la prueba empírica de que están escalados por su intensidad. Se le denomina "*reproductividad*" al grado en que un conjunto de afirmaciones o ítems escalan perfectamente según su intensidad. Esto significa, que el patrón de respuesta de una persona en relación a todos los ítems puede ser reproducido con exactitud, simplemente conociendo su puntuación total en toda la escala (Black y Champion, 1976).

La reproductividad ideal se da cuando nadie rompe el patrón de intensidad de la escala. Sin embargo en la realidad, sólo unas cuantas escalas del tipo de Guttman reúnen la reproductividad ideal, la mayoría contienen inconsistencias o rupturas al patrón de intensidad. El grado en que se alcanza el patrón perfecto de intensidad de la escala o *reproductividad*, se determina analizando el número de personas o casos que rompen dicho patrón, que es el quinto paso para construir el escalograma de Guttman.

Análisis del número de errores o rupturas del patrón ideal de intensidad de la escala

Un error es una inconsistencia en las respuestas de una persona a una escala, es un rompimiento con el patrón ideal de intensidad de la escala. La tabla 9.2 muestra tres ejemplos de error encerrados en círculos, y como puede verse son inconsistencias al patrón ideal. El segundo sujeto respondió "de acuerdo" a los ítems más intensos o fuertes y "en desacuerdo" al ítem menos intenso. El cuarto sujeto manifestó estar "de acuerdo" con las afirmaciones "B" y "C" (supuestamente más intensas) pero "en desacuerdo" con "D" (supuestamente menos intensa). El quinto sujeto estuvo "en desacuerdo" con los ítems menos intensos pero "de acuerdo" con el más intenso. Son inconsistencias o errores. Si un escalograma presenta diversos errores significa que los ítems no tienen verdaderamente distintos niveles de intensidad.

Los *errores* se detectan analizando las respuestas que rompen el patrón y para ello se establecen los "*puntos de corte*" en la tabla donde se cruzan las afirmaciones y sus categorías con las puntuaciones totales. En el ejemplo de la tabla 9.1 los "puntos de corte" serían los que se muestran en la tabla 9.3.

No se aprecia ninguna inconsistencia. En cambio, en la tabla 9.4 se aprecian cuatro inconsistencias o errores, las respuestas están desubicadas respecto a los *puntos de corte*, rompen el patrón de intensidad (los errores están encerrados en un círculo).

Como se ha mencionado anteriormente, cuando el número de errores es excesivo, la escala no presenta *reproductividad* y no puede aceptarse. *La reproductividad se determina mediante un coeficiente*. La fórmula de este coeficiente es:

$$\text{Coeficiente de reproductividad} = \frac{\text{Número de errores o inconsistencias}}{\text{Número total de respuestas}}$$

TABLA 9.2
Ejemplo de errores o inconsistencias en un escalograma de Guttman.

SUJETO	AFIRMACIONES A		B		C		D		PUNTUACIONES TOTALES
	DA	ED	DA	ED	DA	ED	DA	ED	
1	X		X		X		X		4
2	X		X		X			(X)	3
3		X	X		X		X		3
4		X	X		X			(X)	2
5	(X)			X		X		X	1
6		X		X		X		X	0

TABLA 9.3
Ejemplo de establecimiento de los puntos de corte en la técnica de Cornell.

SUJETO	AFIRMACIONES								PUNTUACIONES TOTALES
	A		B		C		D		
	DA (1)	ED (0)	DA (1)	ED (0)	DA (1)	ED (0)	DA (1)	ED (0)	
1	X		X		X		X		4
2	X		X		X		X		4
3	X		X		X		X		4
4		X	X		X		X		3
5		X	X		X		X		3
6		X	X		X		X		3
7		X		X	X		X		2
8		X		X	X		X		2
9		X		X	X		X		2
10		X		X	X		X		2
11		X		X		X	X		1
12		X		X		X	X		1
13		X		X		X		X	0
14		X		X		X		X	0

DA = De acuerdo o 1, ED = En desacuerdo o 0

TABLA 9.4
Ejemplo de errores respecto a los puntos de corte.

SUJETO	AFIRMACIONES								PUNTUACIONES TOTALES
	A		B		C		D		
	DA (1)	ED (0)	DA (1)	ED (0)	DA (1)	ED (0)	DA (1)	ED (0)	
1	X		X		X		X		4
2	X		X		X		X		4
3	X		X		X		X		4
4		X	X		X		X		3
5		X	X		X		X		3
6		X	X		X		X		3
7	⊗	X		X	X		X		2
8		X		X	X		X		2
9		X		X	X		X		2
10	⊗	X		X	X		X		2
11		X		X		X	X	⊗	1
12	⊗	X		X		X	X		1
13		X		X		X		X	0
14		X		X		X		X	0

- - - - - - - = puntos de corte (líneas punteadas)

donde el número total de respuestas = número de ítems o afirmaciones X número de sujetos. Por lo tanto, la fórmula directa sería:

$$\text{Coeficiente de reproductividad} = \frac{\text{Número de errores}}{\begin{matrix}\text{(número de ítems)}\\ \text{(número de sujetos)}\end{matrix}}$$

En el ejemplo de la tabla 9.4 tendríamos que el coeficiente de reproductividad es:

$$Cr = 1 - \frac{4}{(4)\,(14)}$$

$$Cr = 1 - 0.07$$

$$Cr = .93$$

El *coeficiente de reproductividad oscila entre 0 y 1*, y cuando equivale a .90 o más nos indica que el número de errores es tolerable y la escala es unidimensional y se acepta. Cuando es menor que .90 no se acepta la escala. Originalmente Guttman recomendó administrar un máximo de 10 a 12 ítems o afirmaciones a un mínimo de 100 persosnas (Black y Champion, 1976).

Una vez determinado el número de errores aceptable mediante el *coeficiente de reproductividad*, se procede a aplicar la escala definitiva (si dicho coeficiente fue de .90 o más, esto es, el error permitido no excedió a 10%) o a hacer ajustes en la escala (reconstruir ítems, eliminar ítems que estén generando errores, etcétera). Los cinco pasos mencionados son una especie de prueba piloto para demostrar que la escala es unidimensional y funciona.

Codificación de respuestas

Cuando se aplica la versión definitiva de la escala los resultados se *codifican* de la misma manera que en la escala Likert, dependiendo del número de categorías de respuesta que se incluyan. Y al igual que la escala Likert y el diferencial semántico, *todos los ítems deben tener el mismo número de categorías de respuesta. Éste es un requisito de todas las escalas de actitud.* Asimismo, se considera una respuesta inválida a quien marque dos o más opciones para una misma afirmación. El *escalograma de Guttman es una escala estrictamente ordinal pero que se suele usar como si fuera de intervalo.* Puede *aplicarse* mediante *entrevista* (con uso de tarjetas que contengan las opciones o categorías de respuesta) *o* puede ser *autoadministrada.*

9.6.2 Cuestionarios

Tal vez el instrumento más utilizado para recolectar los datos es el cuestionario. *Un cuestionario consiste en un conjunto de preguntas respecto a una o más variables a medir.*

¿Qué tipos de preguntas puede haber?

El contenido de las preguntas de un cuestionario puede ser tan variado como los aspectos que mida. Y básicamente, podemos hablar de *dos tipos de preguntas: cerradas* y *abiertas.*

Las *preguntas cerradas* contienen categorías o alternativas de respuesta que han sido delimitadas. Es decir, se presentan a los sujetos las posibilidades de respuesta y ellos deben circunscribirse a ellas. Pueden ser dicotómicas (dos alternativas de respuesta) o incluir varias alternativas de respuesta. Ejemplos de preguntas cerradas dicotómicas serían:

¿Estudia usted actualmente?

( ) Sí
( ) No

¿Durante la semana pasada vio la telenovela *Los amantes*?

( ) Sí
( ) No

Ejemplos de preguntas cerradas con varias alternativas de respuesta serían:

¿Cuánta televisión ves los domingos?

( ) No veo televisión
( ) Menos de una hora
( ) 1 o 2 horas
( ) 3 horas
( ) 4 horas
( ) 5 horas o más

¿Cuál es el puesto que ocupa en su empresa?

( ) Director general/Presidente o director
( ) Gerente/Subdirector
( ) Subgerente/Superintendente
( ) Coordinador
( ) Jefe de área
( ) Supervisor
( ) Empleado
( ) Obrero
( ) Otro

Si usted tuviera elección, ¿preferiría que su salario fuera de acuerdo con su productividad en el trabajo?

( ) Definitivamente sí
( ) Probablemente sí
( ) No estoy seguro

( ) Probablemente no
( ) Definitivamente no

Como puede observarse, en las preguntas cerradas las categorías de respuesta son definidas *a priori* por el investigador y se le presentan al respondiente, quien debe elegir la opción que describa más adecuadamente su respuesta. Las escalas de actitudes en forma de pregunta caerían dentro de la categoría de preguntas cerradas

Ahora bien, hay preguntas *cerradas*, donde el respondiente puede seleccionar más de una opción o categoría de respuesta.

Ejemplo

Esta familia tiene:

☐ ¿Radio?
☐ ¿Televisión?
☐ ¿Videocasetera?
☐ ¿Teléfono?
☐ ¿Automóvil o camioneta?
☐ Ninguno de los anteriores

Algunos respondientes pudieran marcar una, dos, tres, cuatro o cinco opciones de respuesta. Las categorías no son mutuamente excluyentes. Otro ejemplo sería la siguiente pregunta:

De los siguientes servicios que presta la biblioteca, ¿cuál o cuáles utilizaste el semestre anterior? (*Puede señalar más de una opción.*)

De la sala de lectura:

☐ No entré
☐ A consultar algún libro
☐ A consultar algún periódico
☐ A estudiar
☐ A pasar trabajos a máquina
☐ A buscar a alguna persona
☐ Otros, especifica

De la hemeroteca:

☐ No entré
☐ A consultar algún periódico
☐ A usar las videocaseteras
☐ A estudiar

- [ ] A hacer trabajos
- [ ] A sacar copias
- [ ] A leer algún libro
- [ ] Otros, especifica

Del mostrador de préstamos:

- [ ] No fui
- [ ] A solicitar algún libro
- [ ] A solicitar alguna tesis
- [ ] A solicitar algún periódico
- [ ] A solicitar diapositivas
- [ ] A solicitar máquinas de escribir
- [ ] A solicitar equipo audiovisual
- [ ] A solicitar asesoría para localización de material
- [ ] Otros, especifica

En otras ocasiones, el respondiente tiene que jerarquizar opciones. Por ejemplo: ¿cuál de los siguientes conductores de televisión considera usted el mejor?, ¿cuál en segundo lugar?, ¿cuál en tercer lugar?[44]

- [ ] LEM
- [ ] BCC
- [ ] MME

O bien debe asignar un puntaje a una o diversas cuestiones.

Ejemplo

¿CUÁNTO LE INTERESA DESARROLLAR? (Indique de 1 a 10 en cada caso según sus intereses.)

_______ Administración de sueldos y compensaciones.
_______ Salud, seguridad e higiene.
_______ Administración y negociación de contratos.
_______ Relaciones con sindicatos.
_______ Habilidades de comunicación ejecutiva.
_______ Programas y procesos sobre calidad/productividad.
_______ Calidad de vida en el trabajo.
_______ Teoría de la organización.
_______ Administración financiera.
_______ Desarrollo organizacional/innovación.
_______ Técnicas de investigación organizacional.
_______ Estructura organizacional (tamaño, complejidad, formalización).

[44] Conductores ficticios.

_______	Sistemas de información y control.
_______	Auditoría administrativa.
_______	Planeación estratégica.
_______	Sistemas de computación.
_______	Mercadotecnia y comercialización.
	Otros (especificar):
_______	_______________________________
_______	_______________________________
_______	_______________________________

En otras se anota una cifra:

¿Cuántas casas habitación terminadas existen en el municipio de Aizcorbe?

[ ]

En cambio, *las preguntas abiertas* no delimitan de antemano las alternativas de respuesta. Por lo cual el número de categorías de respuesta es muy elevado; en teoría, es infinito:

Ejemplo

¿Por qué asiste a psicoterapia?

____
____
____

¿Qué opina del programa de televisión *Los cazadores*?

____
____
____

¿De qué manera la directiva de la empresa ha logrado la cooperación del sindicato para el proyecto de calidad?

____
____
____

¿Conviene usar preguntas cerradas o abiertas?

Cada cuestionario obedece a diferentes necesidades y problemas de investigación, lo que origina que en cada caso el tipo de preguntas sea diferente. Algunas veces se incluyen solamente preguntas cerradas, otras veces únicamente preguntas abiertas y en ciertos casos ambos tipos de preguntas. *Cada clase de pregunta tiene sus ventajas y desventajas.* Las cuales se mencionan a continuación.

Las preguntas cerradas son fáciles de codificar y preparar para su análisis. Asimismo, estas preguntas *requieren de un menor esfuerzo por parte de los respondientes.* Éstos no tienen que escribir o verbalizar pensamientos, sino simplemente seleccionar la alternativa que describa mejor su respuesta. Responder a un cuestionario con preguntas cerradas toma menos tiempo que contestar a uno con preguntas abiertas. Si el cuestionario es enviado por correo, se tiene una mayor respuesta cuando es fácil de contestar y requiere menos tiempo completarlo. La *principal desventaja* de las preguntas cerradas reside en que *limitan las respuestas de la muestra* y, en ocasiones, ninguna de las categorías describe con exactitud lo que las personas tienen en mente, no siempre se captura lo que pasa por la cabeza de los sujetos.

Para poder formular preguntas cerradas es necesario anticipar las posibles alternativas de respuesta. De no ser así es muy difícil plantearlas. Asimismo, el investigador debe asegurarse que los sujetos a los cuales se les administrarán, conocen y comprenden las categorías de respuesta. Por ejemplo, si preguntamos qué canal de televisión es el preferido, determinar las opciones de respuesta y que los respondientes las comprendan es muy sencillo. Pero si preguntamos sobre las razones y motivos que provocan esa preferencia, determinar dichas opciones es algo bastante más complejo.

Las preguntas abiertas son particularmente útiles cuando no tenemos información sobre las posibles respuestas de las personas o cuando esta información es insuficiente. También sirven en situaciones donde se desea profundizar una opinión o los motivos de un comportamiento. *Su mayor desventaja* es que son más *difíciles de codificar, clasificar y preparar su análisis.* Además, pueden presentarse sesgos derivados de distintas fuentes; por ejemplo, quienes tienen dificultades para expresarse oralmente y por escrito pueden no responder con precisión lo que realmente desean o generar confusión en sus respuestas. El nivel educativo, la capacidad de manejo del lenguaje y otros factores pueden afectar la calidad de las respuestas (Black y Champion, 1976). Asimismo, responder a preguntas "abiertas" requiere de un mayor esfuerzo y tiempo.

La elección del tipo de preguntas que contenga el cuestionario depende del grado en que se puedan anticipar las posibles respuestas, los tiempos de que se disponga para codificar y si se quiere una respuesta más precisa o profundizar en alguna cuestión. Una recomendación para construir un cuestionario es que se analice variable por variable qué tipo de pregunta o preguntas pueden ser más confiables y válidas para medir a esa variable, de acuerdo con la situación del estudio (planteamiento del problema, características de la muestra, análisis que se piensan efectuar, etcétera).

¿Una o varias preguntas para medir una variable?

En ocasiones sólo basta una pregunta para recolectar la información necesaria sobre la variable a medir. Por ejemplo, para medir el nivel de escolaridad de una muestra, basta con preguntar: ¿Hasta qué año escolar cursó? o ¿cuál es su grado máximo de estudios? En otras ocasiones es necesario elaborar varias preguntas para verificar la consistencia de las respuestas. Por ejemplo, el nivel económico puede medirse preguntando: ¿cuál aproximadamente es su nivel mensual de ingresos? y preguntando: ¿cuántos focos eléctricos tiene aproximadamente en su casa?[45] Además de preguntar sobre propiedades, inversiones, puesto que ocupa la fuente principal de ingresos de la familia (generalmente, el padre), etcétera.

Al respecto, *es recomendable hacer solamente las preguntas necesarias* para obtener la informacion deseada o medir la variable. Si una pregunta es suficiente no es necesario incluir más. No tiene sentido. Si se justifica hacer varias preguntas, entonces es conveniente plantearlas en el cuestionario. Esto último ocurre con frecuencia en el caso de variables con varias dimensiones o componentes a medir, donde se incluyen varias preguntas para medir las distintas dimensiones. Se tienen varios indicadores.

Ejemplo

La empresa Comunicometría, S.C., realizó una investigación para la Fundación Mexicana para la Calidad Total, A.C. (1988), con el propósito de conocer las prácticas, técnicas, estructuras, procesos y temáticas existentes en materia de Calidad Total en México. El estudio fue de carácter exploratorio y constituyó el primer esfuerzo por obtener una radiografía del estado de los procesos de calidad en dicho país.

En esta investigación se elaboró un cuestionario que medía el grado en que las organizaciones mexicanas aplicaban diversas prácticas tendientes a elevar la calidad, la productividad y la calidad de vida en el trabajo. Una de las variables importantes era el "grado en que se distribuía la información sobre el proceso de calidad en la organización". Esta variable se midió a través de las siguientes preguntas:

A. Por lo que respecta a los programas de información sobre calidad, ¿cuáles de las siguientes actividades se efectúan en esta empresa?

1. Planeación del manejo de datos sobre calidad.
2. Formas de control.
3. Elaboración de reportes con datos sobre calidad.
4. Evaluación sistemática de los datos sobre calidad.
5. Distribución generalizada de información sobre calidad.
6. Sistemas de autocontrol de calidad.
7. Distribución selectiva de datos sobre calidad.

B. Sólo a quienes distribuyen selectivamente datos sobre calidad: ¿A qué niveles de la empresa? ____________________
____
____
____

[45] En varios estudios se ha demostrado que el nivel de ingresos está relacionado con el número de focos de una casa/habitación. El número de focos está vinculado con el número de cuartos de la casa, extensión de ésta, presencia de focos en el jardín de la casa, candiles y otros factores.

C. Sólo a quienes distribuyen selectivamente datos sobre calidad: ¿A qué funciones?____

____

____

D. ¿Qué otras actividades se realizan en esta empresa para los programas de información sobre calidad? ________________________________

____

____

En este ejemplo, las preguntas "B" y "C" se elaboraron para ahondar en los receptores o usuarios de los datos en aspectos del control de calidad distribuidos selectivamente. Se justifica hacer estas dos preguntas, pues ayuda a tener mayor información sobre la variable. Cuando se tienen varias preguntas para una misma variable se dice que se tiene una "batería de preguntas".

¿Las preguntas van precodificadas o no?

Siempre que se pretendan efectuar análisis estadísticos es necesario codificar las respuestas de los sujetos a las preguntas del cuestionario, y debemos recordar que esto significa asignarles símbolos o valores numéricos. Ahora bien, cuando se tienen *preguntas cerradas, es posible codificar a priori* o precodificar las alternativas de respuesta e incluir esta precodificación en el cuestionario (como lo hacíamos con las escalas de actitudes).

Ejemplos de preguntas precodificadas

¿Tiene usted inversiones en la Bolsa de Valores?

[1] Sí [0] No

Cuando se enfrenta usted a un problema en su trabajo, para resolverlo recurre generalmente a:

1. Su superior inmediato
2. Su propia experiencia
3. Sus compañeros
4. Los manuales de políticas y procedimientos
5. Otra fuente ____________________
   (especificar)

En ambas preguntas, las respuestas van acompañadas de su valor numérico correspondiente, han sido precodificadas. Obviamente *en las preguntas abiertas no puede darse la precodificación,* la codificación se realiza posteriormente, una vez que se tienen las respuestas. Las preguntas y alternativas de respuesta precodificadas tienen la ventaja que su codificación y preparación para el análisis son más sencillas y requieren menos tiempo.

¿Qué características debe tener una pregunta?

Independientemente de que las preguntas sean abiertas o cerradas y de que sus respuestas estén precodificadas o no, hay una serie de características que deben cubrirse al plantearlas:

A. *Las preguntas deben ser claras y comprensibles para los respondientes.* Deben evitarse términos confusos o ambiguos y, como menciona Rojas (1981, p. 138), no es nada recomendable sacrificar la claridad por concisión. Es indispensable incluir las palabras que sean necesarias para que se comprenda la pregunta. Desde luego, sin ser repetitivos o barrocos. Por ejemplo, la pregunta: ¿ve usted televisión? es confusa, no delimita cada cuánto. Sería mucho mejor especificar: ¿acostumbra usted ver televisión diariamente? o ¿cuántos días durante la última semana vio televisión? y después preguntar los horarios, canales y contenidos de los programas.
B. *Las preguntas no deben incomodar al respondiente.* Preguntas como: ¿acostumbra consumir algún tipo de bebida alcohólica?, tiende a provocar rechazo. Es mejor preguntar: ¿algunos de sus amigos acostumbran consumir algún tipo de bebida alcohólica? y después utilizar preguntas sutiles que indirectamente nos indiquen si la persona acostumbra consumir bebidas alcohólicas (v.g., ¿cuál es su tipo de bebida favorita?, etcétera). Y hay temáticas donde a pesar de que se utilicen preguntas sutiles, el respondiente se sentirá molesto. En estos casos, pueden utilizarse escalas de actitud en lugar de preguntas o aun otras formas de medición. Tal es el caso de temas como homosexualismo, prostitución, pornografía, anticonceptivos y la drogadicción.
C. *Las preguntas deben referirse preferentemente a un solo aspecto o relación lógica.* Por ejemplo, la pregunta: ¿acostumbra usted ver televisión y escuchar radio diariamente?, expresa dos aspectos y puede confundir. Es mucho mejor dividirla en dos preguntas, una relacionada con la televisión y otra relacionada con la radio.
D. *Las preguntas no deben inducir las respuestas.* (Rojas, 1981, p. 138). Preguntas tendenciosas o que dan pie a elegir un tipo de respuesta deben evitarse. Por ejemplo: ¿considera a Ricardo Hernández el mejor candidato para dirigir nuestro sindicato?, es una pregunta tendenciosa, induce la respuesta. Lo mismo que la pregunta: ¿los trabajadores mexicanos son muy productivos? Se insinúa la respuesta en la pregunta. Resultaría mucho más conveniente preguntar: ¿Qué tan productivos considera usted, en general, a los trabajadores mexicanos?
E. *Las preguntas no pueden apoyarse en instituciones, ideas respaldadas socialmente ni en evidencia comprobada.* Es también una manera de inducir res-

Sumamente productivos	Más bien productivos	Más bien improductivos	Sumamente improductivos

puestas. Por ejemplo, la pregunta: La Organización Mundial de la Salud ha realizado diversos estudios y concluyó que el tabaquismo provoca diversos daños al organismo, ¿usted considera que fumar es nocivo para su salud? Esquemas del tipo: “La mayoría de las personas opinan que...”, “La Iglesia considera...”, “Los padres de familia piensan que...”, etcétera, no deben anteceder a una pregunta, sesgan las respuestas.

F. *En las preguntas con varias alternativas o categorías de respuesta y donde el respondiente sólo tiene que elegir una, puede ocurrir que el orden en que se presenten dichas alternativas afecte las respuestas de los sujetos* (v.g., tiendan a favorecer a la primera o a la última alternativa de respuesta). Entonces resulta conveniente rotar el orden de lectura de las alternativas de manera proporcional. Por ejemplo, si preguntamos: ¿cuál de los siguientes tres candidatos presidenciales considera usted que logrará disminuir verdaderamente la inflación? Y el 33.33% de la veces que se haga la pregunta se menciona primero al candidato “A”, el 33.33% se menciona primero al candidato “B” y el restante 33.33% al candidato “C”.

G. *El lenguaje utilizado en las preguntas debe ser adaptado a las características del respondiente* (tomar en cuenta su nivel educativo, socioeconómico, palabras que maneja, etcétera). Este aspecto es igual al que se comentó sobre las escalas de actitudes.

¿Cómo deben ser las primeras preguntas de un cuestionario?

En algunos casos es conveniente iniciar con preguntas neutrales o fáciles de contestar, para que el respondiente vaya adentrándose en la situación. *No se recomienda comenzar con preguntas difíciles o muy directas.* Imaginemos un cuestionario diseñado para obtener opiniones en torno al aborto que empiece con una pregunta poco sutil tal como: ¿Está de acuerdo en que se legalice el aborto en este país? Sin lugar a dudas será un fracaso.

A veces los cuestionarios pueden comenzar con preguntas demográficas sobre el estado civil, sexo, edad, ocupación, nivel de ingresos, nivel educativo, religión, ideología, puesto en una organización o algún tipo de afiliación a un grupo, partido e institución. Pero en otras ocasiones es mucho mejor hacer este tipo de preguntas al final del cuestionario, particularmente cuando los sujetos puedan sentir que se comprometen al responder al cuestionario.

Cuando construimos un cuestionario es indispensable que pensemos en cuáles son las preguntas ideales para iniciar. Éstas deberán lograr que el respondiente se concentre en el cuestionario.

¿De qué está formado un cuestionario?

Además de las *preguntas y categorías de respuestas*, un cuestionario está formado por *instrucciones* que nos indican cómo contestar, por ejemplo:

Hablando de la mayoría de sus proveedores en qué medida conoce usted (MOSTRAR TARJETA UNO Y MARCAR LA RESPUESTA EN CADA CASO).

¿Tiene este ejido o comunidad, ganado, aves o colmenas que sean de propiedad colectiva? (CIRCULE LA RESPUESTA)

Sí 1	No 2
(continúe)	(pase a 30)

¿Se ha obtenido la cooperación de todo el personal o la mayoría de éste para el proyecto de calidad?

1 Sí	2 No
(pase a la pregunta 26)	(pase a la pregunta 27)

	Comp. (5)	*Bast.* (4)	*Reg.* (3)	Poco (2)	*Nada* (1)
• ¿Las políticas de su proveedor?					
• ¿Sus finanzas (estado financiero)?					
• ¿Los objetivos de su área de ventas?					
• ¿Sus programas de capacitación para vendedores?					
• ¿Número de empleados de su área de ventas?					
• ¿Problemas laborales?					
• ¿Los métodos de producción que tienen?					
• ¿Otros clientes de ellos?					
• ¿Su índice de rotación personal?					

FIGURA 9.16
Ejemplos de cartas.

Buenos días (tardes):

Estamos trabajando en un estudio que servirá para elaborar una tesis profesional acerca de la Biblioteca de la Universidad Anáhuac.

Quisiéramos pedir tu ayuda para que contestes a unas preguntas que no llevarán mucho tiempo. Tus respuestas serán confidenciales y anónimas.

Las personas que fueron seleccionadas para el estudio no se eligieron por su nombre sino al azar.

Las opiniones de todos los encuestados serán sumadas e incluidas en la tesis profesional, pero nunca se comunicarán datos individuales.

Te pedimos que contestes este cuestionario con la mayor sinceridad posible. No hay respuestas correctas ni incorrectas.

Lee las instrucciones cuidadosamente, ya que existen preguntas en las que sólo pueden responder a una opción; otras son de varias opciones y también se incluyen preguntas abiertas.

Muchas gracias por tu colaboración

BUENOS DÍAS (TARDES)

COMUNICOMETRÍA ESTÁ HACIENDO UNA ENCUESTA CON EL PROPÓSITO DE CONOCER LAS OPINIONES QUE SE TIENEN ACERCA DE ESTA EMPRESA, Y PARA ELLO LE PEDIRÍA FUERA TAN AMABLE DE CONTESTAR UNAS PREGUNTAS. NO LE TOMARÁ MÁS DE 20 MINUTOS. LA INFORMACIÓN QUE NOS PROPORCIONE SERÁ MANEJADA CON LA MÁS ESTRICTA CONFIDENCIALIDAD. DESDE LUEGO, NO HAY PREGUNTAS DELICADAS.

Las instrucciones son tan importantes como las preguntas y es necesario que sean claras para los usuarios a quienes van dirigidas. Y una instrucción muy importante es *agradecer al respondiente* por haberse tomado el tiempo de contestar el cuestionario. También, es frecuente incluir una *carátula de presentación o una carta donde se expliquen los propósitos del cuestionario* y se garantice la confidencialidad de la información, esto ayuda a ganar la confianza del respondiente. En la figura 9.16 se presentan algunos textos ilustrativos de cartas introductorias a un cuestionario.

La manera en que pueden distribuirse las preguntas, categorías de respuesta e instrucciones es variada. Algunos prefieren colocar las preguntas a la izquierda y las respuestas a la derecha, con lo que se tendría un formato como el siguiente:

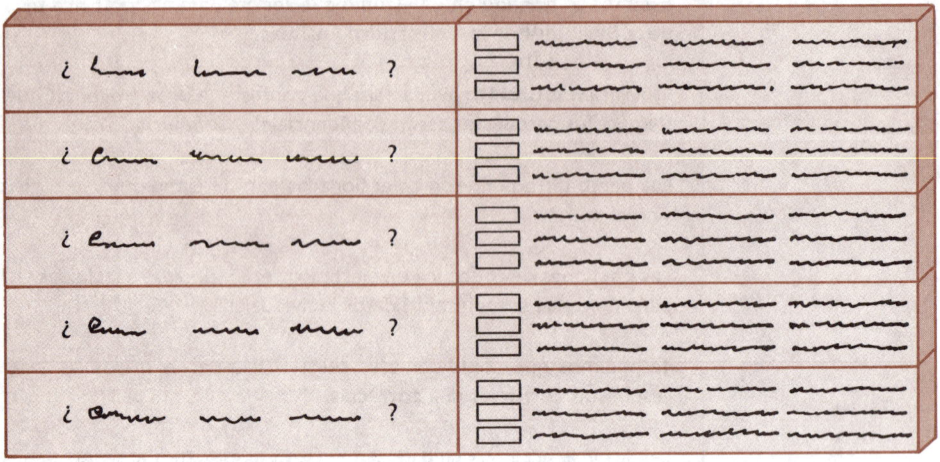

Otros dividen el cuestionario por secciones de preguntas y utilizan un formato horizontal.

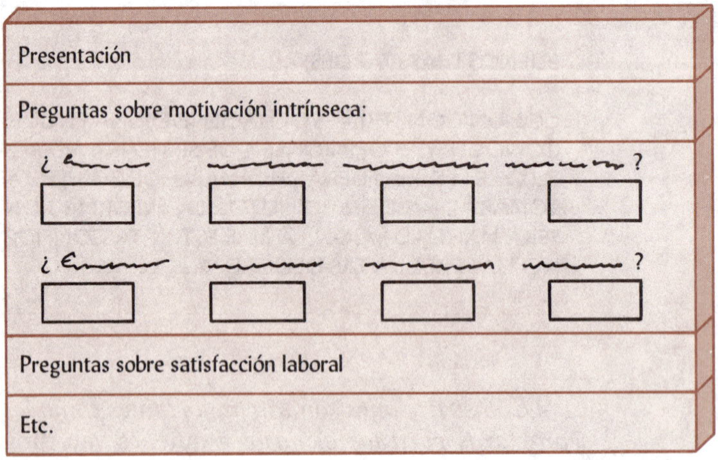

Otros combinan diversas posibilidades, distribuyendo preguntas que miden la misma variable a través de todo el cuestionario. Cada quien puede utilizar el formato que desee o juzgue conveniente, lo importante es que sea totalmente comprensible para el usuario: que las instrucciones, preguntas y respuestas se diferencien; que el formato no resulte visualmente tedioso y se pueda leer sin dificultad.

¿De qué tamaño debe ser un cuestionario?

No existe una regla al respecto; pero, como menciona Padua (1979), si es muy corto se pierde información y si resulta largo puede resultar tedioso. En este último caso, las personas pueden negarse a responder o, al menos, lo responderán en forma incompleta. El tamaño depende del número de variables y dimensiones a medir, el interés de los respondientes y la manera como es administrado (de este punto se hablará en el siguiente apartado). Cuestionarios que duran más de 35 minutos deben resultar tediosos a menos que los respondientes estén muy motivados para contestar (v.g., cuestionarios de personalidad, cuestionarios para obtener un trabajo). *Una recomendación* que puede ayudarnos a evitar un cuestionario más largo de lo requerido es: "No hacer preguntas innecesarias o injustificadas."

¿Cómo se codifican las preguntas abiertas?

Las preguntas abiertas se codifican una vez que conocemos todas las respuestas de los sujetos a las cuales se les aplicaron o al menos las principales tendencias de respuestas en una muestra de los cuestionarios aplicados.

El procedimiento consiste en encontrar y darles nombre a los patrones generales de respuesta (respuestas similares o comunes), *listar estos patrones y después asignar un valor numérico o símbolo a cada patrón.* Así, un patrón constituirá una categoría de respuesta. Para cerrar las preguntas abiertas se sugiere el siguiente procedimiento, basado parcialmente en Rojas (1981, pp. 150-151):

1. *Seleccionar* determinado *número de cuestionarios* mediante un método adecuado de muestreo, asegurando la representatividad de los sujetos investigados.
2. *Observar la frecuencia* con que aparece *cada respuesta* a la pregunta.
3. *Elegir las respuestas* que se presentan con mayor frecuencia (patrones generales de respuesta).
4. *Clasificar las respuestas elegidas* en temas, aspectos o rubros, de acuerdo con un criterio lógico, cuidando que sean mutuamente excluyentes.
5. *Darle un nombre* o título *a cada tema*, aspecto o rubro (patrón general de respuesta).
6. *Asignarle el código a cada patrón* general de respuesta.

Por ejemplo, en la investigación de Comunicometría (1988) se hizo una pregunta abierta: ¿De qué manera la alta gerencia busca obtener la cooperación del personal para el desarrollo del proyecto de calidad?

Las respuestas fueron múltiples pero pudieron encontrarse los siguientes patrones generales de respuesta:

Códigos	*Categorías (patrones o respuesta con mayor frecuencia de mención)*	*Número de frecuencia de medición*
1	Involucrando al personal y comunicándose con él.	28
2	Motivación e integración.	20
3	Capacitación en general.	12
4	Incentivos/ recompensas.	11
5	Difundiendo el valor "calidad" o la filosofía de la empresa.	7
6	Grupos o sesiones de trabajo.	5
7	Posicionamiento del área de calidad o equivalente.	3
8	Sensibilización.	2
9	Desarrollo de la calidad de vida en el trabajo.	2
10	Incluir aspectos de calidad en el manual de inducción.	2
11	Enfatizar el cuidado de la maquinaria.	2
12	Trabajando bajo un buen clima laboral.	2
13	Capacitación "en cascada".	2
14	Otras	24

Como varias categorías o patrones tenían solamente dos frecuencias, éstos a su vez pudieron reducirse a:

Categorías
Involucrando al personal y comunicándose con él.
Motivación e integración/ mejoramiento del clima laboral.
Capacitación.
Incentivos/ recompensas.
Difundiendo el valor "calidad" o la filosofía de la empresa.
Grupos o sesiones de trabajo.
Otras.

Al "cerrar" preguntas abiertas y ser codificadas, debe tenerse en cuenta que un mismo patrón de respuesta puede expresarse con diferentes palabras. Por ejemplo, ante la pregunta: ¿Qué sugerencias podría hacer para mejorar al programa *Estelar*? Las respuestas: "mejorar las canciones y la música", "cambiar las canciones", "incluir nuevas y mejores canciones", etc., pueden agruparse en la categoría o patrón de respuesta "modificar la musicalización del programa".

¿En qué contextos puede administrarse o aplicarse un cuestionario?

Los cuestionarios pueden ser aplicados de diversas maneras:

A. *Autoadministrado.* El cuestionario se proporciona directamente a los respondientes, quienes lo contestan. No hay intermediarios y las respuestas las marcan ellos. Por ejemplo, si los respondientes fueran una muestra de los estudiantes de la Licenciatua en Comunicación de Bogotá, se acudiría a ellos y se les entregarían los cuestionarios. Los estudiantes se autoadministrarían el cuestionario. Obviamente que esta manera de aplicar el cuestionario es impropia para analfabetas, personas que tienen dificultades de lectura o niños que todavía no leen adecuadamente.

B. *Por entrevista personal.* Un entrevistador aplica el cuestionario a los respondientes (entrevistados). El entrevistador va haciéndole las preguntas al respondiente y va anotando las respuestas. Las instrucciones son para el entrevistador. Normalmente se tienen varios entrevistadores, quienes deberán estar capacitados en el arte de entrevistar y conocer a fondo el cuestionario, y no deben sesgar o influir las respuestas.

C. *Por entrevista telefónica.* Esta situación es similar a la anterior, sólo que la entrevista no es "cara a cara" sino a través del teléfono. El entrevistador le hace las preguntas al respondiente por este medio de comunicación.

D. *Autoadministrado y enviado por correo postal, electrónico o servicio de mensajería.* Los respondientes contestan directamente el cuestionario, ellos marcan o anotan las respuestas, no hay intermediario. Pero los cuestionarios no se entregan directamente a los respondientes ("en propia mano") sino que se les envían por correo u otro medio, no hay retroalimentación inmediata, si los sujetos tienen alguna duda no se les puede aclarar en el momento.

Consejos para la administración del cuestionario, dependiendo del contexto

Cuando se tiene población analfabeta, con niveles educativos bajos o niños que apenas comienzan a leer o no dominan la lectura, el método más conveniente de administración de un cuestionario es por entrevista. Aunque hoy en día ya existen algunos cuestionarios muy gráficos que usan escalas sencillas. Como por ejemplo:

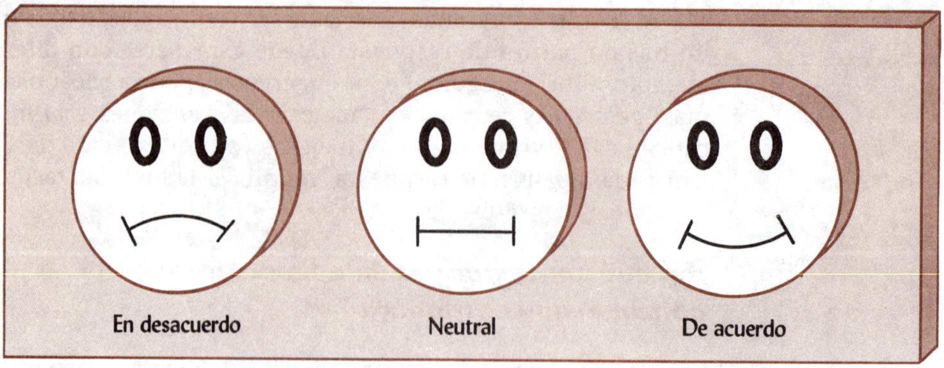

Con trabajadores de niveles de lectura básica se recomienda utilizar entrevistas o cuestionarios autoadministrados sencillos que se apliquen en grupos con la asesoría de entrevistadores o supervisores capacitados.

En algunos casos, *con ejecutivos* que difícilmente puedan dedicarle a un solo asunto más de 20 minutos, se pueden utilizar cuestionarios autoadministrados o entrevistas telefónicas. Con estudiantes suelen funcionar los cuestionarios autoadministrados.

Asimismo, algunas asociaciones hacen encuestas por correo y ciertas empresas envían cuestionarios a sus ejecutivos y supervisores mediante el servicio interno de mensajería o por correo electrónico. Cuando el cuestionario contiene unas cuantas preguntas (su administración toma entre 4 y 5 minutos), la entrevista telefónica es una buena alternativa.

Ahora bien, sea cual fuere la forma de administración, *siempre debe haber uno o varios supervisores que verifiquen que se están aplicando correctamente los cuestionarios.* Cuando un cuestionario o escala es aplicado(a) de forma masiva suele denominarse "*encuesta*"

Cuando se utiliza la *entrevista telefónica* se debe tomar en cuenta el *horario.* Ya que si hablamos sólo a una hora (digamos en la mañana), nos encontraremos con unos cuantos subgrupos de la población (v.g., amas de casa).

Cuando *lo enviamos por correo o es autoadministrado* directamente, las instrucciones deben ser muy precisas, claras y completas. Y debemos dar instrucciones que motiven al respondiente para que continúe contestando el cuestionario (v.g., ya nada más unas cuantas preguntas, finalmente).

Asimismo, cabe señalar que cuando se trata de *entrevista personal,* el lugar donde se realice es importante (oficina, casa-habitación, en la calle, etc.). Por ejemplo, Jaffe, Pasternak y Grifel (1983) realizaron un estudio para comparar, entre otros aspectos, las respuestas obtenidas en dos puntos diferentes: en el hogar y en puntos de venta. El estudio se interesaba en la conducta del comprador y los resultados concluyeron que se pueden obtener datos exactos en ambos puntos, pero la entrevista en los puntos de compra-venta es menos costosa.

Las *entrevistas personales requieren de una atmósfera apropiada.* El entrevistador debe ser amable y tiene que generar confianza en el entrevistado. Cuando se trata de entrevistados del sexo masculino, mujeres simpáticas y agradables suelen resultar excelentes entrevistadoras. Quien responde a una entrevista debe concentrarse en las preguntas y estar relajado. Y después de una entrevista debe prepararse un informe que indique si el sujeto se mostraba sincero, la manera como respondió, el tiempo que duró la entrevista, el lugar donde se realizó, las características del entrevistado, los contratiempos que se presentaron y la manera en que se desarrolló la entrevista, así como otros aspectos que se consideren relevantes.

La elección del contexto para administrar el cuestionario deberá ser muy cuidadosa y dependerá del presupuesto de que se disponga, el tiempo de entrega de los resultados, los objetivos de la investigación y el tipo de respondientes (edad, nivel educativo, etcétera).

Estas maneras de aplicar un cuestionario pueden hacerse extensivas a las escalas de actitudes, sólo que es mucho más difícil en el caso de que se administren por teléfono (pocas frases y alternativas claras de respuesta).

Cuando los cuestionarios son muy complejos de contestar o aplicar, suele utilizarse *un manual* que explica a fondo las instrucciones y cómo debe responderse o ser administrado.

¿Cuál es el proceso para construir un cuestionario?

Siguiendo los pasos para construir un instrumento de medición tendríamos la figura 9.17.

Un aspecto muy importante que es necesario mencionar, reside en que cuando se construye un cuestionario (al igual que otros instrumentos de medición) se debe ser consistente en todos los aspectos. Por ejemplo, si se decide que las instrucciones vayan en mayúsculas o algún tipo de letra especial, todas las instrucciones deberán ser así. Si se prefiere que los códigos de las categorías de respuesta van en recuadro, todas deberán ajustarse a esto. Si no se es consistente, algunos respondientes o entrevistadores pueden desconcertarse.

9.6.3 Análisis del contenido

¿Qué es y para qué sirve el análisis de contenido?

De acuerdo con la definición clásica de *Berelson* (1952), *el análisis de contenido es una técnica para estudiar y analizar la comunicación de una manera objetiva, sistemática y cuantitativa. Krippendorff* (1982) extiende la definición del análisis de contenido a una *técnica de investigación para hacer inferencias válidas y confiables de datos con respecto a su contexto.*

Algunos autores consideran al análisis de contenido como un diseño. Pero más allá de cómo lo definamos, es una técnica muy útil para analizar los procesos de comunicación en muy diversos contextos. El *análisis de contenido* puede ser aplicado virtualmente *a cualquier forma de comunicación* (programas televisivos o radiofónicos, artículos en prensa, libros, poemas, conversaciones, pinturas, discursos, cartas, melodías, reglamentos, etcétera). Por ejemplo, puede

FIGURA 9.17 Proceso para construir un cuestionario.

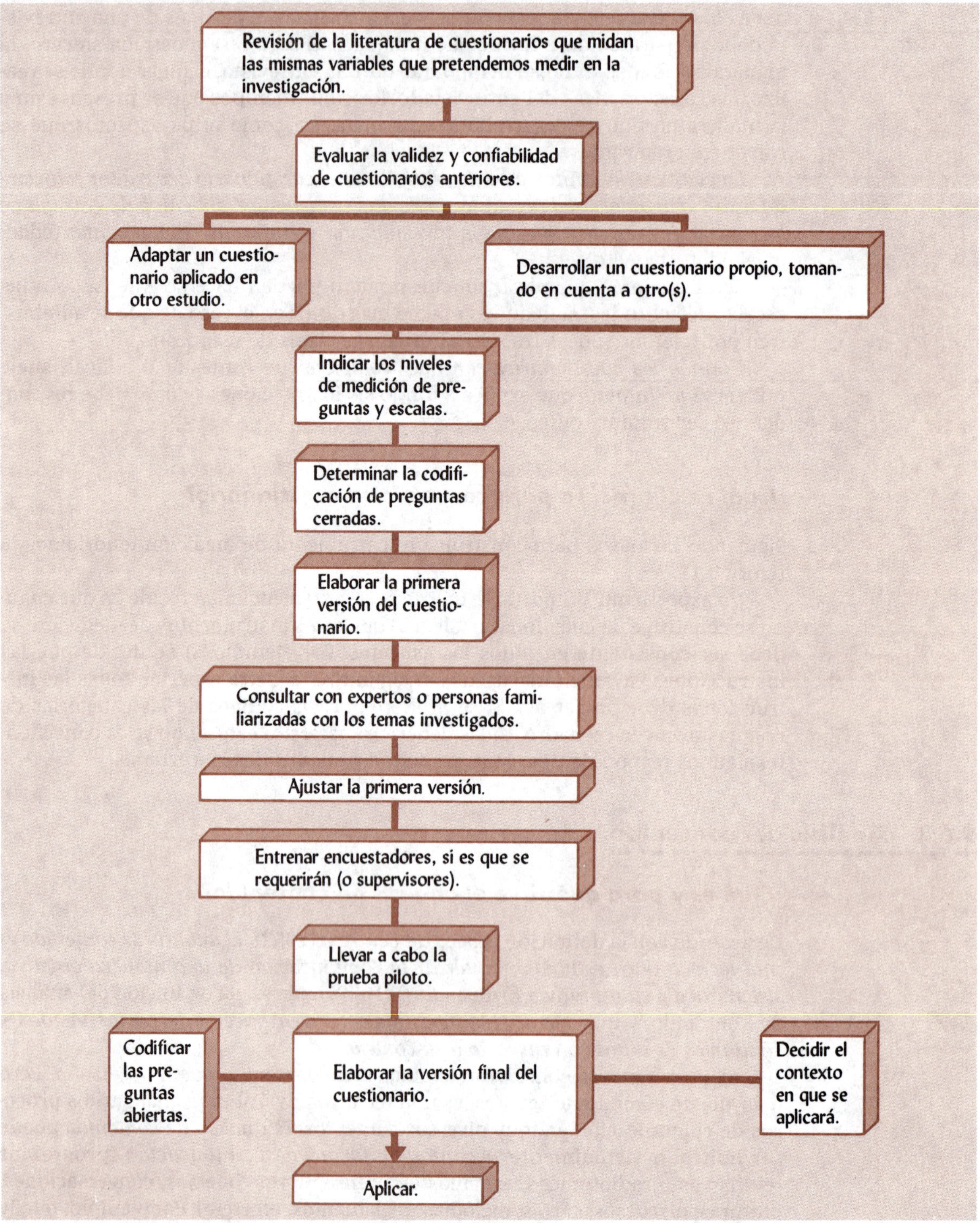

servir para analizar la personalidad de alguien, evaluando sus escritos; conocer las actitudes de un grupo de personas mediante el análisis de sus discursos; indagar sobre las preocupaciones de un pintor o un músico; compenetrarse con los valores de una cultura; o averiguar las intenciones de un publicista o propagandista.

Usos del análisis de contenido

Berelson (1952) señala varios usos del análisis de contenido, entre los que destacan:

1. *Describir tendencias* en el contenido de la comunicación.
2. *Develar diferencias en el contenido* de la comunicación (entre personas, grupos, instituciones, países).
3. *Comparar mensajes*, niveles y medios de comunicación.
4. *Auditar el contenido* de la comunicación y compararlo contra estándares u objetivos.
5. *Construir y aplicar estándares de comunicación* (políticas, normas, etcétera).
6. *Exponer técnicas publicitarias y de propaganda.*
7. *Medir la claridad* de mensajes.
8. *Descubrir estilos* de comunicación.
9. *Identificar intenciones, apelaciones y características de comunicadores.*
10. *Descifrar mensajes* ocultos y otras aplicaciones a la inteligencia militar y a la seguridad política.
11. *Revelar "centros" de interés* y atención para una persona, un grupo y una comunidad.
12. *Determinar el estado psicológico* de personas o grupos.
13. *Obtener indicios del desarrollo verbal* (v.g., en la escuela, como resultado de la capacitación, el aprendizaje de conceptos).
14. *Anticipar respuestas* a comunicaciones.
15. *Reflejar actitudes, valores y creencias de personas, grupos o comunidades.*
16. *Cerrar preguntas abiertas.*

El *análisis de contenido* puede utilizarse entre otras cosas, para ver si varias telenovelas difieren entre sí en cuanto a su carga de contenido sexual; para conocer las diferencias ideológicas entre varios periódicos (en términos generales o en referencia a un tema en particular); para comparar estrategias propagandísticas de partidos políticos; para contrastar a través de sus escritos a diferentes grupos que asisten a psicoterapia; para comparar el vocabulario aprendido por niños que se exponen a mayor contenido televisivo en relación con niños que ven menos televisión; para analizar la evolución de las estrategias publicitarías a través de algún medio respecto a un producto (v.g., perfumes femeninos de costo elevado); para conocer y comparar la posición de diversos presidentes latinoamericanos respecto al problema de la deuda externa; para comparar estilos de escritores que se señalan como parte de una misma corriente literaria; etcétera.

¿Cómo se realiza el análisis de contenido?

El *análisis de contenido* se efectúa por medio de la *codificación, el proceso en virtud del cual las características relevantes del contenido de un mensaje son transformadas a unidades* que permitan su descripción y análisis preciso. Lo importante del mensaje se convierte en algo susceptible de describir y analizar. Para poder codificar es necesario definir el *universo,* las *unidades de análisis* y las *categorías de análisis.*

Universo

El *universo* podría ser la obra completa de Franz Kafka, las emisiones de un noticiario televisivo durante un mes, los editoriales publicados en un día por cinco periódicos de una determinada ciudad, todos los capítulos de tres telenovelas, los discos de Janis Joplin, Jimi Hendrix y Bob Dylan, los escritos de un grupo de estudiantes durante un ciclo escolar, los discursos pronunciados por varios contendientes políticos durante el último mes previo a la elección, escritos de un grupo de pacientes en psicoterapia, las conversaciones grabadas de 10 parejas que participan en un experimento sobre interacción matrimonial. El universo, como en cualquier investigación, debe delimitarse con precisión.

Unidades de análisis

Las *unidades de análisis* constituyen segmentos del contenido de los mensajes que son caracterizados para ubicarlos dentro de las categorías. Berelson (1952) menciona cinco unidades importantes de análisis:

1. *La palabra.* Es la unidad de análisis más simple, aunque como señala Kerlinger (1975), puede haber unidades más pequeñas como letras, fonemas, símbolos. Así, se puede medir cuántas veces aparece una palabra en un mensaje (v.g., veces que en un programa televisivo de fin de año se menciona al presidente).
2. *El tema.* Se define a menudo como una oración, un enunciado respecto a algo. Los temas pueden ser más o menos generales. Kerlinger (1975, p. 552) utiliza un excelente ejemplo para ello: "Las cartas de adolescentes o estudiantes de colegios superiores pueden ser estudiadas en sus expresiones de autorreferencia. Éste sería el tema más extenso. Los temas que constituyen éste podrían definirse como cualesquiera oraciones que usen "yo", "mí" y otros términos que indiquen referencia al yo del escritor. Así, se analizaría qué tanta autorreferencia contienen las cartas.

   Si los temas son complejos, el análisis del contenido es más difícil, especialmente si se complica al incluirse más de una oración simple.
3. *El ítem.* Tal vez es la unidad de análisis más utilizada y puede definirse como la unidad total empleada por los productores del material simbólico (Berelson

1952). Ejemplos de ítems pueden ser un libro, una editorial, un programa de radio o televisión, un discurso, una ley, un comercial, una carta amorosa, una conversación telefónica, una canción o la respuesta a una pregunta abierta. En este caso lo que se analiza es el material simbólico total.

4. *El personaje*. Un individuo, un personaje televisivo, un líder histórico, etcétera. Aquí lo que se analiza es el personaje.
5. *Medidas de espacio-tiempo*. Son unidades físicas como el centímetro-columna (por ejemplo, en la prensa), la línea (en escrito), el minuto (en una conversación o en radio), el periodo de 20 minutos (en una interacción), el cuadro (en televisión), cada vez que se haga una pausa (en un discurso).

Las unidades se insertan, colocan o caracterizan en categorías, esto podría representarse de la siguente manera:

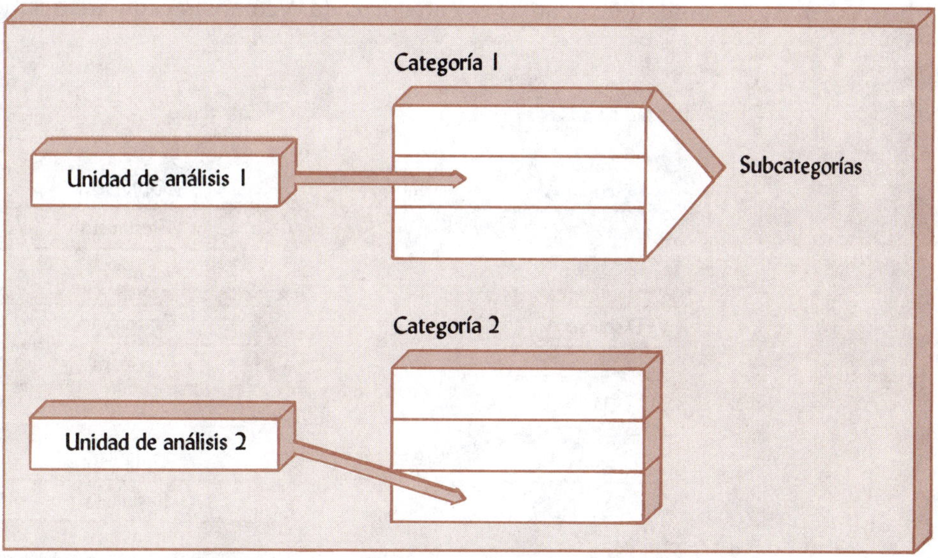

Respecto a la pregunta: ¿qué unidad debe seleccionarse? Esto depende de los objetivos y preguntas de investigación. Sin embargo, Berelson (1952) sugiere lo siguiente:

a) En un solo estudio se puede utilizar *más de una unidad de análisis.*
b) Los cálculos de palabras y las unidades amplias, como el ítem y las medidas de espacio-tiempo, son más adecuadas en los análisis que dan énfasis a asuntos definidos.
c) Las *unidades* amplias y las más definidas son válidas para la aceptación o rechazo en una categoría.
d) Las *unidades* amplias generalmente requieren de menos tiempo para su codificación que las unidades pequeñas, referidas a las mismas categorías y materiales.

e) Debido a que los temas u oraciones agregan otra dimensión al asunto, la mayoría de las veces son más difíciles de analizar que las palabras y las *unidades* amplias.

f) El tema es adecuado para análisis de significados y las relaciones entre éstos.

Categorías

Las *categorías* son los niveles donde serán caracterizadas las unidades de análisis. Como menciona Holsti (1968), son las *"casillas o cajones" en las cuales son clasificadas las unidades de análisis.* Por ejemplo, un discurso podría clasificarse como optimista o pesimista, como liberal o conservador. Un personaje de una caricatura puede clasificarse como bueno, neutral o malo. En ambos casos, la unidad de análisis es categorizada. Veámoslo esquemáticamente:

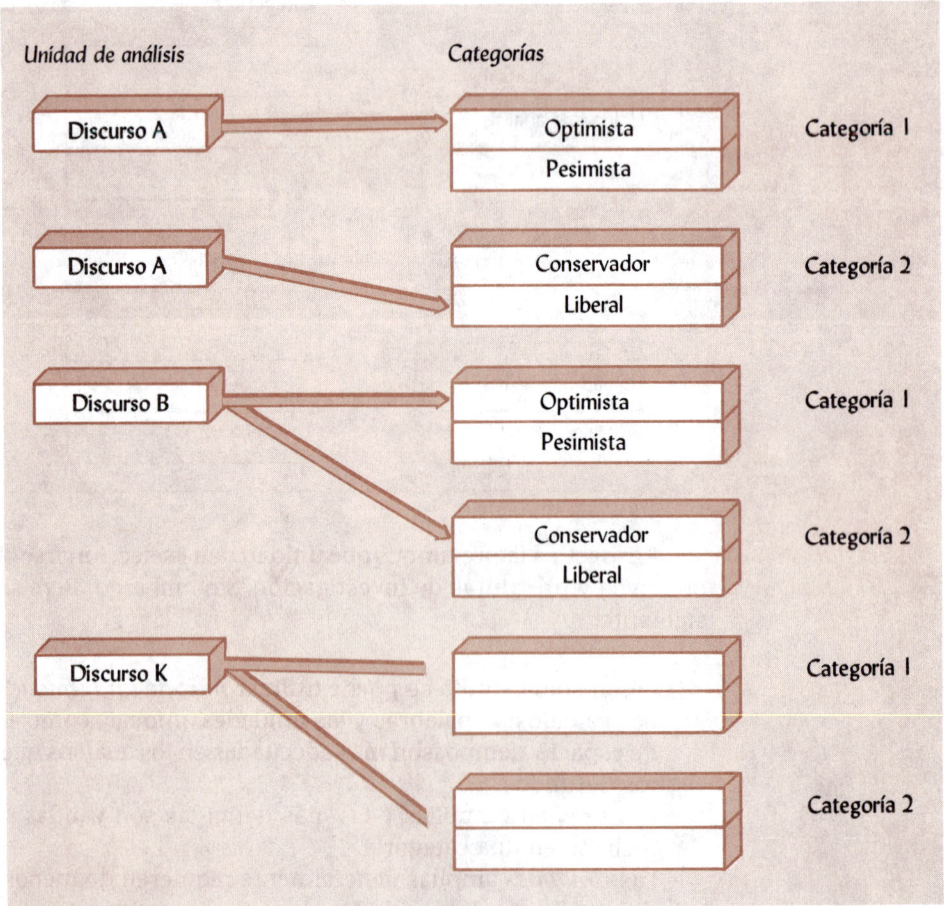

Es decir, cada unidad de análisis es categorizada o encasillada en uno o más sistemas de categorías. Por ejemplo, en un estudio citado por Krippendorff (1982) se analizaron 2 430 actos de violencia televisada, en cada acto el personaje principal (unidad de análisis) era categorizado como:

- Bueno, neutral o malo (sistema 1).
- Asociado con hacer cumplir la ley, no era relacionado con la ley o era presentado como un delincuente o criminal (sistema 2).

En este caso la *unidad de análisis* es el comportamiento del personaje durante el acto televisivo, y las *categorías* eran dos: bondad del personaje y carácter involucrado. A su vez, las subcategorías de la bondad del personaje eran tres: bueno, neutral y malo. Y las subcategorías del carácter involucrado también eran tres: asociado con cumplir la ley, no relacionado con la ley y un criminal. Esto podría representarse así:

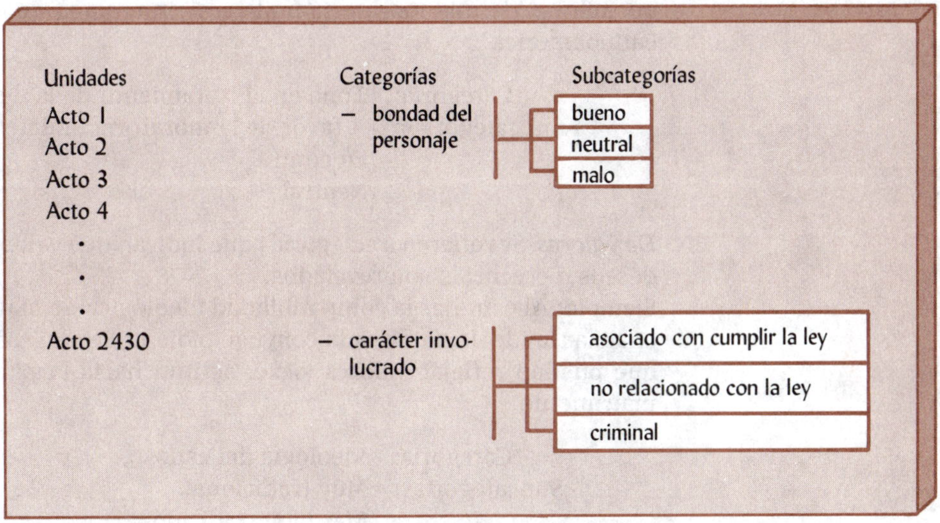

La selección de categorías también depende del planteamiento del problema.

Tipos de categorías

Krippendorff (1982) señala *cinco tipos de categorías:*

1. *De asunto o tópico.* Se refieren a cuál es el asunto, tópico o tema tratado en el contenido (¿de qué trata el mensaje o la comunicación?).

Ejemplo

- Analizar el último informe del secretario o ministro de Hacienda o Finanzas.

Categoría:	Tema financiero
Subcategorías:	Deuda
	Impuestos
	Planeación hacendaria
	Inflación
	Etcétera

2. *De dirección.* Estas categorías se refieren a cómo es tratado el asunto (¿positiva o negativamente?, ¿favorable o desfavorable?, ¿nacionalista o no nacionalista?, etc.).
Ejemplo: Comparar la manera en que dos noticiarios televisivos hablan de la posibilidad de una moratoria unilateral en el pago de la deuda externa de Latinoamérica.

Categoría:	Tono en el tratamiento de la deuda externa
Subcategorías:	A favor de la moratoria unilateral.
	En contra
	Neutral

3. *De valores.* Se refieren a categorías que indican qué valores, intereses, metas, deseos o creencias son revelados.
Ejemplo: Al estudiar la compatibilidad ideológica de matrimonios, se podría analizar la ideología de cada cónyuge pidiéndoles un escritorio sobre temas que puedan reflejar valores (sexo, actitud hacia la pareja, significado del matrimonio).

Categoría:	Ideología del esposo.
Subcategorías:	Muy tradicional
	Más bien tradicional
	Neutral
	Más bien liberal
	Muy liberal

4. *De receptores.* Estas categorías se relacionan con el destinatario de la comunicación (¿a quién van dirigidos los mensajes?).

Ejemplo

Analizar a quiénes se dirige más un líder sindical en sus declaraciones a los medios de comunicación durante un periodo determinado.

Categoría:	Receptores a quienes dirige el mensaje.
Subcategorías:	Opinión pública en general
	Presidente
	Gabinete económico
	Gabinete agropecuario
	Gobierno en general
	Sector empresarial
	Obreros afiliados a su sindicato
	Obreros no afiliados a su sindicato
Subcategorías:	Obreros en general (afiliados y no afiliados)
	Etcétera

5. *Físicas.* Son categorías para ubicar la posición y duración o extensión de una unidad de análisis. De posición pueden ser, por ejemplo, la sección y página (en prensa), el horario (en televisión y radio). De duración, los minutos (en una interacción, un comercial televisivo, un programa de radio, un discurso), los centímetros/columna (en prensa), los cuadros en una película, etc. No se deben confundir las medidas de espacio-tiempo con las cateogrías físicas. Las primeras son unidades de análisis, las segundas constituyen categorías.

Ejemplo

Cada periodo de 10 minutos de una telenovela se van a considerar la unidad de análisis.

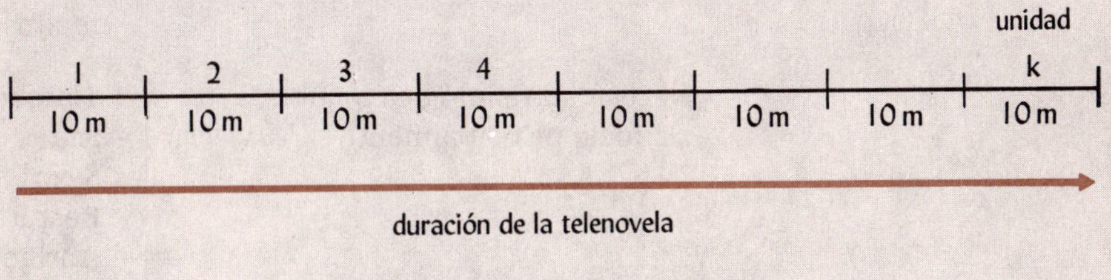

La unidad 1 la coloco en categorías.
La unidad 2 la coloco en categorías.
La unidad K la coloco en categorías.

Los minutos (cada 10) los considero una unidad

Pero puedo tener categorías de tiempo. Por ejemplo, para analizar comerciales en radio:

Categoría:	Duración del comercial.
Subcategorías:	10 segundos o menos
	11-20 segundos
	21-30 segundos
	Más de 30 segundos

En ambos casos se usa el tiempo, pero en el primero como unidad y en el segundo como categoría. Es muy diferente.

Requisitos de las categorías

En un análisis de contenido se suelen tener varias categorías, que deben cumplir los siguientes *requisitos*:

1. Las categorías y subcategorías deben ser *exhaustivas*. Es decir, abarcar todas las posibles subcategorías de lo que se va a codificar. Por ejemplo, la categoría "Ideología del esposo" no podría prescindir de la subcategoría "Neutral".
2. Las subcategorías deben ser *mutuamente excluyentes*, de tal manera que una unidad de análisis puede caer en una y sólo una de las subcategorías de cada categoría. Por ejemplo, un personaje no puede ser "bueno" y "malo" a la vez.

Pero las *categorías* no siempre son mutuamente excluyentes. Por ejemplo, al analizar comerciales televisivos podríamos tener, entre otras categorías, las siguientes:

Categorías	Subcategorías
Presencia de color	color
	blanco-negro
	mixto
Necesidad fisiológica a que se apela principalmente	Hambre
	Sed
	Sexo
	Respiración (oxígeno)
	Abrigo
	Sueño

Una unidad de análisis (un comercial) puede caer en una subcategoría de "Presencia de color" y en otra subcategoría de la categoría "Necesidad fisiológica a que se apela" (color y sed). Pero no puede caer en dos subcategorías de la misma categoría "hambre" y "sed", a menos que generáramos la subcategoría "hambre y sed".

En ciertos casos especiales, puede interesar al analista un sistema de categorías donde éstas no sean mutuamente excluyentes. Pero no es lo normal.

3. Las categorías y subcategorías *deben derivarse del marco teórico y una profunda evaluación de la situación.*

Ejemplo de un análisis de contenido

Para ejemplificar el análisis de contenido y específicamente la generación de categorías se acudirá a un estudio de Greenberg, Edison, Korzenny, Fernández-Collado y Atkin (1980). El estudio consistió en un análisis de contenido de las series televisadas por las tres grandes cadenas de Estados Unidos: ABC, CBS y NBC. Se analizaron diversos programas durante tres periodos de 1975 a 1978, para evaluar el grado en que la televisión estadounidense mostraba actos prosociales y antisociales como medida de la violencia televisada. Las categorías y subcategorías eran las siguientes:

El estudio consideró como unidad de análisis la conducta, cada vez que una conducta se presentaba era codificada.

Cuando se crean las categorías, éstas deben ser definidas con precisión y es necesario explicitar qué se va a comprender en cada caso y qué habrá de excluirse.

El análisis de contenido consiste en asignar cada unidad a una o más categorías. De hecho, el producto de la codificación son frecuencias de categorías. Se cuenta cuántas veces se repite cada categoría o subcategoría (cuántas unidades de análisis entraron en cada una de las categorías). Por ejemplo, Greenberg et al. (1980, p. 113) encontraron los resultados que se muestran en la Tabla 9.5

TABLA 9.5 Ejemplo de los resultados de la codificación de acuerdo con el estudio de Greenberg *et al.* (1980).

INCIDENCIA DE ACTOS ANTISOCIALES EN LOS TRES PERIODOS

	AÑO 1*		AÑO 2*		AÑO 3*	
I. Agresión física	f	%	f	%	f	%
A. Asalto con un objeto	466	(15.7)	248	(10.8)	370	(13.6)
B. Asalto sin un objeto	111	(3.7)	159	(6.9)	177	(6.5)
C. Amenaza física	180	(6.1)	233	(10.1)	135	(5.0)
D. Disparar	106	(3.6)	75	(3.2)	74	(2.7)
E. Otras	128	(4.3)	171	(7.4)	130	(4.8)
II. Agresión verbal	1 629	(55.0)	1 099	(47.6)	1 464	(54.0)
III. Robo	61	(2.1)	72	(3.1)	44	(1.6)
IV. Engaño	283	(9.5)	251	(10.9)	319	(11.8)
Total	2 964		2 308	(100.0)	2 713	(100.0)
Horas analizadas	(68.5)		(58)		(63)	

* Año 1 incluyó de octubre de 1975 hasta que se grabó un episodio de cada una de las series existentes (1976), año 2 igual pero en 1976-1977 y año 3 igual pero de 1977-1978.
f = número de casos o unidades.
% = porcentajes.

FIGURA 9.18
Ejemplo de categorías.

- Actos prosociales
  - Altruismo (definido como un acto en el cual humanos o animales comparten, se ayudan y cooperan, siempre y cuando no participen en un acto ilícito).
  - Mostrar afecto (referido a ofrecer o exhibir abiertamente emociones positivas hacia humanos y animales).
  - Explicación de los sentimientos de uno mismo (consiste en afirmaciones verbales que explican los sentimientos, pensamientos o acciones de uno mismo ("YO"), y que tienen como propósito lograr un resultado positivo).
  - Explicación de los sentimientos de uno y otros (consiste en afirmaciones verbales que explican los sentimientos, pensamientos o acciones de los demás y que tienen como propósito lograr un resultado positivo).
- Actos antisociales
  - Agresión física (referida a cualquier conducta manifiesta cuya intención es dañar, asustar, lesionar o injuriar a uno mismo o a otro individuo, animal o propiedad).
    - Asalto con algún objeto (arma, un libro, un lápiz, etc.)
    - Asalto sin un objeto (v.g., utilizando las manos).
    - Amenaza física (ponen en peligro el bienestar o la integridad de alguien).
    - Disparar a alguien con un arma de fuego.
  - Agresión verbal (el envío de mensajes nocivos tales como rechazos, amenazas verbales, insultos o frases hostiles).
  - Robo (la acción de tomar intencional y deliberadamente una propiedad que pertenece a otra persona o institución, sin derecho o permiso). Engaño (engaño intencional de alguien con el propósito de provocar en detrimento de un individuo, grupo o institución (v.g., fraude, mentiras, asumir la identidad de otros).

¿Cuáles son los pasos para llevar a cabo el análisis de contenido?

Ya hemos mencionado tres:

1. *Definir con precisión el universo y extraer una muestra representativa.*
2. *Establecer y definir las unidades de análisis.*
3. *Establecer y definir las categorías y subcategorías que presenten a las variables de la investigación.*

Los demás pasos son:

4. *Seleccionar los codificadores.* Los codificadores son las personas que habrán de asignar las unidades de análisis a las categorías. Deben tener un nivel educativo profesional (estudiantes a nivel de licenciatura como mínimo).
5. *Elaborar las hojas de codificación.* Estas hojas contienen las categorías y los codificadores anotan en ellas cada vez que una unidad entra en una categoría o subcategoría.

   En la figura 9.19 se muestran los elementos de una hoja de codificación.

   Las *hojas de codificación* pueden incluir elementos más precisos para describir el material. Por ejemplo, para analizar artículos de periódicos: nombre del periódico, fecha de publicación, tipo de artículos (reportaje, entrevista, editorial, artículo de fondo, carta, inserción pagada, artículo general), signatario del artículo, sección donde se publicó, página, volumen de publicación (años, número o equivalente), ubicación, 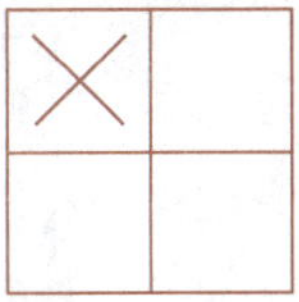 tamaño (en centímetros/columna), nombre del codificador, día de codificación, etcétera.

   Una hoja puede servir para una o varias unidades, según nos interese o no tener datos específicos de cada unidad (normalmente se prefiere tener la información por unidad).

   Asimismo, las *categorías y subcategorías* deben estar *codificadas* con sus respectivos valores numéricos. En la hoja de codificación de la figura 9.19, 1 significa acto prosocial y 2 acto antisocial (y 1.1.0 es "altruismo", 1.2.0 "mostrar afecto", etcétera). Tres cifras en cada caso porque, como se verá en el apartado sobre codificación, una variable debe tener el mismo número de columnas para sus categorías.
6. *Proporcionar entrenamiento de codificadores.* Este entrenamiento incluye que los codificadores se familiaricen y compenetren con las variables, comprendan las categorías y subcategorías y entiendan las definiciones de ambas. Además, debe capacitarse a los codificadores en la manera de codificar y debe discutirse ampliamente con ellos las diferentes condiciones en que puede manifestarse o estar presente cada categoría y subcategoría. Asmimiso, los codificadores deben comprender completamente en qué consiste la unidad de análisis.

FIGURA 9.19
Elementos de una hoja de codificación.

Indicador de quién codificó número, iniciales o letras

Frecuencias (veces que se repite cada categoría)

Descripción del material que se analizará (discurso, nota periodística, sesión terapéutica, etc.)

Fecha en que se codificó el material

CODIFICADOR: I FECHA: 29-XI-88		MATERIAL A ANALIZAR: DURACIÓN: 30 MINUTOS	CAPÍTULO DE LA SERIE "ALF" (CBS)
CATEGORÍAS		FRECUENCIAS	TOTALES
ACTOS PROSOCIALES	ALTRUISMO (1.1.0.)	| |	2
	MOSTRAR AFECTO (1.2.0.)	| | | | |	5
	EXPLICACIÓN DE LOS SENTIMIENTOS DE UNO (1.3.0.)	| | |	3
	EXPLICACIÓN DE LOS SENTIMIENTOS DE OTROS (1.4.0.)		0
ACTOS ANTISOCIALES	AGRESIÓN FÍSICA 2.1. — Asalto con objeto (2.1.1.)		0
	AGRESIÓN FÍSICA 2.1. — Asalto sin objeto (2.1.2.)		0
	AGRESIÓN FÍSICA 2.1. — Amenaza física (2.1.3.)		0
	AGRESIÓN FÍSICA 2.1. — Disparar (2.1.4.)		0
	AGRESIÓN FÍSICA 2.1. — Otros (2.1.5.)		0
	AGRESIÓN VERBAL (2.2.0.)	| | |	3
	ROBO (2.3.0.)		0
	ENGAÑO (2.4.0.)	|	1
		TOTAL	14

Suma de frecuencias en cada categoría o subcategoría

Categorías y subcategorías

Total de frecuencias o unidades

Al reverso pueden solicitarse comentarios del codificador.

7. *Calcular la confiabilidad de los codificadores.* Una vez que se lleva a cabo el entrenamiento, los codificadores realizan una codificación provisional de una parte representativa del material (el mismo material para todos los codificadores), para ver si existe consenso entre ellos. Si no hay consenso no puede efectuarse un análisis de contenido confiable.

   Para lo anterior se calcula la confiabilidad de cada codificador (individual) y la confiabilidad entre codificadores. El cálculo de la *confiabilidad* individual de los codificadores depende de si tenemos uno o varios de éstos.

A. *Si se dispone de un solo codificador* (porque el material es reducido), se observan las diferencias de la codificacióon del mismo mensaje hecha por el codificador en dos tiempos diferentes. Si las diferencias son muy pequeñas, el codificador es individualmente confiable. Este tipo de confiabilidad es llamado "confiabilidad intracodificador". La cual mide la estabilidad de la prueba y reprueba de un codificador a través del tiempo.

   Otro método consistiría en que el codificador trabaje una parte representativa del material y después aplicar a su codificación (resultados) la siguiente fórmula:

$$\text{Confiabilidad individual} = \frac{\text{Número de unidades de análisis catalogadas correctamente por el codificador}}{\text{Número total de unidades de análisis}}$$

Suponiendo que un mensaje conste de 20 unidades y se logren correctamente 20, la confiabilidad será de $1\left(\frac{20}{20}\right)$, que es el máximo de confiabilidad. Si el codificador sólo pudo codificar adecuadamente 15 de los 20, la confiabilidad sería de $0.75\left(\frac{15}{20}\right)$

B. *Si se dispone de varios codificadores,* la confiabilidad individual puede determinarse así: se pide a todos los codificadores que codifiquen el mismo material, se toman los resultados de todos menos los de uno y se compara la codificación de éste contra la del resto. Así se procede con cada codificador.

También puede aplicarse a todos los codificadores la fórmula mencionada para calcular la confiabilidad individual y quien se distancie del resto se considera un caso poco confiable.

Ejemplo

Codificador A	Codificador B	Codificador C	Codificador D
0.89	0.93	0.92	0.67

El codificador "D" tiene baja confiabilidad

El *cálculo de la confiabilidad intercodificadores* se realiza por pares de codificadores (parejas). Se pide a cada pareja formada que codifique el material, se comparan los resultados obtenidos por las parejas, se cuenta el número de acuerdos entre las parejas, se determina el número de unidades de análisis y se aplica la siguiente fórmula:

$$\text{Confiabilidad entre parejas} = \frac{\text{Número total de acuerdos entre dos parejas}}{\text{Número total de unidades de análisis codificadas}}$$

Después se suman los resultados de esta fórmula y se divide entre el número de comparaciones, que depende del número de parejas. Veámoslo con un ejemplo:

Las parejas codifican el material:

Codificador A, Codificador B → Pareja 1 → Codificación de material = Resultado 1

Codificador C, Codificador E → Pareja 2 → Codificación de material = Resultado 2

Codificador D, Codificador F → Pareja 3 → Codificación de material = Resultado 3

Se determina el número de acuerdos entre las parejas (un acuerdo consiste en que dos parejas codifican en la misma categoría a una misma unidad de análisis):

Pareja	*Número de unidades de análisis codificadas*	*Número de acuerdos entre parejas*
1	18	Entre parejas 1 y 2 = 17
2	18	Entre parejas 1 y 3 = 16
3	17	Entre parejas 2 y 3 = 16

Se aplica la fórmula de confiabilidad entre parejas

$$C_{1\,y\,2} = \frac{17}{18} = 0.94$$

$$C_{1\,y\,3} = \frac{16}{18} = 0.88$$

$$C_{2\,y\,3} = \frac{16}{18} = 0.88$$

Debe observarse que no hubo consenso total entre cuántas unidades de análisis podían distinguirse en el material (la pareja 3 distinguió 17 unidades y las parejas 1 y 2 distinguieron 18). En este caso se toma en cuenta para la fórmula de confiabilidad entre parejas, el máximo de unidades de análisis codificadas por alguna de las parejas. Si fuera:

Pareja	*Número de unidades de análisis codificadas*		*Número de acuerdos entre parejas*
A	25	se toma el máximo	21
B	22		

La fórmula sería $C_{AB} = \frac{21}{25} = 0.84$

Se obtiene la *confiabilidad total* (que es la suma de las confiabilidades entre parejas sobre el número de comparaciones). En nuestro ejemplo:

$$C_T = \frac{C_{1\,y\,2} + C_{1\,y\,3} + C_{2\,y\,3}}{3}$$

$$C_T = \frac{0.94 + 0.88 + 0.88}{3} = 0.90$$

No es conveniente tolerar una *confiabilidad* menor que 0.85 (ni total ni entre dos parejas) y de ser posible debe superar el 0.89. Al igual que con otros instrumentos de medición, la confiabilidad oscila entre 9 (nula confiabilidad) y 1 (confiabilidad total).

En el análisis de contenido una *confiabilidad baja puede deberse a que las categorías y/o unidades de análisis no han sido definidas con claridad y precisión, a un deficiente entrenamiento o a inhabilidad de los codificadores.* Cuando se obtiene una baja confiabilidad debe detectarse y corregirse el problema.

Asimismo, es conveniente calcular la confiabilidad a la mitad de la codificación (con el material codificado) y al finalizar ésta.

8. *Efectuar la codificación.* Lo que implica contar las frecuencias de repetición de las categorías (número de unidades que entran en cada categoría).
9. *Vaciar los datos de las hojas de codificación y obtener totales para cada categoría.*
10. *Realizar los análisis estadísticos apropiados.*

9.6.4 Observación

¿Qué es y para qué sirve la observación?

La observación consiste en el registro sistemático, válido y confiable de comportamiento o conducta manifiesta. Puede utilizarse como instrumento de medición en muy diversas circunstancias. Haynes (1978) menciona que es un método más utilizado por quienes están orientados conductualmente. Puede servir para determinar la aceptación de un grupo respecto a su profesor, analizar conflictos familiares, eventos masivos (v.g., la violencia en los estadios de futbol), la aceptación de un producto en un supermercado, el comportamiento de deficientes mentales, etcétera.

Como método para recolectar datos es muy similar al análisis de contenido. De hecho, es una forma de observación del contenido de comunicaciones. Es por ello que en este apartado algunos conceptos sólo serán mencionados, pues han sido tratados en el apartado sobre análisis del contenido.

Pasos para construir un sistema de observación

Los pasos para construir un sistema de observación son:

1. *Definir con precisión el universo de aspectos, eventos o conductas a observar.* Por ejemplo, si nuestro interés es observar los recursos con que cuentan las escuelas de un distrito escolar debemos definir lo que concebimos como "recurso escolar". Un universo podría ser el comportamiento verbal y no verbal de un grupo de alumnos durante un semestre. Otro universo sería las conductas de un grupo de trabajadores durante sus sesiones en círculos de calidad o equipos para la calidad, en un periodo de un año. O bien las conductas agresivas de un grupo de esquizofrénicos en sesiones terapéuticas.
2. *Extraer una muestra representativa de los aspectos, eventos o conductas a observar.* Un repertorio suficiente de conductas para observar.
3. *Establecer y definir las unidades de observación.* Por ejemplo, cada vez que se presenta una conducta agresiva, cada minuto se analizará si el alumno está o no atento a la clase, durante dos horas al día (7:00 a 9:00 horas), el número de personas que leyeron el tablero de avisos de la compañía, etcétera. El concepto de unidad de análisis es el mismo que en el análisis de contenido, sólo que en la observación se trata de conductas, eventos o aspectos.
4. *Establecer y definir las categorías y subcategorías de observación.* Estas categorías son similares a las definidas para el análisis de contenido. Y la observación también consiste en asignar unidades a categorías y subcategorías de observación.

Ejemplo del cuarto paso

En el caso del estudio citado (al hablar de la manipulacion de variables indpendientes en experimentos) para probar la *hipótesis: "A mayor grado de información sobre la deficiencia mental que el sujeto normal maneje, mostrará menor evitación en la interacción con el deficiente mental"* (Naves y Poplawsky, 1984): Las unidades de análisis eran cada 10 segundos. La interacción entre la persona normal y el actor que hacía el papel de "deficiente mental" duraba tres minutos. La variable dependiente fue "evitación de la interacción" y las categorías fueron cuatro (Naves y Poplawsky, 1984, pp. 107-109).

1. **Distancia física:** se refiere a si el sujeto experimental aumenta o disminuye su distancia hacia el interlocutor a partir de la distancia que inicialmente debía ocupar; esta distancia inicial estuvo delimitada por los asientos que el actor y el sujeto debían ocupar y, según la teoría, es la distancia en la que dos extraños en una situación de comunicación, pueden interactuar cómodamente. Las dimensiones que esta variable adquiere son: el acercarse (afiliación) con valor de "1" o el alejarse (evitación) del actor (deficiente mental) con valor de "0", mediante inclinaciones corporales o bien modificando por completo su distancia.
2. **Movimientos corporales que denotan tensión:** esta variable se orienta a captar los movimientos que el sujeto está realizando como índice de tensión (evitación) con valor de "0" o de relajación (afiliación) que experimenta, con valor de "1". En esta variable específicamente se analizan movimientos de pies y piernas a un ritmo acelerado, ademanes con brazos y manos (como estar rascando, picando, etc.) y la postura en general del sujeto.
3. **Conducta visual del sujeto:** que según lo estipula en esa investigación adquiere dos dimensiones:

   a) dirigida hacia el interlocutor (afiliación), con valor de "1"
   b) dirigida hacia cualquier otra parte (evitación), con valor de "0".

4. **Conducta verbal:** este indicador está compuesto por el contenido verbal del discurso del sujeto hacia el deficiente y se orienta primordialmente al formato del discurso; incluye dos modalidades:

   a) frases u oraciones completas (afiliación), con valor de "1".
   b) frases dicótomas y silencios (evitación), con valor de "0".

La modalidad de frases dicótomas incluye respuestas monosilábicas (sí, no), murmullos, sonidos guturales: los silencios que se interpretan como respuestas dicótomas (respuesta de evitación) son los silencios no naturales en el discurso, en los que expresamente el sujeto se queda en silencio. La conducta verbal se mide a través del diálogo que sostenga el sujeto para con el deficiente mental; es decir, en respuesta al guión que el actor interpreta para con cada sujeto (que es idéntico para todos) y en las intervenciones que el propio sujeto realice.

En principio se pensó que además de medir la conducta verbal en cuanto a su formato, convendría medirla en cuanto a su contenido también; es decir, si las frases emitidas por él en respuesta a lo expresado por el deficiente revelaban un contenido positivo o negativo. Esta modalidad no fue incluida por la dificultad que presenta el obtener una medición objetiva.

Finalmente, cabe establecer que en los cuatro indicadores (variables) adoptados para medir la evitación en la interacción se establecieron dimensiones cuya medición fuese dicotómica; es decir, las opciones de respuesta para cada variable únicamente podían ser codificadas bajo la escala de 0 - 1; esto es, evitación o no evitación. Las variables no adquieren más opciones de respuesta por la dificultad de detectar conductas de evitación tanto verbales como no verbales.

Las subcategorías pueden ser escalas de actitudes

Las subcategorías pueden ser escalas del tipo Likert, Guttman o diferencial semántico.

Ejemplo

Categoría	*Subcategorías*
— Atención del alumno	Elevada (3) Media (2) Baja (1) Nula (0)
— Disciplina del alumno	Completa (3) Aceptable (2) Media (1) Indisciplina (0)

O bien agresividad del niño:

- Muy alta (5)
- Alta (4)
- Regular (3)
- Baja (2)
- Inexistente (1)

O, al hablar del desempeño laboral observado en coordinadores de escuelas o asociaciones:

Productividad : ____ : ____ : ____ : ____ : ____ : ____ : Improductividad
(5) (4) (3) (2) (1) (0)

Actitud de servicio : ____ : ____ : ____ : ____ : ____ : ____ : Actitud de no servicio
(5) (4) (3) (2) (1) (0)

Cumplimiento-incumplimiento
Etcétera

5. *Seleccionar a los observadores.* Los observadores son las personas que habrán de codificar la conducta y deben conocer las variables, categorías y subcategorías.
6. *Elegir el medio de observación.* La conducta o sus manifestaciones pueden codificarse por distintos medios: puede observarse directamente y ser codificada, puede grabarse en videocinta y analizarse (con o sin audio, dependiendo del hecho de que se evalúe o no la conducta verbal). En algunos casos el observador se oculta y observa (por ejemplo, a través de un espejo de doble vista). Otras veces participa con los sujetos y codifica. En ciertas ocasiones se codifican manifestaciones de la conducta y la observación es *a posteriori* (por ejemplo, un estudio para evaluar las condiciones higiénicas de una comunidad o la infraestructura con que cuenta una población). El medio a través del cual se observe depende de la investigación en particular.
7. *Elaborar las hojas de codificación.* Su formato es el mismo que se presentó en el apartado sobre análisis de contenido. En el caso de Naves y Poplawsky (1984) la hoja de codificación fue la que se muestra en la figura 9.20.
8. *Proporcionar entrenamiento de codificadores* (en las variables, categorías, subcategorías, unidades de análisis y el procedimiento de codificar, así como sobre las diferentes maneras como puede manifestarse una categoría o subcategoría de conducta).
9. *Calcular la confiabilidad de los observadores* (intraobservador e interobservadores). Los procedimientos y fórmulas pueden ser las mismas que las vistas en el apartado sobre el análisis de contenido, lo único que cambia es la palabra "codificadores", "codificación", "codificadas"; por "observadores", "observación", "observadas".

Por ejemplo:

$$\text{Confiabilidad individual} = \frac{\text{Número de unidades de análisis catalogadas correctamente por el observador}}{\text{Número total de unidades de análisis}}$$

$$\text{Confiabilidad entre parejas} = \frac{\text{Número total de acuerdos entre dos parejas}}{\text{Número total de unidades de análisis observadas}}$$

Haynes (1978, p. 160) proporciona otra *fórmula para calcular la confiabilidad entre observadores o el grado de acuerdo interobservadores* (Ao).

$$\text{Ao} = \frac{\text{Ia}}{\text{Ia} + \text{Id}}$$

Donde "Ia" es el número total de acuerdos entre observadores e "Id" es el número total de desacuerdos entre observadores. Un "Acuerdo" es definido como la codificación de una unidad de análisis en una misma categoría por distintos observadores. Se interpreta como cualquier *coeficiente de confiabilidad* (0 a 1).

Nombre________________ Grupo________________

Fecha________________

Categoría	Subcategoría	0′	10″	20″	30″	40″	50″	1′	10″	20″	30″	40″	50″	2′	10″	20″	30″	40″	50″	3′
Distancia física	Alejamiento (0)																			
	Acercamiento (2)																			
	Estático (1)																			
Movimientos corporales																				
	Tensión (0)																			
	Relajación (2)																			
	Ninguno (1)																			
Conducta visual																				
	Al sujeto (1)																			
	A otra parte (0)																			
Conducta verbal																				
	F. completas (1)																			
	F. dicotomas (0)																			
	Silencios (0)																			

Nota: Se agregaron las subcategorías "estático" en la categoría "distancia física" y "ninguno" en la categoría "movimientos corporales".

FIGURA 9.20 Ejemplo de una hoja de codificación para observar conducta.

10. *Llevar a cabo la codificación por observación.*
11. *Vaciar los datos de las hojas de codificación y obtener totales para cada categoría.*
12. *Realizar los análisis apropiados.*

Tipos de observación

La observación puede ser *participante* o *no participante*. En la primera, el observador interactúa con los sujetos observados y en la segunda no ocurre esta interacción. Por ejemplo, un estudio sobre las conductas de aprendizaje de niños autistas, en donde una instructora interactúa con los niños y al mismo tiempo codifica.

Ventajas de la observación

Tanto la observación como el análisis de contenido tienen varias ventajas:

1. *Son técnicas de medición no obstructivas.* En el sentido que el instrumento de medición no "estimula" el comportamiento de los sujetos (las escalas de actitud y los cuestionarios pretenden "estimular" una respuesta a cada ítem). Los métodos no obstructivos simplemente registran algo que fue estimulado por otros factores ajenos al instrumento de medición.
2. *Aceptan material no estructurado.*
3. *Pueden trabajar con grandes volúmenes de datos* (material).

9.6.5 Pruebas e inventarios estandarizados

¿Qué son las pruebas estandarizadas?

En la actualidad existe una amplia diversidad de pruebas e inventarios desarrollados por diversos investigadores para medir un gran número de variables. Estas pruebas tienen su propio procedimiento de aplicación, codificación e interpretación, y se encuentran disponibles en diversas fuentes secundarias y terciarias, así como en centros de investigación y difusión del conocimiento. Hay *pruebas para medir habilidades y aptitudes* (v.g., habilidad verbal, razonamiento, memoria, inteligencia, percepción, habilidad numérica), *la personalidad, los intereses, los valores, el desempeño, la motivación, el aprendizaje, el clima laboral en una organización, etcétera.* También se puede disponer de *pruebas clínicas* para detectar conducta anormal, pruebas para seleccionar personal, pruebas para conocer las percepciones y/o opiniones de las personas respecto a diversos tópicos, pruebas para medir la autoestima y, en fin, otras muchas variables del comportamiento.[46]

El problema en el uso de estas pruebas es que la mayoría ha sido desarrollada en contextos muy diferentes al latinoamericano, y en ocasiones su utilización puede ser inadecuada, inválida y poco confiable. Cuando se utilice como instrumento de medición una prueba estandarizada es conveniente que *se seleccione una prueba desarrollada o adaptada por algún investigador para el mismo contexto de nuestro estudio y que sea válida y confiable* (debemos tener información a este respecto).

---

[46] Para conocer la diversidad de estas pruebas y sus aplicaciones se recomienda Anastasi (1982), Thorndike y Hagen (1980), Cronbach (1984) y Nunnally (1970). Son obras clásicas sobre medición y el manejo de pruebas estandarizadas.

En caso de que elijamos una prueba diseñada en otro contexto, es necesario adaptarla y aplicar pruebas piloto para calcular su validez y confiabilidad, así como ajustarla a las condiciones de nuestra investigación. El instrumento o prueba debe demostrar que es válido y confiable para el contexto en el cual se va a aplicar.

Un tipo de pruebas estandarizadas bastante difundido lo constituyen las "*pruebas proyectivas*", las cuales presentan estímulos a los sujetos para que respondan a ellos; después se pueden analizar las respuestas tanto cuantitativamente como cualitativamente y se interpretan. Estas pruebas miden, proyecciones de los sujetos, como por ejemplo, la personalidad. Dos pruebas proyectivas muy conocidas son el *test de Rorschach* (que presenta manchas de tinta en tarjetas o láminas blancas numeradas a los sujetos y éstos relatan sus asociaciones e interpretaciones en relación a las manchas) y el *test de apercepción temática* (que con un esquema similar al de Rorschach presenta a los sujetos cuadros que evocan narraciones o cuentos y las personas deben elaborar una interpretación).

Bastantes pruebas estandarizadas (v.g., las proyectivas) requieren de un entrenamiento considerable y un conocimiento profundo de las variables por parte del investigador que habrá de aplicarlas e interpretarlas. No pueden aplicarse con superficialidad e indiscriminadamente. La manera de aplicar, codificar, calificar e interpretar las pruebas estandarizadas es tan variada como los tipos existentes.

9.6.6 Sesiones en profundidad

¿Qué son las sesiones en profundidad?

Un método de recolección de datos cuya popularidad ha crecido son las sesiones en profundidad. Se reúne a un grupo de personas y se trabaja con éste en relación a las variables de la investigación. Pueden realizarse una o varias reuniones. El procedimiento usual es el siguiente.

Pasos para realizar las sesiones de grupo

1. Se *define* el *tipo de personas* que habrán de participar en la sesión o sesiones.
2. Se *detectan personas del tipo* elegido.
3. Se *invita* a estas personas a la sesión o sesiones.
4. Se *organizan la sesión o sesiones.* Cada sesión debe efectuarse en un lugar confortable, silencioso y aislado. Los sujetos deben sentirse cómodos y relajados. Asimismo, es indispensable planear cuidadosamente lo que se va a tratar en la sesión o sesiones (desarrollar una agenda) y asegurar los detalles (aun las cuestiones más sencillas como servir café y refrescos).
5. *Se lleva a cabo cada sesión.* El conductor debe ser una persona entrenada en el manejo o conducción de grupos y debe crear *rapport* en el grupo (clima de confianza). Asimismo, debe ser un individuo que no sea percibido como "dis-

tante" por los participantes de la sesión y debe propiciar la participación de todos. La paciencia es una característica que deberá tener.

Durante la sesión se pueden pedir opiniones, hacer preguntas, administrar cuestionarios, discutir casos, intercambiar puntos de vista, valorar diversos aspectos. Es conveniente que cada sesión se grabe en cinta o videocinta y después realizar análisis de contenido y observación. El conductor debe tener muy en claro la información o datos que habrán de recolectarse y evitar desviaciones del objetivo planteado.

6. *Elaborar el reporte de sesión.* El cual incluye principalmente datos sobre los participantes (edad, sexo, nivel educativo y todo aquello que sea relevante para el estudio), fecha y duración de la sesión, información completa del desarrollo de la sesión, actitud y comportamiento de los paticipantes hacia el conductor y la sesión en sí, resultados de la sesión y observaciones del conductor, así como una bitácora de la sesión.
7. *Llevar a cabo la codificación y análisis correspondiente.*

Ejemplos

Algunos ejemplos de la aplicación de este método podrían ser las sesiones en donde se evalúe a un nuevo producto, digamos un dulce. En estas sesiones se podría pedir a los participantes opiniones sobre sabor, color, presentación, precio, cualidades del producto; discutir a fondo las propiedades, cualidades y carencias del producto; administrarle una escala de actitudes o un cuestionario, y hacer preguntas abiertas a cada participante. O bien sesiones para analizar la popularidad de varios candidatos políticos, evaluar el servicio y la atención recibida en un supermercado, indagar la percepción de un grupo de estudiantes sobre la calidad de la enseñanza recibida o conocer la opinión de los sectores de una comunidad sobre una reforma electoral.

También se pueden organizar sesiones con diferentes tipos de la población y mixtas. Por ejemplo, los autores participaron en un estudio para evaluar un programa televisivo que acababa de salir al aire con un nombre y formato nuevos. Además de realizarse una encuesta telefónica se organizaron varias sesiones (algunas con amas de casa, otras con estudiantes, también con trabajadores, empleados de oficina, ejecutivos, profesores, publicistas y otros grupos tipo; así como reuniones donde participaban, por ejemplo, un ama de casa de más de 60 años, un ama de casa de 50 años, una ama de casa más joven, un empleado de una oficina pública, una secretaria, un profesor, un dependiente de supermercado, un ejecutivo y dos estudiantes.

En las sesiones se profundizó en el formato del programa (música, manejo de cámaras, duración, manejo de comerciales, sonido, manera de presentar invitados, los conductores, el contenido, etcétera).

Normalmente en las sesiones participan de ocho a quince personas. No debe excederse de un número manejable de sujetos. El formato y naturaleza de la sesión o sesiones depende del objetivo y las características de los participantes.

9.6.7 Otras formas de recolección de los datos

¿Qué otras maneras existen para recolectar los datos?

En ocasiones puede acudirse a *archivos* que contengan los datos. Por ejemplo, si nuestra hipótesis fuera: "La violencia manifiesta en la ciudad de México es mayor que en la ciudad de Caracas", podemos acudir a la alcaldía de algunas ciudades para solicitar datos relacionados con la violencia: número de asaltos, violaciones, robos a casa-habitación, asesinatos, etc. (datos por habitante, distrito y generales). También podríamos acudir a los hospitales y las diferentes procuradurías, etc. Otro ejemplo, sería consultar los archivos de una universidad y tomar los datos de inteligencia, personalidad u otras variables que nos interesen. Desde luego, a veces esta información no es accesible. En México, hay un organismo que proporciona datos (incluso grabados en disco para computadora) sobre estadísticas nacionales, el Instituto Nacional de Estadística, Geografía e Informática (INEGI).

Asimismo, pueden utilizarse datos recolectados por otros investigadores, a lo que se conoce como *análisis secundario.* En este caso es necesario tener la certeza de que los datos son válidos y confiables, así como conocer la manera en que fueron codificados. El intercambio de éstos es una práctica común entre investigadores. Además, existen métodos propios de las diferentes ciencias sociales como el *análisis de redes* para evaluar cómo se manifiesta la comunicación en un sistema social (quién se comunica con quién, quiénes distorsionan la información, cómo fluye la comunicación, quiénes son los líderes comunicativos, etc.), *sistemas de medición fisiológica, escalas multidimensionales* que miden a los sujetos en varias dimensiones (v.g., el sistema Galileo de J. Woelfel y E. L. Fink,1980), como medir la distancia psicológica entre los conceptos "patria", "madre", "presidente" y "nación", etcétera, tomando en cuenta dimensiones cognitivas y emocionales. Y en fin otros métodos que escapan al nivel introductorio de este libro.

Para el manejo de archivos se recomienda consultar a Webb, Campbell y Schwartz (1966), para el análisis de redes a Rogers y Kincaid (1981) y para escalas multidimensionales a Norton (1980), Woelfel y Danes (1980) y, desde luego, las obras clásicas de Torgerson (1958) y Rummey, Shephard y Nerove (1972).

9.6.8 Combinación de dos o más instrumentos de recolección de los datos

¿Puede utilizarse más de un tipo de instrumento de medición?

En algunos casos, el investigador utiliza varias formas de medición para tener diferentes enfoques sobre las variables. Por ejemplo, el clima laboral en una organización puede medirse a través de una encuesta utilizando un cuestionario, pero además pueden realizarse varias sesiones en profundidad para solicitar opiniones sobre el clima laboral y los problemas existentes, observarse el comportamiento de los trabajadores y analizar el contenido de sus mensajes dirigidos a la organización (cartas de sugerencias, letreros pintados en los baños, quejas en sus reuniones, etcétera).

9.7 ¿CÓMO SE CODIFICAN LAS RESPUESTAS A UN INSTRUMENTO DE MEDICIÓN?

Hemos dicho que las categorías de un ítem o pregunta y las categorías y subcategorías de contenido u observación deben *codificarse con símbolos o números.* Y deben codificarse porque de lo contrario no puede efectuarse ningún análisis o sólo se puede contar el número de respuestas en cada categoría (v.g., 25 contestaron "sí" y 24 respondieron "no"). Pero el investigador se interesa en realizar análisis más allá de un conteo de casos por categoría y la mayoría de los análisis se llevan a cabo por computadora. Para ello es necesario transformar las respuestas en símbolos o valores numéricos. Los datos deben resumirse, codificarse y prepararse para el análisis.

También se comentó que las categorías pueden ir o no precodificadas (llevar las codificación en el instrumento de medición antes de que éste sea aplicado) y que las preguntas abiertas no pueden estar precodificadas. Pero en cualquier caso, una vez que se tienen las respuestas, éstas deberán codificarse.

La *codificación* de las respuestas implica *cuatro pasos*:

1. Codificar las categorías de ítems, preguntas y categorías de contenido u observación no precodificadas.
2. Elaborar el libro de códigos.
3. Efectuar físicamente la codificación
4. Grabar y guardar los datos en un archivo permanente.

Veamos cada paso con algunos ejemplos.

Codificar

Si todas las categorías fueron precodificadas y no se tienen preguntas abiertas, el primer paso no es necesario. Éste ya se efectuó.

Si las categorías no fueron precodificadas y se tienene preguntas abiertas, deben asignarse los códigos o la codificación a todas las categorías de los ítems, preguntas o de contenido u observación. Por ejemplo:

Pregunta no precodificada

¿Practica usted algún deporte por lo menos una vez a la semana?

☐ Sí ☐ No

Se codifica

1 = Sí

0 = No

Frase no precodificada

"Creo que estoy recibiendo un salario justo por mi trabajo"

( ) Totalmente ( ) De acuerdo ( ) Ni de acuerdo, ni en desacuerdo

( ) En desacuerdo ( ) Totalmente en desacuerdo

Se codifica

5 = Totalmente de acuerdo
4 = De acuerdo
3 = Ni de acuerdo, ni en desacuerdo
2 = En desacuerdo
1 = Totalmente en desacuerdo

Tratándose de preguntas abiertas ya se expuso cómo se codifican.

Libro de códigos

Una vez que están codificadas todas las categorías del instrumento de medición, se procede a elaborar el "libro de códigos".

El *libro de códigos* es un documento que describe la localización de las variables y los códigos asignados a los atributos que las componen (categorías y/o subcategorías) (Babbie, 1979). Este libro cumple con dos funciones: i) es la guía para el proceso de codificación y ii) es la guía para localizar variables e interpretar los datos durante el análisis (Babbie, 1979). El libro de códigos puede conducirnos a los significados de los valores de las categorías de las variables.

Los elementos de un libro de códigos son: *variable, pregunta /ítem/ tema, categorías-subcategorías, columna(s).*

Supongamos que tenemos una escala Likert con tres ítems (frases):

"La Dirección General de Impuestos Nacionales informa oportunamente sobre cómo, dónde y cuándo pagar los impuestos"

(5) Muy de acuerdo
(4) De acuerdo
(3) Ni de acuerdo, ni en desacuerdo
(2) En desacuerdo
(1) Muy en desacuerdo

"Los servicios que presta la Dirección General de Impuestos Nacionales son en general muy buenos"

(5) Muy de acuerdo
(4) De acuerdo
(3) Ni de acuerdo, ni en desacuerdo

(2) En desacuerdo
(1) Muy en desacuerdo

"La Dirección General de Impuestos Nacionales se caracteriza por la deshonestidad de sus funcionarios"

(1) Muy de acuerdo
(2) De acuerdo
(3) Ni de acuerdo, ni en desacuerdo
(4) En desacuerdo
(5) Muy en desacuerdo

El *libro de códigos* sería el que se muestra en la figura 9.21.

En el caso del estudio por observación de Naves y Poplawsky (1984) (figura 9.20), el libro de códigos sería el que se muestra en la figura 9.22.

Es decir, el libro de códigos es un manual para el investigador y los codificadores. Los cuestionarios contestados, las escalas aplicadas, las hojas de codificación, las pruebas respondidas o cualquier otro instrumento de medición administrado son transferidos a una matriz, la cual es el conjunto de datos simbólicos o numéricos producto de la aplicación del instrumento. Esta matriz es lo que habrá de analizarse. El apartado "*columna*" dentro del libro de códigos tienen

FIGURA 9.21
Ejemplo de un libro de códigos con una escala de actitud tipo Likert (tres ítems).

Variable	*Ítem*	*Categorías*	*Códigos*	*Columna*
— Actitud hacia la Dirección General de Impuestos Naciona-les.	Frase 1 (informa) Frase 2 (servicios) Frase 3 (deshonestidad)	— Muy de acuerdo — De acuerdo — Ni de acuerdo, ni en desacuerdo — En desacuerdo — Muy en desacuerdo	5 4 3 2 1	1
		— Muy de acuerdo — De acuerdo — Ni de acuerdo, ni en desacuerdo — En desacuerdo — Muy en desacuerdo	5 4 3 2 1	2
		— Muy de acuerdo — De acuerdo — Ni de acuerdo, ni en desacuerdo — En desacuerdo — Muy en desacuerdo	1 2 3 4 5	3

FIGURA 9.22
Ejemplo de un libro de códigos en el caso del estudio de naves y Poplawsky (1984)[47].

LIBRO DE CÓDIGOS

Variable	*Categorías*	*Subcategorías*	*Códigos*	*Columnas*
— Número de sujeto	— Sujetos	—	01 a 30 (hubo 30 sujetos)	1 y 2
— Tratamiento experimental	— Grupo cultural	—	1	3
	— Grupo socio-psicológico	—	2	
— Conducta de evitación	— Distancia física	— Alejamiento	0	4
		— Acercamiento	2	
		— Estático	1	
	— Movimientos corporales	— Tensión	0	5
		— Relajación	2	
		— Ninguno	1	
	— Conducta visual	— Al sujeto	1	6
		— A otra parte	0	
	— Conducta verbal	— Frases completas	1	7
		— Frases dicótomas o silencios	0	
— Codificador	— LRE	—	1	8
	— LEMM	—	2	
	— CFT	—	3	

sentido en la matriz; veamos por qué. La matriz tienen renglones y columnas; los renglones representan casos o sujetos en la investigación, las columnas son los lugares donde se registran los valores en las categorías o subcategorías. Esto podría esquematizarse así:

[47] Desde luego, Naves y Poplawsky (1984) para las categorías de "conducta de evitación" obtenían esta codificación cada 10 segundos (cada unidad de análisis), y sumaban el número de 1 (unos) y lo transformaban en porcentaje. Aquí suponemos que toda la interacción con el deficiente mental puede categorizarse y subcategorizarse.

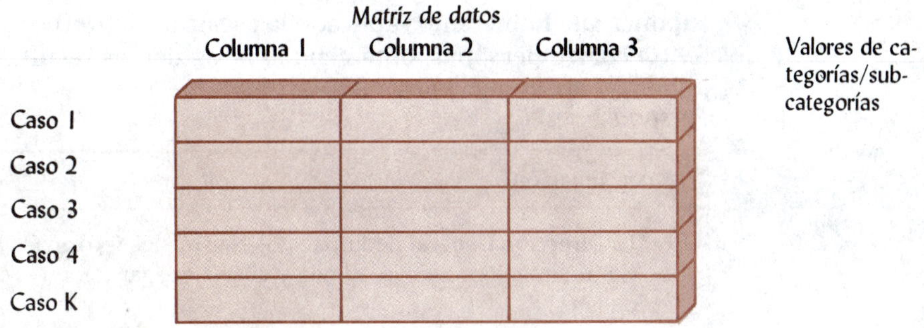

Los resultados del instrumento de medición se transfieren a la matriz por medio del libro de códigos. El proceso puede representarse así:

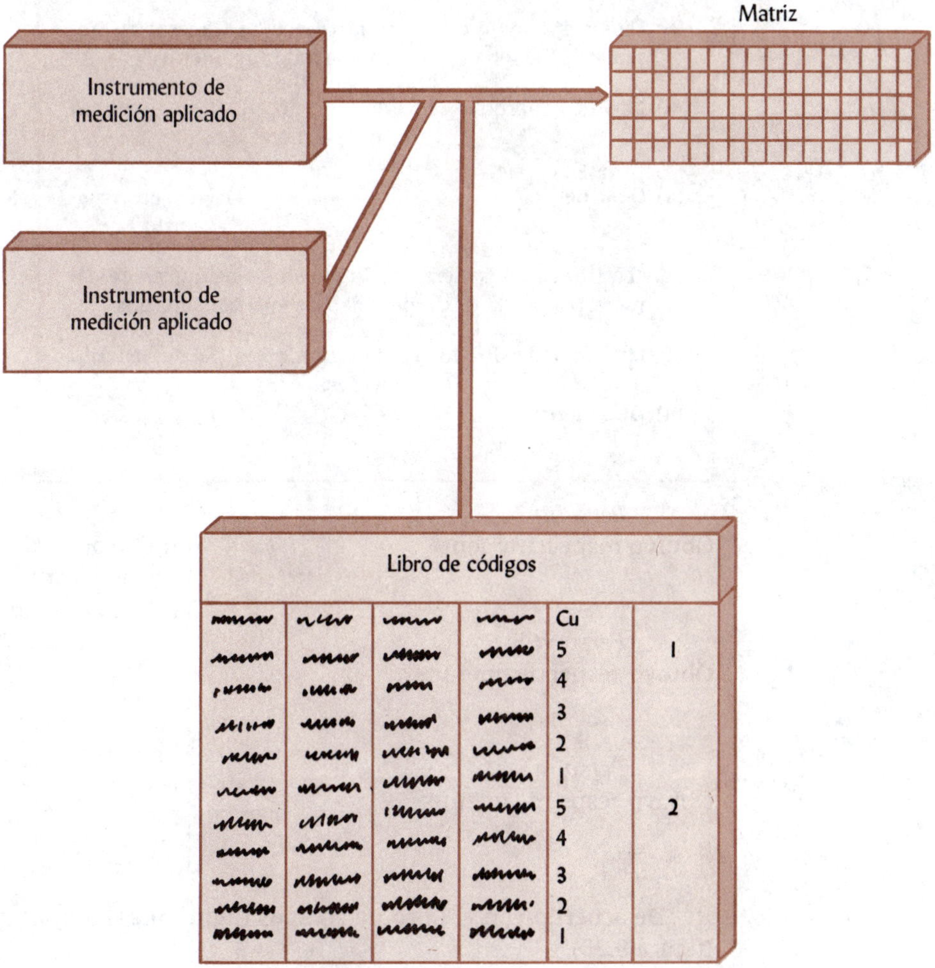

Sin el *libro de códigos* no puede llevarse a cabo la transferencia. Vamos a suponer que hubiéramos aplicado la escala de actitud con tres ítems de la figura 9.21 a cuatro personas, obteniendo los siguientes resultados:

Persona 1

A continuación...	El sujeto obtuvo:
1. "La Dirección General de Impuestos Nacionales informa claramente sobre cómo, dónde y cuándo pagar los impuestos"	
(5) Muy de acuerdo (3) Ni de acuerdo, ni en desacuerdo (2) En desacuerdo ~~(4)~~ De acuerdo (1) Muy en desacuerdo	4 (de acuerdo)
2. "Los servicios que presta la Dirección General de Impuestos Nacionales son en general muy buenos"	
~~(5)~~ Muy de acuerdo (3) Ni de acuerdo, ni en desacuerdo (2) En desacuerdo (4) De acuerdo (1) Muy en desacuerdo	5 (muy de acuerdo)
3. "La Dirección General de Impuestos Nacionales se caracteriza por la deshonestidad de sus funcionarios"	
(5) Muy de acuerdo ~~(3)~~ Ni de acuerdo, ni en desacuerdo (4) En desacuerdo (4) De acuerdo (1) Muy en desacuerdo	3 (ni de acuerdo, ni en desacuerdo)

Persona 2

Obtuvo respectivamente:
3 (ni de acuerdo, ni en desacuerdo)
4 (de acuerdo)
3 (ni de acuerdo, ni en desacuerdo)

Persona 3

Obtuvo respectivamente:
4
4
4

Persona 4

Obtuvo respectivamente:
5
4
3

De acuerdo con el libro de códigos (figura 9.21), tendríamos la matriz de la (figura 9.23).

FIGURA 9.23
Ejemplo de matriz de datos para el libro de códigos de la figura 9.21.

	Columna 1 (frase 1) (informa)	Columna 2 (frase 2) (servicios)	Columna 3 (frase 3) (deshonestidad)
Persona 1	4	5	3
Persona 2	3	4	3
Persona 3	4	4	4
Persona 4	5	4	3

Casos (en el ejemplo, sujetos)

Valores de los sujetos en los ítems (en el ejemplo, frases) (categorías en las que cayeron transformadas a sus valores numéricos, es decir, codificadas)

En el ejemplo de Naves y Poplawsky (figura 9.22), la matriz sería la de la figura 9.24

El *libro de códigos* indica a los codificadores qué variable, ítem/categoría/subcategoría van en cada columna y qué valores debe anotar en cada columna, así como el significado de cada valor numérico.

FIGURA 9.24
Ejemplo hipotético de matriz de datos para el libro de códigos de la figura 9.22.

	Columna 1 Número de sujeto	Columna 2 Número de sujeto	Columna 3 Tratamiento experimental	Columna 4 Distancia física	Columna 5 Movimientos corporales	Columna 6 Conducta visual	Columna 7 Conducta verbal	Columna 8 Codificador
S_1	0	1	1	0	0	0	0	1
S_2	0	2	1	0	0	0	0	1
S_3	0	3	2	2	2	1	1	2
S_4	0	4	1	1	0	0	0	2
S_5	0	5	2	2	2	1	1	2
S_6	0	6	1	0	1	1	0	3
S_7	0	7	2	2	2	1	1	3
S_8	0	8	2	2	2	1	1	3
S_9	0	9	2	1	2	0	1	1
S_{10}	1	0	1	2	1	0	0	2

Con el *libro de códigos* sabemos que el sujeto 1 es el "01", que pertenece al "grupo cultural" ("1" en la tercer columna), que tuvo una conducta de alejamiento en su distancia física ("0" en la cuarta columna), que sus movimientos corporales fueron de tensión ("0" en la quinta columna), que su conducta visual fue a otra parte, no vio al sujeto ("0" en la sexta columna), que dijo frases dicótomas y/o silencios ("0" en la séptima columna) y que fue codificado por LRE ("1" en la octava columna). Y así con cada sujeto.

Obsérvese que, sin el libro de códigos, no se puede codificar y una matriz de datos carece de significado. La siguiente matriz no nos dice nada sin el libro de códigos. Por ejemplo:

5	0	0	2	1	1	0	1	0	1	5
5	0	1	2	2	3	2	3	0	0	4
2	1	0	0	0	0	0	0	0	0	0
1	1	1	1	1	4	0	2	0	0	3
3	0	0	1	2	5	0	2	0	0	3
3	1	0	1	2	5	0	1	0	1	3
4	0	1	0	2	4	0	1	0	1	4
5	1	1	2	2	1	0	0	0	1	4
2	0	1	2	2	2	0	2	1	0	5

¿Qué significa cada columna, cada dígito? Está en clave y sólo podemos tener acceso a ella mediante el libro de códigos.

En el libro de códigos y en la matriz de datos, una variable, ítem, categoría o subcategoría puede abarcar una, dos o más columnas, dependiendo de lo que esté indicando. Veamos el libro de códigos y la matriz correspondiente de la figura 9.25.

Valores perdidos

Cuando las personas no responden a un ítem o contestan incorrectamente o no puede registrarse la información (v.g., no se pudo observar la conducta), se crea una o varias categorías de valores perdidos y se les asignan sus respectivos códigos.

Ejemplo

Sí = 1 No = 2 No contestó = 3 Contestó incorrectamente = 4	o	Sí = 1 No = 2 Valor perdido por diversas razones = 9

Hasta el momento se han presentado, por razones didácticas, ejemplos resumidos de libros de códigos. Desde luego, un libro de códigos normalmente tiene

FIGURA 9.25
Ejemplo de la variabilidad que pueden tener las columnas libro de códigos.

LIBRO DE CÓDIGOS

Variable	*Categorías*	*Códigos*	*Columna*
— Número de sujeto	000 a 128	000 a 128	1, 2 y 3
— Sexo del respondiente	masculino femenino	1 2	4
— Edad del respondiente	00 a 77 No respondió	00 a 77 99	5 y 6
— Ingresos del respondiente	— Salario mínimo o menos	1	7
	— De dos a tres veces el salario mínimo	2	
	— De cuatro a cinco veces el salario mínimo	3	
	— De seis a ocho veces el salario mínimo	4	
	— Nueve a once veces el salario mínimo	5	
	— Doce a quince veces el salario mínimo	6	
	— 16 o más veces el salario mínimo	7	
	— No respondió	9	
— Tamaño del lugar en que vive (m^2)	0000 a 9998 No respondió	0000 a 9998 9999	8, 9, 10 y 11

FIGURA 9.25
(*Continuación*).

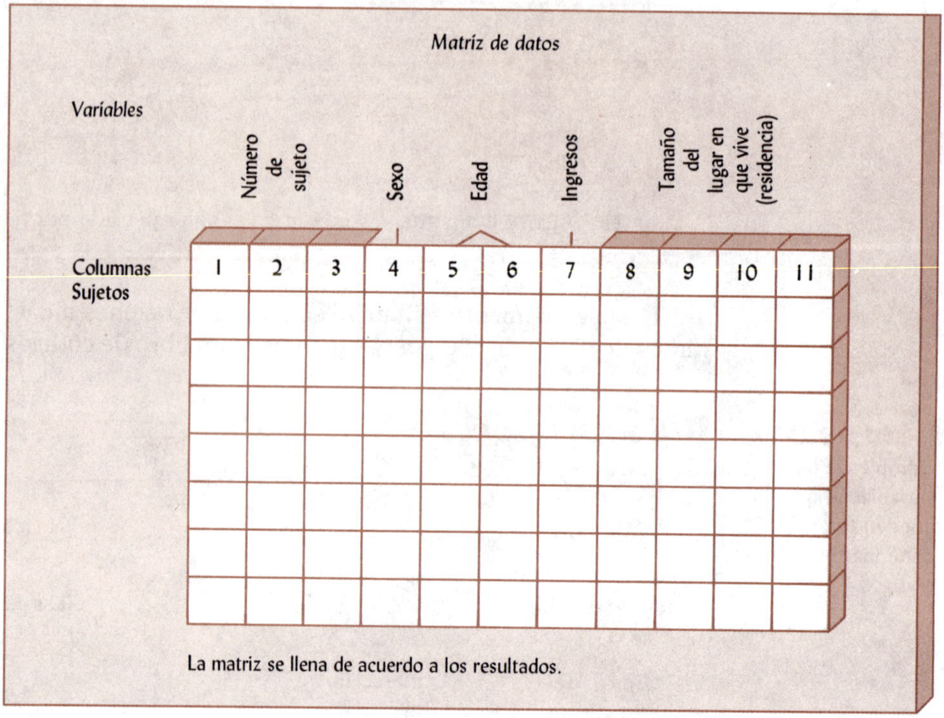

más variables o categorías y consecuentemente más columnas (al igual que la matriz de datos). Hay matrices que pueden tener 500 o más columnas. Asimismo, debe recordarse que los renglones son casos (sujetos, escuelas, series de televisión, etcétera), y a veces es necesario extender las columnas a otro renglón u otros renglones (en computadoras limitadas a manejar 80 columnas). Esto podría representarse así:

S_1	Col. 1	2	3	4	etc...	col. 80
	Col. 81	82	83	84	etc...	col. 160
	Col. 161	162	163	164	etc...	col. 240
	Col. 241				etc...	col. 320
S_2	Col. 1	2	3	4		col. 80
	Col. 81	82	83	84		col. 160
	Col. 161	162	163	164		col. 240
	Col. 241					col. 320

S_3					
S_K					

Codificación física

El tercer paso del proceso de codificación es la codificación física de los datos, es decir, llenar la matriz de datos. Esta codificación la efectúan los codificadores, a quienes se les proporciona el libro de códigos. Así, cada codificador va vaciando las respuestas en la matriz de datos, de acuerdo con el libro de códigos. El vaciado de la matriz de datos puede hacerse en "hojas de tabulación", las cuales tienen columnas y renglones. En la figura 9.26 se muestra un ejemplo de una de estas hojas.

Si no alcanza una hoja de tabulación, se utilizan las hojas necesarias para vaciar los datos de todos los casos. Por ejemplo, la primera hoja puede alcanzarnos para 24 casos, pero si tenemos 200 casos, habremos de utilizar 9 hojas. Cada hoja estará llena de dígitos.

Aunque actualmente, en la mayoría de las investigaciones ya no se usan las hojas de codificación. Lo común es transferir los datos directamente de los ejemplares del instrumento de medición a la matriz de datos creada como archivo en la computadora. Esta tarea de captura debe ser realizada de manera muy cuidadosa para evitar cometer errores y alterar los resultados.

También existen en la actualidad sistemas de lectura óptica, los cuales pueden leer los datos directamente de los cuestionarios (u otros instrumentos de medición) o de hojas de tabulación. Algunos requieren tintas o cierto tipo de lápiz, otros copian la información mediante un escáner. Desde luego, éstos son sistemas costosos.

Generación de archivos

En cualquier caso, se crea la matriz de datos y se archiva, así se genera un *file* o archivo, el cual debe ser nombrado y contiene los datos codificados en valores numéricos. Hemos generado un archivo con los datos recolectados y codificados. El archivo puede almacenarse en el disco duro, un disquete o un CD-rom. El proceso se muestra en la figura 9.27.

FIGURA 9.26
Ejemplo de una hoja de tabulación.

Fecha ____________________
Investigación ____________________
Codificación ____________________
Hoja No. ____________________

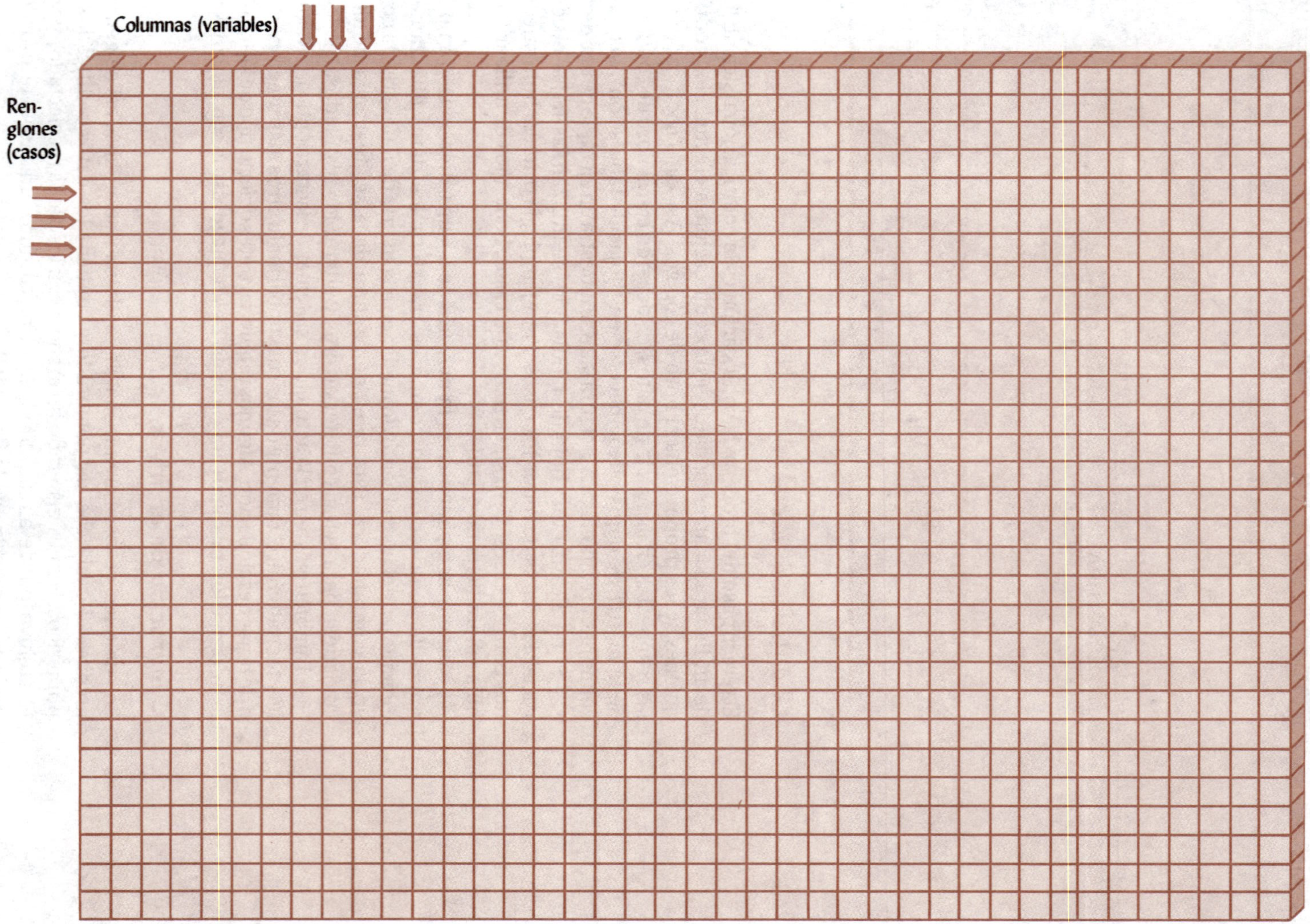

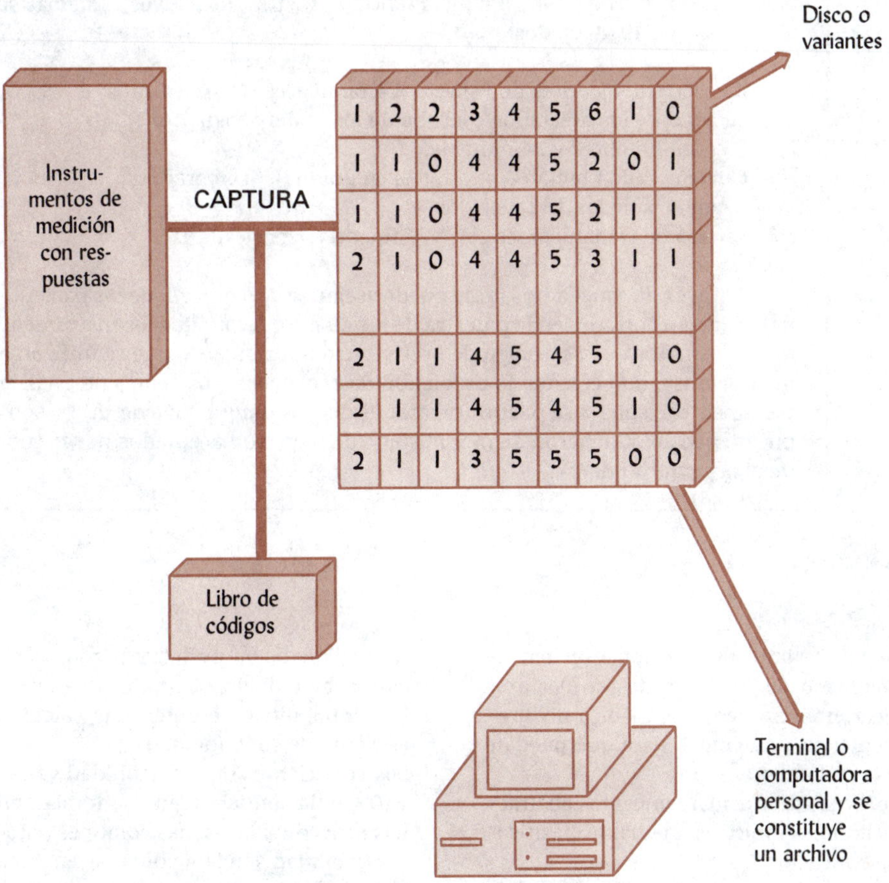

FIGURA 9.27
Proceso para crear un archivo de datos (archivar la matriz de datos).

Así, los datos han sido capturados en un archivo permanente y están listos para ser analizados mediante un programa de computadora. El proceso va desde la respuesta de los sujetos hasta un archivo que contiene una matriz (que es una matriz de valores numéricos que significan respuestas). La conducta y los valores de las variables han sido codificados.

Ejemplo

En el caso de personas infectadas por el VIH tras recibir sangre o sus derivados provenientes del laboratorio "Transfusiones y Hematología, S.A.", los datos de la evolución de los pacientes se recolectaron a través del tiempo mediante la aplicación de análisis de laboratorio, reconocimientos médicos, presentación de sintomatología. De esta forma se cuantificaron datos (el más relevante, ver que de los 49 infectados entre 1984-1987, en 1990 18 habían fallecido y 31 seguían vivos). Además se observó que, de los 49 afectados:

a) 25 eran trabajadores de Pemex y 24 familiares de los mismos.
b) La edad de los afectados oscilaba de los 2 años hasta los 74.
c) 25 eran hombres y 24 mujeres.
d) Que en grado I tenían 0 pacientes; en grado II, 6; en grado III, 16, y en grado IV, 9, además de los 18 fallecidos.
e) La tasa de transfusiones con VIH fue de 1.7 por cada 100.

A través de estos datos no se puede asegurar la evolución de los pacientes infectados que no entraron en la muestra de los 49 porque, aunque los instrumentos para medir los datos que se acaban de presentar son los mismos que se utilizan en otras instituciones, no permiten la predictibilidad respecto a pacientes no analizados directamente. Lo que sí se puede asegurar es que los datos arriba descritos son ciertos, puesto que se obtuvieron de mecanismos de medición aceptados por la comunidad médica como válidos.

RESUMEN

- Recolectar los datos implica seleccionar un instrumento de medición disponible o desarrollar uno propio, aplicar el instrumento de medición y preparar las mediciones obtenidas para que puedan analizarse correctamente.
- Medir es el proceso de vincular conceptos abstractos con indicadores empíricos, mediante clasificación y/o cuantificación.
- En toda investigación medimos las variables contenidas en la hipótesis.
- Un instrumento de medición debe cubrir dos requisitos: confiabilidad y validez.
- La confiabilidad se refiere al grado en que la aplicación repetida de un instrumento de medición al mismo sujeto u objeto, produce iguales resultados.
- La validez refiere al grado en que un instrumento de medición mide realmente la(s) variable(s) que pretende medir.
- Se pueden aportar tres tipos de evidencia para la validez: evidencia relacionada con el contenido, evidencia relacionada con el criterio y evidencia relacionada con el constructo.
- Los factores que principalmente pueden afectar la validez son: improvisación, utilizar instrumentos desarrollados en el extranjero y que no han sido validados a nuestro contexto, poca o nula empatía, factores de aplicación.
- No hay medición perfecta, pero el error de medición debe reducirse a límites tolerables.
- La confiabilidad se determina calculando un coeficiente de confiabilidad.
- Los coeficientes de confiabilidad varían entre 0 y 1 (0 = nula confiabilidad, 1 = total confiabilidad).
- Los procedimientos más comunes para calcular la confiabilidad son la medida de estabilidad, el método de formas alternas, el método de mitades partidas, el coeficiente alfa de Cronbach y el coeficiente KR-20.
- La validez de contenido se obtiene contrastando el universo de ítems contra los ítems presentes en el instrumento de medición.
- La validez de criterio se obtiene comparando los resultados de aplicar el instrumento de medición contra los resultados de un criterio externo.
- La validez de constructo se puede determinar mediante el análisis de factores.
- Los pasos genéricos para construir un instrumento de medición son:

  — Listar las variables a medir.
  — Revisar sus definiciones conceptuales y operacionales.
  — Elegir uno ya desarrollado o construir uno propio.

— Indicar niveles de medición de las variables (nominal, ordinal, por intervalos y de razón).
— Indicar cómo se habrán de codificar los datos.
— Aplicar prueba piloto.
— Construir versión definitiva.

- En la investigación social disponemos de diversos instrumentos de medición:

  a) Principales escalas de actitudes: Likert, Diferencial semántico y Guttman.
  b) Cuestionarios (autoadministrado, por entrevista personal, por entrevista telefónica y por correo).
  c) Análisis de contenido.
  d) Observación.
  e) Pruebas estandarizadas (procedimiento estándar)
  f) Sesiones en profundidad.
  g) Archivos y otras formas de medición.

- Las respuestas se codifican.
- La codificación implica:

  a) Codificar los ítems o equivalentes no precodificados.
  b) Elaborar el libro de códigos.
  c) Efectuar físicamente la codificación.
  d) Grabar y guardar los datos en un achivo permanente.

CONCEPTOS BÁSICOS

Recolección de datos
Medición
Instrumento de medición
Confiabilidad
Validez
Coeficiente de confiabilidad
Niveles de medición
Medida de estabilidad
Método de formas alternas
Método de mitades partidas
Coeficiente alfa de Cronbach
Coeficiente KR-20 de Kuder-Richardson
Evidencia relacionada con el contenido
Evidencia relacionada con el criterio
Evidencia relacionada con el constructo
Escalas de actitudes
Escala Likert
Diferencial semántico
Escalograma de Guttman
Cuestionarios
Análisis de contenido
Observación
Pruebas estandarizadas
Pruebas proyectivas
Sesiones en profundidad
Codificación
Codificador
Hojas de codificación
Matriz de datos
Hojas de tabulación
Archivo de datos

EJERCICIOS

1. Busque una investigación en algún artículo científico de una revista en ciencias sociales (ver Apéndice 1) donde se incluya información sobre la confiabilidad y la validez del instrumento de medición. ¿El instrumento es confiable?, ¿qué tan confiable?, ¿qué técnica se utilizó para determinar la confiabilidad?, ¿es válido?, ¿cómo se determinó la validez?
2. Responda y discuta con ejemplos la diferencia entre confiabilidad y validez.
3. Defina ocho variables e indique su nivel de medición.
4. Suponga que alguien está tratando de evaluar la actitud hacia el presidente de la República, construya un cuestionario tipo Likert con 10 ítems para medir dicha actitud e indique cómo se calificaría la escala total (5 ítems positivos y 5 negativos). Finalmente indique la dimensión que cada ítem pretende medir de dicha actitud (credibilidad, presencia física, etcétera).

5. Construya un cuestionario para medir lo que usted considere conveniente (con preguntas demográficas y, por lo menos, 10 preguntas más), aplíquelo a 20 conocidos suyos, elabore el libro de códigos y la matriz de datos y vacíela en una hoja de tabulación elaborada por usted. Finalmente lea de la hoja de tabulación el significado de los dígitos de todas las columnas correspondientes a los 5 primeros casos.
6. Plantee una sesión en profundidad (indique objetivos, procedimientos, sujetos tipo, agenda, etcétera) y organícela con amigos suyos. Al final, autoevalúe su experiencia.
7. Diseñe una investigación (planteamiento del problema, hipótesis, diseño) donde utilice por lo menos dos tipos de instrumentos de medición para recolectar los datos.
8. ¿Cómo se podrían aplicar el análisis de contenido y las sesiones en profundidad para la evaluación de un programa educativo a nivel superior?

BIBLIOGRAFÍA SUGERIDA

ANASTASI, A. (1982). *Psychological testing.* Nueva York, NY: MacMillan Publishing Co., Inc. 5a. edición.

BABBIE, E. R. (1979). *The practice of social research.* Belmont, CA.: Wadsworth Publishing Co., Inc.

CARMINES, E.G. y ZELLER, R.A. (1979). *Reliability and validity assesment.* Beverly Hill, CA: Sage Publications, Inc. Series: Quantitative Applications in the Social Sciences. Vol. 17.

CRONBACH, L.J. (1984). *Essentials of psychological testing.* Nueva York, NY: Gardner Press, Inc.

KRIPPENDORFF, K. (1982). *Content analysis.* Beverly Hills, CA: Sage Publishing Co., Inc.

MILLER, D.C., (1977). *Handbook of research design and social measurement.* Nueva York, NY: Longman, Inc. 3a. edición.

NUNNALLY, J.C. (1970). *Introduction to psychological measurement.* Nueva York, NY: McGraw-Hill, Inc.

THORNDIKE, R.L. y HAGEN, E. (1980). *Tests y técnicas de medición en psicología y educación.* México, D.F.: Editorial Trillas.

WEBB, E.J.; CAMPBELL, D.T. y SCHWARTZ, R.D. (1966). *Unobstrusive measures: nonreactive research in the social sciences.* USA: Rand McNally College Publishing Co.

WIERSMA, W. (1986). *Research methods in education.* Newton, Mass: Allyn and Bacon, Inc. 4a. edición, capítulo 11 ("Measurement and data collection").

Ejemplo

LA TELEVISIÓN Y EL NIÑO

Cuestionarios que se suministraron a los niños del Distrito Federal para el ejemplo de "La televisión y el niño" (se incluye parcialmente en versión precodificada)

1. ¿Cada cuando lees un periódico?
   ________ casi nunca (0)
   ________ una vez al mes (1)
   ________ una vez cada semana (2)
   ________ 2 o 3 veces a la semana (3)

________ 4 o 5 veces a la semana (4)
________ diario (5)

2. ¿Cada cuándo vas al cine?
________ una vez por semana (4)
________ una cada dos semanas (3)
________ una vez al mes (2)
________ una vez cada 2 o 3 meses (1)
________ casi nunca (0)

3. ¿Cuánto tiempo oyes el radio cada día?
________ no oigo el radio (0)
________ menos de 1 hora al día (1)
________ de 1 a 2 horas al día (2)
________ de 2 a 3 horas al día (3)
________ más de 3 horas al día (4)

4. Durante la semana pasada, ¿cuántos cuentos de monitos has leído?

____
(número)

5. Durante la semana pasada, ¿cuántas revistas has leído, sin tomar en cuenta los cuentos de monitos?

____
(número)

6. Sin contar los libros que hayas leído para la escuela, ¿cuántos libros has leído durante el mes pasado?

____
(número)

7. ¿Ves tele todos los días?
Sí ______ No ______
(1) (2)

8. En los días que vas a la escuela, ¿cuánto tiempo ves televisión?
________ no veo televisión (0)
________ menos de 1 hora (1)
________ 1 o 2 horas (2)
________ 3 o 4 horas (3)
________ 5 horas o más (4)

9. ¿Como cuánto tiempo ves televisión los sábados?
________ no veo televisión (0)
________ menos de 1 hora (1)
________ 1 o 2 horas (2)
________ 3 o 4 horas (3)
________ 5 horas o más (4)

10. ¿Cuánta televisión ves los domingos?
_______ no veo televisión (0)
_______ menos de 1 hora (1)
_______ 1 o 2 horas (2)
_______ 3 o 4 horas (3)
_______ 5 horas o más (4)

11. ¿Qué programas de televisión viste ayer?
____
____
____
____
____

12. ¿Cuándo ves más televisión?
_______ entre semana (1)
_______ los fines de semana (2)
_______ siempre (3)

13. ¿Cuándo te gusta ver más televisión?
_______ en la tarde (1)
_______ en la noche (2)

14. ¿Qué prefieres hacer cuando no estás en la escuela?
_______ estar con tus papás (1)
_______ jugar (2)
_______ leer (3)
_______ salir a la calle (4)
_______ ver la televisión (5)

15. ¿Qué haces cuando vas a ver televisión?
_______ prendo la televisión para ver lo que hay (1)
_______ veo la guía de programas o el periódico, para ver qué programas hay en la televisión (2)
_______ ya me sé de memoria lo que hay en la televisión (3)
_______ prendo la televisión y veo lo que sea (4)

16. Mientras estás viendo la televisión, ¿qué es lo que haces generalmente?
_______ como, juego, dibujo o hago cualquier cosa (1)
_______ hago la tarea (2)
_______ veo varios programas a la vez, cambiando de canal (3)

17. De la siguiente lista de programas marca con una palomita los que tú ves, y además qué tanto te gustan.

	Me gusta mucho (1)	Me gusta un poco (2)	No lo veo (0) (3)
Porky			
Mi marciano favorito			
Mundo de juguete			
Variedades vergel			
El hombre nuclear			
Noticiario Domecq			
Operación convivencia			
Futbol			
Películas			
Los Picapiedra			
Hechizada			
Ven conmigo			
La criada bien criada			
Kojack			
En punto			
Plaza Sésamo			
El Oso Ruperto			
Locos Adams			
Una muchacha llamada Milagros			
Los polivoces			
Viaje al fondo del mar			
24 horas			
Universo 5			
Clásicos infantiles			
Nany y el profesor			
Barata de primavera			
El chavo del 8			
El llanero solitario			
Deporteve			
Platícame un libro			

18. ¿Generalmente con quién ves la televisión?

_______ solo (1)
_______ con mi papá (2)
_______ con mi mamá (3)
_______ con mis hermanos (4)
_______ con mis primos (5)
_______ con mis amigos (6)
_______ con la sirvienta (7)

19. La mayoría de las veces, ¿quién escoge los programas?
________ yo (1)
________ papá (2)
________ mamá (3)
________ hermanos (4)
________ primos (5)
________ amigos (6)
________ sirvienta (7)

20. Marca con una palomita, si estás de acuerdo o no, con las siguientes frases.

Mi papá o mi mamá me regañan cuando veo mucha televisión.

Sí _____ No _____
(1) (0)

A veces me castigan sin ver televisión

Sí _____ No _____
(1) (0)

Mi papá o mi mamá me prohíben ver algunos programas de televisión.

Sí _____ No _____
(1) (0)

Yo me voy a dormir a la hora que quiero

Sí _____ No _____
(1) (0)

21. Veo la televisión porque me río mucho.
________ siempre (2)
________ a veces (1)
________ casi nunca (0)

22. Veo la televisión porque es muy divertida.
________ siempre (2)
________ a veces (1)
________ casi nunca (0)

23. Veo la televisión porque se me pasa el tiempo volando.
________ siempre (2)
________ a veces (1)
________ casi nunca (0)

24. Veo la televisión porque me entretiene mucho.
________ siempre (2)
________ a veces (1)
________ casi nunca (0)

25. Veo la televisión porque nunca me aburro.
    ________ siempre (2)
    ________ a veces (1)
    ________ casi nunca (0)

26. Cuando ves la televisión por las razones de arriba, ¿qué tanto te gusta?
    ________ muchísimo (4)
    ________ mucho (3)
    ________ regular (2)
    ________ un poco (1)
    ________ casi nada (0)

Capítulo 10 Análisis de los datos

OBJETIVOS DE APRENDIZAJE

Al terminar este capítulo, el alumno será capaz de:

- Enunciar el concepto de prueba estadística.
- Justificar la aplicación de las pruebas estadísticas.
- Mencionar las principales pruebas estadísticas desarrolladas para las ciencias sociales, así como sus aplicaciones, situaciones en las que se utiliza cada una y formas de interpretarlas.
- Identificar los procedimientos para analizar los datos.
- Analizar la interrelación entre distintas pruebas estadísticas.
- Diferenciar entre estadística paramétrica y estadística no paramétrica.

PROCESO DE INVESTIGACIÓN
Noveno paso

ANALIZAR LOS DATOS

- Decidir qué pruebas estadísticas son apropiadas para analizar los datos, dependiendo de las hipótesis formuladas y los niveles de medición de las variables.
- Elaborar el programa de computadora para analizar los datos: utilizando un paquete estadístico o generando un programa propio.
- Correr el programa.
- Obtener los análisis requeridos.
- Interpretar los análisis.

SÍNTESIS

El capítulo presenta los procedimientos generales para efectuar análisis estadístico por computadora. Asimismo, se comentan, analizan y ejemplifican las pruebas y análisis estadísticos más utilizados en ciencias sociales; incluyendo estadísticas descriptivas, análisis paramétricos, no paramétricos y multivariados. En la mayoría de estos análisis el enfoque del capítulo se centra en los usos y la interpretación de la prueba más que en el procedimiento de calcular estadísticas, debido a que actualmente los análisis se realizan con ayuda de computadora y no manualmente, muy pocas veces es necesario que el investigador haga sus cálculos a mano basándose en las fórmulas disponibles.

En la actualidad, las fórmulas ayudan a entender los conceptos estadísticos, pero no a calcular estadísticas. El capítulo también proporciona una introducción general a los análisis multivariados.

10.1 ¿QUÉ PROCEDIMIENTO SE SIGUE PARA ANALIZAR LOS DATOS?

Una vez que los datos se han codificado, transferido a una matriz y guardado en un archivo, el investigador puede proceder a analizarlos.

En la actualidad el *análisis de los datos* se lleva a cabo *por computadora.* Ya nadie lo hace de forma manual, especialmente si hay un volumen de datos considerable. Por otra parte, prácticamente en todas las instituciones de educación superior, centros de investigación, empresas y sindicatos se dispone de sistemas de cómputo para archivar y analizar datos. De esta suposición parte el presente capítulo. Es por ello que el *énfasis* se centra en la *interpretación de los métodos de análisis cuantitativo* y no en los procedimientos de cálculo.[48]

El análisis de los datos se efectúa sobre la *matriz de datos* utilizando un *programa de computadora.* El procedimiento de análisis se esquematiza en la figura 10.1.

Veamos paso por paso el procedimiento mencionado.

10.2 ¿QUÉ ANÁLISIS PUEDEN EFECTUARSE EN LOS DATOS?

Los análisis dependen de tres factores:

a) El *nivel de medición* de las variables.
b) La manera como se hayan formulado las *hipótesis.*
c) El *interés del investigador.*

Por ejemplo, no es lo mismo los análisis que se aplican a una variable nominal que a una por intervalos. Se sugiere recordar los niveles de medición vistos en el capítulo anterior.

El investigador busca, en primer término, describir sus datos y posteriormente efectuar análisis estadísticos para relacionar sus variables. Es decir, realizar análisis de *estadística descriptiva* para cada una de sus variables y luego

FIGURA 10.1 Procedimiento usual de análisis de los datos.

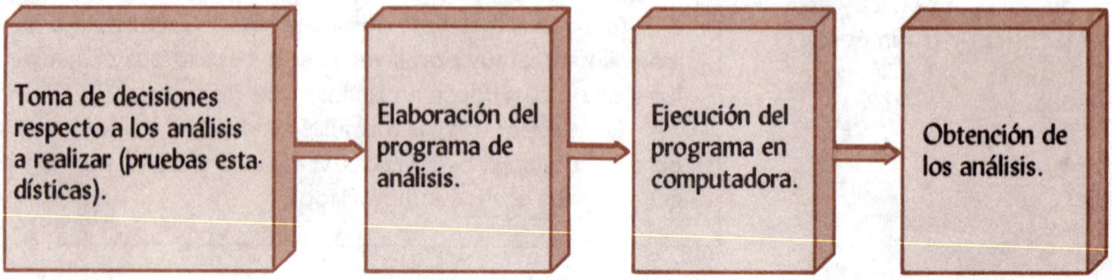

[48] Aquellos lectores que deseen conocer los procedimientos de cálculo de los métodos de análisis cuantitativo se recomienda Wright (1979), Nie *et al.* (1975), Levin (1979), Downie y Heath (1973), Kerlinger y Pedhazur (1973) y los diferentes volúmenes de la serie "Quantitative Applications in the Social Sciences" publicados por Sage Publications, Inc. Además, cualquier libro de estadística social contiene dichos procedimientos de cálculo.

describe la relación entre éstas. Los tipos o métodos de análisis son variados y se comentarán a continuación, pero cabe señalar que el análisis no es indiscriminado, cada método tiene su razón de ser y un propósito específico, no deben hacerse más análisis de los necesarios. La estadística no es un fin en sí misma, es una herramienta para analizar los datos.

Los principales análisis que pueden efectuarse son:

— Estadística descriptiva para las variables, tomadas individualmente.
— Puntuaciones "Z".
— Razones y tasas.
— Cálculos y razonamientos de estadística inferencial.
— Pruebas paramétricas.
— Pruebas no paramétricas.
— Análisis multivariados.

A continuación hablaremos de estos distintos análisis.

10.3 ESTADÍSTICA DESCRIPTIVA PARA CADA VARIABLE

La primera tarea es describir los datos, valores o puntuaciones obtenidas para cada variable. Por ejemplo, si aplicamos a 2 048 niños el cuestionario sobre los usos y graficaciones que tiene la televisión para ellos (Fernández-Collado, Baptista y Elkes, 1986), ¿cómo pueden describirse estos datos? Describiendo la distribución de las puntuaciones o frecuencias.

10.3.1 ¿Qué es una distribución de frecuencias?

Una *distribución de frecuencias* es un conjunto de puntuaciones ordenadas en sus respectivas categorías. La tabla 10.1 muestra un ejemplo de una distribución de frecuencias.

TABLA 10.1
Ejemplo de una distribución de frecuencias.

VARIABLE: CONDUCTOR PREFERIDO		
CATEGORÍAS	CÓDIGOS	FRECUENCIAS
AMT	1	50
LEM	2	88
FGI	3	12
MML	4	3
TOTAL		153

TABLA 10.2
Ejemplo de una distribución que necesita resumirse.

VARIABLE: CALIFICACIÓN EN LA PRUEBA DE MOTIVACIÓN	
CATEGORÍAS	FRECUENCIAS
48	1
55	2
56	3
57	5
58	7
60	1
61	1
62	2
63	3
64	2
65	1
66	1
68	1
69	1
73	2
74	1
75	4
76	3
78	2
80	4
82	2
83	1
84	1
86	5
87	2
89	1
90	3
92	1
TOTAL	63

A veces, las *categorías* de las distribuciones de frecuencias son tantas que es necesario resumirlas. Por ejemplo, examinaremos detenidamente la distribución de la tabla 10.2.

Esta distribución podría resumirse o compendiarse como en la tabla 10.3.

10.3.2 ¿Qué otros elementos contiene una distribución de frecuencias?

Las *distribuciones de frecuencias* pueden completarse agregando las *frecuencias relativas* y las *frecuencias acumuladas.* Las *frecuencias relativas son los porcenta-*

TABLA 10.3
Ejemplo de una distribución resumida.

VARIABLE: CALIFICACIÓN EN LA PRUEBA DE MOTIVACIÓN	
CATEGORÍAS	FRECUENCIAS
55 o menos	3
56-60	16
61-65	9
66-70	3
71-75	7
76-80	9
81-85	4
86-90	11
91-96	1
TOTAL	63

jes de casos en cada categoría, y las *frecuencias acumuladas son lo que se va acumulando en cada categoría, desde la más baja hasta la más alta.* La tabla 10.4 muestra un ejemplo con las *frecuencias relativas y acumuladas.*

Las frecuencias acumuladas constituyen lo que se acumula en cada categoría. En la categoría "sí se ha obtenido la cooperación", se han acumulado 91. En la categoría "no se ha obtenido la cooperación", se acumulan 96 (91 de la categoría anterior y 5 de la categoría en cuestión). En la última categoría siempre se acumula el total. Las *frecuencias acumuladas también pueden expresarse en porcentajes* (entonces lo que se va acumulando son porcentajes). En el ejemplo de la tabla 10.4 tendríamos, respectivamente:

TABLA 10.4
Ejemplo de una distribución de frecuencias con todos sus elementos.

VARIABLE: COOPERACIÓN DEL PERSONAL PARA EL PROYECTO DE CALIDAD DE LA EMPRESA				
CATEGORÍAS	CÓDIGOS	FRECUENCIAS ABSOLUTAS	FRECUENCIAS RELATIVAS (PORCENTAJES)	FRECUENCIAS ACUMULADAS
— Sí se ha obtenido la cooperación	1	91	74.6%	91
— No se ha obtenido la cooperación	2	5	4.1%	96
— No respondieron	3	26	21.3%	122
TOTAL		122	100.0%	

Categoría	*Códigos*	*Frecuencias acumuladas relativas (%)*
— sí	1	74.6%
— no	2	78.7%
— no respondieron	3	100.00%

Las frecuencias relativas o porcentajes pueden calcularse así:

$$\text{Porcentaje} = \frac{nc}{N_T}(100)$$

Donde N_c es el número de casos o frecuencias absolutas en la categoría y N_T es el total de casos. En el ejemplo de la tabla 10.4 tendríamos:

$$\text{Porcentaje} = \frac{91}{122} = 74.59 = 74.6\%$$

$$\text{Porcentaje} = \frac{5}{122} = 4.09 = 4.1\%$$

$$\text{Porcentaje} = \frac{26}{122} = 21.31 = 21.3\%$$

Resultados que corresponden a los porcentajes de la tabla 10.4.

Al elaborar el reporte de resultados, una distribución puede presentarse con los elementos más informativos para el lector y la verbalización de los resultados o un comentario, tal como se muestra en la tabla 10.5.

COMENTARIO. Prácticamente tres cuartas partes de las organizaciones sí han obtenido la cooperación del personal. Llama la atención que poco más de una quinta parte no quiso comprometerse con su respuesta. Las organizaciones que

TABLA 10.5
Ejemplo de una distribución para presentar a un usuario.

¿SE HA OBTENIDO LA COOPERACIÓN DEL PERSONAL PARA EL PROYECTO DE CALIDAD?

OBTENCIÓN	No. DE ORGANIZACIONES	PORCENTAJES
Sí	91	74.6
No	5	4.1
No respondieron	26	21.3
TOTAL	122	100.0

no han logrado la cooperación del personal mencionaron como factores al ausentismo, rechazo al cambio y conformismo.

En la tabla 10.5 pudieron haberse incluido solamente los porcentajes y eliminarse las frecuencias.

En los comentarios de las distribuciones de frecuencias pueden utilizarse frases como "la mitad de los entrevistados prefiere la marca X" (con un 50%), "poco menos de la mitad" de la población mencionó que votarán por el candidato X (por ejemplo, con un 48.7%), "casi la tercera parte..." (por ejemplo, con un 32.8%), "cuatro de cada diez señoras..." (40%), "solamente uno de cada diez..." (10%), "la mayoría..." (96.7%), etcétera.

10.3.3 ¿De qué otra manera pueden presentarse las distribuciones de frecuencias?

Las distribuciones de frecuencias, especialmente cuando utilizamos las frecuencias relativas, pueden presentarse en forma de histogramas o gráficas de otro tipo. Algunos ejemplos se presentan en la figura 10.2.

FIGURA 10.2
Ejemplos de gráficas para presentar distribuciones.

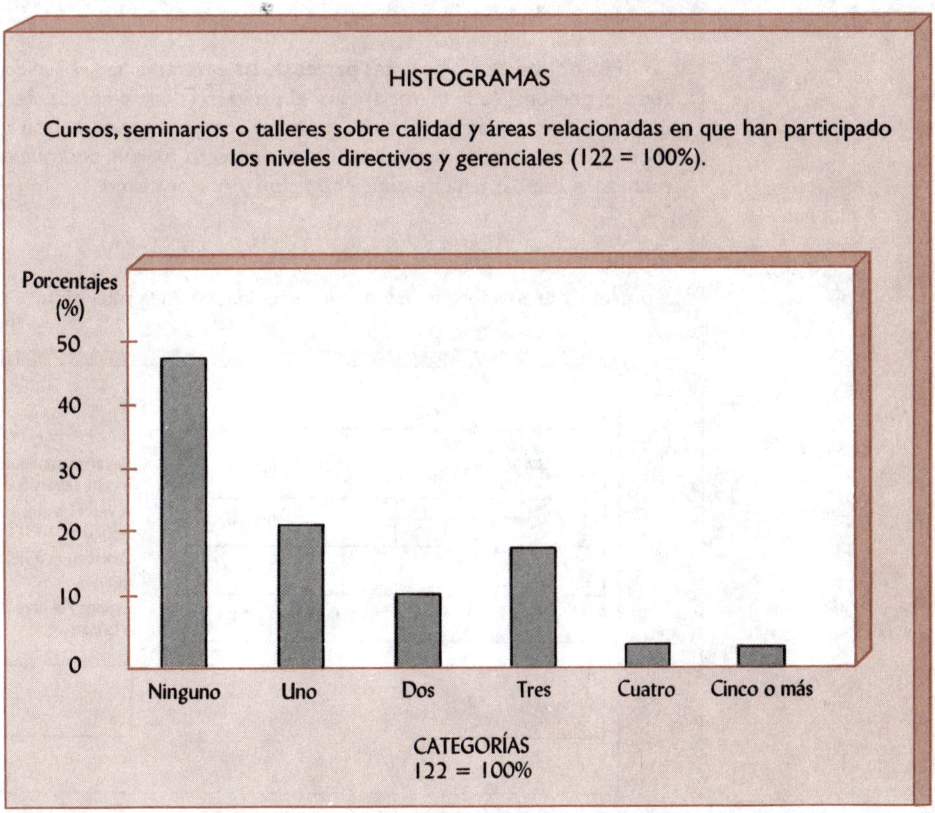

FIGURA 10.2
(*Continuación*).

En casi la mitad de las empresas (48.4%), los niveles directivos y gerenciales no han participado en cursos, talleres o seminarios sobre calidad y áreas relacionadas.

GRÁFICAS CIRCULARES

Cooperación de todo el personal (o la mayoría) para el proyecto de calidad (122 = 100%).

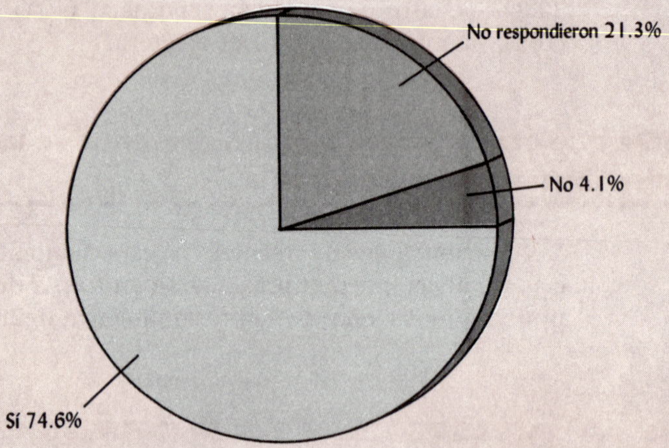

Prácticamente tres cuartas partes de las empresas han obtenido la cooperación de todo el personal (o la mayoría) para el proyecto de la empresa. Pero llama la atención que poco más de una quinta parte no quiso comprometerse con su respuesta. Los cinco motivos de no cooperación con dicho proyecto fueron: ausentismo, falta de interés, rechazo al cambio, falta de concientización y conformismo.

OTROS TIPOS DE GRÁFICAS

Control paterno sobre el uso que lo niños hacen de la televisión.

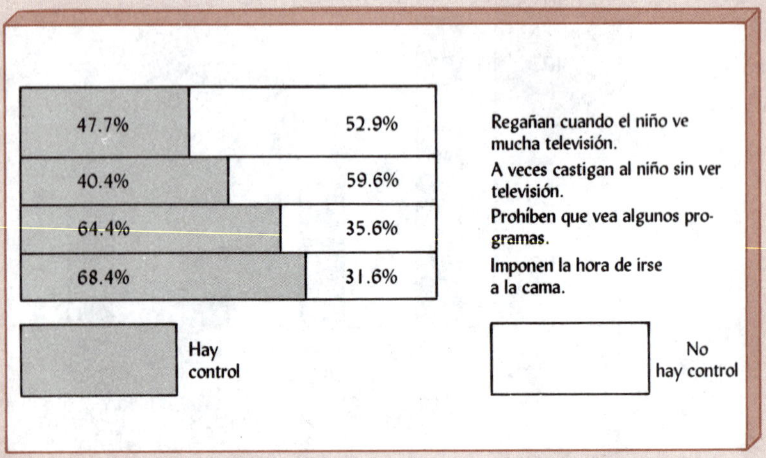

Las gráficas circulares pueden trazarse con un transportador y mediante la fórmula:

$$\text{Grados necesarios para graficar la categoría} = \frac{\text{Procentaje de la categoría} \times 360}{100}$$

Con el ejemplo de la tabla 10.5, tendríamos:

$$\text{Grados categoría "sí"} = \frac{74.5 \times 360}{100} = 268.56°$$

$$\text{Grados categoría "no"} = \frac{4.1 \times 360}{100} = 14.76°$$

$$\text{Grados categoría "no respondieron"} = \frac{21.3 \times 360}{100} = 76.68°$$

Así, vemos en el transportador cuántos grados corresponden y graficamos. Los histogramas se pueden elaborar con regla y transformando a nuestra escala los porcentajes.

Sin embargo, hoy se dispone de una gran variedad de programas y paquetes de computadora que elaboran cualquier gráfica, a colores y utilizando efectos de movimientos y tercera dimensión.

10.3.4 Las distribuciones de frecuencias también se pueden graficar como polígonos de frecuencias

Los polígonos de frecuencias relacionan las puntuaciones con sus respectivas frecuencias. Es propio de un nivel de medición por intervalos. La forma de construir un polígono de frecuencias es la siguiente:

a) En el eje horizontal (X), se colocan las categorías o intervalos.
b) En el eje vertical (Y), se colocan las frecuencias, dependiendo de cuál es el mayor número posible de frecuencia.
c) Se determinan los puntos medios de cada categoría o intervalo. Por ejemplo, si los intervalos fueran 25-29, 30-34, 35-39, etc.; los puntos medios serían 27, 32, 37, etcétera.
d) Se ve cuántas frecuencias tiene cada categoría y se traza un punto en la intersección de las frecuencias y los puntos medios de las categorías o intervalos.
e) Se unen los puntos trazados en las intersecciones.

Un ejemplo de la elaboración de un polígono de frecuencias se muestra en la figura 10.3.

FIGURA 10.3
Ejemplo de la elaboración de un polígono de frecuencias.

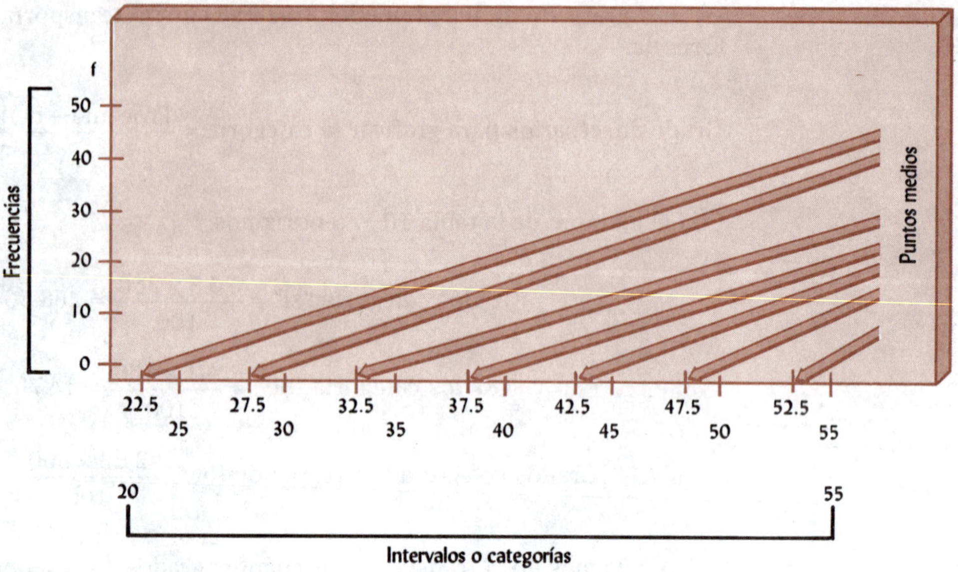

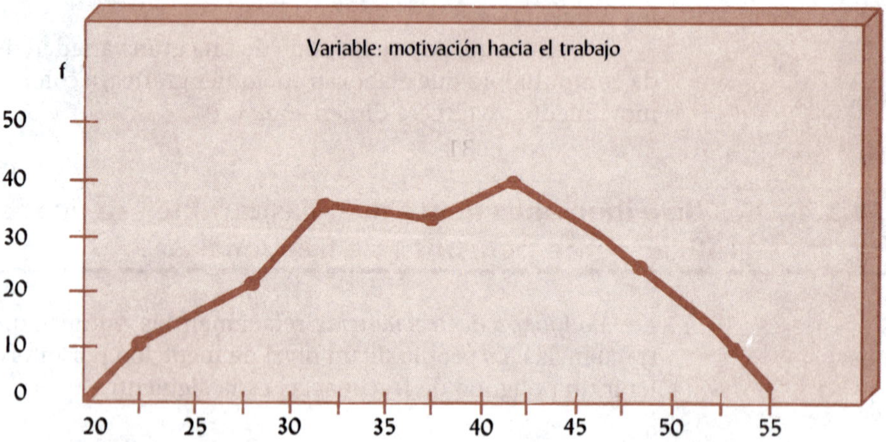

El polígono de frecuencias obedece a la siguiente distribución:

Categorías/intervalos	*Frecuencias absolutas*
20-24.9	10
25-29.9	20
30-34.9	35
35-39.9	33
40-44.9	36
45-49.9	27
50-54.9	8
TOTAL	169

Los polígonos de frecuencia representan curvas útiles para describir los datos, más adelante se hablará de ello.

En resumen, *para cada una de las variables* de la investigación *se obtiene su distribución de frecuencias* y, de ser posible, se grafica y se traza su *polígono de frecuencias* correspondiente.

Pero además del polígono de frecuencias deben calcularse las *medidas de tendencia central* y de *variabilidad o dispersión.*

10.3.5 ¿Cuáles son las medidas de tendencia central?

Las *medidas de tendencia central* son puntos en una distribución, los valores medios o centrales de ésta y nos ayudan a ubicarla dentro de la escala de medición. Las principales medidas de tendencia central son tres: *moda, mediana* y *media. El nivel de medición de la variable determina cuál es la medida de tendencia central apropiada.*

La *moda* es la categoría o puntuación que ocurre con mayor frecuencia. En la tabla 10.5, la moda es "1" (sí se ha obtenido la cooperación). *Se utiliza con cualquier nivel de medición.*

La *mediana* es el valor que divide a la distribución por la mitad. Esto es, la mitad de los casos caen por debajo de la mediana y la otra mitad se ubica por encima de la mediana. La mediana refleja la posición intermedia de la distribución. Por ejemplo, si los datos obtenidos fueran:

24 31 35 35 38 43 45 50 57

la mediana es 38, porque deja cuatro casos por encima (43, 45, 50 y 57) y cuatro casos por debajo (35, 35, 31 y 24). Parte a la distribución en dos mitades. En general, para descubrir el caso o puntuación que constituye la mediana de una distribución, simplemente se aplica la fórmula: $\frac{N+1}{2}$. Si tenemos 9 casos, $\frac{9+1}{2}=5$, entonces buscamos el quinto valor y éste es la mediana. En el ejemplo anterior es 38. Obsérvese que la mediana es el valor observado que se localiza a la mitad de la distribución, no el valor 5. La fórmula no nos proporciona directamente el valor de la mediana, sino el número de caso en donde está la mediana.

La mediana es una medida de tendencia central propia de los niveles de medición ordinal, por intervalos y de razón. No tiene sentido con variables nominales, porque en este nivel no hay jerarquías, no hay noción de encima o debajo. También, la mediana es particularmente útil cuando hay valores extremos en la distribución. No es sensible a éstos. Si tuviéramos los siguientes datos:

24 31 35 35 38 43 45 50 <u>248</u>

la mediana sigue siendo 38.

Para ejemplificar la interpretación de la mediana, se incluye un artículo al respecto en la figura 10.4.[49]

---

[49] Leguizamo (1987).

FIGURA 10.4
Ejemplo de interpretación de la mediana.

¿Qué edad tiene? Si teme contestar no se preocupe, los perfiles de edad difieren de un país a otro.

En base al informe anual sobre "El estado de la población mundial" que dio a conocer las Naciones Unidas, la población mundial llegó en 1987 a los cinco mil millones de habitantes.

El documento señala que la edad media mundial es de 23 años, lo que significa que la mitad de los habitantes del globo terrestre sobrepasa a esta mediana y el otro medio es más joven.

Sin embargo, la mediana de edad de la población mundial se modificará con los años y de acuerdo a las estadísticas recabadas por la ONU la edad central será de 27 años para el año 2000; y de 31 años en el año 2025. Buena noticia para el actual ciudadano global medio, porque parece ser que se encuentra en la situación de envejecer más lentamente que los demás.

Cabe señalar que la mediana varía de un lugar a otro, en los países en desarrollo la mediana de edad es de 21 años, mientras que en los países industrializados es de 33. Sucede también que en los países pobres la mediana se mantiene más joven pero al mismo tiempo la esperanza de vida es baja. Para ilustrarlo con un ejemplo, en Kenya la edad promedio de vida es de sólo 54 años de vida, en comparación con Estados Unidos que es de 75 años.

El informe destaca que los jóvenes y ancianos se consideran un grupo dependiente, esto significa que son consumidores más que productores de riqueza, y dependen para su sustento de la población eminentemente activa, la cual se encuentra entre los 15 y 64 años de edad.

Este factor predomina en los países industrializados, los jóvenes y ancianos requieren en gran medida de los servicios gubernamentales que se mantienen con la paga de la población trabajadora. El primer grupo lo necesita durante el trayecto de su escolaridad en tanto que los segundos tienen derecho a pensiones estatales y a una asistencia médica las más de las veces prolongadas. Así por ejemplo, en países como Francia, el gasto público de salud anual por persona es de 694 dólares en tanto que en Filipinas es de seis dólares.

En Inglaterra las tasas de natalidad son casi nulas, su población envejece y esto puede traer consecuencias económicas serias. Debido al encanecimiento de su población, como sucede en la gran mayoría de los países europeos, se topan con la difícil situación de atender la fuerte demanda de servicios de salud.

El cuadro de países pobres aún no queda claro, ya que ni los jóvenes ni los ancianos llegan a depender fuertemente de sus gobiernos porque atiende una mínima parte de los servicios sociales requeridos. Así tenemos que, los niños de esta parte del mundo asisten a la escuela, además de trabajar en las calles para ayudar a su familia al pago de sus útiles escolares; en las tribus de Indonesia las abuelas se dedican a las tareas domésticas mientras el resto de la familia trabaja en el campo.

Vemos entonces que la dependencia adopta formas distintas según el tipo de población. Hoy en día se calcula que la tasa de dependencia global es de 65 por cada 100 adultos. Y nuevamente encontramos diferencias marcadas de la relación de dependencia en los países ricos y pobres: en los primeros es de 50 por cada 100 adultos y en los segundos es de 70 dependientes por cada 100 adultos.

De la información que arrojan las estadísticas de población mundial se deduce que los "perfiles de edad" son cruciales para cualquier gobierno en lo que se refiere al rubro de gasto público, porque como hemos visto, los países conformados de gente joven requieren de mayor inversión en salud y educación para población infantil y juvenil. Por el contrario, para los conglomerados de ancianos, el gobierno tendrá que destinar dinero para las pensiones y los servicios de salud de larga duración.

El informe mundial de población concluye diciendo que la calidad de los servicios de salud, educación y condiciones de vivienda mejorarían notablemente si las tasas de la población dependiente fueran menos elevadas.

La media es la medida de tendencia central más utilizada y puede definirse como el promedio aritmético de una distribución. Se simboliza como $\overline{X}$, y es la suma de todos los valores dividida por el número de casos. *Es una medida solamente aplicable a mediciones por intervalos o de razón.* Carece de sentido por variables medidas en un nivel nominal u ordinal. Su fórmula es:

$$\overline{X} = \frac{X_1 + X_2 + X_3 + X_k}{N}$$

Por ejemplo, si tuviéramos las siguientes puntuaciones:

8 7 6 4 3 2 6 9 8

la media sería igual a:

$$\overline{X} = \frac{8 + 7 + 6 + 4 + 3 + 2 + 6 + 9 + 8}{9} = 5.88$$

La fórmula simplificada de la media es:

$$\overline{X} = \frac{\Sigma X}{N}$$

El símbolo "Σ" indica que debe efectuarse una sumatoria, "X" es el símbolo de una puntuación y "N" es el número total de casos o puntuaciones. En nuestro ejemplo:

$$\overline{X} = \frac{53}{9} = 5.88$$

La media sí es sensible a valores extremos. Si tuviéramos las siguientes puntuaciones:

8 7 6 4 3 2 6 9 20

la media sería:

$$\overline{X} = \frac{65}{9} = 7.22$$

10.3.6 Cálculo de la media o promedio

Cuando en una distribución de frecuencias, los datos están agrupados en intervalos, la media se calcula así:

1. Se obtiene el punto medio de cada intervalo:

Intervalos	*Puntos medios*	*Frecuencias*
13-15	14	3
10-12	11	4
7-9	8	9
4-6	5	2
1-3	2	1

2. Se multiplica cada punto medio por las frecuencias que le corresponden:

Intervalos	*X = Puntos medios*	*Frecuencia (f)*	*fx*
13-15	14	3	42
10-12	11	4	44
7-9	8	9	72
4-6	5	2	10
1-3	2	1	2
		N = 19	Σfx = 170

Σfx es la sumatoria de la última columna, que corresponde a los puntos medios multiplicados por sus respectivas frecuencias ($14 \times 3 = 42$ y así sucesivamente).

3. Se aplica la siguiente fórmula, para el cálculo de la media con datos agrupados de una distribución de frecuencias:

$$\overline{X} = \frac{\sum fx}{N}$$

En nuestro ejemplo tenemos:

$$\overline{X} = \frac{170}{19} = 8.95$$

10.3.7 ¿Cuáles son las medidas de la variabilidad?

Las *medidas de la variabilidad indican la dispersión de los datos en la escala de medición* y responden a la pregunta: ¿dónde están diseminadas las puntuaciones o valores obtenidos? Las medidas de tendencia central son valores en una distribución y las medidas de la variabilidad son intervalos, designan distancias o un número de unidades en la escala de medición. Las medidas de la variabilidad más utilizadas son el *rango*, la *desviación estándar* y la *varianza.*

El *rango* también llamado *recorrido* es la diferencia entre la puntuación mayor y la puntuación menor, indica el número de unidades en la escala de medición necesario para incluir los valores máximo y mínimo. Se calcula así: $X_M - X_m$ (puntuación mayor menos puntuación menor). Si tenemos los siguientes valores:

17	18	20	20	24	28	28	30	33

el rango será: 33-17 = 16.

Cuanto *más grande* sea el *rango, mayor* será la *dispersión de los datos* de una distribución.

La *desviación estándar* es el promedio de desviación de las puntuaciones con respecto a la media. Esta medida es expresada en las unidades originales de medición de la distribución. Se interpreta en relación con la media. Cuanto mayor es la dispersión de los datos alrededor de la media, mayor es la desviación estándar. Se simboliza con: "s" o la sigma minúscula (σ) y su fórmula esencial es:

$$s = \sqrt{\frac{\Sigma (X - \overline{X})^2}{N}}$$

Esto es, la desviación de cada puntuación respecto a la media es elevada al cuadrado, se suman todas las desviaciones cuadradas, se divide entre el número total de puntuaciones y a esta división se le saca raíz cuadrada.

10.3.8 Procedimientos para calcular la desviación estándar

El procedimiento para calcularla es el siguiente:

1. Se ordenan las puntuaciones. Por ejemplo:
   variable: Calificación en estadística social

X (Puntuaciones)
9
7
6
6
5
4
3

2. Se calcula la media:

$$\overline{X} = \frac{9 + 7 + 6 + 6 + 5 + 4 + 3}{7} = 5.71$$

3. Se determina la desviación de cada puntuación con respecto a la media:

X	$X - \overline{X}$
9	3.29
7	1.29

X	$X - \bar{X}$
6	0.29
6	0.29
5	- 0.71
4	- 1.71
3	- 2.71
$\Sigma X = 40$	

4. Se eleva al cuadrado cada desviación y se obtiene la sumatoria de las desviaciones elevadas al cuadrado o $\Sigma (X - \bar{X})^2$.

X	$(X - \bar{X})^2$
9	10.82
7	1.66
6	0.08
6	0.08
5	0.50
4	2.92
3	7.34
$\Sigma X = 40$	$\Sigma(\bar{X} - X)^2 = 23.40$

5. Se aplica la fórmula:

$$s = \frac{\sqrt{23.40}}{7} = \sqrt{3.34}$$

$$s = 1.83$$

Cuando los datos están agrupados en una distribución de frecuencias, se procede así:

1. Se obtiene el punto medio de cada intervalo y se determina la media de la distribución (con la fórmula para datos agrupados):

Intervalos	*Puntos medios*	*Frecuencias*	*fx*
13-15	14	3	42
10-12	11	4	44
7-9	8	9	72
4-6	5	2	10
1-3	2	1	2
		N=19	fx=170

$$\bar{X} = \frac{\sum fx}{N} = \frac{170}{19} = 8.95$$

2. Se eleva la media al cuadrado:

$$\overline{X}^2 = (8.95)^2 = 80.1$$

3. Se multiplica la columna fx por los puntos medios y se obtiene una columna que llamaremos fx^2, así como obtener la sumatoria de esta última columna:

Intervalos	*Puntos medios*	*fx*	*fx²*
13-15	14	42	588
10-12	11	44	484
7-9	8	72	576
4-6	5	10	50
1-3	2	2	4
			$\sum fX^2 = 1\,702$

Obsérvese que cada valor de la última columna (fx^2) se obtiene multiplicando un punto medio por su respectivo valor en la columna "fx".

4. Se aplica la siguiente fórmula para la desviación estándar con datos agrupados en una distribución de frecuencias:[50]

$$s = \sqrt{\frac{\sum fx^2}{N} - \overline{X}^2}$$

$$s = \sqrt{\frac{1\,702}{19} - 80.1}$$

$$s = \sqrt{89.58 - 80.1}$$

$$s = \sqrt{9.48}$$

$$s = 3.08$$

La desviación estándar se interpreta como "cuánto se desvía, en promedio, de la media un conjunto de puntuaciones".

Supongamos que un investigador obtuvo para su muestra una media de ingreso familiar de $8 000 (ocho mil pesos) y una desviación estándar de $1 000 (mil pesos). La interpretación es que los ingresos familiares de la muestra se desvían, en promedio, respecto a la media en mil pesos.

La desviación estándar sólo se utiliza en variables medidas por intervalos o de razón.

10.3.9 La varianza

La varianza es la desviación estándar elevada al cuadrado y se esimboliza así: s^2. Es un concepto estadístico sumamente importante, ya que muchas de las prue-

[50] Levin (1979, p. 70).

bas cuantitativas se fundamentan en él. Diversos métodos estadísticos parten de la descomposición de la varianza. Sin embargo, con fines descriptivos se utiliza preferentemente la desviación estándar.

10.3.10 ¿Cómo se interpretan las medidas de tendencia central y de la variabilidad?

Cabe destacar que al describir nuestros datos, interpretamos las medidas de tendencia central y de la variabilidad en conjunto, no aisladamente. Tomamos en cuenta todas las medidas. Para interpretarlas, lo primero que hacemos es tomar en cuenta el rango potencial de la escala. Supongamos que aplicamos una escala de actitudes del tipo Likert para medir la "actitud hacia el presidente" de una nación (digamos que la escala tuviera 18 ítems y sus resultados fueran promediados). El rango potencial es de 1 a 5:

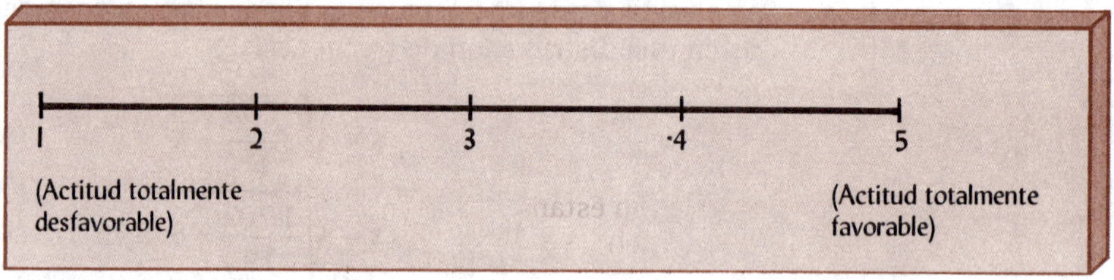

Si obtuviéramos los siguientes resultados:

Variable: actitud hacia el presidente
Moda: 4.0
Mediana: 3.9
Media ($\overline{X}$): 4.2
Desviación estándar: 0.7
Puntuación más alta observada (máximo): 5.0
Puntuación más baja observada (mínimo): 2.0
Rango: 3

Podríamos hacer la siguiente interpretación descriptiva: la actitud hacia el presidente es favorable. La categoría que más se repitió fue 4 (favorable). El 50% de los sujetos está por encima del valor 3.9 y el restante 50% se sitúa por debajo de este valor. En promedio, los sujetos se ubican en 4.2 (favorable). Asimismo, se desvían de 4.2, en promedio, 0.7 unidades de la escala. Ninguna persona calificó al presidente de manera desfavorable (no hay "1"). Las puntuaciones tienden a ubicarse en valores medios o elevados.

En cambio, si los resultados fueran:

FIGURA 10.5
Ejemplo de interpretación gráfica de las estadísticas descriptivas.

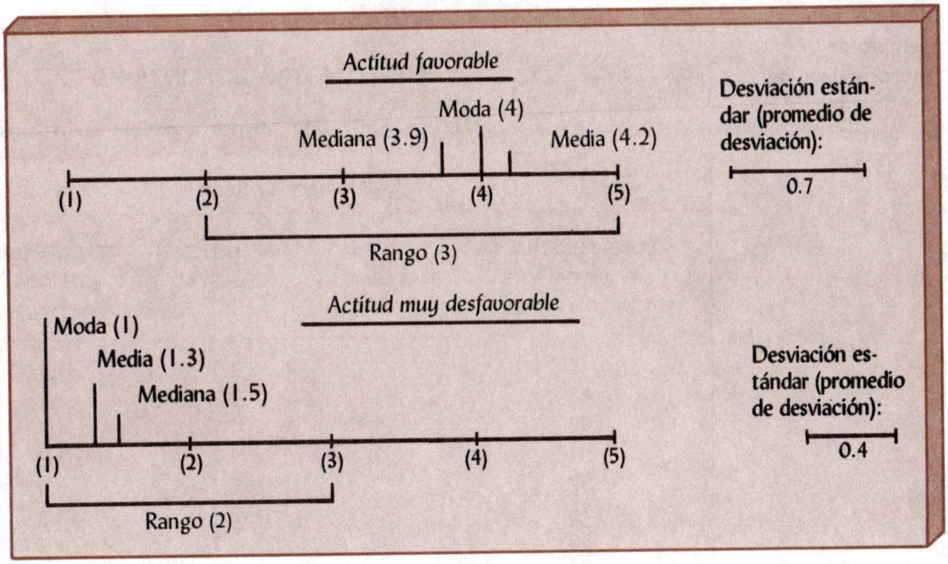

Variable: actitud hacia el presidente
Moda: 1
Mediana: 1.5
Media ($\overline{X}$): 1.3
Desviación estándar: 0.4
Varianza: 0.16
Máximo: 3.0
Mínimo: 1.0
Rango: 2.0

La interpretación es que la actitud hacia el presidente es muy desfavorable. En la figura 10.5 vemos gráficamente la comparación de resultados.

La variabilidad también es menor en el caso de la actitud muy desfavorable (los datos se encuentran menos dispersos).

En la tabla 10.6 se presenta otro ejemplo de interpretación con una prueba de motivación intrínseca aplicada a 60 sujetos de un experimento (Hernández-Sampieri y Cortés, 1982). La escala tiene 17 ítems (con cinco opciones cada uno, 1 a 5) y mide la motivación intrínseca al ejecutar una tarea.

El nivel de motivación intrínseca exhibido por los sujetos tiende a ser elevado, como lo indican los resultados de la escala. El rango real de la escala iba de 17 a 85. El rango resultante para esta investigación varió de 40 a 81. Es por lo tanto evidente que los sujetos se inclinaron hacia valores elevados en la medida de motivación intrínseca. Además, la media de los participantes es de 66.9 y la mediana de 67.8, lo cual confirma la tendencia de la muestra hacia valores altos de la escala. A pesar de que la dispersión de las puntuaciones de los sujetos es alta (la desviación estándar es igual a 9.1 y el rango es de 41), esta dispersión se manifiesta en el área más elevada de la escala. Veámoslo gráficamente:

TABLA 10.6
Ejemplo de interpretación de una distribución de frecuencias.

VARIABLE: MOTIVACIÓN INTRÍNSECA

¿Qué grado de motivación intrínseca exhibieron los sujetos?

Número de ítems = 17

VALORES REGISTRADOS EN LA ESCALA DE MOTIVACIÓN INTRÍNSECA	FRECUENCIAS ABSOLUTAS	FRECUENCIAS RELATIVAS (%)	FRECUENCIAS AJUSTADAS (%)	FRECUENCIAS ACUMULADAS (%)
40	1	1.7	1.7	1.7
44	1	1.7	1.7	3.3
48	1	1.7	1.7	5.0
51	1	1.7	1.7	6.7
52	2	3.3	3.3	10.0
56	2	3.3	3.3	13.3
58	1	1.7	1.7	15.0
59	1	1.7	1.7	16.7
60	2	3.3	3.3	20.0
61	4	6.7	6.7	26.7
63	2	3.3	3.3	30.0
64	2	3.3	3.3	33.3
65	3	5.0	5.0	38.3
66	2	3.3	3.3	41.7
67	4	6.7	6.7	48.3
68	3	5.0	5.0	53.3
69	1	1.7	1.7	55.0
70	4	6.7	6.7	61.7
71	3	5.0	5.0	66.7
72	4	6.7	6.7	73.3
73	3	5.0	5.0	78.3
74	2	3.3	3.3	81.7
75	1	1.7	1.7	83.3
76	1	1.7	1.7	85.0
77	2	3.3	3.3	88.3
78	1	1.7	1.7	90.0
79	2	3.3	3.3	93.3
80	2	3.3	3.3	96.7
81	2	3.3	3.3	100.0
Total	60	100.0	100.0	

Media = 66.883	E.E. = 1.176	Mediana = 67.833
Moda = 61.000	s = 9.112	Varianza = 83.020
Curtosis = .587	Asimetría = –.775	Rango = 41.000
Mínimo = 40.000	Máximo = 81.000	Sumatoria = 4 013.000

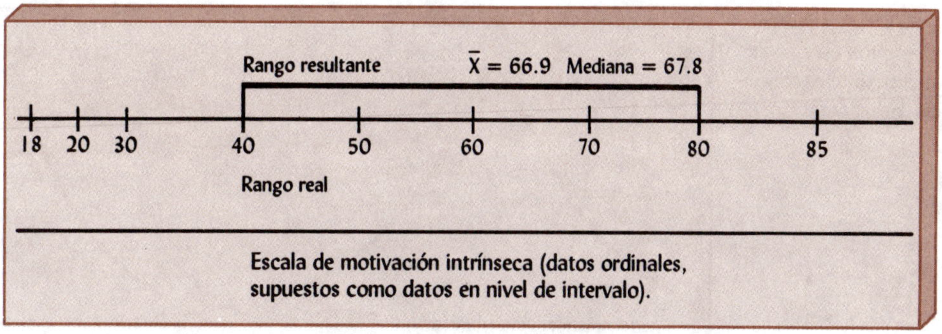

Es decir, aunque las puntuaciones varían de 40 a 81 y la desviación estándar es de 9:1 (la media sobre la cual gravita "s" es de 66.9), esta variación se da en la parte de los valores más altos de la escala. En resumen, la tarea resultó intrínsecamente motivante para la mayoría de los sujetos, sólo que para algunos resultó muy motivante; para otros, relativamente motivante, y para los demás, medianamente motivante. Siendo la tendencia general hacia valores altos (observamos la columna de frecuencias acumuladas y notamos que 80% obtuvo puntuaciones superiores a 60).

Ahora bien, ¿qué significa un alto nivel de motivación intrínseca exhibido con respecto a una tarea? Significa que la tarea fue percibida como atractiva, interesante, divertida, categorizada como una experiencia agradable. Asimismo, implica que los sujetos al estar ejecutándola, derivaron de ella sentimientos de satisfacción, goce y realización personal. Generalmente, quien se encuentra intrínsecamente motivado hacia una labor, la habrá de disfrutar, ya que obtendrá de la labor *per se*, recompensas internas como sentimientos de logro y autorrealización. Además de ser absorbido por el desarrollo de la tarea y, al tener un buen desempeño, la opinión de sí mismo mejorará o se verá reforzada.

10.3.11 ¿Hay alguna otra estadística descriptiva?

Sí, *la asimetría y la curtosis*. Los polígonos de frecuencia suelen representarse como *curvas* (figura 10.6) para que puedan analizarse en términos de probabilidad y visualizar su grado de dispersión. De hecho, en realidad son curvas. Dos elementos son esenciales para estas curvas o polígonos de frecuencias: la asimetría y la curtosis.

La asimetría es una estadística necesaria para conocer cuánto se parece nuestra distribución a una distribución teórica llamada "*curva normal*" (la cual se representa en la figura 10.6) y constituye un indicador del lado de la curva donde se agrupan las frecuencias. Si es cero (asimetría = 0), la curva o distribución es simétrica. Cuando es positiva quiere decir que hay más valores agrupados hacia la izquierda de la curva (por debajo de la media). Cuando es negativa significa que los valores tienden a agruparse hacia la derecha de la curva (por encima de la media).

FIGURA 10.6
Ejemplos de curvas o distribuciones y su interpretación.

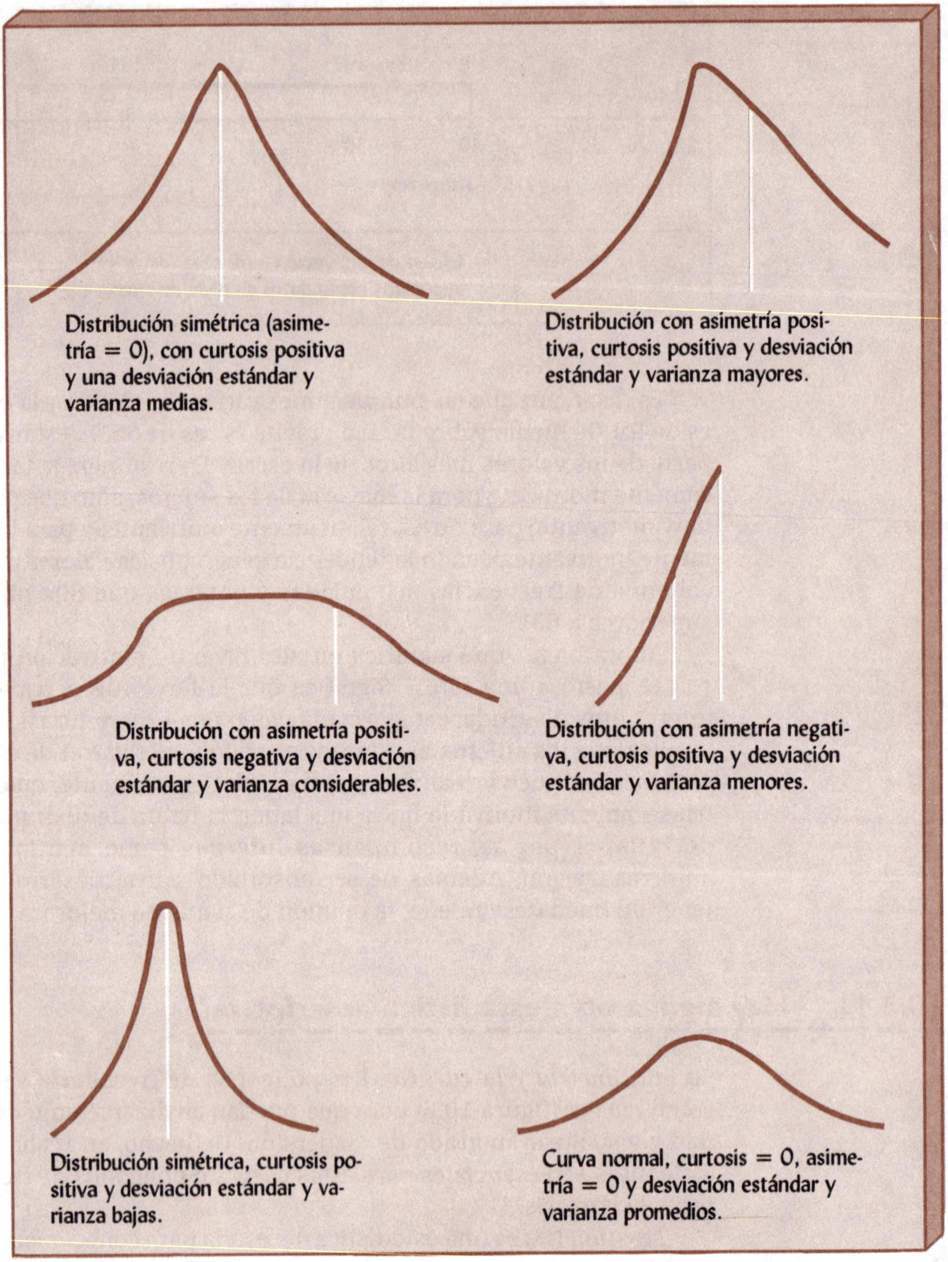

La curtosis es un indicador de lo plana o "picuda" que es una curva. Cuando es cero (curtosis = 0), significa que se trata de una "*curva normal*". Si es positiva, quiere decir que la curva o distribución o polígono es más "picuda" o levantada. Si es negativa, quiere decir que es más plana.

La asimetría y la curtosis requiere mínimo de un nivel de medición por intervalos. En la figura 10.6 se muestran ejemplos de curvas con su interpretación.

10.3.12 ¿Cómo se traducen las estadísticas descriptivas al inglés?

Algunos programas y paquetes estadísticos para computadora pueden realizar el cálculo de las estadísticas descriptivas y los resultados aparecen junto al nombre respectivo de éstas, muchas veces en inglés. A continuación se indican las diferentes estadísticas y su equivalente en inglés.

Estadística	*Equivalente en inglés*
— Moda	— Mode
— Mediana	— Median
— Media	— Mean
— Desviación estándar	— Stanard deviation
— Varianza	— Variance
— Máximo	— Maximum
— Mínimo	— Minimum
— Rango	— Range
— Asimetría	— Skewness
— Curtosis	— Kurtosis

10.3.13 Nota final

Debe recordarse que en una investigación se obtiene una distribución de frecuencias para cada variable y se calculan las estadísticas descriptivas para cada variable: se calculan las que se necesiten de acuerdo con los propósitos de la investigación.

10.4 PUNTUACIONES "Z"

Las puntuaciones "z" son transformaciones que se pueden hacer a los valores o puntuaciones obtenidas, con el propósito de analizar su distancia respecto a la media, en unidades de desviación estándar. *Una puntuación "Z" nos indica la dirección y grado en que un valor individual obtenido se aleja de la media, en una escala de unidades de desviación estándar.* Como mencionan Nie *et al.* (1975), las puntuaciones "Z" *son* el *método* más comúnmente utilizado *para estandarizar la escala de una variable medida en un nivel por intervalos.*

Su fórmula es:

$$Z = \frac{X - \bar{X}}{s}$$

Donde *"X" es la puntuación* o valor a transformar, $\bar{X}$ "*es la media* de la distribución" y "s" *la desviación estándar* de ésta. El resultado "z" es la puntuación transformada en unidades de desviación estándar.

Supongamos que en una distribución de frecuencias obtuvimos una media de 60 y una desviación estándar de 10, y deseamos comparar a una puntuación de "50" con el resto de la distribución. Entonces, transformamos esta puntuación o valor en una puntuación "z". Tenemos que:

$$X = 50$$

$$\overline{X} = 60$$

$$s = 10$$

La puntuación "z" correspondiente a un valor de "50" es:

$$Z = \frac{50 - 60}{10} = -1.00$$

Podemos decir que el valor "50" está localizado a una desviación estándar por debajo de la media de la distribución (el valor "30" está a tres desviaciones estándar por debajo de la media).

Estandarizar los valores permite comparar puntuaciones de dos distribuciones diferentes (la forma de medición es la misma, pero se trata de distribuciones distintas). Por ejemplo, podemos comparar una distribución obtenida en una preprueba con otra obtenida en una postprueba (en un contexto experimental). Supongamos que se trata de un estímulo que incrementa la productividad. Un trabajador obtuvo en la preprueba una productividad de 130 (la media del grupo fue de 140 y la desviación estándar de 10). Y en la postprueba obtuvo 135 (la media del grupo fue de 140 y la desviación estándar de 9.8). ¿Mejoró la productividad del trabajador? Aparentemente la mejoría no es considerable. Sin transformar las dos calificaciones en puntuaciones "z" no podemos asegurarlo porque los valores no pertenecen a la misma distribución. Entonces transformamos ambos valores a puntuaciones "z", los transformamos a una escala común, donde la comparación es válida. El valor de 130 en productividad es en términos de unidades de desviación estándar igual a:

$$Z = \frac{130 - 122.5}{10.0} = 0.75$$

Y el valor de 135 corresponde a una puntuación "z" de:

$$Z = \frac{135 - 140}{9.8} = -0.51$$

Como podemos observar, en términos absolutos 135 es una mejor puntuación que 130, pero no en términos relativos (en relación a sus respectivas distribuciones).

La distribución de puntuaciones "z" no cambia la forma de la distribución original, pero sí modifica las unidades originales a "unidades de desviación

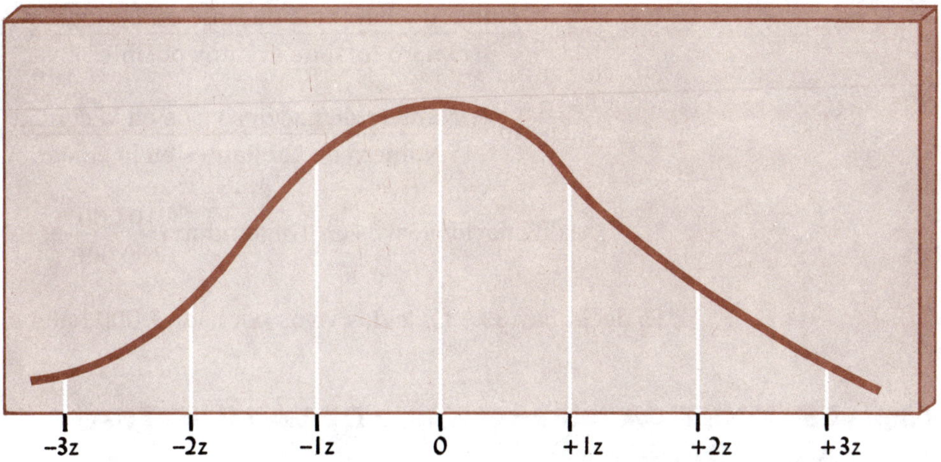

FIGURA 10.7
Distribución de puntuaciones "z".

estándar" (Wright, 1979). La distribución de puntuaciones "z" tiene una media de 0 (cero) y una desviación estándar de 1 (uno). La figura 10.7 muestra la distribución de puntuaciones "z".

Las puntuaciones "z" también sirven para comparar mediciones de distintas pruebas o escalas aplicadas a los mismos sujetos (los valores obtenidos en cada escala se transforman a puntuaciones "z" y se comparan). No debe olvidarse que en la fórmula se trata de la media y la desviación estándar que corresponde al valor a transformar (de su misma distribución). También, las puntuaciones "z" sirven para analizar distancias entre puntuaciones de una misma distribución y áreas de la curva que abarcan estas distancias o sopesar el desempeño de un grupo de sujetos en varias pruebas.

Las puntuaciones "z" son un elemento descriptivo adicional que podemos agregar para analizar nuestros datos.

10.5 RAZONES Y TASAS

Una razón es la relación entre dos categorías. Por ejemplo:

Categorías	*Frecuencias absolutas*
Masculino	60
Femenino	30

La razón de hombres a mujeres es de $\frac{60}{30} = 2$. Es decir, por cada dos hombres hay una mujer.

Una tasa es la relación entre el número de casos, frecuencias o eventos de una categoría y el número total de observaciones, multiplicada por un múltiplo de 10, generalmente 100 o 1 000. La fórmula es:

$$\text{Tasa} = \frac{\text{Número de eventos durante un periodo}}{\text{Número total de eventos posibles}} \times 100 \text{ o } 1\,000$$

$$\text{Ejemplo: } \frac{\text{Número de nacidos vivos en la ciudad}}{\text{Número de habitantes en la ciudad}} \times 1\,000$$

$$\text{Tasa de nacidos vivos en Tingüindín: } \frac{10\,000}{300\,000} \times 1\,000 = 33.33$$

Es decir, hay 33.33 nacidos vivos por cada 1 000 habitantes en Tingüindín.

10.6 ESTADÍSTICA INFERENCIAL: DE LA MUESTRA A LA POBLACIÓN

10.6.1 ¿Para qué es útil la estadística inferencial?

Frecuentemente, el propósito de la investigación va más allá de describir las distribuciones de las variables: se pretende generalizar los resultados obtenidos en la muestra a la población o universo.[51] *Los datos casi siempre son recolectados de una muestra y sus resultados estadísticos se denominan "estadígrafos"*, la media o la desviación estándar de la distribución de una muestra son estadígrafos. *A las estadísticas de la población o universo se les conoce como "parámetros"*. Los parámetros no son calculados, porque no se recolectan datos de toda la población, pero pueden ser inferidos de los estadígrafos, de ahí el nombre de "*estadística inferencial*". El procedimiento de esta naturaleza de la estadística se esquematiza en la figura 10.8.

La inferencia de los parámetros se lleva a cabo mediante técnicas estadísticas apropiadas. Estas técnicas se explicarán más adelante.

FIGURA 10.8 Procedimiento de la estadística inferencial.

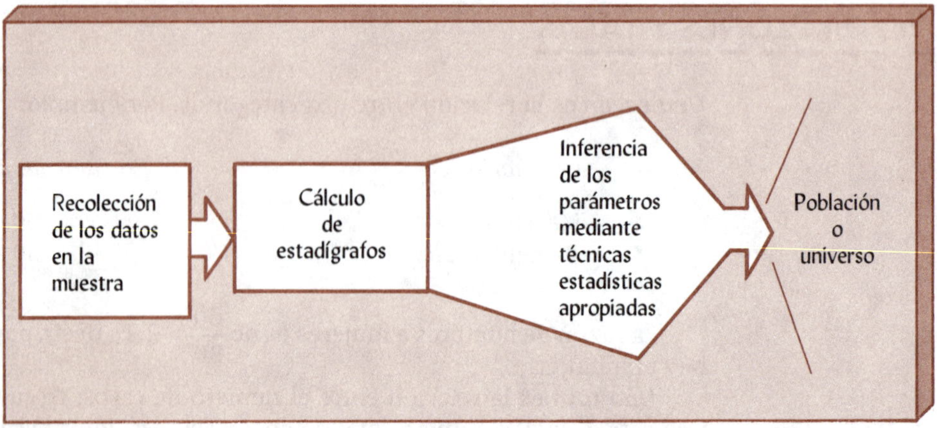

[51] Los conceptos de muestra y población fueron explicados en el capítulo 8.

La estadística inferencial puede ser utilizada para dos procedimientos (Wiersma, 1986, p. 335):

a) *Probar hipótesis.*
b) *Estimar parámetros.*

10.6.2 ¿En qué consiste la prueba de hipótesis?

Una *hipótesis* en el contexto de la estadística inferencial es una proposición respecto a uno o varios parámetros, y lo que el investigador hace a través de la prueba de hipótesis es determinar si la hipótesis es congruente con los datos obtenidos en la muestra (Wiersma, 1986). Si es congruente con los datos, ésta es retenida como un valor aceptable del parámetro. Si la hipótesis no lo es, se rechaza (pero los datos no son descartados) (Wiersma, 1986). Para comprender lo que es la prueba de hipótesis en la estadística inferencial es necesario revisar el concepto de distribución muestral[52] y nivel de significancia.

10.6.3 ¿Qué es una distribución muestral?

Una *distribución muestral* es un conjunto de valores sobre una estadística calculada de todas las muestras posibles de determinado tamaño (Wiersma, 1986, p. 337). Las distribuciones muestrales de medias son probablemente las más conocidas. Expliquemos este concepto con un ejemplo. Supongamos que nuestro universo o población son los automovilistas de una ciudad y deseamos averiguar cuánto tiempo pasan diariamente "al volante". De este universo podría extraerse una muestra representativa. Vamos a suponer que el tamaño adecuado de muestra es de quinientos doce automovilistas ($n = 512$). Del mismo universo se podrían extraer diferentes muestras, cada una con 512 personas.

Teóricamente, incluso podría hacerse al azar una vez, dos, tres, cuatro y las veces que fuera necesario hasta agotar todas las muestras posibles de 512 automovilistas de esa ciudad (todos los sujetos serían seleccionados en varias muestras). En cada muestra se podría obtener una media del tiempo que pasan los automovilistas manejando. Tendríamos pues, una gran cantidad de medias, tantas como las muestras extraídas. ($\bar{X}_1$, $\bar{X}_2$, $\bar{X}_3$, $\bar{X}_4$, $\bar{X}_5$,...$\bar{X}_k$). Y con estas medias podríamos elaborar una distribución de medias. Habría muestras que, en promedio, pasan más tiempo "al volante" que otras. Este concepto se representa en la figura 10.9.

Si calculáramos la media de todas las medias de las muestras, obtendríamos el valor de la media poblacional.

Muy rara vez se obtiene la *distribución muestral* (la distribución de las medias de todas las muestras posibles). Es más bien un concepto teórico definido por la estadística para los investigadores. Lo que comúnmente hacen es extraer una sola muestra.

[52] Distribución muestral y distribución de una muestra son conceptos diferentes, esta última es resultado de los datos de nuestra investigación.

FIGURA 10.9
Distribución muestral de medias.

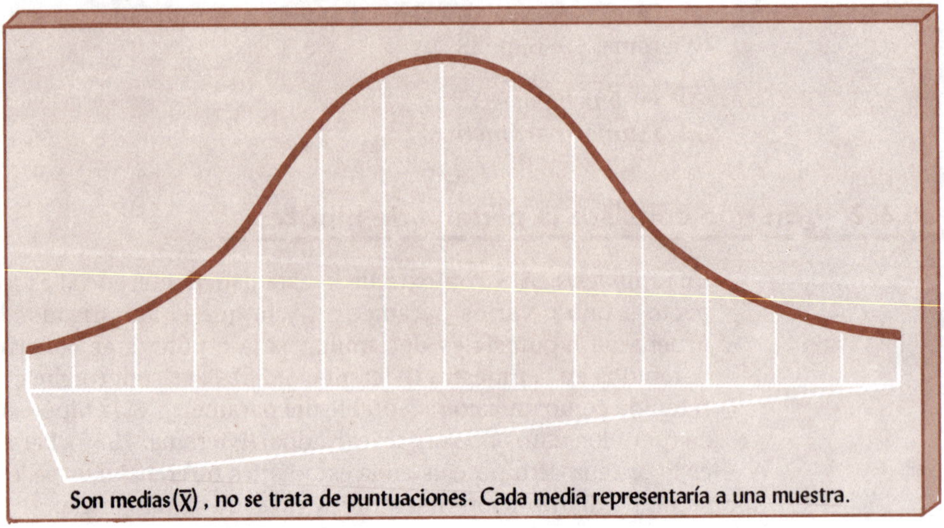

En el ejemplo de los automovilistas, sólo una de las líneas verticales de la distribución muestral presentada en la figura 10.9 es la media obtenida para la única muestra seleccionada de 512 personas. Y la pregunta es, ¿nuestra media está cerca de la media de la distribución muestral? (o lo que es igual: ¿la media de la muestra está cercana a la media de la distribución muestral?), debido a que si está cerca podremos tener una estimación precisa de la media polacional (el parámetro poblacional es prácticamente el mismo que el de la distribución muestral). Esto se expresa en el *teorema central del límite*, el cual se explicó en el capítulo de muestreo. Recordemos que dice: "Si una población (no necesariamente normal) tiene de media m y de desviación estándar σ (s), la distribución de las medias en el muestreo aleatorio realizado en esta población tiende, al aumentar n, a una distribución normal de media m y desviación estándar $\sigma/\sqrt{n}$, donde 'n' es el tamaño de muestra."

El teorema especifica que la distribución muestral tiene una media igual a la de la población, una varianza igual a la varianza de la población dividida por el tamaño de muestra (su desviación estándar es $\sigma/\sqrt{n}$) y se distribuye normalmente (Wiersma, 1986, p. 337). σ es un parámetro normalmente desconocido, pero puede ser estimado por la desviación estándar de la muestra.

El concepto de *distribución normal* es importante otra vez y se ofrece una breve explicación en la figura 10.10.

10.6.4 ¿Qué es el nivel de significancia?

Wiersma (1986, pp. 337-388) ofrece una explicación sencilla del concepto, la cual nos basaremos para analizar su significado.

La probabilidad de que un evento ocurra oscila entre 0 y 1, donde 0 significa la imposibilidad de ocurrencia y 1 la certeza de que ocurra el fenómeno. Al lanzar al aire una moneda no cargada, la probabilidad de que salga "cruz" es 0.50 y

FIGURA 10.10
Concepto de curva o distribución normal.

Una gran cantidad de los fenómenos del comportamiento humano se manifiestan de la siguiente forma: la mayoría de las puntuaciones se concentran en el centro de la distribución y en los extremos encontramos sólo algunas puntuaciones. Por ejemplo, la inteligencia: hay pocas personas sumamente inteligentes (genios), pero también hay pocas personas con muy baja inteligencia (v.g., retardados mentales). La mayoría de los seres humanos somos medianamente inteligentes. Esto podría representarse así:

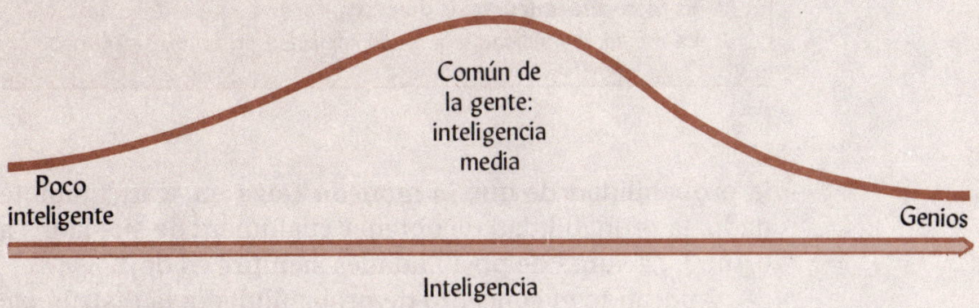

Debido a ello, se creó un modelo de probabilidad llamado curva normal o distribución normal. Como todo modelo es una distribución teórica que difícilmente se presenta en la realidad tal cual, pero sí se presentan aproximaciones a éste. La curva normal tiene la siguiente configuración:

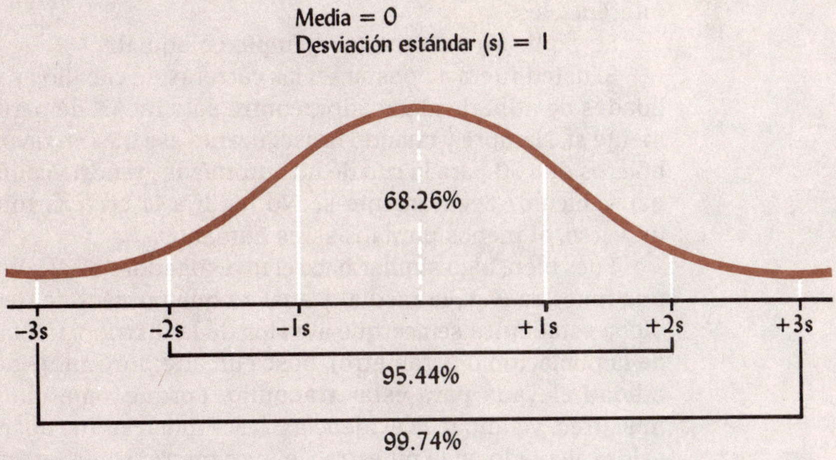

68.26% del área de la curva normal es cubierta entre −1s y +1s, el 95.44% del área de esta curva es cubierta entre −2s y +2s y el 99.74% se cubre con −3s y +3s.
Las principales características de la distribución normal son:

FIGURA 10.10

1. Es *unimodal*, una sola moda.
2. La *asimetría es cero*. La mitad de la curva es exactamente igual a la otra mitad. La distancia entre la media y +3s es la misma que la distancia entre la media y –3s.
3. *Es una función* particular entre desviaciones con respecto a la media de una distribución y la probabilidad de que éstas ocurran.
4. *La base* está dada en *unidades de desviación estándar* (puntuaciones "z"), destacando las puntuaciones –1s, –2s, –3s, +1s, +2s y +3s (que equivalen respectivamente a –1.00z, –2.00z, –3.00z, +1.00z, +2.00z, +3.00z). Las distancias entre puntuaciones "z" representan áreas bajo la curva. De hecho, la distribución de puntuaciones "z" es la curva normal.
5. Es *mesocúrtica* (curtosis de cero).
6. La *media*, la *mediana* y la *moda coinciden* en el mismo punto.

la probabilidad de que la moneda caiga en "cara" también es de 0.50. Con un dado, la probabilidad de obtener cualquiera de sus lados al lanzarlo es de 1/6 = 0.1667. La suma de posibilidades siempre es de 1.

Aplicando el concepto de probabilidad a la distribución muestral, podemos tomar el área de ésta como 1.00, y consecuentemente, cualquier área comprendida entre dos puntos de la distribución corresponderá a la probabilidad de la distribución. Para probar hipótesis inferenciales respecto a la media, el investigador debe evaluar si es alta o baja la probabilidad de que la media de la muestra esté cerca de la media de la distribución muestral. Si es baja, el investigador dudará de generalizar a la población. Si es alta, el investigador podrá hacer generalizaciones. Es aquí donde entra *el nivel de significancia* o *nivel alfa* (nivel α: en un nivel de la probabilidad de equivocarse y se fija antes de probar hipótesis inferenciales.

Se explicará esto con un ejemplo coloquial.

Si usted fuera a apostar en las carreras de caballos y tuviera 95% de probabilidades de atinarle al ganador, contra sólo un 5% de perder, ¿apostaría? Seguramente sí, siempre y cuando le aseguraran ese 95% en favor. O bien, si le dieran 95 boletos de 100 para la rifa de un automóvil, ¿tendría confianza en que va a estrenar vehículo? Seguramente sí. No tendría la certeza total, ésta no existe en el universo, al menos para los seres humanos.

Pues bien, algo similar hace el investigador social. Obtiene una estadística en una muestra (v.g., la media) y analiza qué porcentaje tiene de confianza en que dicha estadística se acerque al valor de la distribución muestral (que es el valor de la población o parámetro). Busca un alto porcentaje de confianza, una probabilidad elevada para estar tranquilo. Porque sabe que puede haber error de muestreo, y aunque la evidencia parece mostrar una aparente "cercanía" entre el valor calculado en la muestra y el parámetro, esta "cercanía" puede no ser real y deberse a errores en la selección de la muestra.

¿Y con qué porcentaje tiene confianza el investigador para generalizar?, ¿para suponer que tal cercanía es real y no debida a un error de muestreo? *Existen dos niveles convenidos en ciencias sociales*:

a) *El nivel de significancia de 0.5*, el cual implica que el investigador tiene 95% de seguridad para generalizar sin equivocarse, y sólo 5% en contra. En términos de probabilidad, 0.95 y .05 respectivamente, ambos suman la unidad.
b) *El nivel de significancia de .01*, el cual implica que el investigador tiene 99% en su favor para generalizar sin temor y 1% en contra (0.99 y 0.01 = 1.00).

A veces el nivel de significancia puede ser todavía más riguroso y confiable (v.g., 0.001, 0.00001, 0.00000001). Pero lo mínimo es .05, no se acepta un nivel de .06 (94% a favor de la generalización confiable). Porque se busca hacer ciencia, no intuición.

El nivel de significancia es un valor de certeza que fija el investigador a priori. De certeza respecto a no equivocarse. Sobre este punto volveremos más adelante.

10.6.5 ¿Cómo se relacionan la distribución muestral y el nivel de significancia?

El nivel de significancia se expresa en términos de probabilidad (.05 y .01) y la distribución muestral también se expresa como probabilidad (el área total de ésta como 1.00). Pues bien, para ver si existe o no confianza al generalizar acudimos a la distribución muestral, probabilidad apropiada para la investigación social. El nivel de significancia lo tomamos como un área bajo la distribución muestral, como se muestra en la figura 10.11, dependiendo de si elegimos un nivel de .05 o de .01.

Así, el nivel de significancia representa áreas de riesgo o confianza en la distribución muestral.

10.6.6 Una vez definido el nivel de significancia, ¿qué hacemos para ver si nuestra hipótesis sobre la media poblacional es aceptada o rechazada?

Antes de estudiar el *procedimiento* es necesario hacer las siguientes consideraciones:

a) Recordar que la distribución muestral es una distribución normal de puntuaciones "z", la base de la curva son puntuaciones "z" o unidades de desviación estándar.
b) Las puntuaciones "z" son distancias que indican áreas bajo la distribución normal. En este caso áreas de probabilidad.
c) El área de riesgo es tomada como el área de rechazo de la hipótesis y el área de confianza es tomada como el área de aceptación de la hipótesis.
d) Se habla de una hipótesis acerca del parámetro (en este caso, media poblacional).

FIGURA 10.11
Niveles de significancia en la distribución muestral.

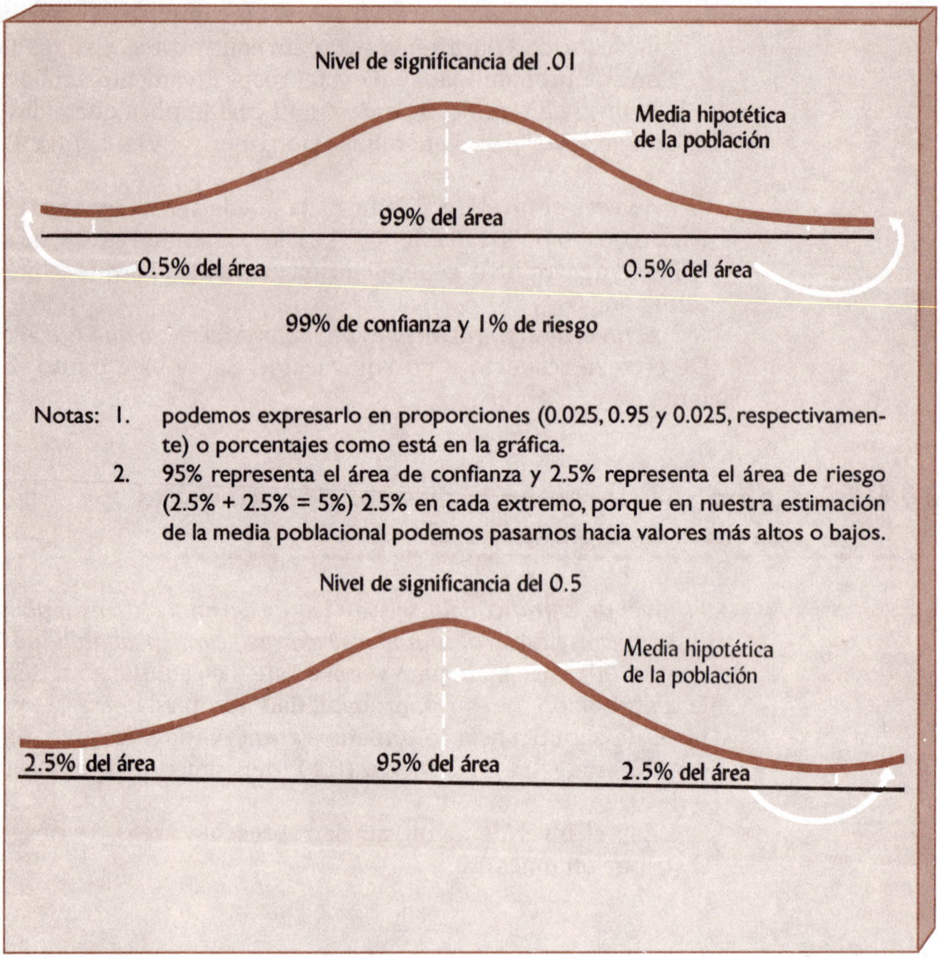

Partiendo de estas consideraciones *el procedimiento es*:

1. Sobre bases firmes (revisión de la literatura e información disponible) establecer una hipótesis acerca del parámetro poblacional. Por ejemplo: "El promedio de horas diarias que se exponen los niños de la ciudad de Celaya en fin de semana es de 3.0."
2. Definir el nivel de significancia. Por ejemplo, $\alpha = .05$.
3. Recolectar los datos en una muestra representativa. Vamos a suponer que obtuvimos una media de 2.9 horas y una desviación estándar de 1.2 horas, la muestra incluyó 312 niños.
4. Estimar la desviación estándar de la distribución muestral de la media, utilizando la siguiente fórmula:

$$S\bar{x} = \frac{s}{\sqrt{n}}$$

Donde "S$\bar{x}$" es la desviación estándar de la distribución muestral de la media, "s" representa la desviación estándar de la muestra y "n" el tamaño de la muestra.

En el ejemplo:

$$S\bar{x} = \frac{1.2}{\sqrt{312}}$$

$$S\bar{x} = 0.0679$$

5. Transformar la media de la muestra en una puntuación "z", en el contexto de la distribución muestral. Con una variación de la fórmula ya conocida para obtener puntuaciones "z":

$$Z = \frac{X - \bar{X}}{S\bar{X}}$$

Donde "X" es la media de la muestra (recordemos que la distribución muestral es de medias y no de puntuaciones). "X" es la media hipotetizada de la distribución muestral (parámetro poblacional). "SX" es la desviación estándar de la distribución muestral de medias. Así tenemos:

$$z = \frac{2.9 - 3.0}{0.0679} = -1.47$$

6. En la *tabla de áreas bajo la curva normal* (apéndice cinco, tabla uno), buscar aquella puntuación "z" que deje a 2.5% por encima de ella, que es 1.96. En la tabla uno se presenta la distribución de puntuaciones "z", sólo la mitad, pues debemos recordar que es una distribución simétrica y se aplica igual para ambos lados de la media. Así se incluye en los textos de estadística social. Se busca el 2.5% porque la tabla sólo abarca la mitad de la distribución y el riesgo que estamos afrontando es de 5% (2.5% del extremo de cada lado). La tabla contiene cuatro columnas: la primera, indica puntuaciones "z", la segunda, expresa la distancia de la puntuación "z" a la media; la tercera, el área que está por debajo de esa puntuación desde el comienzo de la distribución 

y la cuarta, el área que está por encima de esa puntuación 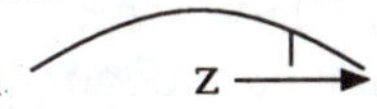

. Las áreas están expresadas en proporciones. Lo que buscamos es una puntuación "z" que deje por encima un área de .0250 o 2.5% (la buscamos en la cuarta columna de la tabla), esta puntuación "z" es 1.96. Siempre que nuestro nivel de significancia es .05 tomamos la puntuación "z" 1.96.
7. Comparar la media de la muestra transformada a puntuación "z" con el valor 1.96, si es menor aceptar la hipótesis y si es mayor rechazarla. Veamos en el ejemplo:

Media de la muestra transformada a "z"	Nivel de significancia del .05
1.47	±1.96

Decisión: Aceptar la hipótesis a un nivel de significancia del .05 (95% a favor y 5% de riesgo de cometer un error).

Si la media obtenida,
al transformarse en "z"
hubiera sido: 3.25,

7.46 o un valor mayor ⟶ Rechazar la hipótesis

Por ejemplo:

Media de la muestra = 2.0
Desviación estándar de la muestra = 0.65

$$n = 700$$
$$S\bar{x} = 0.0246$$
$$Z = 40.65$$

La media está situada a más de 40 desviaciones estándar de la media, se localiza en la zona crítica (más allá de 1.96 desviaciones estándar) rechazar la hipótesis.

10.6.7 ¿Por qué es importante otro concepto: el intervalo de confianza?

Se ha hablado de la distribución muestral por lo que respecta a la prueba de hipótesis, pero otro procedimiento de la estadística inferencial es construir un *intervalo* donde se localiza un parámetro (Wiersma, 1986, p. 340). Por ejemplo, en lugar de pretender probar una hipótesis acerca de la media poblacional, puede buscarse obtener un intervalo donde se ubique dicha media. Esto requiere un nivel de confianza, al igual que en la prueba de hipótesis inferenciales. El nivel de confianza es al intervalo de confianza lo que el nivel de significancia es a la prueba de hipótesis. Es decir, se trata de una probabilidad definida de que un parámetro se va a ubicar en un determinado intervalo. Los niveles de confianza utilizados más comúnmente en la investigación social son 0.95 y 0.99. Su sentido es el de 0.95, quiere decir que tenemos 95% en favor de que el parámetro se localice en el intervalo estimado, contra 5% de elegir un intervalo equivocado. El nivel del 0.99 señala 99% de probabilidad de seleccionar el intervalo adecuado. Estos niveles de confianza se expresan en unidades de desviación estándar. Una vez más se acude a la distribución muestral, concretamente a la tabla de áreas bajo la curva normal (Apéndice 5, tabla 1), y se selecciona la puntuación "z" correspondiente al nivel de confianza seleccionada. Una vez hecho esto, se aplica la siguiente fórmula:

Intervalo de confianza = estadígrafo + (Puntuación "z" que expresa el nivel de confianza elegido) (Desviación estándar de la distribución muestral correspondiente.)

Donde el estadígrafo es la estadística calculada en la muestra, la puntuación "z" es 1.96 con un nivel de .95 y 2.58 con un nivel de .99 y el error estándar depende del estadígrafo en cuestión. Veámoslo con el ejemplo de la media en el caso de la exposición diaria a la televisión (en fin de semana) por parte de los niños de Celaya:

Media = 2.9 horas

s = 1.2 horas

$S\bar{x}$ = 0.0679

(desviación estándar de la distribución muestral de la media).

Nivel de confianza	= .95 (z = 1.96)
Intervalo de confianza	= 2.9 + (1.96) (0.0679)
	= 2.9 + (0.133)
Intervalo de confianza:	la media poblacional está entre 2.767 y 3.033 horas, con 95% de probabilidades de no cometer error.

10.6.8 ¿Se pueden cometer errores al realizar estadística inferencial?

Nunca podemos estar completamente seguros de nuestra estimación. Trabajamos con altos niveles de confianza o seguridad y, aunque el riesgo es mínimo, podría cometerse un error. *Los resultados posibles al probar hipótesis pueden ser*:

1. Aceptar una hipótesis verdadera (decisión *correcta*).
2. Rechazar una hipótesis falsa (decisión *correcta*).
3. Aceptar una hipótesis falsa (*error* conocido como del *Tipo II o beta*).
4. Rechazar una hipótesis verdadera (*error* conocido como de *Tipo I o error alfa*).

Ambos tipos de error son indeseables y puede *reducirse la posibilidad* de que se presenten mediante:

a) *Muestras representativas probabilísticas.*
b) *Inspección cuidadosa de los datos.*
c) *Selección de las pruebas estadísticas apropiadas.*
d) *Mayor conocimiento de la población.*

10.7 ANÁLISIS PARAMÉTRICOS

Hay dos tipos de análisis que pueden realizarse: los *análisis paramétricos* y los *no paramétricos*. Cada tipo posee sus características y presuposiciones que lo sustentan y la elección de qué clase de análisis efectuar depende de estas presuposiciones. Asimismo, cabe destacar que en una misma investigación pueden llevarse a cabo análisis paramétricos para algunas hipótesis y variables, y análisis no paramétricos para otras.

10.7.1 ¿Cuáles son los presupuestos o presuposiciones de la estadística paramétrica?

Para realizar *análisis paramétricos debe* partirse de los siguientes supuestos:

1. *La distribución poblacional de la variable dependiente es normal*: el universo tiene una distribución normal.
2. El *nivel de medición* de la variable dependiente es *por intervalos o razón.*
3. Cuando *dos o más poblaciones son estudiadas, tienen una varianza homogénea*: las poblaciones en cuestión tienen una dispersión similar en sus distribuciones (Wiersma, 1986, p. 344).

10.7.2 ¿Cuáles son los métodos o pruebas estadísticas paramétricas más utilizadas?

Las *pruebas estadísticas paramétricas más utilizadas son*:

— Coeficiente de correlación de Pearson y regresión lineal.
— Prueba "t".
— Prueba de contraste de la diferencia de proporciones.
— Análisis de varianza unidireccional (ANOVA *Oneway*).
— Análisis de varianza factorial (ANOVA).
— Análisis de covarianza (ANCOVA).

10.7.3 ¿Qué es el coeficiente de correlación de Pearson?

Definición: Es una prueba estadística para analizar la relación entre dos variables medidas en un nivel por intervalos o de razón.

Se simboliza: r

Hipótesis a probar: Correlacional, del tipo de "A mayor X, mayor Y", "A mayor X, menor Y", "Altos valores en X están asociados con altos valores en Y", "Altos valores en X se asocian con bajos valores de Y".

Variables: Dos. La prueba en sí no considera a una como independiente y a otra como dependiente, ya que no se trata de una prueba que evalúa la causalidad. La noción de causa-efecto (independiente-dependiente) se puede establecer teóricamente, pero la prueba no considera dicha causalidad.

El coeficiente de correlación de Pearson se calcula a partir de las puntuaciones obtenidas en una muestra en dos variables. Se relacionan las puntuaciones obtenidas de una variable con las puntuaciones obtenidas de otra variable, en los mismos sujetos.

Nivel de medición de las variables: Intervalos o razón.

Interpretación: El coeficiente r de Pearson *puede variar de -1.00 a +1.00* donde:

-1.00 = *correlación negativa perfecta* ("A mayor X, menor Y" de manera proporcional. Es decir, cada vez que X aumenta una unidad, Y disminuye siempre una cantidad constante). Esto también se aplica "a menor X, mayor Y".
-0.90 = Correlación negativa muy fuerte.
-0.75 = Correlación negativa considerable.
-0.50 = Correlación negativa media.
-0.10 = Correlación negativa débil.
0.00 = No existe correlación alguna entre las variables.
+0.10 = Correlación positiva débil.
+0.50 = Correlación positiva media.
+0.75 = Correlación positiva considerable.
+0.90 = Correlación positiva muy fuerte.
+1.00 = *Correlación positiva perfecta.*

("A mayor X, mayor Y" o "a menor X, menor Y" de manera proporcional. Cada vez que X aumenta, Y aumenta siempre una cantidad constante).

El *signo indica la dirección de la correlación* (positiva o negativa) *y el valor numérico, la magnitud de la correlación.*

Los principales programas de análisis estadístico en computadora reportan si el coeficiente es o no significativo, de la siguiente manera:

s = 0.001 significancia
0.7831 valor de coeficiente

Si "s" es menor del valor .05, se dice que el coeficiente es *significativo* al nivel de .05 (95% de confianza en que la correlación sea verdadera y 5% de probabilidad de error). Si "s" es menor a .01, el coeficiente es *significativo* al nivel de .01 (99% de confianza de que la correlación sea verdadera y 1% de probabilidad de error).

Consideraciones: Cuando el coeficiente r de Pearson se eleva al cuadrado (r^2), el resultado indica la *varianza de factores comunes.* Esto es, el porcentaje de la variación de una variable debido a la variación de la otra variable y viceversa.

Por ejemplo: La correlación entre "productividad" y "asistencia al trabajo" es de 0.80.

$$r = 0.80$$
$$r^2 = 0.64$$

"La productividad" constituye a o explica 64% de la variación de "la asistencia al trabajo". "La asistencia al trabajo" explica 64% de "la productividad".

En los artículos de revistas científicas o textos, se suele indicar la significancia así:

$$0.48^{*}$$
$$p < .05$$

Quiere decir que el coeficiente es significativo al nivel de .05. La probabilidad de error es menor de 5%. Si p < .01, el coeficiente es significativo al nivel de .01. También suele señalarse con asteriscos, de la siguiente manera:

	X
Y	.11
Z	.62**
X	.47*
W	.009

*p < .05
**p < .01

Siendo X, Y, Z y W variables.

Ejemplos

Hi: "A menor motivación intrínseca, mayor puntualidad."

Resultado: r = .721
s = 0.0001

Interpretación: Se acepta la hipótesis de investigación al nivel de .01. La correlación entre la motivación intrínseca y la productividad es considerable.

Hi:	"A mayor ingreso, mayor motivación intrínseca."
Resultado:	r = .214 s = 0.081
Interpretación:	Se acepta la hipótesis nula. El coeficiente no es significativo: 0.081 es mayor que 0.05 y recordemos que 05 es el nivel mínimo para aceptar la hipótesis.
Nota precautoria:	Recuérdese lo referente a correlaciones espúreas que se comentó en el capítulo de tipos de estudio.

10.7.4 ¿Qué es la regresión lineal?

Definición: Es un modelo matemático para estimar el efecto de una variable sobre otra. Está asociado con el coeficiente r de Pearson.

Hipótesis: Correlacionales y causales.

Variables: Dos. Una se considera como independiente y otra como dependiente. Pero para poder hacerlo debe tenerse un sólido sustento teórico.

Nivel de medición de las variables: Intervalos o razón.

Procedimiento e interpretación: La regresión lineal se determina con base en el *diagrama de dispersión*. Éste consiste en una gráfica donde se relacionan las puntuaciones de una muestra en dos variables. Veámoslo con un ejemplo sencillo de 8 casos. Una variable es la calificación en filosofía y la otra variable es la calificación en estadística, ambas medidas hipotéticamente de 0 a 10.

Sujetos	*Puntuaciones filosofía (X)*	*Estadística (Y)*
1	3	4
2	8	8
3	9	8
4	6	5
5	10	10
6	7	8
7	6	7
8	5	5

El *diagrama de dispersión* se construye graficando cada par de puntuaciones en un espacio o plano bidimensional. Sujeto "1" tuvo 3 en X y 4 en Y:

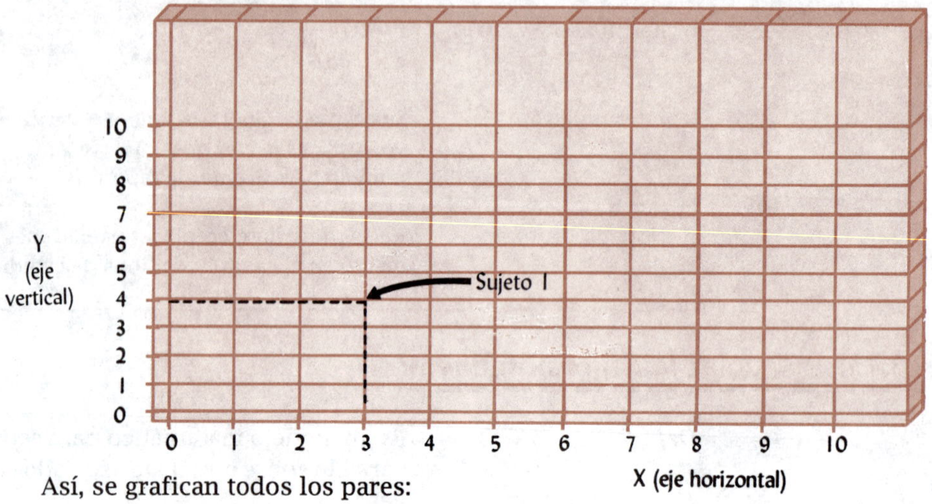

Así, se grafican todos los pares:

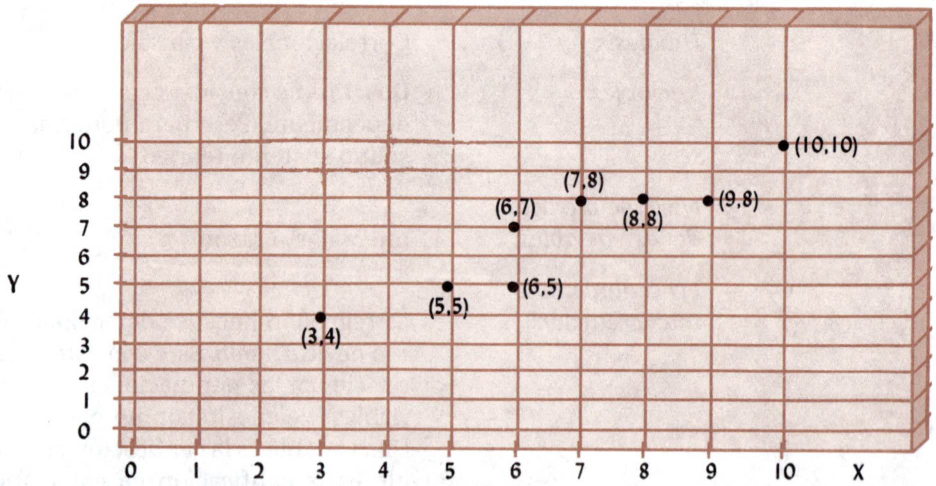

Los *diagramas de dispersión* son una manera de visualizar gráficamente una correlación. Por ejemplo:

Correlación positiva muy fuerte: la tendencia es ascendente, altas puntuaciones en X, altas puntuaciones en Y.

Correlación negativa considerable

Ausencia de correlación

Así, cada punto representa un caso y un resultado de la intersección de las puntuaciones en ambas variables.

El diagrama de dispersión puede ser resumido a una línea (producto de las medias de las puntuaciones).

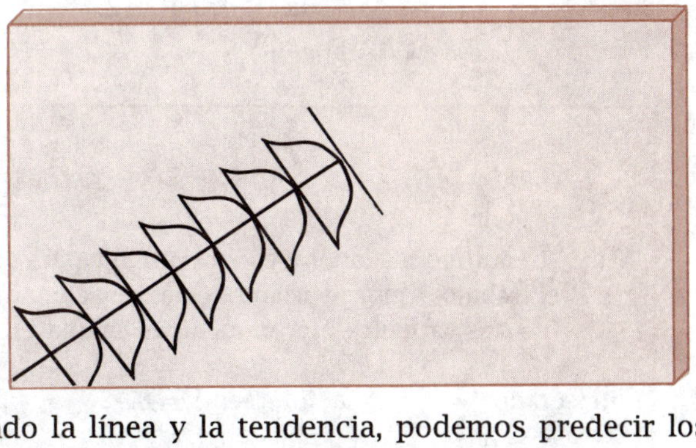

Conociendo la línea y la tendencia, podemos predecir los valores de una variable conociendo los de la otra variable.

Esta línea se expresa mediante la *ecuación de regresión lineal*:

$$Y = a + bX$$

Donde "Y" es un *valor de la variable dependiente* que se desea predecir, "a" es la *ordenada* en el origen y "b" la *pendiente* o inclinación.

Los programas y paquetes de análisis estadístico de computadora que incluyen la *regresión lineal* proporcionan los datos de "a" y "b".

"a" o "*intercept*" y "b" o "*slope*".

Para predecir un valor de "Y" se sustituyen los valores correspondientes en la ecuación.

Ejemplo

a (intercept) = 1.2
b (slope) = 0.8

Entonces podemos hacer la predicción: ¿a un valor de 7 en filosofía qué valor en estadística le corresponde?

$$Y = \underbrace{1.2}_{\text{"a"}} + \underbrace{(0.8)}_{\text{"b"}} \; \underbrace{(7)}_{\text{"X"}}$$

$$Y = 6.8$$

Predecimos que a un valor de 7 en X, le corresponderá un valor de 6.8 en Y.

Consideraciones: La *regresión lineal* es útil con relaciones lineales, no con *relaciones curvilineales* de los tipos que se muestran en la figura 10.12.

Ejemplo de la regresión lineal

Hi: "La autonomía laboral es una variable para predecir la motivación intrínseca en el trabajo. Ambas variables están relacionadas."
Las dos variables fueron medidas en una escala por intervalos de 1 a 5.

Resultado: a (intercept) = 0.42
b (slope) = 0.65

FIGURA 10.12
Ejemplos de relaciones curvilineales.

Las *relaciones curvilineales* son aquellas en las cuales la tendencia varía: primero es ascendente y luego descendente o viceversa. Por ejemplo: se ha demostrado que una estrategia persuasiva con niveles altos de apelación al temor, por ejemplo, como un comercial televisivo muy dramático, provocan una baja persuasibilidad, lo mismo que una estrategia persuasiva con niveles muy bajos de apelación al temor. La estrategia persuasiva más adecuada es la que utiliza niveles medios de apelación al temor. Esta relación es curvilineal, se representaría así:

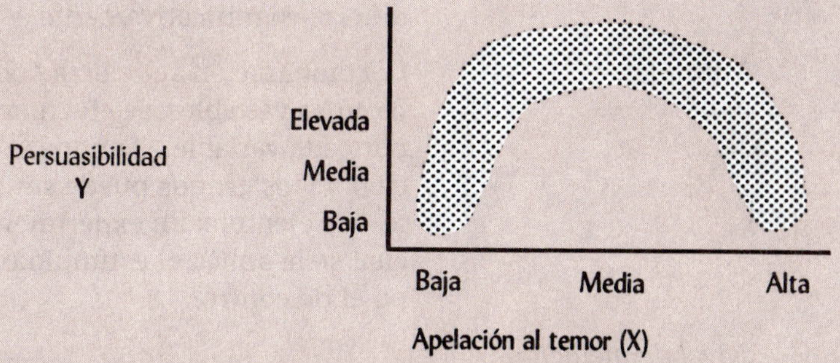

Otras gráficas de *relaciones curvilineales* serían:

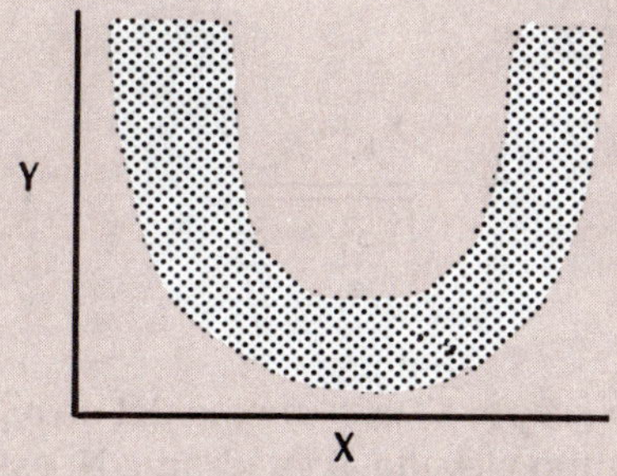

Interpretación: Cuando X (autonomía) es 1, la predicción estimada de Y es 1.07; cuando X es 2, la predicción estimada de Y es 1.72; cuando X es 3, Y será 2.37; cuando X es 4, Y será 3.02; y cuando X es 5, Y será 3.67.

$$Y = a + bX$$
$$1.07 = 0.42 + 0.65\ (1)$$
$$1.72 = 0.42 + 0.65\ (2)$$
$$2.37 = 0.42 + 0.65\ (3)$$
$$3.02 = 0.42 + 0.65\ (4)$$
$$3.67 = 0.42 + 0.65\ (5)$$

10.7.5 ¿Qué es la prueba "t"?

Definición: Es una prueba estadística para evaluar si dos grupos difieren entre sí de manera significativa respecto a sus medias.

Se simboliza: t

Hipótesis: De diferencia entre dos grupos. La hipótesis de investigación propone que los grupos difieren significativamente entre sí y la hipótesis nula propone que los grupos no difieren significativamente.

Variable: La comparación se realiza sobre una variable. Si hay diferentes variables, se efectuarán varias pruebas "t" (una por cada variable). Aunque la razón que motiva la creación de los grupos puede ser una variable independiente. Por ejemplo: un experimento con dos grupos, uno al cual se le aplica el estímulo experimental y el otro grupo el de control.

Nivel de medición de la variable: Intervalos o razón.

Interpretación: El valor "t" se obtiene en muestras grandes mediante la fórmula:

$$t = \frac{\overline{X}_1 - \overline{X}_2}{\sqrt{\frac{S_1^2}{N_1} + \frac{S_2^2}{N_2}}}$$

Donde $\overline{X}_1$ es la media de un grupo, $\overline{X}_2$ es la media del otro grupo, S_1^2 es la desviación estándar del primer grupo elevada al cuadrado, N_1 es el tamaño del primer grupo, S_2^2 es la desviación estándar del segundo grupo elevada al cuadrado y N_2 es el tamaño del segundo grupo. En realidad, el denominador es el *error estándar de la distribución muestral de la diferencia entre medias.*

Para saber si el valor "t" es significativo, se aplica la fórmula y se calculan los *grados de libertad.* La prueba "t" se basa en una distribución muestral o poblacional de diferencia de medias conocida como la distribución "t" de Student. Esta distribución es identificada por los *grados de libertad*, los cuales *constituyen el número de maneras en que los datos pueden variar libremente.* Son determinantes, ya que nos indican qué valor debemos esperar de "t" dependiendo del tamaño de los grupos que se comparan. *Entre mayor número de grados de libertad se tengan, la distribución "t" de Student se acerca más a ser una distribución normal* y usualmente, si los grados de libertad exceden los 120, la distribución normal es utilizada como una aproximación adecuada de la distribución "t" de Student (Wiersma, 1986).

Los *grados de libertad* se calculan así:

$$gl = (N_1 + N_2) - 2$$

N_1 y N_2 son el tamaño de los grupos que se comparan.

Una vez calculados el valor "t" y los grados de libertad, se elige el *nivel de significancia* y se compara el valor obtenido contra el valor que le correspondería en la Tabla 2 del Apéndice 5 (*tabla de la distribución "t" de Student*). Si el valor calculado es igual o mayor al que aparece en la tabla, se acepta la hipótesis de investigación. Pero si es menor, se acepta la hipótesis nula.

En la tabla se busca el valor con el cual vamos a comparar el que hemos calculado, basándonos en el nivel de confianza elegido (0.05 o 0.01) y los grados de libertad. La tabla contiene los niveles de confianza como columnas y los grados de libertad como renglones. Los niveles de confianza adquieren el significado del que se ha hablado (el .05 significa 95% de que los grupos en realidad difieran significativamente entre sí y 5% de posibilidad de error).

Cuanto mayor sea el valor "t" calculado respecto al valor de la tabla y menor sea la posibilidad de error, mayor será la certeza en los resultados.

Cuando el valor "t" se calcula utilizando un paquete estadístico para computadora, la significancia se proporciona como parte de los resultados y ésta debe ser menor a .05 o .01 dependiendo del nivel de confianza seleccionado.

Consideraciones: La prueba "t" puede utilizarse para comparar los resultados de una preprueba con los resultados de una postprueba en un contexto experimental. Se comparan las medias y las varianzas del grupo en dos momentos diferentes:

$(\bar{X}_1) \times (\bar{X}_2)$ O bien para comparar las prepruebas o postpruebas de dos grupos que participan en un experimento:

X $(\bar{X}_1)$

$(\bar{X}_2)$ "t"

O son las postpruebas

Ejemplos

Hi: "Los varones le atribuyen mayor importancia al atractivo físico en sus relaciones heterosexuales que las mujeres."

Ho: "Los varones no le atribuyen más importancia al atractivo físico en sus relacioes heterosexuales que las mujeres."
La variable atractivo físico fue medida a través de una prueba estandarizada y el nivel de medición es por intervalos. La escala varía de 0 a 18.
La hipótesis se somete a prueba con los estudiantes de clase media de dos universidades de la ciudad de Monterrey.

N_1 (hombres) = 128
N_2 (mujeres) = 119

Resultados:

$\overline{X}_1$ (hombres = 15
$\overline{X}_2$ (mujeres) = 12
S_1 (hombres) = 4
S_2 (mujeres) = 3

$$t = \frac{15 - 12}{\sqrt{\frac{(4)^2}{128} + \frac{(3)^2}{119}}}$$

t = 6.698
Gl = (128 + 119) - 2
Gl = 245

Al acudir a la tabla de la distribución "t" de Student (Apéndice 5, Tabla 2), buscamos los grados de libertad correspondientes y elegimos en la columna de "gl", el renglón "α", que se selecciona siempre que se tienen más de 200 grados de libertad. La tabla contiene los siguientes valores:

Gl	.05	.01
α (mayor de 200)	1.645	2.326

Nuestro valor calculado de "t" es 6.698, resulta superior al valor de la tabla en un nivel de confianza de .05 (6.698 > 1.645). Entonces, la conclusión es que aceptamos la hipótesis de investigación y rechazamos la nula. Incluso, el valor "t" calculado es superior en un nivel de confianza del .01 (6.698 > 2.326).

Comentario: Efectivamente, en el contexto de la investigación, los varones le atribuyen más importancia al atractivo físico en sus relaciones heterosexuales que las mujeres.

Si tuviéramos 60 grados de libertad y un valor "t" igual a 1.87, al comparar este valor con los de la tabla obtendríamos:

GL	.05	.01
60	1.6707	2.390

El valor "t" calculado es menor a los valores de la tabla. Se *rechaza la hipótesis de investigación y se acepta la hipótesis nula.*

10.7.6 ¿Qué es la prueba de diferencia de proporciones?

Definición: Es una prueba estadística para analizar si dos proporciones difieren significativamente entre sí.

Hipótesis: De diferencia de proporciones en dos grupos.

Variable: La comparación se realiza sobre una variable. Si hay varias, se efectuará una prueba de diferencia de proporciones por variable.

Nivel de medición de la variable: Intervalos o razón, expresados en proporciones o porcentajes.

Procedimiento e interpretación: Se obtienen las proporciones de los grupos. Se aplica la siguiente fórmula:

$$Z = \frac{P_1 - P_2}{\sqrt{\frac{P_1 q_1}{N_1} + \frac{P_2 q_2}{N_2}}}$$

$$q_1 = 1 - P_1$$
$$q_2 = 1 - P_2$$

La puntuación "z" resultante se compara con la puntuación "z" de la distribución de puntuaciones "z" (normal) que corresponda al nivel de confianza elegido. El valor calculado de "z" (resultante de aplicar la fórmula) debe ser igual o mayor que el valor de la tabla de áreas bajo la curva normal correspondiente (Tabla 1, Apéndice 5). Si es igual o mayor, se acepta la hipótesis de investigación. Si es menor, se rechaza.

Ejemplo

Hi: "El porcentaje de liberales en la ciudad de Arualm es mayor que en Linderbuck"

% de liberales en Arualm	*% de liberales en Linderbuck*
55%	48%
$N_1 = 410$	$N_2 = 301$

Los porcentajes se transforman en proporciones y se calculan q_1 y q_2:

Arualm	*Linderbuck*
$P_1 = 0.55$	$P_2 = 0.48$
$N_1 = 410$	$N_2 = 301$
$q_1 = 1 - .55 = 0.45$	$q_2 = 1 - .48 = 0.52$

$\alpha = .05 = 1.96$ z (puntuación "z" que como se ha explicado anteriormente corresponde al nivel alfa del .05)

$$Z = \frac{0.55 - 0.48}{\sqrt{\frac{(.55)(.45)}{410} + \frac{(.48)(.52)}{301}}} = 1.56$$

Como la "z" calculada es menor a 1.96 (nivel alfa expresado en una puntuación "z"), aceptamos la hipótesis nula y rechazamos la de investigación.

10.7.7 ¿Qué es el análisis de varianza unidireccional? (*one way*)

Definición: Es una prueba estadística para analizar si más de dos grupos difieren significativamente entre sí en cuanto a sus medias y varianzas. *La prueba "t"* es utilizada para *dos grupos* y el *análisis de varianza unidireccional* se usa para *tres, cuatro o más grupos.* Y aunque con dos grupos, el análisis de varianza unidireccional se puede utilizar, no es una práctica común.

Hipótesis: De diferencia entre más de dos grupos. La hipótesis de investigación propone que los grupos difieren significativamente entre sí y la hipótesis nula propone que los grupos no difieren significativamente.

Variables: Una variable independiente y una variable dependiente.

Nivel de medición de las variables: La variable independiente es categoría y la dependiente es por intervalos o razón.

El que la variable independiente sea categórica significa que se pueden formar grupos diferentes. Puede ser una variable nominal, ordinal, por intervalos o de razón (pero en estos últimos dos casos la variable debe reducirse a categorías).
Por ejemplo:

— Religión.
— Nivel socioeconómico (muy alto, alto, medio, bajo y muy bajo).
— Antigüedad en la empresa (de 0 a 1 año, más de un año a cinco años, más de cinco años a diez, más de diez años a 20 y más de 20 años).

Interpretación: El *análisis de varianza unidireccional* produce un valor conocido como "*F*" o *razón "F"*, que se basa en una distribución muestral, conocida como la *distribución F*, que es otro miembro de la familia de distribuciones muestrales. La *razón "F"* compara las variaciones en las puntuaciones debidas a dos diferentes fuentes: variaciones entre los grupos que se comparan y variaciones dentro de los grupos.

Si los grupos difieren realmente entre sí, sus puntuaciones variarán más de lo que puedan variar las puntuaciones entre los integrantes de un mismo grupo. Veámoslo con un ejemplo cotidiano. Si tenemos tres familias "A", "B" y "C". La

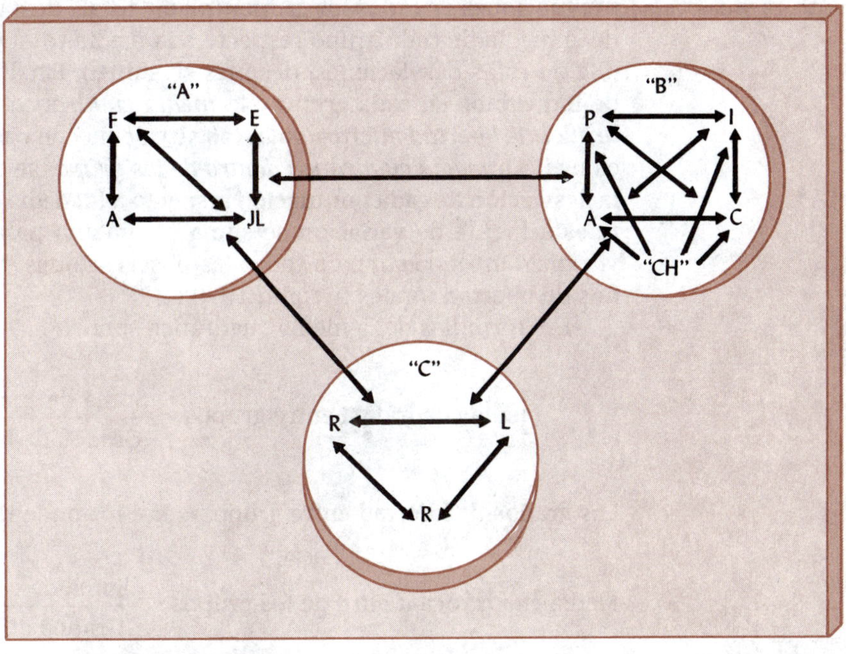

familia "A" está integrada por Felipe, Angélica, Elena y José Luis. La familia "B" está compuesta por Chester, Pilar, Íñigo, Alonso y Carlos. Y la familia "C" está integrada por Rodrigo, Laura y Roberto. ¿Qué esperamos? Pues que los integrantes de una familia se parezcan más entre sí que a los miembros de otra familia. Esto podría graficarse como en la página anterior.

Es decir, esperamos *homogeneidad* intrafamilias y *heterogeneidad* interfamilias.

¿Qué sucedería si los miembros de las familias se parecieran más a los integrantes de las otras familias que a los de la suya propia? Quiere decir que no hay diferencia entre los grupos (en el ejemplo, familias).

Esta misma lógica se aplica a la *razón "F"*, la cual nos indica si las diferencias entre los grupos son mayores que las diferencias intragrupos (dentro de éstos). Estas diferencias son medidas en términos de varianza. La *varianza* es una medida de dispersión o variabilidad alrededor de la media y es calculada en términos de desviaciones elevadas al cuadrado. Recuérdese que la *desviación estándar* es un promedio de desviaciones respecto a la media $(X - \bar{X})$ y la *varianza es un promedio de desviaciones respecto a la media elevadas al cuadrado* $(X - \bar{X})^2$. La varianza por eso se simboliza como "S^2" y su *fórmula* es $\sum(X - \bar{X})^2/N$. Consecuentemente, la *razón "F"*, que es una razón de varianzas, se expresa así:

$$F = \frac{\text{Media cuadrática entre los grupos}}{\text{Media cuadrática dentro de los grupos}}$$

Donde *media cuadrática* implica un promedio de varianzas elevadas al cuadrado. La *media cuadrática entre los grupos* se obtiene calculando la media de las puntuaciones de todos los grupos (media total), después se obtiene la desviación de la media de cada grupo respecto a la media total y se eleva al cuadrado cada una de estas desviaciones, después se suman. Finalmente se sopesa el número de individuos en cada grupo y la *media cuadrática* se obtiene con base en los *grados de libertad intergrupales* (no se calcula con base en el número de puntuaciones). La *media cuadrática dentro de los grupos* se calcula obteniendo primero la desviación de cada puntuación respecto a la media de su grupo, posteriormente esta fuente de variación se suma y combina para obtener una media de la *varianza intragrupal* para todas las observaciones, tomando en cuenta los grados de libertad totales (Wright, 1979).

Las fórmulas de la media cuadrática son:

$$\text{Media cuadrática entre grupos} = \frac{\text{Suma de cuadrados entre grupos}}{\text{Grados de libertad entre grupos}}$$

Los grados de libertad entre grupos = K – 1 (donde K es el número de grupos).

$$\text{Media cuadrática } \textit{dentro} \text{ de los grupos} = \frac{\text{Suma de cuadrados intragrupos}}{\text{Grados de libertad intragrupos}}$$

Los *grados de libertad intragrupos* = N — K (N es el tamaño de la muestra, la suma de los individuos de todos los grupos y K recordemos que es el número de grupos).

Para el procedimiento de cálculo manual de la *razón "F"* se recomiendan Levin (1979) o cualquier texto de estadística social.

Pues bien, *cuando "F" resulta significativa, quiere decir que los grupos difieren significativamente entre sí. Es decir, se acepta la hipótesis de investigación y se rechaza la hipótesis nula.*

Cuando se efecúa el *análisis de varianza* por medio de un programa de computadora o se utiliza un paquete estadístico, se genera una tabla de resultados con los elementos de la tabla 10.7.

El valor α (*alfa*) o probabilidad a elegir es una vez más .05 o .01. Si es menor que .05 es significativo a este nivel, y si es menor que .01 es significativo también a este nivel. Cuando el programa o paquete estadístico no incluye la significancia se acude a la *Tabla 3 del Apéndice 5 (tabla de la distribución "F")*. Esta tabla contiene una lista de razones significativas (razones "F") que debemos obtener para poder aceptar la hipótesis de investigación en los niveles de confianza de .05 y .01. Al igual que en caso de la razón "t" el valor exacto de "F" que debemos obtener depende de sus grados de libertad asociados. Por lo tanto, la utilización de la tabla se inicia buscando los dos *valores gl, los grados de libertad entre los grupos y los grados de libertad intragrupos.* Los grados de libertad entre grupos se indican en la parte superior de la página, mientras que los grados de libertad entre grupos se indican en la parte superior de la página, mientras que los grados de libertad intragrupos se han colocado al lado izquierdo de la tabla. El cuerpo de la tabla de la distribución "F" presenta *razones "F"* significativas a los *niveles de confianza de .05 y .01.*

Si "F" = 1.12
Gl entre = 2
Gl intra = 60

TABLA 10.7
Elementos para interpretar un análisis de varianza unidireccional realizado con un paquete estadístico.

FUENTE DE VARIACIÓN (*SOURCE*)	SUMAS DE CUADRADOS (*SUMS OF SQUARES*)	GRADOS DE LIBERTAD (*DEGREES OF FREEDOM*)	MEDIAS CUADRÁTICAS (*MEAN SQUARES*)	RAZÓN "F" (*F-RATIO*)	SIGNIFICANCIA DE "F" (*F PROB.*)
Entre grupos (*between groups*)	SS entre	Gl entre	SS entre /Gl entre	$\frac{M\,C\ \text{entre}}{M\,C\ \text{intra}}$	α
Intragrupos (*within groups*)	SS intra	Gl intra	SS intra/Gl intra		
Total	SS entre + SS intra	Gl entre + Gl intra			

Este *valor "F"* se compara con el valor que aparece en la tabla de la distribución "F" que es 3.15 y como *el valor "F"* calculado es menor al de dicha tabla, rechazaríamos la hipótesis de investigación y aceptaríamos la hipótesis nula. Para que el *valor "F"* calculado sea significativo debe ser igual o mayor al de la tabla.

Ejemplo

Hi: "Los niños que se expongan a contenidos de elevada violencia televisiva exhibirán una conducta más agresiva en sus juegos, respecto a los niños que se expongan a contenidos de mediana o baja violencia televisada."

Ho: "Los niños que se expongan a contenidos de elevada violencia televisiva no exhibirán una conducta más agresiva en sus juegos, respecto a los niños que se expongan a contenidos de mediana o baja violencia televisada."

La variable independiente es el grado de exposición a la violencia televisada y la variable dependiente es la agresividad exhibida en los juegos, medida por el número de conductas agresivas observadas (intervalos).

Para probar la hipótesis se diseña un experimento con tres grupos:

G_1 X_1	(elevada violencia)	0	Número de actos agresivos
G_2 X_2	(mediana violencia)	0	
G_3 X_3	(baja violencia)	0	
G_4 —	(conducta prosocial)	0	

En cada grupo hay 25 niños.

La *razón "F" resultó significativa: se acepta la hipótesis de investigación.* La diferencia entre las medias de los grupos es significativa, el contenido altamente violento tiene un efecto sobre la conducta agresiva de los niños en sus juegos. El estímulo experimental tuvo un efecto. Esto se corrobora comparando las medias de las postpruebas de los cuatro grupos. Porque el análisis de varianza unidireccional solamente nos señala si la diferencia entre las medias y las distribuciones de los grupos es o no significativa, pero no nos indica en favor de qué grupos lo es, esto puede hacerse comparando las medias y las distribuciones de los grupos. Y si adicionalmente queremos comparar cada par de medias ($\bar{X}_1$ con $\bar{X}_2$, $\bar{X}_1$ con $\bar{X}_3$, $\bar{X}_2$ con $\bar{X}_3$, etcétera) y determinar exactamente dónde están las diferencias significativas, podemos aplicar un contraste a *posteriori*, calculando una prueba "t" para cada par de medias o bien, a través de algunas estadísticas que suelen ser parte de los análisis efectuados mediante paquetes estadísticos para computadoras. Estas estadísticas se incluyen en la figura 10.13.

TABLA 10.8
Ejemplo hipotético de resultados de la tabla 10.7.

FUENTE DE VARIACIÓN	SUMAS DE CUADRADOS	GRADOS DE LIBERTAD	MEDIAS CUADRÁTICAS	RAZÓN "F"	SIGNIFICANCIA DE "F"
Entre grupos	150.18	3	50.06		
Intragrupos	857.64	96	8.93	5.6	0.001
Total	1007.82	99			

FIGURA 10.13
Estadísticas para contrastes *a posteriori* en el análisis de varianza unidireccional, realizado con el paquete estadístico más conocido en Latinoamérica: SPSS.[53]

Nombre	*Abreviatura*	*Nivel de confianza en que se utiliza*
— Diferencia significativa mínima	LSD	Cualquier nivel
— La prueba de Duncan de múltiples rangos	DUNCAN	.10, .05, .01
— Student-Newman-Kenls	SNK	.05
— Procedimiento alternativo de Tukey	TUKEYB	.05
— Diferencia significativa honesta	TUKEY (o DSH en algunos paquetes en español)	.05
— LSD modificado	LSDMOD	Cualquier nivel
— Procedimiento de Scheffe	SCHEFFE	Cualquier nivel

10.7.8 ¿Qué es el análisis factorial de varianza? (ANOVA) (análisis de varianza de k direcciones)

Definición:

Es una prueba estadística para elevar el efecto de dos o más variables independientes sobre una variable dependiente.

Responde a esquemas del tipo:

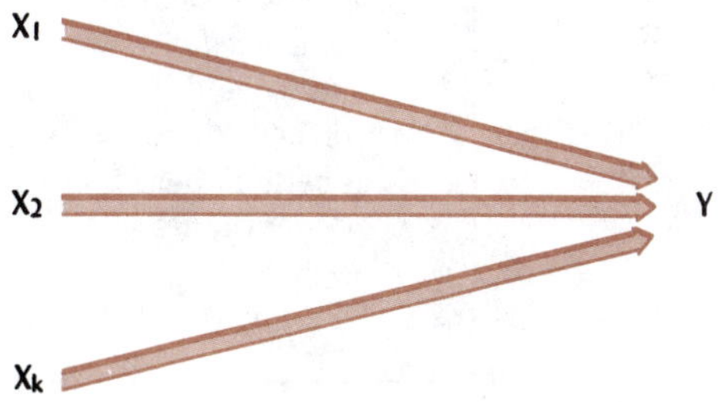

Constituye una extensión del análisis de varianza unidireccional, solamente que incluye más de una variable independiente. Evalúa los efectos por separado de cada variable independiente y los efectos conjuntos de dos o más variables independientes.

[53] Paquete Estadístico para las Ciencias Sociales, el cual se comentará cuando se hable de paquetes estadísticos.

Variables:	Dos o más variables independientes y una dependiente.
Nivel de medición de las variables:	La variable dependiente (criterio) debe estar medida en un nivel por intervalos o razón, y las variables independientes (factores) pueden estar en cualquier nivel de medición, pero expresadas de manera categórica.

Interpretación y ejemplo

Hi: "La similitud en valores, la atracción física y el grado de retroalimentación positiva son factores que inciden en la satisfacción sobre la relación en parejas de novios cuyas edades oscilan entre los 24 y los 32 años."

El ANOVA efectuado mediante un paquete estadístico para computadora produce los siguientes elementos básicos:

- *Fuente de la variación* (*source of variation*). Que es el factor que origina variación en la variable dependiente. Si una fuente no origina variación en la dependiente, no tiene efectos.
- *Efectos principales* (*main effects*). Es el efecto de cada variable independiente por separado, no está contaminado del efecto de otras variables independientes ni de error. La suma de todos los efectos principales suele proporcionarse.
- *Interacciones de dos direcciones* (*2-way interactions*). Representa el efecto conjunto de dos variables independientes, aislado de los demás posibles efectos de las variables independientes (individuales o en conjuntos). La suma de los efectos de todas estas interacciones suele proporcionarse.
- *Interacciones de tres direcciones* (*3-way interactions*). Constituye el efecto conjunto de tres variables independientes, aislado de otros efectos. La suma de los efectos de todas estas interacciones suele proporcionarse.
- Puede haber efecto de K-direcciones, dependiendo del número de variables independientes.

En nuestro ejemplo, tenemos los resultados que se muestran en la tabla 10.9.

Como podemos ver en la tabla 10.9, la similitud, la atracción y la retroalimentación tienen un efecto significativo sobre la satisfacción en la relación. Respecto a los efectos de dos variables independientes conjuntas, sólo la similitud y la atracción tienen un efecto, y hay un efecto conjunto de las tres variables independientes. La hipótesis de investigación se acepta y la nula se rechaza. Asimismo, se recuerda al lector que en el capítulo 6 sobre diseños experimentales (en el apartado sobre diseños factoriales) se explica la noción de interacción entre variables independientes. Y cabe agregar que el ANOVA es un método estadístico propio para los diseños experimentales factoriales.

TABLA 10.9
Ejemplo de resultados en el ANOVA.

VARIABLE DEPENDIENTE: SATISFACCIÓN EN LA RELACIÓN					
FUENTE DE VARIACIÓN (*SOURCE OF VARIATION*)	SUMA DE CUADRADOS (*SUMS OF SQUARES*)	GRADOS DE LIBERTAD (*DEGREES OF FREEDOM*)	MEDIAS CUADRÁTICAS (*MEAN SQUARES*)	RAZÓN "F"	SIGNIFICANCIA DE "F"
— Efectos principales					
(*main effects*)	—	—	—	22.51	0.001**
SIMILITUD	—	—	—	31.18	0.001**
ATRACCIÓN	—	—	—	21.02	0.001**
RETROALIMENTACIÓN	—	—	—	11.84	0.004**
— Interacción de dos direcciones					
(*2-way interactions*)	—	—	—	7.65	0.010*
SIMILITUD	—	—	—	4.32	0.040*
ATRACCIÓN					
SIMILITUD	—	—	—	2.18	0.110
RETROALIMENTACIÓN					
ATRACCIÓN	—	—	—	1.56	0.190
RETROALIMENTACIÓN					
— Interacción de tres direcciones					
(*3-way interaction*)	—	—	—	8.01	0.020*
SIMILITUD	—	—	—	8.01	0.020*
ATRACCIÓN					
RETROALIMENTACIÓN	—	—	—		
— Residual	—	—	—		
— Total	—	—	—		

Nota: A los estudiantes que se inician en el ANOVA normalmente les interesa saber si las razones "F" resultaron o no significativas; por ello sólo se incluyen estos valores. Y para quien se inicia en este análisis los autores recomiendan concentrarse en ello y evitar confusiones. Desde luego, el investigador experimentado acostumbra estudiar todos los valores.

** — Razón "F" significativa al nivel del .01 ($p < .01$)

* — Razón "F" significativa al nivel del .05 ($p < .05$)

10.7.9 ¿Qué es el análisis de covarianza?

Definición: Es una prueba estadística que analiza la relación entre una variable dependiente y dos o más independientes, eliminando y controlando el efecto de al menos una de estas independientes.

Perspectivas o usos: Wildt y Ahtola (1978, pp. 8-9) destacan tres perspectivas para el análisis de covarianza:

A. *Perspectiva experimental.* Se aplica a aquellas situaciones en que el interés del investigador se centra en las diferencias observadas en la variable dependiente a través de las categorías de la variable independiente (o variables independientes). Pero el experimentador asume que hay otras variables independientes cuantitativas que contaminan la relación y cuya influencia debe ser controlada. Es decir, se tiene el siguiente esquema:

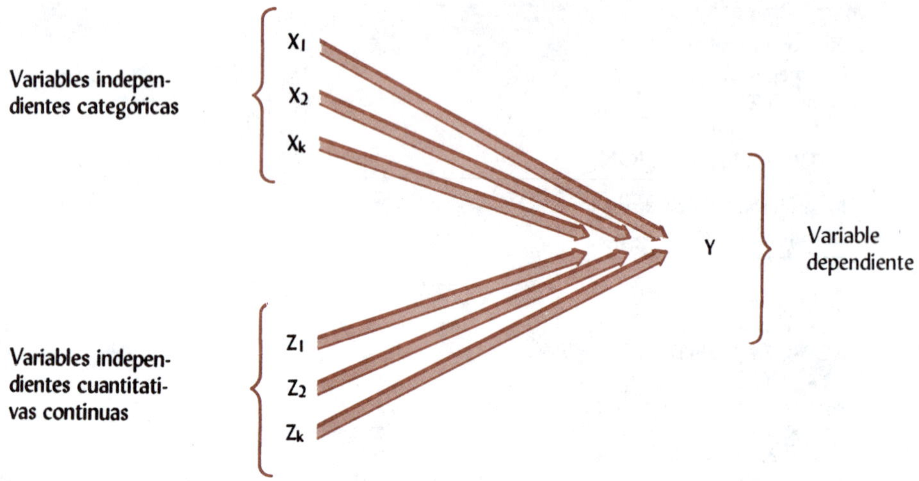

Y el investigador únicamente se interesa por conocer la relación entre las variables independientes categóricas y la variable dependiente. Deseando remover y controlar el efecto de las variables independientes cuantitativas no categóricas. Es decir, desea tener un esquema así:

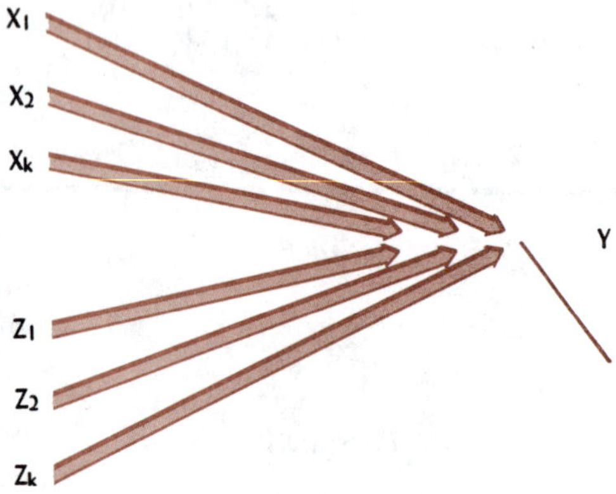

El objetivo es "purificar la relación entre las independientes categóricas y la dependiente, controlando el efecto de las independientes no categóricas o continuas.

Ejemplos de variables independientes categóricas serían: sexo (masculino, femenino), inteligencia (alta, media, baja), ingreso (menos de 1 salario mínimo, 2 a 4 salarios mínimos, 5 a 10 salarios mínimos, 11 o más salarios mínimos). Los niveles de medición nominal y ordinal son categóricos en sí mismos, y los niveles de intervalos y razón deben transformarse en categorías más discretas. Estos últimos son en sí: cuantitativos, continuos y de categorías múltiples continuas. Por ejemplo, el ingreso en su estado natural varía la categoría 0 hasta la categoría $(K)^k$, puede haber millones de categorías.

Variable categórica — unas cuantas categorías o un rango medio.
Variable continua — muchas categorías (a veces una infinidad).

A dichas variables independientes cuantitativas continuas, cuya influencia se remueve y controla, se les denomina "covariables". Una covariable es incluida en el análisis para remover su efecto sobre la variable dependiente e incrementar el conocimiento de la relación entre las variables independientes categóricas y la dependiente, aumentando la precisión del análisis.

En esta perspectiva, el *análisis de covarianza* puede ser concebido primero como un ajuste en la variable dependiente respecto a diferencias en la covariable o covariables y, posteriormente, como una evaluación de la relación entre las variables independientes categóricas y los valores ajustados de la variable dependiente (Wildt y Ahtola, 1978).

B. *Perspectiva de interés por la covariable.* Esta perspectiva es ejemplificada por aquellas instancias en las cuales el interés principal se centra en analizar la relación entre la variable dependiente y la covariable (variable cuantitativa continua) o covariables. Aquí el enfoque es distinto, la influencia que se remueve es la de las variables independientes categóricas. Primero se controla el efecto (en este caso contaminante) de estas variables y después se analiza el efecto "purificado" de las covariables.

C. *Perspectiva de regresión.* En esta tercera perspectiva, tanto las variables independientes categóricas como las covariables resultan de interés para el investigador, quien puede desear examinar el efecto de cada variable independiente (covariables y no covariables, todas) y después ajustar o corregir los efectos de las demás variables independientes.

En cualquier caso, el *análisis de covarianza elimina ifluencias no deseadas sobre la variable dependiente.* Se puede utilizar en *contextos experimentales y no experimentales.*

Wildt y Ahtola (1978, p. 13) definen algunos usos del análisis de covarianza:

1. *Incrementar la precisión en experimentos* con asignación al azar.
2. *Eliminar influencias extrañas o contaminantes* que pueden resultar cuando las pruebas y/o individuos no pueden ser asignados al azar a las diferentes condiciones experimentales (grupos de un experimento).
3. *Eliminar efectos de variables que confundan* o distorsionen la interpretación de resultados en estudios no experimentales.

Nivel de medición de las variables: La *variable dependiente* siempre está *medida por intervalos o razón* y las *variables independientes* pueden estar *medidas en cualquier nivel.* Aunque las *covariables* deben *medirse* en un *nivel de intervalos o razón.*

Interpretación: Dependiendo de cada caso específico, el análisis de covarianza efectuado mediante un paquete estadístico de computadora produce una tabla de resultados muy parecida a la del análisis de varianza. Los elementos más comunes de la tabla son:

Fuente de variación (source of variation)	*Sumas de cuadrados y productos cruzados (sum of squares y cross products)*	*Sumas de cuadrados ajustados (adjusted sum of squares)*	*Grados de libertad (degrees of freedom)*	*Medias cuadráticas ajustadas (adjusted mean square)*	*Razón "F" (F-ratio)*	*Significancia (F prob.)*

La *razón "F"* es, igual que en análisis de varianza, una razón de varianzas. El razonamiento estadístico es el mismo y "F" se interpreta igual, incluso se utiliza la misma tabla de la distribución "F" (Tabla 3, Apéndice 5). Solamente que las inferencias y conclusiones se hacen tomando en cuenta que las medias de la variable dependiente a través de las categorías de las variables independientes han sido ajustadas, eliminando el efecto de la covariable.

Ejemplo

Hi: "Los trabajadores que reciban retroalimentación verbal sobre el desempeño de parte de su supervisor, mantendrán un nivel mayor de productividad que los trabajadores que reciban retroalimentación sobre el desempeño por escrito y que los trabajadores que no reciban ningún tipo de retroalimentación."

$$\text{Hi } \bar{X}_1 > \bar{X}_2 \quad — \quad \bar{X}_3$$

(verbal) (por escrito) (ausencia)

El investigador plantea un diseño experimental para intentar probar su hipótesis. Sin embargo, no puede asignar aleatoriamente a los trabajadores a los tres grupos de experimento. El diseño sería con grupos intactos (cuasiexperimental) y se podría esquematizar:

G_1	X_1	$\bar{X}_1$
G_2	X_2	$\bar{X}_2$
G_3	—	$\bar{X}_3$

Asimismo, el investigador sabe que hay un factor que puede contaminar los resultados (actuar como fuente de invalidación interna): la motivación. Diferencias iniciales en motivación pueden invalidar el estudio. Como no hay asignación al azar no se puede saber si los resultados se ven influidos por dicho factor. Entonces, el experimentador decide eliminar y controlar el efecto de la motivación sobre la productividad, para conocer los efectos de la variable independiente: tipo de retroalimentación. La motivación se convierte en covariable.

El esquema es:

Retroalimentación ⟶ Productividad
(Variable independiente categórica) (Variable dependiente)

Motivación (covariable)

Cabe destacar que, para poder introducir una *covariable* en el análisis, debe ser medida preferiblemente antes del inicio del experimento.

El *análisis de covarianza* "quita" a la variabilidad de la dependiente lo que se debe a la *covariable. Ajusta la varianza de la variable dependiente* en *las categorías de la independiente*, basándose en la covariable. En el ejemplo, ajusta la varianza de la productividad debida a la motivación, en las categorías experimentales (tratamiento o grupos). El ajuste se realiza sobre la base de la correlación entre la covariable y la dependiente. Esto se muestra esquemáticamente en la figura 10.14.

Una vez realizado el *análisis de covarianza*, se evalúa si "*F*" es o no significativa. Cuando "*F*" *resulta significativa se acepta la hipótesis de investigación.*

Si el resultado fuera:

$$G_1 = 35$$
$$G_2 = 36$$

La correlación entre la calificación en motivación y las puntuaciones en productividad es la base para el ajuste.

$G_3 = 38$
Gl entre = K - 1 = 3 - 1 = $\boxed{2}$
Gl intra = N - K = $\boxed{109}$
F = 1.70

Comparamos con el valor de la tabla que a .05 es igual a 3.07: nuestra razón "F" 1.70 es menor a este valor.

Por lo tanto, rechazamos la hipótesis de investigación y aceptamos la hipótesis nula. Esto se contrasta con las medias ajustadas de los grupos que proporcione el análisis de covarianza (no las medias obtenidas en el experimento por cada grupo, sino las ajustadas con base en la covariable).

10.8 ANÁLISIS NO PARAMÉTRICOS

10.8.1 ¿Cuáles son las presuposiciones de la estadística no paramétrica?

Para realizar análisis no paramétricos debe partirse de las siguientes consideraciones:

1. La mayoría de *estos análisis no requieren de presupuestos acerca de la forma de la distribución poblacional.* Aceptan distribuciones no normales.
2. Las *variables no necesariamente deben estar medidas en un nivel por intervalos o de razón*, pueden analizar datos nominales u ordinales. De hecho, si se quieren aplicar análisis no paramétricos a datos por intervalos o razón, éstos deben ser resumidos a categorías discretas (a unas cuantas). Las variables deben ser categóricas.

FIGURA 10.14 Ejemplo de un diseño de investigación que utiliza el análisis de covarianza como instrumento para ajustar diferencias en motivación entre los grupos.

	Covariable	*Variable independiente*	*Variable dependiente*
	Calificación en motivación	Tipo de retroalimentación	Puntuaciones en productividad ajustadas por la covariable
G_1	0	X_1	0
G_2	0	X_2	0
G_3	0	—	0

10.8.2 ¿Cuáles son los métodos o pruebas estadísticas no paramétricas más utilizadas?

Las *pruebas no paramétricas más utilizadas* son:

1. La ji cuadrada o χ^2.
2. Los coeficientes de correlación e independencia para tabulaciones cruzadas.
3. Los coeficientes de correlación por rangos ordenados de Spearman y Kendall.

10.8.3 ¿Qué es la ji cuadrada o χ^2?

Definición: Es una prueba estadística para evaluar hipótesis acerca de la relación entre dos variables categóricas.

Se simboliza: χ^2.

Hipótesis a probar: Correlacionales.

Variables involucradas: Dos. La prueba ji cuadrada no considera relaciones causales.

Nivel de medición de las variables: Nominal u ordinal (o intervalos o razón reducidas a ordinales).

Procedimiento: La *ji cuadrada* se calcula por medio de una *tabla de contingencia o tabulación cruzada*, que es una tabla de dos dimensiones y cada dimensión contiene una variable. A su vez, cada variable se subdivide en dos o más categorías.

Un ejemplo de una tabla de contingencia se presenta en la figura 10.15.

La figura 10.15 demuestra el concepto de *tabla de contingencia* o tabulación cruzada. Las variables aparecen señaladas a los lados de la tabla, cada una con sus

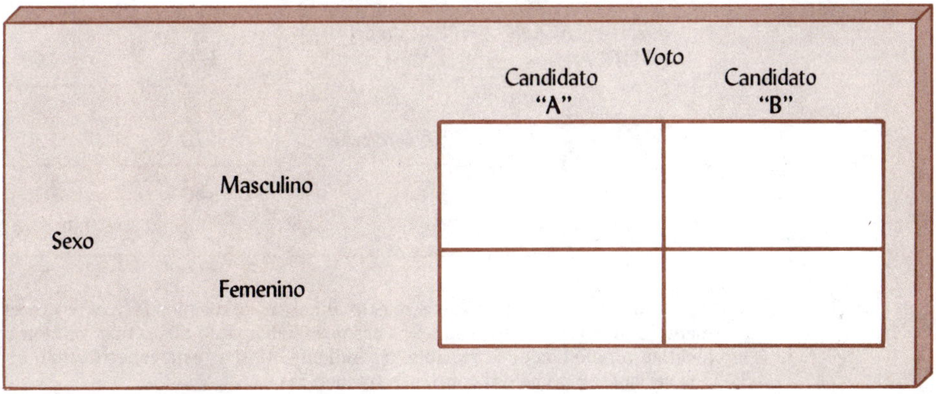

FIGURA 10.15 Ejemplo de una tabla de contingencia.

dos categorías. Se dice que se trata de una tabla 2 × 2, donde cada dígito significa una variable y el valor de éste indica el número de categorías de la variable:[54]

2	×	2
↑		↑
Una variable con dos categorías		Otras variables con dos categorías

Un ejemplo de una tabla de contingencia 2 × 3 se muestra en la tabla 10.10.

En la tabla de contingencia se anotan las *frecuencias observadas* en la muestra de la investigación, como ocurre en la tabla 10.10.

Posteriormente, se calculan las *frecuencias esperadas* para cada celda. En esencia, la *ji cuadrada* es una *comparación* entre la *tabla de frecuencias observadas* y la denominada *tabla de frecuencias esperadas*, la cual constituye la tabla que esperaríamos encontrar si las variables fueran estadísticamente independientes o no estuvieran relacionadas (Wright, 1979). La *ji cuadrada* es una prueba que parte del supuesto de "no relación entre variables" y el investigador evalúa si en su caso esto es cierto o no, analizando si sus frecuencias observadas son diferentes de lo que pudiera esperarse en caso de ausencia de correlación. La lógica es así: "Si no hay relación entre las variables, debe tenerse una tabla así (la de las frecuencias esperadas). Si hay relación, la tabla que obtengamos como

TABLA 10.10
Ejemplo de una tabla de contingencia 2 × 3 con las frecuencias observadas incluidas.

		ZONA DEL DISTRITO ELECTORAL		
		Norte	Sur	Total
IDENTIFICACIÓN POLÍTICA	Partido Derechista	180	100	280
	Partido del Centro	190	280	470
	Partido Izquierdista	170	120	290
	Total	540	500	1 040

[54] Un concepto similar fue expuesto al hablar de diseños factoriales en el capítulo 6 sobre experimentos, solamente que en aquellos casos se hablaba de dos o más variables y las celdas o recuadros incluían promedios de la variable dependiente. Aquí se está especificando que se trata únicamente de dos variables y las celdas contienen frecuencias.

resultado en nuestra investigación debe ser muy diferente respecto a la tabla de frecuencias esperadas."

La frecuencia esperada de cada celda, casilla o recuadro, se calcula mediante la siguiente *fórmula aplicada a la tabla de frecuencias observadas.*

$$\text{fe} = \frac{\text{(Total o marginal de renglón)(total o marginal de columna)}}{\text{N}}$$

Donde "N" es el número total de frecuencias observadas.

Para la primera celda (zona norte y partido derechista) la frecuencia esperada sería:

$$\text{fe} = \frac{(280)(540)}{1\ 040} = 145.4$$

Veamos de dónde salieron los números:

		280 total de renglón
540		1 040 N

Total de columna

Para el ejemplo de la tabla 10.10, la tabla de frecuencias esperadas sería la de la tabla 10.11.

TABLA 10.11
Tabla de frecuencias esperadas para la tabla 10.10.

145.4	134.6	280
244.0	226.0	470
150.6	139.4	290
540	500	1 040

Una vez obtenidas las frecuencias esperadas, se aplica la siguiente *fórmula de ji cuadrada*:

$$\chi^2 = \sum \frac{(0 - E)^2}{E}$$

Donde "Σ" significa sumatoria.

"0" es la frecuencia observada en cada celda.

"E" es la frecuencia esperada en cada celda.

Es decir, se calcula para cada celda la diferencia entre la frecuencia observada y la esperada, esta diferencia se eleva al cuadrado y se divide entre la frecuencia esperada. Finalmente se suman estos resultados y la sumatoria es el valor de χ^2 obtenida.

Otra manera de calcular χ^2 es mediante la tabla 10.12.

El valor de χ^2 para los valores observados es de 47.33.

Interpretación: Al igual que "t" y "F", la *ji cuadrada* proviene de una distribución muestral, denominada distribución χ^2, y los resultados obtenidos en la muestra están identificados por los grados de libertad. Esto es, para saber si un valor de χ^2 es o no significativo, debemos calcular los grados de libertad. Éstos se obtienen mediante la siguiente fórmula:

$$Gl = (r - 1)(c - 1)$$

TABLA 10.12 Procedimiento para calcular la ji cuadrada (χ^2).

CELDA	O	E	O – E	(O – E)^2	$\frac{(O - E)^2}{E}$
Zona norte/partido derechista	180	145.4	34.6	1 197.16	8.23
Zona norte/partido centro	190	244.4	–54.4	2 959.36	12.11
Zona norte/partido izquierdista	170	150.6	19.4	376.36	2.50
Zona sur/partido derechista	100	134.6	–34.6	1 197.16	8.69
Zona sur/partido centro	280	226.0	54.0	2 916.00	12.80
Zona sur/partido izquierdista	120	139.4	–19.4	376.36	2.70
					χ^2 = 47.33

Donde "r" es el número de renglones de la tabla de contingencia y "c" el número de columnas. En nuestro caso:

$$Gl = (3 - 1)(2 - 1) = 2$$

Y acudimos con los grados de libertad que nos corresponden a la Tabla 4 del Apéndice 5 (*Distribución de ji cuadrada*), eligiendo nuestro nivel de confianza (.05 o .01). Si nuestro valor calculado de χ^2 es igual o superior al de la tabla, decimos que las variables están relacionadas (χ^2 fue significativa). En el ejemplo, el valor que requerimos empatar o superar al nivel del .05 es 5.991. El valor de χ^2 calculado por nosotros es de 47.33, que es muy superior al de la tabla: χ^2 resulta significativa.

Ejemplo

Hi: "Los tres canales de televisión a nivel nacional difieren en la cantidad de programas prosociales, neutrales y antisociales que difunden." "Hay relación entre la variable 'canal de televisión nacional' y la variable 'emisión de programas prosociales, neutrales y antisociales'."

Resultados:

$\chi^2 = 7.95$
Gl = 4
Para que χ^2 sea significativa a .01, con cuatro grados de libertad, se necesita un valor mínimo de 13.277 y para que sea significativa a .05, se necesita un valor mínimo de 9.488. Por lo tanto, se rechaza la hipótesis de investi-

FIGURA 10.16
Tabla de contingencia correspondiente al ejemplo.

Esquema:

	Canal 24	Canal 32	Canal 56
Programas prosociales			
Programas neutrales			
Programas antisociales			

	gación y se acepta la nula. No hay relación entre las variables.
Comentario:	Cuando al calcular χ^2 se utiliza un paquete estadístico de computadora, el resultado de χ^2 se proporciona junto con su significancia, si ésta es menor a .05 o a .01, se acepta la hipótesis de investigación.

10.8.4 ¿Qué son los coeficientes de correlación e independencia para tabulaciones cruzadas?

Además de la χ^2, existen *otros coeficientes* para evaluar si las variables incluidas en la tabla de contingencia o tabulación cruzada están correlacionadas. A continuación, se mencionan algunos de estos coeficientes. No en todas se utilizan frecuencias.

Coeficiente	*Para tablas de contingencia*	*Nivel de medición de las variables (ambas)*	*Interpretación*
— *Fi* (ϕ)	2 × 2	nominal	Varía de 0 a +1, donde "cero" implica ausencia de correlación entre las variales y "más uno" significa las variables están correlacionadas de manera perfecta.
— *Coeficiente de contingencia* ϕ *o C de Pearson (C)*	Cualquier tamaño	nominal	Su valor mínimo es 0 (ausencia de correlación), pero su valor máximo depende del tamaño de la tabla de contingencia. Con tablas 2 × 2 varía de 0 a .707. Si se trata de tablas 3 × 3 varía de 0 a 0.816.
— *V de Cramer (V)*	Mayores de 2 × 2	nominal	Es un ajuste de Fi en tablas mayores a 2 × 2. Varía de 0 a +1 con variables nominales ("cero" es nula correlación y "más uno" representa una correlación perfecta).
— *Lambda* (λb)	Cualquier tamaño	nominal	Se utiliza con variables nominales y varía de 0 a +1 (+1 significa que puede predecirse sin error a la variable dependiente definida en la tabla, sobre la base de la independiente).
— *Gamma* (r)	Cualquier tamaño	ordinal	Varía de –1 a +1 (–1 es una relación negativa perfecta y +1 una relación positiva perfecta).

— *Tau-b de Kendall* (Tau-b)	Cualquier tamaño, pero más apropiado para tablas con igual número de renglones y columnas	ordinal	Varía de –1 a +1.
— *D de Somers*	Cualquier tamaño	ordinal	Varía de –1 a +1.
— *Eta*	Cualquier tamaño	variable independiente nominal y dependiente por intervalos o razón; aquí no se calculan frecuencias en la tabla, sino medias	Es un indicador de cuán disimilares son las medias en la variable dependiente dentro de las categorías de la independiente. Si son idénticas, es igual a 0. Cuando son muy diferentes y las varianzas dentro de las categorías de la independiente son pequeñas, ésta puede incrementarse hasta 1 (Nie *et al.*, 1975).

10.8.5 ¿Qué otra aplicación tienen las tablas de contingencia?

Las *tablas de contingencia*, además de servir para el cálculo de χ^2 y otros coeficientes, *son útiles para describir conjuntamente a dos o más variables*. Esto se efectúa convirtiendo las frecuencias observadas en frecuencias relativas o porcentajes. En una tabulación cruzada puede haber tres tipos de porcentajes respecto a cada celda.

- *Porcentaje en relación al total de frecuencias observadas (N).*
- *Porcentaje en relación al total marginal de la columna.*
- *Porcentaje en relación al total marginal del renglón.*

Veamos con un ejemplo hipotético de una tabla 2 × 2 con las variables sexo y preferencia por un conductor. Las frecuencias observadas serían:

		Sexo		
		masculino	femenino	
Preferencia por el conductor	A	25	25	50
	B	40	10	50
		65	35	100

Las celdas podrían representarse así:

a	c
b	d

Tomemos el caso de "a" (celda superior izquierda). La celda "a" (25 frecuencias observadas) con respecto al total (N = 100) representa 25%. En relación al total marginal de columna (cuyo total es 65), representa 38.46% y respecto al total marginal de renglón (cuyo total es 50), significa 50%. Esto puede expresarse así:

	Frecuencias observadas		
En relación a N En relación a "a + b" En relación a "a + c"	25 25.00% 38.46% 50.00%	c	a + c = 50
	b	d	b + d
	a + b = 65	c + d	100 = N

Así procedemos con cada categoría como ocurre en la tabla 10.13.

Comentario: Una cuarta parte de la muestra está constituida por hombres que prefieren al conductor "A", 10.0% son mujeres que prefieren al conductor "B". Más de 60% (61.5%) de los hombres prefieren a "B", etcétera.

Debe observarse que estas *frecuencias relativas* se basan en las *frecuencias observadas*, pero no tienen nada que ver con frecuencias esperadas (estas últi-

TABLA 10.13 Ejemplo de una tabla de contingencia para describir conjuntamente dos variables.

Preferencia por el conductor	SEXO		
	Masculino	Femenino	
A	25 25.0% 38.5% 50.0%	25 25.0% 71.4% 50.0%	50
B	40 40.0% 61.5% 80.0%	10 10.0% 28.6% 20.0%	50
	65	35	100

mas son frecuencias absolutas). La tabulación cruzada para describir conjuntamente variables y la tabulación cruzada para calcular estadísticas de correlación se basan en los mismos datos iniciales pero representan funciones muy distintas.

10.8.6 ¿Qué son los coeficientes y correlación por rangos ordenados de Spearman y Kendall?

Los coeficientes *rho de Spearman*, simbolizado como rs, y tau de Kendall, simbolizado como t, son *medidas de correlación* para *variables* en un *nivel de medición ordinal*, de tal modo que los individuos u objetos de la muestra pueden ordenarse por rangos (jerarquías). Por ejemplo, supongamos que tenemos las variables "preferencia en el sabor" y "atractivo del envase", y pedimos a personas representativas del mercado que evalúen conjuntamente 10 refrescos embotellados y los ordenen del 1 al 10 (doble "1" es la categoría o rango máximo en ambas variables). Y tuviéramos los siguientes resultados:

Refresco[55]	*Variable 1* *Preferencia en el sabor*	*Variable 2* *Atractivo del envase*
— Loy	1	2
— Caravana	2	5
— Mauna-Loa	3	1
— Recreo	4	3
— Carma	5	4
— Manzanol	6	6
— Cereza	7	8
— Pezcara	8	7
— Casa	9	10
— Manzanita	10	9

Para analizar los resultados utilizaríamos los coeficientes "rs" y "t". Ahora bien, debe observarse que todos los sujetos u objetos deben jerarquizarse por rangos que contienen las propiedades de una escala ordinal (se ordena de mayor a menor). Ambos coeficientes varían de –1.0 (correlación negativa perfecta) a +1.0 (correlación positiva perfecta). Se trata de estadísticas sumamente eficientes para datos ordinales. La diferencia entre ellos es explicada por Nie *et al.* (1975, p. 289) de la siguiente manera: El coeficiente de Kendall resulta un poco más significativo cuando los datos contienen un número considerable de rangos empatados. El coeficiente de Spearman, parece ser una aproximación cercana al coeficiente r de Pearson, cuando los datos son continuos (v.g., no caracterizados por un número considerable de empates en cada rango).

---

[55] Nombres ficticios.

10.9 CÁLCULO DEL COEFICIENTE DE CONFIABILIDAD ALFA-CRONBACH

De acuerdo con Carmines y Zeller (1979, pp. 44-45) existen dos procedimientos para calcular *el coeficiente α*:

1. *Sobre la base de la varianza de los ítems*, aplicando la siguiente fórmula:

$$\alpha = \frac{N}{\left(N - 1\right)\left[\frac{1 - \Sigma s^2(Yi)}{s^2x}\right]}$$

Donde "N" es igual al número de ítems de la escala. "$\sum s^2$ (Yi)" es igual a la sumatoria de las varianzas de los ítems y s^2x es igual a la varianza de toda la escala.

2. *Sobre la base de la matriz de correlación de los ítems.* El procedimiento sería:

A) Se aplica la escala.
B) Se obtienen los resultados.
C) Se calculan los coeficientes de correlación r de Pearson entre todos los ítems (todos contra todos de par en par).
D) Se elabora la matriz de correlación con los coeficientes obtenidos. Por ejemplo:

Ítems

	1	2	3	4
1	—	.451	.399	.585
2	ya fue calculado	—	.489	.501
3	ya fue calculado	ya fue calculado	—	.541
4	ya fue calculado	ya fue calculado	ya fue calculado	—

Los coeficientes que se mencionan como "ya fue calculado", se incluyen en la parte superior de las líneas horizontales (guiones). Es decir, cada coeficiente se incluye una sola vez y se excluyen los coeficientes entre las mismas puntuaciones (1 con 1, 2 con 2, 3 con 3 y 4 con 4).

E) Se calcula $\bar{p}$ (promedio de las correlaciones y "NP" el número de correlaciones no repetidas o no excluidas).

$$\bar{p} = \frac{\Sigma p}{NP}$$

("Σp" es la sumatoria de las correlaciones y "NP" el número de correlaciones no repetidas o no excluidas).

$$\bar{p} = \frac{.451 + .399 + .585 + .489 + .501 + .541}{6}$$

$$\bar{p} = 0.494$$

F) Se aplica la siguiente fórmula:

$$\alpha = \frac{N\bar{p}}{1 + \bar{p}\,(N - 1)}$$

Donde "N" es el número de ítems y "$\bar{p}$" el promedio de las correlaciones entre ítems.

En el ejemplo:

$$\alpha = \frac{4(0.494)}{1 + 0.494(4.1)}$$

$$\alpha = \frac{1.98}{2.48}$$

$$\alpha = 0.798$$

$$\alpha = 0.80 \text{ (cerrando)}$$

Es un coeficiente aceptable

Nota: Los procedimientos señalados incluyen varianza o correlación r de Pearson. Es decir, el nivel de medición de la variable es por intervalos o razón.

10.10 ANÁLISIS MULTIVARIADO

10.10.1 ¿Qué son los métodos de análisis multivariado?

Los *métodos de análisis multivariado* son aquellos en que se analiza la relación entre *varias variables independientes y al menos una dependiente.* Son métodos más complejos que requieren del uso de computadoras para efectuar los cálculos necesarios y normalmente se enseñan a nivel de postgrado. A continuación se mencionan algunos de los principales métodos de análisis multivariado, sin profundizar en ellos, pues esto rebasa los propósitos del libro.

10.10.2 ¿Qué es la regresión múltiple?

Es un método para analizar el efecto de dos o más variables independientes sobre una dependiente. Asimismo, es una extensión de la regresión lineal sólo que con un mayor número de variables independientes. Es decir, sirve para predecir el valor de una variable dependiente conociendo el valor y la influencia de las variables independientes incluidas en el análisis. Si queremos conocer la influencia que ejercen las variables "satisfacción sobre los ingresos percibidos", "antigüedad en la empresa", "motivación intrínseca en el trabajo" y "percepción del crecimiento y desarrollo personal en el trabajo" sobre la variable "duración en la empresa", el modelo de regresión múltiple es el adecuado para aplicarlo a los datos obtenidos. Este método es útil para analizar esquemas del siguiente tipo:

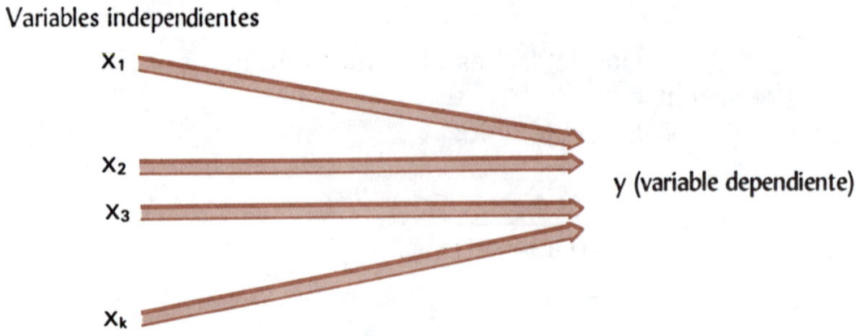

La información básica que proporciona la regresión múltiple es el coeficiente de correlación múltiple (R), que señala la correlación entre la variable dependiente y todas las demás variables independientes tomadas en conjunto.

El coeficiente puede variar de 0 a 1.00 y cuanto más alto sea su valor, las variables independientes explicarán en mayor medida la variación de la variable dependiente o que son factores más efectivos para predecir el comportamiento de esta última. R^2 (el coeficiente de correlación múltiple elevado al cuadrado) nos indica el porcentaje de variación en la dependiente debida a las independientes.

Otra información relevante producida por el análisis de regresión múltiple son los valores "beta" (B) que indican el peso o influencia que tiene cada variable independiente sobre la dependiente. También se proporcionan coeficientes de correlación bivariados entre la dependiente y cada independiente.

Para predecir la variable dependiente se aplica la ecuación de regresión múltiple:

$$y = a + b_1X_1 + b_2X_2 + b_3X_3 + \ldots b_kX_k$$

Donde "a" es una constante de regresión para el conjunto de puntuaciones obtenidas, "b_1", "b_2", "b_3", ... "b_k", son los valores o pesos de la "beta" y "X_1", "X_2", "X_3" y ... "X_k" son valores de las variables independientes que fija el investigador para hacer la predicción.

La variable dependiente debe estar medida en un nivel por intervalos o de razón.

10.10.3 ¿Qué es el análisis lineal de patrones o *path* análisis?

Es una técnica estadística multivariada para representar interrelaciones entre variables a partir de regresiones. Analizar la magnitud de la influencia de unas variables sobre otras, influencia directa e indirecta. Se trata de un modelo causal. Supongamos que tenemos el siguiente esquema causal y deseamos probarlo:

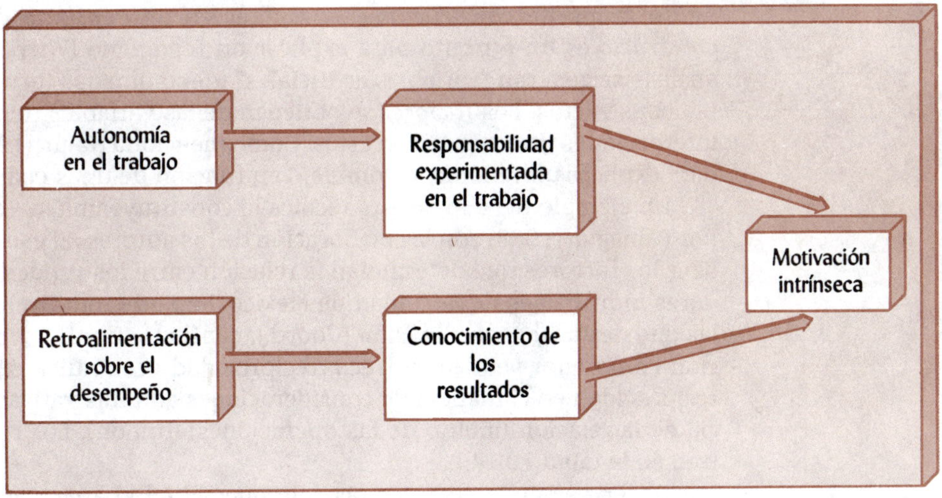

El *análisis path* es un método para someterlo a prueba. La información principal que proporciona son los *coeficientes path*, los cuales representan la fuerza de las relaciones entre las variables (son coeficientes de regresión estandarizados).

También proporciona información acerca de otras variables analizadas. Cuantifica efectos. En la figura 10.17 se muestra un ejemplo hipotético para ilustrar este tipo de análisis.

FIGURA 10.17
Ejemplo de un análisis lineal *Path*.

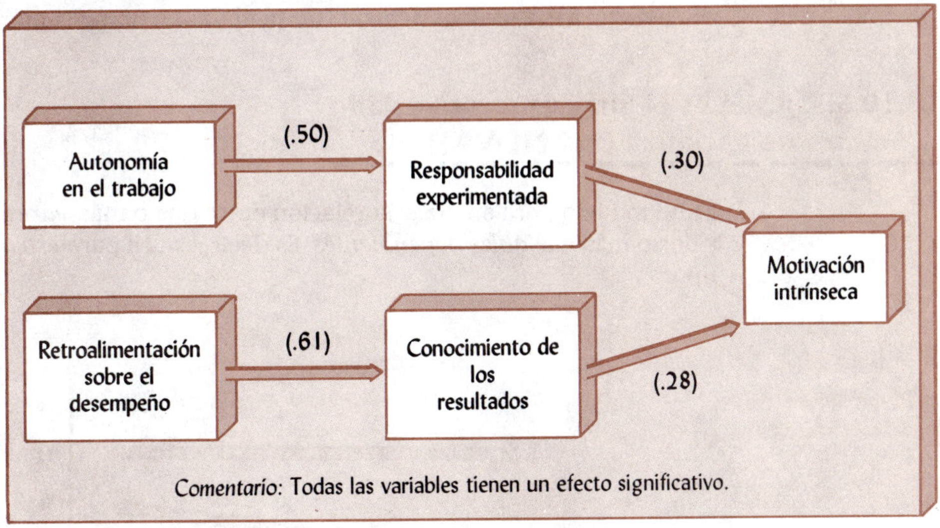

Cuanto más se acerque un *coeficiente "path"* a cero menor efecto tendrá.

10.10.4 ¿Qué es el análisis de factores?

Es un método estadístico multivariado para determinar el número y naturaleza de un grupo de *constructos* subyacentes en un conjunto de mediciones. Un *constructo* es un atributo para explicar un fenómeno (Wiersma, 1986). En este análisis se generan "variables artificiales" (denominadas factores) que representan constructos. Los *factores* se obtienen de las variables originales y deben ser interpretados de acuerdo con éstas. Como menciona Naghi (1984), es una técnica para explicar un fenómeno complejo en función de unas cuantas variables.

Un ejemplo del uso de esta técnica lo constituye una investigación realizada por Paniagua (1988) con la colaboración de los autores. El estudio pretendía analizar los factores que determinan la relación entre los vendedores y los compradores industriales de la ciudad de México. Se midieron diversas variables entre las que destacan: coordinación (Coord.), conflicto (Confl.), frecuencia de la relación comprador-vendedor (frec.), reciprocidad económica en la relación (RF2), reciprocidad en el manejo de consideraciones administrativas (RF1) e importancia de la relación (monto de las operaciones) (Impor.). Los resultados se muestran en la tabla 10.14.

Obsérvese que debajo de las columnas FI a FVI aparecen unos coeficientes que corresponden a los ítems de una escala. Si estos coeficientes son medios o elevados se dice que los ítems *cargan* o forman parte del factor correspondiente. Por ejemplo, los ítems 23, 24, 25 y 26 cargan en el primer factor (obtienen valores de .84392, .71642, .67853 y .74737, respectivamente) y no cargan en otros factores (tienen valores bajos). Así, descubrimos una estructura de seis factores en 19 ítems. Los *factores* reciben un nombre para saber qué constructos se encuentran subyacentes. El análisis de factores también proporciona la varianza explicada y puede explicarse gráficamente en las coordenadas X y Y. La técnica es compleja y debe conocerse muy bien. Es sumamente útil para la validez de constructo. Las variables deben estar medidas en un nivel por intervalos o razón.

10.10.5. ¿Qué es el análisis multivariado de varianza (MANOVA)?

Es un modelo para analizar la relación entre dos o más *variables independientes* y dos o más *variables dependientes*. Es decir, es útil para *estructuras causales* del tipo:

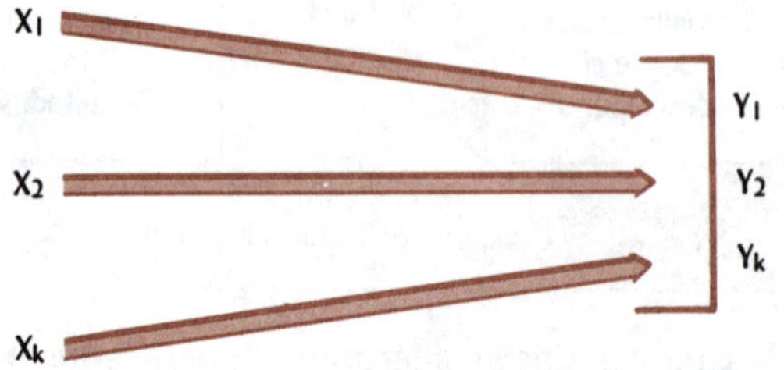

TABLA 10.14
Ejemplo de algunos resultados en un análisis de factores.

MATRIZ DE PATRÓN FACTORIAL ELEGIDA
SUBMUESTRA "COMPRAS"

VARIABLE O COMPONENTE ESCALADO	ÍTEM	COMUNALIDAD	FI	FII	FIII	FIV	FV	FVI	FACTOR EN QUE CARGA
Coord.	23	.66997	.84392	–.00895	–.11828	–.03405	.06502	–.27645	
	24	.46446	.71642	–.05609	–.01958	.07106	.00043	–.07127	F I
	25	.59113	.67853	–.11175	.02581	–.09507	–.02857	.14978	
	26	.63988	.74737	.04695	.13472	–.04837	.07117	.02225	
Confl.	47	.55724	–.05110	.62553	–.20945	–.05248	–.27963	–.06387	
	48	.59072	.06230	.65163	.17884	–.10916	.31061	.04245	F II
	49	.35530	–.05665	.55503	–.11163	–.12946	–.07981	–.17370	
	50	.54716	–.07908	.61007	.08675	.20431	–.24058	.14142	
Frec.	15	.46081	–14748	–.06276	.63660	–.12476	–.06299	.13488	
	16	.44245	.03606	.08501	.62797	.00401	.11692	–.03968	F III
	18	.50307	–05359	–.02787	.71169	.03786	–.10795	–.06775	
	19	.71311	.06664	.02881	.84213	.07161	–.16806	–.11058	
RF2	42	.46781	–.01380	–.18030	.09416	.63133	.17716	.06309	
	43	.50097	.10175	–.07970	–.16207	.64202	–.02808	–.18530	F IV
RF1	40	.72202	.01579	–.03548	.04181	–.18914	.77312	.14292	
	41	.48405	.15684	–.18489	–.06425	.01958	.58187	.19379	FV
Impor.	53	.31524	.02822	.02945	–.10069	.08605	.01579	.55431	
	54	.44550	–.04376	.08383	.01731	–.18396	.13956	.58137	FVI
	58	.53236	.26836	–.05219	.10026	–.11741	–.02893	.55080	
EIGENVALUE			5.36433	2.53081	2.47621	1.55248	1.23464	1.06932	
% VARIANZA EXPLICADA			37.7%	17.8%	17.4%	10.9%	8.7%	7.5%	T= 100.%
									DELTA = .00

FI = Coordinación (explica 37.7% de la varianza)
FII = Conflicto (explica 17.8% de la varianza)
FIII = Frecuencia (explica 17.4% de la varianza)

He aquí una síntesis de la explicación de Wiersma (1986, pp. 415-416) sobre este tipo de análisis:

Al incluir dos o más variables dependientes simultáneamente no se consideran las diferencias entre las medias en cada variable, sino diferencias en variables canónicas. El interés no es únicamente si los grupos definidos por las variables independientes difieren en las *variables canónicas*, sino la naturaleza de éstas. Una *variable canónica* es una variable artificial generada a partir de los datos. Representa *constructos* y está compuesta de variables reales (las variables dependientes) y éstas deben ser descritas en términos de variables dependientes. Esto se efectúa a través de las cargas de los coeficientes de correlación entre una variable dependiente y una variable canónica. Si una carga entre la *variable canónica* y la dependiente es positiva y elevada, significa que altos valores en la dependiente están asociados con altos valores en la variable canónica. Por ejemplo, si una variable dependiente consiste en puntuaciones a una prueba sobre innovación y creatividad y estas puntuaciones se correlacionan considerablemente con una variable canónica, podemos inferir que la variable canónica representa un constructo que involucra a la creatividad.

En los cálculos que se hacen en el *MANOVA* se generan variables canónicas hasta que se encuentra que no hay una diferencia estadísticamente significativa entre las categorías o grupos, o bien, hasta que se agotan los grados de libertad de la variable independiente (lo que ocurra primero). El número de variables canónicas no puede exceder el número de variables dependientes, pero es común que este número sea mayor que el número de *variables canónicas* estadísticamente significativas o los grados de libertad.

La hipótesis de investigación en el *MANOVA* postula que las medias en la variable dependiente de los grupos o categorías de la variable independiente difieren entre sí. La hipótesis nula postula que dichas medias serán iguales. Se calculan diversas estadísticas para evaluar ambas hipótesis, entre las que destacan la *prueba Wilkss-Labda* y la T^2 *de Hotelling*, si resultan significativas a un nivel de confianza se acepta la hipótesis de investigación de diferencia de medias. Esto indica que hay por lo menos una variable canónica significativa y se presentan diferencias entre los grupos de la variable independiente en esta variable canónica.

Los paquetes estadísticos que contienen el *MANOVA* suelen posicionar los grupos de las variables independientes por puntuaciones discriminantes. Éstas son calculadas con una función discriminante que es una ecuación de regresión para un compuesto de variables dependientes. A cada grupo se le asigna una puntuación discriminante en cada variable canónica. Las puntuaciones discriminantes de una variable independiente sería cero (redondeando). Una puntuación discriminante positiva y elevada para un grupo, indica que éste se coloca por encima de los demás en la respectiva variable canónica. Y deben considerarse las cargas, las cuales pueden ser positivas o negativas. Cuando una variable dependiente tiene una carga fuerte (elevada) y negativa, aquellos grupos con puntuaciones discriminantes negativas "cargan" más fuerte en la contribución de la variable dependiente a la *variable canónica*. Las puntuaciones discriminantes son utilizadas para interpretar las separaciones de los grupos en las variables canónicas y las cargas se usan para evaluar y ligar los resultados de las variables dependientes (Wiersma 1986, p. 416). Un ejemplo hipotético de las cargas de los coeficientes de correlación entre las variables dependientes y las variables canónicas se muestran en la tabla 10.15 y un ejemplo hipotético de las *puntuaciones discriminantes* se muestra en la tabla 10.16.

Como podemos observar en la tabla 10.16, se obtuvieron tres *constructos subyacentes* en las puntuaciones recolectadas de la muestra: motivación intrínseca, atribución de causalidad externa y desempeño laboral. Y vemos en la tabla

TABLA 10.15
Cargas de los coeficientes de correlación entre las variables dependientes y las variables canónicas.

VARIABLE DEPENDIENTE	VARIABLES CANÓNICAS I (MOTIVACIÓN INTRÍNSECA)	II (ATRIBUCIÓN DE CAUSALIDAD EXTERNA)	III (DESEMPEÑO LABORAL)
— Motivación intrínseca (Escala intrínseca del Inventario de características del trabajo)	.90	.05	.07
— Atribuciones internas	.86	–.07	–.09
— Sentimientos de éxito en el trabajo	.70	.08	.00
— Atribuciones externas	.03	.61	.12
— Productividad	–.12	.07	.74
— Eficiencia	.18	–.04	.48
— Calidad	.19	.13	.57

10.16 que los grupos están separados en las tres variables canónicas (los grupos difieren), particularmente en la primer variable canónica (motivación intrínseca) y los obreros, la posición más baja. Las variales dependientes enmarcadas en un recuadro en la primer variable canónica carga en ella (tabla 10.15), consecuentemente los ejecutivos tienen las puntuaciones más altas en motivación intrínseca medida por la escala mencionada, atribuciones internas y sentimientos de éxito en el trabajo. Así se interpretan todas las variables canónicas y dependientes.

En el *MANOVA* se incluyen *razones "F" y análisis univariados de varianza.* Algunos paquetes estadísticos incluyen una prueba denominada "*correlación canónica*" que es muy similar al *MANOVA.* Ésta es la máxima correlación que puede obtenerse entre los conjuntos de puntuaciones y las relaciones entre las variables independientes, entre las variables dependientes y entre los conjuntos de ambas (dependientes e independientes) (Kerlinger, 1979). Las variables en el MANOVA y la correlación canónica asumen que las variables están medidas en un nivel de intervalos o razón. Esta correlación se interpreta como otras, pero el contexto de interpretación varía de acuerdo con el número de variables involucradas.

TABLA 10.16
Puntuaciones discriminantes con cuatro grupos en tres variables canónicas.

GRUPO	VARIABLES CANÓNICAS I	II	III
Ejecutivos	1.97	0.95	–1.69
Secretarias	–0.19	1.18	1.25
Empleados	1.40	–1.01	–0.49
Obreros	–3.18	–1.12	0.93

10.10.6 ¿Hay otros métodos multivariados?

En la actualidad hay muchos métodos multivariados de análisis, mismos que se han desarrollado con la evolución de la computadora. Los investigadores disponen del *análisis discriminante*, cuando las variables independientes son medidas por intervalos o razón y la dependiente es categórica. Este análisis sirve para predecir la pertenencia de un caso a una de las categorías de la variable dependiente sobre la base de varias independientes (dos o más). Se utiliza una ecuación de regresión, llamada "función discriminante". Si queremos predecir el voto por dos partidos contendientes (variable dependiente nominal con dos categorías) sobre la base de cuatro variables independientes. Se aplica el análisis discriminante, resolviendo una ecuación de regresión y se obtienen las predicciones individuales. En el ejemplo, se tienen dos categorías (votar por "A" o votar por "B"); por lo tanto, los valores a predecir son 0 y 1 ("A" y "B", respectivamente). Si el sujeto obtiene una puntuación más cercana a cero, se predice que pertenece al grupo que votará por "A", si obtiene una puntuación más cercana a 1, se predice que pertenece al grupo que votará por "B". Además se obtiene una medida del grado de discriminación del modelo.

Se cuenta también con: el *análisis de agrupamientos o conglomerados, el escalamiento multidimensional, el análisis de espacios pequeños, el análisis de series cronológicas* y la elaboración de *mapas multidimensionales.* Para los cuales se requiere de bases sólidas en materia de estadística y matemáticas avanzadas.

10.11 ¿CÓMO SE LLEVAN A CABO LOS ANÁLISIS ESTADÍSTICOS?

Actualmente los análisis estadísticos se llevan a cabo a través de *programas para computadora*, utilizando *paquetes estadísticos.* Estos paquetes son sistemas integrados de programas diseñados para el análisis de datos. Cada paquete tiene su propio formato, instrucciones, procedimientos y características. Para conocer un paquete es necesario consultar el manual respectivo. Los manuales de los paquetes más importantes han sido publicados y difundidos ampliamente. Y el procedimiento para analizar los datos es crear o desarrollar un programa basándonos en el manual. Este programa incluye el llamado de la matriz de datos y las pruebas estadísticas seleccionadas. Después se corre el programa y se obtienen los resultados, los cuales se interpretan.

Los principales *paquetes estadísticos* conocidos hoy en día son el SPSS y el Minitab. Ambos se encuentran disponibles en diferentes versiones:

SPSS

El Paquete Estadístico para Ciencias Sociales fue desarrollado en la Universidad de Chicago y es uno de los más difundidos. Contiene todos los análisis estadísticos descritos en este capítulo.

En América Latina algunas instituciones educativas tienen versiones antiguas del SPSS, otras poseen una versión titulada SPSS-X (que es más flexible que las versiones anteriores), y ciertas instituciones cuentan con las versiones más recientes como:

— SPSS para Windows.
— SPSS para Macintosh.
— SPSS para UNIX.

Desde luego, estas versiones pueden utilizarse en computadoras personales y portátiles que tengan la capacidad necesaria para el paquete.

Una modalidad del SPSS y SYSTAT, que incluye gráficas tridimensionales y estadísticas avanzadas. Disponible para Windows, Macintosh y el sistema operativo DOS.

Los manuales en el caso de Windows (la modalidad más utilizada) son:

— NORUSIS, M. J. (1993). SPSS for Windows: Base system user's guide. Release 6.0, USA: SPSS Inc.
— SPSS Inc. (1992). SPSS for Windows: Help for SPSS/PC + User. USA: SPSS Inc.
— SPSS Inc. (1993). SPSS base system syntax reference guide, Release 6.0. USA: SPSS, Inc.

Además de la revista periódica *Keywords*, cuyo propósito es mantener actualizados a los usuarios.

La referencia más reciente de los manuales de SPSS, al momento de elaborar esta edición es:

— NORUSIS, M. J. (1995). The SPSS 6.1 guide to data analysis. USA: Prentice-Hall.

SPSS está disponible en español.

MINITAB

Es un paquete que goza de popularidad por su relativamente bajo costo. Incluye un considerable número de pruebas estadísticas, cuenta con un tutorial para aprender a utilizarlo y practicar y además es muy sencillo utilizarlo.

Las referencias de manuales son:

— RYAN, B. F. y JOINER, B. L. (1994). Mintitab Handbook. Belmont, CA: Duxbury Press. 3era. Edición.
— Minitab, Inc. (1991). Minitab reference manual. Rosemont, PA: Quickset, Inc.

Asimismo, un boletín de actualización periódica está disponible para usuarios de Minitab.

Notas

1. SPSS, Windows y Minitab son marcas registradas.
2. Debido a la rapidez con la cual avanza la computación, constantemente se desarrollan nuevas versiones de los paquetes y sus manuales, por lo que sugerimos a los interesados contactar a los representantes de SPSS y Minitab en sus países, con el fin de conocer la última versión del paquete y la edición más reciente del manual.
3. Ambos paquetes son fáciles de utilizar, pues lo único que tenemos que hacer es definir las variables, seleccionar opciones y solicitar los análisis requeridos.

   Por ejemplo, en SPSS para Windows:

   1. Seleccionamos la ventana de SPSS.
   2. SPSS nos muestra en pantalla una matriz de datos, como se muestra en la figura 10.18.
   3. Definimos cada variable (seleccionando "Data", luego "Define" y "Variable").
   4. Llenamos la matriz con los datos correspondientes.
   5. Seleccionamos la opción de "Statistics" y elegimos las pruebas apropiadas.

Los análisis son efectuados por la computadora y los vemos en pantalla o los mandamos imprimir.

Si deseamos gráficos usamos la opción de "Graphs".

En la figura 10.18 se muestra la ventana principal de SPSS para Windows.

1. *BMDP* (Programa Biomédico Computarizado). Desarrollado por la Universidad de California en Los Ángeles. Es utilizable en máquinas IBM y otros sistemas (CYBER, Honeywell, Univac, Xerox, etc.). Aunque está diseñado para el área biomédica, contiene una gran cantidad de análisis aplicables a ciencias sociales.
2. *ESP* (Paquete Econométrico de Software). Especialmente útil para análisis estadístico de series cronológicas. Se puede tener en máquinas IBM, aunque hay adaptaciones a otras máquinas.
3. *OSIRIS* (Organized Set of Integrated Routines for Investigation with Statistics, Conjunto organizado de rutinas integradas para la investigación con estadísticas). Desarrollado por el Instituto de Investigación Social de la Universidad de Michigan. Disponible en máquinas IBM y otras. El manual puede pedirse a dicho instituto.
4. *SAS* (Sistema de Análisis Estadístico). Desarrollado en la Universidad Estatal de Carolina del Norte y distribuido por SAS Institute, Inc. de Raleigh, Carolina del Norte. Es muy poderoso y su utilización se ha incrementado notablemente.
5. Un paquete muy completo para computadoras personales que contiene una gran variedad de pruebas estadísticas.

FIGURA 10.18
SPSS para Windows.

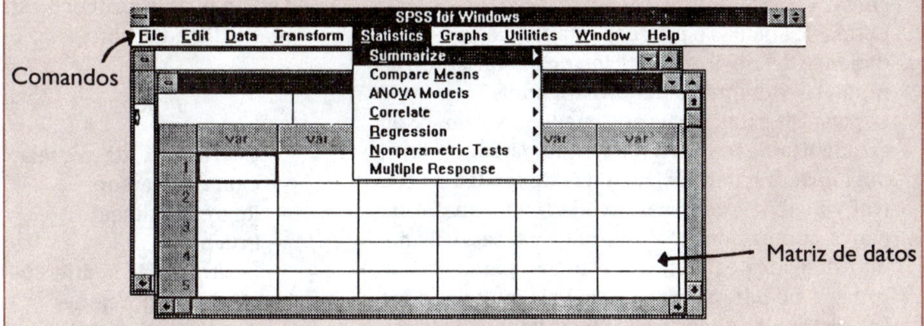

SPSS en versión para ambiente Windows trabaja de una manera muy sencilla: El investigador usuario selecciona las opciones más apropiadas para su análisis, tal y como se hace en otros programas que se encuentran en dicho ambiente.

File: (Archivo) Para contruir un nuevo archivo, localizar un archivo ya construido, guardar archivos, especificar impresora, imprimir, cerrar, enviar archivos por correo electrónico...

Edit (Editar): Para modificar archivos, buscar datos, copiar, cortar, eliminar...

Data (Datos): Definir las variables (nombre, tipo, categorías o "labels", especificar valores perdidos y formato —ancho y puntos decimales—), insertar variables, sopesar casos, definir datos y otras funciones.

Transform (Transformar): Recodificar, conjuntar o unir y modificar variables y datos.

Statistics (Estadísticas): Solicitar análisis estadísticos básicamente:

1. Sumariz e —Sumarios— Estadísticas descriptivas (tablas de frecuencia y estadísticas de tendencia central y dispersión).
2. Comparar medias (prueba "t" y ANOVA unidireccional).
3. ANOVA (análisis de varianza).
4. Correlación.
5. Regresión.
6. Pruebas no paramétricas.
7. Respuestas múltiples (escalas).

Graphs (Gráficas): Solicitar gráficos (histogramas, barras de pastel, diagramas de dispersión, etc.).

Utilities (Herramientas): Definir ambientes, variables, etc.

Window (Ventana): Moverse a través de archivos y hacia otros programas.

Help (Ayuda): Contenidos, cómo utilizar SPSS, comandos, guías y demás elementos de Windows aplicados al paquete.

Nota. Debemos recordar que SPSS se actualiza permanentemente, por lo cual es necesario buscar el último manual publicado para mantener actualización.

RESUMEN

- El análisis de los datos se efectúa utilizando la matriz de datos, la cual está guardada en un archivo.
- El tipo de análisis o pruebas estadísticas a realizar depende del nivel de medición de las variables, las hipótesis y el interés del investigador.
- Los análisis estadísticos que pueden realizarse son: estadística descriptiva para cada variable (distribución de frecuencias, medidas de tendencia central y medidas de la variabilidad), la transformación a puntuaciones "z", razones y tasas, cálculos de estadística inferencial, pruebas paramétricas, pruebas no paramétricas y análisis multivariados.
- Las distribuciones de frecuencias contienen las categorías, códigos, frecuencias absolutas (número de casos), frecuencias relativas (porcentajes) y frecuencias acumuladas (absolutas o relativas).
- Las distribuciones de frecuencias (particularmente hablando de las frecuencias relativas) pueden presentarse gráficamente.
- Una distribución de frecuencias puede representarse a través del polígono de frecuencias o curva de frecuencias.
- Las medidas de tendencia central son la moda, mediana y media.
- Las medidas de la variabilidad son el rango (diferencia entre el máximo y el mínimo), la desviación estándar y la varianza.
- Otras estadísticas descriptivas de utilidad son la asimetría y la curtosis.
- Las puntuaciones "z" son transformaciones de los valores obtenidos a unidades de desviación estándar.
- Una razón es la relación entre dos categorías y una tasa es la relación entre el número de casos de una categoría y el número total de casos, multiplicada por un múltiplo de 10.
- La estadística inferencial es para efectuar generalizaciones de la muestra a la población. Se utiliza para probar hipótesis y estimar parámetros. Asimismo, se basa en el concepto de distribución muestral.
- La curva o distribución normal es un modelo teórico sumamente útil, su media es 0 (cero) y su desviación estándar es uno (1).
- El nivel de significancia y el intervalo de confianza son niveles de probabilidad de cometer un error o equivocarse en la prueba de hipótesis o la estimación de parámetros. Los niveles más comunes en ciencias sociales son los del .05 y .01.
- Los análisis o pruebas estadísticas paramétricas más utilizadas son:

Prueba	*Tipos de hipótesis*
— Coeficiente de correlación de Pearson	Correlacional
— Regresión lineal	Correlacional/causal
— Prueba "t"	Diferencia de grupos
— Contraste de la diferencia de proporciones	Diferencia de grupos
— Análisis de varianza (ANOVA): unidireccional y factorial. Unidireccional con una variable independiente y factorial con dos o más variables independientes.	Diferencia de grupos/causal
— Análisis de covarianza (ANCOVA)	Correlacional/causal

- En todas las pruebas estadísticas paramétricas las variables están medidas en un nivel por intervalos o razón.
- Los análisis o pruebas estadísticas no paramétricas más utilizadas son:

Prueba	*Tipos de hipótesis*
— ji cuadrada (χ^2)	Diferencias de grupos para establecer correlación
— Coeficientes de correlación e independencia para tabulaciones cruzadas: Phi, C de Pearson, V de Cramer, Lambda, Gamma, Taub, D de Somers y Eta.	Correlacional
— Coeficientes Spearman y Kendall.	Correlacional

- Las pruebas no paramétricas se utilizan con variables nominales u ordinales.
- Los análisis multivariados más utilizados son:

Prueba	*Variables involucradas y niveles de medición*	*Tipos de hipótesis*
— Regresión múltiple	Una dependiente (intervalos o razón) y dos o más independientes (cualquier nivel de medición)	Correlacional/causal 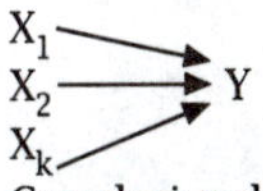
— Análisis lineal *path*	Varias, secuencia causal (cualquier nivel de medición)	Correlacional/causal 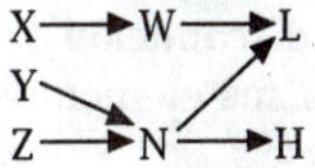
— Análisis de factores	Varias (intervalos o razón)	Correlacional/causal 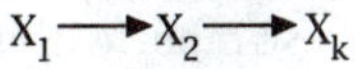
— Análisis multivariado de varianza (MANOVA) y correlación canónica.	Varias independientes y varias dependientes (intervalos o razón)	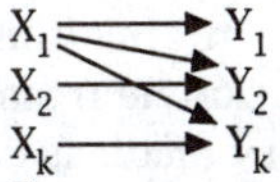
— Análisis discriminante	Varias independientes (intervalos o razón) y una dependiente (nominal u ordinal)	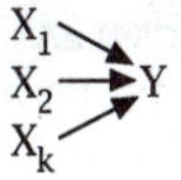

- Los análisis estadísticos se llevan a cabo mediante programas para computadora, utilizando paquetes estadísticos.
- Los paquetes estadísticos más conocidos son: BMDP, ESP, OSIRIS, SAS y SPSS. Estos paquetes se utilizan consultando el manual respectivo.

CONCEPTOS BÁSICOS

Análisis de datos
Pruebas estadísticas
Métodos cuantitativos
Estadística
Estadística descriptiva
Distribución de frecuencias
Gráficas
Polígono de frecuencias
Curva de frecuencias
Medida de tendencia central
Moda
Mediana
Media
Medidas de la variabilidad
Rango
Desviación estándar
Varianza
Asimetría
Curtosis
Puntuación "z"
Razón
Tasa
Estadística inferencial
Curva o distribución normal
Nivel de significancia
Intervalo de confianza
Estadística paramétrica
Coeficiente de correlación de Pearson
Regresión lineal
Prueba "t"
Contraste de diferencia de proporciones
Análisis de varianza
Análisis de covarianza
Estadística no paramétrica
Ji cuadrada
Tabulación cruzada
Coeficientes de correlación e independencia para tabulaciones cruzadas
Coeficiente de Spearman
Coeficiente de Kendall

Análisis multivariados
Regresión múltiple
Análisis lineal *path*
Análisis de factores
Análisis multivariado de varianza
Análisis discriminante
Paquetes estadísticos
Programa de computadora

EJERCICIOS

1. Construya una distribución de frecuencias hipotéticas con todos sus elementos e interprétela verbalmente.
2. Localice una investigación científica en ciencias sociales donde se reporte la estadística descriptiva de las variables y analice las propiedades de cada estadígrafo o información estadística proporcionada (distribución de frecuencias, medidas de tendencia central y medidas de la variabilidad).
3. Un investigador obtuvo en una muestra las siguientes frecuencias absolutas para la variable "actitud hacia el director de la escuela".

Categoría	*Frecuencias absolutas*
Totalmente desfavorable	69
Desfavorable	28
Ni favorable, ni desfavorable	20
Favorable	13
Totalmente favorable	6

A. Calcule las frecuencias relativas o porcentajes.
B. Grafique las frecuencias relativas a través de un histograma (barras).
C. Verbalice los resultados respondiendo a la pregunta: ¿la actitud hacia el director de la escuela tiende a ser favorable o desfavorable?

4. Un investigador obtuvo en una muestra de trabajadores los siguientes resultados al medir el "orgullo por el trabajo realizado". La escala oscilaba entre 0 (nada de orgullo por el trabajo realizado) a 8 (orgullo total).

Máximo = 5
Mínimo = 0
Media = 3.6
Moda = 3.0
Mediana = 3.2
Desviación estándar = 0.6

¿Qué puede decirse en esta muestra acerca del orgullo por el trabajo realizado?

5. ¿Qué es una puntuación "z"?, ¿para qué es útil la estadística inferencial?, ¿qué es la distribución muestral?, ¿qué es la curva normal? y ¿qué son el nivel de significancia y el intervalo de confianza?
6. Relacione las columnas "A" y "B". En la columna "A" se presentan hipótesis y en la columna "B" pruebas estadísticas apropiadas para las hipóte-

Columna "A"	*Columna "B"*
— Hi: "A mayor inteligencia, mayor capacidad de resolver problemas matemáticos" (medidas las variables por intervalos).	—Diferencia de proporciones.
— Hi: "Los hijos de padres alcohólicos muestran una menor autoestima con respecto a los hijos de padres no alcohólicos" (autoestima medida por intervalos).	—Ji cuadrada.
— Hi: "El porcentaje de delitos por asalto a mano armada en relación al total de crímenes cometidos, es mayor en la ciudad de México que en Caracas."	—Spearman
— Hi: "El sexo está relacionado con la preferencia por telenovelas o espectáculos deportivos."	—Coeficiente de correlación de Pearson.

Columna "A"	*Columna "B"*
— Hi: "La intensidad del sabor de productos empacados de pescado, está relacionado con la preferencia por la marca" (sabor intenso, sabor medianamente intenso, sabor poco intenso, sabor muy poco intenso) (preferencia = rangos a 12 marcas).	— ANOVA unidireccional.
— Hi: "Se presentarán diferencias en cuanto al aprovechamiento entre un grupo expuesto a un método de enseñanza novedoso, un grupo que recibe instrucción mediante un método tradicional y un grupo de control que no se expone a ningún método."	— Prueba "t"

sis. Se trata de encontrar la prueba que corresponde a cada hipótesis. (Las respuestas se localizan en el Apéndice 4.)

7. Un investigador obtuvo un valor "t" igual a 3.25, teniendo 63 grados de libertad y un nivel de confianza o significancia de .05, ¿aceptará su hipótesis de investigación? (Respuesta en el Apéndice 4.)
8. Otro investigador obtuvo un valor de χ^2 (ji cuadrada) de 6.12, teniendo 3 grados de libertad y un nivel alfa de .05, ¿aceptará su hipótesis de investigación? (Respuesta en el Apéndice 4.)
9. Genere un ejemplo hipotético de una razón "F" significativa e interprétela.
10. Construya un ejemplo hipotético de una tabulación cruzada y utilícela para fines descriptivos.
11. Busque en artículos de investigación social en revistas científicas que contengan resultados de pruebas "t", "ANOVA", "ANCONA" y χ^2 aplicadas y evalúe la interpretación de los autores.

BIBLIOGRAFÍA SUGERIDA

CARMINES, E.G. y ZELLER, R.A. (1979). *Reliability and validity assessment.* Beverly Hills, California: Sage Publications, Inc. Serie "Quantitative Applications in the Social Sciences", volumen 17.

HENKEL, R.E. (1976). *Test of significance.* Beverly Hills, California: Sage Publications, Inc. Serie "Quantitative Applications in the Social Sciences", volumen 4.

HILDEBRAND, D.K.; LAING, J.D., y ROSENTHAL, H. (1977). *Analysis of ordinal data.* Beverly Hills, California: Sage Publications, Inc. Serie "Quantitative Applications in the Social Sciences", volumen 8.

INVERSEN, G.R. y NORPOTH, H. (1976). *Analysis of variance.* Beverly Hills, California: Sage Publications, Inc. Serie "Quantitative Applications in the Social Sciences", volumen 1.

LEVIN, J. (1979). *Fundamentos de Estadística en la Investigación Social.* México, Harla.

REYNOLDS, H.T. (1977). *Analysis of nominal data.* Beverly Hills, California: Sage Publications, Inc. Serie "Quantitative Applications in the Social Sciences", vol. 7.

SIEGEL, S. (1982). *Estadística no paramétrica aplicada a las ciencias de la conducta.* México, Editorial Trillas.

WIERSMA (1986). *Research methods in education: an introduction.* Boston Mass. Allyn and Bacon, Inc. Capítulo 12.

WILDT, A.R. y AHTOLA, O.T. (1978). *Analysis of covariance.* Beverly Hills, California: Sage Publications, Inc: Serie "Quantitative Applications in the Social Sciences", volumen 12.

WRIGHT, S.R. (1979). *Quantitative methods and statistics: A guide to social research.* Beverly Hills, California: Sage Publications, Inc.

Análisis multivariado:

BLALOCK, H. (1966). *Estadística social.* México, Fondo de Cultura Económica.

KERLINGER, F.N. y PEDHAZUR, E.J. (1973). *Multiple regression in behavioral research.* Nueva York, N.Y.: Holt, Rinehart and Winston, Inc.

KESSLER, R.C. y GREENBERG, D.F. (1981). *Linear panel analysis: models of quantitative change.* Nueva York, N.Y.: Holt, Rinehart and Winston, Inc.

KIM, J.O. y MUELLER, Ch. (1978). *Introduction to factor analysis.* Beverly Hills, California: Sage Publications, Inc. Serie "Quantitative Applications in the Social Sciences", volumen 13.

KIM, J.O. y MUELLER, Ch. (1978). *Factor Analysis: statistical methodos and practical issues.* Beverly Hills, California: Sage Publications, Inc. Serie "Quantitative Applications in the Social Sciences", volumen 14.

KRUSKAL, J.P. y WISH, M. (1978). *Multidimensional scaling.* Beverly Hills, California: Sage Publications, Inc. Serie "Quantitative Applications in the Social Sciences", volumen 11.

LEVINE, M.S. (1977). *Canonical analysis and factor comparison.* Beverly Hills, California: Sage Publications, Inc. Serie "Quantitative Applications in the Social Sciences", volumen 6.

MONGE, P.R. Y CAPPELLA, J.N. (Eds.) (1980). *Multivariate techniques in human communication research.* Nueva York. N.Y.: Academic Press.

NAGHI, M.N. (1984). *Metodología de la investigación en Administración, Contaduría y Economía.* México, Ed. LIMUSA.

NIE, N.H.; HULL, C.H.; JENKINS, J.G.; STEINBRENNER, K., y BENDT, D.H. (1975). *Statistical Package for the Social Sciences.* Nueva York. N.Y.: Academic Press.

PADUA, J. (1979). *Técnicas de investigación aplicadas a las ciencias sociales.* México, El Colegio de México/Fondo de Cultura Económica. Capítulo IX.

QUIROZ, G.V. y FOURNIER, L.G. (1978). *SPSS: Enfoque aplicado.* México, McGraw-Hill.

SCHWARTZMAN, S. (Comp.) (1977). *Técnicas avanzadas en ciencias sociales.* Buenos Aires: Ediciones Nueva Visión SAIC.

Ejemplos

LA TELEVISIÓN Y EL NIÑO

Las estadísticas a obtener son:

— Distribución de frecuencias y estadísticas descriptivas de las variables "tiempo que dedican los niños a ver televisión", "programas televisivos preferidos de los niños", "funciones que cumple la televisión en los niños", "gratificaciones que obtienen los niños al exponerse a la televisión" y "control que ejercen los padres sobre el uso de la televisión que hacen sus hijos".

— Prueba "t" (diferencia de medias) para evaluar las diferencias entre niñas y niños respecto al tiempo que cada grupo dedica a ver televisión.

— Chi-cuadrada para correlacionar las variables sexo (nominal) y gratificaciones que derivan los niño(a)s de ver televisión.

Etcétera.

EL CONTAGIO DEL SIDA

Estadísticas que se podrían obtener:

— Estadística descriptiva del perfil del enfermo por VIH (edad, sexo, ocupación, prácticas sexuales, estado de avance de su enfermedad, etc.) y estadísticas del contexto (número de enfermos, vías o medios por los cuales adquirieron el VIH, etc.).
— Prueba "t" para ver el tiempo promedio en que se presentaron los síntomas del SIDA entre los enfermos que adquirieron el VIH por transfusión sanguínea (grupo 1) y los que lo adquirieron por contacto sexual (grupo 2).
— Correlación de Pearson (r) entre edad del enfermo y tiempo que tardó en presentar síntomas de la enfermedad (en meses).

Etcétera.

Capítulo 11

Elaboración del reporte de investigación

OBJETIVOS DEL APRENDIZAJE

Al terminar este capítulo, el alumno será capaz de:

- Comprender el destacado papel que juega el usuario en la presentación de resultados.
- Reconocer los tipos de reportes de resultados de investigación social.
- Identificar los elementos que integran un reporte de investigación.

PROCESO DE INVESTIGACIÓN
Décimo paso

Elaborar el reporte de resultados:

- Definición del usuario.
- Selección del tipo de reporte a presentar: académico o no académico.
- Escribir el reporte y elaborar las gráficas correspondientes.
- Presentación del reporte.

SÍNTESIS

El capítulo comenta la importancia que tiene el usuario en la presentación de resultados. Éste es quien toma decisiones basándose en los resultados de la investigación, por ello la presentación debe adaptarse a sus necesidades.

Se mencionan dos tipos de reportes: académicos y no académicos, así como los elementos más comunes que integran un reporte.

11.1 ANTES DE ELABORAR EL REPORTE DE INVESTIGACIÓN DEBEMOS DEFINIR AL RECEPTOR O USUARIO

Se ha llevado a cabo una investigación. Pero el proceso aún no termina. Es necesario *comunicar los resultados.* Éstos deben definirse con claridad y de acuerdo con las características del usuario o receptor. Antes de presentarlos es indispensable que el *investigador conteste las siguientes preguntas*: ¿Cuál es el contexto en que habrán de presentarse los resultados? ¿Quiénes son los usuarios de los resultados? ¿Cuáles son las características de estos usuarios? La manera en que se presenten los resultados, dependerá de las respuestas a estas preguntas. Básicamente hay dos contextos en los que pueden presentarse los resultados de una investigación:

a) *Contexto académico*
b) *Contexto no académico*

En el *contexto académico* los resultados habrán de presentarse a un grupo de profesores-investigadores, alumnos de una institución de educación superior, lectores con niveles educativos elevados, miembros de una agencia de investigación e individuos con perfil similar. Este contexto es el que caracteriza a las tesis, disertaciones, artículos para publicar en revistas científicas, estudios para agencias gubernamentales, centros de reportes técnicos; y libros que reporten una o varias investigaciones. En el *contexto no académico* los resultados habrán de ser presentados con fines comerciales o al público en general (por ejemplo, lectores de un periódico o revista), a un grupo de ejecutivos con poco tiempo para dedicarle a algún asunto o a personas con menores conocimientos de investigación.

En ambos contextos se presenta un *reporte de investigación,* pero su formato, naturaleza y extensión son diferentes. El reporte de investigación es un documento donde se describe el estudio realizado (qué investigación se llevó a cabo, cómo se realizó, qué resultados y conclusiones se obtuvieron). Veamos en el siguiente apartado los elementos de un reporte de investigación para ambos contextos.

11.2 EL REPORTE DE INVESTIGACIÓN

¿Qué elementos contiene un reporte de investigación o un reporte de resultados en un contexto académico?

Los resultados básicos comunes a los reportes de investigación dentro de un contexto académico son:

1. *Portada.* La cual incluye el título de la investigación, el nombre del autor o autores y su afiliación institucional o el nombre de la organización que patrocina el estudio y la fecha en que se presenta el reporte. En la figura 11.1 se muestra un ejemplo de una portada.

FIGURA 11.1
Ejemplo de una portada correspondiente a una investigación académica.

INVESTIGACIÓN EPIDEMIOLÓGICA

SIDA CON FACTOR DE RIESGO POSTRANSFUSIÓN,
RECEPTORES Y CONTACTOS

PETRÓLEOS MEXICANOS
SUBDIRECCIÓN TÉCNICA ADMINISTRATIVA
GERENCIA DE SERVICIOS MÉDICOS

Dr. Roberto Hernández Galicia

Noviembre, 1989

En el caso de tesis y disertaciones las portadas varían de acuerdo con los lineamientos establecidos por la autoridad pública o institución de educación superior correspondiente.

2. *Índice* del reporte con apartados y subapartados.
3. *Resumen.* Que constituye el contenido esencial del reporte de investigación, usualmente incluye el planteamiento del problema, la metodología, los resultados más importantes y las principales conclusiones, todo resumido. En el caso de artículos para revistas científicas, el resumen ocupa de 75 a 175 palabras (American Psychological Association, 1983). El resumen debe ser comprensible, sencillo, exacto, informativo y preciso. En a figura 11.2 se presenta un ejemplo de resumen para un artículo de una revista científica (Shamir, 1981).

FIGURA 11.2
Ejemplo de un resumen.

RESUMEN

Algunas diferencias en las actitudes hacia el trabajo entre trabajadores árabes y judíos. Un estudio preliminar.

Este estudio preliminar de carácter exploratorio compara las actitudes de empleados judíos y árabes que trabajan en los mismos departamentos de un hotel en Jerusalén. (N = 75 y N = 62 respectivamente). Surgieron algunas diferencias de valores con respecto al trabajo, estilo de supervisión o referido y fuentes de satisfacción en el trabajo. El estudio también revela una percepción de discriminación entre los árabes e indica la posible causa. Los hallazgos parecen reflejar más bien las diferencias políticas, sociales y económicas entre los dos grupos que supuestas diferencias culturales básicas. Los estudios futuros, muy necesarios en vista de la importancia que tienen los contactos árabe-israelíes, deben distinguir entre estos dos tipos de diferencias.

4. *Introducción.* Incluye el planteamiento del problema (objetivos y preguntas de investigación, así como la justificación del estudio), el contexto general de la investigación (cómo y dónde se realizó), las variables y términos de la investigación y sus definiciones, así como las limitaciones de ésta.
5. *Marco teórico* (marco de referencia o revisión de la literatura). En el que se desarrollan los estudios e investigaciones antecedentes y las teorías a manejar. Para ver cómo hacerlo se recomienda leer el tercer capítulo del presente libro ("Elaboración del marco teórico").
6. *Método.* Esta parte del reporte describe cómo fue llevada a cabo la investigación e incluye:

   - Hipótesis y especificación de las variables.
   - Diseño utilizado (experimento o no experimento).
   - Sujetos, universo y muestra (procedencia, edades, sexo y/o aquellas características que sean relevantes de los sujetos; descripción del universo y muestra; y procedimiento de selección de la muestra).
   - Instrumentos de medición aplicados (descripción precisa, confiabilidad, validez y variables medidas).
   - Procedimiento (un resumen de cada paso en el desarrollo de la investigación). Por ejemplo, en un experimento se describen la manera de asignar los sujetos a los grupos, instrucciones, materiales, manipulaciones experimentales y el desarrollo del experimento. En una encuesta se describe cómo se contactó a los sujetos y se realizaron las entrevistas. En este rubro se incluyen los problemas enfrentados y la manera como se resolvieron.

7. *Resultados.* Éstos son los productos del análisis de los datos. Normalmente resumen los datos recolectados y el tratamiento estadístico que se practicó. Aunque cuando no se aplican análisis estadísticos o cuantitativos, los resultados pueden ser frases o afirmaciones que resuman la información (v.g. "los escritores soviéticos tienden a manifestarse a favor de los cambios educativos propuestos por la Perestroika debido a ..."). La Asociación Americana de Psicología recomienda que primero se describa brevemente la idea principal que resume los resultados o descubrimientos y luego se reporten detalladamente los resultados. Es importante destacar que en este apartado *no* se incluyen conclusiones ni sugerencias y no se discuten las implicaciones de la investigación. Esto se hace en el siguiente apartado.

En el apartado de resultados el investigador se limita a describir éstos. Una manera útil de hacerlo es mediante tablas, gráficas, dibujos y figuras. Cada uno de estos elementos debe ir numerado (en arábigo o romano) (v.g., tabla 1, tabla 2,... tabla k; gráfica 1, gráfica 2,... gráfica k; etc.) y con el título que lo identifica. Wiersma (1986, p. 390) recomienda al elaborar tablas:

A. El *título* debe especificar el contenido de la tabla.
B. Debe tener un *encabezado* y los *subencabezados* necesarios (v.g., columnas y renglones, diagonales, etc.).

C. No debe mezclarse una cantidad poco manejable de estadísticas; por ejemplo, incluir medias, desviaciones estándar, correlaciones, razón "F", etc., en una misma tabla.
D. En cada tabla se deben *espaciar los números y estadísticas incluidas* (deben ser legibles).
E. De ser posible debemos *limitar cada tabla a una sola página.*
F. Los formatos de las tablas deben ser consistentes dentro del reporte. Por ejemplo, no incluir en una tabla cruzada las categorías de la variable dependiente como columnas y en otra tabla colocar las categorías de la variable dependiente como renglones.
G. Las *categorías de las variables deben distinguirse* claramente entre sí.

La mejor regla para elaborar una tabla es organizarla lógicamente. En la figura 11.3 se presenta un ejemplo.

Al incluir pruebas de significancia: "F", χ^2, r, etc., debe incluirse información respecto a la magnitud o al valor obtenido de la prueba, los grados de libertad, el nivel de confianza (alfa = α) y la dirección del efecto (American Psychological Association, 1983). Asimismo, debe especificarse si se acepta o se rechaza la hipótesis de investigación o nula en cada caso.

A veces los resultados se presentan en el mismo orden en que fueron formuladas las hipótesis o las variables, y frecuentemente se presenta primero la estadística descriptiva y luego el resto de los análisis.

Cuando los *usuarios,* receptores o lectores son personas con conocimientos sobre estadística no es necesario explicar en qué consiste cada prueba, sólo mencionarlas y comentar sus resultados. Si el usuario carece de tales conocimientos, no tiene caso incluir las pruebas estadísticas, a menos que se expliquen con suma sencillez y se presenten los resultados más comprensibles. Asimismo las tablas se comentan brevemente, esto es, se describen.

8. *Conclusiones, recomendaciones e implicaciones (o discusión).* En esta parte se derivan conclusiones, se hacen recomendaciones para otras investigaciones, se analizan las implicaciones de la investigación y se establece cómo se respondieron las preguntas de investigación y si se cumplieron o no los objetivos. El apartado puede llamarse: "Conclusiones", "Conclusiones y recomen-

FIGURA 11.3
Ejemplo de una tabla de reporte de resultados.

TABLA 1.3

Promedios de mediciones en aspectos del desempeño laboral en tres departamentos de la empresa

Medición	*Producción*	*Ventas*	*Compras*
Motivación	4.2	3.8	3.3
Satisfacción laboral	4.4	4.1	3.4
Puntualidad	9.8	7.4	7.1

daciones", "Discusión", "Conclusiones e implicaciones", "Conclusiones y sugerencias", etcétera.

El apartado debe redactarse de tal manera que se facilite la toma de decisiones respecto a una teoría, un curso de acción o una problemática.

9. *Bibliografía.* Que son las referencias utilizadas por el investigador para elaborar el marco teórico u otros propósitos y se incluyen al final del reporte, ordenadas alfabéticamente.
10. *Apéndices.* Resultan útiles para describir con mayor profundidad ciertos materiales sin distraer la lectura del texto principal del reporte o evitar que dichos materiales rompan con el formato del reporte. Algunos ejemplos de apéndices serían el cuestionario utilizado, un nuevo programa para computadora desarrollado, análisis estadísticos adicionales, el desarrollo de una fórmula complicada, reportes de sesiones de grupos, fotografías, etcétera.

Cabe destacar que para los reportes a publicar en un artículo para una revista científica, se excluye la introducción y el resto de los elementos se desarrolla de manera muy concisa o resumida, y rara vez se incluyen apéndices. En otros casos puede omitirse el resumen si está contenido en la introducción.

El tamaño del reporte puede variar dependiendo de diversos factores tales como el número de hipótesis establecidas, la cantidad de variables medidas, el instrumento de medición aplicado y otros más. Pero debe buscarse claridad, precisión y discusiones directas, así como eliminar repeticiones, argumentos innecesarios y redundancia no justificada.

¿Qué elementos contiene un reporte de investigación o reporte de resultados en un contexto ***no*** *académico?*

Un reporte no académico contiene la mayoría de los elementos de un reporte académico:

1. Portada
2. Índice
3. Resumen
4. Introducción
5. Método
6. Resultados
7. Conclusiones
8. Apéndices

Pero cada elemento es tratado con mayor brevedad y se eliminan las explicaciones técnicas que no puedan ser comprendidas por los usuarios. El marco teórico y la bibliografía suelen omitirse del reporte o se incluyen como apéndices. Desde luego, esto de ninguna manera implica que no se haya desarrollado un marco teórico, sino que algunos usuarios prefieren no confrontarse con éste en el reporte de investigación. En una investigación siempre se construye un marco teórico, sin importar el contexto en que se presenten los resultados. Hay usuarios no académicos que sí se interesan por el marco teórico y las citas bibliográ-

FIGURA 11.4
Ejemplo de introducción de un reporte no académico.

INTRODUCCIÓN

La Fundación Mexicana para la Calidad Total, A.C. (FUNDAMECA) realizó una investigación por encuestas para conocer las prácticas, técnicas, estructuras, procesos y temáticas existentes en materia de Calidad Total en nuestro país. La investigación es de carácter exploratorio y constituye un primer esfuerzo por obtener una radiografía del estado de los procesos de calidad en México. No es un estudio exhaustivo, sino sólo implica un primer acercamiento, que en los años venideros irá extendiendo y profundizando la Fundación.

El reporte de investigación que a continuación se presenta tiene como uno de sus objetivos esenciales propiciar el análisis, la discusión y la reflexión profunda respecto a los proyectos para incrementar la calidad de los productos o servicios que ofrece México al mercado nacional e internacional. Como nación, sector y empresa: ¿Vamos por el camino correcto hacia el logro de la Calidad Total? ¿Qué estamos haciendo adecuadamente? ¿Qué nos falta? ¿Cuáles son los obstáculos a que nos estamos enfrentando? ¿Cuáles son los retos que habremos de afrontar en la última década del milenio? Éstas son algunas de las preguntas que actualmente estamos valorando y necesitamos responder. La investigación pretende aportar algunas pautas para que comencemos a contestar satisfactoriamente estos cuestionamientos.

La muestra de la investigación fue seleccionada al azar sobre la base de tres listados: Listado Expansión 500, Listado de la gaceta *Cambio Organizacional* y Listado de las reuniones para constituir FUNDAMECA. Se acudió a 184 empresas, de las cuales 60 no proporcionaron información. Dos encuestas fueron eliminadas por detectarse inconsistencias. En total se incluyeron 122 casos válidos.

Esperamos que sus comentarios y sugerencias amplíen y enriquezcan este proceso investigativo.

FUNDAMECA

Dirección de Investigación

DIAGNÓSTICO MUNICIPAL

La Coordinación de Desarrollo Regional del estado de Guanajuato encomendó a la Universidad de Celaya la elaboración del presente documento denominado "Diagnóstico del Municipio de Santa Cruz de Juventino Rosas" con la finalidad de proporcionar un instrumento que ayude al ayuntamiento en la elaboración de planes y programas de desarrollo municipales.

Este documento, elaborado por el Centro de Investigación de dicha Universidad, no es de carácter normativo ni técnico. Por el contrario, basado en el análisis de datos, aporta al lector el diagnóstico que describe la realidad municipal en sus diferentes aspectos.

Cabe mencionar que este diagnóstico responde a un momento específico de la realidad municipal, determinado por circunstancias específicas y es susceptible de cambio, por lo que es de carácter perecedero y su renovación y actualización deben ser permanentes.

La realización de la presente radiografía municipal fue elaborada con información de fuentes bibliográficas, hemerográficas, encuestas a la población y sesiones grupales con

FIGURA 11.4 (*Continuación*).

> sectores que comentaron los problemas específicos que les son comunes o que obstaculizan su actividad.
>
> En conclusión, el "Diagnóstico del Municipio de Santa Cruz de Juventino Rosas" muestra de forma clara la problemática municipal, que orientará a las autoridades municipales para coordinar e instrumentar soluciones acordes al verdadero nivel de la problemática que enfrentan.

ficas o referencias. Para ilustrar la diferencia entre redactar un reporte académico y uno no académico, se presenta en la figura 11.4 un ejemplo de introducción de un reporte no académico y como puede verse es bastante sencillo, breve y no utiliza términos complejos.

11.3 ¿CÓMO SE PRESENTA EL REPORTE DE INVESTIGACIÓN?

Algunas veces solamente se entrega el reporte publicado y se explica verbalmente (tal es el caso de las tesis), pero otras veces la entrega del reporte se acompaña de una presentación con diversos apoyos tales como acetatos, gráficas, audiovisuales, videos y sistemas computarizados. Los reportes hoy en día se elaboran utilizando distintos procesadores de textos, paquetes y programas, importando gráficas y textos de un archivo a otro. Las posibilidades son prácticamente ilimitadas.

Algunos de estos programas son:

— Word, Works (texto y dibujos)
— PageMaker, PowerPoint, Harvard Graphics, Publisher (textos y gráficos)
— SPSS (análisis estadístico y gráficos)
— Excel (hoja de cálculo y gráficos)

RESUMEN

- Antes de elaborar el reporte de investigación debe definirse al usuario, ya que el reporte habrá de adaptarse a éste.
- Los reportes de investigación pueden presentarse en un contexto académico o en un contexto no académico.
- El contexto determina el formato, naturaleza y extensión del reporte de investigación.
- Los elementos más comunes de un reporte de investigación presentado en un reporte académico son: portada, índice, resumen, introducción, marco teórico, método, resultados, conclusiones, bibliografía y apéndices.
- Los elementos más comunes en un contexto no académico son: portada, índice, resumen, introducción, método, resultados, conclusiones y apéndices.
- Para presentar el reporte de investigación se pueden utilizar diversos apoyos.

CONCEPTOS BÁSICOS

Reporte de investigación
Usuario/receptor
Contexto académico
Contexto no académico
Elementos del reporte de investigación

EJERCICIOS

1. Elabore el índice de una tesis.
2. Localice un artículo de una revista científica mencionada en el Apéndice 1 y analice los elementos del artículo.
3. Piense en cuál sería el índice del reporte de la investigación que ha concebido a lo largo de los ejercicios del libro.

BIBLIOGRAFÍA SUGERIDA

AMERICAN PSYCCHOLOGICAL ASSOCIATION (1983). *Publication manual of the American Psychological Association.* Tercera edición. Washington, D.C.: APA.

PASO DIEZ

Presentar los resultados:

— Elaborar el reporte de investigación.
— Presentar el reporte de investigación.

Ejemplo

Índice del reporte de investigación

Apéndice 1

Algunas publicaciones periódicas útiles para consultar en ciencias sociales

Publicación (país)	*Áreas temáticas principales*
Academy of Management Journal (E.U.A.)	Administración
Academy of Management Review (E.U.A.)	Administración
Administrative Science Quarterly (E.U.A.)	Administración
American Education Research Journal (E.U.A.)	Educación, metodología
American Sociological Review (E.U.A.)	Sociología
Anthropology and Education Quarterly (E.U.A.)	Antropología, educación
Boletín FUNDESCO (España)	Comunicación, lingüística
British Journal of Educational Psychology (Inglaterra)	Psicología educativa
British Journal of Educational Studies (Inglaterra)	Educación
Canadian Journal of Behavioral Science (Canadá)	Psicología
CEMEDIM (Cuba)	Comunicación colectiva
Comunicación, estudios venezolanos de comunicación (Venezuela)	Comunicación colectiva
Comunicación y sociedad (México)	Comunicación colectiva
Communication Monographs (E.U.A.)	Comunicación en todas sus ramas
Communication Research (E.U.A.)	Comunicación en todas sus ramas
Communication World (E.U.A.)	Comunicación organizacional
CHASQUI (Ecuador)	Comunicación colectiva
Educational and Psychological Measurement (E.U.A.)	Educación, psicología educativa, psicometría
Estudios sobre las culturas contemporáneas (México)	Comunicación colectiva, antropología
European Journal of Social Psychology (CEE)	Psicología social
Harvard Business Review (E.U.A.)	Administración
Human Communication Research (E.U.A.)	Comunicación en todas sus ramas
Human Relations (E.U.A.)	Comunicación interpersonal, psicología social
INTERCOM, Revista Brasileña de Comunicación (Brasil)	Comunicación colectiva
International Journal of Intercultural Relations (E.U.A.)	Comunicación intercultural, comparaciones entre países en materia de psicología, sociología y educación

Publicación (país)	*Áreas temáticas principales*
Investigación administrativa (México)	Administración
Journalism Quarterly (E.U.A.)	Medios de comunicación colectiva y periodismo
Journal of Applied Communication Research (E.U.A.)	Comunicación en todas sus ramas
Journal of Applied Psichology (E.U.A.)	Psicología en todas sus ramas
Journal of Broadcasting (E.U.A.)	Comunicación colectiva
Journal of Business Communication (E.U.A.)	Comunicación organizacional
Journal of Communication (E.U.A.)	Comunicación en todas sus ramas
Journal of Educational Measurement (E.U.A.)	Educación, psicometría
Journal of Educational Psychology (E.U.A.)	Psicología educativa
Journal of Educational Research (E.U.A.)	Educación, psicología educativa
Journal of Educational Sociology (E.U.A.)	Sociología educativa
Journal of Experimental Education (E.U.A.)	Educación, metodología
Journal of Experimental Psychology (E.U.A.)	Psicología en todas sus ramas
Journal of Management Studies (E.U.A.)	Administración
Journal of Marketing en Español	Mercadotecnia
Journal of Personality and Social Psichology (E.U.A.)	Psicología de la personalidad y psicología social
Management International Review (E.U.A.)	Administración
Medios, educación y comunicación (Argentina)	Comunicación educativa
Organizational Dynamics (E.U.A.)	Comportamiento organizacional
Personnel Psychology (E.U.A.)	Psicología laboral-industrial
Problems of Communism (E.U.A.)	Historia, política y opinión pública en el comunismo
Psychological Bulletin (E.U.A.)	Psicología en todas sus ramas
Psychological Review (E.U.A.)	Psicología en todas sus ramas
Public Opinion Quarterly (E.U.A.)	Opinión pública
Revista mexicana de psicología (México)	Psicología en todas sus ramas
Revista mexicana de sociología (México)	Sociología en todas sus ramas
Revista paraguaya de sociología (Paraguay)	Sociología
Signo y pensamiento (Colombia)	Comunicación colectiva, lingüística y semiótica
Small Group Behavior (E.U.A.)	Terroría grupal
Social Forces (E.U.A.)	Sociología
Social Psychology Quarterly (E.U.A.)	Psicología social
Sociometry (E.U.A.)	Sociometría, metodología
TELOS, Cuadernos de comunicación, tecnología y sociedad (España)	Comunicación colectiva
The Research Quarterly (E.U.A.)	Educación física y salud
Training and Development Journal (E.U.A.)	Capacitación, educación
UCBC Informa (Brasil)	Comunicación colectiva

Apéndice 2

Principales bancos/bases de datos para consulta de referencias bibliográficas

I. POR LÍNEAS DE COMPUTADORA

Nombre del banco de información (CLAVE)	*Principales temas*	*Abarca desde*
Abstracted Business Information	Administración, finanzas, negocios	1971
ACCOUNTANTS	Finanzas	1974
AIT/ARM	Educación técnica (media)	1967
American Statistics Index (ASI)	Estadísticas del gobierno de E.U.A.	1973
Art Bibliographies Modern (ART BM)	Historia del arte	1974
BOOKS INFORMATION	Libros en proceso de impresión	Variable
CLASE	Referencias latinoamericanas en ciencias sociales y humanidades provenientes de más de 700 publicaciones periódicas.	—
COMPREHENSIVE DISSERTATION INDEX (CDI)	Tesis doctorales de universidades de E.U.A.	1861
DESA	Referencias sobre desastres vistos desde diferentes perspectivas: geofísica, sociología, comunicación, psicología, etcétera.	1985 (pero incluye referencias anteriores)
DISSERTATIONS	Tesis doctorales de universidades de E.U.A.	1861
ECONOMICS ABSTRACTS INTERNATIONAL	Economía	1974
ERIC	Educación	1966

Nombre del banco de información (CLAVE)	*Principales temas*	*Abarca desde*
HISTORICAL ABSTRACTS (HIST ABS)	Historia (excepto E.U.A. y Canadá)	1973
INFOBANK	Información aparecida en las publicaciones más importantes del mundo (*New York Times* y otras)	1968
Language and Language Behavior Abstracts (LLBA)	Lingüística	1973
Library and Information Science Abstracts (LISA)	Biblioteconomía y ciencia de la información	1969
Library of Congress (LIBCON-E)	Referencias de la biblioteca del Congreso de E.U.A. en inglés: se encuentran todos los temas y la mayoría de libros publicados en E.U.A.	1965
Library Congress (LIBCON-F)	Referencias de la biblioteca del Congreso de E.U.A. en otros idiomas: todos los temas.	1965
MAGAZINE	Índice de revistas	1977
MANAGEMENT	Administración, contaduría, finanzas, comportamiento organizacional, mercadotecnia	1974
MEXICOARTE	Artes de México	—
MEXINV	Referencias en materia de investigación científica hecha en México y Latinoamérica y humanística en diversas ramas (abarca economía, sociología y ciencia política).	1987 (pero incluye referencias anteriores)
NOTICIE	Antes SOLMEX	Noviembre 1974-noviembre 1976
NOTIMEX	Antes NOTICIE	Diciembre 1976
PERIODICA	Referencia de revistas latinoamericanas en ciencias exactas	—
PHILOSOPHERS INDEX	Filosofía	1940
Predicasts International Statistics (PTS) (INT STAT)	Economía, demografía, finanzas, producción (excepto E.U.A.)	1972
PSYCHOLOGICAL ABSTRACTS (PSYCH ABS)	Psicología	1967
SOCIAL SCIESEARCH	Ciencias sociales	1972
SOCIOLOGICAL ABSTRACTS (SOCIOL ABS)	Sociología, antropología	1963
SOLMEX	Noticias publicadas por los principales diarios de México	1970-octubre, 1974

2. MANUALES

- Communication Abstracts: Referencias en todos los campos de la comunicación.
- Dissertation Abstracts International (DAI): Cubre tesis doctorales de más de 450 universidades estadounidenses, canadienses y europeas. Abarca desde 1969 ciencias naturales, sociales y humanidades.
- Education Index: Referencias en educación desde 1929.
- Humanities Index:* Referencias desde 1974 en humanidades.
- Psychological Abstracts: Referencias desde 1927 en las distintas ramas de la psicología.
- Social Sciences Citation Index: Referencias desde 1973 en ciencias sociales.
- Social Sciences Index: Referencias desde 1974 en las diferentes ciencias sociales.
- Social Abstracts: Referencias diversas ramas sociales desde 1952.

3. EN DISQUETE O CD-ROM (DISPONIBLES EN MÉXICO A TRAVÉS DEL INSTITUTO NACIONAL DE ESTADÍSTICA, GEOGRAFÍA E INFORMÁTICA

- Censos de población y vivienda.
- Censos económicos y actividad empresarial.
- Sector agropecuario.
- Empleo.
- Población económica.
- Municipios.

En casi todo el mundo esta clase de información se encuentra disponible en centros nacionales de información.

* Antes de 1974 estos índices estaban agrupados en uno: Social Sciences and Humanities Index.
Nota: La mayoría se actualizan cada año.

Apéndice 3 Consulta por computadora a bancos/bases de datos

Los bancos o bases de datos contienen una gran cantidad de referencias bibliográficas sobre diversos temas y problemas de investigación. Al acudir a una base de datos únicamente nos interesan las referencias que se relacionen directamente con nuestro problema concreto a investigar. Por ejemplo, si pretendemos analizar los efectos que provocan en los niños los programas televisivos con un alto contenido de violencia, acudiremos sólo a estudios antecedentes que traten este tema. Pero, ¿cómo encontraremos las referencias que verdaderamente tienen que ver con el problema de investigación que nos interesa? Primero, acudiendo a una base de datos apropiada. Si nuestro tema es sobre los efectos de la violencia televisada con los niños no acudiremos a una base de datos sobre administración como ABI/INFORM ni a una base de datos con referencias de la Historia del Arte, sino a una base de datos con referencias en la materia como PSYCHO ABS (Psichological Abstracts). Ésta sí es una base de datos apropiada para nuestra investigación. Si vamos a comparar diferentes métodos educativos a través de un experimento debemos acudir a la base de datos adecuada: ERIC.

Una vez elegida la base de datos que requerimos, procedemos a consultar el manual (*thesaurus*) respectivo. El manual contiene un diccionario o vocabulario a través del cual podemos solicitar un listado de referencias. El listado que obtengamos dependerá de las palabras llamadas descriptores que seleccionemos del diccionario (uno o más descriptores). Si vamos a consultar en la base de datos ERIC y de su diccionario o vocabulario contenido en el manual para ERIC elegimos la palabra o descriptor "Teacher effectiveness" (efectividad del profesor), el resultado de la consulta será un listado de todas las referencias bibliográficas que estén en ERIC y que tengan que ver con la "efectividad del profesor". Si la palabra o descripción seleccionado es "measurement" (medición), obtendremos un listado con todas las referencias de ERIC que se vinculen a la medición.

Las palabras o descripciones sirven para limitar o ampliar el universo de referencias a solicitar. Se usan conjuntamente con tres preposiciones en inglés: "and" (en español "y"), "or" (en español "o") y "and not" (en español "y no"). Con los descriptores y preposiciones establecemos los límites de la consulta al banco o base de datos.

Para poder comprender lo anterior, primero acudamos a un ejemplo ficticio con una supuesta base de datos.

Supongamos que queremos analizar la música del grupo de rock The Beatles y que acudimos a la base de datos ROCKERS* para hacer nuestra revisión de la literatura. Consultamos el manual (*thesaurus*) de ROCKERS buscando alfabéticamente las palabras o descriptores que nos lleven a obtener un listado de referencias pertinentes con nuestro problema a investigar (la música de The Beatles). Obviamente elegimos la palabra "Beatles". Si seleccionáramos las palabras "Rolling Stones" o "Madonna", no nos servirían. Entonces solicitamos un listado de referencias con la palabra elegida ("Beatles"), obtendremos todas las referencias contenidas en ROCKERS que hablen o tengan que ver con The Beatles, incluso referencias sobre la niñez de sus integrantes, la historia de sus familiares, sus gustos y otros muchos aspectos. Pero si a nosotros nada más nos interesan los contenidos de sus canciones, debemos elegir adicionalmente otras palabras o descriptores del manual para delimitar nuestro universo de referencias, por ejemplo: "SONGS" (canciones) y "CONTENT" (contenido).

Así, nuestros descriptores serían "Beatles", "Songs" y "Content", los cuales se utilizarían de diferente modo según las preposiciones que escojamos para vincularlos.

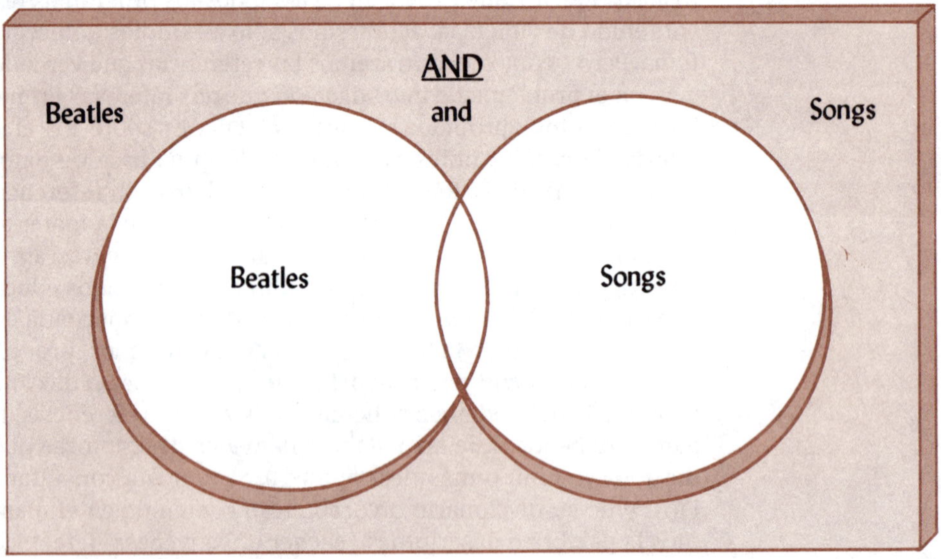

Nuestro listado estaría constituido por todas las referencias de The Beatles que tengan que ver con sus canciones.

"Beatles" es un universo de referencias que contiene todo lo publicado sobre ellos. "Songs" es un universo de referencias que incluye todo lo publicado que se relacione con las canciones de The Beatles, Yes, Depeche Mode, El Tri, Joaquín Sabina, Jim Croce y todos los intérpretes de rock. Pero a nosotros en este caso

* Nombre ficticio.

sólo nos interesarían las canciones (SONGS) de The Beatles. Si juntamos CONTENT para delimitar más, tendríamos:

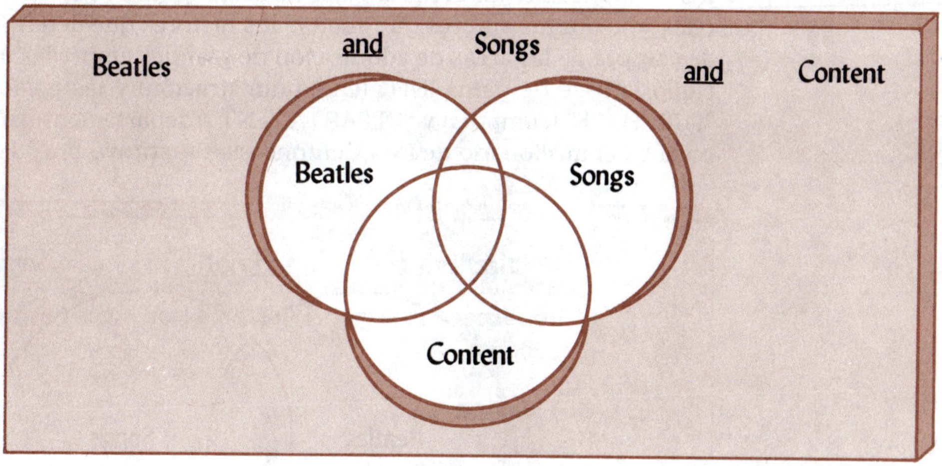

El listado de referencias a obtener se limitaría a investigaciones sobre el contenido de las canciones de The Beatles. Nada más. El listado sería resultado de la intersección de los tres descriptores.

El uso de la preposición "OR", ("o") es menos frecuente y tiene un efecto de expansión del universo de referencias.

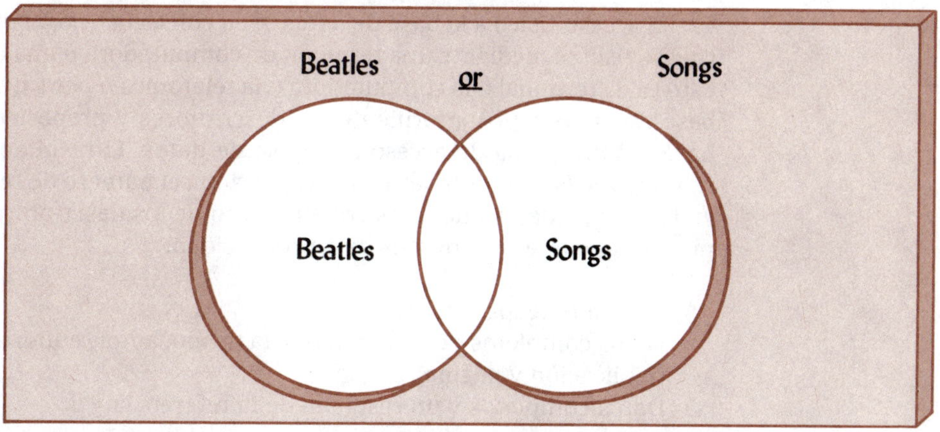

El listado a obtener son todas las referencias sobre The Beatles y sobre canciones en general (de The Beatles y de todos los demás grupos).

El uso de la preposición "AND NOT" ("y no") tiene el efecto de excluir las referencias del universo de un descriptor.

El listado a obtener son todas las referencias sobre The Beatles, excepto las que tengan que ver con sus canciones.

Cada base de datos tiene un manual con su correspondiente vocabulario y es necesario aclarar que este vocabulario contiene un número limitado de palabras o descriptores. Si no encontramos alguna palabra, podemos recurrir a un sinónimo o a un término relacionado. El caso es que las palabras o descripciones reflejen el planteamiento del problema de investigación. Por ejemplo, en un estudio realizado por los autores que analizó los factores que determinan las decisiones de compra de las áreas de adquisición de grandes empresas mexicanas, se seleccionó la base de datos INFO (en administración) y las palabras o descriptores "PURCHASE" (compras) y "DEPARTAMENT" (departamento). Esta última no aparecía en el diccionario de INFO, entonces se sustituyó por "SYSTEMS".

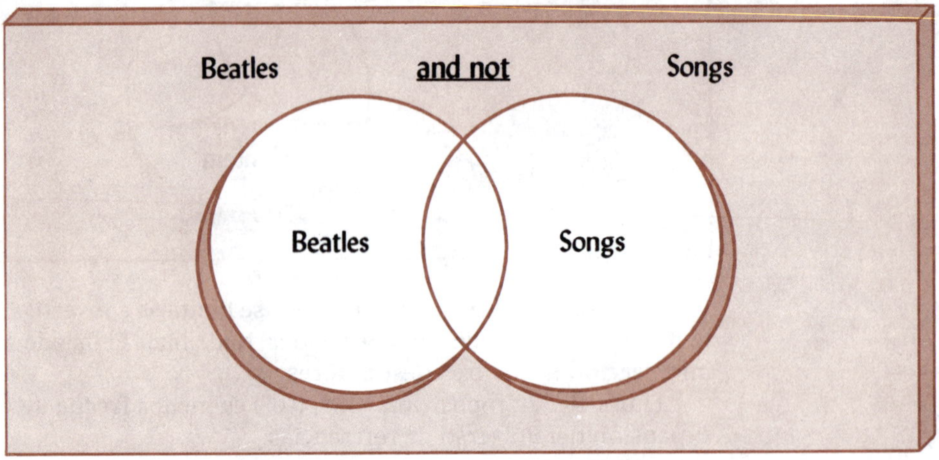

El acceso físico a la base de datos y, en consecuencia, al universo de referencias se realiza mediante una terminal de computadora o una computadora en sí. Esto es, la terminal o la computadora (vía telefónica o por sátelite) se conecta a la base de datos y posteriormente los descriptores y preposiciones actúan como base del programa de acceso a la base de datos. El resultado es un listado de referencias. La computadora nos proporciona el número de referencias incluidas en la base de datos que se inscriben dentro de los descriptores escogidos y después, según nuestros deseos, nos proporciona:

a) Únicamente los títulos.
b) Datos completos de cada referencia (título, autor, editorial, revista, fecha de publicación y página).
c) Datos completos y un resumen de la referencia.

Si son referencias cortas y en algunas situaciones, se puede proporcionar la transcripción de las referencias. Normalmente, uno busca físicamente las referencias en alguna biblioteca o solicita las transcripciones por correo.

Asimismo, podemos solicitar referencias de un periodo determinado (último año, 1989-1990, últimos cinco años, etcétera). Incluso, podemos pedir el listado cronológicamente (empezando por las referencias más recientes) y parar la revisión cuando lo consideremos conveniente.

El listado se nos proporciona como cualquier listado de computadora.

La consulta se realiza con el auxilio de un asistente de la biblioteca o el centro de investigación al que hayamos acudido. Las bibliotecas de las principales instituciones latinoamericanas de educación superior y centros de investigación cuentan con el servicio de consulta, el cual se difunde cada vez más. Se cobra por el tiempo de consulta o acceso a la base de datos.

Veamos un ejemplo de una consulta:

09/30/83: fecha de consulta

ENTER DATA BASE NAME -: info (nombre de la base de datos)

BRS - SEARCH MODE ENTER QUERY
(instrucción para que indiquemos nuestros descriptores)

1_: PURCHASE → descriptor 1
RESULT 525 → número de referencias en "info" sobre "compras" a la fecha de consulta.
2_: SYSTEMS → descriptor 2
RESULT 3234 → número de referencias en "info" sobre "sistemas" a la fecha de consulta.
3_: 1 y 2 → ("Purchase" y "Systems")
Hay 7 referencias de interés sobre "Compras" y "Sistemas".

RESULT 7
Podríamos haber sido directos:
1_: PURCHASE and SYSTEMS
RESULT 7

Y nos lista títulos:

.
.
.

etcétera.

O datos completos y resumen. El siguiente es un ejemplo en inglés (como en la mayoría de las bases de datos):

AN 75-02236.
AU MACRI-L-G
TI. Post acquisition and the systems executive.
SO. Infosystems. VOL: V.22 N 2. PAG: 52-53. FEB. 1975
AB THERE IS A NEW ROLE FOR THE SYSTEMS EXECUTIVE EMERGING IN COMPANIES THAT HAVE MAJOR ACQUISITIONS PROGRAMS AND A CENTRALIZED SYSTEMS AD PROCEDURES DEPARTMENT. KEY MANAGEMENT EXECUTIVES IDENTIFY POTENTIAL ACQUISITIONS, EVALUATE POTENTIALS, NEGOTIATE THE TERMS OF AND CONSUMMATE THE ACQUISITION. ONCE

CONSUMMATED, MANY ACTIVITIES HAVE TO BE IDENTIFIED: PLANNED AND IMPLEMENTED. THE SYSTEMS EXECUTIVE CAN HELP THE PARENT COMPANY BY IDENTIFYING ACTIVITIES AND DEPARTMENT OF FUNCTIONS TO BE INVOLVED IN THE INTEGRATION PROCESS, PLANNING THE POSTACQUISITION PROCESS, PROVIDING THE SYSTEMS AND PROCEDURES SUPPORT AND COORDINATING THE ACTIVITIES.

•
•
•

etcétera.

Consulta manual a bancos/bases de datos

Algunas bases de datos que se consultan por computadora también pueden consultarse manualmente. Asimismo hay bases de datos que sólo pueden consultarse de forma manual. Las bases de datos manuales están constituidas por varios tomos o volúmenes que contienen referencias, las cuales pueden estar compiladas y ordenadas alfabéticamente por área temática, materia, autor o combinaciones de estas posibilidades.

Al igual que las bases de datos cuyo acceso se realiza por computadora, las bases de datos manuales se actualizan periódicamente: algunas de manera mensual y otras bimestral, semestral o anualmente. Y cada vez que se actualizan se publica un volumen adicional.

Esto se ejemplifica en los siguientes esquemas:

Si la actualización es anual

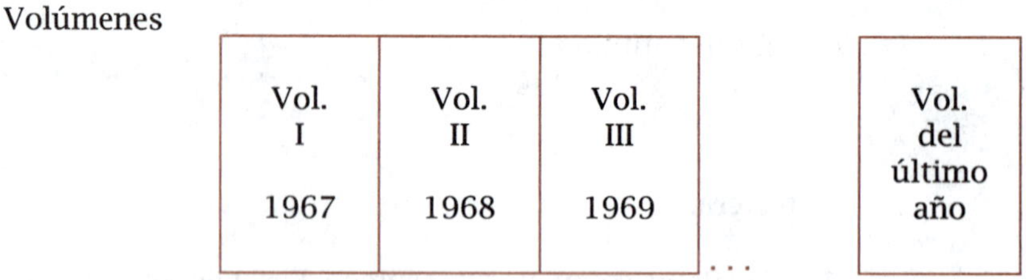

Si la actualización es mensual

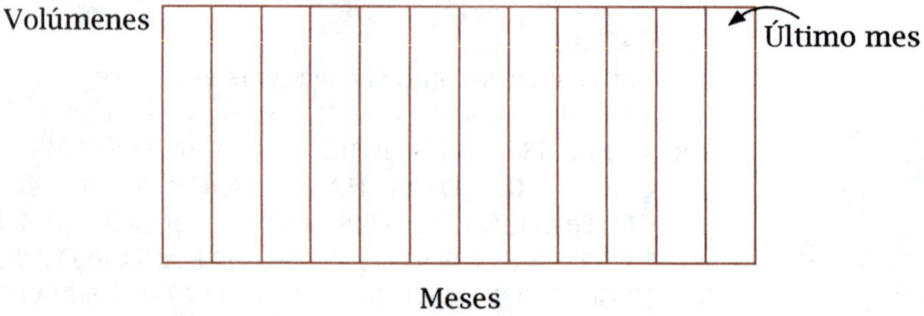

La manera de consultarlas varía en diferentes casos. Algunas se consultan de igual modo que las bases de datos computarizadas: se utiliza un manual o *thesaurus* que contiene un diccionario o vocabulario de descriptores. Elegimos de éste los descriptores que se vinculen más directamente con nuestro problema de investigación y acudimos a través de un índice a los volúmenes, apartados y páginas indicadas para obtener las referencias.

Otros están organizados por volúmenes y números cronológicos que a su vez se encuentran estructurados por autor, materias y/o títulos. En éstos comenzamos por el volumen y/o número más reciente: acudimos a los índices y buscamos en las páginas indicadas las referencias de interés. Lo mismo hacemos en el penúltimo volumen y/o número publicado, con el que le antecedió y así sucesivamente hasta que encontremos suficientes referencias para desarrollar el marco teórico.

Veámoslo con un ejemplo. La editorial "Sage" publica la base de datos "Communication Abstracts", y publica cada año un volumen integrado por seis números. Los números se publican en febrero, abril, junio, agosto, octubre y diciembre. Cada número contiene referencias y resúmenes de artículos publicados en las revistas más importantes en el campo de la comunicación y de libros o capítulos de libros en esa área de conocimiento. Además las referencias de cada año o volumen se encuentran numeradas progresivamente en los seis números, al igual que las páginas: el primer número del volumen inicia con la referencia y la página número uno.

Supongamos que vamos a investigar los usos que hace el gobierno de México de los satélites para telecomunicaciones y estamos haciendo la revisión de la literatura en mayo de 1990. Acudimos al último número publicado del Communication Abstracts (número 2 del volumen 13, abril de 1990).

Acudimos al índice temático y buscamos alfabéticamente en "México" y en "Satellite Communication" (comunicación por satélite).

Mentors, 269.

Message Content, 309.

Message Effects, 385.

Message Strategies, 269, 315, 385, 403, 474.

Messages, 337, 370.

Mexico, 264 ← Quiere decir que la referencia 264 es sobre México.

Motion Pictores, 252, 297

Risk Communication, 445.

Rural Areas, 454.

Satellite Communication, 257, *264*, 243, 400. ← Las referencias 257, *264*, 293 y 400 son sobre comunicación por satélite.

Satire, 272, 388.

School Achievement, 472.

La 264 es sobre comunicación por satélite en México. La localizamos fácilmente porque el número contiene a las referencias en orden cronológico, si resulta útil la anotamos. En el ejemplo resulta útil. Acudimos a otros números anteriores y vemos si hay más referencias sobre nuestro problema de investigación hasta detectar referencias suficientes para el marco teórico (normalmente entre 10 y 20).

Estos índices funcionan de manera parecida a las enciclopedias, pero contienen referencias.

Algunos incluyen resúmenes de referencias y otros simplemente los datos de las referencias.

INTERNET

Actualmente podemos consultar bases de datos y accesar información a través del correo electrónico y la llamada "supercarretera de información" INTERNET, a la cual podemos acceder de diferentes maneras, entre éstas tenemos los servicios privados tales como COMPUSERVE o Prodigy.

Las posibilidades son enormes: desde consultar un gran banco de datos como ERIC (educación), hasta tener acceso a centros de información especializados (por ejemplo: "UMI Dissertation Abstracts International Database" para consultar tesis de filosofía, religión y teología).

Asimismo, las principales universidades del mundo tienen bases de datos que son públicas y cualquiera puede consultarlas.

Podemos viajar "virtualmente" a los museos, obtener estadísticas de cualquier parte del mundo, accesar matrices de datos, leer libros electrónicos, localizar artículos de prensa, adquirir textos y consultar con expertos.

También podemos participar en foros interactivos, que son "espacios" donde personas con intereses similares intercambian información y participan en conferencias.

Se dispone de bases de datos y foros para cualquier tema.

Solamente se requiere de una computadora apropiada, módem, una línea telefónica y el programa necesario (software).

Los costos son bajos si los comparamos con lo que nos costaría localizar las referencias acudiendo a bibliotecas.

Apéndice 4 Respuestas a los ejercicios sin contestar

CAPÍTULO DOS

Ejercicio	*Respuesta*
4	El planteamiento dos es más general y vago que el planteamiento uno. Este último se puede mejorar especificando y delimitando qué tipo de niños (por ejemplo, escuelas públicas rurales de Michoacán, México).

CAPÍTULO CUATRO

Ejercicio	*Respuesta*
2.A.	Descriptivo.
2.B.	Descriptivo, o exploratorio si no hay antecedentes.
2.C.	Correlacional: relaciona sexo del alcohólico y número de abandonos y divorcios.
2.D.	Explicativo: busca causas de un efecto.

CAPÍTULO CINCO

Ejercicio	*Respuesta*
1	Hipótesis de investigación correlacional.
2	Hipótesis de investigación descriptiva del valor de una variable.
4	Hipótesis de investigación causal: una variable independiente y dos variables dependientes.
5	"La marginación socioeconómica provoca desnutrición y ésta, a su vez, apatía, retardo mental y bajas defensas del organismo. Las bajas defensas originan una mayor predisposición a las enfermedades infecciosas y carenciales."

Ejercicio	*Respuesta*
6	Ho: "*La asertividad* de una persona en sus relaciones interpersonales íntimas *no está relacionada* con *los conflictos verbales* que tenga." Ha: "*Entre más asertiva* sea una persona en sus relaciones interpersonales íntimas, *menor número de conflictos verbales tendrá.*"

CAPÍTULO SEIS

Ejercicio	*Respuesta*
6.A.	No hay efecto de ninguno de los tratamientos.
6.B.	Los dos tratamientos experimentales tienen efecto significativo, pero son de magnitudes diferentes. En el grupo de control no hay cambio.
6.C.	Sólo el segundo tratamiento tiene un efecto significativo.

CAPÍTULO SIETE

Ejercicio	*Respuesta*
5	Sí

CAPÍTULO OCHO

Ejercicio	*Respuesta*
2. Tema 1	*Los jóvenes.* Mediante una encuesta se indaga la frecuencia con la que se exponen a los diferentes anuncios de bebidas alcohólicas, el consumo de bebidas alcohólicas, lugares donde beben y las bebidas que consumen.
2. Tema 2	*La calidad de los motores producidos, medida por diversos criterios.*
2. Tema 3	*Los jóvenes o adultos que asisten a la universidad*, indagando el tipo de escuela primaria a la que asistieron y analizando su historial académico.
2. Tema 4	*Los comerciales transmitidos en la televisión de los tres países.*
4.1.	Muestra *no probabilística* dirigida y con sujetos voluntarios para los dos grupos.
4.2	Muestra probabilística de población *N de solicitudes de empleo.* Se obtiene una muestra n de solicitudes

Ejercicio	*Respuesta*
	en archivo (digamos 5 o 10 años) y las características como edad, estado civil, sexo, lugar donde vive, hijos, empleos anteriores, etcétera. Se correlacionan con el número de ausencias registradas de cada sujeto de la muestra. Así se llegan a establecer criterios de corte o perfiles de "ausentista" y "no ausentista".
4.3.	Muestra no probabilística con sujetos tipo. Es decir dinámicas de grupo con sujetos tipo (chicas clase alta y media) que se expresen libremente sobre el tema.
4.4.	Muestra probabilística por racimos de n escuelas del D.F. (o de la República Mexicana). Sobre muestra de escuelas, elegir aleatoriamente de las listas los niños a los que se les administrará el cuestionario indagando estos aspectos.
4.5.	Muestra probabilística que se obtiene de la población de electores, definida en las listas del estado. Definir tamaño N y después seleccionar al azar o 1/K entrevistando telefónicamente al volante.

5

$N = 400$

error estándar = 015 varianza = $(.015)^2 = .000225$

$p = .5$ $s^2 = p(1 - p) = .5(.5) = .25$

$$n' = \frac{s^2}{v^2} = \frac{.25}{.000225} = 1111.11$$

$$n = \frac{n'}{1 + n' / n} = \frac{1111.11}{1 + 1111.11/5\,000} = 909.0902 = 909$$

Se encuestará a 900 socios. Y éstos se seleccionarán del directorio de la Asociación donde:

$$1/K = \frac{N}{n} = 5.5 = 6/1/k = 6$$

Se selecciona una página al azar, se empieza al azar con un asociado, y de cada 6 asociados se encuesta 6º (sexto) y así sucesivamente (se vuelve a empezar incluso en la página 1 hasta tener a los 900).

6

Podrían ser varias muestras dirigidas con páneles de expertos. Es decir, muestras no probabilísticas de sujetos definidos previamente como expertos. Se llevarían a cabo sesiones de grupo con:

— psicólogos y psiquiatras especializados.
— jóvenes ex adictos.

Ejercicio	*Respuesta*
	— jóvenes de secundaria, preparatoria y universidad (por separado). — judiciales en tareas contra el narcotráfico. etcétera. Grupos de expertos para formarse el panorama más completo.

CAPÍTULO DIEZ

Ejercicio	*Descripción* *Frecuencias relativas*
3	50.7%
	20.6%
	14.7%
	9.5%
6	4.4%

Columna "A"

"A mayor inteligencia, mayor capacidad de resolver problemas matemáticos." (Medidas las variables por intervalos.)

"Los niños de padres alcohólicos muestran una menor autoestima con respecto a los niños de padres no alcohólicos." (Autoestima medida por intervalos.)

"El porcentaje de delitos por asalto a mano armada en relación con el total de crímenes cometidos, es mayor en la ciudad de México que en Caracas."

"El sexo está relacionado con la preferencia por telenovelas o espectáculos deportivos."

"La intensidad del sabor de productos empacados de pescado, está relacionado con la preferencia por la marca." (Sabor = sabor intenso, sabor medianamente intenso, sabor poco intenso, sabor muy poco intenso.) (Preferencia = rangos a 12 marcas.)

"Se presentarán diferencias en cuanto al aprovechamiento entre un grupo expuesto a un método de enseñanza nove-

Columna "B"

— Diferencia de proporciones.

— Ji cuadrada.

— Spearman

— Coeficiente de correlación de Pearson.

— ANOVA unidireccional.

— Prueba "t"

dosa, un grupo que recibe instrucción mediante un método tradicional y un grupo de control que no se expone a ningún método."

7	Sí, 3.25 (valor "t" obtenido) es superior al de la tabla, que es 1.6707
8	No, 6.12 (valor "χ^2" obtenido) es inferior al de la tabla, que es 7.815

Apéndice 5 Tablas estadísticas

TABLA 1
Áreas bajo la curva normal.

COLUMNAS			
(1) *Puntuación "Z"*	*(2)* *Distancia de "Z" a la media*	*(3)* *Área de la parte mayor*	*(4)* *Área de la parte menor*
0.00	.0000	.5000	.5000
0.01	.0040	.5040	.4960
0.02	.0080	.5080	.4920
0.03	.0120	.5120	.4880
0.04	.0160	.5160	.4840
0.05	.0199	.5199	.4801
0.06	.0239	.5239	.4761
0.07	.0279	.5279	.4721
0.08	.0319	.5319	.4681
0.09	.0359	.5359	.4641
0.10	.0398	.5398	.4602
0.11	.0438	.5438	.4562
0.12	.0478	.5478	.4522
0.13	.0517	.5517	.4483
0.14	.0557	.5557	.4443
0.15	.0596	.5596	.4404
0.16	.0636	.5636	.4364
0.17	.0675	.5675	.4325
0.18	.0714	.5714	.4286
0.19	.0753	.5753	.4247
0.20	.0793	.5793	.4207
0.21	.0832	.5832	.4168
0.22	.0871	.5871	.4129
0.23	.0910	.5910	.4090
0.24	.0948	.5948	.4052

TABLA 1
(*Continuación*).

COLUMNAS			
(1) Puntuación "Z"	(2) Distancia de "Z" a la media	(3) Área de la parte mayor	(4) Área de la parte menor
0.25	.0987	.5987	.4013
0.26	.1026	.6026	.3974
0.27	.1064	.6064	.3936
0.28	.1103	.6103	.3897
0.29	.1141	.6141	.3859
0.30	.1179	.6179	.3821
0.31	.1217	.6217	.3783
0.32	.1255	.6255	.3745
0.33	.1293	.6293	.3707
0.34	.1331	.6331	.3669
0.35	.1368	.6368	.3632
0.36	.1406	.6406	.3594
0.37	.1443	.6443	.3557
0.38	.1480	.6480	.3520
0.39	.1517	.6517	.3483
0.40	.1554	.6554	.3446
0.41	.1591	.6591	.3409
0.42	.1628	.6628	.3372
0.43	.1664	.6664	.3336
0.44	.1700	.6700	.3300
0.45	.1736	.6736	.3264
0.46	.1772	.6772	.3228
0.47	.1808	.6808	.3192
0.48	.1844	.6844	.3156
0.49	.1879	.6879	.3121
0.50	.1915	.6915	.3085
0.51	.1950	.6950	.3050
0.52	.1985	.6985	.3015
0.53	.2019	.7019	.2981
0.54	.2054	.7054	.2946
0.55	.2088	.7088	.2912
0.56	.2123	.7123	.2877
0.57	.2157	.7157	.2843
0.58	.2190	.7190	.2810
0.59	.2224	.7224	.2776

TABLA 1
(*Continuación*).

COLUMNAS			
(1) *Puntuación "Z"*	*(2)* *Distancia de "Z" a la media*	*(3)* *Área de la parte mayor*	*(4)* *Área de la parte menor*
0.60	.2257	.7257	.2743
0.61	.2291	.7291	.2709
0.62	.2324	.7324	.2676
0.63	.2357	.7357	.2643
0.64	.2389	.7389	.2611
0.65	.2422	.7422	.2578
0.66	.2454	.7454	.2546
0.67	.2486	.7486	.2514
0.68	.2517	.7517	.2483
0.69	.2549	.7549	.2451
0.70	.2580	.7580	.2420
0.71	.2611	.7611	.2389
0.72	.2642	.7642	.2358
0.73	.2673	.7673	.2327
0.74	.2704	.7704	.2296
0.75	.2734	.7734	.2266
0.76	.2764	.7764	.2236
0.77	.2794	.7794	.2206
0.78	.2823	.7823	.2177
0.79	.2852	.7852	.2148
0.80	.2881	.7881	.2119
0.81	.2910	.7910	.2090
0.82	.2939	.7939	.2061
0.83	.2967	.7967	.2033
0.84	.2995	.7995	.2005
0.85	.3023	.8023	.1977
0.86	.3051	.8051	.1949
0.87	.3078	.8078	.1922
0.88	.3106	.8106	.1894
0.89	.3133	.8133	.1867
0.90	.3159	.8159	.1841
0.91	.3186	.8186	.1814
0.92	.3212	.8212	.1788
0.93	.3228	.8238	.1762
0.94	.3264	.8264	.1736

TABLA I
(*Continuación*).

COLUMNAS			
(1) *Puntuación "Z"*	*(2)* *Distancia de "Z" a la media*	*(3)* *Área de la parte mayor*	*(4)* *Área de la parte menor*
0.95	.3289	.8289	.1711
0.96	.3315	.8315	.1685
0.97	.3340	.8340	.1660
0.98	.3365	.8365	.1635
0.99	.3389	.8389	.1611
1.00	.3413	.8413	.1587
1.01	.3438	.8438	.1562
1.02	.3461	.8461	.1539
1.03	.3485	.8485	.1515
1.04	.3508	.8508	.1492
1.05	.3531	.8531	.1469
1.06	.3554	.8554	.1446
1.07	.3577	.8577	.1423
1.08	.3599	.8599	.1401
1.09	.3621	.8621	.1379
1.10	.3643	.8643	.1357
1.11	.3665	.8665	.1335
1.12	.3686	.8686	.1314
1.13	.3708	.8708	.1292
1.14	.3729	.8729	.1271
1.15	.3749	.8749	.1251
1.16	.3770	.8770	.1230
1.17	.3790	.8790	.1210
1.18	.3810	.8810	.1190
1.19	.3830	.8830	.1170
1.20	.3849	.8849	.1151
1.21	.3869	.8869	.1131
1.22	.3888	.8888	.1112
1.23	.3907	.8907	.1093
1.24	.3925	.8925	.1075
1.25	.3944	.8944	.1056
1.26	.3962	.8962	.1038
1.27	.3980	.8980	.1020
1.28	.3997	.8997	.1003
1.29	.4015	.9015	.0985

TABLA 1
(*Continuación*).

COLUMNAS			
(1) Puntuación "Z"	*(2) Distancia de "Z" a la media*	*(3) Área de la parte mayor*	*(4) Área de la parte menor*
1.30	.4032	.9032	.0968
1.31	.4049	.9049	.0951
1.32	.4066	.9066	.0934
1.33	.4082	.9082	.0918
1.34	.4099	.9099	.0901
1.35	.4115	.9115	.0885
1.36	.4131	.9131	.0869
1.37	.4147	.9147	.0853
1.38	.4162	.9162	.0838
1.39	.4177	.9177	.0823
1.40	.4192	.9192	.0808
1.41	.4207	.9207	.0793
1.42	.4222	.9222	.0778
1.43	.4236	.9236	.0764
1.44	.4251	.9251	.0749
1.45	.4265	.9265	.0735
1.46	.4279	.9279	.0721
1.47	.4292	.9292	.0708
1.48	.4306	.9306	.0694
1.49	.4319	.9319	.0681
1.50	.4332	.9332	.0668
1.51	.4345	.9345	.0655
1.52	.4357	.9357	.0643
1.53	.4370	.9370	.0630
1.54	.4382	.9382	.0618
1.55	.4394	.9394	.0606
1.56	.4406	.9406	.0594
1.57	.4418	.9418	.0582
1.58	.4429	.9429	.0571
1.59	.4441	.9441	.0559
1.60	.4452	.9452	.0548
1.61	.4463	.9463	.0537
1.62	.4474	.9474	.0526
1.63	.4484	.9484	.0516
1.64	.4495	.9495	.0505

TABLA I
(*Continuación*).

COLUMNAS			
(1) *Puntuación* *"Z"*	*(2)* *Distancia de "Z"* *a la media*	*(3)* *Área de la* *parte mayor*	*(4)* *Área de la* *parte menor*
1.65	.4505	.9505	.0495
1.66	.4515	.9515	.0485
1.67	.4525	.9525	.0475
1.68	.4535	.9535	.0465
1.69	.4545	.9545	.0455
1.70	.4554	.9554	.0446
1.71	.4564	.9564	.0436
1.72	.4573	.9573	.0427
1.73	.4582	.9582	.0418
1.74	.4591	.9591	.0409
1.75	.4599	.9599	.0401
1.76	.4608	.9608	.0392
1.77	.4616	.9616	.0384
1.78	.4625	.9625	.0375
1.79	.4633	.9633	.0367
1.80	.4641	.9641	.0359
1.81	4649	.9649	.0351
1.82	.4656	.9656	.0344
1.83	.4664	.9664	.0336
1.84	.4671	.9671	.0329
1.85	.4648	.9678	.0322
1.86	.4686	.9686	.0314
1.87	.4693	.9693	.0307
1.88	.4699	.9699	.0301
1.89	.4706	.9706	0294
1.90	.4713	.9713	.0287
1.91	.4719	.9719	.0281
1.92	.4726	.9726	.0274
1.93	.4732	.9732	.0268
1.94	.4738	.9738	.0262
1.95	.4744	.9744	.0256
1.96	.4750	.9750	.0250
1.97	.4756	.9756	.0244
1.98	.4761	.9761	.0239
1.99	.4767	.9767	.0233

TABLA 1
(Continuación).

COLUMNAS			
(1) *Puntuación* *"Z"*	*(2)* *Distancia de "Z"* *a la media*	*(3)* *Área de la* *parte mayor*	*(4)* *Área de la* *parte menor*
2.00	.4772	.9772	.0228
2.01	.4778	.9778	.0222
2.02	.4783	.9783	.0217
2.03	.4788	.9788	.0212
2.04	.4793	.9793	.0207
2.05	.4798	.9798	.0202
2.06	.4803	.9803	.0197
2.07	.4808	.9808	.0192
2.08	.4812	.9812	.0188
2.09	.4817	.9817	.0183
2.10	.4821	.9821	.0179
2.11	.4826	.9826	.0174
2.12	.4830	.9830	.0170
2.13	.4834	.9834	.0166
2.14	.4838	.9838	.0162
2.15	.4842	.9842	.0158
2.16	.4846	.9846	.0154
2.17	.4850	.9850	.0150
2.18	.4854	.9854	.0146
2.19	.4857	.9857	.0143
2.20	.4861	.9861	.0139
2.21	.4864	.9864	.0136
2.22	.4868	.9868	.0132
2.23	.4871	.9871	.0129
2.24	.4875	.9875	.0125
2.25	.4878	.9878	.0122
2.26	.4881	.9881	.0119
2.27	.4884	.9884	.0116
2.28	.4887	.9887	.0113
2.29	.4890	.9890	.0110
2.30	.4893	.9893	.0107
2.31	.4896	.9896	.0104
2.32	.4898	.9898	.0102
2.33	.4901	.9901	.0099
2.34	.4904	.9904	.0096

TABLA 1
(*Continuación*).

COLUMNAS			
(1) Puntuación "Z"	(2) Distancia de "Z" a la media	(3) Área de la parte mayor	(4) Área de la parte menor
2.35	.4906	.9906	.0094
2.36	.4909	.9909	.0091
2.37	.4911	.9911	.0089
2.38	.4913	.9913	.0087
2.39	.4916	.9916	.0084
2.40	.4918	.9918	.0082
2.41	.4920	.9920	.0080
2.42	.4922	.9922	.0078
2.43	.4925	.9925	.0075
2.44	.4927	.9927	.0073
2.45	.4929	.9929	.0071
2.46	.4931	.9931	.0069
2.47	.4932	.9932	.0068
2.48	.4934	.9934	.0066
2.49	.4936	.9936	.0064
2.50	.4938	.9938	.0062
2.51	.4940	.9940	.0060
2.52	.4941	.9941	.0059
2.53	.4943	.9943	.0057
2.54	.4945	.9945	.0055
2.55	.4946	.9946	.0054
2.56	.4948	.9948	.0052
2.57	.4949	.9949	.0051
2.58	.4951	.9951	.0049
2.59	.4952	.9952	.0048
2.60	.4953	.9953	.0047
2.61	.4955	.9955	.0045
2.62	.4956	.9956	.0044
2.63	.4957	.9957	.0043
2.64	.4959	.9959	.0041
2.65	.4960	.9960	.0040
2.66	.4961	.9961	.0039
2.67	.4962	.9962	.0038
2.68	.4963	.9963	.0037
2.69	.4964	.9964	.0036

TABLA 1
(Continuación).

COLUMNAS			
(1) *Puntuación "Z"*	*(2)* *Distancia de "Z" a la media*	*(3)* *Área de la parte mayor*	*(4)* *Área de la parte menor*
2.70	.4965	.9965	.0035
2.71	.4966	.9966	.0034
2.72	.4967	.9967	.0033
2.73	.4968	.9968	.0032
2.74	.4969	.9969	.0031
2.75	.4970	.9970	.0030
2.76	.4971	.9971	.0029
2.77	.4972	.9972	.0028
2.78	.4973	.9973	.0027
2.79	.4974	.9974	.0026
2.80	.4974	.9974	.0026
2.81	.4975	.9975	.0025
2.82	.4976	.9976	.0024
2.83	.4977	.9977	.0023
2.84	.4977	.9977	.0023
2.85	.4978	.9978	.0022
2.86	.4979	.9979	.0021
2.87	.4979	.9979	.0021
2.88	.4980	.9980	.0020
2.89	.4981	.9981	.0019
2.90	.4981	.9981	.0019
2.91	.4982	.9982	.0018
2.92	.4982	.9982	.0018
2.93	.4983	.9983	.0017
2.94	.4984	.9984	.0016
2.95	.4984	.9984	.0016
2.96	.4985	.9985	.0015
2.97	.4985	.9985	.0015
2.98	.4986	.9986	.0014
2.99	.4986	.9986	.0014
3.00	.4987	.9987	.0013
3.01	.4987	.9987	.0013
3.02	.4987	.9987	.0013
3.03	.4988	.9988	.0012
3.04	.4988	.9988	.0012

TABLA 1
(*Continuación*).

COLUMNAS			
(1) *Puntuación* *"Z"*	*(2)* *Distancia de "Z"* *a la media*	*(3)* *Área de la* *parte mayor*	*(4)* *Área de la* *parte menor*
3.05	.4989	.9989	.0011
3.06	.4989	.9989	.0011
3.07	.4989	.9989	.0011
3.08	.4990	.9990	.0010
3.09	.4990	.9990	.0010
3.10	.4990	.9990	.0010
3.11	.4991	.9991	.0009
3.12	.4991	.9991	.0009
3.13	.4991	.9991	.0009
3.14	.4992	.9992	.0008
3.15	.4992	.9992	.0008
3.16	.4992	.9992	.0008
3.17	.4992	.9992	.0008
3.18	.4993	.9993	.0007
3.19	.4993	.9993	.0007
3.20	.4993	.9993	.0007
3.21	.4993	.9993	.0007
3.22	.4994	.9994	.0006
3.23	.4994	.9994	.0006
3.24	.4994	.9994	.0006
3.30	.4995	.9995	.0005
3.40	.4997	.9997	.0003
3.50	.4998	.9998	.0002
3.60	.4998	.9998	.0002
3.70	.4999	.9999	.0001

Fuente: N. M. Downie y R. W. Hearh (1973). *Métodos estadísticos aplicados*. México, Harla, pp. 320-327.
Fuente original: A. L. Edwars. *Statistical Methods for the Behavioral Sciences*. Nueva York: Holt, Rinehart and Winston, 1954.

TABLA 2
Distribución "t" de Student.

GRADOS DE LIBERTAD (GL)	NIVEL DE CONFIANZA .05	NIVEL DE CONFIANZA .01
1	6.3138	31.821
2	2.9200	6.965
3	2.3534	4.541
4	2.1318	3.747
5	2.0150	3.365
6	1.9432	3.143
7	1.8946	2.998
8	1.8595	2.896
9	1.8331	2.821
10	1.8125	2.764
11	1.7959	2.718
12	1.7823	2.681
13	1.7709	2.650
14	1.7613	2.624
15	1.7530	2.602
16	1.7459	2.583
17	1.7396	2.567
18	1.7341	2.552
19	1.7291	2.539
20	1.7247	2.528
21	1.7207	2.518
22	1.7171	2.508
23	1.7139	2.500
24	1.7109	2.492
25	1.7081	2.485
26	1.7056	2.479
27	1.7033	2.473
28	1.7011	2.467
29	1.6991	2.462
30	1.6973	2.457
35	1.6896	2.438
40	1.6839	2.423
45	1.6794	2.412
50	1.6759	2.403
60	1.6707	2.390
70	1.6669	2.381
80	1.6641	2.374
90	1.6620	2.368
100	1.6602	2.364
120	1.6577	2.358

TABLA 2
(Continuación).

GRADOS DE LIBERTAD (GL)	NIVEL DE CONFIANZA .05	NIVEL DE CONFIANZA .01
140	1.6558	2.353
160	1.6545	2.350
180	1.6534	2.347
200	1.6525	2.345
∞	1.645	2.326

Fuente: Wayne W. Daniel (1977): *Estadística con aplicaciones a las ciencias sociales y a la educación*. México: McGraw-Hill, p. 469.
Fuente original: Reproducido de *Documenta Geigy, Scientific Tables*, 7a. edición. Cortesía de Ciba Geigy, Ltd. Basel, Suiza, 1970.

TABLA 3

Valores de "F" al nivel de confianza de .05 y .01.

(gl intragrupos) gl	(gl entre grupos) P = 05 1	2	3	4	5	6	8	12
1	161.4	199.5	215.7	224.6	230.2	234.0	238.9	243.9
2	18.51	19.00	19.16	19.25	19.30	19.33	19.37	19.41
3	10.13	9.55	9.28	9.12	9.01	8.94	8.84	8.74
4	7.71	6.94	6.59	6.39	6.26	6.16	6.04	5.91
5	6.61	5.79	5.41	5.19	5.05	4.95	4.82	4.68
6	5.99	5.14	4.76	4.53	4.39	4.28	4.15	4.00
7	5.59	4.74	4.35	4.12	3.97	3.87	3.73	3.57
8	5.32	4.46	4.07	3.84	3.69	3.58	3.44	3.28
9	5.12	4.26	3.86	3.63	3.48	3.37	3.23	3.07
10	4.96	4.10	3.71	3.48	3.33	3.22	3.07	2.91
11	4.84	3.98	3.59	3.36	3.20	3.09	2.95	2.79
12	4.75	3.88	3.49	3.26	3.11	3.00	2.85	2.69
13	4.67	3.80	3.41	3.18	3.02	2.92	2.77	2.60
14	4.60	3.74	3.34	3.11	2.96	2.85	2.70	2.53
15	4.54	3.68	3.29	3.06	2.90	2.79	2.64	2.48
16	4.49	3.63	3.24	3.01	2.85	2.74	2.59	2.42
17	4.45	3.59	3.20	2.96	2.81	2.70	2.55	2.38
18	4.41	3.55	3.16	2.93	2.77	2.66	2.51	2.34
19	4.38	3.52	3.13	2.90	2.74	2.63	2.48	2.31
20	4.35	3.49	3.10	2.87	2.71	2.60	2.45	2.28
21	4.32	3.47	3.07	2.84	2.68	2.57	2.42	2.25
22	4.30	3.44	3.05	2.82	2.66	2.55	2.40	2.23
23	4.28	3.42	3.03	2.80	2.64	2.53	2.38	2.20
24	4.26	3.40	3.01	2.78	2.62	2.51	2.36	2.18
25	4.24	3.38	2.99	2.76	2.60	2.49	2.34	2.16
26	4.22	3.37	2.98	2.74	2.59	2.47	2.32	2.15
27	4.21	3.35	2.96	2.73	2.57	2.46	2.30	2.13
28	4.20	3.34	2.95	2.71	2.56	2.44	2.29	2.12
29	4.18	3.33	2.93	2.70	2.54	2.43	2.28	2.10
30	4.17	3.32	2.92	2.69	2.53	2.42	2.27	2.09
40	4.08	3.23	2.84	2.61	2.45	2.34	2.18	2.00
60	4.00	3.15	2.76	2.52	2.37	2.25	2.10	1.92
120	3.92	3.07	2.68	2.45	2.29	2.17	2.02	1.83
∞	3.84	2.99	2.60	2.37	2.21	2.09	1.94	1.75

(gl intragrupos) gl	(gl entre grupos) P =.01 1	2	3	4	5	6	8	12
1	4 052	4 999	5 403	5 625	5 764	5 859	5 981	6 106
2	98.49	99.01	99.17	99.25	99.30	99.33	99.36	99.42
3	34.12	30.81	29.46	28.71	28.24	27.91	27.49	27.05
4	21.20	18.00	16.69	15.98	15.52	15.21	14.80	14.37
5	16.26	13.27	12.06	11.39	10.97	10.67	10.27	9.89
6	13.74	10.92	9.78	9.15	8.75	8.47	8.10	7.72
7	12.25	9.55	8.45	7.85	7.46	7.19	6.84	6.47
8	11.26	8.65	7.59	7.01	6.63	6.37	6.03	5.67
9	10.56	8.02	6.99	6.42	6.06	5.80	5.47	5.11
10	10.04	7.56	6.55	5.99	564	5.39	5.06	4.71
11	9.65	7.20	6.22	5.67	5.32	5.07	4.74	4.40
12	9.33	6.93	5.95	5.41	5.06	4.82	4.50	4.16
13	9.07	6.70	5.74	5.20	4.86	4.62	4.30	3.96
14	8.56	6.51	5.56	5.03	4.69	4.46	4.14	3.80
15	8.68	6.36	5.52	4.89	4.56	4.32	4.00	3.67
16	8.53	6.23	5.29	4.77	4.44	4.20	3.89	3.55
17	8.40	6.11	5.18	4.67	4.34	4.10	3.79	3.45
18	8.28	6.01	5.09	4.58	4.25	4.01	3.71	3.37
19	8.18	5.93	5.01	4.50	4.17	3.94	3.63	3.30
20	8.10	5.85	4.94	4.43	4.10	3.87	3.56	3.23
21	8.02	5.78	4.87	4.37	4.04	3.81	3.51	3.17
22	7.94	5.72	4.82	4.31	3.99	3.76	3.45	3.12
23	7.88	5.66	5.76	4.26	3.94	3.71	3.41	3.07
24	7.82	5.61	4.72	4.22	3.90	3.67	3.36	3.03
25	7.77	5.57	4.68	4.18	3.86	3.63	3.32	2.99
26	7.72	5.53	4.64	4.14	3.82	3.59	3.29	2.96
27	7.68	5.49	4.60	4.11	3.78	3.56	3.26	2.93
28	7.64	5.45	4.57	4.07	3.75	3.53	3.23	2.90
29	7.60	5.42	4.54	4.04	3.73	3.50	3.20	2.87
30	7.56	5.39	4.51	4.02	3.70	3.47	3.17	3.84
40	7.31	5.18	4.31	3.83	3.51	3.29	2.99	2.66
60	7.08	4.98	4.13	3.65	3.34	3.12	2.82	2.50
120	6.85	4.79	3.95	3.48	3.17	2.96	2.66	2.34
∞	6.64	4.60	3.78	3.32	3.02	2.80	2.51	2.18

Nota: En caso de no hallar el número exacto de grados de libertad, se compara con un valor proporcional de "F" tomando en cuenta los grados de libertad más cercanos o se toma la categoría de grados de libertad más cercana (v.g., si tenemos 55 gl intra tomamos la categoría de 60 gl intra).

Fuente: Jack Levin (1979). *Fundamentos de estadística en la investigación social*. México: Harper & Roow Latinoamerican, pp. 284-285.

Fuente original: Fisher y F. Yates, *Statistical Tables for Biological, Agricultural and Medical Research*, 4a. edición, Oliver & Boyd, Edimburgo, Tabla V.

TABLA 4

Valores de χ^2 a los niveles de confianza de .05 y .01.

GRADOS DE LIBERTAD (gl)	.05	.01
1	3.841	6.635
2	5.991	9.210
3	7.815	11.345
4	9.488	13.277
5	11.070	15.086
6	12.592	16.812
7	14.067	18.475
8	15.507	20.090
9	16.919	21.666
10	18.307	23.209
11	19.675	24.725
12	21.026	26.217
13	22.362	27.688
14	23.685	29.141
15	24.996	30.578
16	26.296	32.000
17	27.587	33.409
18	28.869	34.805
19	30.144	36.191
20	31.410	37.566
21	32.671	38.932
22	33.924	40.289
23	35.17	41.638
24	36.415	42.980
25	37.652	44.314
26	38.885	45.642
27	40.113	46.963
28	41.337	48.278
29	42.557	49.588
30	43.773	50.892
35	49.802	57.342
40	55.758	63.691
45	61.656	69.957
50	67.505	76.154
60	79.082	88.379
70	90.531	100.425
80	101.879	112.329
90	113.145	124.116
100	124.342	135.807

Fuente: Wayne W. Daniel (1977). *Estadística con aplicaciones a las ciencias sociales y a la educación*, México: McGraw-Hill.
Fuente original: "A Table of Percentage Points of the χ^2 Distribution", Skandinavisk Aktuarietidskrift, 33 (1950), 168-175.

TABLA 5
Números aleatorios.

1	53	95	67	80	79	93	28	69	25	78	13	24	100	62	62	21	11	04	54	44	59	90	78	83	04	97	61	52	75	91	76	98	40	41	02	56	78	62	79	16
2	62	12	27	41	05	04	19	34	84	78	71	45	73	79	33	57	29	58	75	20	79	78	68	31	25	30	97	31	82	51	72	23	58	27	17	69	94	75	68	79
3	90	16	47	72	20	60	70	71	02	67	21	65	07	39	58	81	64	11	70	04	79	44	47	07	74	34	55	28	90	19	35	15	27	66	20	26	81	37	61	63
4	10	59	04	76	80	06	82	20	60	92	33	61	76	83	73	12	84	43	90	71	82	28	21	61	31	92	100	75	22	31	11	05	74	38	84	78	69	70	24	77
5	32	17	36	64	08	30	80	95	61	33	65	05	39	88	36	44	42	43	05	88	81	13	63	15	47	92	20	62	05	60	44	83	22	50	59	80	29	12	71	11
6	54	71	27	89	41	53	60	10	02	91	76	95	98	91	64	65	23	57	16	00	90	52	26	90	49	31	68	29	58	10	13	08	54	63	58	07	29	25	38	80
7	10	60	18	77	34	59	28	99	15	11	70	34	27	78	67	19	97	30	23	60	00	22	11	12	54	50	93	25	69	54	02	60	04	53	16	80	45	30	72	51
8	42	20	24	36	78	58	82	81	49	91	35	53	30	92	57	19	97	40	58	13	39	42	25	03	97	64	100	55	24	07	30	58	96	05	30	55	23	39	53	27
9	73	55	87	48	49	97	60	92	27	78	02	55	29	76	99	21	45	72	56	24	16	33	50	84	12	65	04	30	48	56	97	74	33	90	00	05	99	03	60	53
10	21	56	41	23	58	57	49	49	70	33	06	79	95	03	70	38	26	26	05	89	49	00	68	57	53	91	66	81	53	83	15	81	17	65	00	47	08	65	77	61
11	09	60	37	99	06	41	69	97	18	44	100	18	46	03	90	57	22	82	15	38	73	97	74	09	35	82	66	34	84	14	28	36	24	87	76	96	89	34	09	29
12	63	26	41	08	21	38	15	63	38	100	68	89	24	39	19	29	93	97	40	91	70	41	95	83	33	25	33	94	44	39	43	23	53	15	54	81	74	31	17	94
13	98	72	09	45	69	50	07	86	05	80	00	08	28	96	45	00	00	13	95	24	92	51	11	11	37	91	21	87	89	89	09	68	26	79	43	16	19	89	66	82
14	87	89	65	22	98	55	86	09	66	43	64	55	80	30	15	99	26	25	71	87	22	39	97	26	50	12	86	22	65	70	94	86	38	11	60	57	16	41	46	20
15	05	91	68	44	67	02	71	96	15	73	78	03	12	87	53	09	11	12	21	32	57	72	16	35	27	51	91	43	58	61	06	62	50	24	11	19	73	14	42	48
16	75	93	62	49	95	82	30	81	24	04	11	36	71	96	49	47	65	48	28	08	91	58	40	55	32	07	86	84	95	59	53	70	54	25	96	38	43	05	02	04
17	76	15	55	38	29	00	08	20	71	42	81	51	44	76	93	42	87	89	38	51	88	65	83	80	66	91	09	68	30	63	28	75	64	90	11	80	94	99	35	54
18	26	76	93	84	08	40	96	69	84	82	89	05	16	43	34	37	64	39	14	77	95	100	52	99	86	81	65	85	21	09	68	57	34	30	29	61	33	49	00	11
19	08	35	06	83	76	08	87	81	13	33	14	86	38	23	33	22	58	47	60	36	97	89	20	59	52	09	76	75	52	82	45	65	89	88	39	93	71	55	29	67
20	59	73	37	06	26	44	00	24	89	24	78	80	20	08	19	31	32	53	40	32	32	23	57	74	49	17	97	49	71	00	73	11	78	58	58	34	20	30	43	40
21	87	94	75	45	72	15	39	100	46	99	59	12	22	95	76	18	27	73	88	41	31	99	37	31	23	89	35	14	14	73	26	59	10	35	75	04	34	38	00	63
22	05	74	08	91	37	05	13	55	13	07	19	24	76	04	25	93	78	09	50	85	98	71	37	53	67	75	09	56	96	71	58	15	70	36	19	49	45	18	36	02
23	49	82	39	40	51	15	71	53	68	86	50	93	31	22	64	77	46	17	28	25	02	17	69	68	56	44	100	55	80	26	87	85	52	76	40	61	50	68	72	07
24	02	25	92	97	41	39	98	100	99	67	44	00	99	93	31	69	26	72	56	25	71	42	28	22	96	76	19	63	97	05	96	44	82	35	00	33	26	68	75	07
25	59	41	49	100	13	00	15	33	82	61	28	59	83	08	17	76	24	58	91	25	03	02	76	87	10	18	23	69	93	27	35	39	08	70	79	48	30	65	65	63
26	40	13	20	51	81	15	12	45	16	57	47	54	92	60	70	55	98	12	90	27	95	66	23	91	78	86	27	98	16	30	79	82	07	23	41	81	08	32	08	08
27	80	25	91	36	83	59	19	09	47	61	84	89	98	18	11	56	99	03	26	67	21	24	80	60	44	42	48	77	24	63	00	30	98	86	100	14	55	86	71	13
28	48	33	07	70	61	95	51	32	89	87	72	06	40	88	52	44	19	96	95	62	12	100	82	05	17	62	65	100	63	09	88	88	48	70	64	81	29	71	62	67
29	89	05	07	93	48	60	69	97	61	21	87	68	20	04	61	63	75	08	76	92	37	35	40	70	25	86	34	54	53	95	45	62	32	83	60	48	00	44	94	22
30	97	64	36	36	99	98	23	18	66	28	58	48	34	18	64	71	48	90	63	57	15	14	24	26	65	29	38	85	99	17	63	08	87	100	28	82	67	65	10	81
31	59	73	71	62	66	34	17	41	32	65	50	73	82	07	20	85	01	65	74	85	23	19	45	61	48	98	84	51	63	70	33	06	49	38	55	78	94	26	04	29
32	88	75	43	66	66	38	56	31	25	36	26	91	36	100	88	42	74	27	36	40	33	92	18	09	54	51	40	24	82	06	79	51	52	09	38	18	13	16	86	42
33	34	16	43	38	50	28	34	14	41	02	06	97	56	73	75	17	56	31	100	84	32	25	33	52	26	78	83	44	00	81	63	29	23	97	64	06	63	74	29	77
34	14	61	81	02	69	73	03	89	79	64	67	80	75	05	66	77	97	30	88	82	52	87	25	63	11	67	93	99	61	39	94	16	38	87	03	25	25	49	22	68
35	15	39	05	99	29	36	25	40	46	28	34	63	75	18	21	23	13	85	15	43	88	70	92	44	23	73	62	47	60	45	32	06	90	100	29	26	31	39	32	93
36	68	49	01	55	11	06	63	23	50	33	80	34	82	20	66	48	27	16	86	78	74	89	09	23	66	62	83	28	34	87	92	99	60	23	79	82	06	62	02	75
37	01	72	18	84	84	86	61	41	22	61	45	36	37	16	20	28	98	36	72	39	67	100	71	08	19	29	00	24	95	26	46	01	02	68	40	08	03	99	19	06
38	58	73	55	11	09	96	81	84	21	34	50	92	65	91	69	33	23	04	77	93	03	37	95	14	84	27	67	46	61	88	65	55	20	58	89	100	74	77	28	30
39	91	63	65	63	70	90	57	20	09	13	28	77	72	00	12	30	48	06	28	89	94	06	58	72	73	16	86	19	95	49	37	58	49	05	51	55	90	22	03	37
40	39	45	37	74	91	85	29	45	98	15	11	50	26	16	36	76	01	40	76	01	88	15	60	27	55	00	83	96	36	53	80	47	63	53	58	95	55	25	67	68
41	94	12	62	59	14	42	32	75	41	41	00	58	05	78	89	48	35	01	78	70	20	98	38	93	67	35	35	40	38	44	02	48	66	86	47	74	48	87	71	21
42	03	33	41	22	45	37	65	03	96	27	62	77	16	97	81	78	26	48	94	59	77	82	54	01	63	24	64	31	31	14	49	71	92	36	55	72	74	13	99	31
43	58	02	83	10	100	50	98	57	32	65	31	87	84	45	00	90	42	78	09	17	21	92	92	47	05	29	06	27	62	72	35	48	56	92	76	75	45	23	91	15
44	29	73	79	48	66	72	32	01	100	03	02	61	35	00	88	100	45	42	16	18	48	67	36	37	57	12	97	12	95	08	77	61	32	06	66	47	66	00	24	26
45	55	09	63	66	31	05	08	72	04	85	05	44	04	98	02	79	40	44	96	75	91	59	66	15	41	19	100	33	23	64	56	83	57	78	39	55	48	97	05	62
46	52	13	44	91	39	85	22	33	04	29	52	06	82	77	25	00	46	100	41	35	46	93	11	09	56	82	97	53	18	86	83	94	08	40	14	39	93	51	42	80
47	31	52	65	63	88	78	21	35	28	22	91	84	04	30	14	00	97	92	63	87	46	73	55	82	18	76	67	43	76	22	82	01	78	19	94	56	38	08	37	28
48	44	38	76	99	38	67	60	95	67	68	17	18	46	76	83	05	08	20	87	87	02	42	65	27	16	22	60	18	78	33	73	74	13	02	42	64	89	86	72	09
49	84	47	44	04	67	22	89	78	44	84	66	15	56	00	90	21	25	88	99	100	32	86	30	50	92	48	55	70	35	20	54	43	20	13	39	76	59	07	51	19
50	71	50	78	48	65	74	21	24	02	23	65	94	51	82	67	16	35	91	100	35	61	31	75	08	81	58	67	50	28	17	77	32	56	82	56	60	98	80	21	49
51	42	47	97	81	10	99	40	15	63	77	89	10	32	92	86	32	09	33	79	69	50	07	61	78	15	60	79	47	73	51	99	27	39	07	32	07	86	14	22	76

TABLA 5 (Continuación)

52	03	70	75	49	90	92	62	00	47	90	78	63	44	60	13	55	38	64	60	63	92	17	100	02	40	93	83	89	88	20	01	14	43	75	65	65	63	53	51	57
53	31	06	46	39	27	93	81	79	100	94	43	39	79	02	18	82	40	30	56	31	81	84	62	41	59	04	46	56	100	58	26	51	32	08	24	99	30	36	32	69
54	69	27	97	71	52	38	45	35	14	74	40	96	40	88	38	67	44	81	05	12	13	98	21	39	36	74	39	83	77	79	37	89	04	20	21	91	98	90	37	49
55	02	76	36	72	07	28	55	13	31	78	67	98	50	25	94	39	71	28	00	39	31	69	14	22	50	40	54	12	71	98	25	26	20	61	52	93	90	76	46	19
56	03	04	20	08	63	33	69	31	69	32	35	18	23	84	69	64	13	43	86	53	10	28	46	41	29	74	46	64	39	04	47	55	98	22	69	09	15	34	94	16
57	79	55	89	01	25	68	100	58	44	92	73	29	70	47	03	51	37	24	24	29	95	79	80	35	00	09	65	42	99	69	90	22	16	34	81	44	03	24	96	70
58	99	06	65	35	66	98	66	47	47	22	01	54	94	13	00	31	40	55	69	20	59	12	35	63	52	35	02	56	40	85	02	85	02	58	26	94	48	00	85	70
59	46	98	01	46	43	86	42	91	63	01	93	84	51	08	79	47	54	85	90	02	19	26	78	95	01	04	72	81	80	60	49	67	32	10	28	90	72	25	28	53
60	06	14	71	51	07	10	79	41	58	03	27	33	74	67	18	94	04	57	99	37	40	96	68	06	95	55	82	16	36	58	68	68	69	07	11	31	17	39	82	85
61	92	31	31	40	12	19	74	73	20	94	33	41	40	74	79	42	23	41	29	01	00	13	31	19	63	90	75	17	33	49	13	54	32	26	66	38	01	07	35	16
62	87	08	68	74	61	66	94	27	71	81	37	82	83	07	08	46	65	63	37	63	88	20	20	75	16	70	26	75	22	48	06	01	89	99	21	48	06	09	67	85
63	50	48	52	100	68	75	38	65	59	57	78	24	29	52	24	98	78	48	77	64	93	100	50	95	76	94	84	25	67	98	94	23	75	40	33	86	87	76	24	98
64	67	96	52	88	76	79	16	12	42	33	35	50	54	69	21	57	62	21	84	95	13	66	49	11	48	20	54	51	65	63	33	98	80	13	84	70	85	93	74	22
65	54	42	22	99	28	90	74	46	26	13	48	45	99	03	38	94	86	53	41	18	35	10	64	79	70	05	55	92	41	92	14	63	52	94	56	05	40	55	50	17
66	99	51	72	02	75	81	92	71	85	26	77	73	23	14	02	46	07	13	02	40	62	28	72	82	81	51	07	45	09	26	47	34	47	47	95	45	38	82	85	20
67	35	63	58	46	91	44	56	26	59	56	21	91	19	83	06	61	47	53	10	33	7	97	68	76	44	73	73	0	80	55	84	77	74	27	5	17	57	75	63	2
68	81	98	63	17	77	45	47	96	25	38	23	26	80	20	47	40	39	14	71	15	60	83	28	56	78	09	27	52	79	68	90	48	12	51	55	77	48	10	55	21
69	90	47	44	40	40	09	60	62	13	79	39	00	99	57	37	39	02	08	42	58	01	28	01	64	50	28	08	69	70	96	26	100	06	31	89	00	31	91	05	23
70	29	30	16	54	83	76	50	00	61	100	51	74	78	15	09	16	17	22	44	71	94	59	17	43	50	34	12	14	45	30	79	63	76	72	18	67	87	47	90	93
71	47	94	70	80	51	26	11	78	34	29	10	55	90	42	04	06	83	72	95	73	24	19	13	98	00	64	44	90	20	13	66	81	97	81	11	38	07	37	93	64
72	69	14	17	73	79	25	71	14	52	98	77	82	15	25	08	34	38	80	82	97	82	87	98	29	97	69	24	62	100	12	28	84	86	10	69	25	66	93	21	57
73	54	58	47	09	00	06	36	94	27	03	18	05	36	98	74	36	30	08	87	02	23	76	42	76	87	64	99	05	07	13	33	19	18	37	96	73	95	91	24	24
74	24	63	57	91	08	58	38	29	72	05	56	71	81	50	67	59	41	09	17	17	85	42	29	80	53	92	06	44	100	18	24	31	05	06	37	63	93	42	05	97
75	14	24	69	85	97	51	68	80	16	92	59	72	97	23	89	44	16	71	19	83	42	53	54	93	63	19	59	30	80	75	08	91	48	79	02	40	06	56	57	60
76	86	21	31	59	72	17	77	45	43	29	34	97	67	45	23	88	91	68	12	30	03	41	73	63	76	18	82	08	13	30	78	45	43	77	77	99	98	40	14	82
77	05	28	80	31	99	77	39	23	69	00	15	49	100	02	22	54	73	92	53	64	07	19	80	64	04	34	30	65	63	11	72	20	15	22	30	82	77	51	87	61
78	29	71	48	04	87	32	17	90	89	09	99	34	58	08	61	73	98	48	89	90	24	25	98	38	79	45	84	30	49	64	98	48	25	14	00	12	63	67	12	77
79	90	94	19	80	70	36	02	17	48	63	82	39	85	26	65	27	81	69	83	20	40	25	87	45	88	52	19	33	17	63	60	62	46	12	59	99	05	88	74	89
80	62	66	48	74	86	06	66	41	15	65	06	41	85	57	84	64	70	39	64	87	62	78	25	71	57	06	98	59	79	34	20	77	87	83	12	74	29	12	16	93
81	67	54	03	54	23	40	25	95	93	55	59	46	77	55	49	82	26	08	87	54	10	53	29	37	82	05	77	54	04	69	07	40	18	32	85	37	73	42	49	49
82	75	27	62	15	81	36	22	26	69	42	44	91	55	00	84	48	68	65	05	45	35	11	73	30	16	03	75	56	58	98	46	93	58	96	29	73	06	71	08	46
83	70	19	07	100	94	53	81	76	73	40	22	58	49	42	96	18	66	89	08	69	17	54	07	86	29	18	86	98	05	56	78	00	78	24	34	73	95	11	44	36
84	75	07	09	20	58	92	41	42	79	26	91	44	63	87	45	21	23	15	06	72	60	78	88	27	45	80	66	25	37	75	07	67	29	27	12	90	60	97	15	94
85	55	70	10	23	25	73	91	72	29	47	93	58	21	75	80	52	09	12	36	93	09	58	84	88	90	73	47	49	53	95	62	28	11	61	00	91	49	32	82	28
86	83	42	62	53	55	12	11	54	19	02	45	43	67	13	05	74	30	93	11	74	75	27	81	28	48	04	65	87	69	32	14	46	52	52	36	21	13	70	24	76
87	94	20	76	23	65	72	55	27	44	19	10	72	50	67	83	18	67	22	49	36	42	53	92	96	19	52	38	02	22	47	26	94	34	57	81	28	49	74	68	50
88	51	10	72	09	59	47	66	32	17	06	75	08	54	22	37	03	46	83	95	93	76	77	19	31	74	40	05	00	23	61	15	11	82	35	77	09	28	11	32	30
89	99	50	22	02	92	09	98	09	40	23	34	08	63	58	49	31	70	30	83	54	75	23	75	34	69	93	93	20	29	78	24	71	92	75	70	60	80	88	21	11
90	09	12	03	23	02	00	82	75	36	63	71	19	78	26	66	63	16	75	07	72	99	15	97	27	48	50	88	02	89	57	18	25	07	100	80	84	97	84	18	53
91	20	40	50	29	51	82	81	47	73	69	74	100	80	37	14	67	01	90	92	99	06	34	98	33	77	44	86	95	00	30	34	91	25	98	77	14	95	100	84	19
92	90	92	54	52	74	00	88	71	45	49	38	54	80	02	85	42	75	47	20	94	13	95	44	22	63	18	88	37	89	95	98	80	72	72	71	66	13	33	24	12
93	25	06	92	30	19	31	22	41	00	22	79	87	84	61	06	19	67	97	60	48	56	64	63	75	27	69	63	29	51	59	22	83	02	33	32	91	78	53	45	63
94	13	12	94	76	29	61	50	67	29	76	27	70	97	16	83	88	100	22	48	07	66	52	91	70	34	54	25	71	91	12	41	39	35	37	66	52	80	01	33	94
95	91	77	51	03	92	85	46	22	00	58	84	64	87	93	94	94	13	98	41	77	83	71	83	68	55	85	11	69	32	10	30	54	73	21	43	68	65	83	26	90
96	29	12	39	35	32	47	30	81	40	32	37	08	48	81	50	77	18	39	07	95	28	92	53	63	46	36	45	62	24	39	65	100	85	12	69	03	72	55	43	05
97	43	96	86	14	91	24	22	85	16	51	42	37	31	100	94	76	45	50	67	54	59	91	34	52	75	87	95	30	97	33	57	69	37	07	62	65	36	09	57	73
98	57	44	72	45	87	21	07	29	26	82	69	99	10	39	76	29	11	17	85	76	13	93	41	42	27	80	85	61	11	42	44	51	38	59	85	91	51	79	14	26
99	63	10	10	76	07	75	19	91	02	31	45	94	54	72	10	38	52	07	12	59	84	46	41	29	07	44	63	27	29	41	39	76	88	46	46	65	72	62	92	67
100	34	28	11	95	04	82	51	07	69	53	93	36	81	66	93	88	15	73	54	15	91	53	78	85	78	77	80	36	89	88	84	60	42	55	48	99	44	66	77	27

Fuente: Kerlinger, F. (1975). *Investigación del comportamiento: técnicas y metodología*. México: Ed. Interamericana.

Bibliografía

ACKOFF, R. (1953). *The design of social research.* Chicago: Universidad de Chicago.

AMERICAN PSYCHOLOGICAL ASSOCIATION. (1983) *Publication manual of the American Psychological Association.* Washington, D.C.: American Psychological Association. Tercera edición.

ANASTASI, A. (1982). *Psychological testing.* Nueva York, MacMillan, Quinta edición.

BABBIE, E. R. (1979). *The practice of social research.* Belmont, Clif.: Wadsworth Segunda edición.

BANDURA, A. (1977). *Social learning theory.* Englewood Cliffs, N.J.: Prentice Hall.

BANDURA, A. (1978). Social learning theory of agression. *Journal of communication*, vol. 28, 12-29.

BAPTISTA, P. (1985). *Los directivos de empresa en México.* Ponencia presentada en la XII reunión de ANIQ. Asociación Nacional de la Industria Química, Ixtapa, Zihuatanejo, mayo de 1985.

BAPTISTA, P. (1988). *Los inmigrantes: testimonios de una época.* Documento no publicado. Seminario de Investigación. México, Escuela de Ciencias de la Comunicación, Universidad Anáhuac.

BARNETT, G. A., y McPHAIL T. L. (1980). An examination of the relationship of United States television and canadian identify. *International Journal of Intercultural Relations*, vol. 4, 219-232.

BARRENA, B., y GUZMÁN, G. (1989). *El perfil de la mujer periodista en la capital de la República Mexicana.* Tesis de licenciatura. México: Escuela de Ciencias de la Comunicación, Universidad Anáhuac.

BECKER, L., y GUSTAFSON, C. (1976). *Encounter with sociology: the term paper.* San Francisco: Body & Fraser. Segunda edición.

BERELSON, B. (1952). *Content analysis in communication research.* Nueva York: Free Press.

BLACK, J. A., y CHAMPION, D. J. (1976). *Methods and issues in social research.* Nueva York: John Wiley & Sons.

BLALOCK, H. M. (1966). *Estadística social.* México: Fondo de Cultura Económica.

BLALOCK, H. M. (1980). *Construcción de teorías en ciencias sociales: de las formulaciones verbales a las matemáticas.* México: Ed. Trillas.

BOHRNSTEDT, G. W. (1976). Evaluacción de la confiabilidad y validez en la medición de actitudes. En G.F. Summers (comp.), *Medición de actitudes.* México: Ed. Trillas, 103-127.

BYLENGA, C. R. (1977). *Intrinsic motivation, pay and feedback.* Disertación a nivel de maestría. Departamento de Psicología, Michigan State University.

CAMPBELL, D. T. (1975). Reforms as experiments. En E. L. Struening, y M. Guttentag (Eds.), *Handbook of Evaluation Research*, vol. 1, Beverly Hills California: Sage Publications, 71-100.

CAMPBELL, D. T. y STANLEY, J. C. (1966). *Experimental and quasi-experimental designs for research.* Chicago, III.: Rand McNally & Company.

CARMINES, E. G. y ZELLER, R. A. (1979). *Reliability and validity assessment.* Beverly Hills, Cal.: Sage Publications, Serie "Quantitative Applications in the Social Sciences", volumen 17.

COMUNICOMETRÍA (1988). *Evaluación de productos por medio del diferencial semántico.* Documento no publicado. México: Departamento de Investigación de Comunicometría, S.C.

COOPER, J. P. y CURTIS, G. A. (1976). *ESP: Econometric Software Package.* Chicago: Graduate School of Business, University of Chicago.

CRONBACH, L. J. (1984). *Essentials of psychological testing.* Nueva York: Gardner Press.

CRONBACH, L. J., y MEEHL, P. E. (1955). Construct validity in psychological test. *Psychological Bulletin*, vol. 52, 281-302.

CHERRY, F., y DEAUX, K. (1978). Fear of success versus fear of gender-inappropiate behavior. *Sex Roles.* No. 4, 97-102.

CHRISTENSEN, L. B. (1980). *Experimental methodology.* Boston: Allyn and Bacon. Segunda edición.

DANHKE, G. L. (1989). Investigación y comunicación. En C. Fernández-Collado y G. L. DANHKE (comps). *La comunicación humana: ciencia social.* México: McGraw-Hill, 385-454.

DE NORIEGA A., y LEACH, F. (1979). *Boadcasting in Mexico.* Londres: Routledge and Kegan.

DOTSON, L. E. y SUMMERS, G. F. (1976). Cómo elaborar escalas técnicas de Guttman. En G. F. Summers (comp.), *Medición de actitudes.* México: Ed. Trillas, 246-261.

DOWNIE, M. N. y HEATH, R. W. (1973). *Métodos estadísticos aplicados.* México: Harper & Row Latinoamericana.

DUNCAN, O. D. (1961). Socioeconomic Index Scores for Major Occupation Groups. En A.J. Reiss (comp.), *Occupations and social status.* Nueva York: Free Press, 263-275.

EDWARDS, A. J. (1957). *Techniques of attitude scale construction.* Nueva York: Appleton-Century-Crofts.

FERMAN, G. S. y LEVIN, J. (1979). *Investigación en ciencias sociales.* México,: Ed. LIMUSA.

FERNÁNDEZ-COLLADO, C., BAPTISTA, P., y ELKES, D. (1986). *La televisión y el niño.* México: Ed. Oasis.

FESTINGER, L. (1975). Experimentos de laboratorio. En L. Festinger y D. Katz (comps.) *Los métodos de investigación en las ciencias sociales.* Buenos Aires: Ed. Paidós, 137-167. Segunda edición.

FISHBEIN, M., y AJZEN, I. (1975). *Belief, attitude, intention, and behavior: an introduction to theory and research.* Reading, Mass: Addison-Wesley.

FREEDMAN, J. L., SEARS, D. O. y CARLSMITH, J. M. (1981). *Social Psychology.* Englewood Cliffs, N. J.: Prentice-Hall. Cuarta edición.

FUNDACIÓN MEXICANA PARA LA CALIDAD TOTAL, A.C. (1988). *Primer inventario mexicano: esfuerzos y procesos para la calidad total.* México: Documento publicado por FUNDAMECA.

GARZA MERCADO, A. (1976). *Manual de técnicas de investigación*, México: El Colegio de México.

GIBBS, J. (1972). *Sociological theory construction.* Hinsdale Ill.: Dryden Press.

GLASS, G. V. (1968). Analysis of data on the Connecticut speeding crackdown as a time-series quasi-experiment. *Law and Society Review*, vol. 3, 55-76.

GLENN, N. D. (1977). *Cohort analysis.* Beverly Hills, Cal.: Sage Publications. Serie "Quantitative Applications in the Social Sciences", volumen 5.

GORSUCH, R. L. (1974). *Factor analysis.* Filadelfia, Penn.: Saunders.

GREENBERG, B. S., EDISON, N., KORZENNY, F., FERNÁNDEZ-COLLADO, C., y ATKIN, C. K. (1980). Antisocial and prosocial behaviors on television. En B. S. GREENBERG (Ed.), *Life on television: content analysis of U.S. T.V. drama.* Norwood, N.J.: Ablex, 99-128.

GRONLUND, N. E. (1985). *Measurement and evaluation in teaching.* Nueva York: Macmillan, Quinta edición.

GUTTMAN, L. (1976). Fundamentos del análisis del escalograma. En C. H. Wainerman (comp.), *Escalas de medición en ciencias sociales.* Buenos Aires: Ediciones Nueva Visión, 291-330.

HACKMAN, J. R.; y OLDHAM, G. R. (1980). *Work redesing.* Reading, Mass.: Addison-Wesley.

HANSON, N. R. (1958). *Patterns of discovery.* Cambridge: University Press.

HARMAN, H. H. (1967). *Modern factor analysis.* Chicago, Ill.: University of Chicago. Segunda edición.

HAYNES, S. N. (1978). *Principles of behavioral assessment.* Nueva York: Gardner Press.

HEISE, D. R. (1976). El diferencial semántico y la investigación de actitudes. En G. F. Summers (comp.), *Medición de actitudes.* México: Ed. Trillas, 287-310.

HENKEL, R. E. (1976). *Test of significance.* Beverly Hills, Cal.: Sage Publications, Serie "Quantitative Applications in the Social Sciences", volumen 4.

HERNÁNDEZ MEDINA, A. y RODRÍGUEZ, L. (1987). *Cómo somos los mexicanos.* México: Centro de Estudios Educativos.

HERNÁNDEZ-SAMPIERI, R. y CORTÉS, B. (1982). *La teoría de la evaluación cognitiva: la relación entre las recompensas extrínsecas y la motivación intrínseca.* México: Centro de Investigación de la Comunicación (CIC), Universidad Anáhuac. Cuadernos del CIC, vol. 3.

HILDEBRAND, D. K.; LAING, J. D., y ROSENTHAL, H. (1977). *Analysis of ordinal data.* Beverly Hills, Cal.: Sage Publications. Serie "Quantitative Applications in the Social Sciences", volumen 8.

HOWITT, D. (1982). *Mass Media and social problems.* Oxford: Pergamon Press.

HUNTER, J. E. (1980). Factor analysis. En P. R. Monge, y J. N. Cappella (Eds.), *Multivariate techniques in human communication research,* Nueva York: Academic Press, 229-257.

INSKO, C. A., y SCHOPLER, J. (1980). *Psicología social experimental.* México: Ed. Trillas.

INVERSEN, G. R. y NORPOTH, H. (1976). *Analysis of variance.* Beverly Hills, Cal.: Sage Publications, Inc. Serie "Quantitative Applications in the Social Sciences", volumen 1.

JABLIN, F. M. (1982). Formal structural characteristics of organizations and superior-subordinate communication. *Human Communication Research,* vol. 8, 338-347.

JAFFE, E. D., PASTERNAK, H., y GRIFEL, A. (1983). Response results of lottery buyer behavior surveys: in-home vs. point-of-purchase interviews. *Public Opinion Quarterly,* vol. 47, 419-426.

JANDA, L. H., O'GRADY, K. E. y CAPPS, C. F. (1978). Fear of success in males and females in sex linked occupations. *Sex roles.* No. 4, 43-50.

KAHLE, L. R. (1984). *Attitudes and social adaptation: a person-situation interaction approach.* Oxford: Pergamon Press. International Series in Experimental Social Psychology, volumen 8.

KERLINGER, F. N. (1975). *Investigación del comportamiento: técnicas y metodología.* México: Nueva Editorial Interamericana.

KERLINGER, F. N. (1979). *Enfoque conceptual de la investigación del comportamiento.* México: Nueva Editorial Interamericana.

KERLINGER, F. N. y PEDHAZUR, E. J. (1973). *Multiple regression in behavioral research.* Nueva York: Holt, Rinehart and Winston.

KESSLER, R. C. y GREENBERG, D. F. (1981). *Linear panel analysis: Models of quantitative change.* Londres: Academic Press.

KIM, J. O. y MUELLER, C. (1978). *Introduction to factor analysis.* Beverly Hills, Cal.: Sage Publications. Serie "Quantitative Applications in the Social Sciences", volumen 13.

KIM, J. O. y MUELLER, C. (1978). *Factor Analysis: statistical methods and practical issues.* Beverly Hills, Cal.: Sage Publications. Serie "Quantitative Applications in the Social Sciences", volumen 14.

KISH, LESLIE (1975). *Survey Sampling.* Nueva York: John Wiley & Sons.

KRIPPENDORFF, K. (1982). *Content analysis.* Beverly Hills, Cal.: Sage Publications.

KRUSKAL, J. P. y WISH, M. (1978). *Multidimensional scaling.* Beverly Hills, Cal.: Sage Publications. Serie "Quantitative Applications in the Social Sciences", volumen 11.

KUDER, G. F., y RICHARDSON, M. W. (1937). The theory of the estimation of test reliability. *Psychometrika,* No. 2, 151-160.

LABOVITZ, S., y HAGEDORN, R. (1976). *Introduction to social research.* Nueva York: McGraw-Hill. Segunda edición.

LEGUIZAMO, G. (1987). ¿Qué edad tiene? Artículo publicado en *Novedades,* septiembre de 1987.

LEVIN, J. (1979). *Fundamentos de estadística en la investigación social.* México: Harper & Row Latinoamericana.

LEVINE, M. S. (1977). *Canonical analysis and factor comparison.* Beverly Hills, Cal.: Sage Publications. Serie "Quantitative Applications in the Social Sciences", volumen 6.

LIKERT, R. (1976a). Una técnica para la medición de actitudes. En C. H. Wainerman (comps.), *Escalas de medición en ciencias sociales.* Buenos Aires: Ediciones Nueva Visión, 199-260.

LIKERT, R. (1976b). Una técnica para medir actitudes. En G. F. Summers (comp.), *Medición de actitudes.* México: Ed. Trillas, 182-193.

LINGOES, J. C. (1976). Análisis múltiple de escalograma: un modelo teórico para analizar reactivos dicotómicos. En G. F. Summers (comp.) *Medición de actitudes.* México: Ed. Trillas, 324-342.

LITTLEJOHN, S. W. (1983). *Theories of human communication.* Belmont. Cal.: Wadsworth.

MARKUS, G. B. (1979). *Analyzing panel data.* Beverly Hills, Cal.: Sage Publications. Serie "Quantitative Applications in the Social Sciences", volumen 18.

MATHESON, D. W., BRUCE, R. L. y BEAUCHAMP, K. L. (1985). *Psicología experimental: diseños y análisis de investigación.* México: Compañía Editorial Continental.

McCORMICK, M. (1986). *The New York Times guide to reference materials.* Nueva York: Signet (New American Library). Impresión de junio de 1986.

MILLER, D. C. (1977). *Handbook of research design and social measurement.* Nueva York: Longman. Tercera edición.

MINITAB, Inc. (1991). *Minitab reference manual.* Rosemont, P A: Quickset, Inc.

MONGE, P. R. y CAPPELLA, J. N. (1980). *Multivariate techniques in human communication research.* Nueva York: Academic Press.

NAGHI, M. N. (1984). *Metodología de la investigación en administración, contaduría y economía.* México: Ed. Limusa.

NAM, C. B., y POWERS, W. G. (1965). Variations in socioeconomic structure by race, residence, and the life cycle. *American Sociological Review,* vol. 30, 97-103.

NAVES, E. y POPLAWSKY, S. (1984). *La comunicación entre sujetos normales y deficientes mentales: el papel de la información para predecir conductas de comunicación.* Tesis de licenciatura, Escuela de Ciencias de la Comunicación, Universidad Anáhuac.

NEISSER, U. (1979). The concept of intelligence. En R. J. Stennberg, y D. K. Detterman (Eds.). *Human intelligence: Perspectives on its theory and measurement.* Norwood, N. J.: Ablex, 179-189.

NEWTON, I. (1983). *El sistema del mundo.* Madrid: SARPE.

NIE, N. H. (1981). *SPSS Update 7-9.* Nueva York: McGraw-Hill.

NIE, N. H.; HULL, C. H.; JENKINS, J. G.; STEINBRENNER, K., y BENT, D. H. (1975). *Statistical Package for the Social Sciences.* Nueva York. McGraw-Hill.

NORTON, R.W. (1980). Nonmetric multidimensional scaling in communication research: Smallest space analysis. En P. R. Monge, y J. N. Cappella, *Multivariate techniques in human communication research.* Nueva York: Academic Press, 309-331.

NORUSIS, M. J. (1988). *SPSS/PC advanced statistics, v2.0.* Chicago, Ill: SPSS Inc.

NORUSIS, M. J. (1993). *SPSS for Windows: Base system user's guide.* Release 6.0, USA: SPSS Inc.

NORUSIS, M. J. (1995). *The SPSS 6.1 guide to data analysis.* USA: Prentice-Hall.

NUNNALLY, J. C. (1970). *Introduction to psychological measurement.* Nueva York: McGraw-Hill.

NUNNALLY, J. C. (1975). The study of change in evaluation research: principles concerning measurement, experimental design, and analysis. En E. L. Truening y M. Guttentag (Eds.), *Handbook of Evaluation Research,* vol. 1. Beverly Hills, Cal.: Sage Publications, 101-137.

OSGOOD, C. E., SUCI, G. J., y TANNENBAUM, P. H. (1957). *The measurement of meaning.* Urbana, Ill.: University of Illinois Press.

OSGOOD, C. E., SUCI, G. J., y TANNENBAUM, P. H. (1976a). El diferencial semántico como instrumento de medida. En C. H. Wainerman (comp.), *Escala de medición en ciencias sociales.* Buenos Aires: Ediciones Nueva Visión, 331-369.

OSGOOD, C. E., SUCI, G. J., y TANNENBAUM, P. H. (1976b). Medición de actitudes. En G.F. Summers (Comp.), *Medición de actitudes.* México: Ed. Trillas, 277-286.

OSKAMP, S. (1977). *Attitudes and opinions.* Englewood Cliffs, N. J.: Prentice-Hall.

OSTROM, C. W. (1978). *Time series analysis: regression techniques.* Beverly Hills, Cal.: Sage Publications. Serie "Quantitative Applications in the Social Sciences", volumen 9.

PADUA, J. (1979). *Técnicas de investigación aplicadas a las ciencias sociales.* México: El Colegio de México/Fondo de Cultura Económica.

PANIAGUA, M. (1980). *Grado de aplicación y mercado de trabajo de la mercadotecnia en México.* Documento publicado por el Centro de Investigación en Ciencias Administrativas, Sección de Graduados, Escuela Superior de Comercio y Administración, Intituto Politécnico Nacional.

PANIAGUA, M. (1985). *Análisis del comportamiento del comprador y vendedor industrial.* Reporte de resultados, documento no publicado. Sección de Graduados, Escuela Superior de Comercio y Administración, Instituto Politécnico Nacional.

PANIAGUA, M. (1988). La relación comprador-vendedor: un enfoque internacional y de interacción social. *Investigación Administrativa* No. 66, 5-12.

PARDINAS, F. (1975). *Metodología y técnicas de investigación en ciencias sociales.* México: Siglo Veintiuno Editores. Decimatercera edición.

POPPER, K. R. (1959). *The logic of scientific discovery.* Nueva York: Basic Books.

POPPER, K. R. (1965). *Conjectures and refutations.* Nueva York: Harper & Row.

PORTILLA, M., y SOLÓRZANO, M. A. (1982). *Mensajes de información y motivacionales en los anuncios de la televisión mexicana.* Tesis de licenciatura, Escuela de Ciencias de la Comunicación, Universidad Anáhuac.

PRICE, J. L. (1977). *The study of turnover.* Ames, Iowa: Iowa State University Press.

QUIROZ, G. V. y FOURNIER, L. G. (1978). *SPSS: Enfoque aplicado.* México: McGraw-Hill.

REYNOLDS, H. T. (1977). *Analysis of nominal data.* Beverly Hills, Cal.: Sage Publications. Serie "Quantitative Applications in the Social Sciences", volumen 7.

REYNOLDS, P. D. (1971). *A primer in theory construction.* Indianápolis, Indiana: The Bobbs-Merrill Company Inc.

ROGERS, E. y KINCAID, D. L. (1981). *Communication networks: toward a new paradigm for research.* Nueva York: The Free Press.

ROGERS, E., y SHOEMAKER, F. F. (1971). *Communication of innovations: A cross-cultural approach.* Nueva York: The Free Press. Segunda edición.

ROJAS SORIANO, R. (1981). *Guía para realizar investigaciones sociales.* México: Universidad Nacional Autónoma de México, Sexta edición.

ROTA, J. (1978). La violencia en televisión y sus consecuencias en los niños. En J. Marcovich (Ed.), *El maltrato a los hijos.* México: Ed. Edicol, 203-228.

RYAN, B. F. y JOINER, B. L. (1994). *Minitab Hand-book.* Belmont, CA: Duxbury Press. 3a. Edición.

SCHWARTZMAN, S. (Comp.) (1977). *Técnicas avanzadas en ciencias sociales.* Buenos Aires: Ediciones Nueva Visión.

SEGOVIA, R. (1982). *La politización del niño mexicano.* México: El Colegio de México.

SEILER, L. H., y HOUGH, R. L. (1976). Comparaciones empíricas entre las técnicas de Thurstone y Likert. En G. F. Summers (comp.), *Medición de actitudes.* México: Ed. Trillas, 194-212.

SELLTIZ, C., JAHODA, M., DEUTSCH, M., y COOK, S. W. (1976). *Métodos de investigación en las relaciones sociales.* Madrid: Ed. RIALP. Octava edición.

SESSOMS, H. D., y STEVENSON, J. L. (1981). *Leadership and group dynamics in recreation services.* Boston, Mass.: Allyn and Bacon.

SHAMIR, B. (1981). Some differences in work attitudes between arab and jewish hotel workers. *International Journal of Intercultural Relations,* vol. 5, 35-50.

SHEPARD, R. N., ROMNEY, A. K., y NERLOVE, S. B. (1972). *Multidimensional scaling: theory and applications in the behavioral sciences* (vols. I y II). Nueva York: Seminar Press.

SIEGEL, S. (1982). *Estadística no paramétrica aplicada a las ciencias de la conducta.* México: Ed. Trillas. Séptima edición.

SIMON, J. L. (1978). *Basic research methods in social science: the art of empirical investigation.* Nueva York: Random House. Segunda edición.

SJOBERG, G., y NETT, R. (1980). *Metodología de la investigación social.* México: Ed. Trillas.

SOLOMON, R. W. (1949). An extension of control-group design. *Psychological Bulletin,* 46, 137-150.

SPSS, Inc. (1988). *SPSS-X User's Guide.* Chicago, Ill.: SPSS, Inc., tercera edición.

SPSS, Inc. (1992). *SPSS for Windows: Help for SPSS-PC + Users.* USA: SPSS, Inc.

SPSS, Inc. (1993). *SPSS base system syntax reference guide.* Release 6.0. USA: SPSS, Inc.

SPURGEON, D., HICKS, C., y TERRY, R. (1983). A preliminary investigation into sex differences in reported friendship determinants amongst a group of early adolescent. *The British Journal of Social Psychology,* vol. 22, 63-64.

STEVENS, S. S. (1951). Mathematics, measurement and psychophysics. En S. S. Stevens (Ed.), *Handbook of Experimental Psychology.* Nueva York: Wiley, 1-30.

SUDMAN, S. (1976). *Applied Sampling.* Nueva York: Academic Press.

THORNDIKE, R. L. y HAGEN, E. (1980). *Tests y técnicas de medición en psicología y educación.* México: Ed. Trillas.

TORGERSON, W. (1958). *Theory and methods of scaling.* Nueva York: Wiley.

TRESEMER, D. (1976). Do women fear success? Signs. *Journal of Women in Culture and Society,* vol. 1, 863-874.

TRESEMER, D. (1977). *Fear of success.* Nueva York: Plenum Press.

VAN DALEN, D. B., y MEYER, W. J. (1984). *Manual de técnicas de la investigación educacional.* México: Ed. Paidós Mexicana.

WEBB, E. J.; CAMPBELL, D. T. y SCHWARTZ, R. D. (1966). *Unostrusive measures: nonreactive research in the social sciences.* U.S.A.: Rand McNally College.

WEISS, C. H. (1980). *Investigación evaluativa.* México: Ed. Trillas.

WIERSMA (1986). *Research methods in education: an introduction.* Boston Mass.: Allyn and Bacon.

WILDT, A. R. y AHTOLA, O. T. (1978). *Analysis of covariance.* Beverly Hills, Cal.: Sage Publications. Serie "Quantitative Applications in the Social Sciences", volumen 12.

WRIGHT, S. R. (1979). *Quantitative methods and statistics: A guide to social research.* Beverly Hills, Cal.: Sage Publications.

WOELFEL, J. y DANES, J. E. (1980). Multidimensional scaling models for communication research. En P. R. Monge y J. N. Capella (Eds.), *Multivariate techniques in human communication research.* Nueva York: Academic Press, 333-364.

WOELFERL, J. y FINK, E. L. (1980). *The measurement of communication processes:* Galileo theory and method. Nueva York: Academic Press.

YUREN CAMARENA, M. T. (1980). *Leyes, teorías y modelos.* México: Ed. Trillas.

ZUCKERMAN, M., LARRANCE, D. T., PORAC, J. F. A., y BLANCK, P. D. (1980). Effects of fear of success on intrinsic motivation, causal attribution, and choice behavior. *Journal of Personality and Social Psychology*, vol. 38, 503-513.

Índice onomástico

R

S

T

V

W

Y

Z

Índice analítico

C

D

E

F

G

H

I

J

L

R

V

Z

INSTRUCCIONES PARA ACCESAR STATS

COMUNICOMETRÍA Y DECISION ANALYST
ACCESO A STATS

Para abrir STATS
Inserte el disco en la unidad A.
Dé un doble clic al icono MI PC.
Dé un doble clic al icono unidad A.
Dé doble clic al icono stats.exe.

Para copiar STATS
Inserte el disco en la unidad A.
Dé un doble clic al icono MI PC.
Dé un doble clic al icono unidad A.
Arrastre el icono stats.exe y colóquelo sobre el icono C.

Para solicitar ayuda
Inserte el disco en la unidad A.
Dé un doble clic al icono MI PC.
Dé un doble clic al icono unidad A.
Dé un doble clic al icono SPANCORR.doc.

Para abrir STAT53
Inserte el disco en la unidad A.
Dé un doble clic al icono MI PC.
Dé un doble clic al icono unidad A.
Dé doble clic al icono stats3.exe.

Para copiar STAT53
Inserte el disco en la unidad A.
Dé un doble clic al icono MI PC.
Dé un doble clic al icono unidad A.
Arrastre el icono stats3.exe y colóquelo sobre el icono C.

Para solicitar ayuda
Inserte el disco en la unidad A.
Dé un doble clic al icono MI PC
Dé un doble clic al icono unidad A.
Dé un doble clic al icono SPANCORR.doc.